玉米情

孙世贤 编著

中国农业科学技术出版社

图书在版编目（CIP）数据

玉米情 / 孙世贤编著 . -- 北京：中国农业科学技术出版社，2021.8
ISBN 978-7-5116-5328-4

Ⅰ. ①玉… Ⅱ. ①孙… Ⅲ. ①玉米—研究 Ⅳ. ① S513

中国版本图书馆 CIP 数据核字（2021）第 098991 号

责任编辑　姚　欢
责任校对　马广洋
责任印制　姜义伟　王思文

出 版 者　中国农业科学技术出版社
　　　　　北京市中关村南大街 12 号　邮编：100081
电　　话　（010）82106631（编辑室）（010）82109704（发行部）
　　　　　（010）82109702（读者服务部）
传　　真　（010）82106631
网　　址　http://www.castp.cn
经 销 者　各地新华书店
印 刷 者　北京科信印刷有限公司
开　　本　185mm × 260mm　1/16
印　　张　24　　彩插　68 面
字　　数　500 千字
版　　次　2021 年 8 月第 1 版　2021 年 8 月第 1 次印刷
定　　价　108.00 元

逐梦四十载，玉米播情怀，

漫漫人生路，友情春常在……

我国著名小麦遗传育种学家、农业发展战略专家，中国科学院院士，国家最高科学技术奖获得者，中国种业十大功勋人物李振声先生，于2014年5月20日对我的鼓励、鞭策和教诲。

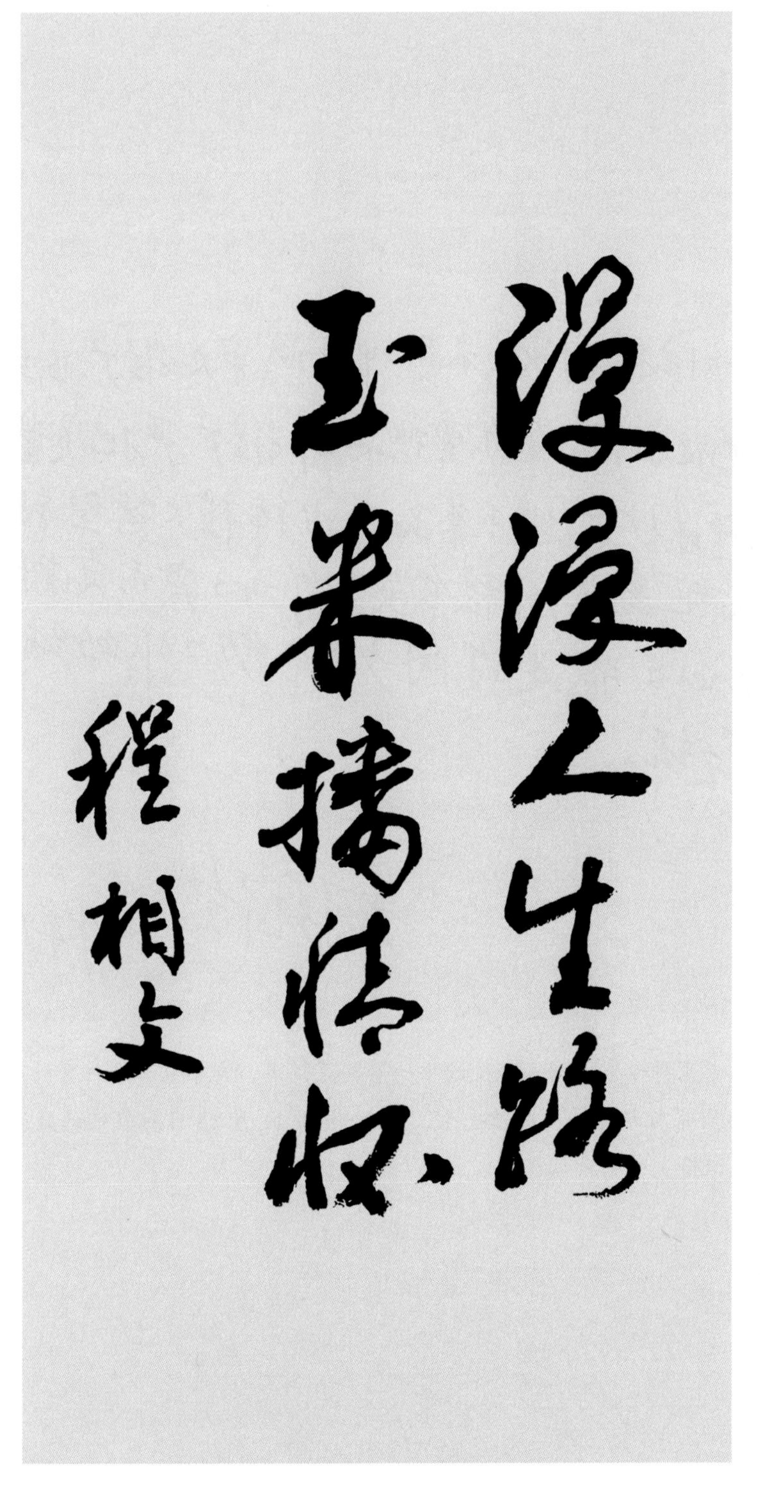

我国著名玉米育种专家，国家科技进步一等奖获得者，中国种业十大功勋人物，浚单20品种育种家，河南省鹤壁市农业科学院名誉院长程相文先生，于2019年11月1日对我的鼓励和鞭策，并对即将出版的《玉米情》一书题词祝贺。

在你们主持国家玉米品种区试审定推广以来，能够积极优化试验布局，重视品种推广，严把质量关，着重引导育种目标，推进玉米品种由稀植大穗型，转向耐密高效型，为我国粮食安全作出了突出贡献，我相信此书的出版是你们多年辛勤工作的结晶，值得总结。

堵纯信 2019年11月13日

我国著名玉米育种专家，国家科技进步一等奖获得者，郑单958品种育种家，河南省农业科学院粮食作物研究所研究员堵纯信先生，于2019年11月13日对我们的鼓励和鞭策，并对即将出版的《玉米情》一书致词祝贺。

孙世贤同志在长期从事国家玉米区域试验工作中尽职尽责，秉公办事，勤勤恳恳，成绩卓著，为我国育种科研成果的推广和玉米生产的持续发展，做出了重要贡献！

陈伟程敬书

2020年春节

我国著名玉米育种专家，国家科技进步二等奖获得者，豫玉22品种育种家，河南农业大学教授陈伟程先生，于2020年春节之际特题词表扬，更是对全国广大玉米品种试验工作者的充分肯定、厚爱、鼓励和鞭策，为即将出版的《玉米情》一书祝贺。

稻菽保粮安
米玉结情缘

谢华安
2020年秋月

我国著名植物遗传育种学家，国家科技进步一等奖和福建省科学技术突出贡献奖获得者，中国种业十大功勋人物（育成我国杂交水稻亲本遗传贡献最大的恢复系“明恢 63”和主持育成我国稻作史上种植面积最大的水稻良种“汕优 63”），中国科学院院士、福建省农业科学院研究员谢华安先生，为本书题词并对我鼓励、鞭策和教诲。

序

一晃都工作三十多年了，从世贤来北京工作开始，我与他就认识了，后来他从中国农业科学院作物育种栽培研究所（现中国农业科学院作物科学研究所）调到全国农作物品种审定委员会办公室工作，直到1995年全国农业技术推广服务中心成立，接触的机会就越来越多了。他一直负责玉米等国家级农作物品种试验、审定和推广的具体工作，那时候我担任中国农业大学国家玉米改良中心主任，他经常来中国农业大学跟我请教、探讨甚至争论一些玉米品种试验、审定的问题，我俩在玉米培训、年会总结、学术研讨、项目论证中常有接触，感觉他对农作物品种业务尤其玉米专业也算比较熟悉，这样我们彼此就经历了从认识、了解到逐渐熟悉的漫长历程。

世贤师从于沈阳农业大学知名专家顾慰连、戴俊英教授门下，他工作以来一直很勤奋，善于钻研玉米技术，长期以来是处里的业务骨干；他负责的农作物种类多，尤其是从事玉米品种服务的时间长，工作量大，经常加班加点，工作积极肯干；他积极推进DNA指纹技术在玉米品种管理方面的应用，积极促进使用产量平均值做对照的探索；是他率先组织开展了国家级玉米新品种多年度、广区域、大规模、多点次的展示示范。他敢于谈实情、说真话，尤其在玉米品种管理方面敢于坚持原则，勇于承担责任。

在三十多年的工作实践中，值得一提的是他率先组织建立了国家级玉米品种试验网，主持完成了国家玉米品种审定行业规范，牵头组织了以农大108、郑单958、浚单20为代表的一大批国审玉米品种推广，为促进玉米增产增收、保障国家粮食安全、加快科技成果转化、推动我国农作物品种试验审定制度、推广服务网络和技术支撑体系的建立、改革和发展作出了应有的贡献。

在《玉米情》即将出版之际，我很高兴为该书作序。我相信这本书，是他用心、用情、用二三十年的奋斗书写的，是他和他的战友们用几十年的实践总结出来的专业奉献、人生追求和事业探索，更希望有志于在我国农作物尤其玉米品种奋斗的年轻科技工作者像他那样，勤奋工作、务实创新和追求探索，在我国玉米乃至各类农作物品种科技创新转化进程中做出不愧于伟大新时代的作为。

戴景瑞

2019年11月28日

早就想写点什么，就是太忙了——但似乎也没忙什么。

我一直认为一分耕耘一分收获，但忙与收获似乎也不一定有直接关系，况且收获的内涵也不同。临到退休回顾往事，觉得应该想点、做点、留下点自认为有用的东西。离开这个世界应该还有一段时间和距离，这并非悲观，倒有些唯物主义的色彩。但总感觉时间过得好快，来不及想，也不想去修饰、夸张和展望，历史容不得我们去装扮和粉饰。

这是一本书，是同行战友用时间、精力和奋斗一笔笔绘成的；是同道朋友用技术、经验和智慧一步步写成的；是同行朋友用双手、精神和担当一点点筑成的；是伴随我们成长、农业进步和国家发展进程中，同行们用汗水年复一年、日复一日积累而就的！

成稿之初，我也有一点茫然，唯恐书太局限、太拘谨、太格式化，难以表达我的心情，难以反映大家务实、探索、拼搏、追梦的精神，更难以说清楚同行者的心径。不过思来想去，还没有别的或更好的雅俗共赏的方式来表达清楚，只好这样继续写下去，毕竟这是大家熟知的、曾经一起奋斗的、勤奋追求的历史！

我想表达的是对过去的感恩、对现在的厚望、对未来的期许！其中叙述感恩事实是本书的主要目的所在，厚望是摆在眼前的现实难以多虑，期许仍然默默放在心中……

在即将走完事业岗位生涯之时，感恩父母、家人和两位恩师，感恩各位老师、专家和朋友，感恩与我一路同行的同行、同事与战友，是他们给了我完美的半程人生、健全人格和难忘职责，使我完成了与战友们应该而且仍在继续完成的工作、事业和生活！同时，我要特别感谢李振声先生给我的鼓励、鞭策和希望，一直激励我奋斗，我们一直在努力！

人生如同一片叶，历经春夏秋冬，感受酷暑严寒，承载风吹雨淋，享受酸甜苦辣，品味大千世界！玉米科学技术是我职业生涯的专业，更是我为之奋斗的不懈追求……

这，正是我想告诉大家的，一大批同行战友在我国玉米发展的历程上留下的奋斗足迹、耕耘印记、人生轨迹，正是“一纵战友春秋舞，伴生玉米事业情”。

本书全面介绍了过去20多年来，在全国农技中心搭建的舞台上，我与战友们忠实履行岗位职责，使我国玉米等国家级农作物品种试验、审定和推广等办法、布局、体系日臻完善，为振兴民族种业、产业进步、大地丰收奉献着我们的青春年华、经验和智慧！

本书撰写过程中得到多位大家帮助，戴景瑞院士百忙中为本书作序，李振声院士、谢华安院士及陈伟程老师、程相文老师、堵纯信老师或为本人题词鼓励或为本书题词鞭策，本人感恩不尽，教诲铭记在心；书法家刘大勇先生专门为本书题写了书名；本书的出版，还得到了山东登海种业股份有限公司、河南金苑种业股份有限公司、河南丰德康种业股份有限公司、垦丰吉东种业有限公司、德农种业股份公司、北京新实泓丰种业有限公司、新疆天玉种业有限责任公司和四川省农业科学院作物研究所的大力支持，特此一并致谢！

本书可作为全国从事农作物品种试验、审定和推广的广大农业科技人员的技术参考书。鉴于时间、精力和水平所限，书中如有疏漏之处，请各位读者、朋友和战友指正！

谨以此书，奉献给我的同行战友、父母亲人和恩师专家们！

孙世贤

2020年9月15日

目录

第五章　品种准入

第六章　玉米面积

第七章　伴生足迹

第一章

恩重如山

养育之恩

说起我的父母，应该说再普通、平常、平凡不过了，普通到几乎没有什么可写的，属于典型的东北农民，典型到不会说什么客气话甚至是任何善意的假话，也不会接人待物，一辈子伴随并守护着自家的一亩三分地，与农田和自留地为生，甚至一辈子与家乡（也许方圆不足3~5千米）为舞台，以子女为终身服务对象，与操持家务为一生职业，以房前屋后为他们的岗位和舞台中央。所以，生活就这么简单，每次放学、放假回家，从来不会有父母不在家的担心，这种不必要的顾虑的确与我没有一点关系。他们每时、每天、每年都守护着这个连一件像样家具也找不到的家。

就是这样的父母、就是这样的家，在我们村还是小有名气的（记得我们村在营口地区，是有5000多人口的大村）。据我了解，我的父母及家庭是有名的老实、厚道、勤俭持家之人之家，这是全村父老乡亲的共识；他们的名气也来自于对我们的付出，尤其是“文革”前，我哥哥是大学生，在当年可能是全村唯一的大学生，也是父母值得自豪的地方（听到别人当面说起来，我看到的是他们高兴的表情，但并没有更多的言语）；改革开放后，我也成为了一名大学生（实现了我的小学校长李继先老师很早的预言）而使父母自豪了多年。当然，他们这一辈子是为子女奉献、付出和操劳的一生，尤其是供养我哥和我上大学，影响了其他姐妹兄弟的学业，几乎花费了父母一生的精力和心血，其实父母并没有得到任何回报（也许父母本身根本就没有想过回报），唯一值得安慰的是，在他人面前曾经给他们带来的瞬间、短暂的喜悦与自豪。

记得母亲不识字，但也常常看电视，似乎看懂了一些。2000年前后我回家时，那时正值国企改革的高潮期，母亲总担心子女犯毛病。一怕我下岗，因为电视里天天讲下岗职工的安置问题。记得当时我告诉并安慰母亲：“我不怕、也不会下岗，我的岗位很重要，帮农民把关品种！”二怕我犯错误，因为电视上经常看到犯错误人员的影像。记得当时我告诉母亲：“我是农民的后代，没有资格犯错误，也不会犯错误，父母没有教、老师也从来不教如何‘犯错误’的技巧，我也从来没有学，永远也学不会。”这也是我对父母的庄严承诺，我一直在认真地、庄严地、严格地履行着自己给父母唯一的承诺。记得回家的时候，经常看母亲忙前忙后的，总闲不下来，我当时似乎觉得（当时懒、有依赖）也帮不上什么忙（实际是能帮上的，如洗衣服、打扫卫生、协助做饭等）。我曾经问母亲什么时候咱家没有事您就轻闲轻闲，母亲告诉我：

"傻孩子，人不忙不就死了吗！"我记住了母亲的话，我怕死，所以天天忙。

从我记事起，就知道父亲每天都忙这忙那，主要还是在房前屋后忙活，尤其是为全家人吃饭、穿衣而操劳！我的母亲则每天为了燃料发愁，每年利用稻草、河草、芦苇偶尔买点煤作为燃料，长期的炊烟给母亲的身体带来了严重伤害，尤其是气管和肺部受到严重影响，使我母亲成了村里有名的"药包子"，长年累月的气管炎以致发展成肺气肿，后来有了煤气罐，状况有所改善，也许就好些。但常年、长期的劳累，对子女的操心和生活条件所迫，使母亲身体每况愈下，导致她十多年前就离开了我们。

2002年7月26日，母亲去世时，我没能陪伴在身边，没能给母亲做一点点事，没有给老人家擦把脸、洗洗脚、倒杯水，也没能看到母亲在世时的最后一眼，是我这一生中最大的愧疚和悲痛！

父亲离世是在7年后的2009年9月16日，也没能看到父亲的最后时刻，同样没能尽一点孝，我在心中默默自责了十年！

这，肯定是我终生无法挽回的痛苦、愧疚和遗憾！也许可用"忠孝不能两全"来解释，或许仅是苍白无力的自语。

我的父亲有一点文化，他曾经上过一年半的私塾，邻里三五家（也仅仅三五家）过年的对联常常是我父亲给写的，并以此为荣（接受委托时的快乐，搁笔时的神情），应该说他老人家的毛笔字写得比我们好多了，但比别人估计也好不了多少（我不怎么会写，只在一旁帮帮忙并欣赏而已）。记忆深刻的是两件事，一是他老人家在小队当保管员的时候，每天回来认真记每一笔账目，包括谁借了集体什么、拿了什么、还了什么等琐碎的事，记后将卷起来的笔记本放在一般人够不着的房梁上；二是那时候往往没有电话，虽然在沈阳上学，与父亲也有书信往来，老人家信的开头一般都是"世贤吾儿见信如面要好好学习不要想家里的事我和你母亲身体都很好要听老师的话要与同学好好相处缺钱的时候来信说一声我们想办法给你寄或找你沈阳大哥以后再还给他其他一切都好勿念"，从头到尾，几乎没有一个标点符号，一般多半页纸的，遗憾的是早期的信函已经无从找到。记得过节或放假（从1978年3月读高中开始）回家时，父母几乎将全家好吃的东西都给我，或给我留着甚至都放坏了，也许仅仅是一只鸡大腿，又也许是一块春节的蛋糕，以致我的哥哥姐姐妹妹尤其二哥老妹子嫉妒得不得了！这就是当时家里的情况，生活很不充裕但还算幸福，从他们身上和农村的生活上完全感受到了农民的不易和艰辛。但父母在我学习需要钱的时候十分大方：一是每次回家都告诉我，不要为钱发愁，你能学到哪里我们供到哪里，千万不要"从口里抠食"（指吃饭省钱）；二是当我上研究生时需要学习外语，回家跟父母申请买个430多元的录音机（东芝牌），父亲马上东挪西凑给我了大概450元，这在当时1983年的东北农村可是一笔不小的开支，可能相当于现在的三五千元吧。记得每次离家返回学校的时候，除了父亲正式的给的学费外，母亲还要从自己的"小金库"里私下给我50元、100元甚至200元的生活费，并一定要揣在兜里带走，一般我不要，但母亲一再唠叨什么"穷家富路"。每当想起父母一生朴素、简单生活，自己觉得欠老人家的太多了，欲哭无泪，无法忘掉他们的养育恩情。但当春节回家买点鞭炮，哪怕仅仅一点点，父亲都是不愿意、不同意的（因为父亲告诉我，不要买那些玩意儿，那是"撒手穷"的东西，直到现在仍记忆犹新），只能在妈妈的大力纵容下才可能成为现实，仿佛能重拾儿时过年的喜庆与欢乐。

工作以后，回家看望父母的时间就非常有限了，一般也就一两天，甚至仅仅只有半天的时间，父母经常嘱咐我，不要影响工作，家里都很好，有你哥哥姐妹们在家，什么事也不要惦记。当他们知道我放假快回家的时候，别人告诉我他们几乎望眼欲穿，老人家心里是一直盼儿子回家的。记得有一次从沈阳回家，到大石桥已经下午四点半了，没了汽车，只好步行回家，一直走到晚上十点多，母亲心疼坏了，一再嘱咐以后不能再这么晚回家了！当要离开家的时候，父母一直依依不舍，嘴上却还要说："快走吧，别误了车，到单位不要考虑家里的事。"其实，在我离开家直到消失在遥远的村头（也许三五百米），父母尤其是母亲仍在房后的路上向远处张望着！真是"儿行千里母担忧"……

到了2009年的秋季，父亲的身体开始不好了，病情一再加重，家里多次传来病危的讯息，但我总觉得父亲没有查出什么具体病，想等秋季玉米考察结束后利用国庆假期再回家看望，当时从江苏协助组织并参加完现代玉米产业发展研讨会后，单位指派我去参加部里对辽宁省朝阳市玉米案件查处工作。完全没有想到的是，在那黑暗的9月16日凌晨，我还在睡梦中，父亲就离开了我们兄弟姐妹！再也无法听到父亲讲"打日本鬼子"的故事，再也无法看到他老人家给我们晚辈们背诵"三字经"时的得意神态了……

现在时常感觉，我们的人生是踩在父辈的肩膀上前行，吾辈的能力、水平和教养并没有什么提升，可能在知识面上有所增加，在步伐上走得更远，但这都依赖于国家改革的进步，获得这种人生价值的基础和前提还是靠父辈们无私奉献得来的。实际工作生活中，我一直在利用、吸收前辈的经验、技术和智慧提升自己，就是经常说的"踩着前人的肩膀上爬行"。在父亲去世的悼念活动时，这种感觉和判断得到了真实的验证，听完父亲的生平，使我受到了刻骨铭心的教育，心中对父亲充满了难以表达的敬畏，眼泪如注，悲痛到难以自拔（即使刚得到父亲离世的消息时也没有这种感受）。

父母一生邻里和睦，从来没有见过父母与村里任何人吵过架、红过脸，当年我们村虽然很穷，但可以做到"路不拾遗、夜不闭户"，邻里关系也特别好；父母一生重视教育，督促子女好好学习，使我哥哥和我都大学毕业，受到全村人的尊敬；他们一生没有不良嗜好，烟酒不沾，难能可贵，堪为楷模；他们一生节俭为荣，从来不乱花、多花一分钱，剩下一粒饭，常常念叨"粒粒皆辛苦"；他们一生对工作极其负责，集体的一针一线也不会丢失，记得那时候的集体仓库经常没有电，父亲他老人家往往摸黑也能找到灯泡、螺丝钉、钳子、蜡烛、胶带等物品，因为他永远把公家和集体的事情牢记在心里，也许这就是最简单、最真诚、最高境界的责任心和事业心。

父母虽然都离开我们很久了，思念难以了却。作为子女，我们都在父母爱的呵护下逐渐长大成人，点点滴滴的言传身教仍历历在目，难以忘怀、难以言表，不时勾起我对过去生活的向往，对逝去时光的留恋，对家乡亲人的爱恋，对父母的深深愧疚、缅怀与思念……

备注：2018年2月23日杀青。

难忘恩师

在我的求学历程中，遇到许多令人尊敬且难以忘怀的恩师，得到了他们精心的培养、难忘的教诲和人生的启迪，包括小学时期的李继先、张国余老师等，初中时期的张金山老师等，高中时期的马富秀老师等，大学时期的杨守仁、谈松、陆欣来、余建章、杜鸣銮、徐锦、李淮滨、董钻、翟婉萱教授等，接触时间最长、受益最多、影响最大的还是我的硕士研究生导师顾慰连教授和师母戴俊英教授。

国家于 1977 年恢复了高考，我的家乡营口县（现为大石桥市）于 1978 年恢复了营口县高级中学，我与旗口乡第一中学的 8 位同学于当年的 3 月考上了营口县高级中学，成为了家乡恢复高考后的首届高中生，经过夜以继日的复习，于 7 月参加了高考，当时便考取了营口市师范专科学校，但我觉得这不是自己理想的学校，故未去报到，计划 1979 年继续努力。功夫不负有心人，又经过一年辛苦的学习，终于考取了沈阳农学院农学专业，从此开始了学农的大学生涯。经过四年的大学学习，我已经喜欢上了农学专业，立志努力学习来改变农村的落后面貌，我的学业成绩也得到了老师们的认可。

当 1983 年面临毕业分配的时候，我决心报考本校知名教授顾慰连、戴俊英的硕士研究生，从事玉米栽培生理研究，1983 年夏季终于如愿以偿。我与其他师兄妹一样，得到了二位恩师的培养、教育和鼓励。二位恩师虽然已离开我们多年，但随着时光的流逝，他们的音容笑貌并没有在我的记忆中被忘却、模糊和消失。顾老师、戴老师的教诲、关爱和期望仍然与我同在，对我的世界观、人生观、价值观乃至具体到毕业后至今无论是做人、做事、做学问都产生了难以估量的影响，已经成为我生命中宝贵的精神财富。

回顾昨天的往事，再一次重温顾慰连、戴俊英老师的卓越贡献和对我的谆谆教诲，把他们一生中的点滴记录下来，让更多的后来人在 21 世纪中华腾飞的新时代，把两位乃至老一辈先生们的爱国、敬业和忘我精神永记在心并传承下去。

一、赤子心　爱国情

顾慰连老师乃名门之后，其父顾毓琇是中国现代史上在科学、教育和人文等领域都有极高造诣的大家。1948年，在高中时顾老师就加入了中国共产党，并带领二弟和长妹也加入了中国共产党，1949年9月在上海复旦大学入学后成为了该校中共五位地下党负责人之一。1950年他的父母移居美国，但兄妹3人仍义无反顾留在国内，迎接新中国的到来并立志为改变国家的落后面貌奉献力量。戴俊英老师的身世鲜为人知，她是印度尼西亚华侨，也是新中国成立后离开家人，回来报效祖国的。后来这两位老师在北京农业大学（现中国农业大学）相遇，在研究生班完成了学业，师从李竟雄和郑丕尧等先生门下，志同道合，结为伉俪。更可贵之处，“文革”期间因他们的出身背景，虽历经磨难，但他们对国家的信念和热爱从未改变。“文革”结束和改革开放后，仍然留在国内为中国农业和农业教育事业耕耘，兢兢业业、呕心沥血，从来没听到他们的一句怨言。相反，他们还常常叮嘱我们要爱国、敬业、好好做人，毕业后能够为中国的农业发展和农民生活的改善尽一份力量。记得在课堂上他们也经常教导我们“一室之不治，何以天下家国为”。

二、为沈农　呕心血

顾老师1979年5月任沈阳农学院教务长，1983年任沈阳农学院院长，1985年沈阳农学院更名为沈阳农业大学后任校长，他高瞻远瞩，志在把沈阳农业大学办成全国一流的农业院校，为学校的发展做出了不可磨灭的贡献。在他的领导下，校园学术风气甚浓，国际交流频繁，科技成果百出，桃李满天下。经过多年不懈的努力和耕耘，使母校的作物栽培学与耕作学成为国家重点学科，并成为全国首批具有博士、硕士学位授予权的专业。记得硕士刚入学时，为了提高我们的外语水平，学校专门从英国聘请了Bird小姐等外教授课；为了加快对外交流步伐，顾老师利用自身的优势，使沈农与美国IOWA大学农学院、密西根州立大学农学院建立了姊妹学校的校际关系，并经常有中美学术交流活动，能看到中美学生校际体育比赛的身影。

三、抓学术　重实践

顾老师、戴老师非常注重学术研究，并强调理论和实践相结合。研究方向和课题都直接与玉米生产密切相关。如群体、密植、整齐度、空秆、倒伏等方面的研究，至今对国家玉米生产仍有现实意义。逆境（倒伏、空秆、抗旱）和源流库的生理栽培研究，不但在生理、机理、解剖结构上探索抗逆机制，并在此基础上为玉米生产实际提出了一系列栽培技术。此项研究获得了国家科技进步二等奖，这在当时已经是栽培界屈指可数的重要成果。不仅如此，恩师们还将玉米栽培研究推向世界前沿。20世纪80年代中期，开始了用计算机对玉米生长发育和产量进行模拟，成为中国在此领域的领军人物。80年代后期至90年代初，恩师们又在为中国的人均400千克粮食的目标而努力，并嘱咐我们要以国家和天下兴亡为己任，一定为中国粮食自给做出贡献。同时，积极筹备参加在纽约召开的世界作物科学大会，还争取早日在中国召开世界作物科学大会做了大量的前期准备和筹备工作，他们永远在为沈农、为国家辛勤耕耘！

四、爱学生　惜人才

顾老师、戴老师始终把人才的培养放在第一位。20 世纪 80 年代初，在顾老师开始担任沈阳农业大学领导期间，派出大量的教学研究人员出国进修，学成归国后提高了学校教学质量和科研水平。同时，又从研究生甚至大学生中选拔和培养后备师资力量。后来这些人才大部分都成了学校和院里的中流砥柱。他们还非常爱护学生，当时学校的生活条件差，通过检查、走访、座谈等了解情况并指示有关部门及时解决问题。对于我们这些研究生，他们不仅对我们的学习严格要求，还为我们的未来着想。学习期间，他们十分重视研究生的培养，千方百计为我们每个研究生提供参加国内学术会议、课题研讨以及到生产一线调研的机会。毕业前夕，研究生们还可根据自己的志向和爱好，去参观访问相关科研或行政单位，为将来的工作和事业做准备，这在当时是非常少见的。记得顾老师与我说，将来要搞学术沙龙，请杨守仁等老教授与你们这些年轻人一起探讨作物学科的发展。还记得我在写综述文章时，导师不仅逐字逐句帮我整理修改，让我署名，帮我正式发表；在我的硕士论文研究过程中，当时确定的是关于玉米倒伏方面的工作，一方面帮我确定题目和基本思路，一方面支持我买切片机等设备，同时指导我做切片等相关研究，帮助我找植物学专家高东昌老师请教。同时，两位导师一再强调要与生产实际相结合，与作物产量相结合，否则没有意义，因为我们做的研究是应用基础研究。最后形成论文——《氮、磷、钾肥对玉米倒伏及其产量的影响》，完全是在两位恩师的悉心指导下完成的，而 1989 年 3 月发表在《中国农业科学》之前，二位恩师让我拜访请教郑丕尧先生把关，发表时一定要把我的名字排在第一位，并对论文给予了高度评价。

五、情意重　恩情深

在我的心目中，总感觉恩师们像我的父亲、母亲一样，慈祥、可爱，时时处处在关心和爱护着我。记得他们的女儿顾宜晴告诉我："我爸、妈生前都很欣赏您。"是呀，但也不完全对，他们不是欣赏，而是像呵护自己的孩子一样关心、教育、培养和鼓励着我。

恩师们不仅爱护学生，还非常尊重自己的老师和学长。记得每次顾老师开会见到李竞雄先生、郑丕尧先生时，总是毕恭毕敬的；一般在年前来京开会时，经常亲自给魏建昆院长（河北省农林科学院，顾老师的师兄）发贺年卡，给朱鑫泉先生（农业部科教司）写信问候并派我送达；记得 1988 年春季，农业部农业司在沈阳召开玉米生产座谈会时，顾、戴二位导师非常尊重同行专家，利用这个机会，专门邀请了李伯航教授和谢道宏、黄舜阶、陈国平、佟屏亚等知名学者到沈阳农业大学给研究生讲课或座谈；记得当北京市农林科学院陈国平先生竞聘研究员时，顾老师亲自写推荐信，让我去送给陈老师；记不清是 1988 年还是 1989 年秋季，顾老师来北京农业大学开会，我去看望导师，他让我一起吃晚饭，正好临坐就是植物生理学大家阎隆飞教授，顾老师给我介绍的是"你的师爷"，让我敬了阎教授两小杯白酒，也许是我首次喝白酒，印象深刻。

顾老师来北京开会（全国侨联代表大会、国务院学科评议组会、中国农学会、农业部科技委员会会议，以及北京农业大学、中国农业科学院的专业研讨会等）的闲暇时间，抽空带我体验挤 332 路公交车的感受，请我在颐和园东侧的白玉兰餐厅品尝西餐，在北京前门大栅栏的夜市品尝羊杂碎，在北京站前的国际饭店品尝“八菜一汤”，在清华园讲述他的父亲创建清华大学“电气工程及自动化”专业的历史！虽恩师已故、恩情仍存在于心……

记得在 1990 年的 9 月初，顾老师给我写信说，在上海召开的农业部科学技术委员会上，他的研究成果获得李竞雄先生的充分肯定，使他特别高兴和欣慰，但总感觉很疲劳，想过一段时间去医院看看。收到信后没几天，我就得知顾老师病重已经住院，我于 9 月 27 日中午从北京赶到沈阳军区陆军总院看望恩师，当时顾老师的病情已经不再允许让别人探望了，戴老师一直在医院守护着。戴老师知道我是从北京赶来看望顾老师的，就说：“孙世贤，你进去看看顾老师吧。”（当时可能是唯一让进去看望顾老师的人）。一进屋，只看到顾老师正躺在病床上吸着氧气，但他的左手还是费力地、轻轻地、勉强地抬起了一点点，我看到他身体如此虚弱，千言万语却不知如何诉说，不知所措，竟没有上前握手。那一刻的记忆十分深刻，即便此时，无奈仍会涌上心头，涌得心痛。当日探访片刻后与戴老师说了几句话，由于假期短暂我只好无可奈何地回到了北京。没想到的是，没几日后，竟收到同学的电报是“顾丧事 6 日办”！我知道恩师走了，永远的离开了我们。一切都成为过去、一切无法挽回、一切无可奈何，心中悲痛不已！ 5 日我再次赶到沈阳并去看望戴老师，她见我说：“孙世贤呀，你与顾老师真的有缘，很多在附近的学生都没有见到，你这么远，顾老师病重和逝世后都赶来并见到了顾老师！”说得我非常心痛。说心里话，那时的我都不知道如何安慰戴老师，但心想着必须看看她，因为她就像我的母亲一样，怕她伤心难过，哪怕陪她多待一分钟也是好的。

顾老师去世后，我和戴老师仍然保持联系，记得戴老师有一年从美国回来，还特意送给我小孩一件衣服（当时都舍不得穿，仅仅穿过一两次就收好保存了），至今一直保存着这份深情！不仅是美好时光的记忆、留念，更是对二位恩师的追思、怀念。人生短暂，好好活着，为自己的小家、为父母的养育之恩、为恩师的培养之恩！我觉得我比别人笨点，但实在，他们对我特别好，或许是老师喜欢我这种实在的农民后代吧！他们给我的信函，我至今仍保留着。我的小孩已去美国威斯康星留学三年了，如果我的二位恩师仍健在的话，那得多高兴呀！记得 1998 年春节前后吧，我带小孩去戴老师家，小孩一直穿着鞋在床上乱蹦，但戴老师与她女儿一点也没有在意且感觉非常高兴，但其实戴老师家里很整洁。不知为什么，我小孩去别人家还真没有这样不守规矩，也许真的是缘分。

令人悲痛的是，顾老师还不到六十岁就离开了我们（1990 年 9 月 29 日），十几年后戴老师也离我们而去（2003 年 12 月 24 日）。今年是顾老师去世 28 周年，戴老师去世 15 周年，恩师已逝、恩情永在、恩德铭心！虽然他们的一生来去匆忙，但是他们的一腔爱国热血，并没有因青春在各种运动和“文革”中的流逝而冷却，他们对振兴我国农业和粮食安全的使命感，也未因长期受到的不公而减少。作为他们的研究生，我从来没有从他们那里听到一声抱怨；相反，他们呕心沥血、只争朝夕、以身作则，为他们年轻时立下的理想而努力，力争把失去的时间抢回来，这些都为我们这些晚辈学生做出了榜样。他们著作丰硕、成果累累、桃李天下。如今，恩师的弟子遍布国内外，虽然从事各种职业，但恩师的教诲和他们的精神，却刻在我们的言行中并力争发扬光大。

今借此篇记下他们的点滴，以缅怀恩师并自勉鞭策，希望更多的人知道他们的爱国之情、丰功伟绩和正直品格！在为中华腾飞新时代奋斗的开局之年，以激励我们为祖国的乡村振兴战略做出应有的贡献，早日实现中华民族腾飞、伟大的中国梦，这也许是我对两位恩师最好方式的纪念、感恩和缅怀。

备注：2018 年 2 月 23 日杀青。

感恩情怀

1995—2015年，与其他作物一样，是国家玉米品种区域试验审定推广创建、创业、创新的20年，是建立、发展、辉煌的20年，是追求、探索、奋进的20年，更是锻炼、提高、成长的20年！我们一路走来，伴随奋斗之艰辛、成长之快乐、丰收之喜悦、成功之欣慰，有追求、有梦想、有激情，使我们能够做出无愧、无憾、无悔于自己追求、时代要求、岗位职责的工作坚守、责任担当、人生探索。

有无数战友、专家和领导，为建立、健全、创新国家玉米品种试验审定制度以及品种测试、评价、推广的技术支撑体系做出了不可磨灭的历史贡献。

首先翻开1995年、1996年全国玉米品种筛选试验方案，承试人员名单映入眼帘，再翻开2015年国家玉米品种试验方案，找承试人员名单，比较20年来其中的变化，但我们仍能发现1995—2015年期间一直奔波在我国“种子战线”一大批战友的身影。虽然1995年的方案很不完善，但仍能看到当年甘肃省种子站雷云周的名字，看似默默无闻但值得尊重的名字，这本身正是区域试验应有的历史痕迹和真实写照！记载着当年风华正茂如今仍然奋斗在省级种子管理岗位的曲辉英、张轼的身影。1996年的方案中我们能够找到河北省种子站周进宝、安徽省种子站刘玉恒、黑龙江省五常市种子公司贾利、安徽省界首市农业科学研究所谢兰光、陕西大荔县伯仕乡高城试验站刘福泉、泾阳县永乐镇庞家农场符彦昌、宁夏回族自治区作物研究所杨国虎、甘肃白银市种子站柴举畔、张掖地区玉米原种场李文明、贵州省毕节地区农业科学研究所周光伟、中国科学院长沙农业现代化研究所盛良学等专家的名字，还能看到至今仍然奋斗在种子管理行业的刘华荣、杨元明、赵小峰等朋友的名字。

也许，种玉米的农民乃至玉米育种家、企业家未必记得上面这些人的名字，但他们的汗水、他们的技术、他们的经验、他们的智慧、他们的责任、他们的足迹，都写在了农民丰收的笑脸上，写在了粮食安全“十连增”的丰碑上，写在了丰富城乡农产品供给的实践上，写在农村农业农民奔小康的伟大征程中！他们的青春献给了农业这片热土，生养我们的地方，无怨无悔！这是历史的痕迹、时间的片段、零碎的记忆，20年来，我国玉米品种事业乃至农作物品种试验审定推广工作的成绩都离不开他们的付出和奉献，我想给大家简单分类回顾一下。

一、国家玉米品种区域试验主持人（1995—2015年）

极早熟组：王占廷（2003—2015）。

东北早熟组：张思涛（2014—2015）。

东北中熟组：裴淑华（1998—2000）、周朝文（2001—2002）、姚峰（2002—2004）、李磊鑫（2005—2015）。

东华北春玉米组：周希武（1995—1996）、陈学军（1997—2015）。

黄淮海夏玉米组：张鸿文（1995）、周进宝（1996—2015）。

西北春玉米组：张希明（1995）、贺华（1996—1998）、宿文军（1999—2005）、宋国栋（2011—2015）。

西南春玉米组：曹秉益（1995）、罗成凯（1996—1997）、孙林华（1998—2000）、林勇（2001—2007）、唐道廷（2008—2015）。

东南春玉米组：章履孝（1998—1999）、张会南（2000）、刘玉恒（2000—2015）。

武陵山区春玉米组：董新国（2002）、李求文（2002—2008）。

京津唐夏播早熟玉米组：赵久然（2001—2003）、杨国航（2004—2012）、张春原（2013）。

主产区预备试验组：各区主持人（1997—2005）、刘存辉（2006—2015）。

青贮玉米组：刁其玉（2002）、刘国华（2002）、赵久然（2003—2012）、潘金豹（2013—2015）。

东华北甜糯玉米组：王玉兰（2001—2008）、赵仁贵（2009—2015）。

黄淮海甜糯玉米组：陈彦惠（2001—2007）、温春东（2001—2008）、库丽霞（2008）、田志国（2009—2015）。

东南甜糯玉米组：刘玉恒（2001—2015）。

西南甜糯玉米组：林勇（2001—2003）、王秀全（2001—2007）、刘玉恒（2008—2015）。

爆裂玉米组：史振声（2001—2002）、李凤海（2013—2015）。

二、国家玉米品种区域试验省级负责人（1995—2015年）

北京：赵青春（1995）、柏广山（1996—1998）、白琼岩（1999—2011）、叶翠玉（2012—2015）。

天津：周宗濂（1995）、乔东明（1996—2004）、常雪艳（2005—2015）。

河北：张鸿文（1995）、周进宝（1996—2004）、李志勇（2005）、周进宝（2006）、刘素娟（2007—2010）、张力（2011—2013）、鲍聪（2014）、李媛（2015）。

山西：杨金亮（1995）、姚先伶（1996—1998）、姚宏亮（1999—2015）。

内蒙古：李贵宝（1995）、安福顺（1996）、张桂梅（1997—1998）、张秀清（1999—2002）、宋国栋（2003—2014）、陈春梅、李丽君（2015）。

辽宁：裴淑华（1995—2001）、姚峰（2002—2004）、蒋世贤（2005）、王洪山（2006—

2007）、李磊鑫（2008—2015）。

吉林：周希武（1995—1996）、陈学军（1997—2015）。

黑龙江：陈玲（1995）、康忠宝（1996）、刘崇（1997）、周朝文（1998—2002）、李峰（2003）、郭丽芳（2004—2012）、张思涛（2013—2015）。

山东：曲辉英（1995）、刘华荣（1996）、成俊兰（1997）、刘存辉（1998—2015）。

河南：刘广章（1995）、温春东（1996—2010）、邓士政（2011—2015）。

江苏：何金龙（1995）、程学林（1996—1998）、郭志刚（1999—2000）、管晓春（2001—2003）、阙金华（2004—2005）、管晓春（2006—2015）。

安徽：朱国邦（1995）、刘玉恒（1996—2015）。

浙江：陈昆荣（1995）、俞琦英（1997—2015）。

上海：陆雪珍（2001）、王蔚华（2002—2003）、张建中（2004）、楼坚锋（2005—2013）、杜兴彬（2014—2015）。

福建：张轼（1995）、李宇（2001）、陈双龙（2002—2004）、滕振勇（2005—2015）。

江西：方又平（2001—2005）、王凤虎（2006）、贺国良（2007—2008）、章文顺（2009—2015）。

广东：蔡惠娇（1995）、王子明（1996）、胡学应（2001）、王子明（2002—2015）。

广西：陈予丰（1995）、覃德斌（1997—2015）。

海南：白翠云（2004—2013）、钟灵惠（2014—2015）。

湖南：段爱娜（1995—1996）、许琨（1997—2000）、王伟成（2001—2009）、周赛群(2010)、童石平（2011—2015）。

湖北：汪发启(1995)、那仁学(1996)、卢开阳(1997)、哀琼（1998—1999）、吴和明(2000)、董新国（2001—2003）、谢建平（2004—2005）、董新国（2006）、唐道廷（2007—2015）。

四川：龙斌（1995）、杨元明（1996）、龙斌（1997—1998）、林勇（1999—2015）。

重庆：毕传洛（1998）、何启志（1999—2002）、鲜红（2003—2015）。

云南：曹秉益（1995—1996）、罗成凯（1997）、孙林华（1998—2006）、罗成凯（2007—2009）、林丽萍（2010—2015）。

贵州：潘万成（1995—1996）、周光艺（1997—2001）、李其义（2002）、余虎（2003—2015）。

陕西：张希明（1995）、赵小峰（1996）、姚撑民（1997）、赵小峰（1998—2008）、姚撑民（2009—2015）。

甘肃：雷云周（1995—2015）。

宁夏：贺华（1995—1998）、宿文军（1999—2005）、常学文（2006—2013）、李华（2014—2015）。

新疆：李文刚（1995）、哈丽旦（1996—1999）、佘青（2000—2015）。

新疆兵团：辜立新（2001—2004）、侯新河（2005—2015）。

三、品质检测专家（1997—2015 年）

王乐凯、苏萍、祁葆滋、林夕、杨秀兰、陆卫平、陆大雷、陈彦惠、库丽霞、王秀全、何丹、史振声、蔚荣海、潘金豹、张秋芝等。

四、抗病鉴定专家（1997—2015 年）

戴法超、王晓鸣、段灿星、刘爱国、张成和、石洁、郭宁、杨家秀、李晓、崔丽娜、姜晶春、晋齐鸣、李红、王作英、张匀华、郭成等。

五、DNA 指纹检测专家（2002—2015 年）

赵久然、郭景伦、王凤格、易红梅、王守才、张雪原、张彪、肖小余、杨俊品、林勇、谭君、陆卫平、陆大雷等。

六、承试人员

这支队伍是国家玉米品种试验、审定、推广中，最辛苦也是功劳最大的基层专家群体，也许很多人早已离开这个行业，但他们留下了奋斗的痕迹、踏实的足迹和美丽的轨迹，在我心里留下了深深的烙印，也在我的人生轨迹上留下了难忘的印记！我感谢、感恩、感动，他们的勤奋、汗水、心血撒在了滋润和养育我们的大地上，他们的技术、经验、智慧正在激励我行进、战斗乃至前进路上发出温和的怒吼！鉴于篇幅有限，难以一一列出，只好留在心里、留在美好的回忆之中，尤其是对已经退休的专家和朋友。现在只能罗列出部分印象深刻的专家朋友们，他们是这个队伍在不同时期、不同区域、不同层面的代表，代表了所有承试人员的风采，我们一起祝福他们！

他们有的退休、转行、转岗，他们是：符彦昌、刘福泉、陆强、金明华、李岁劳、李淑兰、贾利、贾琏章、程相文、陈现平、陈忠、王奎生、裴淑华、周光艺、郭万生、方传新……

还有很多被提拔重用或先后离开本岗位且非常值得感谢的年轻朋友，如贺华、李求文、李猛、李红梅、郑淑云、郭文定、程虎、赵洪、时成俏、周继红、田甫焕、周广成、余先驹、张烈、杜红……

七、玉米专业委员会（1981—2016年）

这是一批不同时期的专家队伍，是把关的队伍、决策的队伍，更是履行对试验监督和指导的队伍，不乏中国玉米界的知名大家。

1. 第一届全国农作物品种审定委员会玉米组（1981—1988年）

组　　长：陈启文

副 组 长：吕繁德　李百禄　周玉振

组　　员：张新兴　岳　明　严光磊　白秀莲　徐家舜　耿庆汉　邱景煜　靳有权
栗振镛　程剑萍　潘鸿业　鲁友章

顾　　问：李竞雄　吴绍骙

2. 第二届全国农作物品种审定委员会玉米专业委员会（1989—1996年）

主　　任：李船江

副 主 任：吴景锋　贾世锋

委　　员：杨华铨　滕跃聪　钟国兴　曹秉益　苏祯禄　吕繁德　韦全生　马国权
张兆雄　吴振华　潘鸿业　周希武　魏有学　袁祝三　汪家灼　于洪滨
谢道宏　魏　勇

顾　　问：李竞雄

3. 第三届全国农作物品种审定委员会玉米专业委员会（1997—2001年）

主　　任：冯维芳

副 主 任：张世煌　吴绍宇

委　　员：裴淑华　李登海　李龙凤　张进生　陈学军　黄　钢

品审专家：杨华铨　陈佳敏　刘　杭　庄　峰　矫树凯　苏胜宝　王义波　李文刚
康忠宝　刘玉恒　罗成凯　成贵明　周进宝　孙世贤

4. 第一届国家农作物品种审定委员会玉米专业委员会（2002—2006年）

主　　任：季广德

副 主 任：王守才　郑　渝

委　　员：陶承光　李登海　李龙凤　马思源　张进生　陈学军　周进宝　张　彪
刘　杭　侯爱民

5. 第二届国家农作物品种审定委员会玉米专业委员会（2007—2011年）

主　　任：季广德

副 主 任：王守才　周进宝

委　　员：陈学军　刘玉恒　赵久然　张进生　张　彪　黄长玲　陶承光　王　雷
刘存辉　刘　杭　周朝文　常　宏　李华胜　姚宏亮

6. 第三届国家农作物品种审定委员会玉米专业委员会（2012—2016年）

主　　任：丁万志

副 主 任：黄长玲　李绍明

委　　员：王积军　赵久然　苏　俊　周朝文　李洪建　冯　勇　杨元明　邓士政
石　洁　姚宏亮　迟　斌　常　宏　李华胜　任仲勋　梁新棉　王延波
王凤华　严勇敢　董国兴　孙占勇

八、有关领导（1995—2015年）

没有领导的大力支持，不可能有今天的局面，他们在各自的岗位上为国家农作物品种审定制度的建立、完善和发展，在试验管理、审定规范、经费支持、设备完善、设施建设等方面都留下了他们的足迹和贡献，应该记住他们。现就本人在从事玉米岗位职责工作中直接了解和掌握的一些情况看，主要体现在以下一些方面。

崔世安、王智才、郭恒敏、廖琴等：理顺国家农作物品种试验审定管理体制、创建国家级水稻小麦玉米棉花品种测试与评价体系、改革与完善农作物品种审定制度等方面；

刘坚、王连铮、陶汝汉、廖琴、李奇剑、胡义萍、李洪涛等：争取国家试验专项经费支持并立项、保证试验经费长治久安等方面；

范小建、潘显政、廖琴、谷铁城等：支持非审定作物品种鉴定推广等服务方面，还有张冬晓、邹奎、邱军、陈应志、金石桥、何艳琴、张芳、曾波、胡小军等同事各司其责，也都为非审定作物品种的管理鉴定推广等服务工作作出了积极的努力和应有的贡献；

陶汝汉、栗铁申、朴永范、潘显政、李立秋、邓光联等：都曾作为全国农技中心分管领导，多年来直接领导、支持和管理国家农作物品种试验审定及良种繁育、新品种推广等工作；

廖琴、李奇剑、胡义萍、李洪涛、谷铁城等：为获得专项经费更大、更长期的支持，积极申请、努力增加、规范运行、合理使用和加强专项经费依法管理等做出了应有的贡献；

郭恒敏、廖琴、谷铁城等：为我国农作物品种试验审定制度和技术支撑体系的建立、健全和发展，以及推进试验审定制度改革、完善和规范等都做出了应有的贡献；

廖琴、谷铁城、曹华、李睿、张野田等：积极争取国家农作物品种区域试验站建设、标准样品库建设和抗性鉴定站建设的投资项目，包括科学规划、完善布局、增加投入和标准化建设等方面。

九、老师专家战友（1995—2015年）

源于工作、源于事业，源于缘分、源于情怀，认识了不少先生、老师、领导、专家和朋友，难忘昨天……

缅怀的老师：顾慰连、戴俊英、李竞雄、郑丕尧、卢良恕、熊振民、黄宜祥、姜惟廉、李伯航、秦泰辰、戴法超、周宝林、曾孟潜、王崇义、魏义章、李德洪、董家涛、甘吉生、刘纪麟、王连铮、汪家灼、陈国平、王广忠、刘礼超、袁隆平。

敬仰的大家：庄巧生、许启凤、李振声、戴景瑞、谢华安、宋同明、孔繁玲、朱鑫泉、吴景锋、凌碧莹、李登海、陈伟程、程相文、堵纯信、罗富和、荣廷昭、方智远、郭三堆、刘旭、潘才暹、石德全、赵克明、郭日跻、王玉兰、徐万陶、傅廷栋、卢庆善、胡学爱、李馨富、陈如凯、李殿荣、林汝法、郭秦龙、柴岩、谢孝颐、杨家秀、许雷、赫忠友、吴子恺、黄发松、陈伊里……

难忘的专家级战友：缘于工作，缘于事业，缘于情分，在从事玉米、高粱、谷子、甘薯、甘蔗、甜菜、小宗粮豆、棉花、马铃薯、蔬菜、西甜瓜、茶树、小麦、烟草等农作物品种推广、粮食安全、农产品有效供给和中国种业发展的艰难历程中，因技术增长、经验提升、智慧积累的需要（也许应该是缘分），认识了各作物、各学科、各领域的不少年轻的专家，给了我很多无私的帮助、技术的指导，是我人生的榜样，在本书中只是个人感恩、感慨、感谢而已，担心挂一漏万，而没有罗列他（她）们的名字，但这些专家级的战友都将刻在我人生美好的记忆里、难忘的回忆里、感恩的情怀里。

谢谢你们，令我尊敬的各位老师、专家和战友！

追求梦想

你有梦，我也有梦！我的玉米梦，是在漫长的工作中逐渐形成并不断完善的，是在承载岗位职责、努力工作与事业追求中形成的！逐渐清晰，难舍难忘，记忆犹新，仍在延续！

一、腰板硬一点

伴随国家改革开放进程，我国农业尤其是玉米种子产业长期落后的局面越来越凸现，难忘几件涉外事。

记得那是1992年前后，正值我国黄淮流域、长江流域棉花产区棉铃虫大发频发、危害严重的年度。听说几位孟山都公司的美国人，与国家发改委、财政部、科技部商谈转基因抗虫棉技术在中国合作开发或转让事宜，可能需要支付几千万美元（也许是道听途说），因要价太高未能达成协议，他们只好找农业部商谈合作，这时才见到美国孟山都客人，我当时虽然懂得不多，但因工作职责而参加了会谈。我当时心想，我们这么大的农业国家，如果农业科研很强的话，何必与美国客人这么被动的谈呀！好在有以郭三堆为代表的我国棉花科技工作者，经过几年的努力打破并扭转了这种被动局面。这件事对我触动很大，对我爱国主义教育和国人当自强的影响很大，也使我认识到没有自主知识产权的高新技术，底气不足、腰板是硬不起来的，如同在战场上被动挨打一样。

1993年春天，我在全国农作物品种审定委员会办公室工作时，我的同事向领导提供了一个信息，德国一家公司想在中国进行玉米品种的引进试验，领导派我具体负责这项工作，当时引种并不顺畅，通过香港捷成洋行来进行，具体工作是在主任领导下，由我与德国KWS公司代表曾昭阳联系办理，这是与外企的正式合作，达成了在中国开始试验KWS玉米品种的有关事宜。还好，谈判比较顺利。在取得一些经验的基础上，后来我又承担了与美国先锋公司合作的具体事宜。到1994年的春天，美国先锋公司想重返中国（1990年前后，先锋公司曾与李竞雄先生为代表的中国专家团队谈合作进行引种，专家成员包括顾慰连、吴景锋、戴景瑞、郭日跻、赵克明、张宝石等中国科教界玉米知名专家），拟与中国官方合作进行玉米品种的引进试验。为此，农业部农业司于1994年召开了先锋公司玉米引种座谈会，邀请戴景瑞教授、吴景锋研究员等知名专家座谈，农业部参加座谈的有农业司种子处、全国种子总站、全国农作物品种审定委员会办公室等有关人员共20来人。大家普遍认为，先锋公司引进玉米品种在我国试验肯定是利大于弊（我国不是玉米起源国），只是如何规避风险、为我所用的问题。会后，农业司安排由全国农作物品种审定委员会办公室具体负责引种的相关事宜。因此，从1993年、1994年、2000年，本人作为德国KWS种子公司、美国先锋种子公司、美国孟山都公司玉米品种来中国引种试种的主要参与者、具体实施者、操作者和执行者，了解并直接实施了相关的引种启动、运行、操作、方案、定位、决策等具体工作进程。期间，尤其值得一提的是，对方的具体执行者甚至是决策者大多都是我过去的同学、同事或同行朋友。记得有一次，先锋的华人代表（可能是美国国籍，我曾经的同事）与处长进行工作沟通时，代表先锋公司向我们明确提出，先锋公司的专家曾建议参加中国的国家玉米品种审定委员会。处长代表全国农作物品种审定委员会办公室指出："你们的建议很好，待下届委员会成立前，我们会把你们的建议向部里有关主管领导积极反映，希望能得到领导的认可。"我也补充了个人意见："是否可先回答一下我的想法，我想参加美国的国会，如果你们能满足我的想法，我们肯定会尽力实现你们的要求！"

这件事使我想到很多，想到现在、奋斗到现在、梦想到现在！是否让美国的玉米品种及其种子进入中国，国家有主权，决定权在我们一方；如今中国已经加入WTO，我国已经改革开放40年了，我们不能总靠主权决定经济、技术、商业、市场等，况且我国并非玉米起源国，长期在计划经济主导下。现在，我们也不能在技术上尤其是种业这个农作物的"母体"技术、基础技术、核心技术、先导技术上总依赖于跨国公司，那样我们就太被动了，没有发言权、自主权，相当于没有主权！一直在梦想，什么时候我国的农业科技、农业产业、农业种业再进步一些、发达一些、强大一些；我们的种业发展再强大一些，种业环境再清净一些，种业服务再优质一些，种业管理者不要犯主观主义错误，打胜仗的信念、实力、能力才能再把握一些！说话的语言、语气、语调才能再理直气壮一些！我们的腰板才能真正再硬朗一些！

二、种业强一点

那是2000年的秋天，在云南的西山上，我有幸应邀参加在昆明举办的孟山都公司玉米引种试验年度总结会，会议期间孟山都公司北京代表处发布了本年度在相关省各试点的玉米品种试验对比结果。因为时间比较充裕，主办方邀请与会代表一起到昆明西山一览滇池风光。在上山的路上，一位孟山都公司的主管与我沟通起来，他与我说起国家玉米品种试验培训班的事，他希望将来再举办类似的培训班时，能邀请孟山都公司的专家到培训班来讲讲，他们可以给几千元人民币的赞助支持。对于他的建议，我表明了自己的兴趣与态度，我当时致谢后就立即、直接、明确地告诉他：我们1999年10月27—31日在北京举办的国家玉米品种试验技术培训班只是拉开了培训的序幕，这仅仅是开始，水平还有待提高，针对性有待增强，人员还有待增加，这只是玉米品种试验队伍早期的最为基本的基础培训，未来的培训还会有很多，机会也有很多。我同时明确三点意见：一是新的国家级玉米品种试验及其改革从1995年刚刚起步，国家与省级、试验与审定、审定与推广的关系尚未完全理顺，试验体系、布局、设置、目标、规则还很不完善，都在研究、探索、优化中，等我们把框架结构、实施方案、方向目标确定好以后，会请你们来当专家授课的，而且还会与中国的专家一样支付培训咨询费，现在百业待兴，条件尚不具备；二是未来，待我们把国家试验网建设好以后，会请国内外的专家、企业家来授课，但赞助企业的资质条件和收费标准还未确定；三是外企尤其是孟山都公司给国家玉米品种试验几千元赞助来变相做宣传广告和理念推广，那是不现实的，是不可能的。

三、主权不可让

记得故事发生在盈科大厦，也是发生在与孟山都公司引种合作之中。在我的印象中，那时似乎有一条不成文的规定，不是处级以上干部是不允许在工作中与外方接触的，但往往农业由于农时问题、引种种源问题、进口申请审批问题和内外检疫隔离监管问题，农时是不等人的。领导不在、时间紧迫，又是纯试验技术问题，也使我很为难！当时为了加快合作和引种，我甘愿冒很大的风险前往盈科中心与孟山都技术专家谈纯技术的问题，一进办公室感觉很亲切，外国企业有一大帮年轻的、高学历的国人面孔，有大概二十多位硕士、博士。我想着问题并开玩笑式的顺嘴给说了出来："看样子今天我是深入虎穴呀！"不该谈政治问题的场合却突然间给了我一个爱国的机会，事情往往就是这么巧合。我刚刚坐下后，孟山都专家给我端了一杯甜甜的咖啡过来，顺手就将当年准备在中国安排的孟山都公司玉米品种试验布局方案给我一份，以便大家研究是否可行，我作为到北京孟山都办事处洽谈合作引种的中方客人，能够感受到他们的热情。真的也许是巧合，他们刚刚把今天要谈的内容开始介绍，我便不客气地直接插话问两位朋友："是与我谈技术还是政治，如果是政治谈判我没有资格，如果是技术沟通的话，你们拿给我的试验方案图为什么不是完整的中国地图？把我们的宝岛台湾放哪里去了？"这时他们看了一下试验布局图后恍然大悟，马上表示抱歉，他们没有注意到，这个地图原来是在美国下载的中华人民共和国地图，不含台湾，但我明确表示这是不能容忍的。他们根据我的要求，马上重新下载并打印一张中华人民共和国地图完整的试验引种布局方案，这样我们双方才开始真正进行技术方案的讨论，主要是试验布局、试验方案、结果分析、组织协调、总结年会等方面。

四、遵守中国法律

1994—1995年全国农作物品种审定委员会办公室承担与美国先锋公司的玉米引种合作，由农业部农业司与先锋公司来签订合作合同，鉴于当时的状况尤其是我国植物新品种知识产权保护制度尚未建立，先锋公司担心他们的品种难以在中国得到有效保护，故在合作协议中加入相关条款以规范和限制。现在我还清楚地记得其中的部分条文，如关于品种权保护要遵守美国艾奥瓦州的法律，同时引种材料及其试验中生长出来的根、茎、叶、花、花粉、果实等，均不得被中方利用，按每个试点每个品种（含一个对照）30 美元的试验费用给中方试验承担单位。1995 年 8 月 24 日全国农业技术推广服务中心（以下简称全国农技中心）成立，是由原全国农业技术推广总站、全国植物保护总站、全国土壤肥料总站和全国种子总站合并而来。在全国农技中心下设良种区试繁育处，我在这个处工作，具体职责是负责玉米以及高粱、谷子、甘薯、甘蔗、甜菜、小宗粮豆、烟草以及当年的小麦等作物的品种试验、审定、推广及良种繁育的技术工作，直至 2005 年的 5 月 15 日（2001 年后，除玉米、小麦外的这些作物，均不在审定之列）。与先锋公司的玉米引种工作就由农业部农业司转到了全国农技中心。中心成立不久，我向当时的分管领导提出建议：一是先锋与中国农业部门签订协议的个别条款中遵守美国艾奥瓦州的法律不合适，必须删除，且应改为遵守中国的法律，其主要原因是试验在中国进行，这是主权与管辖权问题，次要原因是我们及中国相关的试验承担方不懂也不需要懂美国的法律，这是个入乡随俗的问题；二是关于根、茎、叶等试材的问题，相对属于具体事宜，我后来给先锋代表提出的是“你生产出来的材料，最好的解决办法是全部带回美国处理”，但运费和处理费用也只能由先锋公司承担；三是试验费用补偿问题应该从每个品种每个试点 30 美元增加到 60 美元。还好，除第二条难以实现也无法实现外，第一条、第三条的要求在后来的合同中都得到修改和体现。我当时看到合同后一直在想，我中华人民共和国怎么可能在自己的国土上去遵守美国艾奥瓦州的法律，国家不强大就没有自主权和话语权！

五、回答刘先生对试验的担心需要 10 年

记得 1995 年前，国家玉米品种试验网不是很健全，试验与审定、国家与省级没有什么关系。当时有两大问题：一是经费严重不足，国家级农作物品种试验经费每年仅仅 30 多万，国家级玉米品种试验经费五个区组总经费仅仅 2.5 万元，如果要继续维持召开每年一个试验年会的需求都十分困难；二是试验审定关系严重不顺，国家级试验与省级试验不衔接、与国家级审定不配套，仅仅开展了科研教学单位的品种比较试验，对玉米品种的利用、评价和推广价值等方面的作用可以说十分有限。当年申报国家级玉米品种审定有两个前提，通过两个及以上省级审定的品种，或通过一个以上省级审定且在全国（国家）玉米品种试验中表现突出的品种才能申报国家审定。可以说，参试品种少、品种类型少、试验组别少，审定速度慢、审定数量少、审定周期长，已审品种使用时间长、纯度差、退化严重，都难以满足生产对玉米品种的基本要求。这样，1995 年 3 月 7—10 日，全国农作物品种审定委员会办公室在北京组织召开了各省种子站（公司）品种科长参加的会议，农业部农业司崔世安司长亲自到会并发表讲话［见全国农作物品种审定委员会文件（1995）农（品审）字第 5 号，即《关于转发〈全国品管科长会议纪要〉的函》，1995 年 4 月 27 日发］，决定开展全国水稻、玉米、小麦、棉花四大作物的新品种筛选试验，满足生产对品种审定的客观要求，服务于农业部 2000 年实现“四个一”的迫切需要。实际上，在玉米方面进行这项筛选，我们正好可以充分利用这个

机会，加快推进和积极探索国家农作物品种试验审定制度改革。从此，全新的国家玉米品种试验在全国同行的大力支持下，有条不紊地进行有序改革。到1997年秋季，全国玉米品种筛选试验取得了巨大的成功。主要成果：一是理顺了国家试验与省级试验的关系；二是理顺了国家试验与国家审定的关系；三是筛选出了以农大108、中单321、锦玉2号、中原单32、中单5384等为代表的玉米新品种；四是理顺了试验布局和区域试验、生产试验及品质检测、抗病性鉴定等的关系；五是搭建了多点次、大规模示范观摩为平台的新品种推广网络。当时，本人提出的"用试验网启动新品种推广网"的建议得到了全国承试单位的大力支持。记得当时很多地方利用黑板等简陋条件书写品种示范标志牌，在中央一台新闻联播以及中央二台金土地节目、中央七台农业节目和《农民日报》《科技日报》《经济日报》等媒体开展新品种宣传报道，1998年大规模组织开展了从吉林（长春、农安）、辽宁（铁岭、沈阳、锦州）乃至河北（秦皇岛）、北京（延庆）等地考察观摩评价活动，这一路下来通过玉米优良品种的示范观摩来宣传推广农大108等新品种，取得了良好的成效，达到了预期的目标——即2000年前筛选出2~3个可以在全国推广的玉米新品种、大品种、好品种。

实际上，1995—1997年国家有两套玉米品种试验体系：一套是原有的全国玉米品种区域试验体系，由中国农业科学院科技管理局和农业部农业司共同主管的；另一套就是由农业部农业司和全国农作物品种审定委员会办公室主管的当时称为"全国玉米新品种筛选试验"的体系。两套并行，但运作方式、管理模式是有本质区别的。原来的区域试验体系是以中国农业科学院为主导、以科研单位来主持和支撑的体系；而全国玉米新品种筛选试验是以全国农作物品种审定委员会办公室主导、以各省种子管理部门主持和支撑的体系。后来直到现在，筛选试验逐渐形成了影响和推动全国农作物品种试验审定推广20多年的比较科学、比较健全、比较完善的组织管理体系、网络健全的测试评价体系、目标明确的技术推广支撑体系。

在试验改革取得成效、试验体系基本建成、试验网络比较齐全、试验运行比较顺畅、试验管理基本理顺的情况下，我向有关领导提出可以取消原来的全国玉米品种区域试验，领导同意了我的意见。因此，我打电话分别通知了吉林省农业科学院玉米研究所、辽宁省丹东市农业科学研究所、山东省农业科学院玉米研究所、江苏省农业科学院粮食作物研究所、四川省农业科学院作物研究所、广西壮族自治区玉米研究所等几家主持单位，得到了他们的大力支持。正值东南试验网拟在南昌市召开玉米品种试验年会、西南试验网在成都市召开玉米品种试验年会，领导派我参加了两个玉米品种试验年会。我在西南、东南全国玉米区试会议上宣布，用全国玉米品种筛选试验取代原来的全国玉米品种区域试验，并改名为国家玉米品种区域试验，原国家试验经费停止下拨，原全国玉米品种试验网停止运行。

印象最深的有两件事。

一是西南区试会，即在成都市召开的西南玉米品种区试年会（会议实际名称为"1996—1997年全国杂交玉米西南区试总结会议"，1997年11月17日在四川省农业科学院静园宾馆报到，18—20日开会，会议通知由四川省农业科学院作物研究所下发，会议由广西壮族自治区玉米研究所和四川省农业科学院作物研究所共同主持）。西南区的全国农作物品种审定委员会玉米专业委员会钟国兴、杨华铨、滕耀聪、曹秉益委员和西南各省种子管理部门的具体负责人、相关试点及中国农业科学院等科研单位的代表70多人参加了会议。在试验总结完成后，我全面介绍了国家玉米品种试验改革的思路、对策、建议等，与会代表也纷纷发言，大部分是赞成的，也有提出意见和建议的。记得最清楚的是四川省农业科学院黄宜祥研究员、四川农业大学荣廷昭教授等西南玉米育种界知名专家都参加了会议，华中农业大学刘纪麟教授进行了总结性的讲话，他对试验改革思路提出了“85%赞成、15%担心”的意见。致谢时，我感谢刘老师能够给我们的工作以高度评价，给了我们“85分”这样的优良高分，我说：“您给了学生85分，是个优良分，我会一直记得您的教诲，也会一直为此努力的！”这是刘先生对我们工作的鼓励与未来的期待！

后来再次见到刘纪麟老师是6年后的2003年8月30—31日，那是在河北省冀南玉米研究所育成的恢复型雄性不育胞质杂交种永玉2号、永玉7号、永玉8号田间技术鉴定会上，与会专家有刘纪麟教授（专家组组长）、赵克明、潘才暹、胡必德、李建生、苏胜宝、刘杭、赵久然、周进宝等专家。我还在会议上发表了个人意见：一是加大技术的研究力度，即技术成熟度；二是禁止随意报喜、无限夸张，可适当宣传，尤其是属纯科学技术研究的相关内容；三是我们要时刻想着农民，农民承担不了生产风险；四是政府的许多工作就是为规避风险，不成熟或没把握的东西不要拿到市场中去；五是从研究进展看，育性比较稳定，恢复性比较好，但要经得起时间、区域、年份、制种和使用过程中的实际生产检验；六是品种审定的目的就是在使用价值的基础上规避生产风险，审定时可以考虑请华中农业大学组织中国农业大学、中国农业科学院、河南农业大学等方面的专家进行鉴定；七是一旦发生生产事故，政府、公司、科研，谁都有责任，而且不育化制种研究将受到新的重创，请大家尽最大努力保护农民利益和规避生产风险。我的大部分意见得到与会长辈专家的认可。

发言后，我毕恭毕敬地向华中农业大学刘纪麟教授和熊秀珠教授赠送了我个人刚刚出版的《中国农作物品种管理与推广》一书，记得两位先生非常高兴、面带微笑地接过我的书，更接到了我自己小小的、又是人生中对先生曾经的庄严承诺，终于自认为已经初步顺利地完成了刘老师交给我的任务，有一种难以言状的亲切感、崇敬感、轻松感、快乐感、成就感！我们这一大批人没有白辛苦，老师的微笑和默许是对学生最大、最好的鼓励！我在书上激动地写下了“尊敬的刘老师、熊老师：我用10年时间回答了您的问题，但愿您满意！学生：孙世贤”。当刘先生80寿辰时，本想去专程看望老人家但未能如愿。一晃就到了2008年夏季，当年正值东南、西南两区甜糯玉米品种试验合并运行以扩大适宜范围测试，用东南鲜食品质来推动西南甜糯玉米的发展，这次是以甜糯玉米为重点的湖北、江西、福建省考察，来自北京、安徽、江苏、广东、广西、福建、江西、湖北等省（区、市）种子管理部门或科研单位的有关专家共10多人参加了考察，正好本次考察在武汉报到，我就特别想去看看刘老师并聆听先生的教诲，终于如愿以偿。记得应该是2008年的6月26日，我借带队玉米品种试验考察的报到时间，在董新国等几位朋友的陪同下一并前往老人家中并祝福，刘先生身体很好。巧合的是，2015年7月26日，也是借西南玉米品种考察在武汉报到当日午后，我在两位老友刘永忠、周广成陪同下拜访刘先生，再次受到老人家的热情接待，有机会当面请教玉米问题、感恩厚爱、畅谈人生。给我的感觉是，刘先生虽已九十高龄，但还是从前那样，仍身体硬朗、活动自如、思维敏捷、声音洪亮、和蔼可亲，给我留下了难以忘怀的记忆。

二是东南玉米区试会。1997 年 11 月 19 日晚，我从成都前往南昌，先参加的是在江西省农业科学院旱地作物研究所的预备会议，然后是区试总结会（20 多人参加了会议）。上海市农业科学院李馨富研究员和江苏省农业科学院章履孝研究员不太同意东南区改革，并对我说："原试验搞得不错，如果改不好，你将成为历史罪人。"我一面与专家解释，一面组织大家研究如何改进。重点是理顺试验与审定、国家与省级的关系，主要是做好信息沟通共享、加强省级对试验工作的监督管理等方面。经过认真研究、积极沟通、渐进改革的推进思路，会议期间得到了与会专家的大力支持，包括李老师、章老师的理解。东南玉米品种区试年会代表对原来的试验体系进行了进一步的优化、调整，使之整体并入新的国家玉米品种试验网中，进展顺利。这样，使东南国家玉米品种试验改革有序展开、积极推进，后来为我国甜糯玉米产业的发展做出了带有全局性、引导性、方向性的积极贡献。

六、理想、信念与梦想

每个人都有属于自己的梦，但圆梦的历程往往都是艰难困苦的痛苦选择和奋斗历程，更是酣畅无比的寻梦进程和快乐追求！我的梦的确是逐渐清晰的，旅途难免艰难跋涉，但心情是无比欣慰的！回顾起来觉得是无悔的选择、无限的快乐、无欲的追求，甚至决心永远在寻梦的路上忘我奔波！共同的梦想与追求才能构建起万紫千红的、奇光异彩乃至丰富多彩的梦！记得那是很早以前就追求的梦，也许是现实，也许是梦想，昨天是梦想，今天是现实，明天更是沉浸在现实与梦想的交相辉映之中……

在玉米路上的梦，也许是我最早形成的所谓梦，但并不是真正的梦，只是一种期待、追求与梦想！那是从中国农业科学院来到全国农作物品种审定委员会办公室时的设想，就是能够参与我国玉米决策，乃至玉米生产、玉米种业、玉米产业的决策，也仅仅是参与；后来就是因为与种子外企打交道逐渐形成了我的玉米梦。尚好，真的参与一些决策的过程，如玉米优势产业带制修订乃至论证，农业部玉米指导组的遴选，玉米主导品种和主推技术的初选乃至遴选，玉米品种试验、审定、推广的规划布局定位和策划，玉米品种试验、审定和种子生产的技术标准体系等，外引品种进入中国的利弊得失、路径选择与对策定位等，也算工作、也是追求、也是梦，并不高但都在默默参与中、创新探索中、实践奋斗中！

在我从事玉米工作 30 年的历程中，逐渐形成了在玉米试验中的人生目标定位和自我认为的事业目标追求，那就是：所有育玉米的人知道我，所有制玉米种子的人知道我，所有卖玉米种子的人知道我，所有种玉米的人知道我，所有吃玉米的人知道我，所有用玉米的人知道我，所有搞玉米的人知道我！

可以说，目标并不远大，但可能即使活 300 年也实现不了；目标并不高，但完成起来太难、永远达不到顶点，我们每天都在目标上、每天都在进程里、每天都在寻梦的途中！其实，7 个目标中，前 3 个目标相对容易些；第 4 个目标相对难些，只要农民用上好品种即可，努力也许会实现得更快些；后 3 个目标简直比登天还难，这就是我从事玉米时最早形成的玉米梦、渐进清晰的玉米梦和逐渐完善、努力奋斗、长期追求的玉米梦！永远走在实现梦想的大道上，永远向预定的目标前进、接近、靠近！尽最大努力，实现人生真正的岗位梦、事业梦、职业梦、玉米梦、理想梦、人生梦！

您也有梦吧？但愿您的梦比我的梦更万紫千红、丰富多彩、五彩斑斓，甚至气壮山河！让我们一起，一代一代的用持之以恒的决心、信心，不断地追求探索、不懈地努力奋斗，实现中华民族伟大的中国梦！

备注：2015 年 12 月 20 日杀青。

第二章

履行职责

试验建网

农作物品种区域试验是育种、良种繁育和品种布局不可缺少的中间环节，也是品种审定和进一步大面积推广的依据。我国自20世纪50年代起陆续开展各作物的新品种区试审定工作，但在“文化大革命”期间中断。到70年代中后期以来，这项工作在改革开放大潮中陆续得到恢复，并建立了农作物品种区域试验和审定组织，形成了国家和省（区、市）两级品种区试和品种审定体系。但是在1995年之前，全国农作物品种区域试验功能很不健全，主要体现为试验经费严重不足和试验审定关系不顺。由于上述两个问题，导致品种区试工作步履维艰，审定速度慢、审定通过的品种数量少，截至1995年，国家仅审定36个玉米品种，远不能满足生产的迫切需要。

1995年年初，农业部确定了到20世纪末新增1000亿斤粮食的宏伟目标。根据农业司的部署，1995年3月7—10日全国农作物品种审定委员会办公室在北京组织召开了各省级品种管理科长座谈会，崔世安司长在总结讲话中提出“大筛选、大交流、大协作、大步伐”的要求，目的是加快新品种试验审定推广步伐。全国农作物品种审定委员会办公室积极落实会议精神，要求对现有国家级和省级新审定的优良品种加快推广，对苗头品种加快试验，对继续利用品种确保种子质量，对种性退化品种加快淘汰；同时，根据生产需求和农作物品种试验审定推广的现状，决定当年组织开展全国水稻、小麦、玉米和棉花的新品种区域试验，准备用2 ~ 3年时间，每个作物各筛选出2 ~ 3个有突破性的新品种在全国推广。

为了区别于当时科研单位组织开展的全国玉米品种区域试验，领导采纳了本人的建议，即定名为品种筛选试验，这是一个可以通用的名称，区域试验本身就是品种筛选。在这次座谈会上，确定组织以省级种子管理部门为基础设置了15个协作组，即水稻、小麦、玉米、棉花新品种筛选试验（其中玉米5个协作组）选拔优良品种。

全国品种科长会结束后，1995年3月23日全国农作物品种审定委员会办公室印发了由本人参与起草的“全国玉米新品种筛选试验实施方案”并组织实施，目标是“加快玉米新品种的试验、示范、审定和推广步伐，实现‘九五’期间我国增产1000亿斤粮食的战略任务”。方案中设置的试验区组分别为东华北春玉米组、黄淮海夏玉米中熟组、西北春玉米组、西南玉米组和东北西北特早熟春玉米组，5组试验共131个承试点，参试品种37个。1995年4月27日，全国农作物品种审定委员会印发了《关于转发〈全国品管科长会议纪要〉的函》【（1995）农（品审）字第5号文件】。从此，开启了漫长而艰难的包括玉米在内的国家农作物品种试验审定事业的改革创新与实践探索之路。

为推动种子的产业化进程，农业部于1995年提出实施“九五”种子工程，并于当年9月获得国家计委的批复，自此“九五”种子工程正式启动实施。国家财政部从1995年起加大了对农作物品种区试工作的资金支持力度，当年下拨专项经费300万元，之后逐年增加，使这项工作走出困境，出现转机并蓬勃开展。

1995年8月24日农业部组建了全国农业技术推广服务中心（以下简称全国农技中心），其职能之一是负责国家级农作物品种试验的组织管理工作。

1996年3月2—3日，全国农技中心在北京组织召开了1995年全国玉米新品种筛选试验年会。根据1995年筛选试验取得的可喜进展，初步选拔出了农大108、中单321、锦玉2号、农大3138、中原单32、沈单29、中单5384等苗头品种，决定1996年继续组织开展全国玉米新品种筛选试验。1996年3月18日，全国农技中心印发了《关于组织全国玉米新品种筛选试验的通知》【（96）农技（种繁）字第45号文件】。方案中设置了东华北春玉米组、黄淮海夏玉米中熟组、西北春玉米组和西南玉米组。这四个区域试验的组别设置、区域布局和组别名称都经历了20多年的实践验证，是切实可行的，至今仍然在使用和运行。

1996年的玉米试验仍在积极推进之中。一是在继续开展全国玉米品种筛选试验基础上，交叉建立筛选试验的生产试验，在10个省安排了10个品种、123个点次、67.5亩生产试验。二是将全国玉米引种观察试验确定为筛选试验的预备试验。目的是增加试验的完整性和可靠性，减少盲目性，探索国家区域试验与省级区域试验有机结合的途径以加快品种筛选步伐，选拔适宜大范围推广和迫切需要的大品种，使参试品种在全国范围内有一个初步的区域及环境适应性定位。三是试验方案中明确要求，有关省要同时安排生产示范，当年全国不统一组织（预示着1997年要统一组织）。四是当年明确了申请参加全国玉米品种筛选试验的基本条件和步骤，就是从全国预备试验或省级区域试验挑选第一年表现好的品种申请参加全国筛选试验；五是为加快苗头品种的选拔步伐，筛选试验网组织并建议农大108等品种选育单位开展试制种、抗病虫性鉴定、品质分析和目标区域的配套栽培技术研究，以便为大面积推广做好准备。六是方案中提供了省级种子管理部门的具体联系人及联系方式，以推动省级单位履行对国家玉米品种试验的管理、服务和监督责任。

1995—1996年的品种筛选目标是20世纪末全国要增产1000亿斤粮食；而1997年的筛选目标是为实现“九五”末期全国玉米品种更换一次，任务更加繁重，这就要求我们必须加快筛选试验及品种推广步伐。

1997年2月26—27日在太原市召开了1996年全国玉米新品种筛选试验总结年会。根据年会意见，全国农技中心1997年3月14日印发了《关于组织1997年全国玉米新品种筛选试验的通知》【（97）农技（种繁）字第21号文件】。当年的主要任务一是继续组织区域试验的同时，在全国率先开展玉米新品种生产示范，共在89个地（市县）示范11个优良品种，安排11.1万亩示范面积，鉴于没有推广项目，也没有示范经费、示范网络、示范经验的现实，本人提出了“以试验网带动玉米新品种推广网”的整体思路，率先启动了全国玉米新品种大面积示范，这个思路符合当时玉米生产缺新品种、好品种的迫切需要，一经实施就取得了良好的成效；二是方案在指定抗病性鉴定单位和鉴定病害种类的同时，结合玉米的商品品质、营养品质、加工品质需要，确定将粗蛋白、粗脂肪、粗淀粉、赖氨酸作为普通玉米品种品质的检测和评价项目，指定由农业部谷物品质检验测试中心（北京）负责检测，全国筛选试验网在研究病害同时已开始关注玉米品质问题；三是根据两年筛选试验结果，对完成试验程序并表现突出的农大 108、中单 321、中原单 32、锦玉 2 号、川单 12 号、中单 5384 等 6 个品种，由全国农技中心向全国农作物品种审定委员会推荐申报国家审定。

到 1997 年年底，全国玉米新品种筛选试验网已全面完成了农业部下发的任务。同时，开始承担了加快全国玉米品种更新换代的重任，开始把新品种推广作为国家玉米品种试验网重要而迫切的任务，这也正是玉米品种试验审定的目的和成功经验所在。这样的思路和做法为后来成就包括农大 108、郑单 958、浚单 20 为代表的一大批国家审定的玉米优良品种大范围、快速度、高强度的广泛应用奠定了坚实的基础。

在试验改革取得显著进展、试验体系基本建成、试验管理基本理顺、试验网络逐渐完善、试验运行良好的情况下，经领导同意，我参加了 1997 年 11 月中下旬在成都和南昌召开的西南、东南组的玉米试验年会，在听取大家意见的基础上介绍了下一步的改革设想，并建议将全国玉米新品种筛选试验和原来的全国玉米品种区域试验合并为国家玉米品种区域试验。总体思路和设想得到了与会的刘纪麟、荣廷昭教授，以及黄宜祥、李馨富、章履孝研究员等我国玉米知名专家的认同和支持。至此，比较健全和相对完善的国家普通玉米品种试验的基本框架、结构和运行机制初步形成。

1995—1998 年期间初步建立的国家玉米品种试验体系，迄今为止经历了 20 多年风雨历程，并在实践中不断完善、创新、探索和进步，现仍在有效运行，值得回味！国家玉米品种试验体系在领导大力支持下，试验网全体同仁努力奋斗，凝聚了有理想、有梦想、有追求和敢担当的几代玉米人的足迹、汗水和智慧，谱写了改革开放进程中我国玉米品种试验的新篇章。

由此给我们提供了许多宝贵的经验和难得的启迪：一是服务国家大局是试验成功的核心；二是坚持改革创新是试验成功的动力；三是依靠专家力量和集体智慧是试验成功的关键；四是严格管理，确保试验结果真实可靠才能服务好玉米产业；五是加快玉米新品种推广永远是试验目的所在。

备注：2018 年 12 月 11 日杀青。

方案布局

在国家玉米品种试验布局方面，历年的方案起到了不可替代的作用。国家玉米品种试验的开展，不论标准、规程、办法、规则怎么讲，最后都得靠比较健全、完善、规范的试验方案来统筹，具体到主持人、承试人员和管理人员依据方案的布局、设计、措施来组织和开展试验工作，所以方案在农作物品种试验中显得尤为重要。应该说，方案是试验中各要素的桥梁、纽带和黏合剂，也是试验的方向盘、指南针和说明书，更是一个应该完整而不一定完备的实施操作指南。

当然，方案也需要根据每年实际情况进行必要的调整，才能适应品种试验的客观要求，由于玉米作物在我国大部分区域是每年一季，所以调整、优化、完善方案也只能一年一次，一般在收后至播前进行，正好在元旦至春节期间。显然，一个比较完善且符合当时实际的年度试验方案对下一年度乃至未来的试验工作是极其重要的，表面看方案是只管一年的试验，其实方案本质和实际意义绝不是只管一年的，制订方案的人应该考虑起码三至五年乃至更长的时间，否则方案将是狭隘的、短浅的、短命的。一个方向明确、措施可行、运行顺畅的年度方案，应该对全国各省份试验工作、各作物品种选育工作都会起到很好的引导、借鉴和导向作用。每年一次的“群英会”（年会）最重要的一项任务就是制定方案，当然方案很大程度上也依赖于各方面的反馈意见，修改方案的基础是品种试验考察、各区各类各组品种的检测鉴定以及试验总结等，每年试验总结中都要求承试单位和参试人员对方案提出改进建议，就是要依靠大家的力量和集体的智慧，核心是要有一大批经验丰富、技术全面、担当责任、有爱心的队伍，才能完成好试验工作。当然，必要的设施设备、经费支撑、领导支持是前提和保障条件。其实，包括考察的所有意见、建议和措施都需要通过年会才能得到确认，通过方案才能运行，通过经费支撑得以实施，可见方案的重要性。

1995 年之前的全国玉米品种试验，其结果与审定无关、与推广无关、与省级种子管理部门无关，属于科研单位安排的多区域、多点次的品种比较试验。

根据多年的工作经验，就玉米品种试验而言，我最担心的是目标不明确、布局不合理、设计不科学、执行不得力。要做好试验工作，每个承担人员都必须有六颗“心”，即爱心、专心、细心、恒心、良心、平常心！当然这是个人的一点理解、体会和经验。

具体到每个试点、每个人员、每项工作，要做好必须狠抓十个环节，即试验目的和布局的合理性与预见性、方案及设计的完整可操作性、试验区域及地块的代表性、田间布局的合理性、播前准备的充分性、播种环节的细致性、田间调查记载的规范性、成熟期确定的准确性、全区收获计产的数据真实性和试验统计分析的科学性。当然，现在人们担心的是品种及其试验的调查考种数据的真实准确性、试验及其布局的科学合理性等问题。

记得在1996年的上半年，我曾经在《中国农技推广》第3期上发表了《关于加快国家品种审定制度改革的建议》，6月11日得到农业部农业司崔世安司长的充分肯定，他批示"此建议很多是可行的，或是方向性的，请种子处阅酌。"；作为姊妹篇，我又在《种子世界》《作物杂志》上同时发表了《关于规范和完善国家农作物品种区试的建议》；鉴于改革开放大局，着眼于国外引种工作的需要，我又写了一篇《关于农作物引种的若干问题》，1997年5月13日直接送崔司长指教，5月15日得到崔司长的批示："此文提出了一些有见地的建议，可资管理中参鉴，请各司长、种子处、政法处阅。"

到今年即2016年，本人从事玉米品种事业也不短了！从硕士毕业从事玉米工作应该30个年头了！从事国家级玉米品种试验审定推广工作，也应该有26个年头了！真可谓南北奔波、周年往复，追求梦想、只争朝夕，世态炎凉、酸甜苦辣，从河东又到了河西！

以下分年度介绍玉米品种试验方案的思路、制定过程和主要内容，便于全面、客观、真实地反映试验的历史进程。

1995年

1995年3月7—10日由全国农作物品种审定委员会办公室在北京组织召开了各省级品种管理科长座谈会，为实现农业部确定的20世纪末新增1000亿斤粮食、1000万担棉花的目标，在对现有新审定的优良品种加快推广、对苗头品种加快试验、对种性退化品种加快淘汰、对继续利用品种提纯复壮及确保种子质量的基础上，进一步明确加速推广品种、继续利用品种、加快淘汰品种。这正是根据农业部农业司的部署，为贯彻落实座谈会上崔世安司长的讲话精神，即关于"大筛选、大交流、大协作、大步伐"的要求。根据全国品种科长会议具体安排，以省级种子部门为基础组织15个协作组，开展水稻、小麦、玉米、棉花新品种筛选试验（其中玉米5个协作组），目标是到1997年能筛选出2～3个好品种。全国农作物品种审定委员会办公室在开展了前期大量工作的基础上，积极贯彻落实会议精神，动员各省级种子部门组织全国水稻、小麦、玉米、棉花新品种筛选试验（筛选其实就是选拔、淘汰的过程）。4月27日全国农作物品种审定委员会印发〔1995〕农（品审）字第5号文件《关于转发〈全国品管科长会议纪要〉的函》，从此开始了漫长而艰难的国家农作物品种试验改革创新和探索工作。

1995年3月23日全国农作物品种审定委员会办公室印发了《全国玉米新品种筛选试验实施方案》，由全国农作物品种审定委员会办公室具体组织实施，目的是"加快玉米新品种的试验、示范、审定和推广步伐，实现'九五'期间我国增产1000亿斤粮食的战略目标"。设置的试验区组分别为东华北春玉米组（汇总单位为吉林省种子站，对照丹玉13，亩保苗3000株，小区面积 16.7 米^2)、黄淮海夏玉米中熟组（汇总单位为河北省种子公司，对照掖单 2 号，亩保苗 4000 株，小区面积 20 米^2)、西北春玉米组（汇总单位陕西省种子站，对照丹玉 13，亩保苗 3500 株，小区面积 20 米^2)、西南玉米组（汇总单位为云南省种子站，对照掖单 13，亩保苗 4000 株，小区面积 20 米^2)、东西北特早熟春玉米组（汇总单位为黑龙江省种子管理局，对照东农 248，未设置保苗密度，小区面积 20 米^2)。5 组试验的试点数量为 131 个点（次)，参试品种为 37 个（次)，不含各组对照品种。本方案有 3 个附件：附件 1 是调查项目标准；附件 2 是玉米品种试验年终报告；附件 3 是有关省种子管理站通信地址。当年各区主持人分别是吉林的周希武、河北的张鸿文、陕西的张希明、云南的曹秉益和黑龙江的陈玲。

值得一提的是，当年方案简单简陋，但方向明确、措施可行、步骤清晰、布局基本合理，充分发挥了技术专家的作用和各省种子管理部门的职能，当年集中大家智慧，可以说是从无到有，但大家是齐心协力、埋头苦干，加班加点、不讲条件、任劳任怨。

1995 年筛选试验当年就取得了可喜进展。一是初步选拔出了农大 108、中单 321、锦玉 2 号等苗头品种，农大 3138、中原单 32、沈单 29、中单 5384 等分别在不同区域表现明显优势。二是从当年的试验结果能看出，我国玉米后继有“种”！对加速全国玉米品种的更新换代信心十足！三是根据试验结果，决定于 1996 年继续组织全国玉米新品种筛选试验，同时交叉安排 11 个苗头品种进入生产试验以加快筛选步伐，成就了以农大 108、农大 3138、沈单 29、锦玉 2 号、中原单 32、中单 5384 等为代表的一大批优良品种的广泛应用。四是从本年度的试验结果看，统一组织全国玉米品种筛选试验的预备试验十分重要，使参试品种在全国范围内有一个初步区域及环境适应性定位（尊敬的已故知名育种家姜惟廉研究员给我们这项工作总结为“星星之火”战略)。五是为加快步伐，我们及时建议有关单位组织试制种和目标区域的配套栽培研究，权威机构开展抗病虫性鉴定、品质分析，以便为早日通过审定并大面积推广做好准备。

1996 年

1996 年 3 月 18 日，全国农技中心印发了“关于组织全国玉米新品种筛选试验的通知”【(96）农技（种繁）字第 45 号文】。设置东华北春玉米组，对照丹玉 13，每亩密度 3000 ~ 3500 株，汇总人是吉林省种子总站周希武；黄淮海夏玉米中熟组，对照掖单 2 号，每亩密度 4000 ~ 4500 株，汇总人是河北省种子站周进宝；西北春玉米组，对照丹玉 13，每亩密度 4000 ~ 4500 株，汇总人是宁夏回族自治区种子公司贺华；西南玉米组，对照掖单 13，每亩密度 3500 ~ 4500 株，汇总人是云南省种子站曹秉益。当年四个区域试验组别设置与现在的主产区四个组别的名称、框架和布局几乎相同——“弹指一挥间、奋斗二十年、感慨万千多、无愧忆流年”。1996 年的主要优化措施是开展了预备试验的设置，增加了试验的完整性和可靠性，减少了试验的盲目性；积极探索国家与省级试验的衔接；简化程序、加快步伐的同时，积极完善试验布局和规范化管理；要求有关省建立以新品种示范为抓手的推广网络。一是在继续开展全国玉米品种筛选试验基础上，交叉建立筛选试验的生产试验，即第二年继续区域试验的同时，安排参加相应区域、相同组别生产试验，一般只进行一年，特别规定每个省不得少于3个试点，每个试点每个品种的种植面积不得少于0.5亩，以加快品种选拔过程（这种交叉试验格局直至2014年年底被农业部种子管理局叫停，即2015年没有安排生产试验，等于滞缓了一年的国家玉米品种试验审定进程，虽据理力争却未能如愿）。1996年共在10个省安排了10个品种（农大3138种子量不足）、123个点（次）、67.5亩试验地的生产试验。二是启动了全国引种观察试验作为筛选试验的预备试验。由于当时经费、新品种种子量、试点条件等多因素限制，原则上每个省一个试点，采用间比法排列，2行区，不设重复，每间隔4个品种小区设置1个本省的对照品种，这样极大地减少了参试品种申请区域的盲目性弊端（2004年以后因极早熟、东北早熟品种等相继开设预备试验，只好将全国引种组的预备试验名称改为主产区预备试验，这一名称勉强坚持到2015年，2015年被迫将国家主产区预备试验名称改为国家主产区品种比较试验，好在坚守了一年）。三是1996年在方案中明确要求，有关省要同时安排生产示范，当年全国不统一组织（预示着次年要统一组织）。四是本年度明确了申请参加全国玉米品种筛选试验的基本条件和基本步骤，就是在全国筛选试验的预备试验或在省级区域试验中第一年表现好的品种可择优申请参加全国筛选试验以加快品种筛选步伐。五是这年方案中提供了省级种子管理站具体的联系人及联系方式，以推动省级管理部门履行对国家玉米品种试验的管理、服务和监督责任。

1997年

1997年3月14日，全国农技中心印发了（97）农技（种繁）字第21号文《关于组织1997年全国玉米新品种筛选试验的通知》，本方案仍保持1996年的四个试验区组格局，但这一年试验的规范和完善程度得到进一步加强。一是试验目的有所变化，原来为20世纪1000亿斤粮食，增加了为实现“九五”末期玉米品种更换一次的目标；二是明确了四个区组的汇总人，分别为陈学军、周进宝、贺华和罗成凯，他们学历高、多学科、知识广、素质好，已从事省级品种试验审定工作多年。想当年，可以说“风华正茂、意气风发、斗志昂扬、听党指挥、能打胜仗……”，记得我们在一起谈玉米往往开会时能谈到后半夜，而无“困、倦、乏、酸、苦”之感，且有“精、气、神、清、爽”之意境的地步（的确，他们的年龄比此前的主持人大幅度降低，学历比以前大幅度提高）；三是东华北、西北的对照均调整为掖单13；四是全面规范了全国玉米品种预备试验和生产试验方案，适当增加试验点次，当年安排了14个品种、105个点次、208亩生产试验；五是指定了各区的抗病性鉴定单位和5种病害种类，为确保品种安全及全面、客观地评价品种的利用价值奠定了基础；六是指定了农业部谷物品质检测中心进行4种成分的品质检测，我们在关注病害同时也关注玉米品质问题；七是全面规范年终报告格式、汇总报告要求及其各类试验总结的时间界定；八是对筛选试验和预备试验采取适当的收费以强化试验管理、补充经费不足、限制参试数量；九是为加大新品种宣传和推广力度，正式安排11个苗头品种开展全国玉米新品种示范，示范在11个省、89个玉米主产区的地市县进行，示范面积达到11.081万亩。鉴于没有推广项目，也没有示范经费、示范网络、示范经验的现实问题，本人提出了“以试验网带动玉米新品种推广网”的整体思路，率先启动了全国玉米新品种大面积示范，取得了良好的开局。从此，新品种推广作为国家玉米品种试验网重要而迫切的任务，这也正是玉米品种试验审定的目的和成功经验所在。这样的思路和做法为后来成就包括农大 108、郑单 958、浚单 20 为代表的一大批国家审定的玉米优良品种大范围、快速度、高强度的广泛应用奠定了坚实的基础。

1998 年

全国农技中心 1998 年 2 月 12 日印发了《1998 年玉米品种试验方案》【(98）农技（种繁）字第 6 号文】，这一年有几个显著标志，一是全国玉米新品种筛选试验改名为国家玉米品种区域试验和生产试验，原全国玉米新品种筛选试验和全国玉米品种区域试验网停止运行；二是增设了东北早熟春玉米组和东南玉米品种引种组，这样就形成了比较大的全国玉米品种试验网；三是试验汇总单位及汇总人改为主持单位和主持人，增强责任感，东北早熟组是辽宁省种子管理局裴淑华科长，东华北玉米组是吉林省种子总站陈学军科长，黄淮海夏玉米组是河北省种子总站周进宝科长，西北春玉米组是宁夏回族自治区种子管理站贺华科长，西南玉米组是云南省种子管理站孙林华科长，而东南玉米引种组是江苏省农业科学院章履孝研究员，方案需要报全国农技中心备案。四是更换部分对照。黄淮海组更换为掖单 19，东北早熟春玉米组的对照确定为本玉 9 号，其余各组对照仍为掖单 13。五是为加强试验管理。明确规定对于因灾报废的试验，应该在报废后 10 天内以公函形式予以报告，后来因未及时报告的多家单位被取消试验资格以严肃试验纪律。六是将玉米新品种推广纳入全国农技中心的重点工作。由分管主任和处长牵头组织实施，全国统一编号，设置标志牌，以加大新品种宣传推广力度。同时要求各省成立领导小组，规范示范品种、面积、栽培技术等。示范的品种要求是待审的苗头品种，当年在 13 个省设置 27 个示范点，有 13 个玉米新品种参加示范，示范面积共 8.69 万亩。七是 1998 年对于试验网推荐的农大 108、中原单 32 等 6 个玉米优良品种通过审定并开始大面积、多区域、多点次的示范推广。八是为推广新品种，组织跨多省的玉米新品种考察观摩活动，在东北考察了农大 108 等在各地的表现，使大家极大地增强了试验、审定、推广的信心，中央电视台新闻联播节目进行了报道。

1999 年

1999 年 3 月 16 日全国农技中心印发了《1999 年国家玉米品种区试方案》【(1999）农技（种繁）字第 13 号文】。这一年，方案优化的主要方面如下：一是西北的试验密度为每亩 4000 ~ 4700 株，本组试验调整为宁夏回族自治区种子管理站宿文军主持；二是这一年的示范牌名称改为“1999 年国家科技兴农・种子工程玉米新品种示范”，当年仅农大 108 等 12 个品种的示范面积就达到了 39.1 万亩；三是全面指定了各组的抗病性鉴定区域组别、病害种类和承担人员，东北早熟组由吉林省农业科学院姜晶春、东华北组由丹东农业科学院、黄淮海组由河北省农林科学院张成和、西南组由四川省农业科学院杨家秀、西北组由中国农业科学院戴法超老师负责，各组品质检测由中国农业科学院林夕老师负责；四是这一年的方案进一步完善，包括增加电话、邮编、地址、联系人等信息以便于相互沟通，同时大规模推进各组生产试验网点和预备试验网点等的布局；五是1999年已经在东南的普通玉米品种试验中增加了甜、糯玉米品种类型，已经开始研究在全国建立高油、高淀粉、高赖氨酸，以及甜、糯、爆、青贮等特用玉米的试验网络和评价体系，并为推动特用玉米品种及产业的发展。这一年的9月1日，农业部在吉林省长春市召开了全国特用玉米发展座谈会，全国农技中心在会上向刘坚副部长承诺（作为主要承办单位，此前已着手做了必要的准备），2000年全面开展特用玉米的国家品种区域试验，得到刘坚副部长的充分肯定。可以说，全国农技中心为全国各类特用玉米品种的推广和产业发展奠定了坚实的基础，做出了应有的贡献。

2000年

虽然2000年印发的试验实施方案从过去的全国农技中心文件形式改为中心函的形式，但这一年在健全、完善、推进国家玉米品种试验网发展的力度上进一步加大，推进的方面很多。一是2000年1月27日以全国农技中心（2000）农技（种繁）函字第9号函印发《关于组织2000年国家玉米品种区域试验及生产试验的通知》，附件1是《普通玉米品种试验方案》，东南玉米组纳入统一方案、统一管理的范畴，密度为3500 ~ 4000株/亩；东华北、西北组的对照品种更换为农大108；二是附件2是《特种玉米品种试验方案》，代表了全国性的特种玉米品种试验网的初步建立，以及后来的逐步形成、渐进发展和先行性布局，为各类新品种推广和丰富城乡鲜食玉米产品市场起到了很大的推动作用，保障了品种的选拔、审定和推广需求，积极引导了育种目标，推动了玉米科技成果转化；三是特种玉米品种试验网按用途和类型综合分析，设置了A组（高油、高淀粉、高赖氨酸玉米类型）、B组（鲜食甜、糯玉米类型，加“鲜食”就将甜、糯玉米的选拔类型明确下来，不包括深加工类型）和爆裂玉米组（单独制定试验方案），按区域则分东华北（A、B组分别进行）、黄淮海（A、B组分别进行，彼此隔离种植）、西南和东南（均只安排B组）四个区域；四是各组分别确定了主持人，东华北组A、B组由吉林农业大学王玉兰教授主持，黄淮海A、B组由河南省种子管理站温春东研究员和河南农业大学陈彦惠教授主持，西南B组由四川省种子站林勇科长和绵阳市农业科学研究所王秀全研究员主持，东南B组由安徽省种子管理站刘玉恒研究员和安徽省农业科学院张会南研究员主持，爆裂玉米由沈阳农业大学史振声教授主持；五是方案中根据品种类型、布局区域和未来目标选择，明确了试验设计、对照和密度设置、小区面积，为了简化程序明确B组不安排生产试验，对品尝鉴定、抗病性鉴定、品质检测等都有明确、具体和可操作的规定。应该说，除集中行业专家意见外，当年大规模、多区域、多类型、多性状的相对齐全、完善、规范的试验布局主要得益于选择了优秀专家作为试验主持人。这时候我就想，如何能将国家玉米品种试验网真正建成为我国玉米产业的“专家库”，以集中大家的经验、技术和智慧，这也是5年来（1995—1999年）普通玉米品种试验网建立、规范、完善的经验积累和试验队伍全体人员辛勤汗水、聪明才智、集体智慧的结晶（2015 年 12 月 3 日 20:50—23:48 期间，写本篇稿子时，我再次浏览、欣赏、回顾我们曾经一起做的这个方案时，几乎激动、惊讶、感慨得流泪，千言万语难以表达，因为那个方案即使今天看仍为大家的付出、水平、经验而惊喜！在这里为一起奋斗的战友也为自己点赞，为过去时光的精彩、为辉煌印记喝彩！）；六是这一年根据试验结果，在廖琴处长带领下，我们协助河南省农业科学院房志勇所长和堵纯信老师，在温春东、周进宝和李龙凤的大力支持协助下，一起策划了郑单 958 同一年完成国家审定（审定编号：国审玉 20000009，适宜范围：黄淮海夏玉米区）和冀、鲁、豫三省审定这一划时代玉米大品种的布局，值得欣慰、回顾、庆贺！七是 2000 年 4 月 7 日全国农技中心印发了《关于组织国家玉米新品种展示的通知》【（2000）农技（种繁）函字第 59 号】，附件为“2000 年国家玉米新品种展示方案”，设置了带编号的普通玉米 10 个展示点和特种玉米 2 个展示点，明确了展示田间布局方案、展示品种选择原则、展示牌设置要求、展示汇总总结要求，尤其对省级开展玉米新品种展示工作提出了详细、具体、可操作的要求，全国玉米新品种在区域试验选拔、大面积示范带动的基础上，又启动了全国性的、全面的新品种展示工作。从此，国家玉米新品种“以试验为基础，以审定为核心，以展示示范为抓手”（本人总结）的新品种测试、评价、推广服务体系全面、完善、有效建成，可喜、可歌、可颂！为无数国家玉米审定品种的选拔和推广奠定了基础，搭好了擂台，设计了窗口，提供了平台、舞台和展台。

2001 年

2001 年 2 月 2 日全国农技中心印发了《2001 年国家玉米品种试验方案》【农技种繁（2001）6 号文】，并以《2001 年国家玉米品种试验手册》的形式印发了附件，进一步推进了试验的完善和规范。主要进展有以下几个方面：一是方案附件印发了《普通玉米品种试验方案》《特种玉米品种试验方案》《玉米品种试验管理办法（试行）》《国家玉米品种审定标准（试行）》《普通玉米田间记载项目和标准》《鲜食玉米田间记载项目和标准》《国家玉米品种试验参试申请表》《国家玉米品种区域试验年终报告》《国家玉米品种生产试验年终报告》《国家玉米品种预备试验年终报告》《特种玉米品种试验（A 组）年终报告》《鲜食玉米品种试验（B 组）年终报告》等 12 个材料，可以说这一年在完善、规范、提升试验管理工作中是相当忙碌的一年。二是调整主持人，启动了京津唐夏播组玉米品种试验（密度 4000 株 / 亩，对照唐抗 5 号），同时启动本组的预备试验，均由北京市农林科学院玉米研究中心赵久然主持；东北早熟春玉米组由黑龙江省种子管理局周朝文主持，西南玉米组由四川省种子站林勇主持。三是 A 组区域试验与生产试验交叉进行，指定特用玉米品种抗病鉴定单位、病害种类和区域，指定特用玉米品质检测单位和检测项目。四是将试验结果首次出版《中国玉米新品种动态》（2001 年），向全社会公布试验结果并向同行免费赠送。出版发行是信息的公开，极大地便于全社会监督并给各主持人、检测人员，尤其是对基层广大承试人员以支持和鼓励。国家玉米品种试验总结报告的出版至 2015 年已经 15 个年头了，感慨万千。我当年在设计全国玉米品种筛选试验时，没有找到任何有价值和有指导性的玉米试验资料，但总想这是历史应该记录下来，这不仅是我国玉米品种的引进史、育种史、推广史，更是我国农业科技艰难的进步史、奋斗史、发展史，是无数玉米专家承前启后、继往开来的奋斗痕迹。《中国玉米新品种动态》的首次出版得到了行业的广泛认可，被其他作物在试验总结方面广泛借鉴，并陆续开始出版发行、免费赠送。五是在北京市农林科学院玉米研究中心尤其是赵久然主任的大力支持下，依托该中心，建立了“中国玉米新品种信息网”，是专门为国家玉米品种试验以及年会考察培训审定推广新品种而建立的信息服务平台，北京市农林科学院杨国航研究员付出了长期、艰辛的努力。已经为国家玉米品种试验服务了 10 多年的信息网，大大方便了试验实施、信息传播、技术推广、行业规范，这个网在服务 15 年（2001—2015 年）后已经停止运行。六是开始组织玉米品种试验审定行业标准的制定，以规范行业行为、提高试验质量，满足对试验审定制度客观、公正、公平、科学、效率的要求。七是这一年在品种参试申请时首次增加“是否是转基因、不育化、品种保护”等内容，促进信息沟通、政策配套、行业规范、部门衔接的问题。八是本人提出并建立了“地里玉米、书上玉米、网上玉米”三位一体推广服务模式，提出并建立了“一级试验（国家试验），二级审定（国家和省级审定），全国同步推广、同期淘汰”的布局思路，以更大的努力使参加国家试验的优良品种也能被省级审定利用，以发挥我们国家试验网对优良品种在推广使用中的服务强、利用早、范围大、风险小、效果好的作用，河北等省在农大 108、郑单 958 等品种的审定推广中进行了很好的尝试和应用，促进了两级试验审定的衔接和资源共享。九是作为主要参加人之一，本人积极参加了《中华人民共和国种子法》（以下简称《种子法》）几个配套规章的制定并建言献策，尤其是《主要农作物品种审定办法》的制定，虽不完全如意，但毕竟积累了 10 年（1990—2000 年）国家玉米等作物品种试验、审定的历史经验，将办法的具体条款直接用于玉米方案的制定和规范。这个审定办法用了 13 年，得到了行业的认可和广泛应用，该办法为我国农作物品种依法试验审定推广做出了积极的贡献，极大地促进了我国农作物品种依法管理，推动了农业科技成果转化，促进和保护了玉米生产乃至国家粮食安全。

另外，不得不提的一件大事，就是从 2001 年以来在全国农技中心廖琴处长带领下，在各行业专家们的大力支持下，依据《种子法》的实际和《中华人民共和国农业技术推广法》的要求，本人率先提出了“品种鉴定”的概念并积极组建非审定作物——谷子、高粱、甘薯、甘蔗、甜菜、小宗粮豆等品种鉴定委员会，制定了相应的章程、办法和标准，为非审定作物品种管理奠定了坚实的实践基础，使新《种子法》对部分非审定作物采取了品种登记管理（当然也有很多很不如意的地方），应该毫不客气地说，这里面有全国农技中心多年实施“品种鉴定”的足迹和贡献，有各作物行业专家的经验和智慧，有试验人员辛勤的劳作和汗水。2003 年的“非典”时期，时任全国农技中心党委书记潘显政一到任，就专程考察北京市承担的国家小宗粮豆品种试验，接着组织中心党政班子会议研究决定，以全国农技中心文件通报的形式向全国农技推广行业发布品种鉴定结果，这项意义深远的公益性事业先后在廖琴、谷铁城处长等的直接领导和大力支持下，顺利运行到 2015 年（2001—2015 年）。2005 年 8 月 20 日，时任农业部副部长范小建亲自参加全国农技中心和北京市种子管理站在北京房山组织的国家小宗粮豆品种科技示范园观摩活动并发表讲话，对开展非审定作物鉴定、小宗粮豆品种科技示范园建设给予充分肯定和高度评价，对种子管理系统开展新品种展示示范为抓手的新品种公益推广工作给予大力支持，并提出了“提升、实用、简便、配套、下沉”等更高的要求。从此，非审定作物品种鉴定工作和以展示示范为抓手的新品种推广工作又迈出了新的步伐。

2002年

2002年2月7日全国农技中心印发了《2002年国家玉米品种试验方案》【农技种繁函（2002）29号】，附件1是《普通玉米方案》，附件2是《鲜食玉米、青贮玉米方案》。同时，还印发了《关于组织2002年国家玉米品种预备试验的通知》【（2002）农技中心（种繁）便2号】。2002年的试验进展可以说基本完成并实现了当时设想中的国家玉米品种试验审定和推广的布局构思，即90%的类型覆盖率、80%的区域覆盖率、60%的国审品种面积覆盖率、20%的审定数量的占有率。主要在以下五个方面有新进展。一是建立武陵山区区试网（密度3500～4000株/亩，对照农大108），由湖北省种子管理站董新国和湖北省恩施土家族苗族自治州种子管理站李求文共同主持，以支持武陵山区扶贫和加快武陵山区玉米新品种推广。二是建立国家青贮玉米品种区试网（密度3500～4000株/亩，对照农大108），在中国农业科学院饲料研究所所长蔡辉益博士的大力支持帮助下，请该所刁其玉、刘国华博士主持，方案提供了参考普通玉米密度设置的建议，营养成分和青贮品质委托饲料研究所检测。当时是为带动青贮玉米生产发展而设置，以配合我国畜牧业的发展，设置的思路是发展专用青贮玉米。当年我们在美国尤其欧洲考察时（包括现在）认为，专用青贮玉米当时并不是我们的短期发展目标，但考虑到粮饲兼用、通用类型会复杂，且必须满足粮食玉米的品种要求，需要在国家普通玉米品种试验中增加青贮需求指标才能满足粮、饲双要求。三是率先对玉米参试品种进行真实性、一致性DNA指纹检测（方案未体现）。在处长的大力支持下，通过四川省农业科学院作物研究所、四川省种子站、成都市第一作物研究所和北京市农林科学院玉米研究中心申请，经实地考察、了解、探讨，决定先干起来，重点是推进技术成熟度、争取法律地位、建立标准体系，从普通玉米的国家试验开始。四是为全面提升和推动玉米品种展示示范工作，依法加快优良品种推广，明确示范的品种只能是审定后的品种，展示的品种为审定品种和待审的玉米苗头品种，大大地净化了展示示范行为，避免未审品种借助公益展示平台宣传、推广。五是从2002年开始组织开展全国性的普通玉米品种的服务性试验。当时是按加入WTO的原则实施全面开放的试验体系，对任何愿意参加试验的品种选育者及其品种，都可以按照收费标准提交试验成本费，但试验入选指标、审定标准不变。对各省级试验推荐的品种、国家预备试验推荐的品种、选育者推荐的品种、国内外的品种、不同区域的不同途径来源的参试品种做到了一视同仁。经过精确测算，综合考虑试验运行，尤其是区域试验、生产试验、抗病鉴定、品质分析、DNA检测、品种考察、品种审定的全额成本，所有直接参试的国内外选育者都可以申请减免政策，采取了“国内只减不免、国外不减不免”的政策操作，直至2005年关于停止收费政策出台，我们决定立即停止相关收费；考虑到专项经费严重不足、适当限制盲目参试的问题，国家预备试验和DNA指纹检测的收费延续到2007年7月31日就全面停止了。可以说，利用这个服务型平台，不仅满足了育种者的迫切要求，缩短了试验周期（试验周期仅2年），加快了品种推广步伐，在提高试验装备、加快试验网信息化进程、弥补试验经费不足、提高试验质量、探索试验改革、推动选育者社会责任等方面都起到了不可替代的应有作用，也符合现在作为发展中国家的实际，即使是德国、法国这样的发达国家，试验也不是免费的。现在仍记得当时购买的或奖励的装备包括：水分快速测定仪、玉米脱粒机、电子秤、台式电脑、笔记本电脑、经纬度测定仪、青贮烘干箱、甜糯蒸煮锅，给试点人员、主持人员、测试人员、先进人员的象征性补助，奖优罚劣，有效地推动试验的网络化、信息化、规范化和标准化进程。尤其是大力支持了高粱、谷子、甘薯、小宗粮豆作物以及甘蔗、甜菜、小麦、大豆常规作物的部分试验装备。当然，2002 年组建的第一届国家农作物品种审定委员会更是当年的大事，是《种子法》实施后的第一届国家农作物品种审定委员会，关系到未来的试验审定等农作物品种管理及推广服务格局。

2003 年

2003 年全国农技中心于 1 月 29 日印发了《2003 年国家玉米品种试验方案》【农技种繁函（2003）17 号】，附件 1、2、3、4 分别是普通玉米、鲜食甜糯玉米、青贮玉米和国家玉米品种筛选试验（预备试验）方案。这一年的调整，主要包括以下 5 个方面。一是设立极早熟春玉米品种试验（密度 4500 ~ 5000 株 / 亩，对照冀承单 3 号），目标是尽快筛选出替代冀承单 3 号的品种，由中国种子集团承德长城种子公司王占廷主持。二是调整主持人，东北早熟组由辽宁省种子管理局姚峰科长主持，武陵山区组由湖北省恩施土家族苗族自治州种子站李求文站长主持。三是所有国家级展示示范点统一编号、统一展示示范牌式样（印有全国农技中心标志）。四是根据 DNA 鉴定结果，开始剔除个别疑似、雷同、一致性差的品种以净化市场。五是全面组织各区考察，着手调整玉米育种目标。当时考虑国家玉米品种试验改革近 10 年，应该对试验质量、试验设计、试验布局、品种表现、未来品种需求等进行全面了解、系统考察，继续广泛听取各方意见。所以先后组织了多区域、各类型、大跨度、全方位的考察，邀请了有关育种家、企业家、主持人、审定委员、省级种子管理部门的代表等参加，9 月中旬在河南省浚县农业科学研究所召开了黄淮海夏玉米品种试验考察座谈会，马思源、张进生、赵青春等专家谈到试验设计、田间布局、试验质量、展示示范对推广新品种的作用并给予充分肯定，对浚单 20 的田间表现给予了高度评价。本次考察是在了解品种表现、狠抓试验质量基础上，重点是引导全国玉米育种目标调整。提出全面优化试验方案、引导育种目标，主要采取更换对照、限制熟期、增加密度、控制倒伏指标等一系列措施来正确引导玉米育种工作，后来再通过昆明培训班、玉米品种试验年会直至以考察纪要的形式来发出国家玉米品种试验网的信息、观点和对策，使得 2004 年的全方位、全类型、全国性的调整便顺理成章了。这样，当年对玉米育种目标的引导性调整，所采取的果断措施、可行方式、有效方法，得到了广泛认同，逐渐在 2004 年的国家玉米品种试验方案、玉米品种审定标准等多方面体现并引起广泛关注和多方重视。可以说黄淮海考察总结会吹响了国家玉米品种试验网引导全国玉米育种目标的号角，在全国玉米育种和企业发展中举起了鲜明的旗帜，发出了试验网自己的声音。当然，当时另外一个任务就是在全国继续加快推广农大108、郑单958的同时，在黄淮海地区重点布局推广浚单20。可以说目标明确、措施得力、进展顺利，这得益于几个优良品种，得益于领导支持，更得益于试验网全体同志的齐心协力！

2004年

全国农技中心于2004年2月9日印发了《2004年国家玉米品种试验方案》【农技种繁函（2004）18号】，这一年试验调整也是比较大的，除按去年计划调整对照设置、引导育种目标、优化试验方案外，还有新的进展和对策。一是分配名额，考虑到参试品种越来越多，以及国家经费和试验容量难以承受、试验质量难以保证的现实，尤其是品种同质化、同种异名等问题的出现，在申请国家玉米品种预备试验等试验中采取按省分配名额的方式控制参试品种总量和组别数量。依据各省育种实力、近10年国审品种比例等进行名额分配管理直至2014年结束（从2004年延续到2014年）。二是密码编号，从黄淮海夏玉米品种试验开始实施参试品种的密码编号直至2015年（从2004年延续到2015年），后来采取的是全过程（播种到年会）、全类型（各类型玉米品种）、全类别（包括预备试验、区域试验、生产试验的试验层次）、全性状（DNA、抗病、品质）的编码，以限制和避免“拉关系、跑试点、送礼品、要编号、找领导、改数据”等不正当行为，一般在年会第二天匿名讨论品种A、B、C、D、E等决定是否推荐续试、是否推荐审定、是否停试等结论后，大会结束前统一开码并发布年会审议结果，为在2005年全面推进密码编号做准备。三是开展DNA指纹鉴定，由北京市农林科学院玉米研究中心、中国农业大学玉米改良中心、四川省农业科学院作物研究所分区、分类进行一致性、真实性检测，有问题的则在年会公布，依靠年会讨论、委员会决策等方式采取“协商、剔除、停试”等处理。四是实施管理办法，制定并实施了《国家玉米品种试验管理办法》（试行），该办法一直没有正式出台但使用多年。五是调整主持人，由北京市农林科学院玉米研究中心杨国航主持京津唐组玉米品种试验，由北京市农林科学院玉米研究中心赵久然主持国家青贮玉米品种试验。六是统筹预备试验名称，国家玉米预备试验的方案中，鉴于增加了多组预备试验（京津唐和东北早熟组、武陵山区组预备试验）的实际，原预备试验名称改为主产区预备试验。七是规范品尝鉴定，鲜食甜糯玉米增加了品尝鉴定的内容并做出了比较明确的、可操作的规定，且明确作为鲜食甜糯玉米品种评价的重要依据。八是调整部分对照。东北早熟组的对照改为四单19，第2对照为本玉9；京津唐的对照改为京科23，第2对照为唐抗5；西北的对照调整为沈单16。

2005年

全国农技中心于2月2日印发了《2005年国家玉米品种试验方案》【农技种函（2005）18号】。这一年的调整主要体现在以下5个方面：一是调整部分对照，黄淮海夏玉米品种试验的对照在年会上经过广泛讨论，存在较大争议，最后只好下决心统一调整为郑单958；东华北对照改为各省级相应组别的统一设置的第1对照，农大108为第2对照（至此，原对照大多已退居熟期对照，对各组对照的优化调整可以告一段落，也是2004年调整育种目标的续曲）。二是分配名额，参试品种开始按省分配名额；黄淮海、京津唐、武陵山区组试验全面实施密码编号。三是样品保藏，明确要求北京市农林科学院玉米研究中心负责所有组别试验品种的样品保藏，合计400克/品种，这是最早的比较正规、规范的标准样品保存工作的开始，是为将来品种管理及其追溯奠基，从此启动了正式的样品保藏，也为6家标准样品库的建设确定了基本思路。四是确定DNA指纹鉴定牵头单位，方案明确由北京市农林科学院玉米研究中心牵头，包括四川省农业科学院作物研究所和中国农业大学玉米改良中心共同承担这项任务，对参试品种进行一致性、真实性检测。五是东北早熟组试验由辽宁省种子管理局李磊鑫主持。

其实，这一年开始实施试验地封闭管理、全面停止服务性试验及其收费，实际上是在玉米品种管理上开始研究、探讨和实施“精品制”等从严管理战略措施的前奏。

2006年

全国农技中心于1月25日印发了《2006年国家玉米品种试验方案》【农技种函（2006）12号】，主要内容包括以下几点。一是推进所有普通玉米组别的预备试验、区域试验和生产试验全部实施参试品种全程密码编号，同时增设了东南组预备试验组别。二是继续调整主持人，西北试验主持人调整为内蒙古种子管理站宋国栋，国家主产区预备试验由山东省种子管理总站刘存辉主持，黄淮海鲜食甜糯玉米主持人由河南省种子管理站温春东、河南农业大学陈彦惠调整为温春东和库丽霞主持。三是继续优化对照设置，京津唐组对照调整为京玉7，东北早熟组调整为吉单261（当时确定为过渡性对照），西南组规定对照为各省统一设置的对照。

这一年有两件涉及试验审定的大事值得记忆。一是经过玉米品种试验网多年来各位全力支持配合和专家们的辛勤努力，农业部发布了NY/T 1197—2006《农作物品种审定规范　玉米》、NY/T 1209—2006《农作物品种试验技术规程　玉米》、NY/T 1211—2006《专用玉米杂交种繁育制种技术操作规程》三个农业行业标准，至今（2016年）仍在玉米品种试验、审定和种子生产中得到广泛应用，尤其是框架、结构、基本思路。至此玉米乃至各类农作物品种利用价值（VCU）的综合评价体系基本形成，我也曾利用这个思路于高粱、谷子、甘薯、甘蔗、甜菜、小宗粮豆以及蔬菜、西瓜甜瓜、茶树等作物品种鉴定标准的制（修）订（定）中，效果良好。大家普遍认可，当用于不同作物、不同类型品种之间的评价时，只是性状（性能）的权重大小有别而已。二是在陕西省种子管理站姚撑民科长大量工作的基础上，我们积极推动陕西在全国首次开展大规模已审老品种的退出，从此引导和推动全国的退出工作，解决了审定品种终身有效的大问题，为推动并实现玉米乃至我国农作物品种更新换代、新老交替的动态管理起到了历史性的推动作用，意义非凡。

2007年

全国农技中心于1月26日印发了《2007年国家玉米品种试验方案》【农技种函（2007）22号】。主要优化内容：一是鉴于玉米品种审定规范的发布和实施，依据审定标准，要求国家玉米品种试验网严格执行和监控各区域、各类型的玉米品种主要病害，确保审定品种的生产安全；二是指定11家技术强、区域合理、试验规范的单位为鲜食玉米品种品尝鉴定指定单位并明确了技术负责人，对规范品种评价起到积极的作用；三是在东南区增设预备试验进行品种的初步筛选。

这一年是试验工作相对平静的一年，除了积极落实试验方案外，还做了一些其他相关工作。一是积极配合参与农业部组建第二届国家农作物品种审定委员会。包括第一届玉米专业委员会的工作总结，第二届玉米专业委员会的人选及组成，提出专业委员会以技术专家为主、突出主产区、充分利用一线专家的意见，坚持管理部门委员占1/2、新老委员各占1/2、50岁上下委员各占1/2的原则框架，得到领导认可。在广泛遴选推荐的基础上，组建了比较科学、懂行、长期在一线的从事玉米的专家委员会，实践证明这届专业委员会设计科学、构架合理，充分行使了应有的权利、担当了应有的重任。该专业委员会在农业部国家农作物品种审定委员会领导下，在季广德主任以及王守才、周进宝副主任的带领下，充分发挥了新老交替、承前启后、继往开来、实事求是、与时俱进、依法审定的历史重任，得到了社会的广泛认可。从2002年的第一届开始到2011年的第二届结束，尚未出现因国家审定玉米品种带来的种性重大生产安全问题，这两届委员会在依法管理的大背景下配合全国农技中心很好地完成了历史赋予的使命，发挥了玉米国家审定品种的使用价值，保障了玉米品种及生产安全，有效地保护了农民的利益。二是协助玉米专业委员会（试行）出台“国家玉米区试品种一致性真实性DNA指纹鉴定管理办法”，至2015年仍是用于DNA检测出的雷同、疑似、仿冒品种处理的基本依据。三是玉米品种试验网和专业委员会提出的“精品制”战略得到了很好的执行，在第二届国家农作物品种审定委员会成立大会上，时任农业部副部长危朝安在讲话中要求品种审定实施“精品制”战略。

2008年

全国农技中心于1月31日印发了《2008年国家玉米品种试验方案》【农技种函（2008）26号】。一是试验方案中明确特殊情况报告制度，进一步全面强化试验数据的“极值”处理，推动试验的规范化管理再上新台阶；二是西南玉米品种区域试验的对照从各省分设后又恢复到统一设置，对照确定为渝单8号，是从一批国家审定的西南玉米品种中选拔的，当时主要考虑其广适性、综合抗性及品种熟期等，一直沿用至今；三是西南玉米品种区域试验的主持人调整为湖北省种子管理局唐道廷。

这一年做得很有意义的品种管理创新工作不少。一是协助开展国家审定玉米老品种的退出工作，初战告捷。二是充分利用吉林省出台品种退出办法的大好时机，积极协助吉林省种子管理总站陈学军副站长率先推动有效期管理在吉林省实施，进而在全国推广，从制度上宣告审定品种终身制开始退出历史舞台，这是我国农作物品种管理的历史性进步，退出是更趋合理的一步，这一点尚未完全成功，有很多不该有的遗憾。我的基本思路是“品种是有生命的、生命周期是有限的，品种使用价值的周期更有限”。鉴于以农作物品种资源利用、产权保护和尊重、鼓励创新为核心的品种权保护制度一般为 15 年，所以品种的使用价值从历史（原来的自然状态下的自愿推广）经验看，省级审定品种的有效期可以设在 8 年，国家审定品种的有效期一般 10 年。如果 8 年、10 年以后继续利用的可以申请使用周期延长，每次 5 年即可。这也是参照以德国为核心的目录管理和审定品种有效期 10 年的经验。三是本人率先提出在小宗粮豆品种试验中开始使用参试品种的平均值作为产量对照，为玉米品种评价中平均值的使用进行探路，是继退出、有效期管理后的又一次品种管理技术的重大创新。

就品种平均值的使用而言，如果说以退出为品种动态管理的标志，那么以有效期为代表的审定品种管理将是审定制度的一次革命，已经在吉林省实施，从制度上打破品种的终身制；而对以产量为主要评价指标的作物，以平均值作为辅助对照是我国现阶段品种测试和评价体系的创新与突破。其优势是确保区域之间、组别之间、年度之间、环境之间品种测试的合理性和评价的稳定性，往往伴随遗传改良、环境变化、栽培措施及其相互作用而变化，符合科技发展水平。以往的对照往往受制于种子质量、品种优劣和环境变化的影响，对于参试品种多的区域及作物，以产量为主要评价指标的作物都将是十分有效的办法，当然这也仅仅是过渡性的创新，更需要标准的把握和超前的定位，还有许多具体问题有待研究与探讨。以具体品种为对照时，标准的价值主要体现在对照的价值上，而对照一般波动大，无法达到理想的状态，自然状态下不会按审定标准提供必要的环境条件和生长发育状态，而环境条件仅仅是形成和决定产量的三个要素之一（遗传、环境和措施）。以产量为核心的作物采纳平均值是可行的，平均值作为对照，标准容易定位但要有效把握。显然，一般常规作物正常情况下，每年平均比对照增产 1%~3%、杂交作物每年比对照增产 2%~4% 就可以了，且每年有 60% 以上试点增产，其他性状检测如抗病、抗倒、品质、熟期达标就可以了，兼顾了不同作物的遗传改良进度及试验误差、试验精度等现状。当然，没有万全之策，但正常情况下，保证有品种、保证有比较好的品种、保证没有太多的品种。

现阶段审定品种的一般性简单分类规律：如果审定 10 个品种的话，则 1 个为审定的优秀品种、3 个为优良品种、6 个为一般品种；1 个为主栽品种、3 个为搭配品种、6 个为区域性或局部适应性品种；1 个为应用 10 年以上品种、3 个为应用 5~8 年品种、6 个为应用 3~5 年品种；1 个为利用价值大的品种、3 个为利用价值较大的品种、6 个为有一定利用价值的品种；1 个为无风险品种、3 个为风险小或可控风险的品种、6 个为局部适应但风险较大的品种。如果这个比例合适或基本合适，则就有很多事情可做，主要是“抓住 1、选准 3、控制 6”的品种管理基本思路与现阶段审定品种的布局。

这些创新中，全国农技中心发挥了积极的促进、引导作用，主要表现在方向把控、目标定位、典型带动、局部推进、引导实施、技术支撑、对策措施等方面。

2009 年

全国农技中心于 1 月 16 日印发了《2009 年国家玉米品种试验方案》【以农技种函（2009）15 号】。这一年试验方案的变化和主要特点表现在以下几个方面。一是采用组均值（仍在沿用）。由于对照品种使用周期长、产量下滑、抗性降低的实际（也不排除和担心人为因素作怪），尤其是遇到黄淮海地区对照品种郑单 958 产量明显偏低的情况，也没有别的更合适的对照来替换，经主管部门同意，通过年会确认用本组产量的均值作为对照产量指标来衡量参试品种的产量表现，即当对照产量低于本组各个品种（含对照）的产量均值时启动均值作为对照产量，与参试品种进行产量比较，如果按每年区域试验比对照品种增产 5% 的产量指标要求，则使用均值为对照时增产 3% 以上即可。本人的这一建议是在 2008 年认真准备、多方面考虑、广泛征求意见、小宗粮豆上试运行基础上得出的。经过玉米专业委员会季广德主任组织部分专家在年会期间，对本人提出的量化指标广泛讨论、反复测算，决定开始全面使用平均值（一旦对照产量明显低于组均值时）。其使用平均值方式是无奈的选择，是对多年困惑的突破，是品种管理的创新，是水涨船高的判断，也是一种短期的、临时的、过渡性的无奈措施。本人判断，往往杂交作物品种增产 2% ~ 4% 即可，会高于对照 5% 的增产率水平；常规作物 1%~2% 即可。二是优化西南玉米品种试验布局，将武陵山区的各类普通玉米品种试验全部合并到西南玉米品种试验网中，增加西南试点数量基础上优化层次布局，统一由湖北省种子管理局唐道廷主持。三是提高部分区组的试验密度，将东北早、东华北试验密度从 3500 株 / 亩提高到 4000 株 / 亩。四是调整试验对照，将先玉 335 设为东北早熟组的对照品种，来取代吉单 261（当年确定的过渡性对照）。

2010 年

全国农技中心于 1 月 15 日印发《2010 年国家玉米品种试验方案》【农技种函（2010）15 号】。主要改革在以下几个方面。一是全面实施平均值，并在方案中明确表达为“如果区域试验的对照产量低于本组产量的平均值时，主持单位应采用本组产量的平均值作为产量对照指标”。二是鉴于东北早熟组 2009 年的特殊气候和玉米大斑病较重发生的实际，本人依据试验考察情况并代表考察组建议开展第 3 年的区域试验以再度鉴定品种的生产表现，该建议得到年会批准，这是历史上首次在国家玉米品种试验中依据审定办法行使的非常必要的管理对策。三是甜糯玉米品种试验组别合并优化。申请参加东华北或黄淮海甜糯玉米品种试验的品种可申请同时参加东华北和黄淮海甜糯玉米品种试验（北方组）并分区汇总；申请参加东南或西南甜糯玉米品种试验的品种可申请同时参加东南和西南甜糯玉米品种试验（南方组）并分区汇总。不仅扩大品种的可能利用区域，更是推动不同区域鲜食甜糯玉米均衡发展、品质共同提高的有效措施。四是甜糯玉米品种试验布局调整后对主持单位进行了调整：东华北组由吉林农业大学赵仁贵教授主持，黄淮海组由中国农业科学院作物科学研究所田志国专家主持，南方（东南、西南）鲜食甜糯玉米品种试验由安徽省种子管理总站刘玉恒研究员主持。五是鲜食玉米品种的DNA指纹检测由扬州大学陆卫平教授主持。

2011年

全国农技中心于1月21日印发了《2011年国家玉米品种试验方案》【农技种函（2011）27号函】。这一年方案的主要优化体现在以下措施上：一是对照调整，包括京津唐组从京科7调整为京单28，西北组由沈单16调整为郑单958；二是密度调整，西北组从4500株/亩提高到5500株/亩，东南组从3500株/亩提高到3800株/亩；三是规范组均值的使用，进一步在方案中用明确、清晰、可操作的语言表达了平均值的使用条件、方式和尺度，即“如果区域试验对照品种的产量低于本区组产量平均值时，主持单位应逐点采用本区组品种（含对照）产量的平均值作为产量对照指标，产量汇总以增产3%标准来衡量各参试品种产量是否达标”。其他方面变化不多，保持了试验网的相对稳定。同时，这一年经过大家的共同努力，完成修订后的国家标准GB/T 17315—2011《玉米种子生产技术操作规程》的发布，将玉米种子生产的空间隔离距离从300米压缩为200米是一大进步，与国外的标准基本接轨，避免了有标准无法执行的尴尬局面是重点和亮点，符合多年来西北玉米种子生产及我国玉米种子质量的现实。除了很多方面具体改进、优化以外，根据专家组戴景瑞院士等的意见将标准名称调整为现在的名称。

2012年

全国农技中心于1月19日印发《2012年国家玉米品种试验方案》【农技种函（2012）21号函】。方案的主要特点：一是极早熟组的亩密度从4500株提高到5000株；二是平均值的使用又进一步表达为“如果本区组区域试验对照品种的产量低于所有品种产量平均值时，主持单位应逐点采用相应点的参试品种（含对照）平均值进行产量比较，确定各参试品种的增减产幅度，以增产3%（并与实体对照相比不得小于5%）作为品种的推荐标准”，邓光联副主任在年会期间还亲自操刀，与大家一起讨论、研究；三是将东南组的对照由农大108调整为苏玉29，北方鲜食甜玉米对照从甜单21更换为中农大甜413；四是这一年在农业部种子管理局主导下成立了第三届国家农作物品种审定委员会（主持人不能当委员）；五是这一年年会上，对品种及试验结果改为由国家农作物品种审定委员会玉米专业委员会主任主持，由大会审议；从原来的4天会议压缩为2天（依据国家有关规定）。

2013年

全国农技中心于1月21日印发《2013年国家玉米品种试验方案》【农技种函（2013）18号函】。根据2012年的考察、年会和大家多方面建议，在方案中进一步调整并优化了试验布局，一是京津唐夏播早熟玉米组主持人调整为北京市农林科学院玉米研究中心张春原；青贮玉米主持人调整为北京农学院植物科技学院潘金豹；二是提高密度，京津唐、黄淮海组的试验密度均从每亩 4500 株提高到 5000 株，东北早熟组、东华北组的试验密度均从每亩 4000 株提高到 4500 株；三是调整试验布局，将京津唐和东北早熟组预备试验调整为东北早熟组预备试验（为 2014 年的调整做前期准备）；四是增设极早熟预备试验，恢复国家爆裂玉米品种区域试验。

2014 年

全国农技中心于 1 月 24 日印发《2014 年国家玉米品种试验方案》【农技种函（2014）23 号函】。根据 2013 年的考察调研、座谈了解和年会确认，在广泛征求相关省级种子管理部门意见的基础上，对国家玉米品种试验布局再行调整。一是京津唐夏播早熟玉米组品种试验合并到黄淮海夏玉米组，黄淮海北面的区域界线适当南移，病害以黄淮海区域为主，由河北省种子管理总站周进宝主持；二是原东北早熟组名称改为东北中熟组（预备试验名称相应同时调整），试验设计、试点布局、试验目标等均不进行调整；三是增设新的东北早熟玉米组及其预备试验，由黑龙江省种子管理局张思涛主持，对照为吉单 27，密度每亩 4500 株，按给黑龙江省、内蒙古自治区、吉林省的 4、3、2 分配参试名额直接启动本组的区域试验；四是增加密度，极早熟组密度从每亩 5000 株提高到 6000 株；五是调整极早熟组对照，将冀承单 3 号调整为德美亚 1 号；六是再次详细、明确要求出现极值后的报告制度，以强化试验规范化管理；七是按农业部种子管理局的要求，对参加“8+1”试验中的参试品种在生产试验（包括区域试验）环节放国家玉米品种试验相应区域的组别中进行验证，但要求国家试验总结中不包括这部分验证品种的试验结果（原因的确不详）；八是鉴于农产品质量安全的迫切需要和全国玉米机械化收获（穗收和粒收）的快速发展，根据 2013 年的考察结果，在长春市全国种子双交会上作学术报告时，本人明确提出应逐步将穗粒腐病和茎腐病列入全国性玉米品种主要病害，从品种准入的角度予以控制，本建议得到了抗病鉴定专家的肯定并在年会上顺利通过；九是这一年在农业部种子管理局主导下，出台了新的《主要农作物品种审定办法》《主要农作物品种审定标准》（文件形式，没有离开原标准的框架、结构、尺度和基本思路）及以国家农作物品种审定委员会名义印发的《国家级水稻玉米品种审定绿色通道指南》【（国品审（2014）1 号】并在全国实施。

2015 年

全国农技中心于 1 月 27 日印发《2015 年国家玉米品种试验方案》【农技种函（2015）26 号函】（注：全国农技中心 2016 年 2 月 15 日印发了《2016 年国家玉米品种试验及展示示范实施方案通知》的 43 号函）。这一年毕竟是不寻常的一年，我 55 周岁，从事玉米事业 30 周年，直接从事国家农作物品种试验审定推广服务 25 周年，这一年也正好是《种子法》施行 15 周年！早就设想应该是我人生的一个重要的拐点！记得古城西安 5 月 10 日的夜晚，朋友聚会时默默沉思，自己做出一个早已深思但不一定熟虑的人生抉择！这一年的主要特点很多，历史痕迹很多，人生反思、思考、感悟很多，轻松、快乐、幸福很多，迷茫、困惑、遗憾也很多……现将这一年的情况简单罗列，努力概括为以下几点。

一是停止从1996年开始的国家玉米品种区域试验与生产试验交叉，进行试验的所谓“创新”，造成了这一年许多品种没有资格参加生产试验！刚好写到此（2016年1月10日），有人来电话告诉我知道：“农历年前种子管理局要召开初审会，请主持人准备材料”。我说：“因去年（2015年）没有生产试验，意味着没有完成国家试验程序的品种，即没有待审品种，准备什么！”实质上等于停止一年国家玉米乃至农作物品种区域试验！这可以说是影响了几代人奋斗、探索、追求的历程。当年，为了加快玉米新品种的推广，采取缩短试验周期、增加试验点次，本人提出的用“多点效应代替区域效应、年际效应”，达到了预期的目的，选拔出了农大108、郑单958、浚单20、先玉335、鲁单981、金海5号、辽单565、登海605、京科968、伟科702、农华101、中单808等一大批国审优良品种，为粮食安全和种业进步做出了突出的贡献。停止一年生产试验，等于延长一年国家试验，等于这批品种延期推广一年，减少一年的玉米品种推广等于让玉米损失巨大，谁来负责、谁能负起这个责任？可以说是阻碍了农业科技进步，影响了农民增收！二是这一年取消了国家玉米品种预备试验，试验名称改为玉米品种比较试验。什么是预备试验？是专指为国家区域试验筛选品种的专门试验，在实践中证明是十分有效的，现在参试品种这么多（琳琅满目、五花八门、七高八低、七上八下、鱼目混珠、真假难识），没有预备试验怎么知道哪个品种可能适合哪个区域！好在有“品比试验”，也许换汤不换药，那就继续吧！但什么是品种比较试验？预备试验是专指、特指、专用名词，而品种比较试验是广义、泛意、非专用名词，按照这个名词我们可以把区域试验、生产试验、预备试验、抗病鉴定、种植鉴定的任何以品种比较乃至性状、性能比较类试验均可称为品种比较试验，一般在科研上只是把刚培育的品种、刚引进的品种、心里没底品种的试验等统称为品种比较试验，这是我很少接触和使用的用于国家试验上的试验组别类型名词，也可能说明国家试验不够成熟，的确有些生疏，不一定解释得清楚，也没有必要去解释。三是育种单位自己开展品比试验2年才可以申报国家试验。我对此保留看法，我请教过多位不同作物的大专家，没有认同这个做法的人，但也没有提出异议的人。四是取消试验名额按省级分配制度，看样子要全面放开试验，试验、审定、品种及其种业市场会大乱，数据怎么能真实可靠？这样的审定又有何意义？几代人的努力和付出也许将毁于一旦。五是取消试验结束后向委员会推荐品种的建议，由审定委员会办公室根据试验结果直接整理材料给委员会审定。六是提出生产试验点的设置要多于区域试验点设置的要求（依据不详，我们与美国模式不一样，如黄淮海玉米1.7亿亩，这里有一个生产试验的目的、意义和作用问题，在我国是验证性试验）。七是为玉米攻关组制定黄淮海和东北中熟组机收籽粒国家玉米品种试验方案。这一年的3月29日，本人参加在中国农业科学院召开的国家玉米良种重大攻关项目专家组会，会议期间，农业部种子管理局张延秋局长讲话中突然下发指令，“由孙世贤牵头负责制定方案，2018年要审定机收品种，可以交叉试验，反正2018年要交品种”。依据领导要求，我从3月30日到4月3日共5天，每天连续加班至少到20:00以后回去，帮助专家组制定了《2015年农业部国家玉米良种攻关机收类型区试方案》，确定了试验布局，指定了试验组别，制定了品种选拔条件，明确了相关测试、鉴定、检测单位及具体指标、操作程序等，协助征集参试品种、选拔承担单位和田间试验设置等相关工作；我于4月7日在中国农业科学院作物科学研究所117会议室又参加了农业部玉米攻关组会议，其中部分内容是讨论我协助制订的2015年方案，这项工作得到了农业部领导和攻关组专家的一致认可、肯定。因为这个紧急任务，我放弃思考、疑问和反驳，埋头苦干、加班一周、用尽技术和经验，好在完全达到农业部玉米机收籽粒攻关组专家和农业部种子管理局要求，以全国农技中心（2015）148号函形式印发全国，于我而言，也许这是当年唯一值得欣慰的事。

过去20多年，大体上可把玉米年度品种试验方案分为两个基本阶段（类别）。第一阶段1995—2004年，主要是建设完善、协调推进。建立试验网络体系、品种评价标准体系、展示示范为先导和抓手的推广体系。第二阶段2005—2015年，主要是改革创新、实践探索。退出机制、有效期、平均值、DNA指纹鉴定、样品保存、试验站建设、标准样品库建设、抗性鉴定站建设、信息化建设、试验地实施封闭管理、品种审定采取“精品制”、出版《中国玉米新品种动态》、构建“中国玉米新品种信息网”、试验承试人员承诺制、参试品种密码编号、按省级分配名额、开设玉米机收籽粒组试验等；我们正在面临下一个十年即2016—2025年，改革发展、创新探索、多元多样。但试验改革、种业发展只有方向明才能路径清。

试验审定改革应有方向，创新探索应有前提，种业发展应有章法！其中，前提是稳定中发展、继承中创新、依法依规行事；充分利用大家的经验、技术和智慧，才能实现好改革而少走弯路，使改革成功！人们不应该把权利看得太重要了，尤其在技术层面，农业人还是应该把农民的利益多多铭记在心才更踏实。改革不是形象工程，更不是政绩工程，也不是一个人或几个人的事，是几代人经验、技术、智慧的结晶，要有无私奉献、继往开来、前仆后继的精神……

备注：2016年1月10日0时55分杀青。

标准规范

“标准”历来是一个部门、一个行业、一个产业的系统化、组织化和标准化的显著标志，代表了当今科技发展水平、产业市场化进程、行业规范化程度的明显特征。在过去20年来，我们始终重视相关试验、审定、种子生产、抗病鉴定等办法、规程、标准的制定、修订和实施工作。在专家和战友的大力支持、帮助和协助下，本人主持，或牵头组织，或作为主要起草人制（修）订的国家或行业标准18项，按层次分，国家标准2项、行业标准16项；按形式分，以标准形式发布16项、文件形式发布2项；按作物分，玉米标准13项、棉花标准1项、高粱标准2项、绿豆标准1项、甜菜标准1项；按类别分，农作物品种试验规程2项、品种审定规范3项(次)、大田作物生产1项、种子生产4项、抗病鉴定技术规范8项。目前，这些国家和行业标准绝大多数仍在使用，对于我国粮食尤其是玉米的生产安全、技术进步、行业规范、种业发展和产业提升等都起到了不可替代的重要作用。当然这些标准还有许多需要完善的，大部分标准的实施时间都在5年以上了，应适时予以修订。这些标准，都是在各位专家的大力支持、帮助和协助下完成的，很多是以专家为主制定的，本人在其中能起的作用和努力是有限的，除了玉米品种试验技术规程、玉米品种审定规范，以及玉米、高粱种子生产技术操作规程等以外，更多的是起到组织、沟通、协调、把关、定位等方面的作用，这些标准的制定是各方面专家集体智慧的结晶。现将这些标准罗列式地解说给大家以便于应用，包括对未来的修订提供参考和借鉴。

标准规范，顾名思义，标准是规范行为的，审定标准显然就是规范审定品种及其行为的，就品种而言对非专业人员来说，可以简单地理解为真的假的、好的坏的、优的劣的、早的晚的，等等；更是规范品种审定人员的行为的，作为审定委员及其相关工作人员是否依法行使自己的岗位职责，你的一票是为谁而投、投给什么样的品种、产生什么样的结果？这是审定工作公正、公平、公开、科学、效率的要求，也是社会法治、公平、正义的要求，更是人性的考验；实质也是规范产品以服务产业的，品种被审定，对相应的产品及其产业会有什么影响，应该是可以基本预见和预期的。通过审定标准来规范审定行为是十分必要的，使审定行为及其审定的品种对产品、种业、产业应该有提升、进步和发展的促进作用，这是毫无疑问的。

其实，执行审定标准来规范审定行为的主体人员，主要是品种审定委员会及其办公室人员，从近几年的实践看也包括国家农作物品种审定委员会的常委会组成人员，其在具体品种能否审定中的作用可不能低估。品种审定委员会的常委会、专业委员会及其品种审定委员会办公室在审定中的职责应该是十分清楚的。这里想谈谈玉米专业委员会委员在玉米品种审定上的具体职责，实际上也就是四个具体方面，即制定标准、修订标准、把握标准和执行标准，核心是执行标准，关键是把握标准，基础是制定标准，进步依靠修订标准。通过标准的制定和修订，来优化标准体系、明确审定目标、预测未来发展；通过标准的执行和把握，来了解专家们的技术、经验和智慧，来考验、检验、提升人格、人性、人品。实践证明，大多数委员都经得起检验，这涉及技术水平、社会公平、价值取向等很多相关问题，当然个人的技术、修养、品行在其中的作用也是不能低估的。

一、标准的历史进程

我国农作物品种审定标准是伴随着审定制度发展而建立起来的，有审定制度往往必然需要审定标准来规范和支撑。《中华人民共和国种子法》（以下简称《种子法》）于 2000 年 12 月 1 日起施行，如何制定国家级农作物品种审定标准就摆在了我们的面前，这就需要从业人员对审定工作涉及的法律法规，以及试验体系、技术体系和作物生产体系等来认真研究、准确定位、长远思考，也包括审定制度本身的内涵、各发达国家的情况、国外半世纪来的发展历程等背景，这正需要我们借鉴一下国内以往的农作物包括玉米品种审定标准，这就是当时的思考。其实，品种审定标准的演变过程应该是审定制度的建立、规范、完善、改革、发展、提升的历程；更是农业科技进步、种业发展和产业提升的历史写照。因此，有必要再回顾一下近 40 年历史进程。

（一）第一届审定委员会

1981 年 12 月 22 日农业部在北京成立了第一届全国农作物品种审定委员会，这是我国国家级农作物品种审定制度建立的标志。第一届全国农作物品种审定委员会设置水稻、小麦、玉米、高粱谷子、甘薯马铃薯、棉麻、大豆油料、蔬菜 8 个审定小组，实有委员 179 人。1982 年 5 月 22 日，农牧渔业部发布《全国农作物品种审定试行条例》【农牧渔业部文件（82）农（农）字第 2 号】。

第一届全国农作物品种审定委员会规定，对于生产中种植面积比较大的品种，由专家审核予以认定。在其《试行条例》的第六条报审品种条件中对申报品种有明确的规定，申报审定的条件："1. 经过连续二至三年的地区以上区域试验和一至二年生产试验（区域试验和生产试验可交叉进行），在试验中表现性状稳定、综合性状优良。2. 在产量上，要求高于当地同类型的主要推广品种原种的百分之十以上，或经过统计分析增产显著者。产量虽与当地同类型的主要推广品种相近，但品质、成熟期、抗逆性等一项乃至多项性状表现突出者，亦可报审。3. 选育单位或个人应能提供原种，一般为一百亩以上播种量原种种子，并不带检疫性病虫害。"我个人理解，前人说得非常清楚了，几乎涵盖了此后二三十年的国家审定标准的大部分核心内容。从中可以看出，该《试行条例》的报审条件包括了对品种的“性状稳定、综合性状优良”的表达和丰产性、稳产性、品质、抗逆性、成熟期乃至制种、检疫等的表述都有明确的要求，使我每次看到这个标准时，对前辈们总有一种望而生畏、肃然起敬、大家风采之感受。可以看出，产量从来也不是唯一的指标，吸收继承、发扬光大、继续前行是吾辈唯一的路径选择。

1981—1988 年的第一届全国农作物品种审定委员会，尚没有比较健全和完善的国家级农作物品种区域试验，属于初创阶段。因此，主要是依靠省级审定为基础，生产推广面积为尺度的阶段，重点是粮棉油作物的品种产量，主要是认定为主的时代。显然，当时审定已经明显滞后于推广。

（二）第二届审定委员会

农业部于 1989 年 8 月下旬和 9 月下旬分别在兰州（水稻、麦类、蔬菜 3 个专业委员会）、苏州（玉米、高粱谷子、薯类、棉麻、油料、大豆、糖料 7 个专业委员会）召开了第二届全国农作物品种审定委员会成立大会，从此开启了全国农作物品种审定委员会新的开创性奋斗征程。这届委员会是由 14 个专业委员会构成和 340 多位知名专家组成的一届委员会，凝聚了我国农业科技力量的承前启后、继往开来的委员会，该委员会从 1989 年秋季成立到 1996 年年底实际运行七年。

1989 年 12 月 26 日农业部颁布第 10 号部长令，发布《全国农作物品种审定委员会章程》（试行）和《全国农作物品种审定办法》（试行），并将《全国农作物品种审定标准》（试行）作为附件发布。第二届全国农作物品种审定委员会《全国农作物品种审定办法》中明确规定：“凡具备下列条件之一的品种，可向全国品审会申报审定：1. 参加全国农作物品种区域试验和生产试验，在多数试点连续两年表现优异，并经过一个省级农作物品种审定委员会审定通过的品种。2. 经两个省级品种审定委员会审定通过的品种。”实际上这是一个前置条件。《审定标准》中的“玉米品种审定标准”也明确规定：“新审定的品种（组合）必须比对照种（原种）增产 10% 以上；增产不足 10%，但在品质、抗病、抗逆性等具有一项乃至多项性状表现突出者。同时制种技术过关，产量较高。”可见，本办法是从规范国家农作物品种区域试验和生产试验的品种试验入手的，是从拟被审定品种的申报条件入手的，是在保证产量的基础上从品种的综合利用价值入手的。

1989—1996 年第二届全国农作物品种审定委员会的品种审定，总体看是以省级审定为基础向以国家农作物品种区域试验为基础的过渡状态，以粮棉油作物向多种农作物的过渡，以产量为基础向高产优质高效品种的过渡，也是以认定方式向审定管理的过渡。属于认定、审定并重阶段，审定速度明显加快，尤其是在 1995 年春季开始的国家农作物品种试验审定制度改革，从此开创了前所未有的国家级农作物品种试验、审定和推广的新局面。

（三）第三届审定委员会

第三届全国农作物品种审定委员会（按章程办法的有关规定运行 5 年，即 1997—2001 年），依据 1997 年 10 月 10 日农业部第 23 号部长令颁布的《全国农作物品种审定委员会章程》

和《全国农作物品种审定办法》的有关规定开展品种审定工作，其申报条件："1. 主要遗传性状稳定一致，经连续两年以上（含两年，下同）国家农作物品种区域试验和一年以上生产试验（区域试验和生产试验可交叉进行），并达到审定标准的品种；2. 经两个以上省级农作物品种审定委员会审（认）定通过的品种；3. 国家未开展区域试验和生产试验的作物，其全国品审会授权单位进行的性状鉴定和两年以上的多点品种比较试验结果，经鉴定、试验单位推荐，具有一定应用价值或特用价值的品种。"本办法把国家审定与国家试验紧密地结合起来，把国家农作物品种区域试验和生产试验的品种表现摆在了非常突出的位置，是大家奋斗的结果、力争的结果、创新的结果，主要是国家农作物尤其玉米品种试验改革、规范、完善和推进的结果。

1998 年 5 月 8 日，全国农作物品种审定委员会根据《全国农作物品种审定办法》有关规定，以国品审〔1997〕2 号文件形式印发了《关于水稻等十三类作物品种审定标准的通知》，将水稻、麦类、玉米、杂粮、薯类、大豆、油料、蔬菜、糖料、茶树、棉麻、花卉、热带作物等 13 类作物品种审定标准印发并要求遵照执行，在附件中明确了各作物抗性鉴定、品质测定指定单位及其种类、项目。其中玉米品种审定有以下基本条件。一是经过两个或两个以上省级农作物品种审定委员会审定通过的品种；在生产中未发现重大缺点，并有继续推广使用价值。二是经过连续两年或两年以上国家农作物品种区域试验和一年或一年以上生产试验的品种，达到下列条件之一者：产量比对照增产 8% 以上或经统计分析达到显著水平，且综合性状不低于对照；产量与对照相当，综合性状不低于对照，在熟期、抗病（虫）性、品质、抗逆性等具有一至多项性状表现突出。对于特用玉米，如甜玉米、糯玉米、高油玉米、特用淀粉玉米、优质蛋白玉米、青饲玉米、爆裂玉米等，符合全国农作物品种审定办法的申报条件，证明在产量或品质等某一个方面明显优于现有同类品种；对于已审定品种经过改良，诸如普通玉米转育为不育化制种，或用姊妹系生产改良单交种，或向亲本转入特定基因后继续以原品种名称在生产上使用的，须重新试验，证明其产量和抗性等主要性状不低于原品种，并在改良性状上确有显著提高，须作为原品种的改良种申报。

标准中明确了玉米品种抗性鉴定、品质测定的指定单位。一是玉米品种抗性鉴定的主要病（虫）害是分区指定的，东北区（丝黑穗病、大斑病、小斑病）；华北区（矮花叶病、大斑病、小斑病、青枯病）；黄淮海区（大斑病、小斑病、青枯病、矮花叶病、粗缩病、黑粉病）；西南区（丝黑穗病、大斑病、小斑病、纹枯病、青枯病、矮花叶病）；西北区（丝黑穗病、青枯病、大斑病、小斑病）；东南区（大斑病、小斑病、青枯病、矮花叶病）（病虫害种类可以根据具体情况进行适当调整）。二是玉米品种抗性鉴定指定单位是实行分区鉴定的，要求报审品种必须具备其适宜生态区两个（含）以上省级品种审定委员会指定鉴定单位的抗性证明。三是玉米品质测定指定单位确定为农业部谷物品质检测中心（北京），确定普通玉米主要测定淀粉、脂肪、蛋白质、赖氨酸等，特用玉米须增加相应特用品质的测定项目。四是对不育系和不育化制种的育性稳定性分析由华中农业大学农学院主持鉴定，中国农业科学院、中国农业大学共同承担有关工作。五是对照品种种子质量应达到国家玉米一级种子标准，通过审定并在生产上有较大的使用面积和应用范围，并保持对照品种的相对稳定。

可见，第三届全国农作物品种审定委员会期间，执行的是分作物、分类型、分区域制定的审定标准，各项要求进一步明确和细化，可操作性明显增强，应该说这是多年试验改革的重要成果的集中体现，凝聚了大家的集体经验和智慧。但大家对关于改良品种的管理不大认同，这个条款不好操作、难以界定，这样造成了本标准无法顺利实施。经品种审定委员会办公室领导与农业部法规司进行沟通，决定不予采纳。

可以说，品种审定标准是逐渐规范和完善的，各个时期的标准都带有鲜明的时代色彩，与政府的政策导向、市场需求走向、农业科技发展水平、农产品产业的发达程度以及消费者（使用者）的文化素质息息相关，反映了一个国家的农业产业化、市场化、农产品商品化程度和农业政策导向、农业未来走向，因此品种审定标准实际是动态的，对品种市场准入与否是极其重要的。这一阶段使玉米等作物实现了“生产看审定、审定靠试验、试验跟市场”的良好局面，试验、审定、推广速度明显加快，国家级农作物品种试验、审定、推广的组织管理体系、技术支撑体系以及试验布局的框架、结构、层次和运行程序、规则、目标等都初步形成。

二、标准的定位

2000 年 12 月 1 日《种子法》开始实施，农业部亟须制定并出台一系列实施细则等配套规章（很荣幸，我也作为主要起草人之一，参与了 7 个配套规章办法的起草），在此基础上需要一批配套的可操作、易运行、更实用的技术支撑体系，迫切需要的是审定技术标准和试验技术规程。到底怎么设计这个技术体系，是得认真思考、必须面对、准确定位并迫切需要解决的问题，在研究、继承、吸收和借鉴已有成功经验和前人做法的基础上，需要充分发掘大家的经验、技术和智慧！按照职责分工，我具体负责组织协调并牵头玉米品种审定标准的制定，以及配套的框架结构、方向对策、指标体系等技术路线和工作思路的起草工作。

其实，后来制定的标准是经过 1995 年以来的国家玉米品种试验改革、1998 年以来的国家玉米品种审定工作实践总结得出的，是在第三届全国农作物品种审定委员会玉米品种审定一直沿用的标准草案基础上修改、完善的，是经过多年实践检验的。

当时的标准制定工作于 2000 年由农业部市场与信息司下达，由全国农技中心成立了以第三届全国农作物品种审定委员会玉米专业委员会委员和专家为主的起草小组。鉴于当时我国玉米品种试验、审定和推广的实际情况，尤其是在鲜食甜糯玉米品种试验刚刚起步、青贮玉米品种试验尚未开展、玉米产业尚未定位、市场了解不足、观点差异较大的情况下开始起草的。我们认为，按计划完成起草任务的条件尚不成熟，经处内协商并请示有关主管部门同意，玉米品种审定标准的完成时间可适当推迟。所以，2002 年才开始制定，2003 年正式下达了任务书和经费。

全国农技中心根据农业部《农作物品种（玉米）审定标准》制定项目任务书（02001）和《关于下达 2003 年农产品质量安全项目和经费的通知》（农财发（2003）32 号）精神，承担了《农作物品种（玉米）审定标准》和《农作物品种（玉米）区域试验技术规程》的制定工作。

标准起草时的主要依据是《种子法》以及《主要农作物品种审定办法》（以下简称《审定办法》），同时参考了历届国家玉米品种审定标准和各省玉米品种审定标准的基本思路。

当时确定的标准起草的主要原则，除农业行业标准的基本规律、规定以外，审定标准主要从以下几个方面确定一些必要的原则：一是坚持依法审定，这是毫无疑问的；二是坚持品种审定的使用价值和规避风险原则，否则就失掉了意义；三是坚持优先服务于农民，这是审定制度的本质所在；四是积极借鉴前人经验。就是借鉴了第一、第二、第三届全国农作物品种审定委员会品种审定的经验和规范性文件，借鉴 1995 年以来国家玉米品种试验改革经验，借鉴各省农作物品种审定委员会品种审定的经验和规范性标准、文件，借鉴各国（欧洲的德国、法国以及澳大利亚、美国等）品种管理经验。

起草小组经过积极筹备，于 2002 年 5 月 12—15 日在沈阳市召开了《农作物品种审定（玉米）》标准的第一次起草会议，来自全国玉米科研、教学、管理和种子企业的 32 位一线专家参加了会议。与会专家对利用小麦标准草案确定的打分制标准思路、框架结构、内容衔接、性状权重等部分内容进行了认真讨论研究，同时提出了许多具体修改意见和建议。本次会议争议很大，并没有取得太多的成效。

在会议结束前，本人代表起草组请辽宁省种子管理局负责召集东北尤其是辽宁省的有关企业和科研教学单位，请河南省农业科学院粮食作物研究所负责召集黄淮海尤其是河南省内的有关企业和科研教学单位，请四川农业大学负责召集西南尤其是四川省的有关企业和科研教学单位，分别在沈阳会议基础上起草制定玉米品种审定标准草案。这样，在沈阳会议基础上，要求在下次的标准制定会上要拿出 3 个标准草案，分别代表三个主要玉米区域（东北、黄淮海、西南）、三个主要部门（管理部门、科研部门、教学部门）的意见和建议，通过这种方式广泛征求大家的意见和建议，使未来的标准更有效、可行、好用，以便下次起草会议时，再次提交给第二次审定标准起草组会议讨论修改完善。会议结束前，根据陆卫平教授等几位专家的意见建议，及时调整了起草组人员组成，确定不再请“一言堂”专家参加起草工作。

2002 年 7 月，起草组利用全国农技中心在广东省组织的鲜食甜糯玉米品种试验考察期间，组织各省种子管理部门、有关科研单位、教学单位、种子企业的 50 多位相关专家在广东省阳江市召开第二次标准起草会议，除已经要求制定的 3 个标准草案外，北京市农林科学院玉米研究中心又向起草组提交了 1 个阶梯式、格式化的标准草案，4 个草案提交后并没有在思路上有所突破，经过两天的会议，形成了标准草案的初步框架，明确了部分特征特性的初步指标范畴，增加了特种玉米品种在审定标准中的相应条款，这些方面都达成了基本共识，有必要加快制定并出台国家玉米品种审定标准。但担心有几个问题一时难以解决，如一些品种类型的试验刚刚或尚未启动；一些组别的对照当时也是过渡性的对照；一些指标尺度的把控是非常难的，都没有现成的经验，只能从对品种严宽、快慢、多少的调控角度，从玉米品种遗传进度、对照强弱、分区分类状况的技术角度，从试验布局、试验质量、试验误差和国家审定品种定位等管理的角度，确定好审定好标准指标，如在丰产性与稳产性，安全性与熟期、抗性、抗源的状况，定位与性状指标的协调等方面积极推进。回顾本人当时的想法，一直觉得在玉米品种管理的实践中，有一种“标准低了害农民、标准高了害品种”的朴素感情，所以实际工作中大有如履薄冰之感。

2003 年 4 月中旬，在借鉴和吸收了专家们各方面意见基础上，仍觉得这个标准未来可能存在无法用“权重打分法”解决品种使用价值的问题，以及存在规避生产风险等焦点、难点、关键点的问题。因此，作为起草组的代表，经过一年多的思考，我利用4月12—13日两天周末时间开始重新起草。当时考虑的思路是品种审定核心是品种的使用价值，当然也与被测试品种植株是否正常生长发育有密切的关系。如果说“一个植株的根、茎、叶、花、果实等器官及其光合、吸收、运输、转化、储藏、抗性等的功能都好用，则这个植株是健康和有一定利用价值的”，所以本人就采用了将品种使用价值按品种的器官、功能、性能分解为丰产性、稳产性、品质、抗性和生育期等五个方面，采取“分类型、分区域、打底线、控风险”方式进行。在4月14日把整体思路向处长进行了全面的简单汇报并得到肯定，这样就彻底推翻了以前建立的思路、框架、结构和格局。

在征求个别专家对本人新提出的玉米标准总体框架的意见建议后，本人又进行了局部修改完善。本标准草案在抗病鉴定和评价方面，请中国农业科学院作物品种资源研究所王晓鸣研究员等负责修改；在青贮玉米确定框架后，请北京市农林科学院玉米研究中心赵久然研究员和北京农学院植物科学系潘金豹教授负责修改；鲜食甜糯玉米请扬州大学农学院陆卫平教授负责修改；爆裂玉米请沈阳农业大学史振声教授负责修改。在收到分别修改后的草稿后，对本标准草案在不同类型、不同性状和不同区域等指标上又进行了认真的权衡、衔接、配套和完善。

2003年8月2—4日在四川省雅安市召开了国家玉米品种审定会。会议期间，玉米专业委员会对玉米审定标准草案的总体框架、性状指标等首次试运行，使用后普遍认为效果不错，得到所有委员的肯定。2004年4月27日全国农技中心以公函的形式印发《农作物品种（玉米）推荐国家审定标准》（征求意见稿），并通过电子邮件向100位国内外玉米育种、科研、企业、管理、推广等相关部门（单位）的玉米专家广泛征求意见，有30多位专家或单位回函并提出局部修改意见，总体框架受到大家的一致好评，使本人信心大增。

2004年7月8—12日，第一届国家农作物品种审定委员会在大连召开玉米品种初审会议，其中把继续修改审定标准作为一项重要的内容，委员们在修改标准的基础上，对申报品种进行初审；再用标准与初审通过的品种进行对比，在初审结束后又进行了部分条款的调整。2005年1月16—20日在北京召开国家玉米品种区试年会，会议期间再次征求所有与会代表和专家（100多人）的意见，对标准的个别条款进行局部修改；2005年5月9—12日在北京召开了国家玉米品种初审会议，委员们用本标准（草案）进行品种审定，国家农作物品种审定委员会玉米专业委员会认为，本标准基本成型，也比较完善，本标准的出台，将对规范全国玉米品种审定、指导玉米品种试验、引导玉米育种目标、促进企业发展等都具有重要的现实意义，建议尽快上报送审稿以便发布实施。

起草组通过广泛吸收来自全国的92条修订意见，在认真梳理、归纳、吸收的基础上，研究、确定了标准的最后版本。全国农技中心于2005年8月1日上报农业部种植业管理司《关于报送〈农作物品种（玉米）审定标准〉和〈农作物品种（玉米）区域试验技术规程〉的函》（农技种函（2005）212号）。同时，向农业部种植业管理司推荐季广德、王守才、陶承光、陈学军、周进宝、王晓鸣、王玉兰、张彪、李龙凤等为标准审定专家。

因此，本标准集中体现了第三届全国农作物品种审定委员会玉米专业委员会、第一届国家农作物品种审定委员会玉米专业委员会全体人员的辛勤劳动，是近10年来我国玉米品种试验、审定和推广工作的经验总结，是全国玉米专家和同行战友集体智慧的结晶。

2006年12月6日，农业部第757号公告发布《农作物品种审定规范　玉米》（NY/T 1197—2006）、《农作物品种试验技术规程　玉米》（NY/T 1209—2006）、《专用玉米杂交种繁育制种技术操作规程》（NY/T 1211—2006），自2007年2月1日起实施。国家玉米品种试验网配合抗病鉴定专家王晓鸣等制定的玉米抗大斑病、小斑病、丝黑穗病、矮花叶病和玉米螟等一系列鉴定技术规范（农业行业标准）在2007年颁布执行，包括玉米抗病虫性鉴定技术规范的第1部分:《玉米抗大斑病鉴定技术规范》（NY/T 1248.1—2006）；第2部分:《玉米抗小斑病鉴定技术规范》（NY/T 1248.2—2006）；第3部分:《玉米抗丝黑穗病鉴定技术规范》（NY/T 1248.3—2006）；第4部分:《玉米抗矮花叶病鉴定技术规范》（NY/T 1248.4—2006）；第5部分:《玉米抗玉米螟鉴定技术规范》（NY/T 1248.5—2006）。

此后，到2007年9月14日，经国家玉米品种试验网多年检测工作的长期积累，由北京市农林科学院玉米研究中心牵头制定的农业行业标准《玉米品种鉴定DNA指纹方法》（NY1432—2007）发布，2007年12月1日起正式实施。当年检测区域试验样品数量达到1016份，包括国家级495份、省级521份。区域试验检测总量首次突破1000份，省级累计检测量首次超过国家级检测量。

2008年5月7—8日，全国农技中心组织中国农业大学国家玉米改良中心等单位，在北京召开了《玉米杂交种繁育制种技术操作规程》修订会议。在前几次会议的基础上，根据国家标准化管理委员会下达的修订国家标准项目计划任务书要求以及国家标准制定程序，对《玉米杂交种繁育制种技术操作规程》（GB/T 17315—1998）的修订制定了草案，并广泛征询玉米品种管理、科研育种、种子生产、经营企业等各相关单位专家的意见和建议。共收到各项修改建议140余条。本次会议邀请了科研单位、教学单位、种子企业、种子管理、制种基地等各方面专家30余人，会议就征询到的意见、建议和标准修订中的相关问题进行了讨论和确定。以戴景瑞院士为组长的专家组在审核标准过程中，建议原国标名称修改为《玉米种子生产技术操作规程》（GB/T 17315—2011），形成了《玉米种子生产技术操作规程》报批稿，并于2011年12月30日由国家标准化委员会正式发布实施。本标准是根据实际需要，充分利用国内外的经验和近10年我国西北玉米种子生产实际，对原标准进行了实质性的修改、优化和完善，如对玉米商品种子的生产空间隔离距离从原标准的300米压缩为200米等许多新规定、新规则。

这些标准、规程、办法的发布，初步建立了我国玉米从品种试验、品种审定、抗性鉴定、DNA指纹检测到种子生产的技术支撑体系，尤其是审定规范将品种的使用价值按丰产性、稳产性、抗逆性、熟期、品质指标来界定，对各类农作物品种审定（认定、鉴定、登记、备案）管理提供了丰富的可借鉴的经验，使审定标准简便、易行、好记，易了解、可操作、易监督。这一系列标准的实施在国家以及省级玉米乃至其他农作物品种的试验、审定、繁育、推广、管理等多方面都发挥了重要的作用。

从1995年开始到2005年的国家玉米品种区试审定改革以来，全体承试人员与时俱进、开拓创新，探索了一套适宜我国实际的农作物品种试验、审定和推广的新路子，玉米新品种推广工作取得了巨大的成功，受到业界的普遍认可和赞同。这一阶段也是国家玉米品种试验、审定和推广的最好时期，是玉米品种试验审定推广事业发展最快的时期，所取得的经验是我国农作物品种管理与推广的宝贵财富。

三、标准起草时的相关问题

（一）题目

《种子法》的配套规章审定办法中第二十一条规定，根据审定标准，采用无记名投票表决，对品种初审，赞成票数超过该专业委员会委员总数1/2以上的品种，通过初审。实际上很容易造成初审结果与达到审定标准的品种之间出现不一致的问题，使得达到审定标准的品种有的可能不被审定，而未达标的却被审定。故当时建议将本标准的名称改为《农作物品种（玉米）推荐国家审定标准》，这实际是对试验工作的规范，即达到本标准才能推荐给品种审定委员会进行初审。根据标准起草任务书的有关要求以及专家的建议，考虑到与相关作物标准的协调、配套，建议本标准名称确定为《农作物品种审定标准（玉米）》。实际上，本标准最后的发布名称是《农作物品种审定规范　玉米》，这涉及标准不允许题目含“标准”字眼以及各类作物同系列行业标准之间的一致性问题，更是体现出标准的本质就是用来规范品种、品种试验、审定委员会委员和办公室成员的行为。

（二）衔接

原讨论稿在抗病的接种鉴定与田间调查记载、生产试验与区域试验、普通玉米与特种玉米、品质与产量、国标与行标、品种与产品等方面的衔接上不够很协调。在讨论中大家也提出了一些问题，如操作性差、衔接不够等。因为制定第一个讨论稿时缺乏对总体框架的把握和控制，因此当时不能急于出台是有道理的，否则可能因为过早推出标准反倒影响了品种推广，尤其担心影响玉米种业和产业的发展。

（三）分值

虽然经过大家的一致努力，曾经对标准草稿的主要性状进行量化，但量化主要凭经验，如某一项指标加3分或减5分，实际上根据不足。如抗病性状一般体现在或已经影响到已形成的经济产量中，而直接影响的是植株长势长相和发育进程，难以用分值表达清楚。再者，我们没必要去给每个优良品种排序，即使排序和打分也难以比较品种之间的优劣，与未来的推广利用无法一致，涉及理论权重与实际权重的问题，品种的推广潜力和使用价值往往受到太多的外部环境影响。因此，用分值来确定审定标准是不科学、不可行的，这个分值的具体参照物应该是对照，对照是已准入品种中的优秀品种，对照在稳定基础上也要适时调整，当然对照也不是万能的，也有一个不以人们意志为转移的消长过程。

（四）进程

在2002年前我们基本摸清了“三高”（高油、高淀粉、高赖氨酸）玉米品种和爆裂玉米品种的选育情况，但青贮玉米品种试验刚刚起步，许多工作都是没有先例的，这也正是当时没有及时完成玉米品种审定标准的主要原因。我们感觉，如果市场没定位或没启动，起草比较完善的标准有难度、不可能，即使起草了也没有可操作性，其使用价值必然受到质疑，更谈不上考虑前瞻性了。故一直在加快试验工作的进程并加以完善和规范，没有实践经验则无法制定出一个比较完善、比较科学、可操作性强、可行性好的标准。

四、制定标准的基本思路

（一）实施市场准入

品种审定的本质特征是品种的使用价值，这是核心和目的所在。但审定与推广不要挂钩、也挂不上钩，我们的审定在品种达标准入和充分遵守审定标准的基础上依赖于委员们投票来决定品种的取舍。对于有一定利用价值的品种、没有大的风险的品种都应推到市场中去，采取市场准入的方式，达到基本标准的品种都允许进入市场，让时间、实践去检验。10年来，一直使用市场准入标准，运行顺利，效果良好，没有发现大的问题，极大地促进了玉米新品种的推广。在未来的标准有效期内，根据产业政策、市场变化和品种多样化的需要，必要时应对本标准进行适当的优化。

（二）抓好分类指导

对于不同类型的品种制定不同的对策，符合我国当前各类型玉米品种和产业发展的实际，如普通玉米具有比较广泛的适应性，甜糯玉米在珠江三角洲和长江三角洲以及京津沪等发达地区发展较快，而青贮玉米刚刚起步、前景乐观，突出各类型品种的特点并兼顾发展不平衡性的现实，基本原则是审定通过的品种应该有一定的利用价值，不能给农民带来大的风险或最大限度地避免可能出现的风险。我的观点底线是“宁可让农民减产，千万不能使玉米绝收”，因为种植玉米农民一年的收成也许就是全家赖以生存的基础条件。所以，依据品种对主要病害的抗性、生育期长短、品质优劣、抗倒伏情况等采取一票否则的对策是合理的，也是必要的。

（三）做好衔接配套

实践证明，国家玉米品种区域试验改革走过了10年的历程，已经形成了比较成功的思路、框架、结构和管理模式，受到普遍认可，建立在多年试验改革基础上的审定尺度，是实践检验的成功经验，使试验和审定工作相互配套、协调和衔接，这样可以使标准实用性和可操作性增强。

（四）突出统筹协调

将生产上使用的玉米品种大体分成5大类：一是普通玉米；二是高油玉米、高淀粉玉米、高赖氨酸玉米；三是鲜食甜玉米、糯玉米；四是青贮玉米；五是爆裂玉米（笋玉米量太小）。5类玉米统筹考虑、合理兼顾。性状基本划分为丰产性、稳产性、品质、抗病（虫）性、熟期5类功能性状，基本包括了审定所需的主要性状，即与品种使用价值有关的5种性状，同一性状不同区域、不同类型侧重有别。同时，也要兼顾东北、华北、西北、西南、东南各个区域，以及春播、夏播为基础的播期类型中品种类型、生产现状、更换速度、病害种类，还包括抗源有无、熟期长短宽严、品质指标高低、遗传进度大小等各项指标。当然，国家和省级负责的区域和重点要有所侧重，国家主要是选育主产区、主要生产类型的广适性大品种，对于引导性的特殊类型品种、省际间交互区域难以单独开展试验的局部特殊区域需要的品种，以及与主要种植形式和熟期类型不一致的等问题，也都是要关注的某一个侧重点。

（五）兼顾产量品质

玉米是高产作物，离开了这一点就失去了价值，尤其是普通玉米。我们强调品质是在高产基础上的品质，决不能以牺牲太多的产量来强调品质，否则失去了品质的基础和意义。在鲜食甜糯玉米品种方面，我们已经把品质提高到比较高的地位，青贮玉米产业在2004年前尚不成熟，市场还需要发育和定位，本标准带有规范性、引导性、前瞻性、预测性和导向性的一些色彩。

我们认为，提高品质首先是普通玉米品种，主要是以提高其商品品质为主。普通玉米是主要生产类型，未来也将占80%～90%的市场份额；同时也要兼顾到市场、产业对青贮玉米和鲜食甜玉米、糯玉米、爆裂玉米等多种类型品种优质的迫切要求，高产优质是我国玉米产业永恒的、永无止境的追求。

熟期和抗性是产量品质的保证，离开这两个性状则产量品质甚至效益都无从谈起也，无法保证。彼此都要兼顾，但熟期和抗性不完全是目标性状，是保证目标性状的必要条件、前提条件和保障条件，是离不开的、躲不过的、少不了的。当然，往往广适性确实是一个目标性状，往往用稳产性可以代表，也更贴切一些。

简而言之，丰产、优质、早熟、广适性（稳产性）是目标性状。

（六）促进区域优势

根据我国玉米优势产业带的建设规划，东北及内蒙古、黄淮海地区是普通玉米的最重要的两个优势产区，也是外运甚至出口的主要区域和类型。因此，突出抓好这两个区域普通玉米生产和新品种推广是十分重要的；同时兼顾以云贵川桂渝为核心的西南山地玉米区，这是我国的第三大玉米主产区。

五、一点体会

《农作物品种审定规范　玉米》作为农业行业推荐性标准于2006年12月6日发布，2007年2月1日实施，实际上该标准乃至草案从2004年7月起就在试行和使用，为我国粮食安全尤其玉米品种安全做出了巨大贡献，达到了预期目的。即使2014年8月24日国家农作物品种审定委员会以"国品审〔2014〕2号"、2017年7月20日国家农作物品种审定委员会以"国品审〔2017〕2号"文件形式发布的"文件标准"均没有离开原有行业标准"NY/T 1197—2006"的思路层次、结构框架、指标定位的总体格局。"NY/T 1197—2006"正式发布以后，国家部分主要农作物的品种审定标准、大部分省级玉米等作物审定标准格局均采用或借鉴了《农作物品种审定规范　玉米》的思路、模式、框架、结构甚至具体指标。记得那个时候，农业部种子管理部门曾有国家形成一套标准、省级不需要制定标准的想法，其实是太不现实的，因为省级的范围、对照、点次、目标与国家的审定标准是不同的。

当年，接到制定玉米品种审定标准任务到标准形成的过程中，我也一直在思考到底将来应形成一个什么样的标准，来完成好这个影响科研、育种、市场尤其是生产、种业和产业的标准，当然需要把握一个"度"的问题，如改良程度、匹配程度、更换速度、市场净度、试验进度和"丰、稳、质、险"等。起码的基本目标是"好用"，就是委员们在使用这个标准进行品种审定时比较方便，一目了然；对省级的品种审定工作有很好的借鉴、参照、指导意义；"易懂"，在玉米行业内看到这个标准马上能清楚其中的基本元素，理解起来非常方便；"可行"，在使用这个标准时，基本上可以直接利用，涵盖了玉米品种的各种类型、各个区域、各类性状、各种特性，能够基本满足未来一定时期生产上品种使用的需求，符合国内外科技发展的基本规律；"配套"，与现行的国家、部门、行业尤其玉米有关的技术标准、与现行的国家玉米品种试验体系、与现行的部门规章等管理方面要求都有很好的衔接、配套，防止标准不协调、彼此打架、矛盾的问题；"便监督"，就是尽可能指标化、程序化、规范化，就是具体指标甚至使非专业人员能够基本做到一目了然，这样便于社会对我们从业人员的监督，使标准以及我们的工作人员在阳光下运行；"易调整"，随着科技、生产、产业的发展，某些指标随时可以做出必要的调整、优化，来解决标准循序渐进、与时俱进的问题，但这种优化和改善并不影响该标准的整体框架结构。

这些标准的起草过程中，得到了很多玉米业内专家和朋友们的大力支持和帮助，他们在不同方面均对这些标准的制定、形成、验证、规范、完善和实施做出了应有的贡献，在此一并致谢。

备注：本稿主要内容形成于2005年7月28日（标准送审稿的起草说明，2018年2月27日依据原起草说明进行了必要的补充和修改）。本稿主要内容叙述的是以《农作物品种审定标准　玉米》（NY/T 1197—2006）等为代表的玉米系列标准的起草思路和形成过程。

培训提高

可以说，国家玉米品种试验技术培训会是一个切入点、闪光点和亮点。国家玉米品种试验改革发展的历程，是国家玉米品种试验技术培训的历程、人员素质提高的进程和试验审定逐步完善规范的过程。20多年的玉米培训历经艰辛、风雨无阻、一路前行，伴随国家“三农”政策出台、“三农”形势发展、农业科技进步、农业市场化进程而变化，围绕政府要求并紧跟时代步伐，针对国家玉米品种试验体系建设、队伍建设、品种市场需求，分别在北京、哈尔滨、长春、沈阳、丹东、葫芦岛、保定、承德、呼和浩特、乌兰浩特、济南、莱州、洛阳、南京、合肥、杭州、广州、长沙、恩施、银川、成都、重庆、昆明、伊犁等地市开展了30多次较大规模的培训，培训内容丰富、形式多样、作用明显、意义深远。每次培训在精心组织策划的基础上，邀请了国内外知名专家授课，以便了解和把握科技创新进展、种业发展趋势、玉米产业走势等前沿性、前瞻性、先导性的客观需求，努力提高队伍素质，确保试验质量，探讨试验审定推广体系建设的相关问题。培训期间又是一个很好的交流平台，可以把下一步的方向、路径、对策告诉大家，同时更要从老师、学员中吸收无限的营养，了解生产需求、品种需求、产品需求、农民需求、科研需求、政府需求等，以便把握试验审定的未来政策、策略和对策，来解决我们能够解决、应该解决、尚未解决或一直没有解决好的玉米相关问题。培训是抓试验质量、队伍建设和人员素质提升的关键平台，是跟踪现代科技的讲台、窗口和重要举措。以下一些培训班代表了整体培训概况，介绍了主要内容和基本情况，有必要回顾一下，并借此机会对各位授课老师致以衷心的感谢和崇高的敬意。

1999年10月28—31日，全国农技中心在北京举办了第一次大规模的国家玉米品种试验技术培训班，时任全国农技中心副主任栗铁申到会讲话，共90多人参加培训。从此拉开了国家玉米品种试验技术人员按计划开展技术培训的序幕。2001年4月13—15日，全国农技中心在南京举办了以特用玉米品种试验技术为主的培训班，时任全国农技中心副主任朴永范到会讲话，共有230多人参加了培训。

这两次培训邀请了戴景瑞院士和宋同明、孔繁玲、李建生、陆强、陆卫平、史振声教授，以及戴法超、贾连璋、石德全、祁葆滋、佟屏亚、吴景锋、谢孝颐、曾孟潜研究员等为代表的玉米界知名专家授课。培训紧紧围绕我国玉米品种资源利用、材料创新、品质提升、育种方向、品种改良、抗病鉴定、鲜食玉米发展、生物统计、试验设计、试验管理，以及普通玉米、高油玉米、优质蛋白玉米、甜玉米、糯玉米、爆裂玉米的育种现状及目标等方面展开。陆强教授、贾连璋研究员结合自己多年的实践就如何做好试验工作介绍了经验，提出了很多好的意见和建议。同时，培训针对玉米发展的热点、焦点和难点，围绕产业发展、理论创新、技术进步，从实验室到田间、从理论到实践、从分子生物学到栽培技术、从玉米生产到产业发展等，是多方面、各环节的技术再整合、再提炼、再灌输和再跟踪的过程。

这两次培训是根据国家玉米品种试验快速发展的实际要求、服务于我国特用玉米发展的实际需要而进行的，取得了良好的成效，在全国形成了很大的品牌效应和影响。总体上说，当时的国家玉米品种试验网百业待兴，虽然基本理顺了关系，但试验的规范性还有待加强、试验的标准化进程还有待推进、试验的质量有待提高、试验的设计还有待规范、试验的布局还有待完善、试验人员的素质还有待提升、试验的方向还有待把握，因此迫切需要开展的大规模培训。其中，北京培训是全方位的、全面的基础性宏观培训；南京培训则是在普通玉米品种试验基础上，围绕甜、糯、爆、青贮玉米等类型的培训，为全面启动特用玉米品种试验而开展的技术培训，广泛听取各位专家的意见和建议，吸收他们在各自领域的专业经验、技术和智慧。

2003 年 11 月 7—11 日，全国农技中心在昆明市举办了国家玉米品种区试技术培训班，这次培训是到目前为止国家玉米品种试验网中规模最大、时间最长、内容最广的一次全国性培训，针对玉米产业的快速发展，围绕玉米高新技术和产业化的一次培训，本次培训主要特点是规模大、层次高、针对性强、内容丰富。时任全国农技中心主任夏敬源研究员到会讲话，他对国家玉米品种试验审定工作给予了高度评价，对本次培训提出了明确要求。本次培训以玉米高新技术和产业发展对策为核心，突出玉米优势产业带及产业政策、国内外产业发展动态趋势为侧重点，兼顾不同区域、不同类型、不同学科的科技进展、产业走势、市场需求等，以高新技术进展为主线。本次培训班邀请了魏义章、潘文博、陈伟程、宋同明、郑用琏、潘光堂、陶承光、王守才、柏大鹏、矫树凯、胡瑞法、薛吉全、王晓鸣、赵久然、杨俊品、陆卫平、潘金豹、赵守光等专家授课，授课内容包括玉米育种、种业发展、玉米产业、抗病品质、DNA 指纹检测、生物技术、雄性不育、热带资源利用、青贮玉米、甜糯玉米发展需求等，美国先锋、孟山都公司在玉米品种测试与评价体系等方面做了精彩的报告，来自国家玉米品种各组别、各类型、各层次的全体试验主持单位、鉴定单位、检测单位、承担单位和省级种子管理部门的技术人员等共 290 多人参加了培训。同时，在本次培训班基础上，我们明确提出了我国玉米不同类型品种的产业定位，及时发表在 2003 年 12 月 3 日《农民日报》头版上，即高产、优质是玉米产业发展中永恒的主题，优质是以高产为基础和前提，优质是以普通玉米为主、以普通玉米的商品性为主；在努力做好普通玉米品种筛选和推广的同时，应积极稳妥地发展甜、糯、青贮等各类型玉米生产。

2004 年 5 月 15—17 日，全国农技中心在辽宁省丹东市举办了北方春玉米品种试验技术培训班，这是针对北方春播区的一次培训。来自东北和华北春玉米区、东北早熟、极早熟玉米区各试验承担单位、主持单位以及相关省级种子管理部门代表共 130 多人参加了培训。王守才、赵久然、晋齐鸣、陈忠、王玉兰、苏萍、陈志斌、王奎森、周进宝、陈学军、宋国栋、郭丽芳、白琼岩、姚宏亮等18位专家就玉米产业发展、育种理论与实践、试验设计与统计分析、病虫害鉴定与评价、玉米生产与试验技术、田间试验设计、玉米品质研究进展等方面进行了授课；相关省级种子管理部门的专家就本省的试验、审定和推广情况进行了介绍。培训期间，全体学员还听取了该院的经验介绍，观摩了丹东农业科学院国家玉米品种试验田出苗、管理和田间小区布局。

2004年7月12—15日，全国农技中心在山东省莱州市举办了北方夏玉米品种试验技术培训班，这是针对夏播区为主的一次培训，也是结合实地学习考察以登海种业为代表的国家玉米优秀试点的一次培训。来自黄淮海夏玉米区、京津唐夏播早熟玉米区、西北春玉米区的各类国家玉米品种试验主持单位、承担单位、相关省级种子管理部门以及山东省各玉米试点技术人员共160多人参加了培训。培训班邀请了李登海、董树亭、王守才、程相文、王晓鸣、赵久然、陈彦惠、周进宝、张冬晓、汪黎明、杨国航、唐世伟等18位专家授课，授课内容涉及玉米产业发展、育种理论、栽培模式、病虫害鉴定、田间试验等方面技术；黄淮海地区省级种子管理部门的专家还就本省的试验、审定和推广情况展开介绍。培训班期间，全体学员观摩了山东登海种业承担的黄淮海夏玉米品种区域试验、生产试验、预备试验、品种展示示范及青贮玉米、鲜食甜糯玉米品种试验田。该单位领导重视、增加投入、改善条件，使试验布局合理，试验管理规范，试验质量突出，多次被评为国家和山东省试验先进单位，为我国玉米生产和国家玉米品种试验审定工作都做出了积极贡献。该单位的玉米品种试验质量受到全体学员的高度评价，在进一步提高试验责任意识的同时，全体学员也从中学到了很多试验的实用技能。

为了加快国家玉米品种试验队伍人才素质建设，提高全体试验人员的实际操作技能，尽快掌握试验的全程田间管理技术，努力提升国家玉米品种试验质量，2005年又分别安排了各区域、各类型的试验质量突出的试点所在单位，负责制作图文并茂的全程试验培训光盘。2005年3月1日发出电子邮件，要求第三轮培训以光盘和录像为主，组织辽宁省丹东农业科学院、山东登海种业、浙江省嵊州市农业科学研究所、重庆市农业科学院玉米研究所分别制定北方春玉米、黄淮海夏玉米、东南甜糯玉米、西南普通玉米品种试验全程操作管理的技术光盘并免费发放到玉米品种各相应类型、区域的试点。该措施对提高技术技能、提升试验质量、减少培训开支、增强培训效果都起到了积极的推动作用，达到了便学、易懂、好操作和学先进试点的目的。2005年6月下旬，全国农技中心品种管理处统一编辑、印刷、发放《国家农作物品种试验技术手册》，促进了各类农作物品种试验、审定、鉴定工作的规范化、科学化和标准化。技术手册的制定与光盘的制作一样，都是培训的重要组成部分。

2005年11月6—8日，全国农技中心在成都市举办了南方（西南）玉米品种试验技术培训班，来自主持单位、病虫害鉴定单位、DNA指纹检测单位、西南和武陵山区各类国家玉米品种试验承担单位、有关省级种子管理部门代表等共120多人参加了培训，主要目的是让所有承试人员对西南的玉米生产有一个全面的了解，对西南的资源、育种、栽培、环境有一个初步的了解。我们邀请了杨克诚、潘光堂、张彪、陈泽辉、石永刚、李晓、王秀全、杨俊品、徐刚毅、刘永红、李求文、方传新、时成俏、彭正峰等10多位专家授课，主要内容涉及种质资源、育种研究与进展、种业改革与发展、优质高产栽培技术、病虫害鉴定与防治、品种试验操作技术、西南玉米生产、青贮玉米发展等相关内容。相关省级种子管理部门有关专家就本省的试验、审定和推广情况作了介绍。培训班针对西南玉米育种、生产和试验工作实际，对参加培训的学员了解西南玉米产业、提高承试人员业务水平和提升整体素质起到了积极的促进作用。

2005年11月9—11日，全国农技中心在合肥市举办了南方（东南）玉米品种试验技术培训班，来自主持单位、病虫害鉴定单位、DNA指纹检测单位、东南区玉米品种试验承担单位、有关省级种子管理部门代表等共60多人参加了培训，培训的核心是东南鲜食玉米品种试验技术以及如何服务东南鲜食玉米产业的快速发展。我们邀请了陆卫平、王晓鸣、胡建广、赵久然、刘玉恒、赵洪、赵守光、刘正、薛林等10多位专家授课，大家就鲜食玉米的测试与评价体系建设、东南鲜食玉米生产与产业发展、鲜食甜糯玉米品种栽培技术、病虫害鉴定以及试验技术等有关问题进行了讲授，相关省级种子管理部门的专家就本省鲜食玉米品种试验、审定和推广情况做了介绍。国家鲜食玉米品种试验极大地带动和引导了东南地区各省试验审定工作的开展，促进了鲜食甜糯玉米新品种的推广利用，推动了东南地区鲜食甜糯玉米市场发育并带动了全国甜糯玉米产业的发展。

2007年6月21—23日，全国农技中心在重庆市举办了西南甜糯玉米品种试验技术培训班。四川、重庆、湖南等省级种子管理站领导，四川省农业科学院、重庆市农业科学院以及各承试点的技术人员、专家教授等共30多人参加了培训，这次是针对西南鲜食甜糯玉米发展缓慢、市场尚未启动、试验规范有待提高等关键问题举办的一次技术培训。培训内容涉及本区甜糯玉米品种试验技术、品质检测、病虫害鉴定、甜糯玉米发展、试验队伍建设等，与会人员还考察了重庆市农业科学院玉米研究所试验基地承担的国家各类玉米品种试验。

2007年6月25—28日，全国农技中心在杭州市举办东南玉米品种试验技术培训班，本区各省级种子管理部门代表、各类型国家玉米品种试验承试人员共60多人参加了培训。我们邀请了季广德、陆卫平、王晓鸣、胡建广、袁建华、赵久然、王子明、陈现平、赵守光、李小琴、管晓春、陈山虎、俞琦英等10余位专家学者、相关省级种子管理部门代表、承试单位的专家进行授课。培训主要围绕国家甜糯玉米育种现状与趋势、甜糯玉米品种试验审定推广、东南鲜食甜糯玉米发展趋势与产业需求、东南青贮玉米栽培技术、品种抗病鉴定技术、鲜食玉米品种栽培技术、鲜食玉米生产、各省试验审定经验等方面。专家们系统地总结了过去5年来我国鲜食甜糯玉米科技、产业发展经验和国家鲜食玉米品种试验的成功经验，研究和探讨了未来试验、审定对策，是再一次积极利用东南人才、技术和品种推动全国鲜食玉米发展的战略选择。

2007年8月15—17日，全国农技中心在河南省洛阳市举办了黄淮海夏玉米品种试验技术培训班，有关省级种子管理部门、试验承担单位承试人员以及河南省的玉米品种试验承试人员共170多人参加了培训。我们邀请了董树亭、崔彦宏、王守才、汪黎明、周进宝、赵久然、季广德、库丽霞、石洁、唐世伟、陈现平、姚撑民、刘存辉等10多位行业专家、省级种子管理部门的专家到会授课和介绍。培训班围绕国家玉米产业政策、玉米育种进展、玉米品种试验技术、转基因技术进展与安全管控、玉米DNA指纹检测和指纹库构建、玉米品种试验田间调查项目与标准、病虫害调查项目与评价、省级品种审定推广情况等进行培训，重点是黄淮海区域的玉米生产和如何提升试验质量。全体学员还观摩了洛阳市农林科学院承担的国家玉米等作物的各类试验。

2007 年 8 月 19—21 日，全国农技中心在丹东农业科学院举办了东北早熟玉米品种试验技术培训班。我们邀请了沈阳农业大学、丹东农业科学院、铁岭市农业科学院等单位的专家进行授课。东北早熟组承试人员和辽宁省内国家东华北试验承试人员 40 多人参加了培训。培训围绕育种进展、栽培技术、病虫害调查记载、试验生物统计、试验管理等方面内容，分室内、室外进行，王奎森、栾化泉、陈刚、陈忠、王作英等研究员和史振声、张宝石等教授进行授课；陈砚、王羡国、李磊鑫、张红等介绍了本省的玉米品种试验审定推广情况。室外培训期间专家现场讲解田间操作与病害调查，学员们还观摩了丹东农业科学院等单位承担的国家玉米品种试验田。

2008 年 6 月 2—4 日，全国农技中心在沈阳市举办了鲜食甜糯玉米品尝鉴定技术培训班，指定品尝鉴定单位及技术负责人共 20 多人参加了培训，培训目的主要是规范全国性的鲜食甜糯玉米品种品尝鉴定工作。培训期间，王玉兰、高广金、史振声、田志国、周进宝、王子明、王秀全、管晓春、俞琦英、鲜红、库丽霞等专家对鲜食玉米品种田间试验技术、品尝鉴定办法、操作程序、品质评价方法、指标体系等进行了广泛的交流。大家充分认识到鲜食甜糯玉米品尝鉴定工作在品种审定和品种评价中的重要地位，对 8 年来实行的鲜食甜糯玉米农业行业标准在规范试验、完善鉴定、公正评价和提高品质、引导产业、促进消费等方面所取得的成绩给予了充分肯定，对鉴定工作中存在的问题进行了讨论分析并提出了改进意见，对甜糯玉米品尝鉴定程序、方法、评价指标等进行了周密的设计，对进一步完善品尝鉴定、规范程序、加强管理、推动鲜食玉米品种客观公正全面评价技术体系的完善，还提出了很多好的意见和建议。

2008 年 6 月 4—6 日，全国农技中心在长春市举办了东华北春玉米品种试验技术培训班，参加培训的有关主持单位、省级种子管理部门、品质检测单位、抗病性鉴定单位、指定品尝鉴定单位、相关试验承担单位和吉林省级玉米试验技术人员共 180 多人。季广德、王守才、周进宝、赵久然、陈学军、姚宏亮、晋齐鸣、王作英、王玉兰、杨伟光、王绍萍、金明华、陈忠、曹靖生、李磊鑫、陈砚、郭丽芳、宋国栋等多位委员和专家到会指导并讲课。本次培训就我国玉米育种、玉米生产、品种审定、青贮玉米发展、甜糯玉米品尝鉴定方法、田间试验设计与栽培管理、试验技术操作规程、病虫害田间识别技术、玉米成熟期的确定和调查记载、突发性灾害图文报告制度等内容进行了培训。与会学员还观摩了吉林农业大学、吉林农大科茂种业有限责任公司承担的国家玉米品种试验田。

2008 年 6 月 21—23 日，全国农技中心在银川市举办了西北玉米品种试验技术培训班。季广德、赵久然、周进宝、宋国栋、冯勇、王晓鸣、李晓梅等专家授课。培训内容包括我国玉米生产与品种审定制度、普通玉米和青贮玉米品种试验技术与品种评价、西北玉米试验技术操作规程、抗病鉴定技术等方面。同时为强化试验管理，培训班还围绕试验管理中特殊情况或极值报告制度的建立、西北各省区玉米生产及品种试验审定推广情况等内容进行了介绍。

2008 年 8 月 6—7 日，全国农技中心在哈尔滨市举办了国家玉米品种 DNA 指纹鉴定技术培训班，这是迄今唯一针对国家玉米品种试验中以 DNA 鉴定技术为核心的全国性培训。培训围绕中国玉米品种标准DNA指纹库构建、检测平台及数据库管理系统的建立及应用，国际玉米研究最新进展及对我国玉米育种、种业发展的影响，国家玉米核心种质资源库构建及遗传多样性分析，玉米品种试验中DNA指纹检测进展和近期品种管理对策等内容。来自全国各省级种子管理部门、相关科研育种教学单位及种子企业的代表共100多人参加了培训。郑用琏、赵久然、王凤格、季广德、王守才、杨俊品、陆卫平等专家授课，室内培训后学员们一起考察了哈尔滨市种子管理处五常试验站、双城市种子管理站和黑龙江省农作物引种鉴定中心承担的国家玉米品种试验展示田。

2008年8月开始，利用北方春玉米品种试验长春培训班、玉米品种DNA指纹鉴定哈尔滨培训班等平台，全国农技中心积极推进玉米品种试验极值、报废及其品种试验特殊情况报告制度的建立，强化国家试验的质量管理，积极促进试验工作的规范化运行；2008年12月中旬，我们积极配合吉林省种子管理站陈学军副站长完成了《吉林省主要农作物审定品种退出管理办法》的制定，吉林省农业委员会于12月24日以吉农农字〔2008〕524号印发各地，要求遵照执行。至此，国家玉米品种试验网大力宣传、积极倡导、全力推进的审定品种实施有效期管理的基本思路得到应用，推动了吉林等省率先出台审定品种的有效期管理。

2009年8月18—20日，全国农技中心在河北省保定市举办了国家夏玉米品种试验技术培训班，主要着眼于玉米病害的了解、识别、调查记载、风险防控等。培训包括夏玉米区主要病虫害及防治技术、玉米病虫害鉴定记载与评价技术、国内外玉米育种的现状及发展趋势、夏玉米生产对品种要求及试验对策等内容，王晓鸣、石洁、王守才、周进宝、张吉旺、张海剑等专家授课。室外培训在河北省农林科学院植物保护研究所进行，主要培训田间病虫害的现场识别和调查。黄淮海及京津唐夏播早熟试验主持单位、相关省级种子管理部门、抗病虫性鉴定单位和相关试验承担单位110多人参加了培训。通过培训，使承试人员针对本区域玉米品种特点，进一步提高理论水平和实际操作技能，强化品种试验责任和安全意识，推进以病害鉴定为核心的玉米品种风险防控。

2010年5月11—13日，全国农技中心在重庆市举办了南方玉米品种试验技术培训班，国家玉米品种试验南方承试人员、南方各省级种子管理部门代表100多人参加了培训。这是以西南玉米生产、科研、品种选育和试验技术为核心的南方玉米试点的一次大规模培训，郑用琏、王守才教授和张彪、刘永红、王晓鸣、李晓、杨华研究员等专家授课。室内培训后，代表们还观摩了重庆市农业科学院玉米品种试验基地。

2010年8月10—12日，全国农技中心在呼和浩特市举办了国家青贮玉米品种试验技术培训班，这是首次针对青贮玉米发展而组织的一次全国性的试验技术培训。来自玉米专业委员会委员、主持单位、病虫害鉴定单位、承担单位及相关省级种子管理部门技术人员共60多人参加了培训，高聚林教授和季广德、赵久然、王晓鸣、冯勇、陈现平、杨国航研究员应邀授课。重点围绕国内外青贮玉米利用现状及发展趋势、主要栽培技术及品种利用、病虫害及其调查评价和防治技术、品种试验技术等进行。学员们就整个青贮玉米品种试验的管理还召开了研讨会，代表们踊跃发言，提出了很多好的建议，开拓了思路，为进一步规范试验运行、完善试验技术、推动青贮玉米产业发展打下了基础。学员们参观了青贮玉米从品种试验到展示、示范、青贮收获、奶牛场饲喂、奶品车间等整个产业链条。学员们还考察了内蒙古自治区农牧科学院承担的青贮玉米品种试验、青贮玉米大面积生产田展示现场，使大家进一步加深了对青贮玉米产业的了解，提高了青贮玉米品种试验对推动畜牧业发展、增加农牧民收入、促进玉米产业尤其是农牧交互区玉米产业发展的重要性、特殊性认识。

2011 年 6 月 21—22 日，全国农技中心在辽宁省丹东市举办了东北早熟区玉米品种试验技术培训班。季广德、王守才、陈学军、黄长玲、晋齐鸣等多位专家分别就国内外玉米育种的现状及发展趋势、玉米生产对品种要求及品种试验技术、东北早熟春玉米主要病虫害鉴定与评价、玉米品种试验审定相关要求等内容进行了授课。部分委员、试验主持人及辽宁、内蒙古、吉林、黑龙江等省级种子管理部门代表、试验和鉴定检测等承担单位的代表 80 多人参加了培训，大家还观摩了丹东农业科学院承担的国家玉米品种试验现场，并在现场针对试验中的具体问题进行探讨。

2013 年 7 月 29 日—8 月 1 日，全国农技中心在辽宁省葫芦岛市举办了北方春玉米品种试验技术培训班，辽宁省的省级试验人员也参加了培训。王守才、苏俊、孙书库、陈学军、卢红、赵久然、黄长玲、李少昆、高聚林、晋齐鸣、杨海龙等专家就玉米育种方向、玉米种业动态、国外测试和评价体系发展趋势、美国和德国的玉米生产及种业发展现状、DNA 指纹检测技术应用进展、玉米生产与栽培技术、病虫害识别与调查记载技术、玉米品种田间试验技术等进行授课；同时中国农业大学教授讲解了玉米品种试验数据采集、传输的信息化系统，展望并预示着不久的将来，我国玉米品种试验技术在信息化、智能化、机械化、自动化等方面的良好发展前景。与会代表还参观考察了辽宁省锦州市农业科学院和辽宁明玉种业承担的国家玉米品种试验，共 210 多人参加了培训，学员们还顺路到辽沈战役纪念馆接受革命传统教育。

2013 年 12 月 13—15 日，全国农技中心在广州市举办了南方玉米品种试验技术培训班，来自南方各省的国家玉米品种试验技术人员共 160 多人参加了培训。郑用琏、李建生、潘光堂、陆卫平、卢红、胡建广、王晓鸣、李晓、王子明、张保民、杨锐等专家，围绕生物技术与现代农业、先正达鲜食玉米筛选与评价体系、欧洲玉米品种登记制度与品种试验技术、西南玉米育种进展、南方玉米病害鉴定技术、我国甜玉米育种目标、广东省甜玉米发展趋势、我国南方鲜食玉米栽培技术等做了精彩的报告。

2014 年 6 月 3—5 日，全国农技中心在长沙市举办了南方玉米品种试验技术培训班，共有 80 多人参加了培训。陈泽辉、潘光堂、袁建华、杨华、刘永红、王守才、孙书库、张保民等专家围绕西南的玉米育种进展、玉米生产生态区划、非生物逆境与品种选育、热带种质在玉米育种中应用、玉米栽培技术、国内外甜糯玉米产业现状与发展对策、玉米杂交种测试与评价体系等方面进行了授课。

2014 年 7 月 14—16 日，全国农技中心在济南市举办了黄淮海夏玉米品种试验技术培训班，包括山东省玉米品种承试人员共 160 多人参加了培训。这是继 2004 年莱州培训、2007 年洛阳培训和 2009 年保定培训后，在黄淮海区域开展的又一次大规模培训。李潮海、赖锦盛、崔彦宏教授和周进宝、陈化榜、汪黎明、石洁、李猛研究员等专家，就我国黄淮海夏玉米品种试验技术体系的建立及其发展趋势、黄淮海气候与耕作制度变化对品种的需求、黄淮海夏玉米高产栽培关键技术、试验技术操作规程、夏玉米育种目标、病虫害及其检测技术与调查记载规范等方面进行了认真的授课。培训结束后，学员们还观摩了济南长清国家农作物品种试验站玉米品种试验及机播现场演示。

2015 年 6 月 24—26 日，全国农技中心在内蒙古自治区乌兰浩特市举办了东北早熟组玉米品种试验技术培训班，共 50 多人参加培训。苏俊、高聚林、冯勇、张匀华、孙书库、徐万陶、杨海龙等 7 位专家就早熟区生产区划、品种需求、品种选育、抗病鉴定、品种测试、生产布局、品种试验操作技术、玉米早熟耕作栽培技术和早熟区玉米生产等方面进行了认真的授课，取得了良好的效果。同时，学员们还实地观摩了大民种业、丰垦种业承担的国家玉米试验田品种长势。

备注：2016 年 1 月 7 日杀青。

考察优化

多年实践证明，农作物品种试验考察在品种管理和技术服务工作中具有举足轻重的地位，也是非常重要的环节，信息多、必要性强、作用大。起码有以下十个方面的意义和作用。一是检查试验方案的执行情况，到底各个试点如何执行试验方案，包括地块安排、田间布局、小区排列、对照设置、周边环境、保护行种植、土壤肥力、地势与平整均匀程度、灌溉排水沟渠设施、重复间小区间的合理性状况等；二是检查试验管理的落实程度，包括是否有专业技术人员、学历程度、职称情况、作物及其专业熟悉情况，以及田间记载情况、档案保留情况、工作环境状况和对试验执行情况等；三是了解单位领导的重视情况，试验好坏很大程度取决于单位领导的重视和支持，能否保证专人负责、是否提供合理的经费支持、是否有老中青团队、是否给予政策支持和优先保障试验用地等情况，是否经常调查、了解、检查试验的执行情况等；四是查看试验田品种表现情况，病害发生情况，抗性综合情况，抗倒结实情况等；五是了解当地的作物生产情况，包括面积、产量、种植方式、栽培模式、生产效益、主要病害、主要作物及其主栽品种、农民种植习惯喜好、收获方式和时间、已审品种的推广利用情况等；六是听取承担单位意见建议，通过座谈、观摩、聊天等方式，了解试验对当地的作用、试验方案的改进意见、农事操作的可行性及繁杂程度；七是检查试验布局合理性，包括试点的代表性、地块的代表性、单位的代表性，以及试验布局安排的科学性、合理性、规范性和可行性等；八是了解试验设施、设备、装备条件等，了解试验的成本、投入的方向，预测未来的走向等；九是向承试人员致谢，这些年来的试验、审定、推广成绩都离不开广大承试人员辛勤的汗水、无私的奉献、聪明的才智和丰富的经验，我也深知，他们的付出才使国家试验有了今天的局面，饱含大家的无私付出和辛勤汗水，因此，在丹东、葫芦岛、洛阳、莱州等为代表的历次培训班上，我们都在培训内容、地点安排、食宿条件、专家层次、授课资料等多方面尽力做好详细周到的服务；十是吸收经验，谋划长远，就是取经，通过总结听取各方面意见，吸收省级品种试验审定等管理经验，改进、规范和完善试验方案，优化未来布局等，达到互相学习、相互借鉴、共同提高的目的。

品种试验考察人员的构成，包括有关专家、玉米委员、省级试验负责人、主持人等，还根据考察目的邀请抗性鉴定人员、品质分析人员、试验管理人员等。实际上，品种试验考察是想让每个从业人员接地气、吸营养、长经验。这些年来，通过考察学到了很多办公室学不到的东西，考察在很大程度上是对参加人员包括本人的再提高、再培训、再学习的过程。可以说，品种试验考察是整个农作物品种试验运行中不可或缺的环节和重要组成部分，仅仅依靠试验数据进行总结是不够科学、不负责任、纸上谈兵的工作方式。品种试验考察任务繁重，生活无规律，入乡得随俗，有时考察时间长、跨度大、范围广，也只好牺牲个人利益，往往包括周末休息时间和早起晚归的考察长途奔波。关键季节农时不等人，只好风雨兼程，当然保证安全是首要问题，这些年也是我最担心的问题，好在老天爷还是很理解我们这些常年奔波在玉米田间地头、起早贪黑、无私无畏的人们，绝不是有人想象的“游山玩水”那么轻松，想“浑水摸鱼”之人还是别去，起码不跟我去考察，达不到目的会很失望的。如果说，我们学到了一点技术、积累了一些经验、掌握了一点信息、谋划好下一年方案等，都应该得益于与大家一起考察奔波的学习、研究、讨论、分享和积累的收获，包括玉米在内的每个农作物品种试点都有吸收不完的营养。

1995—1996 年全国农作物品种试验改革正值国家玉米品种筛选试验刚刚起步、百业待兴，几乎无暇组织品种试验考察活动。1997 年至今，全国农技中心每年都组织大家考察品种试验、展示示范和玉米生产，提升大家对我国玉米生产、种业和产业的认识了解。毫无疑问，考察活动实际上是对相关产业的巨大推动。现根据多年考察情况和自己的体会，结合以前的品种试验考察报告，尽量全面、真实、准确地将历年考察情况和历程缩影式的回顾并展现给大家。

1997 年

1997 年 8 月 25—30 日，全国农作物品种审定委员会组织了东华北玉米品种试验示范考察，主要是辽宁和吉林两省的国家试验，这是试验改革中组织的首次考察活动。主要参加人员有吴绍宇、李龙凤、裴淑华、张进生、陈学军委员和苏胜宝、周进宝等专家，考察路线是吉林省长春、九台、公主岭、四平，辽宁省的昌图、铁岭、沈阳等地区。考察内容包括全国玉米品种筛选试验的区域试验、生产试验、生产示范、预备试验、德国 KWS 公司玉米引种试验和美国先锋公司玉米引种试验等。本次考察时，大家对新筛选出来的农大 108、东单 7 号、沈试 29 和 KX4571 等品种的田间表现给予了高度评价，为国家试验改革以来，首批筛选出来的农大 108 等优良品种的大面积推广奠定了坚实的基础。

1998 年

1998 年 8 月 4—9 日，全国农作物品种审定委员会组织西南玉米品种试验考察，冯维芳、吴绍宇、裴淑华、李龙凤、张进生、周进宝、刘玉恒、罗成凯、周光艺等一行 10 人，考察贵州、云南两省的玉米生产、新品种示范及所承担的国家玉米品种试验。考察的基本情况如下：一是两省的玉米生产前景看好，预计玉米面积将进一步扩大；二是两省玉米种子生产稳步发展，可满足杂交玉米各自需种量的 70% 左右；三是玉米新品种试验示范力度加大。各项玉米新品种试验、示范正在两省星罗棋布、有条不紊地展开。国家玉米品种试验、示范中一批苗头新品种，如农大108、CS401-2、黔9501、农大3138、中单321等前景乐观。只要继续抓好杂交玉米普及、新品种试验示范及育苗移栽等推广，云南、贵州的玉米生产将有新的发展。考察组认为，主要得益于以下几个方面。一是领导重视、措施得力。贵州吴亦侠省长亲自研究部署玉米生产和新品种选育工作，组建了“南方玉米育种开发中心”；云南省农业厅领导多次考察国家玉米新品种示范田，把发展玉米生产放在突出地位。二是引、育结合并重加快品种更换步伐。云、贵两省属山、原、平、坝“立体农业”区，生态类型复杂，两省在发挥当地科研育种优势的同时，在搞好玉米新品种的引进、试验、示范工作中，积极加快玉米品种的更换步伐，为本地的农业生产服务。三是国家试验和审定的优良品种看得见，用得上。全国农技中心1995年以来重点组织的全国玉米新品种筛选试验示范工作，符合改革开放的精神，路子对头，效果显著，得到委员和专家的普遍肯定，这几年搞的国家玉米新品种筛选试验已经在生产中见到了成效。从全国玉米新品种筛选试验中选出农大108、农大3138、中单321共3个玉米新品种，1998年初通过国家审定后，又在西南地区组织了各类型区的大面积生产示范，再次显示出丰产性好、抗病性强、适应性广的明显优势，明年将有大发展，其中农大3138在云南计划推广10万亩，农大108在云南、贵州计划推广5万～10万亩，中单321也将继续大面积示范。通过国家筛选试验已经使“育种省”与“引种省”大大缩短了新品种推广时间和空间上距离，这些品种已经成为云、贵两省的主要推广品种，同时对省级试验和审定工作起到了积极的示范作用。考察组也指出了一些存在的问题：一是个别试点参试品种纯度不高，尤其是对照品种应注意种源质量；二是个别地方的试验示范密度偏大，应根据品种特点结合当地实际确定；三是国家预备试验的品种应从省级预备试验或省级区域试验中择优推荐，严格把关，尽量减少预备试验的品种数量；四是可提前对参试品种进行抗病鉴定，及时将抗性差的予以淘汰。

1998年8月18—26日，全国农技中心组织了吉林、辽宁、河北和北京市承担的“1998年国家种子工程、科技兴农玉米新品种试验”考察观摩活动，来自全国17个玉米主产省的省级种子管理部门及种子企业、新闻媒体的代表共36人参加了考察。考察重点是农大108、中单321、东单7号、锦玉2号、辽单24、沈单10号、农大3138在东北、华北的表现情况。考察路线包括吉林农安、九台，辽宁省沈阳的于洪、东陵、新城子区和锦州市凌海、绥中县，河北省的昌黎、承德，北京的延庆。这是全国农技中心首次组织的规模大（36人）、跨度长（1000多千米）、区域广（吉林、辽宁、河北、北京）、品种多（农大108、中单321、东单7号、沈单10号、锦玉2号、辽单24、DOGE）、力度大、效果好的一次宣传活动，通过考察大家都认为，这批品种将成为我国春玉米区的主要推广品种，国家试验的引导、示范、带动作用明显。当年这些新品种的示范面积已达到8万亩以上，让农民看得见、摸得着、信得过、用得上、推得开，使示范工作受到大家的好评。中央电视台《新闻联播》9月17日晚以“全国玉米新品种筛选试验取得阶段性进展”为题报道了本次活动，《农民日报》9月18日以“我国种子工程目标——玉米品种在2000年将更换一次”为题在第一版进行了报道，中央电视台农业频道9月22日以“种子工程重在落实”予以报道。

1999 年

8 月 21—27 日，全国农技中心组织了黄淮海夏玉米品种试验考察活动，共 16 位专家参加。重点是考察河南、山东两省国家玉米品种试验执行情况和新审定品种登海 1 号、掖单 22 号、招玉 2 号、豫玉 25 号和示范品种农大 108、中单 321 生长情况，对试验品种郑 958、ND81、户 961、DH9509 田间表现予以充分肯定，同时也提出了控制预备试验参试品种数量、加强技术培训、提升从业人员素质、组织专用玉米品种区试、加大新品种示范力度等建议。

9 月 5—11 日，全国农作物品种审定委员会组织了西北（新疆）国家玉米品种试验考察，参加考察的有冯维芳、吴绍宇、李龙凤、裴淑华、张进生、陈学军、刘玉恒等委员或专家。考察组指出，一是新疆主推品种 SC704 已推广 15 年以上，虽然种性有所退化但仍无种可替，使新疆的玉米生产徘徊，应加快新的替代品种的筛选，KX7564 等德国 KWS 公司的品种表现不错应加快试验、示范速度；二是区域试验是组织性、技术性强的工作，新疆种子管理站应统一牵头，统筹安排，加强管理，提高质量；三是新疆是全国重点种子生产基地，应加强宣传、正确引导、积极扶持，尤其要协调解决制种管理、运输便利等问题来发挥制种优势服务全国玉米生产。

1999 年在积极组织玉米品种考察观摩的同时，针对玉米新品种宣传力度不够的问题，本人应邀在中央电视台财经频道、农业频道的《金土地》《农业科技》《农业科技与教育》节目中，于 2 月 5 日、3 月 17 日和 4 月 6 日分别介绍了国家审定的玉米新品种、农民如何选购良种等问题；在《种子科技》《种子》《科学时报》《富英农资快讯》等媒体上大力宣传 1998 年、1999 年国家审定的农大 108、农大 3138、中单 321 等玉米新品种。

2000 年

6 月 27 日至 7 月 3 日，本人与主持人刘玉恒研究员去江苏、上海、浙江、安徽检查国家玉米品种试验质量，重点是东南区的特用玉米品种试验工作，考察中我们主要建议：一是将东南区确定为我国鲜食甜糯玉米主产区地位；二是在关注产量的同时，明年委托扬州大学农学院进行品质检测、中国农业科学院作物育种栽培研究所进行抗病鉴定，同时希望抓紧研究品尝鉴定、举办甜糯玉米品种试验技术培训等相关事宜，以此来推动鲜食甜糯玉米品种在全国试验推广工作；三是要积极考虑和谋划开展国家青贮玉米品种试验布局等工作。

全国农技中心于 7 月 8—16 日，组织玉米专业委员会委员考察四川、重庆、贵州的国家试点，冯维芳、吴绍宇、陈学军、周进宝、张进生、何启志、杨俊品、林勇等 10 多位专家参加了考察。考察组认为，国家甜糯等特用玉米品种试验组别开设及时，达到了对省级试验工作的引导并促进了玉米品种结构调整；鉴于农大 108 已经成为西南部分地区的主栽品种，专家们建议应加快扩区和推广。

全国农技中心于 7 月 25—27 日，组织东南特种玉米品种试验考察，重点考察江苏省的国家特用玉米品种试验工作。考察组认为将东南区玉米尤其是特用玉米试验列入国家正式试验范畴意义重大，建议将鲜食玉米的商品性和适口性作为试验重点，对品尝标准应予以规范；同时建议提高参试品种的种子纯度，控制参试品种数量，及时足量保质提供参试品种种子。

全国农技中心和湖北省种子管理站于8月6—8日在湖北省十堰地区房县联合召开了大规模的鄂玉10号（2000年国家审定并重点推广的优良品种）现场观摩推广会，100多人与会，是首次大规模的新品种推广会。湖北省农业厅王银元副厅长、湖北省种子管理站吴庆峰站长和全国农技中心廖琴处长到会并讲话，从此开始了大规模重点品种的宣传、观摩、推广工作。在取得经验的基础上，加快推进以玉米品种为代表的各作物优良品种推广的“布网络、搭平台、建舞台、设窗口、摆擂台”（由本人归纳的）的新局面。

全国农技中心于8月29日，在郑州市召开了国家玉米品种试验示范展示观摩会，此后又在29—31日组织了河南、山西两省的国家玉米品种试验展示示范考察观摩活动，120多人到会（见全国农技中心第30、33期工作简报）。时任全国农技中心主任陈萌山在讲话中强调“要积极探索新品种推广机制，适应新形势、研究新对策，面向市场、面向农民，强化队伍建设、提升服务水平”的要求，中央电视台、《农民日报》都予以报道，《人民日报》还加了编后语。

9月2—12日，全国农技中心组织了东北早熟春玉米、东华北春玉米品种试验联合考察活动，重点考察国家试验在辽宁、吉林、黑龙江和内蒙古的试点，大家对国审品种农大108、登海9号、四密25、通单24、吉单255、屯玉2号、丹2100的表现给予充分肯定。考察组认为，通过调整对照、控制熟期来解决东北玉米品种生育期偏晚、含水量偏高的问题意义重大，考察组提出压缩品种生育期、规范试验布局与田间小区设置、增加投入、强化基础设施建设等建议。

2001年

7月11—19日，全国农技中心组织了西南玉米品种试验考察，四川、云南、湖北、贵州、广西等五省（区）种子管理站有关领导及国家玉米品种试验主持人参加了考察。考察组对云南省楚雄州、大理州、丽江市和湖北省恩施州的国家玉米品种各类试验及新品种示范、省级玉米品种试验情况进行了考察。考察组在云南省楚雄市考察了国家普通和特用（甜糯）玉米两组试验及普通玉米生产试验；在大理市考察了国家普通玉米品种区域试验。此外，还对云南省玉米品种区域试验和引种试验进行了现场考察；在丽江市考察了国家审定的玉米新品种海禾1号千亩高产示范片和农大108大面积高产示范，对云南省优质蛋白玉米品种试验及优质玉米新品种云优167成片高产示范等进行了现场评议；在湖北省恩施州的三个承试点重点考察了国家玉米品种区域试验及国家审定品种鄂玉10号、海禾1号、雅玉10号等高产示范。此外，还对湖北省二高山组玉米品种区域试验、武陵山区玉米品种区域试验等进行了检查。

从考察的总体情况看，各承试点试验质量较好，试验点的田块选择较为合理，具有代表性；品种试验密度符合方案要求；田间管理水平较高，各项调查记载项目较为完整，承试人员工作努力。从参试的品种表现看，此次考察正值玉米抽雄吐丝期，从长势、株叶型、整齐度等综合性状看，续试的YA970（雅玉12号）、DH3303、2738（成单22）等表现较为突出；在特用（甜糯）玉米品种中续试的糯玉米渝糯97-7、甜玉米绿色超人等表现不错。考察组认为，加速一批鲜食特用玉米品种示范推广步伐，对于增加农民收入、调整玉米种植结构将起到积极的作用。从国家玉米新品种示范看，西南地区生态较为复杂，对玉米品种要求差异较大，但通过跨省（区）大范围的试验，农大108、鄂玉10号、川单14、海禾1号、雅玉10号和雅玉12号等一大批适应性广及综合性状优良的新品种被筛选出来，并大面积示范，加快了玉米新品种推广步伐。如考察所见，农大108、雅玉10号、鄂玉10号、海禾1号等品种都已成为西南地区主推品种，国家玉米品种试验工作带动并促进了西南玉米新品种的引进和推广，受到当地农业部门和广大农民群众的普遍欢迎，尤其西南山区在退耕还林、退耕还草过程中进一步提高玉米品种的丰产性、确保农民的温饱问题显得十分重要。

在考察中，我们发现个别试点存在生产试验选地不合理、种植面积不够、试验经费短缺等问题。考察组建议，一是生产试验应选择有代表性的大田进行，使其更准确地鉴定品种的适应性、抗逆性及丰产、稳产性；二是做好服务性试验，积极探索服务参试单位的路子，弥补试验经费不足，以利于玉米品种试验工作健康发展；三是加强国家农作物品种区试站的建设（西南山区生态复杂多样、现有国家区试站偏少），这将对改善试验条件、提高试验质量起到积极的保障作用，确保试验工作的稳定发展，应在“十五”规划中适当增加国家区域试验站建设的数量；同时建议各省应建设一批省级区域试验站网点；区域试验考察工作应常抓不懈，有利于大家相互了解、学习和交流试验工作的管理经验；四是建议2001年开展国家武陵山区玉米品种区域试验，由湖北省种子管理站主持，湖北恩施州种子管理站具体实施，待年会确定。本区区域界定为湖北恩施、湖南湘西、贵州铜仁和重庆黔江地区；参试品种从国家预试、西南各省区域试验中择优选拔；对于参加国家西南玉米区域试验的品种原则上不再参加武陵山区的试验；本组的试验设置、格局等与国家玉米品种试验的整体安排保持协调，与原武陵山区试验保持连续性，一般在10个试点左右，而生产试验、抗病鉴定、品质分析单位由本组确定并纳入国家试验的整体安排，试验的整体布局要参照国家玉米品种试验方案设计并按总体布局要求执行。

2001年全国农技中心还组织了多次考察和展示示范推广观摩活动。一是京津唐夏玉米考察（30人），建议调整试验布局，适当增加试验点次，将京津唐夏玉米品种预备试验与东北早熟组玉米品种预备试验的选拔合并并分区汇总，使不同组别之间有机结合，合理布局，避免参试品种的盲目性，力争在3年时间选出1个或几个能够替代唐抗5号的品种。二是8月27日至9月2日在东北玉米、大豆、高粱的试验、示范、展示点的联合考察（70人），重点是检查试验质量，借鉴先进试点经验，起到了各作物、各组别、各省份相互学习、相互借鉴的作用。尤其是通过展示、示范极大地推动了玉米新品种的推广。考察后印发了全国农技中心第45期简报，表扬先进，通报批评了个别试点，引导各省加强对非审定作物品种管理与服务。三是6月25—28日组织东南玉米品种试验考察（40人）以及浙江省玉米品种观摩活动（60人）。在考察中大家转变观念，交流经验，提倡服务，通过东南特种玉米发展的经验引导全国的特种玉米品种及试验工作健康、稳步发展，鲜食甜糯玉米品种在大中城市郊区有一定的发展前景，试验中尤其应重视商品性和适口性，考察起到交流、总结、研讨、引导和示范作用，使大家深受启发，通过考察来推动省级试验工作。

2002 年

2002 年全国农技中心继续组织多区域的考察活动。一是 6 月 4—5 日组织广东鲜食玉米品种考察，不仅考察了试点质量和品种表现，在广东还重点考察了台商企业的基地和加工厂，研究全国鲜食玉米产业如何发展；二是 9 月 16—20 日组织了京津唐夏玉米品种试验考察，40 多人参加，重点是狠抓质量、调整布局、优化方案、界定熟期；三是组织国家玉米品种试验抗病鉴定单位对东北玉米丝黑穗病的发生成因及其对策进行调研，提出规范试验管理及鉴定工作、严把品种审定安全关的建议；四是 7 月 19 日至 8 月 4 日组织了武陵山区玉米品种试验考察，提出了提高人员素质、加强技术培训和试验点基础设施建设的建议；五是结合相关工作，本人在生长季节顺路对山西、北京、辽宁、吉林、山东、河北省（市）夏播区的大部分试点进行全面检查，总体感觉是质量有明显提高，各地普遍重视试验工作；六是委托山东、河南、吉林、河北省种子管理站分别在泰安（8 月 31 日）、浚县（9 月 2 日）、九台（9 月 20 日）、沧州（9 月 15 日）等地组织 200~400 人不等规模的国家玉米品种试验及展示、示范观摩活动，加快国家审定的玉米新品种大面积推广、大范围宣传步伐。现就广东和武陵山区两组考察情况重点回顾一下。

为加快鲜食玉米品种试验、审定和推广步伐，推动鲜食玉米产业发展，全国农技中心 6 月上旬在广东省组织了鲜食玉米品种试验考察，24 个省（区市）种子管理站（局）主管玉米品种试验人员、国家玉米品种试验主持人以及有关专家等共 50 多人参加了考察。重点考察了广州市农业科学研究所、肇庆市农业科学研究所、阳江市种子管理站承担的国家鲜食玉米品种区域试验、生产试验、品种展示和加工现场等。广东省介绍了鲜食玉米发展的经验，代表们交流了鲜食玉米在各地的发展情况，分析了当前鲜食玉米产业发展中存在的问题，明确了进一步促进鲜食玉米发展的基本思路。以前广东省玉米单产水平较低，效益不高，玉米生产发展受到一定的限制。1999 年根据市场变化，广东省及时调整发展方向，把甜玉米为主的鲜食玉米生产作为优化种植结构的重要措施，鲜食甜玉米得到迅速发展。到 2001 年全省玉米种植面积 280 万亩左右，其中甜玉米 85 万亩，糯玉米 15 万亩，鲜食甜糯玉米占 35% 以上，均比 1997 年增长 7 倍，平均亩产达 750 千克以上，亩产值 1000 元左右。据与会的 24 个省的不完全统计，已有 15 个省（区市）开展了鲜食玉米品种区域试验工作，“九五”以来全国共审定通过鲜食玉米品种 100 多个，使鲜食玉米品种种类齐全、品种多样、各具特色。根据考察期间的初步统计，2001 年全国 24 个主产省鲜食玉米总面积达到 370 万亩左右，其中甜玉米 150 万亩，糯玉米 220 万亩，面积超过 10 万亩以上的 10 个地区依次为广东、江苏、广西、浙江、吉林、云南、四川、安徽、福建和重庆。

广东省发展鲜食玉米的主要经验有以下几点。一是加强领导。广东省把甜玉米生产作为调整优化种植结构、实现农业增收、农民增效的重要措施来抓，切实加强领导，如阳江市专门成立了甜玉米生产领导小组，统筹规划、合理布局、落实责任。二是增加投入。“十五”期间，每年安排1000万元用于扶持鲜食玉米发展，仅阳江市2001年投入甜玉米发展资金近150万元。三是良种先行。良种是甜玉米生产发展的关键。在1998年开展的国家东南区鲜食玉米引种试验的带动下，1999年广东省组织了甜玉米育种攻关，相应开展了区域试验，及时推广了一批优良品种。至今已审定9个鲜食玉米品种。四是推广配套技术。广东省一手抓甜玉米优质高产栽培技术的研究，一手抓先进实用技术的推广，通过技术培训、现场指导，重点推广了甜玉米优质高产栽培技术、冬种玉米塑盘育苗移栽技术、间套种技术以及分期播种技术等，大大提高了农民科学种田水平，使甜玉米平均单产达750千克以上，高产的超1000千克，生产效益大大提高。五是靠市场带动。广东甜玉米生产坚持以市场为导向，充分发挥龙头企业、群众组织和个体工商户作用，积极发展订单农业，在国内外寻找市场，围绕市场组织生产，减少盲目性，极大地调动了农民种植甜玉米的积极性。同时，积极扶持和服务于甜玉米加工业，全省现有日产20吨以上的甜玉米加工企业近10家，年产量2.5万吨以上，产品远销东南亚及我国港澳地区。

考察期间，重点研究了制约我国鲜食玉米产业发展的主要问题。近年来，我国鲜食玉米产业虽取得了一定的成绩，但也存在不少值得深思和应该着重解决的问题。一是地区间发展不平衡。鲜食玉米主要集中在经济较发达的东南沿海地区（也涉及气候、环境和效益等）。二是鲜食玉米品质差。如甜玉米的皮厚、渣多，光泽和适口性差等，与国外品种相比质量差距较大，适宜加工的品种不多。三是制种难度大。制种基地不稳定、规模小、产量低，使鲜食玉米种子价格普遍偏高，甜玉米种子一般在40元/千克以上。四是产业化程度低。生产上以家庭式分散生产为主，规模小、成本高，产品以鲜苞上市为主，广东的深加工产品也仅占5%左右，产加销欠协调，尚未形成产业，绝大多数地区和企业仍处于产业发展的探索或初级阶段。

考察期间，大家共同探讨了促进我国鲜食玉米发展的思路和对策。根据各省实际，因地制宜，适度发展鲜食玉米，可以有效地带动城郊农业和农村经济的发展，是我国种植业结构调整的一项重要内容。建议采取的主要对策有以下几点。一是加强育种攻关，重点是外观商品品质和品尝品质。国家应加大对鲜食玉米育种的支持力度，侧重品质，甜玉米主要是皮渣、甜度、脆嫩度和色泽方面；同时加快引种步伐，对先正达等外企甜玉米品种参加试验的全面放开；糯玉米主要是糯性、软滑度、外观品质、皮渣和风味方面，搞好现有资源的开发和利用。尽快选育一批适合国内外市场需求的优质、高产、抗病品种，力争在短期内有重大突破。同时，加强加工专用型品种的培育和引进步伐。二是加速良种推广和技术普及率、到位率。品种试验管理上，要进一步简化程序，实施市场准入制度。加大鲜食玉米新品种、新技术的展示、示范、宣传力度，引导农民选用优质、高产、抗病良种。同时，因地制宜地推广和普及实用栽培技术，实行良种良法配套推广。三是积极扶持加工企业。搞好鲜食玉米发展的产业布局，制订切实可行的发展规划，积极引导、支持和扶持鲜食玉米加工企业，通过产品深加工，开拓市场，拉动产业，提高效益。四是加强鲜食玉米种子基地建设。搞好亲本提纯，提高制种产量和质量，降低种子生产成本，促进鲜食玉米产业健康发展。

2002年是武陵山区国家玉米品种试验全面启动的第一年，为充分了解参试品种表现和各试点方案执行情况，全国农技中心于7月19日至8月4日组织了武陵山区各试点（玉米及水稻）为期16天的实地考察，武陵山区有玉米品种区域试验点11个、预备试验点5个。各级领导部门和承试单位高度重视，大家既感到骄傲和自豪，又有一种责任感和使命感，各试点通过竞争上岗、严格筛选甚至工作调整等不同形式明确了领导责任和试验人员岗位责任，少数试点固定3～5人负责试验工作，大多数制定了奖罚制度。从检查情况看，各点方案执行情况总体较好，管理更加规范，质量明显提高。存在的主要问题有以下几点。一是自然灾害频发。本年度前期遭受长期连绵阴雨及冰雹风灾，玉米试验田及大田死苗严重，部分地区农民补种3～4次，各试点由于播种量较大，保证了试验移栽要求，但移栽普遍偏晚，有的是7～8叶才移栽下去，秧苗苗情比往年要差。由于遭受风灾，湖南省永顺县玉米品种试验全田倒伏后，他们迅速组织人员用树桩、竹条等扶了起来，精神可嘉、值得表扬。二是基础设施有待加强。要保证试验质量，建立和稳定区试基地是前提，武陵山区各承试单位中只有湖北恩施州红庙农业科学研究所、贵州省铜仁地区农业科学研究所建设了国家区试站，2002年湖南省湘西州农业科学研究所正在申报国家区试站建设；湖北清江种业有限责任公司征地40亩、投资100多万元的农作物新品种试验及展示中心已经开始建设，部分试验已在中心进行；湖南省张家界市永定区种子公司、重庆市黔江区种子管理站、贵州省思南县种子公司等单位的试验基地建设也正在规划之中，其他试点还是依靠租用农民的土地作为试验地，这对于保证试验质量、保持试验稳定有一定隐患，试验地的改造就更是无从谈起。三是业务知识有待更新。尽管各承试单位均安排了技术骨干负责试验，但在品种观察记载、病害标准掌握、统计分析、田间布局等方面尚有一定差距，各单位均积极要求参加有关培训，从而使试验承担人员业务水平不断提高和更新。四是试验条件有待改善。武陵山区绝大多数试点均没有配备台式电脑，试验有关统计分析软件也是无法利用，本年度发送到武陵山区公用邮箱的有关方案和记载表格，部分试点还是通过网吧下载，试验人员电脑操作和邮件发送还有很大差距。五是试验的供种要进一步规范。因各试点相距较远，交通不便，加之各地区播种时间差异较大，建议不得依靠南繁种子参加区域试验，纯度不达标、供种不及时的取消参试资格。六是建立武陵山区试验年会制度。利用年会机会每年邀请有关专家就区试设计、管理、统计分析、总结及微机操作、邮件发送等组织现场培训，承担人员应参加年度总结会。七是完善试验田间考察。主持单位组织考察的同时，也可组织试点现场考察或交换检查，以增加交流、取长补短、共同提高机会。

2002年4月24日，本人向领导提交了《关于特种玉米品种试验简化程序的建议》，内容如下：“一是所指特种玉米为鲜食甜、糯玉米、爆裂玉米和专用青贮玉米。二是爆裂玉米委托沈阳农业大学史振声教授主持，与有关科研单位协商安排；2000年开始组织的国家爆裂玉米品种区域试验，试验周期2年，试点5～10个。2001年年底已经推荐国家审定的爆裂玉米品种3个。三是甜玉米和糯玉米国家级试验从1998年起在东南地区首先布局，1999年在长春曾对刘坚副部长承诺，2000年全国农技中心将在全国全面开展区试工作，主要分为东华北（东北、华北）组、黄淮海组、东南组、西南组；2002年开始经国家区试年会决定进一步简化试验程序，试验周期年限2年（即2个生长周期），不搞生产试验、不设重复，小区面积为24米^2，任何单位均可直接申请参加国家鲜食甜、糯玉米品种区域试验。四是为了加快我国青贮玉米的发展，2002年组织了国家青贮玉米品种区域试验，设3次重复，小区面积24米^2，试验主要测定生物量、全株营养品质和消化品质等内容，对产量（籽粒）不作为重点指标，主要目的是引导青贮或粮饲兼用型玉米产业的发展。故建议以上4种类型的玉米品种申请国家试验时符合条件即可，一般在方案出台前可随时申请参加国家级试验。目前进展顺利，2002年将有一批各类型玉米品种推荐申报国家审定。”

2003年

鉴于各类型玉米品种试验的陆续启动，2003年全国农技中心组织了很多区域和类型的玉米品种试验考察活动，以便研究如何优化试验布局、引导育种目标问题。

一是7月15—20日组织了东南玉米品种试验考察，包括浙江、上海、江苏、安徽的玉米品种试验网点，建议调整鲜食玉米对策，简化试验程序，完善品尝鉴定方法，加大鲜食甜玉米引进力度，对先正达等企业全面开放参试。依托东南带动全国鲜食玉米产业的发展。

二是7月20—31日组织了西南玉米品种试验考察活动，包括贵州、重庆、四川的国家试点。考察后在贵州省农业科学院召开的专家座谈会上，本人与专家们的主要建议有两条：一是加强西南引种同时加大监控力度，品种的大交流过程中一定要避免病害的大流行；二是西南玉米生产用品种主要靠西南育种家解决，生产试验应回到生产田去做。

三是7月2—3日、8月20—22日，本人检查北京、天津、河北省（市）部分试点，提出改进和处理意见，撤销3个试点，批评1个试点，表扬2个试点。

四是9月10—16日组织黄淮海夏玉米品种试验考察，重点对山东、河北、河南省国家玉米品种试验、品种表现、玉米生产进行考察，对国审品种农大108、郑单958和重点示范品种浚单20进行观摩。在河南省浚县农业科学研究所对考察观摩活动进行了全面总结，100多人参加。会议在总结基础上，重点对全国玉米品种育种目标进行引导、调整，即本人提出的“全面限制高秆晚熟大穗类玉米品种，全面调整对照设置，全面控制品种熟期，逐步提高试验密度设置（鉴于大家认识不一致，只好在东华北和黄淮海两个大区以每年每亩增加100株的速度推进），逐步提高对品种抗倒伏指标要求（在平均倒伏倒折控制在15%的基础上，每年再降低1个百分点，拟5年后将续试或审定品种的平均倒伏倒折率先降到10%以下的要求）”；同时对部分到试点找关系的单位进行了点名批评，起到了一定的震慑作用。这次考察的主要目的是下决心调整优化试验设置、引导全国玉米育种目标。我们综合把握国际育种方向的发展趋势，分析中、美玉米差异核心在商品品质的实际，我国玉米育种资源材料的现状、跨国种业公司参试品种田间表现的现实等，已经逼迫我们的育种方向必须进行大的调整，否则我们的品种、商品都将失去在国内的竞争力。鉴于现状，没有选择，只好借助黄淮海考察期间把多年来想到的问题、理由、对策、措施和步骤告诉大家，毕竟国家试验是为未来5～10年及更长时间准备全国玉米生产用品种的。考察中本人提出的观点、对策和建议得到与会100多位科研、教学、企业和管理部门专家的广泛认同、理解和支持，达到了统一认识、引导育种目标、优化试验设计和布局、调整试验对策措施的目的。考察组认为国家玉米品种试验、展示、示范的规模大、影响大、质量好；国家审定的品种农大108、郑单958和重点示范品种浚单20等表现突出；参试品种中的高秆、晚熟、大穗品种往往给玉米生产带来潜在风险，影响玉米品质提升等，应引起重视、尽快想办法解决并采取有效措施全面限制这类品种的推广；审定应继续作为指挥棒来加强对育种目标、方向和类型的引导；鉴于我国玉米遗传资源狭窄与匮乏突出，大家急于求成具一定普遍性，新形势下出现的育种和种业"急躁、浮躁、急功近利、急于求成，搞短平快、偷抢盗"等行为应引起重视并加以限制，这尤其是多年来的知识产权保护不力、违法成本过低所至。

五是9月23—25日组织京津唐夏玉米品种考察，50多人参加了考察。考察组认为今年的品种试验质量有明显提高，但参试品种的倒伏问题和外引品种的不适应问题、熟期偏长问题等应引起足够的重视，唐抗5号对照品种暂时可以继续使用。

本年度还组织了武陵山区玉米品种试验考察（7月22日至8月2日）和极早熟玉米品种试验分段考察（8月28日至10月2日）。极早熟考察中，山西省种子总公司的极早熟试点布局不合理，建议取消。

2004年

2004年全国农技中心继续组织了一系列形式多样的考察活动，直接组织的考察活动有2次。一是6月16—23日进行的东南鲜食甜糯玉米品种试验考察，主要考察福建、江西两省国家玉米品种试验执行情况，了解鲜食玉米产业发展，考察了解到福建中绿公司的甜玉米生产及向日本出口的甜玉米加工、市场需求情况并进行了座谈，考察结束后部分人员顺路考察了浙江、江苏、上海的鲜食玉米品种试验、推广应用情况。二是9月18—19日在陕西组织的国家玉米品种试验考察活动以推动陕西及西北试验站的工作，全国农技中心党委书记潘显政参加了考察观摩活动，各省种子管理部门、主持单位、种子科研、经营企业以及玉米部分委员共110多人参加了考察。

同时，这一年，本人借助培训、开会、观摩、学术活动等出差闲暇期间紧锣密鼓地进行了试验质量检查。一是利用在山东省滕州举办的玉米品种示范会前后，考察了山东长清、枣庄、济宁试点和河南郑州、洛阳、浚县试点。二是利用河北省在藁城组织的浚单20示范会前后，考察了河北永年、文安、沧州、廊坊、藁城（示范）试点和天津武清、宝坻、蓟县试点。三是利用黄淮海及京津唐培训班前后考察了山东登海种业试点、烟台（海安县）试点。四是利用东华北培训班前后考察了辽宁省种子管理局（展示）、辽宁省丹东农业科学院、新宾县种子站和抚顺市农业科学院试点。五是利用中国作物学会在广东省惠州市召开的鲜食玉米品种研讨会期间，考察了广东省农业科学院作物研究所、广州市农业科学研究所、广东省佛山技术学院、广东省仲恺技术学院和深圳良种引进中心（展示）试点。六是利用铁岭先锋种子研究有限公司组织学术研讨会的机会，考察了辽宁省农业科学院、丹东农业科学院、铁岭市农业科学院、吉林省农业科学院、郝育种业公司、吉林农业大学试验站、吉林省九台试验站试点。七是在北京抽查了北京市农林科学院玉米研究中心（昌平）、北京奥瑞金种业公司（通州）、中国农业科学院作物科学研究所（昌平）基地、北京万农种子公司（怀柔）、北京市种子公司（顺义）、北京市顺义区农业科学研究所、延庆县种子管理站等全部试点。八是利用其他会议期间还考察了黑龙江省种子管理局双城试验站、中国种子公司河北涿州试验（展示）基地、辽宁省锦州市农业科学院等试点。

作为国家玉米品种试验的主管部门，我们要求主持单位对本区的试验执行情况进行考察。据不完全统计，组织小规模、大范围检查的主持人有黄淮海夏玉米品种试验主持人周进宝研究员、黄淮海夏玉米抗病鉴定负责人石洁研究员、京津唐夏玉米品种试验主持人杨国航研究员和郭景伦研究员、武陵山区玉米品种试验主持人李求文研究员、东华北春玉米品种试验主持人陈学军研究员、西南玉米品种试验主持人林勇高级农艺师、西南鲜食玉米品种试验主持人王秀全研究员、东南鲜食玉米品种试验主持人刘玉恒研究员等，大家都抽时间考察了本区组大部分试点的试验执行情况。

通过考察，不仅增加了对试点情况的了解，也能够及时掌握试验、品种、生产、产业信息，吸收试点人员的经验技术，培养试验人员热爱"三农"的情感，大家都有不同的了解、提高和收获。一是试验质量越来越好。本人当年直接检查（抽查或突查）的试点 55 个，占全部试点的 1/5 以上，试验质量普遍提高，又上了一个新台阶，这是令人欣慰的。二是技术培训作用大。提高试验人员素质是质量管理的核心。在以往培训的基础上，当年又开展了东华北区（丹东）和黄淮海区（莱州）技术培训，由于准备充分、内容丰富、专家层次高、针对性强等特点以及侧重田间质量、运行程序、试验纪律等问题，使培训班受到各省种子管理部门、科研单位和种子企业的普遍关注、重视和支持。同时，黄淮海主产区积极推进品种编码、试验地封闭管理等方式，起到了很好的质量控制作用。三是对策措施具有预见性和导向性。在 2003 年国家玉米品种区试年会上，出台了一系列对策措施，如提高试验密度、限制高秆晚熟大穗品种、全面实施 DNA 指纹鉴定、规范品种名称，以及对侵权、急于求成、模仿育种等行为所采取的限制措施，都对推动试验质量提高、强化市场监控、净化种业环境、维护种业秩序、保护农民利益、树立政府形象等起到了很好的引导示范作用，引起全国同行的广泛重视，受到大家的普遍欢迎。四是国审品种表现突出，参试品种表现一般。2004 年气候总体看是风调雨顺，比较适宜玉米的生长发育，没有遇到太大的、大范围的自然灾害。以农大 108、郑单 958、浚单 20 等一大批国家审定的玉米品种在我国各相关玉米主产区都发挥了重要的作用，保证了我国粮食生产安全。高秆、晚熟、大穗类品种正在逐渐显现出被中高秆、中晚熟、中大穗类品种所取代的趋势。从展示示范品种看，浚单 20 等品种今年表现突出，正在成为黄淮海地区农大 108、郑单 958 后的主要搭配品种和主要推广品种；从考察区域的参试品种看，没有太突出的品种。农大 108 在东华北春玉米区、郑单 958 和浚单 20 在黄淮海夏玉米区优势明显。以先锋为代表的玉米外引品种，往往株型适宜、透光理想，灌浆期短、脱水快、熟期较早，比较适宜东华北和黄淮海的玉米生产，但先锋品种也普遍有秃尖长、结实差现象，到底是生理原因、遗传原因，还是气候原因（应该是交互作用形成的）应值得关注，避免给大面积生产带来麻烦。五是通过考察了解，在培训、年会上所采取的一系列政策措施是可行的。在东华北、黄淮海、京津唐、东北早熟区实行严格的熟期限制对策是正确的，在黄淮海区、东华北区适当增加试验密度也是正确的，都受到大多数科研人员的充分肯定，符合国家的玉米产业方向。黄淮海地区实施编码等措施使试验运行良好，明年继续实施。

考察中也发现了一些值得研究的问题。一是试验质量有待提高。如山东省烟台试点因城市建设而影响试验站的正常运行，春季在海阳县安排了试验，选地不合理，地势不平，同组试验安排在地势不等的两块地上，距离承试单位太远（距烟台约 90 千米）；山东省聊城市农业科学院试点因单位试验地调配，今年试验放在租用的农民耕地上，选地不合理，肥力偏低，田间排列不科学，管理水平一般；河南省南阳市种子管理站试点肥力不足、田间管理不够精细；河北藁城试点因播种时遇连阴雨，播期偏晚等问题；陕西省秦丰种业的国家预备试验地周边有树、墙等，田间排列不合理，对部分试验品种影响较大；吉林省郝育公司青贮玉米品种试验的田间排列不正确等问题。二是试验面积不足应引起重视。福建省农业科学院耕作轮作研究所因试验地有限，参试品种较多，鲜食玉米品种区域试验的小区面积不足，且没有及时报告；山东省济宁市农业科学院虽然试验地充足，但生产试验面积不足，说明对试验重视不够。三是抗倒伏问题比较突出。玉米生长季节气候属正常年份，但鉴于我国玉米育种对抗倒伏问题重视不够，试验中甚至审定推广的品种抗倒性差，给未来品种安全带来隐患。2004 年在京津唐区的玉米生长后期，部分试点遇到了灾害性风雨天气，使参加生产试验的几个品种倒伏严重，主要是强盛 18、京科 385、永玉 2 号等。遗憾的是目前的国内品种抗倒伏性都比较差，倒伏的发生也没有规律可循，一般与当年的灾害气候及发生的时期有密切的关系，实质是中国玉米育种对抗倒性忽视和资源匮乏、几十年来对抗倒性选择的应用基础研究重视不够的问题。

考察组建议如下。一是对试点处理。山东海阳试点、聊城试点报废；山东省烟台试点调整到山东登海种业；对福建福州试点、山东济宁试点明年要重点监督检查，请有关省级种子管理站加强对本省的国家试验管理；对河南南阳试点、吉林郝育试点、陕西秦丰试点提出批评，必要时予以调整。二是明年优化意见。计划更换黄淮海地区的对照品种，农大 108 作为对照品种已经有 4 ~ 5 年时间，发挥了重要的作用，但在黄淮海地区熟期还是偏长；与此同时，郑单 958 在黄淮海地区推广前景广阔，已经上升到本地区的第一大品种。为了引导选育和推广早熟类品种，选用郑单 958 作为对照是合适的，熟期要求应相应调整，提交年会讨论决定。本人夏天已与主持人周进宝研究员、育种家堵纯信老师联系，准备好对照用种子。三是增加展示试点数量。在今年考察和各省申请的基础上，计划增加国家玉米新品种展示点，以加大新品种的宣传力度，如吉林省农业科学院、辽宁省铁岭市农业科学院、广东省惠州市农业科学研究所、中国种子公司涿州基地等。四是规范参展品种。2005 年参加展示品种应严格界定为审定品种、苗头品种、引进品种界限，主要展示近 5 年来国家和省级审定推广的优良品种。五是推进 DNA 指纹检测。在现有 DNA 指纹鉴定的基础上，2005 年再增加青贮玉米参试品种的检测工作，净化种业市场。如果第二年参加区试的品种与第一年的不一样，建议至少再做一年区试。六是特别强调稳定试验网点，主要是中小种子企业、科研单位或县级种子站的试点。部分试点承试人员和试验用地不固定，对试验的质量影响比较大，主要集中在生产试验（也因参试品种太多，当然生产试验应该在生产田进行，不过审定需要完整的数据支撑）。七是适当限制参试品种数量并由省级统一报送的要求。参加国家玉米品种试验的品种比较多，使各个试点都难以承受，况且突出品种不多，总体上保持2004年的参试规模是合适的；建议采取省级负责统一报送申请参试的方式。2005年计划以省级为单位，统一申报各类别参试品种，各有关申报单位必须盖章、必须标明亲本来源等相关信息，个人申请参试的要填报身份证号码并提供身份证复印件，我们一般每年11月20日开始向全国有关单位下发申请表，12月20日申报截止，这一措施要严格执行以规范试验运行。八是继续加大试验检查力度。根据2003年、2004年的品种试验情况看，加强技术培训、加大试点监督检查非常及时和必要。本人虽然已经直接从事10多年的玉米品种试验服务工作，但因为试验网比较大，也因时间紧、路途遥远、经费开支、领导审批等原因，至今仍有很多点一直没有检查，非常遗憾。2005年计划加大检查力度，尤其是从来没有被检查的单位，各主持单位务必明年年底前按计划完成对本组的检查并及时提出改进、调整意见，当然尽可能保持试验网点相对稳定是非常必要的。

2005年

2005年6月29日至7月4日，全国农技中心委托安徽省种子管理站组织江苏、上海、浙江省（市）的国家玉米品种试验展示考察活动。东南区各省（市）种子管理站以及抗性鉴定单位、品质检测单位相关同志参加。考察组认为，东南区地处我国东南沿海地区，经济发达省份较多，玉米种植面积虽然不大，但鲜食玉米种植面积、种植比例相对较大，消费市场大，加工能力强，对于增加农民收入、丰富城乡农产品市场供给、带动全国鲜食玉米发展具有全局性、示范性、导向型的引导作用。加强田间现场考察不仅是检查试验质量、了解品种表现、调查市场发育程度，也是对各承试单位及承试人员的肯定、支持、监督和鼓励，以便进一步优化和调整试验布局、加强横向联合，更好地了解加工企业、消费市场对新品种的需求，尽快筛选出符合市场方向的新品种，使科技成果尽快转化为生产力，更好地服务于“三农”。考察组建议加强技术培训、促进各地经验交流，适时开展国家玉米品种试验先进单位和先进工作者评比活动，对进一步提升试验质量、稳定试验队伍、调动基层试验人员积极性、解决基层试验人员职称待遇问题等方面都会有积极的促进作用。

2005年8月17—28日，全国农技中心委托内蒙古种子管理站组织东华北玉米品种试验考察。考察组由玉米委员、相关省级种子管理部门专家组成。主要对内蒙古、辽宁、吉林、黑龙江省（区）承担的东华北、东北早熟区、青贮玉米、鲜食甜糯玉米品种区域试验和生产试验的试验质量及品种表现、国家玉米新品种展示、示范情况以及当地玉米生产现状等进行考察。考察中也发现一些需要抓紧解决的问题。一是玉米育种资源狭窄。从参试品种来看，含丹598、吉853血缘的品种很多，资源狭窄，不利于育种创新，同时也给规避品种生产风险带来较大隐患。二是育种鉴定程序不足。在东华北春玉米区域试验更换对照以后，建议育种家及时跟踪，对自育组合进行更多的比较和鉴定，而后再参加国家有关试验，以便提高选拔效率。三是进一步提高试验的客观公正性。国家试验点的封闭管理需要进一步加强，同时建议各参试单位按照相关规定不要进入区试点进行品种考察。四是加强病（虫）害的监控。及时跟踪致病优势生理小种的变化规律与趋势。

2006年

2006年5月21—29日，全国农技中心委托安徽省种子管理站组织了东南玉米品种试验考察，参加考察的有玉米委员、省级种子管理部门代表、有关主持人，以及检测、鉴定方面的专家。重点考察了广东、广西两省（区）的国家玉米品种试验和新品种展示示范工作，探讨鲜食玉米品质评价方法，进一步研究鲜食玉米品种试验布局。共考察了国家玉米品种试验各类型中12个试点的试验、展示、示范工作，占两省区国家玉米品种试点数的80%以上，不仅检查了试验质量，也考察了品种表现，参观了加工企业，探讨了甜、糯玉米的市场走向，以便优化鲜食和青贮玉米品种试验布局。根据多年的思考，考察中本人提出将西南、东南合并为南方鲜食玉米区的建议，得到考察人员的一致赞同和支持，以便提交年会研究决定，这样就可以扩大鲜食玉米的测试区域和审定品种的适宜区域，用东南的品质来带动西南鲜食玉米品质的提高并扩大优质品种的利用范围，逐渐实施鲜食玉米品种的“精品”战略。针对东南普通玉米品种更新滞后的问题，考察专家建议尽快恢复东南区普通玉米品种试验设置。

2006年7月下旬至8月中旬，全国农技中心委托湖北省恩施州种子管理站组织有关专家及试验管理人员对湖北、湖南、重庆、贵州省（市）境内武陵山区国家玉米品种试验的大部分试点进行了实地考察。考察组在贵州省农业科学院进行总结并座谈。大家对试验质量总体是满意的，认为生产上利用的主要品种都是通过国家或省级试验选拔后被审定并得到大面积推广，国审品种在西南表现突出；西南地区试验条件比较薄弱有待改善，而且每年西南各省向国家西南试验推荐的品种应该达到参试品种的85%以上，其余是通过主产区预备试验选拔到西南参试的或西南续试的品种。

2006年8月，全国农技中心委托河北省种子管理总站牵头组织了黄淮海夏玉米品种试验考察活动，考察了陕西、山东、河北、安徽、河南及江苏等6省31个试点；涉及黄淮海普通玉米、鲜食甜糯玉米和青贮玉米品种的各类试验。通过考察，特别是近几年来，对黄淮海夏玉米生产用品种的跟踪调查，大家普遍认为，该区玉米生长季节雨热同季，暴风雨等灾害性天气频发，同时雨热同季催着玉米前期快速生长，特别是风灾对玉米品种试验及生产的影响是限制该区玉米丰产的主要因素之一。灾害性气候虽然有利于检验品种的抗倒性，但由于风力过大、不均衡、无规律等特点，对生产造成的影响是不可挽救的。根据现有品种的类型及水平，建议该区生产上玉米种植应强调合理密植，短期内应保持在4500株/亩左右比较适宜。

2006年9月18—20日，全国农技中心委托北京市农林科学院玉米研究中心组织各试点技术人员进行京津唐夏播早熟玉米品种试验考察。北京、天津、河北省（市）种子管理站代表及玉米抗病鉴定专家一并参加了考察。考察组先后考察了北京、天津、河北省（市）玉米品种试验，考察点涵盖本区80%的国家玉米品种区域试验点、73%的生产试验点和100%的预备试验点。考察组利用田间指导的形式及时与各试点就有关试验设计、管理、注意事项等问题进行了交流。考察组认为，参试品种编码办法的实施很有必要；对照更换及时合理，建议尽快采用统一对照，去除单独设立的生育期对照唐抗5号；同时提出关注参试品种同质化问题，严格限制生产中夏播种植品种生育期盲目延长、避免生产风险等问题。

2007年

2007年6月20—24日，全国农技中心委托安徽省种子管理站组织东南玉米品种试验考察，主要对江苏、上海、浙江省（市）承担的东南区鲜食甜糯玉米品种试验为重点的品种试验考察，以便及时吸收东南鲜食玉米产业发展的经验，引导全国鲜食玉米产业发展。考察组建议如下。一是调整试验布局。压缩国家鲜食玉米品种试点数量、调整优化试验布局、兼顾鲜食玉米品种特点，根据鲜食玉米生产发展趋势，按照鲜食玉米向发达地区、大城市郊区以及产业化程度高的地区集中的原则，各省应适当压缩试点数量、调整试点布局。对本人提出的根据东南、西南区鲜食玉米生态类型、气候特点以及生产需要和发展趋势，发挥优良品种作用，对两大区鲜食玉米合并为一个大区（南方区）事宜进行了认真研究并达成共识。二是更换对照品种。糯玉米组对照苏玉糯1号利用时间长，种性退化严重，雄穗花粉败育，种子一致性差，建议明年更换合适的对照品种；甜玉米组对照品种由于种子一致性差，表现一般，建议若有合适的对照品种明年也要更换，以确保国家试验的质量、水平和权威性，请主持单位积极准备，待年会时确定。三是提高参试品种种子质量。根据今年考察的品种表现，建议各参试单位要本着对国家试验及其参试品种负责的态度，提高参试品种种子质量，确保种子一致性、发芽率，避免芽率下降的陈种子和海南繁殖的当年种子参加国家试验。

2008年

关于北方玉米品种近期考察情况，本人借助赴沈阳、长春、银川的3次玉米培训班机会，在其前后顺便或就近考察了国家玉米品种各类试验以及部分春小麦、春大豆和小宗粮豆品种试点，季广德、周进宝、陈学军、赵久然、杨国航、宋国栋、王玉兰、李磊鑫等分别参加了部分考察。这次考察时间紧、跨度大、试点多、组别全，同时各培训班也安排了就近考察活动，很多点是本人第一次考察。6月初以来先后共考察北方承担单位15个玉米及其他作物试点，总体质量不错。主要表现在：一是试验质量普遍提高，大部分试点基本上做到苗全、苗齐，主要有辽宁的大连试点，吉林的长春试点，内蒙古的呼和浩特、鄂尔多斯试点，河北万全试点，宁夏的银川、中宁和中卫试点等；二是东北播种后干旱、苗期低温多雨，东北地下害虫严重，各个试点也采取了相应措施，虽然有几株缺苗但问题不大，如辽宁铁岭试点、吉林长春试点、吉林梨树等试点；三是国家玉米品种试点大部分都是主要科研单位和种子企业承担，绝大多数都有自己的试验地或长期租地，总体印象不错；四是试点相对集中、布局有代表性、试验地往往都是本省区长期承担试验的试点，作物种类比较多，试验规模比较大。

但也存在一些不容忽视的问题，应引起我们的足够重视：一是个别单位没有自己的固定试验地，试验规模又比较大，如宁夏中卫试点、平罗试点；二是西北多年来仅审定了沈单16号，为西北玉米生产发挥了很大作用，但毕竟大品种太少，试验压力一直比较大，应加大筛选力度；三是西北玉米保苗难度大且比较普遍，西北试验地的土壤状况不理想，如巴彦淖尔试点缺苗较多；四是个别试点田间排列不符合方案要求，如宁夏中宁试点主产区预备试验边缘没设对照小区，走道宽且试验周边没设保护行；很多区试点的第一重复顺序排列等；五是个别区域的生产密度明显超过试验密度，种植方式也不一致，如宁夏农民采取春小麦套 2 行玉米的种植模式为主，对照在西北偏晚熟且今年的出苗不整齐；六是青贮玉米国家试验 4500 株 / 亩的密度，普遍低于生产密度，有增加密度的空间。

玉米三次培训班效果不错，针对性强。沈阳的培训班主要是品尝的时间、方法、标准、报告格式等的统一或一致，标准的进一步完善，下一步还要培训抗病、品质、DNA 鉴定等单位；北方春玉米长春培训班近 200 人，影响比较大，秩序比较好，准备比较充分，条件也不错，影响大的培训以后也可继续组织；西北的培训班有 50 多人参加了培训，除个别点试验人员外出或太远外，几乎都参加了培训，宁夏也比较重视。计划明年在新疆举办培训班，否则试点太远的无法参加，像喀什等试点。

因此建议，一是尽可能通过项目等增加投入、改善试验条件，尤其是固定试验地；二是对西北玉米而言，加快玉米优良品种的引进、选育和推广是三个同等重要的任务；三是试验质量重点要抓播种和苗期管理；四是每隔两年各区应组织培训、考察，对提高试验质量都是十分有益的，尤其是提高单位领导对试验工作的重视，提升试验人员的素质。

2009 年

2009 年 7 月 17—24 日，全国农技中心委托湖北省种子管理局组织西南玉米品种试验考察，主持人以及相关省级种子管理部门代表参加。考察组认为，为保障西南山地玉米品种安全，提高参试品种水平，应从以下三个方面入手加强品种试验管理。一是在严把品种安全的基础上，适当调整试验密度，加强对中穗型品种的鉴定、筛选步伐。二是进一步做好品种展示示范工作，良种良法配套，因地制宜，扩大辐射面，加强宣传力度，有针对性地对农民进行新品种新技术培训和宣传。通过展示示范这种看得见、摸得着、信得过的方式和抓手，是使农民易于接受的好形式，可以加快优良品种推广。三是加快老品种退出步伐，推动和促进品种更新换代。

2009 年 8 月 1—7 日，全国农技中心委托河北省种子管理总站牵头，组织了黄淮海夏玉米品种试验考察活动，试验主持人和有关省级种子管理部门的代表参加了考察。考察组对陕西、山西省承担的部分黄淮海及其他组别的玉米品种试验、展示、示范点进行了实地考察，涵盖黄淮海夏玉米组、东华北春玉米组、极早熟玉米组、北方鲜食甜糯玉米组的各类试验和新品种展示示范。考察组认为，各组玉米品种试验的种植密度科学合理，既符合当前玉米生产需求，又兼顾了未来生产应用品种类型的发展；对照品种的设置符合生产实际，引领了同组别玉米品种类型的走向。

2009 年 8 月 10—17 日，全国农技中心委托内蒙古种子管理站组织了西北春玉米品种试验考察活动，参加考察的有玉米委员和相关试验主持人、省级种子管理部门技术负责人。重点考察了宁夏、甘肃部分试点以及玉米标准化制种田、种子加工厂等。考察组认为，西北玉米品种试验经过10多年的国家玉米品种试验技术技能培训，试验的整体水平与过去相比有了明显提高，各试点能够严格执行试验方案，田间布局合理，管理到位。考察组强调，玉米新品种展示、示范工作要按照范小建副部长坚持“规范、下沉、提升、辐射、带动”的要求，选择地势开阔、交通便利、靠近农村、人口流动量大的公路旁，示范展示标牌高大醒目、品种标注准确、清晰，观察道路宽敞平坦，便于农民参观。展示示范的品种应该是国家或省级审定通过的优良品种。

2010年

2010年7月21日至8月2日，全国农技中心委托湖北省种子管理局组织西南玉米品种试验考察，南方8省区10多位专家参加了考察，重点考察了贵州省、云南省承担的国家玉米品种试验执行情况。共考察普通玉米区域试验点5个、生产试验点4个和主产区预备试验点1个，同时还考察了以上单位承担的国家鲜食玉米和水稻品种试验。本次考察所到省份，试点布局合理，各试点都属本省玉米主要产区，区域、生态代表性较强。绝大多数试点单位领导重视，试验人员认真负责，均能按照试验方案进行，试验田块具有代表性，田间布局合理，栽培管理水平较高，参试品种重复间一致性较好。贵州省旱粮研究所试点试验操作规范，田间管理精细，参试品种总体长势良好，试验质量较高。黔西南州农业科学研究所试点土壤肥力均匀，田间管理到位，品种长势良好，品种间差异得到了较好体现。但生产试验受干旱影响出苗不齐，缺苗较严重。曲靖市种子管理站试点的试验采取地膜覆盖直播栽培方式，田间管理水平较高，品种总体长势良好。但普通玉米生产试验品种田间排列方式不合理，鲜食玉米区域试验管理还有待加强。楚雄州种子管理站试点的试验为直播，试验设计合理，小区面积、保护行数量符合方案要求，田间管理精细，由于前期干旱，参试品种长势差。该试点虽遭大旱，但试验工作认真扎实，为保试验已尽全力。大理州种子管理站试点试验设计合理，田间管理精细，品种总体长势较好。本年度对照渝单8号种子纯度比去年好，在各试点出苗情况良好。从考察看田间长势较好，结实性、后期持绿性较好，但整齐度一般，果穗苞叶稍短，秃尖略长。本年度参试品种总体水平较高，部分品种表现出抗逆性强、果穗均匀、结实性好等优点。本次考察的试点单位领导重视，试验人员工作认真扎实，试验质量总体较高，但仍存在第一重复顺序排列、走道宽窄不一致、试验四周有荫蔽等问题。为进一步提高试验质量和服务水平，保证试验科学、客观、公正，考察组建议：一是做好试验后期调查记载和管理。试验后期是调查品种病害、倒伏情况的关键时期，是科学评价品种的重要时期。各试点应做好调查、记载工作，并及时收获计产。二是参试单位应进一步提高参试品种质量和水平。考察中发现少数参试品种存在稳定性差、整齐度差、结实性差、综合抗性差等问题。三是试验数据在试验结束后次日应以电子邮件形式报给主持单位。四是曲靖市鲜食玉米试验、大理州各组试验、黔西南州的生产试验受旱灾严重，做报废处理。但大理试点乃至考察中受干旱影响的西南各试点广大承试人员的辛勤工作应予以表扬。五是考察组研究了西南玉米品种试验审定相关问题。针对西南区生态类型多样化的实际，建议将西南丘陵、平坝区作为国家玉米品种试验布局、审定划区、品种推广的主要目标区域。西南地区对玉米品质要求较其他产区高，建议西南国审品种的容重应在710克/升以上；在病害高发地区设置田间病害监测点，并将自然发病调查结果与接种鉴定结果相结合并验证比较，这样来对参试品种进行抗病性评价更科学合理。

2011年

2011年5月16—23日，全国农技中心委托安徽省种子管理站组织东南鲜食甜糯玉米品种试验考察。重点考察海南、广东两省承担的甜糯玉米品种试验以及东南普通玉米、青贮玉米品种试验、新品种展示等工作。考察组建议要加强后期管理，做好调查、记载、计产等工作；要进一步调整试验布局，适应珠江三角洲鲜食玉米试验以甜玉米为主、糯玉米为辅，长江三角洲鲜食玉米试验以糯玉米为主、甜玉米为辅的格局；在加快国家级试验站建设的同时，适当增加试验经费，以补偿各承担单位保质保量完成试验任务的需要；加强承试人员培训，提高试验人员技术技能和职业素质。

2011年7月30日至8月9日，全国农技中心委托湖北省种子管理局组织西南玉米品种试验考察，考察湖北、重庆、湖南省（市）相关试点试验执行情况。考察组认为，试点单位领导重视、试验人员工作扎实，无因操作管理失当导致试验报废的，试验质量总体较好。但仍存在第一重复顺序排列、保护行数量不足等问题。建议做好试验后期调查记载和管理工作，对部分倒伏品种应及时收获，防止出现田间烂穗现象，并认真做好计产工作。试验数据在试验结束后次日应以电子邮件形式报给主持单位。因风灾造成全部倒伏等原因，建议将湖北省建始试点的区域试验第Ⅰ组、主产区预备试验及恩施点3组区域试验做报废处理。

2011年9月6—12日，全国农技中心委托河北省种子管理总站组织了黄淮海夏玉米品种试验考察，重点考察河北、河南、山东省承担的国家玉米品种试验。考察组认为，本区玉米生产中应用的品种有三大特点。一是优良品种比例高，主栽品种突出。郑单958和浚单20为主栽品种，推广面积大，表现良好，在丰产性、稳产性和抗逆性方面尤为突出。二是后备品种遗传基础狭窄，品种趋同现象明显。从近年审定推广的品种和国家、省级区域试验的参试品种来看，含郑单958和先玉335亲本或类似血缘品种所占的比例偏高，品种趋同现象日益凸现。说明该区玉米育种工作缺乏基础种质创新，过度依赖黄改系和外引系等种质资源，模仿育种现象普遍以及“短、平、快”的心态，这对将来的玉米生产上台阶十分不利。三是玉米病害、灾害发生逐年加重。近几年粗缩病、褐斑病和茎腐病等病害以及暴风雨、干旱、高温等灾害性天气时有发生，当然造成这一后果的原因除自然灾害外，主要是种植品种过于单一、免耕技术快速普及、气候异常等。今年前茬小麦收获期推迟，造成玉米播期比常年延后一周以上，授粉后灌浆期低温寡照，不利籽粒发育，参试品种果穗秃尖现象普遍，成熟期推迟。个别区域受台风影响出现严重倒伏问题。从考察看试验整体水平较高，但一些试点存在的问题应引起重视：一是仍有个别试点对试验重视程度不够。突出表现在试验肥水投入不足，造成脱肥、脱水，品种种性不能充分表现，影响品种的科学评价。二是前茬作物成熟延迟影响玉米品种试验播种。前茬小麦成熟延迟，玉米迟播，生长进程延后，影响后期籽粒灌浆成熟。三是极个别参试品种种子发芽率、纯度不高，造成田间缺苗断垄现象严重或大量自交苗。考察组还发现，南阳试点领导重视不够，试验机制存在问题，区域试验每行株数差异大（最少的 28 株，最多的 37 株），生产试验行数多、行长短，与试验方案要求严重不符；河北省石家庄试点的区域试验田间管理不到位，缺苗断垄现象严重，同时药害严重，已影响到植株长势。经考察组成员充分商议决定，上述两试点本年度所有组别试验报废，并建议所在省级种子管理部门提出调整试点意见后报年会审批。

2012 年

2012 年 5 月 17—24 日，全国农技中心委托安徽省种子管理站组织东南鲜食玉米品种试验考察，重点是江西、浙江、上海承担的甜糯玉米品种国家试验以及其他组国家试验。在今年多雨的情况下，个别试点因排水不畅造成芽涝、渍害，茎秆细弱、植株清瘦。考察情况看，继续提升试验质量仍有一定空间。建议增加试验经费，改善试验条件，确保试验质量。考察组认为，东南区是我国鲜食玉米种植面积和消费市场最大的区域，无论是品种的使用还是加工、市场销售都走在全国前头，引领着全国鲜食玉米产业的发展，该区鲜食玉米品种的审定要按照危朝安副部长的要求继续走“精品制”路线，要“严”字当头，要进一步加强试验检查和管理。

2012 年 9 月 15—20 日，全国农技中心委托河北省种子管理总站牵头组织了黄淮海夏玉米品种试验考察。考察了北京、山东、河南、河北省（市）12 个试点，涵盖品种区域试验、生产试验和抗病鉴定、预备试验、品种展示示范等试点和内容。今年黄淮海夏玉米主产区无明显自然灾害，长势良好，丰收在望。考察组认为：一是国审品种在该区表现突出，品种有郑单 958、浚单 20、农大 108、鲁单 981、登海 605、金海 5 号、农华 101、中单 909、蠡玉 37 等，通过展示示范可以看出，推荐国家审定品种伟科 702 的产量性状不错，果穗大，结实饱满，抗倒伏和抗病害能力强，但熟期偏晚、脱水偏慢应引起重视；二是郑单 958 类型的品种依然是主要类型，但同时也暴露出后备品种遗传基础狭窄、品种趋同现象严重的问题。被考察试点存在的一些具体问题：个别试点肥力水平略差、可能因播期过早而粗缩病偏重、第一次重复未按随机排列等问题，今年全区生长季节无明显自然灾害，逆境不多不重，参试品种缺点暴露不够充分。考察组建议：一是为进一步挖掘品种潜力，结合当前黄淮海夏玉米区新品种特性，加大黄淮海试验种植密度，在原方案的基础上增加 500 株 / 亩；二是从小麦、玉米生产结构的合理布局出发，严格界定玉米品种生育期，引导适期早熟品种利用；三是抗病鉴定单位应监控 3 ~ 5 个试点田间病害发生情况，关注病害流行趋势；四是继续加大田间考察力度，对承试人员开展技术培训；五是为进一步优化试验布局，区域覆盖更加合理，明年在济南市增设 1 个生产试验点；六是经过大家多年努力，区域试验质量提高很大，现在可以把试验管理的重点放到生产试验上；七是期待育种单位根据生产实际优化育种目标，着力培育大家期待的黄淮海夏玉米区后续接班品种。

2012 年 7 月 27—31 日，全国农技中心委托内蒙古种子管理站组织西北春玉米及极早熟玉米品种试验考察，重点考察甘肃和宁夏承担的国家玉米品种试验。考察组认为，西北玉米及极早熟玉米品种试验虽然取得了较大进步，但还存在一些问题。一是密度问题。国家西北玉米品种试验要求种植密度统一设为5500株/亩，这样可以有效的兼顾大部分参试品种，更能全面反映品种特性，但这一密度与部分地区大田生产种植密度不一致，比如甘肃白银大田生产玉米种植密度约4000株/亩，甘肃平凉、内蒙古巴彦淖尔市和鄂尔多斯市大田玉米种植密度约4500株，新疆大田玉米种植密度6000株/亩左右，部分地区甚至达到7000株/亩。二是保苗问题。西北地区由于春季干旱，试验很难保全苗，各试点都存在不同程度缺苗现象。三是试验地稳定问题。个别单位仍没有长期的固定试验用地，租用农民耕地，肥力不均衡、地势不平坦、管理水平不一致，容易造成试验出苗不整齐等问题，如宁夏西吉县种子管理站极早熟试点。四是田间顺序排列问题。个别试点小区田间排列不符合方案要求，第一重复还是按序号顺序排列；个别试点观察道与过道平行排列，不符合要求，也不便于观察。五是极早熟对照问题。对照品种冀承单3号退化比较严重，熟期可能略偏早，种子纯度略差，应及时研究更换对照品种。六是生产试验面积。考察组对西吉等个别极早熟试点生产试验面积不足问题提出了严厉的批评，并请宁夏种子管理站明年重点监管。

考察组强调，要把保证试验质量放在品种试验的首要位置。一是要进一步优化布局增加投入。要在增加经费、提升装备、完善设施、注重培训、加强检查等方面下功夫。二是要因地制宜地优化试验方案。主要是西北地区区域跨度大、生态类型复杂、种植形式多样，熟期、密度、墒情、肥力、地势、种植习惯、环境条件、经济条件差异大。三是继续保持开放的有利格局。因本区自育品种难以满足生产需要，应在注重自育品种选拔的同时要继续加快引种步伐，坚持省审和国审并重的原则，以加快国内外、省内外优良玉米品种在西北的引进、试验、审定和推广步伐。四是确保品种安全。各单位要加强管理、保证质量、提升队伍素质，确保审定品种生产安全，促进西北农民增产增收。五是加大国家的支持力度。加强基础设施建设，提升试验装备水平，尤其要加大区域试验站的建设、增加试验经费、改善试验条件。

2012年9月4—6日，全国农技中心委托辽宁省种子管理局组织有关专家，对辽宁、吉林、黑龙江省倒伏严重的试点进行考察（包括8月底，第15号台风“布拉万”在辽宁、吉林、黑龙江造成的大面积倒伏情况），重点是吉林省通化市农业科学院、辽源市农业科学院、磐石市农作物品种试验站、吉林市宏业种子有限公司、吉林省吉育种业有限公司、吉林省平安种业有限公司、哈尔滨市种子管理处五常试验站、黑龙江省垦丰种业有限公司和黑龙江省农作物引种鉴定展示中心共9个试验点。考察组认为，参试品种水平有所提高，但仍普遍存在植株偏高、穗位偏高、熟期偏长问题。考察组建议，一是从今年天气情况和品种田间表现看，通化市农业科学院（海龙镇）承担的东北早熟春玉米组预备试验和吉林市宏业种子有限公司、吉林省吉育种业有限公司承担的生产试验报废，其他试点正常收获计产；二是黑龙江省农作物引种鉴定展示中心、黑龙江垦丰种业有限公司承担的东北早熟春玉米组区域试验和生产试验全部报废，其他试点正常收获计产。

2012年9月23—25日，应农业部种子管理局要求，全国农技中心组织了东北春玉米品种试验考察。考察组由本人和丁万志、苏俊、周朝文、李洪建组成，重点是从辽宁省铁岭市到黑龙江省哈尔滨市的考察。8 月下旬，这一区域受台风“布拉万”影响，玉米严重倒伏，但因倒伏时间偏晚、霜期延后，虽然受灾面积大，但因灾减产幅度有限，当然玉米品质会有很大程度的下降应引起足够的重视。考察组认为：一是辽宁省北部、吉林省中晚熟区大部、黑龙江省南部台风经过的地方，灾情比较严重，预计减产 20% ~ 30%，甚至 50%，商品品质也会显著降低；二是辽宁、吉林、黑龙江省玉米生产田叶部病害均较重发生，茎腐病也普遍发生，尽管发生在生育中后期对产量影响有限，但潜在的风险应引起有关部门的高度重视；三是国家玉米品种试验筛选出的郑单 958 等一大批优良玉米品种，在生产上表现突出，为保障粮食安全做出了重要贡献；四是利民 33、良玉 99、京科 968、伟科 702、银河 33、农华 101 等一批品种生产潜力较大，有望在一定程度上改变目前生产上品种过于单一的现状，进而取代或补充目前该区域外企品种比例偏大的不足。主栽品种郑单 958 表现仍然强势；先玉 335 受风灾影响，加之本身抗倒性较差、后期叶部病害较重等因素，今后的种植面积会呈现平稳下降趋势。从考察的整体情况看，东北地区的国家玉米品种试验布局合理，各试点领导重视、设计规范、承试人员认真负责。考察组建议如下。一是加快品种选拔。要对丰产性好、适应性广、综合抗性突出、生产风险小的品种加快试验、审定步伐；对有苗头的优良品种要加快试验，在保证玉米生产安全的前提下，审定后应及时开展多点次、大面积展示示范；在条件允许的情况下应适当增加国家试验点，确保试验数据的有效性、完整性和代表性，规避自然灾害对试验的影响。二是规避品种风险。要强化风险意识，提高品种抗倒性，积极引导育种单位把抗倒性品种选育作为玉米产业的基础性核心问题，尤其是随着机收籽粒推进、自然灾害频发多发的现实和提升玉米品质的客观需要，对品种的抗倒性作为重点性状，实施一票否决；严格控制品种熟期。生产上部分品种的成熟期偏晚，往往没有等正常成熟则已来早霜或收获，严重影响产量潜力的发挥，同时造成了含水率偏高、商品品质下降等问题。控制熟期主要是严格区域界定、提倡适期早熟品种的审定是规避品种生产风险的重要手段；鉴定的主要病害应严格控制大斑病、增设茎腐病、关注穗腐病；各省要选择发病较重的试点作为当年田间自然发病鉴定点，并作为审定的重要参考；东北三省应加强玉米螟跨区域联防工作。三是提高试验能力。加强对国家区试点的选择和管理，是各省级种子管理部门义不容辞的责任，在试点布局、质量检查、收获监管等重要环节上多下功夫；建议继续加强试验点基础设施建设，增加机播、机收及测产设备投入；加大田间鉴评力度，保证鉴评专家数量和代表性，把田间鉴评意见作为审定和续试重要依据。四是对照问题。先玉 335 作为对照品种无论在生产上还是在试验中都存在一定的缺陷，但在东北早熟春玉米生产上仍然面积很大，应积极筛选与该品种产量水平相当、综合抗性优良的品种作为辅助对照，争取 3 ~ 5 年内能够尽快替换先玉 335。五是其他建议。育种单位要提高参试种子质量并适当增加供种数量，确保试验小区的出苗株数；有关部门应加强种子活力研究，尽快出台种子活力检验技术规程；考虑到东北早熟试点受风灾影响严重的现状，为保证试验数据的有效性、连续性，进而不影响品种的续试和推荐审定，建议双城展示中心试点按试验方案要求继续做好测产考种等相关工作，试验数据供品种审定时参考。

2013年

2013年8月23—27日，全国农技中心委托河北省种子管理站组织对河南、安徽、江苏三省承担的黄淮海夏玉米品种试验进行考察。7月下旬至8月上中旬，本区南部地区遭遇近30天的高温干旱天气，河南、安徽两省的大部分地区旱情严重，少部分地块出现玉米植株萎蔫死亡。高温干旱异常天气，影响到部分品种的雌穗分化进程，造成果穗苞叶短小、籽粒外露的畸形现象，对玉米花粉发育影响明显，导致雄穗散粉不足或花粉败育，造成玉米的结实率普遍较低，秃尖、缺粒、空秆现象较多，部分品种畸形穗较多。不同品种对高温的反应有差异。从亲缘关系上看，含有先玉335等美国种质的品种畸形穗较多，郑单958、浚单20、伟科702类型品种影响相对较轻。7月31日至8月上旬，河南北部和河北大部、山东部分地区陆续遭遇暴风雨天气，造成不同程度的涝害或倒伏（折）。不同品种抗倒性差异明显，大部分地区玉米表现为植株严重倾斜，产量会降低。个别品种出现茎折，对产量影响较大。郑单958、登海605等品种抗倒性较好。在今年灾害复杂多样的异常气候情况下，郑单958、伟科702、登海605等国审品种在该区表现良好，适应性、稳产性和抗逆性好。从参试品种看，以郑单958改良型的品种显著优于先玉335改良型或含外引系亲缘的品种，品种应用上仍以黄改系亲缘为主，此类品种依然是该区生产需要的主要类型。从近年该区国家和省级区域试验看，含郑单958和先玉335亲本亲缘的品种所占比例偏高、同质化问题严重。发现的主要问题：一是受今年特殊气候影响，少数试点存在灌水不及时、不均衡现象。二是安徽阜阳试点没有认真执行试验方案，种植密度不足。应继续开展技术培训，加大田间检查考察力度，优化试验布局。同时建议在河南焦作增设1个生产试验点。三是育种单位应根据黄淮海夏玉米区特殊气候下的品种表现，及时优化育种目标。四是本区生产上密度一般为每亩4500株左右，国家试验密度已经上升到每亩5000株。从现阶段的大田生产看，综合考虑各方面因素，尤其是当前参试品种表现和大田实际，原则上暂时（5年内）不宜再继续提高试验密度。五是鉴于黄淮海地区在夏玉米生长期间自然灾害常年发生，不利因素较多，应推进玉米品种类型多样化，降低灾害风险，保证生产安全。

2013年9月4—8日，全国农技中心委托辽宁省种子管理局组织了东北早熟春玉米品种试验考察，对吉林、内蒙古、黑龙江省（区）承担的部分试验进行考察。考察组认为，试验整体水平较好，符合方案要求，表现出参试品种的真实水平和品种特点，没有报废试点。今年试验密度比去年提升了500株/亩，即4500株/亩，对照品种先玉335在各个试验点中均未倒伏，大斑病相对发病较晚。今年本组生产试验中只有3个参试品种，在试验中表现尚好，但都很难超过对照，可根据试验结果，酌情给予审定，作为过渡品种使用。从参试品种表现看，正在向多样化、早熟方向发展，利用外来资源选育的品种逐步增加，整体水平有所提高，但没有发现特别突出的品种。考察中也注意了玉米生产情况，呈现出一片丰收在望的景象，特别是郑单958、先玉335、京科968、良玉99等品种表现比较突出。考察组也发现一些问题。一是个别承试单位未能严格按照试验方案操作，生产试验肥力水平过高，保护行设置不规范等。二是部分试点因内涝等原因导致播种较晚，个别晚播超过10天，可能影响品种正常成熟。三是部分参试品种对4500株/亩的试验密度不太适应，出现了小穗、空秆、秃尖、病害等现象，甚至对照品种也出现了类似状况。因为这批参试品种是从4000株/亩的试验密度中选拔出来的，不应该随意、盲目增加试验密度。四是个别预备试验参试品种纯度不够，表现为自交苗或穗位不齐。也有的参试品种生育期偏晚，植株过于茂盛，不符合发展趋势。考察组建议如下。一是应逐步增加试验点次。东北早熟组涉及区域广阔，现有试点代表区域过大，难以满足品种试验要求，每个省至少应达到5个试点为宜。二是应做好生态区划与试验布局。试验布局依赖于生产布局，生产布局又依赖于生态布局，要想搞好试验布局，必须先做好生态布局。建议有关部门专门列题，做出科学的作物生态布局。三是应积极稳妥地增加试验密度。近年来，玉米种植密度提升较快，玉米品种也从晚熟稀植大穗型逐渐转向中早熟耐密型趋势，但不能盲目追求密植，必须切合实际，积极稳妥推进，更不能把试验密度一下子提高到"理想"密度。可以先设置高密组，然后再逐渐增加密度。四是对照品种情况。东北早熟区的试验对照是先玉335，虽然出现了大斑病、倒伏等问题，但目前参试品种中，很少有能在整体水平上超过先玉335的，该品种仍可以继续作为对照品种，同时注意选拔后备品种。

2013年9月9—13日，全国农技中心委托河北省承德市农业科学研究所组织了极早熟玉米品种试验考察，主要考察黑龙江、内蒙古和河北省（区）承担的极早熟组玉米品种试验，重点对近几年在极早熟区种植面积较大的德美亚1号、2号等品种的田间表现及极早熟玉米生产进行考察。根据全国玉米品种布局及产业化需要，2002年正式启动了极早熟玉米品种试验。截至2012年，先后筛选并审定推广了兴垦3号、兴垦10号、元华116、长城1142、长城315、佳禾10号等品种，在一定程度上弥补了玉米极早熟区品种缺乏的局面。该区主要分布在黑龙江、内蒙古、河北、吉林、宁夏等省（区）内，另外甘肃平凉、西峰一带，陕西中部高海拔地区，山西位于云中山、恒山、五台山区、太原盆地及临汾盆地，新疆南疆部分地区均有零星种植。目前总面积3000万亩左右，其中河北省30万亩，吉林省30万亩，内蒙古800万亩，宁夏30万亩。这几个省（区）极早熟面积相对稳定，但黑龙江省从2007年起极早熟玉米面积大幅度上升，到2012年种植面积达1300万~1500万亩，在当地粮食和饲料生产中逐步占有重要地位。

考察组发现，一是极早熟玉米品种试验总体布局合理。试点布局考虑了生态、区域、生产的代表性，各试点由主要负责人挂帅，试验整体水平较好，基本上都能按照试验方案的要求执行；二是参试品种数量增加，整体水平有所提高，但缺少突破性品种；由于极早熟区玉米面积迅速扩大，市场对极早熟品种需求迫切，各育种单位相继开展了极早熟玉米品种选育，参试品种数量明显增加；三是本年度生产试验只有1个参试品种，该品种熟期适宜，丰产性尚好，在各试点表现一致，适应性较广，但田间表现有青枯病发生，机械混杂的杂株偏多；四是在区域试验和预备试验中，参试品种类型较多，整体水平有所提高，但没有发现表现突出的品种。

考察组认为，一些问题应引起足够的重视。一是极早熟品种选育有一定的特殊性，主要受育种基础材料相对不足及育种地气候条件的限制，开展极早熟育种的单位少，不能满足生产上对品种的需要；二是生育期长、熟期偏晚的品种占有一定比例；三是个别品种纯度不高，主要表现为株高、穗位不整齐；四是个别承试单位未能严格按照试验方案操作，预备试验未按要求进行随机排列。

考察组建议如下。一是增加田间考察力度，试行田间淘汰制。对考察中发现有明显缺陷的品种按标准实行现场淘汰，考察结果将应用于试验总结和审定工作；进一步完善田间试验、试验考察、统计分析、品种评价、抗病鉴定、品质分析及DNA检测等整套品种测试鉴定评价体系。二是提高参试品种容重标准，增加收获期籽粒含水量测定项目。极早熟区大都分布在经济欠发达的边远、高纬度、贫困地区，该区域积温相对不足，干旱、低温、冷害等不利气候频发，活动积温在1900 ~ 2400℃，无霜期在110 ~ 130天，初霜期一般在9月中旬出现，终霜冻在4月下旬至5月上旬结束，低温冷害发生频率高。适当提高籽粒容重标准，增加收获期籽粒含水量测定，积极引导育种方向，对于降低低温冷害影响、提高玉米品质具有一定意义。三是对照品种整体表现尚好但略晚。对照品种元华116是新更换的，但在个别试点熟期稍晚，应加强后续对照品种的选拔步伐并适期更换。

2014年

2014年6月26—31日，全国农技中心委托安徽省种子管理总站组织了南方鲜食甜糯玉米品种试验考察，考察了上海、江苏和安徽等地承担的国家玉米品种试验。考察的9个试点能够严格按试验方案执行，管理比较精细，玉米总体长势良好，得益于各承试单位领导重视、基础设施改善和承试人员认真负责。考察组认为，今年试验品种长势良好，未受东南、西南两大区鲜食玉米品种试验合并的影响，证明一切从实际出发，合并是可行的、成功的，使优良品种能在更大的区域发挥作用。从试点布局看比较合理，承试人员基本稳定，鲜食玉米品种试点、展示示范点均设在玉米种植面积大、市场需求大、产业发展好的主产区，具有很强的代表性和辐射带动作用。上海市南汇和松江区试点，是当地鲜食玉米集中种植区，也是鲜食玉米加工集中区域，国家试验不仅给当地提供了优良品种，同时带动了鲜食玉米种植和加工产业的发展。考察组建议如下。一是加强国家农作物品种区试站建设和增加试验补助。凡是国家区试站的试点，抵抗自然灾害的能力强，试验地面积大，试验安排可选余地大，试验质量明显高于其他试点。近几年劳动力成本快速提高，国家试验补助费远远不能满足试验的基本要求。二是加大现场考察培训力度。近几年国家玉米品种试验开展了大规模培训和考察，对提高试验质量发挥了重要作用。目前无论是试验设计、田间布局、小区排列，还是试验管理、观察记载都是按技术规程有条不紊进行。但个别承试人员不认真阅读试验方案，个别单位承试人员更换频繁等问题凸显，建议分片组织现场考察培训，使承试人员印象深、记得牢、效果好。三是进一步调整甜糯玉米品种指标。甜糯玉米在我国种植面积小，但经济价值高，是种植业结构调整的理想作物，是农民增收的不可多得的作物。甜糯玉米的发展应该适应市场需要，要适当弱化产量指标，进一步强化品质指标、早熟指标和抗逆性指标。在《种子法》修改时或农业部在可能情况下，应该把鲜食甜玉米、鲜食糯玉米和爆裂玉米作为非审定作物考虑。四是避免顺序排列。本试验设计是完全随机排列，无论是鲜食甜糯玉米，还是普通玉米、青贮玉米品种试验的第一重复都要避免顺序排列。五是个别供种单位种子质量难以满足试验的要求，主要表现在纯度不够、芽率不高、数量不足。

2014 年 7 月 21—28 日，全国农技中心委托湖北省种子管理局组织了西南玉米品种试验考察，主要考察了重庆市、四川省的部分国家玉米品种试点。各单位领导重视，试验人员工作扎实，没有试点因操作管理失当导致试验报废，试验质量总体良好。本年度普通玉米对照渝单 8 号种子纯度较高，在各试点田间长势、结实性、抗倒性较好，后期持绿性较好，但穗位整齐度一般，果穗苞叶稍短，秃尖略长。部分试点仍存在第一重复顺序排列、保护行数量不足等问题。考察组建议：一是做好试验后期调查记载和管理工作，对部分倒伏品种如果成熟度允许应及时收获，防止田间烂穗现象发生；二是生产试验应进一步贴近生产实际，尽量放在生产田进行，其栽培方式、种植密度、肥水管理应在符合方案要求基础上尽量与生产实际相对一致；三是巴中、万州等试点还应在试验田间布局和管理等方面进一步规范，以提升试验质量。考察组认为，西南生态条件复杂多样，国审玉米品种主要涵盖区域为各省的低海拔丘陵、平坝、低山区；西南玉米品种试验主要由西南玉米育种单位提供品种参试，解决本区生产所需；西南生产对玉米的籽粒品质要求要高于其他区域，品种试验、审定应坚持对品种品质高要求，以半硬粒、硬粒型品种为主；为提升国家级试验鉴定效率，国家区试站建设项目应将机械化、信息化等工作作为重要建设内容。

2014 年 8 月 30 日至 9 月 5 日，全国农技中心委托河北省种子管理总站组织黄淮海夏玉米品种试验考察，考察了河南、河北、山东 13 个承试单位的各项玉米品种试验。各试点均认真按照方案实施，田间设计、小区排列、保护行设置、留苗密度等符合要求，玉米长势良好。考察组认为，黄淮海夏玉米品种试验总体布局合理，试验设计严谨科学；参试品种类型丰富，呈现多样化发展趋势。类郑单 958 品种比例有所下降，反映该区新种质引入和新杂优模式的建立效果显现。与郑单 958 相比，个别新品种株型紧凑，通风透光能力提高，穗位降低，茎秆弹性增强，抗倒伏能力提高；往往果穗长筒形，苞叶较薄，后期脱水及熟性有所改进。从结实性看，绝大多数品种出现不同程度秃尖，类郑单 958 品种结实性相对较好。冠力 372、X6-7、郑单 1002、伟科 966、豫单 606 等品种果穗结实较好。考察时，各点均未发生明显的病害和大范围倒伏现象。郑单 958 仍是本区主栽品种，作为试验对照，优势依然不减。在品种应用上本区有多元化趋势需求，从资源情况看，含郑单 958 和先玉 335 亲缘的品种比例较高。

考察组认为值得注意的问题：一是个别试点承揽各种试验任务较多，试验规模的扩张客观上增加了地力差异和精细管理难度，承试单位应适度控制试验规模以保证国家试验质量；二是受今年特殊气候影响，个别试点苗期浇水后延，蹲苗偏重，影响植株长势。考察组建议：一是进一步加强国家试点的基础设施和试验队伍建设；二是规范品种试验的数据管理，在数据采集、记录方面，尽早引进信息化管理系统；三是在试验密度 5000 株 / 亩情况下，虽各试点肥水管理优于大田，但品种果穗出现秃尖现象普遍，试验密度已对参试品种形成较大压力、出现一定分化，暂时不宜再继续加大试验密度；四是根据玉米生产发展，可考虑本区增设机收组试验。

2014 年 9 月 12—16 日，全国农技中心委托吉林省种子管理总站组织东华北春玉米品种试验考察，重点考察了内蒙古、吉林及辽宁省（区）承担的东北春玉米品种试验。考察组先后对北京德农种业赤峰分公司、通辽市农业科学院、通辽市厚德种业、北京德农种业吉林四平分公司、吉林省德丰种业有限公司、吉林农大科茂种业公司、辽宁省农业科学院玉米研究所、辽宁省铁岭市农业科学院、辽宁东亚种业有限公司等 9 个单位承担的国家玉米品种预备试验、区域试验及生产试验进行考察。各承担单位能够严格执行试验方案，试验面积、种植密度等均符合要求，能够按照技术规程进行田间操作，管理精细，各单位比较重视试验工作，舍得投入，其中北京德农种业赤峰分公司就是优秀试点单位之一。对照郑单 958 表现比较稳定，总体较好。通过考察和调研，国家新近审定的京科 968 已经成为内蒙古赤峰、通辽地区替代推广多年的郑单 958 最有潜力的接班品种，在吉林省也是今后的主导品种之一，良玉 99 在吉林、辽宁应用效果不错。这些品种表现丰产、抗病、抗倒、适应性广等特点，为当地农业生产做出了应有的贡献。但也发现试验中一些值得注意的问题。一是保护行设置数量问题。有的试点设置 3 行、有的设置 4 行。专家们建议在方案中明确规定，保护行应与试验小区行数相同，尽量减少边际效应。二是关于玉米分蘖问题。玉米分蘖虽然受气候影响，但本质上属于品种的遗传特性，品种间差异明显，既然是遗传问题也可不去除。是否去除分蘖，建议在年会讨论的基础上在方案中予以明确。三是关于品质分析套袋授粉问题。有的承担单位，在生产试验小区中进行套袋授粉（用于品质分析），套袋果穗计数到全区鲜重中。考虑到果穗套袋授粉可能会影响结实率，从而造成产量误差。考察组认为，或是将种子种植在试验区外，单独套袋采样；或是在保证试验面积前提下，在试验区边行进行套袋采样，套袋果穗不计入小区产量中。四是关于品种试验密度问题。目前参试品种在株型、熟期、品质、密度等主要性状上，都有很大的提升。但考虑我国育种水平现状及东华北春玉米区雨养农业特点，结合参试品种田间表现，大家普遍认为品种试验密度 4500 株 / 亩是比较合理的。五是关于今后玉米品种发展趋势问题。国内企业选育品种速度明显加快，但在春播区还要注重抗性育种，尤其要加强大斑病抗性资源的筛选。根据现代农业发展特点和趋势，机械收获，尤其机械收获脱粒，是未来农业生产大势所趋，育种单位应向机收籽粒方向选育品种，品种应具备熟期早、适收期含水量低（收获期含水量不高于 27%）、植株穗位整齐且高度适中、抗倒伏性好等特点。

2015 年

这一年，按照全国农技中心工作计划和本人工作安排，我先后组织或参加了南方甜糯玉米品种试验考察（广东、广西）、西南（湖北、重庆）、黄淮海（山西、陕西、河南）、东北中熟组（辽宁、吉林、黑龙江）、东北早熟组和极早熟组（吉林、内蒙古、黑龙江）的 6 组玉米品种试验考察，目的是全面检查试验质量，重点研究试验布局、对照调整和密度设置等问题，如吉单 27、先玉 335、渝单 8 号、郑单 958、苏玉糯 5 号甚至包括德美亚 1 号等对照以及各区密度设置的合理性问题，适宜未来机收籽粒品种的目标选择、2015 年主导品种的田间表现、各个区域当前玉米品种应用中的主要问题、外企品种的田间表现、试验格局的合理调整、承试单位和人员的呼声、试验的质量和运行管理等，以期进一步优化试验布局、适应品种多样化、种业多元化的客观需求，提升国家审定品种与生产需求的匹配度。

2015 年 6 月 4—11 日，全国农技中心委托安徽省种子管理总站组织了南方鲜食甜糯玉米品种试验考察，先后考察了广东、广西两省（区）承担的国家玉米品种试验 10 个试点，包括鲜食玉米、普通玉米、青贮玉米品种区域试验和普通玉米品种比较试验以及展示、示范，还考察了两省（区）的部分省级玉米品种试验。各承担单位能够按年初制定的方案执行，各项技术措施得到落实，玉米长势良好，是近几年试验质量较好的一年。今年由于受厄尔尼诺现象的影响，多数地方连降大雨或暴雨，部分试点受到不同程度影响。考察组认为，所有试点试验质量明显提高。在试验组别多、参试品种多的情况下，各单位克服试验用地紧张的困难，优先满足国家试验用地的需要，合理安排试验布局，严格执行试验方案，确保小区面积和种植密度，合理设置保护行，做到试验田间及走道均无杂草，管理比较精细。肇庆市农业科学研究所因降水量过大，试验田周围水位偏高，造成普通玉米品种试验地积水时间较长，无法追肥，苗势较弱，品种间差异大，试验报废。今年阴雨天数较多，雨量过大，纹枯病和茎腐病普遍发生，试点间、品种间有较大差异。考察组建议如下。一是加强国家区试站建设和增加补助经费。二是调整试验对照。随着育种水平的提高，各参试品种的品质和产量逐步提升，对照品种苏玉糯 5 号虽然内在品质和外观品质都不错，但由于应用时间长，在广东和广西部分试点生长势偏弱，产量偏低，应抓紧考虑适时更换东南区糯玉米对照。三是调整西南玉米品种试验密度。普通玉米试验密度增加到每亩 3600 株左右为宜。四是简化试验程序。甜糯玉米的发展应该适应市场的需要，要符合产业调整需要和发展方向，弱化产量指标，进一步强化早熟、品质、多抗及特色。甜糯玉米是玉米的特殊类型，可继续简化试验程序，不做生产试验，或者不按主要作物进行管理，促进以企业为主体、以产业为纽带、以产品为目标的产业发展方向，促进产品多样化、市场多元化、产业多模式。

2015 年 7 月 26 日至 8 月 2 日，全国农技中心委托湖北省种子管理局组织了西南玉米品种试验考察，主要考察湖北、湖南、贵州省承担的国家玉米品种试验部分试点。对照品种渝单 8 号种子纯度较高，在各试点田间长势较好，结实性、抗倒性较好，但整齐度一般，果穗苞叶稍短，秃尖略长。考察组建议，各试点应做好试验后期的调查、记载工作，对倒伏、病害发生较重的品种应予以重点观察、监测，在上报试验总结时对其抗性应予以重点评价；湖北省建始县种子管理局、恩施州农业科学院和贵州省旱粮作物所等试点应在试验选地和小区设计等方面进一步改进；为提升国家级试验的鉴定效率，建议国家区试站建设项目应将机械化、信息化等作为重要建设内容。

2015 年 8 月 10—16 日，全国农技中心委托内蒙古种子管理站组织西北春玉米品种试验考察。考察组先后考察了新疆沙湾县种子管理站、乌苏市种子管理站、塔城地区农业科学研究所、新疆华西种业有限公司 4 家区域试验承担单位和新疆新实良种有限公司、新疆昌农种业股份有限公司 2 家品种比较试验（原预备试验）承担单位，也顺路了解塔城地区大田玉米生产情况。考察组认为，各试点领导重视，试验人员认真负责，能够认真执行方案，田间管理比较精细，试验用地固定，人员相对稳定，试验管理水平及质量比以前都有明显提高。但仍存在一些不容忽视的问题。一是保苗上，乌苏点因播种后干旱、地老虎发生重、个别品种芽率低等原因，在第一次没有抓好苗而进行补苗、移栽的情况下，仍存在缺苗断垄现象，乌苏点要在保苗上下功夫。二是肥水上，各试点田间肥水水平偏高，尤其是沙湾点，致使部分品种株高、穗位偏高，多数品种株高达350厘米以上，穗位达170厘米以上。三是防虫上，昌农点因第一年承担试验，在叶蝉发生严重的情况下未采取防虫措施，致使部分品种出现早衰，对参试品种生育期、产量影响较大，难以客观地作出准确的评价。四是品种上，参加区域试验的23个品种中，美系血缘占有较大的比重，同质化问题比较突出，品种间差异不大；品种比较试验个别品种长势高大、繁茂，难以在生产上利用；今年新疆遭遇严重干旱天气，部分参试品种秃尖比较明显，对产量有一定的影响。塔城地区大田平均亩产900千克左右，全部采用膜下滴灌，宽窄行种植，密度6500 ~ 7000株/亩，基本为德国KWS系列品种，如KWS9384、KWS3376、KWS2564等。该地区机械化水平较高，从播种到收获，玉米生产实现了全程机械化。考察组认为：一是考察有利于了解试验管理水平，掌握第一手资料；二是有利于创造更多的相互交流、学习的机会；三是有利于优化试验布局和试验设计，新疆国外引进品种发展速度快，生产上种植密度大，国家西北试验在新疆的密度是否可以单独考虑值得研究；四是国家应加大经费支持力度，尤其是西北承试单位试验投入严重不足，试验条件落后，经济条件较差，应在加强试点基础设施建设、提升试验装备水平、增加试验补助经费等改善试验条件上多下工夫。

2015年8月24—28日，全国农技中心委托辽宁省种子管理局组织了东北中熟组玉米品种试验考察，重点考察辽宁、吉林、黑龙江省承担的国家玉米品种试验。考察组认为，东北中熟组试点布局代表性强，承试人员工作认真，整体试验质量较好，品种长势、长相正常，可以体现品种间遗传差异和适应性，但在第一重复随机排列、保护行设置等方面要强调严格执行试验方案规定。吉林省金庆种业有限公司承担的2组区域试验由于更换试验地造成地力不匀、未按方案要求设置保护行以及开沟不均造成宽窄行等原因致使试验受到较大影响，试验结果做报废处理。对照品种先玉335在种植4000株/亩（参试品种4500株/亩）的情况下倒伏仍比参试品种严重，但倒伏时期偏晚，倒而未折，对产量影响略小，在大部分试点丰产性表现较好，病害比往年发生偏轻。参试品种4500株/亩的种植密度下应该说比较适宜。参试的高秆、晚熟、大穗型品种已经有所减少，参试品种的丰产性有所提高，但优于对照的品种很少，没有发现适于机收籽粒的好品种，这方面育种压力大，要逐渐推进。比对照先玉335抗倒性、抗病性好的品种较多，参试品种总体抗倒性有所提高，但个别品种大斑病发病略重，个别品种发生倒伏。由于7月东北地区的干旱少雨，降水不均等原因造成大部分参试品种秃尖偏重，只有个别品种果穗封顶较好。区域试验参试品种整齐度较好，品种比较试验中部分品种整齐度略差。

考察组认为：一是个别承试单位未能严格执行试验方案，存在顺序排列、试验地不稳定、肥力水平偏高、保护行设置不规范等问题；二是大部分试点仍"靠天吃饭"，尤其春播区受旱灾的影响，保苗问题较为突出，试验中大多存在"三类"苗；三是参试品种同质化问题有所减轻，但采用国外杂交种二环选系组配的参试品种比例仍较大；四是品种比较试验中个别品种纯度不好，表现为有自交苗以及个别株高、穗位不整齐等问题，有的生育期偏晚，植株过于繁茂。考察组建议：一是应进一步强化方案执行力度和加强试验管理；二是加强试验基础设施建设；三是创新抗病鉴定方式，抗病鉴定单位应指导和协助做好2 ~ 3个临近试点的田间病害鉴定，使人工接种与田间发病情况相互验证；四是鼓励科研创新，加大引导力度，促进新种质研发，尽快选出适宜该区域推广的突破性品种，减少同质化引起的品种风险。

2015 年 9 月 6—12 日，全国农技中心委托河北省种子管理总站组织了黄淮海夏玉米品种试验考察。考察内容涉及山西、陕西、河南三省 15 个承试单位的玉米品种试验；还考察了辽宁东亚、河南金博士、承德裕丰、葫芦岛明玉、吉林平安、河南金苑、山西诚信、合肥丰乐、河北巡天、北京金色农华、山东登海、北京华农伟业等企业的绿色通道试验；顺便观摩了山西、河南两省国家玉米品种展示示范田各 1 个点。黄淮海夏玉米品种试验整体质量良好，各试点严格执行试验方案，田间试验布局合理，保护行设置、留苗密度符合要求，玉米长势良好，试验总体运转良好。

考察组认为，参试品种呈现多样化发展趋势，类郑单 958 品种的比例显著下降。与郑单 958 相比，品种早熟性有明显改善，叶片较窄，通风透光好，茎秆弹性增强，抗倒伏能力提高；果穗苞叶较薄，后期脱水及熟性有所改进；从结实性看，在今年气候条件下，半数以上品种出现不同程度秃尖，类郑单 958 品种结实性相对较好，除河南宝丰点南方锈病发生较重外，其他各点均未发生明显的病害和大范围倒伏。含先玉 335 等国外血缘的品种类型增多、比例较高，早熟性好，使品种种质资源多元化，增强了玉米生产的安全性，发展趋势良好。从苗头品种来看，同质化问题仍比较严重，模仿育种现象普遍，应继续给予关注。从种植密度来看，生产上种植密度要因地、因种而宜，种植密度不能盲目提高。考察中发现值得注意的问题：一是个别参试品种的种子纯度不高，如金赛 208 品种田间表现为自交苗较多；二是很多试点承担、承揽的各种试验任务较多，试验规模的扩张客观上增加了试验管理的难度，无法保证地力均匀，影响试验质量；三是个别试点苗期遇旱、浇水不及时、蹲苗明显偏重，影响植株正常发育；四是在品种比较试验中，个别试点存在参试品种田间顺序排列问题，已在各区试验检查中偶有出现；五是对照品种郑单 958 表现一般，应加快对照品种的选择并适时更换；六是国家玉米良种攻关机收品种试验存在品种生育期偏长、参试品种偏多、试验面积偏大、机收性状不明显等问题，绝大部分品种与熟期不适宜机收籽粒，试验设计有待进一步优化；七是绿色通道试验在试点安排上，挤占国家区试点的比重偏高，实质是挤占和影响公益性试验空间的问题；试点补助费普遍偏低，个别企业的试验存在自行编码问题，无法识别和实施监管。考察组建议：一是育种目标上要注重熟期、抗性及品质选择；二是加强国家试点基础设施和试验队伍建设；三是区域试验种植密度 5000 株 / 亩，符合生产实际，根据当前玉米生产条件和应用品种类型，近 5 年暂不宜再盲目增加试验密度；四是调整方案中参试品种生育期标准，以不超郑单 958 为宜；五是尽快出台机收籽粒玉米品种审定标准，以引导和推动全国机收籽粒玉米品种的选拔。

2015 年 9 月 15—22 日，全国农技中心委托黑龙江省种子管理局和河北省承德市农业科学研究所共同组织了东北早熟春玉米组、极早熟春玉米组的品种试验考察，考察黑龙江、吉林、内蒙古省（区）的 11 个国家试点。总体看各试点对国家试验工作都很重视，都能按照试验方案执行，试验设计和田间布局合理，田间管理到位，试验质量有很大提高。由于今年春季东北地区低温，对种子出苗造成严重影响，大多数点都有补种、补苗问题，今后还须提高整地和播种质量。另外，吉林的敦化市新源种子公司田间有杂草，延边州种子管理站顺序排列；龙井市德新乡农业技术推广站和九丰种业试验地有坡度且与重复平行；黑龙江的富尔农艺依安县试验站和鑫丰种业肥力偏低甚至有脱肥现象。从各点综合表现看，东北早熟和极早熟两组试验的参试品种水平比以往有很大提高，部分品种在熟期、抗逆性和丰产性上有所突破，从田间看尤其是极早熟组有几份材料不错。参试品种中穗腐病和茎腐病发生所占比例偏重，个别参试品种熟期掌握不准，个别品种纯度差。

考察组建议：一是区域试验中对照品种不宜编号，部分试点在排区时容易将对照品种放在最边上的小区；二是鉴于近几年茎腐病有偏重发生趋势，应提高茎腐病审定标准，避免给生产带来危害，适应机收籽粒的趋势，或将茎腐病作为本区域的主要病害；三是制定田间评价标准，在品种考察期间实行一票否决；四是绿色通道试验存在一些具体问题，如部分企业试验品种仍采用代号，一个企业同熟期、同类型品种过多，占用试验地面积大，影响国家或省级品种试验正常进行；品种普遍存在熟期偏晚、纯度偏差等问题；企业支付试验点的费用过低，试验点积极性不高，很难保证试验点的连续性和试验质量；五是极早熟组 6000 株 / 亩密度值得商榷，品种普遍秃尖，个别品种明显脱肥或早衰，应引起重视，易影响对优良品种的选拔。

备注：2016 年 12 月 5 日杀青，部分内容来自考察报告。

年会决策

从1995年组建国家玉米品种试验网及改革以来，全国农技中心在品种试验中根据实践探索，已经陆续形成了一套行之有效的农作物品种试验管理方式、方法、程序和制度，其中年会制度是一个民主集中制的典范。往往上一年的工作要通过大家的审议，上一年的数据要通过大家的核实，上一年的结果要通过大家审核，这样才有说服力；那么下年度想干什么、该干什么、怎么干更得大家过目和同意才行。大田玉米品种试验往往时效性强，一般一年一次（季），“过了这个村、就没这个店”了。一般按10月10日结束田间试验的话，11月10日前试点年终报告得完成并提交，12月10日前主持单位总结要形成并确认，12月20日前方案初稿要设计出来，1月10日前后年会要召开，可以说只有紧锣密鼓工作才行，农时不等人。对试验工作，往往育种者是否了解，委员会是否认可，省级种子管理部门是否清楚，怎么参与并通过百花齐放、百家争鸣来协调一致，这都需要有一个发表意见、畅所欲言、集思广益的机会，这就形成了过去乃至现在仍然坚守的年会制度。

年会的主要任务就是审核、确认、发布上年度的试验结果；进一步依靠专家的经验、技术和智慧审核并优化下一年的任务；制定、修订、完善下年度的试验方案草案；研究、落实、改进下年度的试验工作。整个玉米品种试验不论标准、规程和程序如何，全国试点靠的是试验方案这个纽带连接起来，而优秀的试验方案是吸收大家的观点并依赖年会上各方面专家的意见来制定、优化和发布，这就是国家玉米品种试验年会在品种试验审定推广工作中所起的极其重要、不可替代的作用。年会的主要内容包括对试验结果的审核确认、参试品种的匿名讨论、依据标准的审核处理、下一年试验方案的修改完善和各项试验工作任务的具体落实。

年会讨论时一般将参会人员分为3组进行：一组是北方春播区所在的省份及其相关人员，主要由陈学军研究员主持；二组是黄淮海夏玉米及其西南区所在的省份及其相关人员，主要由周进宝研究员主持；三组是甜、糯、爆和青贮类型组，主要由刘玉恒研究员主持，主要是东南省份及其相关人员，交叉的地方参会代表随时参加相应组别和类型的讨论。而玉米委员根据需要分别在不同组来指导、监督和确认讨论的结果，了解试验布局及进程，把握标准执行情况及全面了解品种表现，专业委员会协助解决年会中遇到的一些关键和疑难问题。当然年会的参加人员和专家组成涉及方方面面，包括有关的专业、行业、部门以及管理、企业、科研还有品种审定委员会的几乎全体委员，有时请一些优秀试点人员和主要育种者参加以吸收他们的经验，都是不可缺少的。

1989 年 3 月 13 日国务院颁布《中华人民共和国种子管理条例》，确立了我国农作物品种管理的基本制度——品种审定制度。1991 年 6 月 24 日农业部颁布了《中华人民共和国种子管理条例农作物种子实施细则》，规定报审的品种"需经连续 2 ~ 3 年的区域试验和 1 ~ 2 年的生产试验（两项试验可交叉进行）"，将品种审定及其品种试验以规章的形式确定下来。

1995 年以前，由中国农业科学院和全国种子总站联合下发《农作物品种区域试验补助经费的函》，一般是每年下拨补助经费 40 万元（实际 35 万元），向 44 个主持单位负责的 25 类作物拨试验补助款。其中玉米 2.5 万元经费，每区每年试验经费 0.5 万元，各自相对独立运行。现将历年（1995—2015 年）年会依法从事试验工作情况介绍如下。

一、1995—1999 年（建立与起步阶段）

1995 年

1995 年春，农业部农业司针对主要农作物品种退化严重、新品种推广速度缓慢、审定品种数量和类型严重不足等无法满足生产需要的实际，明确提出改革原有的试验、审定、推广模式，加快试验、审定、推广步伐的要求。全国农作物品种审定委员会办公室于 3 月 7—10 日在北京召开了全国品种科长会议，崔世安司长明确提出了"大筛选、大交流、大协作、大步伐"的思路。根据领导指示，我们对现有品种进行分类，确定为加快推广品种、继续利用品种和尽快淘汰品种。

全国品种管理科长会后，全国农作物品种审定委员会办公室积极贯彻会议精神和领导指示，于 3 月 23 日以全国农作物品种审定委员会办公室名义印发了《全国玉米新品种筛选试验实施方案》（盖章，无编号），试验由全国农作物品种审定委员会办公室具体组织实施，当年玉米作物共安排了 5 个组别的筛选试验协作组，37 个参试品种，131 个点次。其中，划分组别为东华北春玉米组、西北春玉米组、黄淮海夏玉米组、西南玉米组和东西北特早熟春玉米组。为了规范调查记载，方案同时以附件 1 的形式发布最初的"调查项目标准"，以附件 2 的形式公布"有关省种子管理站通讯地址"，包括单位、地址、联系人、电话、邮编信息。

4 月 27 日由全国农作物品种审定委员会办公室印发了会议纪要，以协作组的形式组织各省种子管理部门开展了全国水稻、玉米、小麦、棉花新品种筛选试验或统一试验。这是借鉴一点全国玉米品种区域试验的框架、结构、布局，但管理模式、程序、思路完全不同的另一套品种区域试验体系，开展的 4 种作物是根据农业部实现"四个一"的迫切要求，力争用 2 ~ 3 年时间，在全国玉米、水稻、小麦、棉花作物中筛选出 3 ~ 5 个有突破性的新品种来满足生产需要。

8 月 25 日农业部组建全国农业技术推广服务中心（简称全国农技中心），根据职能，明确由全国农技中心负责国家级农作物品种试验的组织管理工作。

1996 年

1995 年全国玉米新品种筛选试验总结会于 1996 年 3 月 2—3 日在北京召开，陶汝汉副主任、廖琴处长以及陈玲、周希武、裴淑华、柏广山、乔东明、周进宝、温春东、段爱娜、姚先伶、刘华荣、刘玉恒、安福顺、邵仁学、罗成凯、贺华等科长参加，邀请吴景锋所长到会指导。会议主要听取各组别 1995 年试验情况汇报，讨论 1996 年试验方案。会议确定，1996 年继续组织开展东华北春玉米组、黄淮海夏玉米中熟组、西北春玉米组、西南玉米组品种试验。1996 年 3 月 6 日印发了全国农技中心第 45 号文件，继续组织开展 1996 年全国玉米新品种筛选试验，鉴于“科技兴农”项目经费不足（1995 年全国玉米新品种筛选试验使用的是该项目经费），当年仅安排 4 个组别的区域试验 84 个点次（1995 年 131 个点次），但安排了 10 个品种（与区域试验交叉进行）、123 个点次、67.5 亩的生产试验。在继续组织筛选试验的同时，对表现突出的品种交叉安排了生产试验以加快步伐；撤销了东西北极早熟春玉米组；统一组织全国引种观察试验作为筛选试验的预备试验，采用间比法排列，目的是增加试验的完整性和可靠性，减少盲目性，探索国家区域试验与省级区域试验有机结合的途径，加快筛选步伐，选拔适宜大范围推广、迫切需要的大品种，从而为实现国家和省级“同期试验、同步审定、同时推广、同年淘汰”目标的设想奠定了基础。

1997 年

1996 年全国玉米新品种筛选试验总结会于 1997 年 2 月 26—27 日在太原召开，1997 年继续组织区域试验的同时，在全国率先启动玉米新品种生产示范，在 89 个地市县示范 11 个优良品种，安排 11.1 万亩示范面积；继续完善预备试验同时，指定抗病鉴定单位和病害种类；结合玉米的商品品质、营养品质、加工品质，确定将容重、粗蛋白、粗脂肪、粗淀粉、赖氨酸作为普通玉米品种品质的检测和评价项目，以适应人们营养要求、畜牧业发展需要以及淀粉加工业的需求等，指定由农业部谷物品质检验测试中心（北京）负责检测。根据两年筛选试验结果，对完成试验程序并表现突出的农大 108、中单 321、中原单 32、锦玉 2 号、川单 12 号、中单 5384 等 6 个品种，由全国农技中心向全国农作物品种审定委员会推荐申报国家审定。至此，圆满完成了农业部要求的全国玉米新品种筛选试验的目标和任务。

1998 年

1997 年全国玉米新品种筛选试验总结会于 1998 年 1 月 6—8 日在天津召开，各主持单位、玉米委员和省级种子管理部门代表与会。年会总结了 1997 年的工作，部署了 1998 年的任务。全国农技中心 1998 年在 22 个省 25 个试点开展 63 个品种的预备试验，在 23 个省 100 个试点开展 50 个品种的区域试验，在 16 个省 65 个试点开展 14 个品种的生产试验，在 13 个省安排 13 个新品种 27 个示范点的 8.691 万亩生产示范，示范点全国统一编号，设立统一标志牌，便于管理和宣传。1997 年年会推荐了沈试 29、农大 3138、东单 7 号、辽 9401 共 4 个品种申报国家审定。同时，我积极起草了《国家玉米品种区域试验管理办法（试行稿）》《国外引进农作物品种的试验管理办法（讨论稿）》《国家级农作物品种区域试验先进单位及先进个人评选办法（讨论稿）》，积极推进国家级农作物品种区域试验向规范化、标准化、制度化、科学化方向迈进。1998年增设东北早熟春玉米组；完善预备试验、品种示范和试验报废管理，试验的基本框架、结构建设已经初步形成；规定国家区域试验品种必须从国家预备试验中筛选，预备试验的品种应从省级预备试验中择优选拔，没有预备试验的省份，从省级区域试验中择优选拔；东南区由江苏省农业科学院粮食作物研究所主持，方案报全国农技中心备案，要求是积极探索甜糯玉米品种的试验格局。

1999 年

1998年国家玉米品种试验年会于1998年12月21—23日在江苏省无锡市召开，会议向国家农作物品种审定委员会推荐7个玉米品种申报国家审定。1998年将原区域试验与筛选试验正式并轨，搭起了从预备试验、区域试验、生产试验、生产示范的桥梁和大交流的渠道，同时引起了各级农业部门领导的高度重视。

伴随国家农作物品种区域试验的快速发展、发挥的重要作用以及经费奇缺的状况，1999年7月21日农业部向财政部递交了《关于申请农作物品种区域试验经费的函》（农财函（1999）75号），申请“农作物品种区域试验经费1200万元，并作为固定专项，在较长时间内予以保持”。在农业部给财政部张部长的函上，刘坚副部长强调“区试是品种审定的一项基础工作，此事望能给予支持”。

1999年9月1—3日，农业部在长春市召开了全国特用玉米开发经验交流会，全国农技中心与优质农产品中心做了大量的筹备工作。这是落实部长办公会议精神、加快特种玉米新品种推广、促进特用玉米产业发展的大会。会议期间，全国农技中心向刘坚副部长承诺，2000年在全国开展特种玉米品种区域试验工作。会后全面协助修改了会议纪要【农种植粮油（1999）72号】。

1999年11月中下旬，本人参加了东南玉米品种区域试验年会，提出了东南区以生产需要为试验目标，以品种引进和特种玉米为重点，对甜糯类型玉米品种全面开放的试验推广思路。在原来试验基础上，将东南区的试验纳入统一管理，率先在东南区安排甜糯玉米品种试验工作；进一步明确抗病鉴定和品质分析指定单位，分区确定病害种类，统一品质检测项目。在农业部、财政部有关领导大力支持下，在全国农技中心的积极努力下，国家农作物品种区域试验有了专项经费，虽是补助性的，但从根本上扭转了经费极其短缺的困境。

为加快种植业结构调整，推动特种玉米发展，本人此前做了大量的调研工作和充分准备，广泛征求各方面专家的意见，拟2000年全面启动甜、糯、爆等特种玉米品种区域试验。

二、2000—2009年（完善与规范阶段）

2000 年

1999年国家玉米品种区试年会于2000年1月12—14日在成都召开，全国人民代表大会农业和农村经济委员会伍精华副主任到会讲话，他重点介绍了《中华人民共和国种子法（草案）》（以下简称《种子法》）制定和审议情况，并就中国即将加入 WTO 及对种业影响、如何加强种子管理、推动种子事业发展等方面发表了讲话，全国人民代表大会农业和农村经济委员会李登海委员对近年来农作物品种试验审定工作给予了高度评价。年会推荐东单 8 号、丹 2100、吉 9739、郑单 958、ND81、鄂玉 10 号、黔 9501、3040、通单 24、吉单 255、四密 25、辽试 551、皖系 46 × 文黄 31413、沪糯 96-56、96H-23 共 15 个玉米品种申报国家审定（其中后 3 个是甜糯玉米品种，是在福州市召开的东南玉米区试年会上推荐的）。这是国家玉米品种试验网首次推荐的甜、糯玉米品种，从此启动了全国性大规模特用玉米包括甜、糯、爆、青贮、高油、优质蛋白、高淀粉等不同类型的品种试验、审定和推广工作，为我国特用玉米产业发展开创了新局面、开启了新征程。

2000 年安排 65 个试点 65 个品种国家特种玉米品种区域试验，以加快玉米种植结构调整步伐。这是在普通玉米品种区域试验逐渐完善的基础上，全面启动特种玉米品种试验。当年各类型试验是这样分设：A 组是高油、高淀粉、优质蛋白玉米；B 组是甜玉米、糯玉米；爆裂玉米由沈阳农业大学单独统一组织，方案在全国农技中心备案。东华北、黄淮海分 A、B 组开展试验，西南、东南仅开展 B 组试验。

在试验规模急剧扩大的同时，年会对玉米新品种示范工作给予高度评价。通过示范使国家审定两年后的农大 108 推广工作取得了巨大成绩，使之快速成为全国玉米的主栽品种之一，年推广面积达到 1000 多万亩。2000 年将生产示范扩大到 16 个省、51 个示范片共 36 万亩规模。同时，年会决定从 2000 年开始在重点产区设立若干个展示田，加快新品种推广步伐。为了保证普通玉米品种品质检测结果的准确、可靠，将农业部谷物及制品质量监督检验测试中心（哈尔滨）列入普通玉米品质检测体系，由两家检测中心对各普通玉米试验中参加生产试验的品种进行品质检测。

记得 2000 年中秋节前后，本人积极参加了《种子法》配套规章的起草工作，重点是《主要农作物品种审定办法》。经过多次讨论、修改和完善，于 2001 年 2 月 26 日农业部颁布了《主要农作物范围规定》和《主要农作物品种审定办法》，该办法虽然在起草过程中观点差异很大，使用过程中也还存在一些具体问题，但对于规范试验运行、完善品种试验、依法实施品种审定、确保客观公正、科学高效起到了不可替代的作用，可以说该办法得到广泛应用、作用明显、效果显著。当然，主要起草者是李文星、张保起、由天赋等，本人一起参与了起草工作。

2001 年

2000 年国家玉米品种区试年会于 2001 年 1 月 9—12 日在南宁召开，有 60 多位代表参加了会议，年会邀请冯维芳、吴绍宇、张进生、裴淑华、陈学军、周进宝、刘玉恒等委员专家和德农种业吕清明总经理、奥瑞金种业黄西林副总经理、黑龙江种子管理局张仲局长、陕西省种子管理站刘世林站长、山西省农业种子站侯流沙副站长到会指导。会议推荐铁 9802、东单 13 号、东单 10 号、P97/340、户单 961、农单 5 号、承玉 5 号、雅玉 10 号、DH9519、郑单 221

申报国家审定，同时根据一年生产试验结果推荐农大108扩区审定。年会决定，鲜食特种玉米（甜、糯类型）一般不安排生产试验，区域试验面积增加到24米^{2}而不设重复，主要测试品种的商品性、适口性、熟期等内容，因为甜、糯玉米的生产试验及其验证，应该由市场决定、由市民等消费者品尝，其重点是产量基础上的品尝品质；年会决定普通玉米品种审定标准的产量指标由原来比对照增产8%降到5%，生产试验标准由原来的5%降为3%，这一定位主要着眼于国家玉米品种试验质量的大幅度提升和玉米品种遗传改良的进步；在继续组织好各类区域试验及其鉴定、检测工作的同时，率先大规模全面启动国家玉米新品种展示工作。2001年在19个省安排展示点24个，示范片61个，示范品种36个，示范面积102万亩；根据当时的品种和种子生产情况，为确保各类性状、项目、内容的衔接、配套、信息共享，在参试品种申请表中相应增加了三项相关内容：一是是否是转基因品种；二是是否已经申请品种权保护；三是是否是不育系配制的杂交种。1999年在国家玉米品种试验培训班（北京）的基础上，根据中国农业科学院戴法超、王晓鸣老师建议，经过认真准备，在提交给年会试验方案的讨论稿上，将区域试验品种抗病害鉴定采用新的玉米病害发病级别调查标准和品种抗性分级标准。发病级别采用了国际通行的9级制，以1、3、5、7、9级表述品种的发病程度，1为最轻，9为最重。同时，对玉米品种抗性水平以高抗（HR）、抗（R）、中抗（MR）、感（S）和高感（HS）共5级予以统一评价。这一玉米品种或种质的抗性鉴定技术标准得到了全国大部分从事玉米抗性鉴定以及研究工作者的普遍认可和采用；同时调整试验布局，鉴于京津唐地区夏播玉米品种应用滞后、唐抗5号品种应用时间长、退化严重的现实，决定启动京津唐夏播早熟玉米品种区域试验和预备试验，目标是力争3年最长5年时间选拔出唐抗5号的接班品种或用几个品种来接班，最后实现了用几个品种接班的目标。

2001年，为了促进玉米品种试验审定和推广依法进行，加快信息传递和共享，推动国家与省级衔接、试验与审定推广衔接、年会与考察培训衔接，加强国家试验网点的信息化建设，促进信息的公开规范共享，在北京市农林科学院玉米研究中心赵久然主任和杨国航研究员的大力支持下，依托该中心率先建立了“中国玉米新品种信息网”，从此国家玉米品种试验有了自己的网站。年会、方案、考察、培训、调查、总结等各类信息都通过该网站发布，取得了预期的效果。该网站运行到2015年12月31日，已经完成了历史使命。

2001年，为了适应《种子法》及其配套法规规章的要求，依据WTO的规则，为了促进育繁推销一体化进程，带动玉米育种事业的发展，满足国内玉米大企业的迫切要求，服务市场对品种的需要，进一步提高玉米品种试验质量，建议在东华北、黄淮海、西南各设置一组服务性试验，根据需要再考虑增设的问题。当时的具体建议：一是试验质量和试验经费挂钩，增加奖惩力度；二是所收经费全部、公开用于试验、奖励等，国家对该类别试验不予补贴；三是国外公司、国内企业、科研单位同等对待，实行“国民”待遇，国内外单位均可根据自身实际经济状况和品种选育进程申请减免，“国内只减不免，国外不减不免”；四是申请参试品种直接参加国家区域试验，区域试验和生产试验2年完成，推荐审定标准、对照品种设置、试验管理完全一致的原则，使之符合WTO规则，符合“一网两制”原则，符合市场规律和《种子法》实施后企业的迫切要求。

2001 年年底，根据我国玉米产业发展的实际，本人向有关领导提出了 2002 年的工作思路并得到认可，主要有以下 5 个方面的考虑：

（1）2002 年开展青贮玉米品种试验。为了适应加入 WTO 新形势，服务于种植业结构调整，满足畜牧业对饲料的需求，建议国家开展青贮玉米品种区域试验，筛选优良青贮玉米新品种，加快科技成果产业化，带动玉米的转化。具体建议：一是由中国农业科学院饲料研究所主持；二是试验点设在大的饲料加工厂、奶牛场、奶粉厂等相关企业，避免过去那种在各省分配式的试点布局，采用试、用结合，谁使用、谁试验、谁评价的方式。

（2）2002 年增设武陵山区玉米品种试验。为了加快欠发达地区的经济发展，促进早日脱贫，考虑到武陵山区特殊生态区的实际，在原有工作的基础上，具体建议：一是主持单位由湖北省种子管理站负责，主持人是董新国，由湖北省恩施州种子管理站李求文组织实施；二是该区属西南玉米区内的特殊生态区，参加西南试验的玉米品种原则上不参加本组的试验；三是本组独立运行，参试品种从本区和国家预备试验中择优选拔；四是本区区域试验以及未来审定后适宜范围要严格限制在湖北恩施、湖南湘西、贵州铜仁和重庆黔江 4 个省（市）的 4 个地区，防止品种布局混乱、防止越区种植等影响种子市场的管理和层层设卡等影响玉米新品种的推广；五是本区的设置带有一定的扶贫性质。

（3）2002 年在东北早熟组设置预备试验，与京津唐夏玉米预备试验联合进行，从 2003 年开始，两组的区域试验品种全部从预备试验中选拔，故 2002 年在黑龙江、吉林、内蒙古各增设 1~2 个预备试验点，加大筛选力度，使普通玉米除东南区和服务性试验品种外，全部从预备试验中选拔，避免参试品种的盲目性，实践证明这是正确的措施，也扩大了玉米试验改革成果的应用范围。

（4）2002 年适时取消国家特种玉米 A 组试验，将续试品种放在普通玉米区域试验中；将 B 组区域试验改名为国家鲜食玉米品种区域试验。两年来，特种玉米品种区域试验已经取得了阶段性进展，几个优良的高油、优质蛋白、高淀粉和鲜食甜、糯玉米品种已经被选出。随着国家玉米品种试验规模范围及影响力的加大、玉米类型行业标准的出台，尤其是两年来取得了试验方面的经验，进一步调整试验布局已经具备了必要性和可能性。鉴于“三高”（指高油、高淀粉、高蛋白）玉米品种数量有限，取消 A 组并不是表明对“三高”玉米的忽视，相反随着玉米产业化的发展，我们将采取措施更加重视此类玉米品种的筛选：一是对于筛选出的“三高”玉米加快审定步伐；二是今后对“三高”玉米在申请国家普通玉米预备试验时提供相应品质检测报告即可，达到“二类”行业标准的品种将优先参试，参试后按一定的减产比例（根据审定标准）与普通玉米比较决定取舍；三是建议有条件的省组织“三高”玉米品种试验服务于玉米产业。

（5）2002 年开始减少示范品种面积，增加品种展示点次。一是 2001 年示范面积过大，易带来风险；二是面积大但往往良种没有配合良法，达不到示范效果；三是大面积示范将来主要是企业行为，我们重点是搞好品种展示，面积小、点次多、品种多、风险小，而且管理精细、星罗棋布，可比性强、效果更好。

这些给领导的建议和意见，是经过一年来的了解调研、思考定位和沟通交流得来的，这就为开好2001年年会和做好2002年工作打下了基础。

2002年

2001年国家玉米品种区试年会于2002年1月23—25日在四川省绵阳市召开，会议研究决定，推荐申报国家审定的玉米品种50个，其中不乏高油、优质蛋白、鲜食甜、鲜食糯和爆裂玉米品种。

根据农作物种业市场变化和品种管理工作实际，率先在玉米品种区域试验中开展品种一致性、真实性检测，以便使各类假冒、侵权、雷同等品种扼杀在萌芽中，以净化品种试验审定、规范品种选育和品种推广行为。通过DNA指纹检测，可在分子水平上识别和判断品种的特异性、一致性和稳定性，指定由北京市农林科学院玉米研究中心、四川省农业科学院作物研究所并逐步增加了中国农业大学国家玉米改良中心、扬州大学农学院等有关单位共同实施“国家玉米区试品种真实性和一致性检测”工作，从源头上、在分子水平下给每个参加国家级试验的玉米品种一个特有的身份标志即DNA指纹，率先探索DNA指纹检测技术在国家农作物品种试验审定管理中应用，以监控参试品种的特异性、真实性和一致性。先行在国家玉米品种试验的部分区组（包括京津唐、黄淮海、西南及武陵山区共4个）进行。由北京市农林科学院玉米研究中心和四川省农业科学院作物研究所承担检测任务，其中由北京市农林科学院负责国家区域试验的京津唐和黄淮海夏玉米组，四川省农业科学院作物研究所负责西南和武陵山区组的品种检测工作。到2005年，在玉米上取得明显进展基础上，我们积极推进DNA指纹检测在国家水稻、小麦品种试验中应用，后来也分别在大豆、油菜和棉花品种试验中陆续展开。

这一年又将特种玉米A组试验品种并入普通玉米试验中进行，增加相应的检测指标；特种玉米B组改为鲜食甜糯玉米组，外观品质和蒸煮品质鉴定采用分类、分区（东华北、黄淮海、西南、东南区）进行，分别由指定的品尝鉴定单位组织5名以上专家在最佳采收期分别对各组参试品种进行品尝鉴定（各试点品尝结果参考）的方式进行；为了保证参试品种的真实品质，采取对拟品尝鉴定的品种在授粉前进行果穗套袋，确保鲜食品质的客观、科学；鉴定报告和专家意见由本组主持单位依据农业部NY/T 523—2002《甜玉米》、NY/T 524—2002《糯玉米》行业标准进行鉴定和评价，作为各组对鲜食玉米品质评价的主要依据；这一年在启动武陵山区组区域试验的同时，还组织开展了国家青贮、极早熟玉米品种试验。

在国家玉米品种区域试验中，逐渐实施品种抗病性的田间调查，为此开展了对病害识别和品种抗性调查技术的广泛培训。在与戴法超、王晓鸣等专家合作的基础上出版发行了《玉米病虫害田间手册》一书，作为玉米试验人员的必备手册；与此同时，我们与抗病鉴定专家一起合作，着手全面制订人工接种条件下的玉米品种抗病性鉴定技术方案，该方案共涉及大斑病、小斑病、弯孢叶斑病、灰斑病、丝黑穗病、腐霉茎腐病、镰孢茎腐病、矮花叶病、纹枯病、穗腐病、南方锈病、瘤黑粉病、粗缩病等13种病害的鉴定技术以及抗性评价标准。鉴定方案在国家区域试验玉米品种抗性鉴定承担单位中统一执行，并逐步推广至北京、天津、黑龙江、吉林、辽宁、内蒙古、山东、河北、河南、安徽、江苏、浙江、福建、广东、广西、山西、陕西、甘肃、宁夏、四川、云南等省区玉米区域试验的品种鉴定工作，后来被全面、广泛应用到玉米育种单位的育种材料和新组合的鉴定工作中来，对于提升病虫害识别、鉴定、评价以及对玉米生产安全起到了不可替代的指导性作用。

2003 年

2002 年国家玉米品种区试年会于 2003 年 1 月 18—20 日在长沙召开。年会推荐了 47 个玉米品种申报国家审定，有 39 个品种当年通过了审定。2002 年年会的重点：一是针对鲜食甜糯玉米商品品质、适口性等指标进行完善和规范，来促进高产优质玉米品种推广；二是加强并规范青贮玉米品种试验，调整试验布局、扩大行业影响；三是鉴于分子标记鉴定品种纯度工作进展顺利，2003 年计划将国家玉米品种区域试验的检测范围由 4 个区组扩大到 5 个区组，包括京津唐、黄淮海夏玉米组，西南、武陵山区、东华北春玉米组；四是年会决定从 2003 年开始启动京津唐夏播早熟玉米组预备试验，京津唐区域试验品种全部从预备试验中择优选拔；五是根据东南区普通玉米少、适宜品种匮乏等情况，暂停东南区普通玉米组品种区域试验。

2004 年

2003 年国家玉米品种区试年会于 2004 年 1 月 10—13 日在海南省三亚市召开。年会推荐的 72 个品种，在当年 7 月 8—12 日的玉米初审会议上有 46 个新品种通过初审，其中含首次审定的 4 个青贮玉米品种。在 2003 年分子标记鉴定出 4 个问题品种基础上，2004 年全面推进相关工作。会议决定进一步优化国家玉米品种区域试验抗病虫性鉴定布局，采取交叉鉴定方式，参与品种抗性鉴定单位由原来 5 家增加到 6 家并明确了彼此分工。一是中国农业科学院作物科学研究所王晓鸣研究员负责鉴定工作的总体协调、年度工作汇总和年会工作汇报，具体承担普通玉米中的京津唐夏播早熟玉米组、西北春玉米组、黄淮海夏玉米组、东南玉米组及东南鲜食玉米组、青贮玉米组的品种抗性鉴定工作；二是吉林省农业科学院植物保护研究所晋齐鸣研究员承担普通玉米中的极早熟玉米组、东北早熟春玉米组、东华北春玉米组及东北鲜食玉米组的品种抗性鉴定工作；三是河北省农林科学院植物保护研究所石洁研究员承担普通玉米中的黄淮海夏玉米组、京津唐夏玉米组及黄淮海鲜食玉米组的品种抗性鉴定工作；四是四川省农业科学院植物保护研究所李晓研究员承担普通玉米中的西南山地玉米组及西南鲜食玉米组的品种抗性鉴定工作；五是黑龙江省农业科学院植物保护研究所张匀华研究员承担普通玉米中的极早熟玉米组和东北早熟春玉米组的品种抗大斑病和丝黑穗病鉴定工作；六是丹东农业科学院王作英研究员承担普通玉米中东华北春玉米组的品种抗性鉴定工作。

根据东北早熟组和京津唐两组品种所需积温大致相仿、两组试验有一定相似性的实际，为了扩大品种的可能适宜范围，开设了东北早熟和京津唐玉米品种的预备试验，两组预备试验分区汇总；将国家区域试验玉米品种 DNA 指纹检测范围从 5 个区扩大到 8 个区，并由区域试验扩展到预备试验，包括京津唐、黄淮海、西南、武陵山区、东华北、东北早熟、极早熟、西北区域试验和主产区预备试验；检测项目从真实性扩展到一致性；检测单位由 2 家增加到 3 家，包括北京市农林科学院玉米研究中心、四川省农业科学院作物研究所、中国农业大学国家玉米改良中心；率先在黄淮海夏玉米品种试验中实施密码编号，探索新形势下品种试验管理办法；

为了控制参试品种数量，在广泛征求各方面意见的基础上，经与各省级种子管理部门协商，依据中华人民共和国成立以来尤其是近10年各省被国家审定的玉米品种数量比重来分配名额，从省级预备试验或区域试验第一年的参试品种中择优选拔向国家推荐区域试验品种，会前向各省级下达各组、各类参试品种数量指标及其选拔途径的办法，对于保证试验网品种适度规模、经费合理使用、试验正常运行发挥了积极作用。

2004年1月，根据2003年的全国各区考察报告尤其是黄淮海区考察情况，决定在全国调整试验布局、引导玉米育种目标。先后出台并实施了一系列试验调整的对策措施，主要措施有：控制参试品种数量，提高品种准入水平；更换部分对照品种以严格控制部分组别的品种生育期，尤其在东华北、黄淮海、京津唐、东北早熟区实行严格的熟期限制对策来确保生产安全；提高黄淮海、东华北玉米品种试验密度；对于倒伏倒折超标（平均倒伏倒折率达15%）的品种一票否决；推进DNA指纹鉴定技术在品种试验审定中的应用；公开点名、严肃处理干扰试验运行的行为等。这一年，还以考察纪要的形式，向全社会发出国家玉米品种试验网的声音。这些具体措施，有效地引导了全国的玉米育种目标，得到了玉米生产和品种推广实践的充分验证，符合国家玉米产业发展方向，措施是有效和及时的，受到全国玉米界的普遍认同和赞誉。

2005年

2004年国家玉米品种区试年会于2005年1月17—20日在北京召开。会议研究决定，由农业部谷物品质监督检验测试中心（北京）、农业部谷物及制品质量监督检验测试中心（哈尔滨）两个检测中心分别承担4个普通玉米生态区试组品种的品质检测工作；将玉米区域试验品种的真实性、一致性检测范围从国家区域试验扩大到省级区域试验，启动辽宁省区域试验玉米品种检测工作；真实性从检测不同年份、不同区组同名品种是否更换组合扩展到与数据库已知品种比较，筛查仿冒雷同品种；着手制定DNA指纹检测标准及管理办法，于2005年国家玉米品种区试年会上试行；由北京市农林科学院负责将国家玉米区域试验所有参试品种入库长期储存工作，为审定后的玉米品种管理、市场管理、品种维权等提供标准样品。到目前为止，仍是唯一实用的真正标准样品。

在2004年黄淮海夏玉米试验探索编号管理的基础上，2005年国家各类型、各组别玉米试验的品种全面推进密码编号；率先按分配名额实行省级统一申报参试品种以控制试验规模；明确界定参加展示的品种应为审定品种、苗头品种和重点推广品种；2005年将黄淮海地区的对照品种农大108更换为郑单958，积极引导早熟类品种的审定和推广。同时，国家玉米品种试验网积极向农业部推荐农大108、郑单958、浚单20等优良玉米新品种作为主导品种，并积极参与农业部组织的主导品种遴选，在全国适宜区域组织开展了大规模示范推广观摩活动。

2006年

2005年国家玉米品种区试年会于2006年1月12—14日在北京召开。会议研究决定，将国家区域试验玉米品种真实性、一致性检测范围进一步扩大到青贮、甜糯类型，从主产区预备试验扩大到所有预备试验；国家区域试验 DNA 检测样品开始全面实行密码编号；将扬州大学农学院作为甜糯玉米品种 DNA 检测单位，至此检测单位增加到 4 家。普通变性 PAGE 电泳已不能满足区域试验检测量日益增加的需要，高通量荧光毛细管电泳检测系统开始应用；将省级区域试验品种 DNA 检测范围从辽宁扩大到北京、宁夏、吉林等地；从 2006 年起全面应用统一制定的《玉米抗病虫性鉴定报告》格式，规范推荐审定品种的抗性鉴定报告；增加了对玉米品种品质检测项目的异常值（检测数值偏高或偏低）与对方检测中心进行比对验证的要求，保证了各项品质指标出现异常时检测结果的准确、可靠，以排除实验室误差对品质结果的影响；根据爆裂玉米科研进展情况（参试品种数量不足），决定暂停爆裂玉米品种区域试验。

我们大力提倡、积极推动、广泛宣传的玉米品种退出机制，2006 年首先在陕西省种子管理站建立，使品种管理又上了一个新的台阶，打破了审定品种的终身制；针对玉米品种同质化严重、将原有的渐进式改良过程演变成搞“短平快”的模仿、抄袭式育种的现实，国家玉米品种试验网率先提出“精品”战略，试验地采取封闭管理、试验规模采取总量控制、参试品种实施密码编号等一系列措施来强化试验管理、保证试验质量、加大监督处罚力度；针对试验中的品种管理问题，组织玉米主产区省级种子管理部门对国家主要组别两个以上生产试验点采取直接收获测产的方式实施监督管理，辽宁、吉林、内蒙古、山西等省份实施较好。2006 年国家玉米品种试验网还积极配合农业部完成了《跨国公司涉足我国玉米种业》的调研报告。

2007 年

2006 年国家玉米品种区试年会于 2007 年 1 月 13—16 日在北京召开。会议研究决定，抗病虫鉴定依据审定规范执行，同时明确主要病害种类，并将其纳入方案；对于参试的玉米品种实行主要病害一票否决；玉米区域试验品种真实性、一致性检测范围继续扩大到内蒙古、山东等共 6 个省（区）；组织全国各试点进行试验人员情况调查和诚信承诺活动，了解承试人员情况，规范试验队伍管理；协助农业部科技教育司组织开展国家玉米生产试验品种的转基因成分检测工作；根据东南区普通玉米生产发展需要和东南各省种子管理部门要求，综合考虑东南各省单独开展本区普通玉米品种试验难度大、品种少的现实，决定恢复东南区普通玉米品种区域试验工作。

2007 年 3 月 5 日开始，对国家玉米品种试验中检测出的纯度、雷同、疑似等有问题品种，使用国家农作物品种审定委员会玉米专业委员会制定的《国家玉米品种试验 DNA 指纹鉴定管理办法》（试行）执行，以净化市场、保护产权、支持创新、限制同质、维护试验秩序，该试行办法使用至今（2015 年），取得了良好的效果。同时启用了适于检测和建库的玉米 SNP 芯片检测系统。

2008 年

2008 年 1 月 13—16 日，全国农技中心在北京召开了 2007 年国家玉米品种区试年会，全国农技中心李立秋副主任、农业部种植业管理司李恩普处长到会并讲话。会议强调保证职业操守、提升人员素质的同时，积极落实全国农技中心品种管理处关于加快实现国家与各省区域试验的联合测试、两级协调的意见，推动共同搭建品种管理基础平台的总体规划。年会决定，将玉米区域试验品种真实性、一致性检测范围继续扩大到河北、江苏等共8个省。

2008年1月24日，农业部发布第978号公告，公布了第一批停止推广的国家已审定的农作物品种，丹玉6号等34个玉米品种停止推广，开启了国家审定品种退出之门，从此多年提倡和推动的国家级农作物品种审定终身制被打破。

2008年8月，我们接到社会上反映“郑单958、先玉335等在市场上销售的品种与原审定品种不一致”而进行了监控，也是借鉴欧洲尤其是德国在品种审定后市场种性监管的经验，一直想推进我国审定后品种种性变化的监管，对辽宁、吉林、内蒙古、河北、河南、山东、安徽共7个主产省区从市场上选取前十位推广面积大的品种进行DNA指纹检测，共随机购买了83个被检样品。从实际跟踪情况看，除个别品种有疑问外，总体情况良好，并不存在人们反映的问题。2008年全国农技中心启动了玉米审定品种样品第一轮征集工作，可以说有效地探索了审定后玉米品种种性变化的跟踪监测工作，为后来农业部确定的2010—2012年种子执法年奠定了基础。

2009年

2008年国家玉米品种区试年会于2009年1月9—12日在北京召开，全国农技中心邓光联副主任、廖琴处长出席会议并讲话，季广德、王守才、周进宝等15位委员到会指导，有关省级种子管理部门代表、各区域主持人、抗性鉴定、品质检测、分子标记等检测鉴定单位代表和部分育种单位、种子企业、承试单位代表共120多人参加了会议。会议根据我们的建议，决定将武陵山区的玉米品种试验并入西南组，停止武陵山区和东南两组的预备试验，为试验组别的进一步调整和优化奠定基础；会议进一步简化和规范了“玉米品种田间抗性调查记载标准”，该标准涉及不同区域试验组别的调查内容、调查时间、调查方法、抗性分级标准；会议决定将玉米区域试验品种真实性、一致性检测范围继续扩大到天津、山西、浙江、安徽、福建等共13个省（市）。

三、2010—2015年（改革与发展阶段）

2010年

2009年国家玉米品种区试年会于2010年1月10—13日在北京召开。15位玉米委员到会指导，各省（区、市）种子管理站（局）代表和各主持人、抗性鉴定、品质检测、分子标记和育种单位、种子企业代表等共120多人参加了会议。会议同时邀请了农业部玉米专家指导组、国家玉米产业技术体系、科技入户等相关专家到会指导。鉴于目前对照产量明显偏低的实际，会议根据本人的建议，决定在普通玉米区域试验中，对照产量出现异常时，以参试品种平均试验产量为对照的产量水平（利用本组内所有品种的产量均值作为对照的产量尺度），对参试品种进行评价。一是根据本人建议增产3%为产量的达标指标得到年会和专业委员会的确认；二是会议同意根据去年的气候、考察情况和试验结果，依据《主要农作物品种审定办法》的有关规定，对东北早熟组的参试品种进行第三年区域试验和第二年生产试验，同时要求组织委员进行现场考察评价；三是委托辽、吉、黑、蒙、冀、鲁、豫7个玉米主产省（区）种子管理部门对国家玉米品种主要试验组别的每个省各2个生产试验点进行实际收获或测产，以全面加强和提升玉米品种试验的管理水平；四是玉米区域试验品种真实性、一致性检测范围继续扩大到河南、云南、陕西等共16个省；启动1237份申请品种权保护玉米品种标准DNA指纹库构建工作，初步实现区域试验与品种权保护样品的联合监测；启动玉米审定品种标准样品第二轮征集工作。2010年1月22日在全国种子执法年启动仪式（南宁）培训班上，本人做了关于加强品种试验、审定及退出管理的学术报告。

2011年

2010年国家玉米品种区试年会于2011年1月10—13日在北京召开。各省级种子管理站（局）代表、各区主持人、抗性鉴定、品质检测、分子标记等单位代表和玉米委员共110多人参加了会议。

会议研究决定：一是国家区域试验品种采取两点重复的抗性鉴定工作方案，将进一步提高鉴定结果的准确性；二是推进平均值的使用，一般按3%的增产比例，但京津唐丰产性按5%（区域狭窄）、西南稳产性按60%考虑（区域复杂）；三是要求辽宁、吉林、黑龙江、河北、河南、山东、云南、四川、贵州、重庆等省（区、市）进行2个生产试验点直接收获并抓好落实；四是组织开展先导性展示示范工作。

年会提出了一些需要进一步强化解决的工作：一是各项重大改革还没有完全落实到位，如样品保存、密码编号、对照优化设置、平均值的合理使用、试点监管、省级监督收获等；二是试验体系运转正在受到各方面因素制约而仍不够顺畅；三是试验审定工作正面临严峻的挑战，包括从业人员素质与职业要求、试验数据的可靠性与多方面环境因素影响、种业发展现阶段的专家企业家需求与保护农民利益的衔接协调一致问题等，目前试验审定体系建设难以适应产业发展的迫切要求。

年会还对试验审定工作进行了预测：一是我国玉米育种乃至玉米种业仍处在艰难的爬坡阶段；二是玉米品种的真实性、名称混乱局面仍没有彻底解决；三是玉米品种转基因管理工作将会面临更加严峻的挑战；四是审定制度、试验体系正在并将继续受到严重的冲击，试验体系及其装备仍难以适应品种管理的迫切要求；五是自然灾害的频发多变与审定品种生产安全合理评估和把握；六是平均值使用尚有许多值得研究的问题，应全力推进；七是审定品种有效期的实施以及退出推进速度仍较缓慢；全国玉米品种更新换代速度已经出现明显迟缓局面等问题。

2012年

2011年国家玉米品种区试年会于2012年1月9—12日在北京召开，有关省级种子管理部门和主持单位、检测单位、鉴定单位等有关专家和玉米委员共60多人参加了会议。农业部种子管理局马淑萍副局长在讲话中充分肯定了国家玉米品种区试工作所取得的成绩并给予了高度评价，国家玉米品种试验、审定工作率先提出并实施“精品制”战略严把品种准入关，率先应用DNA指纹检测技术于国家玉米品种区试审定工作，都对整个玉米产业的发展起到了保驾护航作用。全国农技中心邓光联副主任在讲话中充分肯定了大家过去所取得的巨大成就：一是承担国家玉米品种区试人员工作兢兢业业，能够认真履行岗位职责；二是专家和委员们对国家玉米品种试验、审定工作求真务实、严格把关，为我国玉米品种推广和更新换代做出了应有的贡献；三是国家玉米品种试验审定工作中善于研究新问题、大胆使用新技术、积极探索新方法，为建立和完善农作物品种试验审定管理制度、引领国家试验审定工作的发展方向做出了贡献。他要求与会人员面对新形势、研究新问题、探索新思路，与时俱进地做好各项工作，进一步做好玉米品种试验的总体布局，要把握好玉米品种试验区域性和特殊性，主产区要遵循高标准、严要求的原则；对于特殊区域、特殊类型的品种试验应采取区别对待；要掌握标准的严肃性和处理问题的灵活性，既要坚持标准，又要与时俱进，从工作的实际出发，依法开展试验，认真执行农业部批准实施的玉米品种审定规范和试验技术规程，在把握参试需求和容量有限的情况下可适当提高参试的门槛。

2011年组织开展了23个组别的国家玉米品种区域试验，参试品种291个，继续试验品种51个、承试点次444个。其中，普通玉米品种区域试验14个组，鲜食甜糯玉米品种区域试验8组，青贮玉米品种区域试验1组；生产试验7组，参试品种51个，承试点次127个；预备试验6组，参试品种123个，承试点次70个；玉米新品种展示点48个，每个展示点参展品种20~30个；玉米新品种示范片35个，示范品种30个，示范面积18万亩。

经会议研究，根据试验结果和推荐审定的条件，对完成2年试验程序并表现突出的22个玉米品种申报国家审定；完成1年试验程序并表现优良的34个品种继续参加第二年区域试验的同时参加生产试验（普通玉米），从预备试验中推荐38个品种参加2012年国家玉米品种相应类型、组别的区域试验。经过年会审核、修改，通过了《2012年国家玉米品种试验方案》。年会决定，将东南玉米品种试验的对照品种由农大108更换为苏玉29；北方甜玉米品种试验的对照品种由甜单21更换为中农大甜413。

年会对玉米品种试验中的几个问题进行了专题讨论并形成如下意见：一是鲜食玉米以品质作为其主要评价指标，该类型品种局限性、区域性较强，会议认为应继续执行农业行业标准NY/T 1209—2006《农作物品种试验技术规程　玉米》，该类品种试验只开展区域试验，不安排生产试验，青贮玉米品种试验也如此进行；二是在玉米品种试验过程中对产量指标分析时，对平均值的理解容易出现歧义，会议决定统一玉米试验平均值的使用方法和表述，即如果本区组区域试验对照品种的产量平均值低于本组所有品种产量平均值时，主持单位应逐点采用相应点的参试品种（含对照）平均值进行产量比较，确定各参试品种的增减产幅度，以增产3%（并与实体对照相比不得小于5%）作为品种的推荐标准；三是对普通玉米品种预备试验推荐要求表述存在不严密，会议明确主持单位汇总试验结果时要根据普通玉米各主产区实际，参照农业行业标准NY/T 1209—2006《农作物品种试验技术规程　玉米》，公开、择优选拔品种；四是专家和委员对多年来国家玉米试验技术方案进行科学分析，认为目前执行的技术方案符合我国玉米品种试验的实际，会议决定国家玉米品种生产试验继续执行NY/T 1209—2006《农作物品

种试验技术规程　玉米》中5.1款中生产试验小区面积≥200米^{2}的规定，即国家玉米品种生产试验的面积执行每区不少于200米^2；五是会议讨论了玉米品种试验与玉米新品种DUS测试衔接问题，鉴于玉米品种试验及其新品种DUS测试的工作内容不同，属于两个不同技术评价系列，但在标准样品征集、DNA指纹检测等方面可以实现资源共享，会议认为要加强两项工作的协调，尽早开展二者相互衔接研究。会议还研究了进一步加强和稳定试验队伍建设、加大品种试验的监督与检查、加强试验网点基础设施建设等方面的工作。

2013年

2012年国家玉米品种区试年会于2013年1月9—11日在北京召开。年会讨论决定，根据气候变化以及北方夏玉米区品种应用情况，本着国家试验抓大放小、突出重点的原则，取消京津唐夏播早熟玉米品种试验，该组预备试验当年即停，其区域试验和生产试验仍正常进行，待目前品种完成试验程序后停止，本区主要区域并入黄淮海夏玉米区；根据爆裂玉米育种水平、产业发展情况，恢复爆裂玉米品种区域试验。

根据2012年玉米品种试验考察、调研等情况，本人提出了优化试验的意见并得到年会的全面认可和支持。一是提高部分区域试验组别的品种密度。东北早熟组区域试验及其生产试验从4000株/亩提高到4500株/亩；黄淮海区域试验及其生产试验从4500株/亩提高到5000株/亩；京津唐区域试验及其生产试验从4500株/亩提高到5000株/亩；东华北区域试验及其生产试验从4000株/亩提高到4500株/亩；主产区预备试验的东华北试验从4000株/亩提高到4500株/亩，黄淮海试验从4500株/亩提高到5000株/亩；东北早熟组预备试验从4000株/亩提高到4500株/亩；东南组区域试验及其生产试验从3800株/亩提高到4000株/亩，北方春播青贮玉米组从4500株/亩提高到5000株/亩，南方青贮玉米组从4000株/亩提高到4500株/亩。主要理由来自于从头年和当年申报品种的密度看，有1/3左右的品种能够达到现在的设计密度；从考察情况看，过去5年的试验密度是符合各地的生产实际。因此适当提高选择密度500株可以加大品种选择压力，现有走道等田间设计使品种区域试验小区也与生产上同样密度下实际相差300~500株，也符合2004年育种方向调整时确定的每隔3 ~ 5年再一次全面审核、调整、优化密度的设想。当时觉得时机已成熟，但也明确本次调整后再综合预测，3 ~ 5年内不宜再盲目增加密度（局部区域、个别类型除外）。二是调整部分试验主持人。鉴于杨国航研究员工作调整到北京市农林科学院人事处任职，不再担任主持人，由张春原农艺师主持，京津唐预备试验取消；东北早熟组预备试验由辽宁省种子管理局李磊鑫研究员主持；赵久然研究员主动提出不再担任青贮玉米主持，由北京农学院潘金豹教授主持；设置极早熟组预备试验，由河北省承德市农业科学研究所王占廷研究员主持；恢复国家爆裂玉米品种试验，由沈阳农业大学李凤海教授主持。三是调整部分试验组别及其对照。2013年是京津唐区域试验和生产试验的最后一年，2014年将部分试点合并到东华北、黄淮海、北京、天津、河北的试验中；设置极早熟组预备试验，2014年该组的区域试验品种将从预备试验中选拔，同时调整极早熟组的对照，从冀承单3号调整为元华116；调整部分试点，将极早熟组调整到以黑龙江省第三积温带为主、兼顾第四积温带上限的格局，比原对照晚熟3天的设置，2013年将本区作为布局设置研究的重点。四是增加部分组别类型并调整鉴定病害。全面调整鉴定病害和主要病害种类，调整时以即将完成送审的《农作物品种审定规范 玉米》为依据，包括对甜糯品尝鉴定、适宜机收的普通玉米品种指标、籽粒容重指标等方面，病害的鉴定应先行推进、合理设置、适时调整。

同时，这一年按照农业部种子管理局的要求，甜、糯、青贮类玉米品种必须开展生产试验（首次）、生产试验试点多于区域试验试点的要求，年会只好要求第 2 年继续试验的品种同时安排生产试验；对于完成 2 年区域试验程序并被推荐审定的品种，安排 1 年生产试验（不再安排区域试验），每组生产试验原则上不少于 5 个试点；适当增加试验点的设置；极早熟组增加 5 个试点（区域试验 + 生产试验）；东北早熟组增加 4 个生产试验试点；增设 19 个甜糯玉米生产试验试点；增设 14 个青贮玉米生产试验试点；设置 7 个爆裂玉米区域试验和生产试验试点；增设 9 个极早熟预备试验试点。总体增加 68 个相关单位或试点数量。

2014 年

2013 年国家玉米品种区试年会于 2014 年 1 月 7—8 日在北京召开。年会前，根据考察、调研时大家的意见、建议及本人的研究、思考，本人提出了一些调整建议提交年会讨论并得到认可。一是极早熟组区域试验及预备试验对照从元华 116 直接调整为德美亚 1 号（黑龙江省审定，内蒙古自治区认定），密度设置从 5000 株 / 亩提高到 6000 株 / 亩；二是增设东北早熟组区域试验及其预备试验（对照吉单 27，吉林、黑龙江省审定，内蒙古自治区认定），原东北早熟组改名为东北中熟组（对照为先玉 335）；三是甜、糯、爆、青贮玉米区域试验、生产试验、抗病鉴定、品质检测、品尝鉴定、转基因检测等全部程序不再编号进行，便于社会监督；四是普通玉米（抗病鉴定除外，以减轻抗病鉴定专家的压力）的区域试验、生产试验、品质检测、转基因检测不再编号；五是普通玉米各组的试验田间调查增加收获期（适收期）籽粒含水量指标，所有试点在特殊情况报告制度继续推进的基础上，增加收获期（或采摘期）时间报告制度；六是继续坚持并强调，玉米主产区省级种子管理部门要进行主要试验组别（东北早、东北中、东华北、西北、黄淮海、西南组）2 个以上生产试验点的田间直接全区收获测产；七是争取 2014 年 6 月将参试品种 DNA 指纹检测完成并有初步结果，然后将疑似品种在北京市农林科学院昌平基地进行对比种植，秋季对疑似品种组织专家田间鉴定工作，由北京市农林科学院具体组织实施（实施效果很好。其中类郑单 958 近 70 个、类先玉 335 有 60 个品种左右，说明玉米品种同质化严重）；八是已从 2013 年开始，弯孢叶斑病不再作为主要病害，从 2014 年开始增加普通玉米的穗腐病和茎腐病作为普通玉米全国性的主要病害，以服务于机收籽粒品种的客观需求和对玉米卫生品质的迫切要求。年会后的 1 月 19 日，王晓鸣研究员根据年会意见和抗病专家组研究的意见，向主管部门和玉米专业委员会提交了病害鉴定区域和种类的详细调整意见和对策，通过年会和方案的制订，对不同区域、不同类型和不同病害种类进行了必要的布局、优化和调整。

2015 年

2014 年国家玉米品种区试年会于 2015 年 1 月 9—10 日在北京召开，共 90 多位代表和专家参加。会议系统总结了 2014 年的试验工作，推荐了 57 个玉米品种申报国家审定。会议审核通过了《2015 年国家玉米品种区试方案》。年会结束前，本人根据调研情况和专家们的建议，提出了一些具体的技术意见，以便大家思考。

关于试验的具体问题，我们认为试验周期偏长（不让交叉试验）、试验网点过多（生产试验多于区域试验的根据不足、成本过高、监管困难）、试验操作过繁（手工）、试验干扰过大的问题使大家无所适从。2015 年将进一步优化试验布局，建议如下。一是改进试验方案，东北早熟组及其比较试验对照品种为吉单 27，密度设置为 4000 株 / 亩；东北中熟组及其品种比较试验（实质是预备试验，原来为预备试验）的对照品种为先玉 335，参试品种按 4500 株 / 亩设置，对照的密度设置为 4000 株 / 亩。各类试验的保护行行数设置与小区行数相同，以便尽力去除边际效应对参试品种的影响（陈学军等专家提出），而西南普通玉米保护行仍 4 行不变；在试验中，不去除分蘖（按大田玉米生产执行）。二是加强试验管理，病害鉴定单位要加大试验品种主要病害鉴定的田间接种群体，一般不得少于 2 行，每行不得少于 20 株。由本区主持人适时组织有关委员、专家参加接种田鉴定，对参试品种抗性作出评价，参加人员实施回避制度；进一步强调特殊情况、异常值发生后的报告制度，否则试验结果报废。三是提高素质，承试人员包括委员要多听、多看、多学，也要多了解、多理解、多研究试验方案、审定标准、试验技术规程等有关规定，这是基本功和应有的能力、素质、态度；今年乃至今后一段时间国家玉米品种试验还有一项重要而迫切的任务即选择各组的对照品种。

本人在会议上（会议结束前），对当前乃至今后一段时期我国玉米品种要着力解决的一些问题提出了自己的看法。一是玉米品种同质化问题突出。主要原因是改良成模仿育种、交流交换成交易、急于求成的心态等行为，实质是诚信体系尚未建立、监督监管不力、种业创新环境不理想等问题的表征。二是品种更换速度迟缓，应引起足够重视。创新能力不足，都搞“短平快”，要采取有效措施去加以解决和遏制；品种权保护力度不够、独家经营单打独斗等制约现阶段新品种推广。目前的玉米品种情况是“大品种低头、中品种折腰、小品种混战”，“多、乱、杂”局面已经形成，前 100 位品种更换周期从过去的 7 ~ 10 年已延长到 13 年，甚至会更长。三是外企品种竞争优势明显，如先玉系列、德美亚系列、KWS 系列、迪卡系列。2014 年外企品种面积已占全国玉米生产面积的 15%，其影响力远不止如此。四是现有品种与生产需求有脱节。商品品质与农产品安全需求，机械化需要的品种或早熟、抗倒、耐密、多抗品种缺乏，跨国公司竞争与种业政策多变、企业诚信创新不足与做大做强的矛盾、农民劳动力不足与轻简化栽培需求等问题突出。五是标准样品库亟待解决“标准”问题。试验留样最合情、合理、合法，执法年交的样品难以被社会信服，这涉及种业诚信体系未建立的问题，品种权保护送样与试验中留样并非一个体系的问题，DNA 指纹鉴定与田间吻合度有争议时解决方案等问题，新品种权保护与其对照难保证的问题，“公权”与“私权”混在一起的问题等。结论：一是尽快清理“标准样品库”来着力解决“标准样品不标准”的问题，这是玉米种业基础的基础；二是 DUS 与 VCU 是密切联系、本质区别的不同体系问题，不该混淆。

2014 年的年会根据农业部种子管理局要求，对试验工作进行了比较大且无奈的调整。

一是 2015 年的区域试验和生产试验不能交叉进行，因此 2015 年国家玉米品种试验没有安排生产试验，这是从 1996 年以来的 20 年唯一没有生产试验的年份，当时的依据可能是《主要农作物品种审定办法》，但我和部分专家对该办法仍有些质疑，认为当中有很多值得商榷的地方，并提出了许多修订意见，但并未获得重视，也未被吸收和采纳。在多年的实践探索中，迫切的玉米品种更换和机收品种选育需求下，面对玉米品种老化的实际、跨国企业的竞争压力、玉米品种多样化、玉米种业多元化的现实，留下了不应该发生、无法理解的遗憾！改革是大势所趋，但我认为所有的改革起码应遵循四点基本前提和原则，即“继承基础上改革、稳定基础上改革、吸收大家智慧基础上改革、依法基础上改革”，这是改革成功的前提条件，否则必将失败！在做决策的时候，尤其应该避免急于求成、闭门造车、急功近利式的改革！更要抵制和避免“形象工程”“政绩工程”“短平快工程”的改革！值得高兴的是，一年后国家玉米品种区域试验和生产试验恢复交叉进行，甜、糯、爆裂类型玉米品种试验恢复了不设生产试验的历史。

二是取消预备试验，原预备试验改为品比试验。这是继 1997 年以来首次更改试验名称，非亲历者难以了解试验的历程、程序、层次问题。鉴于玉米品种的广泛适应性和个别品种局部适应性的实际，往往很多大品种的选拔都是通过广泛布点、分区汇总筛选出来的，没有了预备试验难以进行多品种、广区域、大范围的选拔。

三是试验与试验样品留样、DNA 检测、DUS 测试、资源留样的统一保存备用问题。大家知道，品种审定制度是“公权”，是为全社会、优先为使用者（农民）服务的，是为保证他们的生产、生活安全；而 DUS 是“私权”，是为保护产权、鼓励创新、维护秩序服务的。植物品种权一般是自愿保护制度，如果与国家试验的 VCU 挂钩，显然已经是强制行为。是否合法、是否有必要、是否有价值，还值得研究。

四是取消了已执行 11 年之久的按省分配参试名额（主要是主产区预备试验以及主产区区域试验）申报参试品种的做法，这里有一个省级试验的地位、作用以及两级衔接、配套、协调等问题，也有一个此前第三方局部筛选的问题。假如让一个刚刚建立不久的玉米企业（没有形成自己的育种体系），去畅通无阻地搞品种试验且以自己的品种顺利参试，只会害了企业、伤了创新、损了农民、毁了品种、乱了市场……

这一年 9 月初，中心分管领导调整了我的业务分工。依据处里 10 月 19 日工作分工，区试处给了我新的且更多更大更艰难的任务，即棉花、马铃薯、甘薯、蔬菜、西甜瓜、茶树等作物的职责！

直到 2015 年 12 月 31 日 16:30，我已经全力、细致、认真地完成 2015 年国家玉米品种试验总结草案的整理工作（会前稿），包括各组区域试验总结，主产区和东北早熟、中熟、极早熟公益品比试验总结，东华北和黄淮海服务性品比试验总结，DNA 指纹检测、抗病鉴定等总结草案印刷，做好了邮寄、密码开号和所有品种依据方案、总结、标准的处理意见等草案的准备，为即将于 2016 年 1 月 5 日在海口市召开的 2015 年国家玉米品种区试年会做好了我应该做的一切准备，为自己人生中25年的国家玉米品种试验、审定、推广的事业追求、玉米梦想、职业生涯画了一个自认为非常圆满的句号。

愿时光翻开了新的一页，种业正在谱写新的篇章，必将迎来新的春秋曙光……

备注：2016年1月31日0时56分杀青。

审定把关

审定把关是不言而喻的，就是通过审定把握农作物品种未来的利用价值关、生产安全关、适宜范围关、种植方式关、科技进步关、品种可比关等，也是把握数据真实关、品种准入关、育种方向关、未来走势关、市场需求关等。把好这个关非常不容易，关乎科技、种业、产业，关乎成果转化、农业增收、农民增效、种业进步、产业发展，关乎委员的技术、经验和智慧，也关乎委员的水平、能力、视野和心态，更关乎委员的人品心胸、责任担当、价值取向……正如我经常告诫自己的一句话：搞试验锻炼人，搞经营检验人，搞审定考验人！

一、第一届全国农作物品种审定委员会（1981—1988年）

1981年12月22日，农业部在北京成立了第一届全国农作物品种审定委员会，这是我国国家级农作物品种审定制度建立的标志。第一届全国农作物品种审定委员会设置水稻、小麦、玉米、高粱谷子、甘薯马铃薯、棉麻、大豆油料、蔬菜8个审定小组，实有委员179人。1982年5月22日，农牧渔业部发布《全国农作物品种审定试行条例》【农牧渔业部文件（82）农（农）字第2号】，以下简称《试行条例》。

第一届全国农作物品种审定委员会规定，对于生产中有比较大面积的品种，由专家审核予以认定。在其《试行条例》申报审定的条件中明确规定：一是经过连续二年至三年的地区以上区域试验和一年至二年生产试验（区域试验和生产试验可交叉进行），在试验中表现性状稳定、综合性状优良。二是在产量上，要求高于当地同类型的主要推广品种原种的10%以上，或经过统计分析增产显著者。产量虽与当地同类型的主要推广品种相近，但品质、成熟期、抗逆性等一项乃至多项性状表现突出者，亦可报审。三是选育单位或个人应能提供原种，一般为一百亩以上播种量原种种子，并不带检疫性病虫害。这不仅明确了审（认）定前置条件，也是审（认）定的标准，可以说是简单明了、一目了然。1981—1988年的第一届全国农作物品种审定委员会，尚没有比较健全和完善的国家试验体系来支撑，属于初创阶段。显然，当时审（认）定已经明显滞后于生产应用。

二、第二届全国农作物品种审定委员会（1989—1996年）

农业部于1989年8月20—23日在兰州、9月24—27日在苏州分专业委员会召开了第二届全国农作物品种审定委员会成立会议。兰州会议有水稻、麦类、蔬菜三个专业委员会委员参加，苏州会议有玉米、高粱谷子、薯类、棉麻、油料、大豆、糖料七个专业委员会委员参加。农业部副部长陈耀邦、农业司司长王甘杭及副司长罗文聘、张世贤分别主持了会议，全国种子总站站长陶汝汉、副站长李梅森和郭恒敏参加了会议。会议议题是颁发由农业部部长何康签名的各专业委员会委员任命证书，讨论修改《种子管理条例》中第三章第十二条第十三条细则（即有关农作物品种审定部分）、全国农作物品种审定委员会章程。兰州会议对申报审定的123个水稻、小麦、蔬菜品种进行审定，审定通过了水稻、小麦、蔬菜共29个代表性的优良品种（汕优63、晋麦21、中甘8号、夏丰1号等），认定通过7个小麦和5个蔬菜品种。8月23日，在兰州会议的闭幕式上，农业司王甘杭司长围绕农作物品种区试审定工作讲了六个方面的问题：一是关于全国品审会与省品审会的关系；二是关于区域试验问题；三是关于专业委员会职权和工作任务；四是关于全国品种审定标准问题；五是关于经费问题；六是关于加强“三农”协作（“三农”指科研单位、农业院校和种子部门之间的协作和配合）。王司长的讲话很有针对性，受到与会委员专家的欢迎。

1989年12月，农业部颁布《全国农作物品种审定委员会章程（试行）》《全国农作物品种审定办法（试行）》；1990年12月8—10日在福建漳州召开了第二届全国农作物品种审定委员会果树、茶树、蚕桑专业委员会第一次会议。同时，1990年12月中下旬，又分别在福建厦门、河南洛阳、河南郑州相继召开了第二届全国农作物品种审定委员会第二次玉米、棉麻、油料、高粱谷子等专业委员会审定会议。兰州、苏州、漳州会议的召开和章程、办法的出台，都标志着第二届全国农作物品种审定委员会已经完成组建并有序运转。审定工作开始全面展开。

第二届全国农作物品种审定委员会由14个专业委员会构成，分别是：水稻、麦类、玉米、高粱谷子、薯类、大豆、油料、蔬菜、糖料、茶树、果树、烟草、棉麻、蚕桑专业委员会，是凝聚全国340多位知名专家集体智慧的一届委员会。实践证明，这一届委员会是我国农作物品种审定工作继往开来、承前启后的新阶段。20世纪90年代初，根据需要，增设了食用菌、热带作物专业委员会，至此专业委员会总数达16个。

第二届全国农作物品种审定委员会，主要着手理顺试验的组织管理体系、规范审定制度建设、推进相关章程办法出台、促进试验审定配套、推动国家省级试验衔接、争取试验经费支持、加快试验审定与优良品种推广步伐。突出标志是全国农作物品种审定委员会办公室于1995年春季在全国开展的水稻、小麦、玉米、棉花四大作物新品种筛选试验。

三、第三届全国农作物品种审定委员会（1997—2001 年）

1997 年 1 月 31 日至 2 月 1 日，农业部在北京召开了第三届全国农作物品种审定委员会成立大会，主任委员白志健副部长与会并讲话。与此同期召开了三届一次玉米专业委员会会议。本人提议由委员和专家构成各个专业委员会的建议得到了有关领导的采纳，因此组建了由 120 名委员、181 名专家构成的全国农作物品种审定委员会。高粱谷子专业委员会的名称改为杂粮专业委员会。1997 年 10 月 10 日，农业部颁布了《全国农作物品种审定委员会章程》《全国农作物品种审定办法》。

1998 年 1 月 10—11 日全国农作物品种审定委员会在北京召开了 1997 年全国玉米品种审定会议（三届二次玉米专业委员会会议），玉米专业委员会冯维芳、吴绍宇、李登海、张世煌、裴淑华、李龙凤、张进生、陈学军、黄钢、刘玉恒、周进宝、罗成凯、孙世贤共 13 位委员和专家出席会议。会议的主要任务是审定品种，讨论品种审定标准。

1999 年 5 月 26—27 日全国农作物品种审定委员会在北京召开了玉米品种审定会议（三届三次玉米专业委员会会议），主要任务是审定品种，讨论国家东南区和特用玉米品种的试验、推广问题，制订 1999 年玉米品种考察计划。

2000 年 6 月 7—9 日，第三届全国农作物品种审定委员会第四次玉米品种审定会议在福建省泰宁市召开，玉米专业委员会冯维芳、吴绍宇、李登海、张世煌、裴淑华、李龙凤、张进生、陈学军、黄钢、刘玉恒、周进宝、罗成凯、康忠宝、陈佳敏、孙世贤共 15 位委员和专家参加。

2000 年 7 月 8 日，《中华人民共和国种子法》（以下简称《种子法》）颁布、12 月 1 日实施。法律规定“主要农作物品种在推广应用前应当通过国家级或者省级审定，通过审定的主要农作物品种由农业行政主管部门公告后可以在适宜的生态区域推广。相邻省、自治区、直辖市属于同一适宜生态区的地域，经所在省、自治区、直辖市人民政府农业行政主管部门同意后可以引种。”《种子法》的颁布实施，确立了我国农作物品种审定制度的法律地位，推动着我国农作物品种试验审定工作朝着依法、科学、公平、效率、规范性的方向发展。

2000 年 11 月 16 日，王连铮、庄巧生、方智远、董玉琛、黄发松、辛志勇、戴景瑞、李梅芳、邵启全共 9 位知名专家联名给时任国务院副总理温家宝提交了《关于进一步加强我国农作物品种区域试验审定工作的建议》，建议“继续加大支持力度，如能每年安排农作物品种区域试验经费 3000 万元，并作为固定专项纳入国家财政预算，将会保障这项工作的长期顺利开展。”温家宝副总理于 2000 年 11 月 25 日作出了“优化农作物品种是调整农业结构的重要环节。农作物品种区域试验是品种审定、推广的基础和依据。要重视专家们的建议，进一步加强农作物育种工作和品种区域试验、审定和推广工作，制定和完善农作物品种试验审定技术标准和制度，维护种子市场秩序。这些工作均要抓紧。”的重要批示。

2001 年 3 月 11—12 日，第三届全国农作物品种审定委员会在北京召开了全国农作物品种区域试验工作总结暨表彰会议，总结“九五”期间全国农作物品种区域试验、审定工作，表彰在“九五”期间国家级农作物品种区域试验工作中成绩突出的先进单位、先进个人，农业部种植业管理司陈萌山司长到会并讲话，农业部原常务副部长王连铮出席会议。会上，传达了温家宝副总理的批示。同年3月8日，以全国农作物品种审定委员会“国品审会〔2001〕2号”文件形式表彰了中国水稻所等99个先进单位和杨仕华等203名先进个人。

四、第一届国家农作物品种审定委员会（2002—2006年）

2002年9月2日农业部办公厅印发《关于推荐第一届国家农作物品种审定委员会委员候选人的函》（农办农〔2002〕36号），正式启动第一届国家农作物品种审定委员会委员选拔工作；2002年11月18日农业部办公厅印发《关于召开第一届国家农作物品种审定委员会成立大会的通知》（农办农〔2002〕49号），2002年12月17—19日农业部在北京召开第一届国家农作物品种审定委员会成立大会。刘坚副部长任主任委员并到会讲话，为各专业委员会委员颁发了聘任证书，与各专业委员会主任委员合影留念。农业部种植业管理司司长陈萌山主持大会，全国农技中心党委书记、副主任陈生斗等出席会议。新一届国家农作物品种审定委员会设立稻、小麦、玉米、大豆、棉花、油菜、马铃薯7个专业委员会，每个专业委员会由13名委员组成。玉米专业委员会13名委员主要来自玉米主产区的省级种子管理部门、全国主要科研教学单位和玉米种子企业，任期至2006年。

2002年12月17—20日，第一届国家农作物品种审定委员会玉米专业委员会第一次初审会在北京召开，13名委员参加会议。会议由季广德和王守才、郑渝主持。会议针对专业委员会工作规则、品种审定标准、规范品种描述、品审办法、评价意见以及如何开展工作等问题进行了深入细致的讨论。会议初步确定将依法审定原则、第三方审定原则、民主合议原则、回避原则、保密原则和与时俱进原则作为本届专业委员会的工作原则。委员会提出品种审定以市场需求为导向，以提高农产品市场竞争力为核心，适当淡化品种产量指标；对非产量型为主品种强调突出特色，提出各类型品种分别确定审定标准。会议对抗病性鉴定、品质分析等方面的问题进行了深入研究，对品种适宜范围表述方法予以统一规定。委员们对通过初审品种的性状描述、适宜范围、审定意见等内容进行审核修订，有40个玉米品种通过初审。农业部2003年2月8日发布第248号公告，公布了40个国家审定的玉米品种。

2003年8月2—4日，第一届国家农作物品种审定委员会玉米专业委员会第二次初审会在四川省雅安市召开，13名委员参加会议。会议由季广德和王守才、郑渝主持。会议坚持客观、严谨的工作态度，再次强调依法审定品种和品种安全性问题，会议要求对品种抗病、生育期等影响品种安全的因素从严把握，并就有关标准内容进行完善，有40个玉米品种通过初审。农业部2003年11月6日发布第308号公告，公布了39个国家审定的玉米品种。

2004年7月8—12日，第一届国家农作物品种审定委员会玉米专业委员会第三次初审会在辽宁省大连市召开，会议实到委员11人。会议由季广德、王守才主持。全国农技中心廖琴处长到会指导并讲话，她强调品种审定工作的重要性并提出了有关要求。有46个品种通过初审，其中普通玉米24个，青贮玉米4个，鲜食甜、糯玉米18个。本次初审会重点关注四个方面问题，一是品种的安全性及特异性问题；二是品种审定名称与保护名称协调一致问题；三是国家审定与省级审定衔接问题；四是规范亲本来源及其表述问题。会议对审定标准的征求意见稿进行了讨论并提出修改意见，建议将本标准作为推荐性农业行业标准颁布实施；对主要病害类型及判定标准、区域试验产量和生产试验产量指标、部分区组的生育期把握、青贮玉米品种命名及对照品种表述、部分区组对照品种调整等具体技术问题提出了意见和建议。农业部2004年10月19日发布第413号公告，公布了46个国家审定的玉米品种。

2005年5月9—12日，第一届国家农作物品种审定委员会玉米专业委员会第四次初审会在北京召开。会议由季广德和王守才、郑渝主持。全国农技中心廖琴处长到会指导。会议本着科学求实、与时俱进、一切从实际出发的原则，对审定规范再次进行认真讨论。原则上同意审定规范框架、结构和具体指标内容。在此基础上，对品种丰产性、品种来源表述、病虫害确定依据、适宜区域划分、生育期确定等相关内容提出补充修改意见和建议。有48个品种通过初审、3个品种通过复审，其中普通玉米31个，青贮玉米3个，甜玉米5个，糯玉米12个。农业部2005年6月24日发布第516号公告，公布了51个国家审定的玉米品种。

2006年5月16—19日，第一届国家农作物品种审定委员会玉米专业委员会第五次初审会在浙江省绍兴市召开。会议由季广德、王守才和郑渝主持。会议主要对报审的88个玉米新品种进行了初审，68个品种通过初审。会议总结了第一届国家农作物品种审定委员会玉米专业委员会5年来的工作，讨论了有关品种管理、玉米专业委员会换届等事宜。本届委员会5年来依据农业部有关规定圆满地完成了各项任务，玉米专业委员会授权季广德、王守才和郑渝负责向农业部国家农作物品种审定委员会办公室、全国农技中心报告五年来的工作，由季广德主任执笔，经过全体委员讨论形成工作报告。

2006年6月22日，全国农技中心发布《关于表彰“十五”期间国家级农作物品种区试先进单位和先进工作者的决定》（农技种〔2006〕35号），对在“十五”期间农作物品种试验及管理方面做出突出贡献的中国水稻研究所等183个国家级农作物品种区试先进单位和王洁等259名国家级农作物品种区试先进工作者进行表彰。

农业部2006年8月28日发布第706号公告，公布了68个国家审定的玉米品种。农业部2007年4月9日发布第844号公告，公布了68个国家审定的玉米品种，农业部第706号公告同时废止。

2006年8月31日至9月1日，第一届国家农作物品种审定委员会玉米专业委员会在沈阳召开了“玉米育种与产业发展座谈会”。国内五十强企业部分代表、玉米科研单位代表、玉米专业委员会部分委员参加会议，农业部种植业管理司种子管理处有关领导到会指导。座谈会针对跨国玉米公司的竞争优势，我国玉米科研、育种工作及企业发展如何应对挑战，强化品种管理、提高民族种业竞争力等内容进行了研讨。“十一五”期间，玉米专业委员会提出了全面提高玉米品种竞争力、引导玉米育种目标、努力保证玉米生产乃至粮食生产安全的审定任务。会议指出：一是加快我国玉米育种工作，创新是核心。首先要观念创新，育种家要从主动适应市场需求到主动引导市场需求，对市场需求要具有科学的预测和前瞻性，在品种选育理论、方法、目标、材料、技术和手段上要创新，要创新机制，准确定位，避免急功近利的心态。二是明确工作分工和定位，推进诚信、服务、敬业、乐业建设。国家和企业要明确社会分工，基础研究应由国家承担，企业行为应由企业负责。国家应明确玉米产业的发展方向、目标和政策。新的历史时期要把选拔优良品种、选拔精品作为重点，局部地区的市场准入工作，交给省级审定。三是要把握安全性、突出品种特色作为国家审定的落脚点。选拔在更大范围内高产稳产的广适品种，为全国服务；选拔具有国际水平的品种，提高我国玉米品种的竞争力。要进一步解放思想，继续加大改革开放的步伐，积极同外资企业合作交流，学习他们的先进理念、技术和管理方式，敢于迎接挑战，创造新的辉煌。

五、第二届国家农作物品种审定委员会（2007—2011年）

2007年5月16日，农业部办公厅印发《农业部办公厅关于推荐第二届农作物品种审定委员会委员候选人的函》（农办农函〔2007〕37号），正式启动第二届国家农作物品种审定委员会委员选拔工作。2007年8月14日，农业部印发《农业部关于成立第二届国家农作物品种审定委员会的通知》（农农发〔2007〕10号），正式成立第二届国家农作物品种审定委员会。

2007年8月14日，农业部印发《关于召开第二届国家农作物品种审定委员会成立大会的通知》（农农发〔2007〕11号），第二届国家农作物品种审定委员会成立大会于8月22日在北京召开，农业部副部长危朝安任主任委员并到会讲话。第二届设稻、小麦、玉米、大豆、棉花、油菜、马铃薯共7个专业委员会，每个专业委员会由13名委员组成。2008年农业部根据修改的审定办法将稻、小麦、玉米专业委员会委员由13人增补到17人。

2007年8月23—25日，第二届国家农作物品种审定委员会玉米专业委员会第一次初审会在北京召开。参加会议的委员13人，会议由季广德、王守才和周进宝主持。会议期间，全体委员认真学习了危朝安副部长的讲话，提高了在新形势下加强品种管理工作重要性的认识，进一步明确了品种审定工作的主要任务、工作要求和基本原则。委员们认真学习和讨论了《农作物品种审定委员工作守则》。会议指出，每个委员要以国家利益作为最大利益，为国家和农民选择优良品种。王守才副主任代表专业委员会提出本届委员会工作目标和主要任务，周进宝副主任代表专业委员会提出品种审定的技术要求和工作方法。在继承以往历届审定委员会经验的基础上，本次专业委员会对报审的56个玉米品种进行初审，36个品种通过初审。农业部2007年11月14日发布第928号公告，公布了36个国家审定的玉米品种。

会议还讨论了有关深化品种管理改革、强化试验体系建设等内容。一是国家玉米品种审定和试验的基本思路。本届委员会确定出“精品”、出“大品种”的战略思想，更高、更强、更严的审定新品种。要注意国家与省级审定工作相衔接，做到互为补充、互相衔接、相互配套。会议强调，国家品种审定标准和审定目标的引导作用、规范作用、品牌作用很强，专业委员会应加大对品种选育行为的规范，积极引导育种目标。二是进一步完善国家玉米品种审定标准。NY/T 1197—2006《农作物品种审定规范　玉米》较为完善，符合实际，可操作性强，有利于公正、公平、客观的审定品种。随着科学技术、社会、生产、产业、市场的发展和需求，本届委员会尤其要坚持与时俱进的工作原则，对标准内容进行不断地研究，及时完善标准体系并在适当时候修订标准。三是强化品种退出机制。品种退出是强化品种管理的重要手段，是促进品种更新换代的主要内容，是加快科技成果转化的有效方式。国务院办公厅（40号）文件有明确规定，农业部领导讲话中也有具体要求，为使品种退出制度化、法制化，本届专业委员会要积极协助国家农作物品种审定委员会办公室开展调查研究，尽快建立和完善审定品种退出制度。本次会议对1995—1997年国家审定的44个玉米品种的退出问题进行了讨论（值得借鉴的是德国的品种审定有效期是10年，我国资源保护是15年，而生产上85%的国家审定品种一般使用的自然寿命在8～10年，但有5%~10%的品种可能会持续使用10年、20年或更长时间，省级审定品种往往在5～8年甚至个别达到10～15年）。四是建立和完善国家玉米品种试验考察评价机制。要继续加大委员参与国家玉米品种田间考察工作力度，建立品种田间考察抉择制度，对有重大缺陷的品种通过田间考察予以淘汰，委员会要制定相关考察办法来指导考察工作。五是加强审定后推广品种的管理。针对市场上品种存在的问题，根据国家农作物品种审定委员会办公室的部署，玉米专业委员会要加强对审定后玉米品种延伸管理的技术研究，完善相关管理办法，利用DNA指纹技术进行品种真实性、一致性、特异性的检测，强化对审定品种市场管理的技术支撑能力。六是完善抗病虫鉴定。品种试验的抗病性鉴定关系重大，委员会建议抗病虫鉴定应充分考虑生产实际，尽量避免无限度的加大逆境条件。同期、同地、同步开展鉴定，更加客观地反映品种的实际抗病能力。

2008年5月19—22日，第二届国家农作物品种审定委员会玉米专业委员会第二次初审会在江苏省苏州市召开，会议应到和实到委员17人，会议由季广德、王守才和周进宝主持。会议传达了有关领导关于切实做好品种审定工作的要求，认真学习了农作物品种审定委员工作守则，回顾了上届专业委员会确定的原则。本次苏州初审会议，完成了四项工作。一是完成了初审工作。根据《种子法》和农业部颁布的《主要农作物品种审定办法》等规定，依据农业行业标准NY/T 1197—2006《农作物品种审定规范　玉米》进行初审，也对个别指标进一步完善。按单位、区域、类型、省份等回避的考虑，确定了每个委员主审的品种和副审的品种。依据标准，委员们对报审的32个玉米品种进行认真审核，经无记名投票共有29个品种通过初审。二是探讨了审定标准问题。国家玉米品种审定坚持从严管理，每年从预备试验到区域试验的品种入选率为7%左右，从区域试验到生产试验的入选率为14%左右，从区域试验到通过初审入选率为9.4%左右，从推荐审定到通过初审的入选率为90%左右。目前部颁标准较为完善，符合实际情况，可操作性强，有利于公平公正地进行品种审定和管理。但在保持标准核心指标要求不变的情况下，也要坚持与时俱进和实事求是的原则，以实际使用价值为核心，对部分指标实施动态应用。针对不同生态区的品种需要和选育、试验情况，也要对部分指标适当调整和优化。三是推动了国审老品种的退出。本次会议对1999年（含）以前审定、目前还在局部使用的36个国审玉米品种进行了讨论，并依据农业部制定的标准、程序、办法进行了投票表决，建议对20个老品种予以退出。四是加快玉米优良品种的试验、审定和推广问题。黄淮海夏玉米区推广品种单一化严重，稳产性指标适度从严，丰产性标准可适当放宽，确保玉米生产安全；西南山区因生态条件复杂，部分地区自然条件差，自然灾害多发，抗倒性标准适当放宽；东华北区区域范围大，自然条件差别大，稳产性标准适当放宽，通过优化部分区域的性状，达到从严管理的要求。进行病虫害界定时，如遇到同一品种两年或同年两点同一病害鉴定结果出入较大时，可参考田间发病情况进行综合考虑。东北华北春玉米区的丝黑穗病要严格按照标准进行评价，其他如叶部斑病、茎腐病等病虫害鉴定结果应结合田间病虫害发生情况进行评价。对于有一定风险的病虫害，应在审定公告中明确表述和提示。同时应结合田间病虫害发生情况进行综合评价。青贮玉米品种区域试验在已经更换为专用青贮对照的情况下，产量指标参照普通玉米相关标准进行评价。

会议强调要加强抗病虫鉴定体系建设，抗病虫鉴定各单位应尽快建立起统一、有序、协调、合理的抗病虫鉴定方法、程序等，要充分考虑生产实际、育种进展、抗源情况，确定适宜的病虫害鉴定种类及其标准。委员们还针对品种品质鉴定机构和指标的协调机制、品种适宜范围的划定、加快利用价值有限的已审老品种退出、品种田间考察等问题进行了认真广泛的讨论。

利用本次初审会机会，本人向玉米专业委员会表达了在品种审定方面的观点和体会。一是品种审定制度主要是考虑品种使用价值，为了确保使用价值必须规避风险，这是品种审定的本质特征。二是品种使用价值往往通过某品种比对照品种的优劣，特别是品种的丰产性、稳产性、品质、熟期、抗（耐）逆（含生物与非生物）性来体现。三是规避被审定品种的风险有多种方式，可通过不予审定、压缩适宜范围或区域、明确指出问题等来表达和实现的。四是国家审定历来有几个基本原则，主要是符合“品种”的原则，品种（亲本）来源清楚的原则，品种应是跨省应用的原则，有使用价值且风险小、风险可规避、缺点可克服优点可弥补缺点的原则等。五是一个国家的品种审定制度和审定标准是由这个国家农业和农村经济甚至是经济发展水平所决定的，是一个国家的农业政策走向、产业化程度、国民素质和经济发达水平所决定的。六是国家玉米品种审定规范是推荐性农业行业标准，是对从业人员的约束，在使用过程中往往也可能转变成内部强制标准，但品种是否被审定在于品种实际试验数据基础上，按法律规定以委员投票结果来决定的。七是在品种审定过程中，往往需要权衡品种与品种之间的相对比较、战略与战术之间运用、长远与现实之间的兼顾等相互关系。八是根据品种审定工作的实际，要认真贯彻第二届委员会成立大会上危朝安副部长的讲话精神，严格准入、适时更换对照、加快品种退出，应该说玉米在很多方面先行了一步，这是大家共同努力的结果。九是对于丰产性、稳产性、抗病性、品质、熟期等性状，年会时在专业委员会指导下已经严格把关，使我们现在的国家玉米品种试验中品种的实际入选率已经从过去的15%左右逐渐下降到5%左右，已经实现了从严管理的要求。十是任何一个标准尤其是推荐性的审定标准，建议在严格执行审定标准的基础上，准确把握各个性状的实际情况，实事求是地妥善处理在审定标准指标左右品种的把控和处理，不要因为某一项指标差“0.1”而认为没有达到审定标准，这是不妥的，也是不负责任的，要综合考虑、合理定位。十一是对个别单位试验结果真实性的担心，本人是非常理解和想抓好的问题，但目前还没有足够的证据依据和支撑（也许是道听途说、扰乱视听，但我们绝不能轻视这件事）。十二是划区问题要认真对待，去年有关申请单位有划区的疑问，希望大家认真审核、合理划区，我们已经给大家做了前期工作，基本可以满足目前的审定划区要求。希望各位委员利用数据基本表格来全面了解各个品种的表现，继续本着对国家、对农民、对玉米负责和对育种家、企业家、推广经营者负责的精神，合理把握尺度，按照农业部的要求做好品种审定工作。十三是关于实施“精品”战略的问题，实际上所谓“精品”就是适当提高审定标准，但不是越高越好、越少越好，更不是孤品、珍品、稀品，玉米生产和产业需要无数的优良特色品种，要把有价值、有特色、风险小的品种尽快推广到生产中去，下一步的重点是在巩固已有成果的基础上，千方百计加快优良品种的选拔，为国家玉米生产、产业发展以及粮食安全选拔更多、更好的品种。粮食安全玉米要勇挑重担，玉米安全单产应做贡献，提高品种单产是基础也是关键，是毫不动摇的，但要兼顾稳产性、抗逆性、生育期、品质及其彼此的相互关系，而不要道听途说、断章取义。如所谓抗性就是产量，往往有时抗性并不是产量仅仅只是抗性，在生产实践中更多的优良品种往往是水平抗性比垂直抗性更重要。如所谓以效益为核心、品种好坏主要看效益，其实这是很不全面也不科学的说法，效益其实是另外一个层次的问题，往往品种审定时无法预测其未来的效益。品种利用价值的评价尺度主要是品种的综合评价，尤其注重三个有用的特点是评价的核心，就是“产量、品质和熟期”的评价而不是其他的问题，其他性状往往是辅助的，都是为以上三个基本目标性状服务的，起码要优先考虑，抗性不是产量，但往往很多地区抗性不过关则就没有产量，从这个意义上讲抗性是形成或保障产量的重要因素甚至是核心因素，其实这是两个完全不同的概念；如品种审定过去长期以产量为核心的说法极其片面，实际上是政绩观、价值观有问题。我从 1990 年从事审定工作以来，产量固然重要，但各届委员会的各专业委员会从来没有片面追求产量，一般没有其他因素保障和支撑不可能形成所谓的产量，这样的品种也不会存在。反过来，没有抗性、熟期、品质的保证，农作物怎么能生产出来“产量”。

2008 年 8 月 7 日农业部发布第 1072 号公告，公布了 29 个国家审定的玉米品种；2009 年 2 月 24 日农业部发布第 1168 号公告，公布了第二批停止推广国家审定农作物品种目录，公布了郑单 14 号等 17 个停止推广的玉米品种。

2009 年 5 月 20—22 日，第二届国家农作物品种审定委员会玉米专业委员会第三次初审会在天津召开。会议由季广德、王守才和周进宝主持。会议听取了农业部种植业管理司马淑萍副司长、全国农技中心邓光联副主任和谷铁城处长关于品种审定和管理的意见，要求强化责任意识、忧患意识和全局意识；要坚持严格标准、严密程序、与时俱进、职业道德的四项原则。会议对申报审定的 17 个品种进行初审，14 个品种通过初审。会议讨论了《主要农作物审定品种退出办法》（讨论稿）、《主要农作物品种审定规范　玉米》（修订稿），并讨论了 2009 年拟退出的国家审定玉米品种的初审意见。会议针对有关问题进行了研究：一是推进“精品”战略。会议认为在委员会的指导下，国家玉米品种区试年会同样考虑更高（产量潜力更高）、更强（适应性更强）、更严（审定标准更严）的“精品”目标要求。在实际工作中要积极引导参试单位，循序渐进推进“精品”战略。“精品”战略的本质是试验的“精品”，主要是试验质量、试验布局、试验检测、鉴定结果的准确性，尤其是试验设计的科学性、代表性、预见性以及与农作物种业、农产品市场、农业产业化需求的匹配程度等。二是适时修订审定规范。根据近年来各玉米产区的主要病害有所变化以及抗倒伏、生育期、青贮产量等指标有待进一步优化的实际，建议对部颁行业标准 NY/T 1197—2006《农作物品种审定规范　玉米》进行修订。三是规避品种生产风险。对于出现减产、倒伏严重和病害重发的试点所代表的区域不应列入适宜种植区域，最大限度地保护国家粮食安全和农民的利益。

2009年6月，玉米审定品种标准样品第一轮征集工作结束，累计整理入库标准样品1025份。第一个玉米DNA指纹数据库网站正式开通（网址：www.maizeDNA.com.cn）。

2009年7月28日农业部发布第1243号公告，公布了14个国家审定的玉米品种；2009年9月19日农业部发布第1461号公告，公布了第三批停止推广的国家审定农作物品种目录，其中吉单180等14个玉米品种停止推广；2009年12月13日农业部发布第1504号公告，公布了第四批停止推广的国家审定农作物品种名录，其中中原单32等27个玉米品种停止推广。

2010年5月18—19日，第二届国家农作物品种审定委员会玉米专业委员会第四次初审会在重庆召开。会议由季广德、王守才和周进宝主持。会议依据全国农技中心邓光联副主任和谷铁城处长关于品种审定和管理的要求，强调要继续坚持“精品”战略，要密切关注品种的抗性问题，降低品种推广风险。会议对申报审定的27个品种进行初审，24个品种通过初审。农业部2010年9月9日发布了1453号公告，公布了国家审定的24个玉米品种。会议还对27个国家已审玉米老品种的退出问题进行了研究。

2011年4月14—16日，全国农技中心在武汉召开了省级种子管理站长参加的品种管理工作会议，主要讨论研究两级试验、审定的协调工作。为了做好两级协调工作，全国农技中心分两个组先后到安徽、江苏、湖北、湖南、山东、山西、辽宁、吉林8省进行了调研，充分听取了种子管理、科研、企业等各方面意见，力图建立全国协调一致、互动有效的品种管理体系。

2011年上半年，全国农技中心对已审定品种进行了全面清理，根据“全国种子执法年”要求，结合已审定品种标准样品征集工作，从年初开始对国家和省级已审定品种进行了全面清理。据不完全统计，截至2010年全国主要农作物共审定品种15800多个，其中已退出3500多个，目前有合法身份的品种12350个。在有合法身份品种中，征集到合格标准样品5662个，未征集到标准样品4155个，已征集到但延期提交、按时提交但样品不合格的2533个。清理工作基本结束后，对各种类型的品种提出了初步处理意见，待农业部确认后，再进行品种退出工作。

2011年5月25—26日，第二届国家农作物品种审定委员会玉米专业委员会第五次初审会在成都召开。会议由季广德、王守才和周进宝主持。全国农技中心邓光联副主任到会并讲话，他肯定了本届玉米专业委员会以往的工作成效，分析了当前品种管理面临的形势任务，对下一步品种管理工作提出了要求。会议对申报初审的25个品种进行审定，全部通过初审。会议针对有关问题进行了认真研究：一是关注品种抗性风险。根据近年来各玉米产区的主要病害有所变化和抗倒性加重的实际，要把可预知的风险降到最低程度。黄淮海地区要进一步加强对南方锈病、褐斑病的监测，但暂时不作为主要病害来考量，同时要关注黄淮海夏玉米区暴风雨灾害对品种的影响；西南区要关注穗粒腐病问题。抗病虫害鉴定单位应抓紧进行大面积推广品种审定后的风险监测。二是规避品种生产风险。对于2009年黄淮海地区出现的罕见暴风雨天气导致的倒伏（折），要考虑其为极特殊性气候，兼顾对照表现和其他年份的品种表现来具体分析，确定其适宜范围；2010年辽宁出现的罕见阴雨寡照情况，造成试验品种的产量普遍偏低，划区时应以生产试验为主，结合其他年份数据来综合考虑。部分省份内的试点代表性要进一步明确，以便划区时使用。北方甜玉米品种区域试验、青贮玉米品种区域试验要进行适宜区域的布局调整。三是规范文字表述。审定公告中关于栽培技术要点的描述，要兼顾播期、适宜密度、土壤类型等因素及一些特殊的栽培管理措施，同时要体现申请单位的意见。季广德主任委员在会上代表本届玉米专业委员会做了5年的工作总结，经玉米专业委员会讨论，一致通过了这个报告并请季广德主任代表本届玉米专业委员会向国家农作物品种审定委员会办公室、全国农技中心报告工作。

2011年6月22日农业部人事司以农人发〔2011〕4号印发《农业部关于成立种子管理局的决定》，是经农业部党组研究并经中编办批准，决定在农业部机关增设种子管理局。2011年8月26日，农业部办公厅以农办人〔2011〕59号通知形式印发《农业部办公厅关于印发种子管理局主要职责内设机构和人员编制规定的通知》。

2012年3月14日，农业部发布第1726号公告，公布了第六批停止推广的国家审定农作物品种目录，其中四单19等56个玉米品种停止推广。

六、第三届国家农作物品种审定委员会（2012—2016年）

2012年10月18—20日，第三届国家农作物品种审定委员会在北京成立，由水稻、小麦、玉米、棉花、大豆、油菜和马铃薯7个专业委员会共145名委员组成，其中水稻、小麦、玉米专业委员会各有23名委员组成，棉花、大豆、油菜和马铃薯专业委员会各有17名委员组成。玉米专业委员会第一次品种初审会同时在北京召开，27个玉米品种参加初审，其中20个品种通过初审。针对本届很多委员不熟悉玉米及其品种审定的特殊情况，本人在会上对玉米委员未来5年工作提出了几点技术建议：一是应全面了解全国玉米生产情况及生产布局；二是要尽快了解国家玉米品种试验网络运行图和早日熟悉国家玉米品种试验区域布局图；三是要全面了解并运用《农作物品种审定规范　玉米》；四是能把握和驾驭我国各区域各类型品种走向；五是要确保本届审定工作公正公平、科学效率地运行。

2013年5月7—8日，全国农技中心在河南省洛阳市召开了全国农作物品种区试工作会议。国家农作物品种区试工作已经有几十年的历史，特别是2000年《中华人民共和国种子法》（以下简称《种子法》）颁布实施后，在法律上确立了品种区试审定法律地位，区试工作得到了进一步加强和规范。会议以“强化技术支撑、提升服务能力，全面推动品种区试工作再上新台阶”为主题，全面总结交流了《种子法》实施以来全国农作物品种区试取得的成效和经验，深入分析了当前面临的新形势、新任务，明确了目标、厘清了思路、强化了措施，有力地推动了全国品种区试工作。陈生斗主任作了主旨报告，马淑萍副局长代表农业部种子管理局讲话，邓光联副主任主持会议并作总结讲话。国家农作物品种区试工作得到了农业部财务司、发展计划司、种植业管理司和种子管理局大力支持。

2013年5月10日全国人大农委法案室在农业部召开关于《种子法》修订意见座谈会，本人提出几点不成熟的意见：一是要明确我国种子产业长期处于初级发展阶段，要相应制定符合这个阶段发展规律的法律、法规和方针、政策；二是本次修订应明确品种管理的价值取向，按照制度设计，应该优先服务于农民；三是这次《种子法》修改后，要出台相关细则，品种权保护的重要条款上升到法律，一般规定下降到规章，否则，种子有法律，品种权保护停留在条例上，不协调；四是原《种子法》在品种管理上我们认为是7种作物法，不全面、不公平、不科学，缺乏对其他作物品种的管理方式，尤其是常规作物、小作物，它们都是有特色、扶贫、优质的作物；五是什么是绿色通道，绿色通道的前置条件、可能走向、预期目标都不太明确，建议作出权威解释并纳入《种子法》；六是区试与审定一个是技术管理、一个是行政管理，区试不能按行政许可管理；七是品种管理应实施有效期管理，可促进科技成果转化和品种更新换代；八是坚持两级审定制度，因为现在全国农业生产上使用的审定作物品种，国审、省审各占半壁江山。

2013年7月13—14日，第三届国家农作物品种审定委员会玉米专业委员会第二次品种初审会在北京召开，有22个玉米品种申报国家审定，18个品种通过初审。2013年10月18日农业部发布2011号公告，公布了18个国家审定的玉米品种。

2014年9月10—11日，第三届国家农作物品种审定委员会玉米专业委员会第三次品种初审会在北京召开，有36个玉米品种申报国家审定，29个品种通过初审。2015年1月19日农业部发布第2209号公告，公布了第三届三次玉米品种初审会通过的29个玉米品种。

2015年6月2—3日，第三届国家农作物品种审定委员会玉米专业委员会第四次品种初审会在北京召开，有51个玉米品种申报国家审定，45个品种通过初审；还有10个品种是通过农业部种子管理局组织的科企合作“8+1”渠道申报，也通过农业部种子管理局直接提交的申报材料并参加初审，10个品种都通过初审。2015年9月2日农业部发布第2296号公告，公布了第三届四次玉米品种初审会通过的55个玉米品种。

2016年3月10—11日，第三届国家农作物品种审定委员会玉米专业委员会第五次品种初审会在北京召开。2016年7月16日农业部发布第2424号公告，公布了第三届第五次玉米品种初审会通过的34个玉米品种，其中含陕单609和延单288。

备注：2016年2月17日23时46分杀青。

引导育种

在国家玉米品种试验体系的改革发展历程中，2003 年是令人难忘和极不平凡的一年。我们在历次考察中看到外企品种在株型、穗型以及早熟、耐密和脱水等性状上比国内选育的品种优势明显，总想找机会对运行多年的国家玉米品种试验布局进一步优化，把玉米育种目标向早熟、耐密、优质（商品）方向引导。因此，在全国农技中心 2003 年的品种管理工作计划中，安排了多区域、多类型、多组别的玉米品种试验考察活动，以便听取大家意见、吸收大家经验、研究试验布局、引导育种目标。

2003 年的 7 月 10—15 日，全国农技中心组织了东南玉米品种的试验考察，包括浙江、上海、江苏、安徽的国家试点，在这期间专家们建议进一步调整鲜食玉米品种的试验对策，简化试验程序、完善品尝鉴定方法，加大鲜食玉米对外开放力度，对先正达等甜玉米企业放开参试条件，依托东南国家鲜食玉米品种试验来带动全国鲜食玉米产业的发展。7 月 20—31 日，又组织了西南玉米品种试验考察，包括贵州、重庆、四川的国家试点，在贵阳召开了考察总结会。大家建议，加快玉米品种引进，服务于西南玉米生产；同时加大参试品种的监控力度，在品种大交流过程中要避免病害大流行；西南玉米生产用品种主要依靠西南的育种家解决；生产试验放到生产田去做更符合实际。

针对我国玉米科研生产上存在的问题以及与国际先进水平的差距，我多方征求专家意见，先后拜访请教了戴景瑞、陈伟程、许启凤、程相文、堵纯信、宋同明、潘才暹 7 位全国玉米界知名专家的意见，得到他们的指教，并普遍认可我对玉米试验的调整意见，即逐步优选对照、控制熟期、加大密度、严控倒伏等指标，这使我信心倍增。

这一年，我们把黄淮海夏玉米品种试验考察作为重头戏，9 月 10—16 日全国农技中心组织考察了山东、河北、河南省的国家玉米品种试验，参加考察的代表有 100 多人。在河南省浚县的总结会上，马思源、张进生、赵青春等代表在发言中，对国家玉米品种试验示范工作以及品种表现、示范质量、引导作用等给予了充分肯定。大家一致认为，农大 108、郑单 958 和重点示范品种浚单 20 等表现突出，加大示范推广力度将对黄淮海夏玉米生产起到积极的促进作用。可以说当时示范目标明确、推广措施有力、增产增效显著，这三大玉米品种的选育及推广都先后获得了国家科学技术进步奖一等奖。这得益于优良品种的选育，得益于全国农技中心领导的大力支持，更得益于试验网全体战友的齐心协力！

这次考察的主要目的是再次听取多方面专家的意见建议，对优化布局尤其是引导育种目标进行了研究，下决心调整优化试验设置、引导玉米育种目标。大家认真分析国际育种发展趋势，重点研究中美玉米籽粒差异的原因，积极探讨我国玉米育种材料的现状和跨国种子企业参试品种田间表现等问题，充分认识到对育种目标进行有效引导的必要性，否则面对先锋等跨国种子企业的强大竞争优势，我们的品种及其产品都将进一步失去市场竞争力。

借助黄淮海考察机会，我把多年来想到的问题、理由及解决的对策、措施和步骤与大家沟通。代表们指出，国家试验部分参试品种“晚熟、大穗、高秆、繁茂”问题凸显，审定推广后会给玉米生产带来潜在风险隐患，也影响玉米品质的进一步提升；审定应作为指挥棒来加强对育种目标、方向和类型的引导，加快早熟、耐密、多抗、广适品种的选育，并在国家玉米品种部分区域采取有效措施，适当限制“高秆晚熟大穗类”品种推广。鉴于我国玉米遗传资源狭窄与匮乏，玉米种子企业出现了“急功近利、急于求成”的心态，导致育种搞“大跃进、短平快”，往往把渐进式改良变成了模仿式育种，这在玉米种子企业中具有一定普遍性，也是知识产权保护不力、违法成本过低所致，不利于创新和企业的良性发展，应引起足够重视并加以限制。

与会专家认可我们引导与调整的基本思路，即以“调整对照设置，控制品种熟期，逐步提高试验密度（在东华北和黄淮海两个大区采取渐进式的提升密度，每年每亩增加 100 株的速度），逐步提高对品种抗倒性指标要求（在平均倒伏倒折率控制在 15% 的基础上，每年再降低 1 个百分点，拟 5 年后将续试或审定品种的平均倒伏倒折率先降到 10% 的水平）以全面限制高秆晚熟大穗类玉米品种的审定”为目标。

考察中提出的观点、对策和建议也得到了与会 100 多位各方面专家的广泛认同、理解和支持，达到了引导玉米育种目标、优化试验设计、完善区域布局、调整试验对策的目的。

那时大家时常问我，为什么要引导育种目标，其原因并不复杂，只要多走走、多看看、多比比、多想想也就明白了。本质上的直接原因起码有以下几个方面：一是玉米品种选育的目的是追求单位面积群体产量而不仅仅是单株生产力；二是国际玉米品种选育的趋势是依靠群体增产，因此选择早熟、耐密、多抗的品种也应该是中国的主要育种目标；三是提高我国的玉米品质特别是商品品质，是解决中美玉米籽粒差距的重要方面；四是面对国内玉米品种熟期越来越长、植株越来越高大、叶片“宽、厚、长”的局面，成熟期植株营养不能及时有效转移到籽粒中，而籽粒含水率往往达到 30%~35%，甚至更高，形成了无效的光合产物；五是针对先锋等外企品种的冠层结构、受光与郁闭情况，外引品种在营养生长中后期可见 70% 以上的光照到“棒三叶”上，国内品种只有 30% 左右的光照到“棒三叶”上的现实而言，而“棒三叶”又占籽粒光合产物来源的 70% 以上；六是国产品种在灌浆与脱水速率上都不如外来品种，生长发育后期籽粒含水率高、脱水速度慢，影响了玉米籽粒商品品质，带来的秃尖、灌浆不饱满、籽粒霉烂等方面的损失惊心动魄，使实际产量与商品性大大降低，直接影响到饲料、加工、运输、储藏、卫生等品质。

黄淮海国家玉米品种试验考察期间的交流、分析和研讨，使大家对全面优化试验方案、引导育种目标达成了广泛的共识，对采取更换对照、限制熟期、增加密度、控制倒伏指标等一系列对策措施给予了充分理解、支持和普遍赞同。

这一年的9月下旬，全国农技中心还组织了京津唐夏玉米品种试验考察，该区域同样存在类似问题，尤其是参试品种的抗倒性差、熟期偏长等已经引起大家的关注。

2003年11月7—11日，全国农技中心在昆明举办了国家玉米品种试验技术培训班，我们于2003年12月3日在《农民日报》头版，发表了《高产、优质是玉米产业发展中永恒的主题》的文章；2004年1月10—13日我们在海南省三亚市召开了2003年国家玉米品种区试年会，会后在《种子科技》杂志上发表了这次年会的纪要（2004年第3期）。

之后，我们又在2004年第5期的《种子世界》杂志上发表了《2003年国家玉米品种区试考察报告》。把当年的考察、培训、年会以文章、纪要、报告等形式阐明了国家玉米品种试验网的观点和对策，使得2004年进行的全局性、全方位育种目标引导和试验布局调整更加顺理成章。

当年对玉米育种目标的引导性调整，所采取的思路、对策和方法，得到了大家认同，逐渐在2004年的国家玉米品种试验方案、玉米品种审定标准草案等多方面体现并引起广泛关注。可以说，以黄淮海夏玉米品种试验考察总结会为标志，吹响了国家玉米品种试验网引导玉米育种目标的号角，在全国玉米育种和企业发展中举起了鲜明的旗帜，发出了试验网共同的声音。

实践证明，只要方向正确、领导支持、措施得力，依靠专家集体的经验、技术、智慧及试验网全体同人的不懈努力就没有完成不了的任务。我国迈入了社会主义新时代，只要贯彻落实习近平总书记“要下决心把我国种业搞上去”的重要指示，紧紧依靠试验网全体同仁、广泛吸收各方意见、服务农业科技进步、立足“乡村振兴”大局，国家玉米品种试验网仍将在推进现代种业发展的伟大历史进程中谱写更加绚丽、美好的新篇章。

备注：2018年12月11日杀青。

DNA 应用

回首 2002 年以来 DNA 指纹技术在玉米品种管理中应用及推进进程，真是令人难忘的岁月，不得不从启动的时候说起。

21 世纪初，随着《种子法》的颁布实施，国家对种子管理工作的高度重视和品种管理经费的大幅增加，国家农作物品种区试审定工作迅速走出困境，步入正轨，进入规范发展的新时期。体现在：一方面，采取完善区试管理办法、开展技术培训、加强实地考察等措施，对区试质量进行严格要求；另一方面，通过引进消化吸收国外先进的农业统计分析方法，制定、修订品种试验技术规程、品种评价标准等规范区试管理，显著提高了国家品种区试质量和科学规范水平，获得了业内领导、专家、企业家的好评。

玉米作为主要粮食作物之一，更是品种管理工作的重中之重。当时，国家玉米品种试验网已经建成，试验运行良好，国家试验网的扩大和影响力明显提升。但是，随着中国种业发展进入市场经济新阶段，品种成为市场竞争的核心。过去种子公司只卖种子，不搞科研；如今为了生存，有些企业不得不大量引进各类品种进行广泛筛选，甚至采取偷窃、套购、骗取等不正当手段。一时间育种单位骤然增多，参试品种数量剧增。这不仅给区试增加了工作压力和经费负担，而且参试品种中形态特征几乎一样，农艺性状也基本相似的品种时有出现，相差无几的姊妹系更是常见，给品种评价带来了很大的困难。同时带来的后果是推出一个好品种不久，与之相仿的一串品种后续出台，一品多名的现象常有，突破性品种却不多。

业内专家都知道，造成上述问题的主要原因是当时我国的种质资源和品种权保护的力度不够。世界多数国家要求新品种必须经过严格的新品种试验（即 DUS 试验），获准登记后，才允许生产经营；而当时我国植物新品种保护还在发展初期，新品种保护的审查测试技术体系尚不健全，和与之密切相关的品种区试审定工作脱节严重，给具体工作带来许多问题。

针对上述问题，我们进行了多方面的调研和深入了解，认真分析研究赴国外考察时学到的经验，了解有关省在这方面的做法，旨在尽可能规避品种在生产应用上的风险和保护育种者的知识产权。根据当时对 DNA 指纹技术的粗浅认识，准备用于国家玉米区试品种的识别上是否可行还是很担心，心里一点底都没有。功夫不负有心人，真是“山重水复疑无路，柳暗花明又一村”，机会终于来了。

2002年2月22日，四川省种子站向全国农技中心递交了“国家玉米区试品种真实性的DNA指纹鉴定”计划任务书，以肖小余、林勇和杨俊品3位专家作为课题主持人，参加人还有唐海涛、苏顺宗和谭君等。计划是2002—2004年完成任务，主要经济指标和验收的研究结果为三项：① 获得我国目前玉米区试中品种真实性和纯度鉴定的SSR指纹图谱，通过核准比对试验，获得SSR指纹技术在鉴定玉米真实性和纯度上的实用性和可靠性；② 核心期刊发表论文3~5篇；③ 获国家专利1~3项。

与此同时，我了解到北京市农林科学院玉米研究中心以赵久然主任为核心的团队也开展了DNA指纹检测方面的工作，当我听取了他们的科研进展及相关应用情况报告后，对他们的工作给予了极大的关注，意识到DNA指纹鉴定技术是在分子水平上，给每个品种一个遗传上的识别标志“指纹”，这将在很大程度上解决一些试验、审定和市场中经常出现的品种间、品种内用肉眼难以识别的疑惑，以及对多年来品种相同、相似、相关问题的困惑。

在认真研读了上述两个单位的计划任务书和相关资料的基础上，在鉴定目的和意义方面，我建议增加“有效地鉴别玉米品种的真实性，为品种审定、知识产权保护和维护种子市场秩序提供技术支持”；在工作内容上建议增加“品种真实性的SSR指纹图谱纳入区试品种的经常性鉴定范畴，对每年国家区试品种进行鉴定”。并向领导提出如下建议，“一是可作为技术探索，如果经费允许望能给予支持；二是未来由四川农业科学院作物研究所和北京市农林科学院玉米研究中心分南北两片进行，全面推进；三是做本项工作的目的主要是确定品种的真实性，要从区试甚至预试入手，作为区试工作中的经常性鉴定，提高区试工作的技术含量”。以上建议得到领导的大力支持，并从当年的区试经费中作了安排。在各作物中，玉米率先开展了国家区试品种的DNA指纹鉴定工作。

2003年1月24日，北京市农林科学院玉米研究中心给全国农技中心来函汇报了2002年开展“中国玉米新品种标准DNA指纹库建立的研究”进展，一是建立了快速准确、经济简便、稳定可靠的基于SSR标记的玉米DNA指纹鉴定标准实验体系；二是确定了一套基于SSR的适用于玉米品种DNA指纹库构建的多态性高、重复性好的核心引物；三是建立了2002年京津唐和黄淮海的国家区试玉米新品种（共52个）的标准指纹图谱数据库。他们打算2003年做三方面工作：一是收集2003年全部玉米区试品种，按参加第一年和第二年区试分类整理；二是将2003年参加京津唐和黄淮海第二年区试的玉米品种进行DNA指纹检测，通过与第一年区试品种DNA指纹比较，分析是否有同一品种名称但两年区试DNA指纹不同的现象，进一步确定是否属于更换品种所致，探索DNA指纹技术在监测国家区试玉米品种中的可行性；三是对推荐报审品种做出其标准DNA指纹，以获得唯一身份标志。这一年小试牛刀即初见成效，极大地增强了我的信心。

2003年初，我向领导汇报这一工作进展的同时也提出了建议，即“2003年拟在上年工作基础上继续开展指纹分析，并增加对东华北春玉米组的参试品种DNA指纹检测，重点是东华北和黄淮海区”。这项工作继续得到领导的支持，并安排10万元作DNA指纹库建立的研究经费。

我当时的粗浅想法是启动DNA指纹鉴定技术，就是为加快DNA指纹技术的成熟度、努力争取获得 DNA 指纹技术的法律地位，积极推进技术标准体系建设，达到在分子水平上识别品种的目的。

随着国家玉米区试参试品种 DNA 指纹检测工作的顺利开展，水稻、小麦、大豆、油菜等国家品种区试也陆续开展了参试品种 DNA 指纹检测。同时极大地推动了这项技术的发展应用，使我国农作物品种及种子管理工作更加科学、准确、快速、高效。

从 2002 年的春季启动一直广泛应用到今天，是与上级有关领导的大力支持分不开的，是与北京市农林科学院玉米研究中心、四川农业科学院、中国农业大学和扬州大学的积极探索、努力推进分不开的，尤其是与赵久然、王凤格、郭景伦、王守才、杨俊品、陆卫平等专家的辛勤工作分不开的。DNA 指纹鉴定技术应用到玉米品种管理中的实践探索得到认可，后来在处长的大力支持和全处同事的密切配合下，相继又在水稻、小麦、大豆、油菜、棉花等农作物试验审定的品种中进行，在我国主要农作物品种管理中发挥了不可替代的作用。

根据全国农技中心的安排，2002 年由北京市农林科学院玉米研究中心和四川农业科学院作物研究所分工承担京津唐、黄淮海、西南和武陵山区 4 个组区试品种的检测任务。2003—2004 年将国家玉米区试检测范围逐步扩大到所有 8 个普通玉米组，并由区试扩展到预试。

2005 年是玉米区试品种检测发展历程中极不平凡的一年：一是制定并试行 DNA 指纹检测标准及管理办法；二是国家区试所有参试玉米品种均开始入库长期储存；三是开始将区试检测范围从国家区试逐步扩大到省级区试；四是 SSR 检测技术从 PAGE 电泳向荧光毛细管电泳升级，加快了 DNA 指纹库构建和提高了检测工作的效率。2006 年起，逐步将国家区试检测范围扩大到鲜食、青贮、爆裂、机收等各类玉米品种试验组别，检测单位从 2 家增加到 4 家。2007 年起，检测范围逐步扩大到省级区试品种，目前基本实现了玉米区试品种检测的全覆盖。2014 年起，随着联合体、绿色通道试验的开展，形成区试 + 联合体 + 绿色通道的联合检测模式。

DNA 指纹技术对同名更换行为的检测效果非常明显：①经过 2002—2005 年对国家区试不同年份不同区组的同名品种的检测，同名更换品种数量显著下降，由早期以差异较大样品的更换为主变为相似度较高的姊妹系更换为主；②随着 2005 年国家预试 DNA 检测工作启动及国家区试库的联网，检测出一批预试与区试间同名更换的品种，并呈现逐年下降趋势；③随着 2006 年以来各省区试 DNA 检测工作启动及全国区试库的联网，国家区试与各省区试之间的同名更换成为主体，并呈现逐年下降趋势。

随着 DNA 指纹库的构建和联合检测机制的形成，对仿冒雷同品种的检出能力逐步增强：① 2010 年以前，仿冒雷同主要来源于同一单位将同一组合采用不同名称在不同省份参试，或选育单位将同一组合转让给多家单位后用不同名称参试，随着全国区试 DNA 指纹库联网，这种情况已逐步减少；②模仿优秀已知品种成为重点，特别是郑单 958、先玉 335 等成为主要模仿对象，通过 DNA 指纹检测得到了较好控制；③参试单位利用差异较小的姊妹系配置成不同的组合参试，这一类型正在成为仿冒雷同的重要来源。

对一致性多年的持续检测，使国家玉米区试品种一致性水平得到明显改善，但不同类型略有不同：①普通玉米品种在 2005 年之前一致性不合格样品较多，经过几年全面检测，一致性得到显著改善，不合格情况几乎绝迹；②甜糯玉米品种自 2006 年启动一致性检测，当年一致性不合格品种达到24个，2007年以后显著下降到0 ~ 2个/年；③青贮玉米品种自2006年开始一致性检测以来，不合格品种始终未完全杜绝，经进一步分析，与青贮玉米品种经常存在三交种等其他杂交类型有关。

DNA指纹技术之所以能够成功应用在区试品种管理中，有几点经验值得借鉴。

一是采取逐层快速推进、稳步前进的发展思路。从国家区试层面，区域上从普通玉米4个组别推进到全部组别，层次上从区试推进到包括预试、区试和生试的全部试验，类型上从普通玉米推进到甜糯、青贮、爆裂、机收等其他类型，作物上从玉米推进到水稻、小麦、大豆、棉花、油菜等其他农作物。全国区试层面，从国家试验推进到省级试验，从政府主导的试验推进到企业级试验。

二是依靠科技进步，用开放心态拥抱新技术。在没有DNA指纹技术之前，筛查仿冒雷同品种是不可能的。2002年启动玉米区试品种检测工作时，由于SSR技术尚不完善，无法实现不同指纹库数据的比较。为加快SSR技术的成熟化和标准化，引入了荧光毛细管电泳检测，研制出适合玉米品种真实性检测的复合扩增试剂盒，开发了适合植物品种SSR指纹分析的专用软件，研制了兼容多标记及多物种的植物品种DNA指纹库管理系统，实现了SSR指纹数据库的整合共享，为仿冒雷同品种的检测提供了有效的手段。随着SNP技术的发展，进一步探索SNP标记在玉米真实性检测中的应用，研制出了适于玉米品种真实性鉴定和建库的SNP系列芯片MaizeSNP3072、MaizeSNP384等，建立了KASP平台的样品高通量SNP检测体系，为SNP技术的标准化及在品种管理中的应用奠定了基础。

三是推进新技术应用，需要配套措施的保证。DNA指纹技术不是万能的，只有将各项措施配套，才能使新技术真正发挥作用。

为此，在以下几个方面进行了配套：①标准及管理办法的制定确立了判定依据和问题品种处理方案；②植物品种命名规定中确立了命名唯一性的原则，避免了结果处理的随意性；③标准样品长期保藏，将实物样品和DNA指纹数据一一对应。

备注：2018年12月11日杀青，感谢廖琴研究员的指导和王凤格博士提供的资料。

合理密植

伴随我国农业发展步伐加快，玉米产业在发展、种业在进步！一大批外引品种（从国外引进品种）在我国玉米生产中的比重越来越大，效果越来越明显；也伴随我国改革开放步伐的加快，一批又一批、一代又一代的专家学者、管理人员、企业家和从业者们跨出国门，了解国外的先进技术、优良品种、玉米生产乃至市场化、商品化、产业化的农产品市场，使大家眼前一亮，这也许就是中国未来的农业发展之路。

尤其是近 20 年来的中国玉米品种变化很快，国外引进品种从无到有、从小到大、从少到多、从普通玉米到甜玉米，以及从东北到西北、黄淮海乃至东南、西南，几乎遍布玉米产区。记得当年看品种，往往比谁的长得敦实，看谁的叶面积系数大，测谁的光合效率高，看谁的能青枝绿叶、活秆成熟，当然更看重哪个品种棒子粗、行数多、穗子长，这就是历史，是不可回避、值得思考、难以忘怀的历史！

20 年前，生产上几乎看不到国外引进的玉米品种，1993 年全国农作物品种审定委员会办公室通过香港捷成洋行引进德国 KWS 公司的玉米品种，如 DOGE、KX2564 等，当时就感觉不错：一是整齐一致；二是熟期早 3 ~ 5 天；三是老鼠都喜欢（他们的品种早熟些，所以在沈阳的试验田第一时间就先被啃了）。KWS 公司引进的玉米品种率先在辽宁省被审定，接着吉林省、新疆维吾尔自治区陆续审定，甚至个别引进的玉米品种成为了东北、西北局部地区的主力军，我也有引种证书，当时很欣慰，很有成就感；紧接着的 1994 年开始了美国先锋公司的引种探索，左右思考、前后琢磨、一波三折。先玉 335 等一批品种试验乃至被审定才引起了我国主管部门和玉米育种家的极大关注，后来才是栽培界和种业界的注意（这是后话）。大家关注的是株型、结实、脱水、早熟以及耐密，当然抗性也是担忧的，其实算起来最早被国人关注的密植问题可能是几十年前的事了：如水稻方面，杨守仁先生的理想株型育种；玉米方面，赵仁镕先生和戴俊英先生的玉米群体研究，以及李登海先生的紧凑型玉米研究等。而在结实方面，更多地集中在秃尖有无、长短上和耐旱程度等方面；而脱水方面，更多地集中在籽粒后期的含水率上，也许仅仅是生育期的问题。其实在多年观察以后发现，国外的品种授粉并不早，但灌浆快、脱水快，而耐密问题一直在业界争议很大、观点不一，这本身是产量构成因子的最大化与相互协调的问题。对于真正的专家、学者更关注的不仅仅是单一因子的影响，实际上真正挑起事端的仅仅是一些“旁门左道”的所谓专家——“外国企业家”和“NO.1 专家”，不值得一驳。当然，作为学术观点可以广泛讨论、谈论和辩论，别有用心则另当别论。大家知道，调整的拐点是从 2003 年的黄淮海夏玉米品种试验考察开始；其实，早在推广郑单 958 以及推广先玉 335 时已经开始着手研究的问题。

密度问题并不复杂、不值得炒作，什么品种适宜什么栽培技术和相应环境主要由种植环境（光、温、水、肥）、生产目标（产量、品质、熟期及抗性）和品种遗传基础（品种的产量潜力和对环境措施的敏感程度）所决定，采用相应的密度、播期和种植方式，是十分重要的；不可否定的是环境和措施对遗传表达方式、表达程度、表达结果的影响，也许这就是栽培生物学，应该属于农林辩证法范畴，用短期环境去改变生物的遗传表达是极其不明智的选择，往往是短期无效果、长期无作用，只是浅显、表观特征尤其是品种的环境适应性改变，往往是“不伤大雅”的选择。

这里谈到的密度就是合理密植，合理密植是群体内个体分布、群体内个体种群大小、生长发育幅度（程度）及其环境、条件、措施之间的相互关系。当然，作为目标作物的目标需求，往往还是妥善处理好穗数、粒数、粒重的三者关系，这是经典栽培学告诉我们的原理，从来不过时的规律。

现在，来谈谈合理密植问题。在以区域试验为基础和核心的测试体系中，品种试验的密度设置，往往涉及因子很多，一般我们是这样考虑的。一是对照的密度往往就是本区的区试密度。这与对照应该是本区大面积推广的优良品种相关；这还与品种试验的唯一差异性原则——遗传差异的原理有关，否则就不是单因子的试验了。二是与各地（本区）的生产条件有关，这是核心的决定因素。本区各点的无霜期及其有效积温、土壤肥力、灌溉条件、光照情况、种植方式习惯以及各地的玉米生产密度。三是大部分参试品种的类型、特性等决定的。如青贮玉米、爆裂玉米、甜糯玉米等类型，平展型、紧凑型等株型，早熟类、晚熟类等熟期类型等，大部分品种本身的综合总体特点也是设置密度大小的重要依据。四是试验目的。是以籽粒产量即经济产量为核心还是以生物产量为核心、是前期的产量为核心还是全生育期产量为核心，如甜糯玉米品种类型等。五是立足当前还是着眼长远。一般国家试验的品种经过区域试验、生产试验及其审定、试制种等多个环节，一般是给未来至少 5 ~ 10 年选拔品种的试验，应该着眼于国内外未来生产上品种类型的发展趋势。六是考虑试验的实际田间设置情况。往往试验小区面积不大（高秆作物玉米为例，一般 20 ~ 25 米 ^{2}）、重复间走道半米以上的设置，实际是比同密度生产田少了至少 300 ~ 500 株 / 亩，又综合考虑未来生产密度的增加和本区可能各地密度的差异，实际设计密度时应该比现有大面积生产田平均密度（对照品种在生产上的绝大多数密度）增加 300 ~ 500 株 / 亩是合适的，适度增加参试品种的密度选择压力也是合理的。

其实，玉米品种试验密度既简单又复杂，简单到没有必要这样详细的探讨，其实一目了然；复杂到探讨十天也难以说清楚的一个问题。真正的一个大品种、好品种往往是一个傻瓜品种，在肥水高低、密度大小、播期早晚的合理范畴，本身有一定的适应性、忍耐性和调节性（弹性，也常叫傻瓜品种，对环境不敏感类型），经过多年、多区域、多条件的历练，才能成为一个大品种。当然，从总体上、全局上、历史上看，选拔具有广泛适应性的大品种，或具有特色且较大局域适应性的优势品种具有同等的重要性。

就黄淮海地区而言，主要推广品种的密度一直不是关键的生产问题。大家都知道，该地区是夏播为主的区域，往往播种、苗期及生长发育中后期都是雨热同季，生长环境条件造成玉米的"催苗助长"，昼夜温差逐渐缩小也不利于干物质积累，早期生长环境构建了未来的植株不可能太壮，使个别品种在拔节孕穗期一遇大风大雨则茎秆基部折断的严重生产问题，这应该说伴随生长进程与茎秆干物质的积累有密切关系。同时，我们也应该看到黄淮海地区传统种植模式就是小麦—玉米—小麦—玉米……一年二熟种植、耕地连续利用，缺乏喘息、积累的机会，没有休整、生息的节奏，必然造成土壤肥力不足，尤其以化肥为主的施肥结构和模式，土壤板结、肥力下降、耕层浅薄都应该是可以预料必然的结果。所以，我们主张黄淮海夏玉米的种植应该合理确定，有效控制，因品种肥力地域不同而因地力因品种因措施而不同，总体上来说，现有品种不宜太稀（细秆支撑不了大棒）和太密（经济系数不可能太高），栽培人认为"合理密度范围内最低最佳"，除非玉米品种比郑单 958 再早熟十天，密度肯定会有一定的调整空间。还是 21 世纪初提出的观点和看法，东华北春玉米区生产密度提升将超过黄淮海夏玉米区的速度和幅度，这也许是不远的将来，东北区玉米生产的现实。

备注：2014 年 6 月 26 日下午，作于上海。

试验布局

客观地说，农作物品种试验布局，是品种试验的基础、核心和保障，没有一个好的试验布局，对品种试验来说，是致命的、不完美的，甚至难以达到预期目的的大问题。实际上试验布局与试验依据、试验目的、试验结果有密切的关系，也就是试验之初的基本规划、总体设计和未来目标的定位，来不得半点含糊，更不能自欺欺人，试验布局就是试验前策划、措施预期和试验目的所在，是试验起步的关键，更影响试验最后结果的可用性和可信度。所以做农作物品种试验要把布局安排好，在试验进行中的优化调整、补充完善相对来说是次要的，当然也是非常必要的。

一、目的依据

做品种试验，一定要目的明确。至于做什么具体性状、性能、指标等则是另外一个层次的问题。做综合性的品种试验还是单项（单性状）的试验，是做DUS类试验还是做VCU类试验，是做品种间的一般比较还是区域性的比较试验，是初级比较试验还是高级品比试验，试验目的决定了试验布局、对照选择、方案措施等。所谓品种试验都是围绕品种比较进行，往往测试品种的特征特性、性能功能、成分组分以及不同环境、不同区域、不同阶段的表现形式，要求的是遗传稳定性、环境相似性、措施一致性。

这类试验往往是单因子试验，所以在试验中相关的其他因素务必尽最大努力保持相对一致，从而减少对目标性状试验的干扰和影响。试验目的是为了把试验依据、试验目标、试验类型、试验区域、试验对象、试验年度等都明确表达出来。

当然，也有很多试验未明确表述试验依据也是不可取的，目的和依据都应该是试验的前置条件，依据往往也是试验的来源，主要是某条法律法规规章规定、某些职能职责所在、某些项目要求、某些文件文函要求等，都是必不可少的表述，往往在试验方案的标题要明确，让人一目了然。

二、试验布局

品种试验布局要考虑的因素很多，其中核心的问题是根据试验目的规划好试验布局来满足试验目的要求，包括试验的区域布局、年度布局、类型布局、层次布局、试验设计等，都是围绕品种试验的“唯一差异性”原则而展开，主要突出品种的遗传差异，而不是环境差异，也不是措施差异，更不是人为差异。中国农业区域广泛，类型千差万别，种植方式五花八门，所以要根据试验目的才能做好试验布局，这种布局也需要在运行中进行必要的优化、调整和补充完善。要把握全局来定位，突出重点来进行，抓住关键环节，不可面面俱到，不可捡芝麻丢西瓜，不可贪全贪多贪大。当然，现在的试验目的不是这样的，但当时的原则都是遵循着传统的、经典的、科学的思路。

试验布局搞不好，怎么做试验、做什么试验也不行。这种布局不求完美而求实际，能够真实反映品种表现的客观事实，验证不同遗传基础（背景）、环境条件、栽培措施限制条件下的主要农艺性状及生物学特征特性。布局对了，后面的工作就好开展了，可以逐步进行优化、规范和完善。否则，试验很漂亮，结果往往不可信、不好用、不可用。布局的区域大小要合适，该区域历史上选拔或应用的本区域该作物面积最大的品种，可以作为该区域范围内试验布局的依据、参考和借鉴，针对的是广适类品种的选择，这种布局要解决品种的区域效应就是品种的适应性问题，往往也叫多点效应，不同点之间往往生态条件相同、相似或相当，生产上的措施、种植方式、栽培模式乃至播期、密度、肥水管理都有可比性。因此，试验布局是做好品种试验的前提条件、首要因素和核心所在。从宏观上讲，试验布局是依据生产布局，而生产布局又依据生态布局的，因此试验布局必须在一个相同、相似、相当的生态环境条件下，兼顾各作物的生产类型进行合理而有效的布局，当然这种布局肯定存在横向、纵向甚至是交织的重叠布局，生态环境和农业生产往往是渐进式过渡、接替式（阶梯式）变化，过渡带要做但不是重点，试验的结果会出现偏离的问题，在这种地带设一二个试验点也是十分必要的。

三、对照品种

做品种试验的关键问题是对照品种，选择好对照品种是试验中最大的难点和困惑，往往对照品种水平高了则担心选不出来，埋没了好品种，对照水平低了往往所有品种都被选中了，失掉了意义，当然高低也是相对而言。接触到的很多试验在对照品种的选择上出现了问题，使整体试验几乎报废，真是遗憾。对照品种的选择，首先应明确几个基本原则，往往从法律上讲应该是审定、登记、备案、保护等类的品种，具备应有的法律地位为好；从习惯上看，往往人们普遍认可的是已经被大面积推广应用的品种，经过了多年生产环境条件的风雨检验；从专业的角度说，应该是同熟期、同类型的优良品种，它的抗性水平、品质特性、生长发育进程被鉴定检测验证过。反过来讲，这些既重要也不重要，关键看人们想达到一个什么目的。初始试验，往往缺乏对照品种，只好采取相对对照方式，“矬子里拔大个”的办法，从中选拔优良品种，然后就有对照品种了；2008—2009年开始打破常规，在小宗粮豆、玉米、大豆作物上，采取品种试验（主要是产量）的均值作为对照品种的产量水平，也取得了令人满意的效果，一直沿用多年。对照品种的真正核心是其生长发育特征特性、多点次大田表现、不同年份（代份）、同类生态区不同试点之间的相对稳定性，对外在的环境变化、不同栽培模式、不同生产方式的迟钝性，对一定范围的光、温、水、肥、气的不敏感性，造就了一个优良对照品种，使试验进程、试验数据、试验结果形成了可靠性、重演性和适用性，该对照品种对试验的支撑作用难以评估的，可见优良对照品种价值无限，往往可遇不可求。对对照品种而言，应该看中的是稳产性而不仅仅是丰产性，看中的是广适性而不仅仅是局部突出表现，看中的是品种是否有明显缺陷而不是突出优点，看中的是抗性而不仅仅是产量水平，抗性中看中的是水平抗性而不仅仅是垂直抗性。

人们常说，对照品种是标杆、尺子和样板。郑单958就是一个经典的优良对照品种，当年遇到的阻力也是非常大的，不必评说，如果去掉“小私心”，懂点玉米和懂点试验常识的人，也许大家的看法会一致的，不应该有太大的偏差。该品种熟期恰当、丰产性突出、抗性优良、适应广泛，当然品质也是优异的，往往在播种早晚、密度大小、肥水高低上不是那么敏感，表现照样优秀，人们习惯把郑单958类品种说成是“傻瓜”品种，正是这类“傻瓜”对照品种才是大家学习、借鉴、应用的“标杆”品种，可以说“榜样的力量是无穷的”。

四、选拔标准

选拔标准的尺度对参试品种而言，也是“生死”考验，就像高考一样，得达到一定的录取分数线，而这个分数线就是选拔的标准，当然高考需要选拔“德、智、体、美、劳”全面发展、“面向世界面向未来”的人才，使之成为国家的栋梁；而品种的选拔标准，往往依据生产实际需要、产业需求、创新能力而设置的，需要综合考虑行业现状、遗传进度、试验精度、品种需求的迫切程度甚至市场品种的现状等，力图对试验品种综合的、全面的、客观的、真实的、科学的评价，可有效确保国家粮食安全、保障农产品绿色优质安全有效供给、实现“乡村振兴”，这里有一个释放出去的是否是品种可能带来的利弊得失、风险评估和把控的问题，是当前及未来5～10年的市场容量、品种试验为谁服务的问题，当然不论从哪个角度看，释放太多的“品种”可被视为“放水”，遭殃的还是老百姓——仍然尚未摆脱传统农村、农业的农民，哪怕不足30%也是难以想象的庞大弱势群体。品种，农作物品种才是农业科技进步的最大、最基础、最核心的先导载体，品种在一定程度上反映各国农业乃至整个科技进步水平，农业政策导向，农业和农村经济的发达程度，表明一个国家的农业组织化、商品化、产业化的程度和未来政策走向，不论怎么看，从个人认知而言，当前太多的“品种”大规模的进入市场，对我国供给侧结构性改革、农产品优质化进程、农业产业化发展、农业现代化步伐都不是利好的事，当然最大的问题是对农民生产积极性、农业农民增产增收增效、尤其是脱贫致富奔小康更是沉重的打击，不能小视。

五、试验规则

其实，试验也是有规则的，这种规则对试验能否良好运行、实现预期目的是十分重要的。规则就是试验规程、试验程序和具体操作规范，规则就是规范，就是告诉承试者要做什么试验、要试验什么、测试什么、记载什么、评价什么，这也有一个单项的与综合的关系。按规则规范试验相关人员的技术操作行为，减少人为和环境造成的误差，保证试验运行、试验数据采集、试验操作的公正与科学、试验结果的真实可靠。这是对人行为的规范，是对操作程序的规范，也是对操作内容、操作方式和操作尺度的规范，对保证试验正常运行和试验结果可信、可用、可重演性起到的保障作用不可低估。没有试验规则的试验往往难以想象，当然试验之初的运行，往往没有规则的，规则规范规程都是建立在实践基础上的，是人们社会活动的精华和科技研究工作的系统、规范和科学总结，应引起足够的重视，否则会五花八门、七上八下的，难以对品种作出科学、客观、全面、真实、可靠、公正的评价的。人们过去将规范主要理解为试验设计方面，我也不否认、甚至也是这样理解的，但规范试验工作的方面很多，不仅仅是试验设计，这也仅仅是从种植方式的角度来考虑的，是在试验基础方面的规范，实际上调查记载标准、试验设计与田间排列、试验管理办法、试验技术操作规程、保护行设计、播前准备，等等，几乎所有与试验有关的内容、规定、要求等应该都属于规则、规范的范畴，试验布局更是试验规范的最重要组成部分之一。

六、试验方案

试验方案在试验中的作用最大，这个方案应该是在目的（目标）、来源（依据）、对照品种、选拔标准和试验规则等方面要求的集中表达，实际上是试验工作的技术手册、操作指南。方案中，一般要求包括试验目的、试验地点、承担单位、试验内容、田间设计、运行程序、记载标准、统计分析要求和总结报告格式（包括时间日期等条件限制要求）等，还应该目标明确、步骤衔接、措施可行，使之设计科学，操作规范，内容完善或基本完善。在容易引起误解、歧义的地方，要增加备注，要让外行看得懂、可以直接按方案操作，也就是如何提高各地千变万化环境对方案的要求，也就是提高方案的可操作性，这是非常重要的，也是方案设计的基本功。

我认为，承试人员的整体素质是第一位的，试验应具备的基础设施尤其是试验地条件应是第二位的，而试验整体综合布局应该是第三位的，当然三种因素对试验彼此作用的影响才是最重要的，一般情况下一、二、三的顺序并不存在，而是表明做好试验必备的因素及其相对重要性而言。在不考虑承担人员综合素质、试验基础设施设备条件、试验地点代表性和其他干扰因素外，科学严谨、实用超前的优秀试验方案，对保证农作物品种试验质量，提高科学性、可操作性和公正性，确保试验布局合理、有效和结果真实可靠是非常重要的。

当然，试验不是目的，仅仅是方式和手段，通过试验来准确把握和评估品种的利用价值和推广前景，推进农业科技成果加快转化成生产力的速度和效率，最大限度地发挥品种的潜力，加快为我国农业农村农民、种业产业行业、安全优质绿色、创新高效发展服务，这才是根本。

一般认为，官方的试验应由官方来做，或者是第三方来做。这是因为需要获得客观、公正、求实的品种信息，尤其为审定而做的试验、为登记而做的试验、为植物品种权保护而做的试验，这类定性与定量要求准确的试验，需要得出真假、优劣、高低，不能太随意了，这毕竟关乎广大农民的生产安全、增产增收、脱贫致富的大问题，涉及产业进步、市场繁荣、产品安全的大问题，更涉及国家粮食安全、农产品有效供给、优质绿色创新发展的大问题，来不得马虎。同时，作为品种审定、登记、备案等官方管理体系要有第三方试验做验证，自己来评价自己往往不具备应有的公正性、客观性、真实性和可信度，会阻碍未来的创新驱动战略实施、优质绿色发展、产业提升进步。

备注：2019 年 8 月 9 日杀青。

操作程序

根据各作物品种试验的规程、流程和基本要求，开展国家级农作物品种试验时，往往离不开以下一些步骤，也可以称为试验操作程序，主要归纳成以下一些要点。

一、明确任务来源及目的

根据当地的情况、单位的实际、自己的业务，往年的试验情况和承担省级作物品种试验的情况等，充分评估和判断可能承担的试验任务，尤其要搞清楚试验的目的是什么，任务来源和可能的基本要求，包括对人员、设备、设施、地块等条件的要求内容。

二、落实试验方案及任务

当收到试验方案时要认真研究试验方案及应该承担的责任任务，及时向主管领导尤其是技术负责人汇报，如果能承担则千方百计去按方案要求完成好应该承担的预定任务。首先要按任务落实人员和试验责任，抓紧安排落实试验地块，做好田间布局规划，进行精细整地，确保播种、施肥、灌（排）水等操作顺利实施并均匀，做好田间小区划分等播前各项准备工作。

三、认真播种确保试验质量

在收到试验方案任务的同时，注意接收试验种子，核对品种数量，报告接收情况；在同一天按方案要求完成播种任务，确保一次播种保全苗；按种类、计量、时期、部位、阶段等要求购买合法的化肥、农药并合适使用，严格执行操作规程，避免产生肥害、药害；调查苗期项目，防止苗期害虫危害，并及时间苗、定苗，力保小区全苗。

四、及时田间管理及调查记载

中期如需追肥、灌水、施药等操作，应严格按方案及规程要求进行；做好各作物品种花期管理及相关调查记载，注意调查时期和调查记载标准；各作物生育期和病虫害的调查应严格执行试验方案和技术操作规程的要求，按调查病（虫）害种类、时期及方法、标准开展调查记载相关工作。

五、做好收获考种及相关总结

认真按方案和规程严格界定成熟期，按规定实施收获。收获前将特殊情况小区记载拍照，以备核查和总结用；田间收获时按收获的相关规定进行，要仔细核对收获容器、收获物名称和数目的准确，避免丢果落穗错行错记等问题，当然要注意内外标签的准确无误；进行室内考种时，要按规定采取室外晾晒风干、室内烘干等设备方法；保存原始数据及相关收获物应半年以上，以备核查。

考种基础上，整理好试验数据，填写试验年终报告。对于品种试验结果出现异常情况，则需分析异常原因找到根源。若试验过程中出现特殊情况，需以图文形式按规定及时报告相关主持单位和任务下达单位的技术负责人。

六、结合实际情况提出合理化建议

根据试验方案、一年来的执行过程、品种表现和当地作物生产实际，认真分析在田间布局上、试验设计上、试验进行中、品种表现上、田间管理等方面存在的问题和不足，研究并提出关于试验方案设计、试验田间管理、参试品种尤其是对照品种方面等可行性的合理性建议。一名合格的、成熟的、成功的试验人员，应该在本作物各品种的全生育期注意实时观察品种的出苗、苗期生长、拔节期、抽雄授粉期、灌浆孕穗（膨大、结实、坐果、吐絮……）等各关键期的生长尤其发育阶段的情况，对把握各品种特征特性、了解品种生长发育特点、搞好各作物的品种试验工作是极其难得、必须用心、应该做好的基本功，而绝不是记载几个数据、确定几个阶段、界定几个时期，是做好农作物品种试验的必备程序、硬功夫和真本领。

备注：2019 年 8 月 16 日 17 时 11 分杀青，杨海龙研究员、许乃银研究员提供基础材料。

示范推广

全国农技中心自 1995 年成立以来，在国家玉米品种试验网建立、规范、完善的漫长过程中，在改革、创新、发展的历史进程中，十分重视以展示示范为抓手、以新品种更新换代为目标的玉米新品种推广工作，充分利用试验网络体系开展了多年份、多类型、多层次、多区域的遍布玉米产区、星罗棋布的优良玉米新品种展示示范网络平台，以达到加快新品种推广的目的，促进农民的增产增收，服务于国家粮食安全和城乡农产品的有效供给，应该说玉米新品种的展示示范带动了全国农作物品种的展示示范工作，功不可没！

在玉米品种展示示范中，我们十分重视领导支持、典型引路、良种良法、因地制宜、循序渐进和考察宣传、项目配套、服务企业等做法和理念，采取搭平台、建网络、摆擂台等方式，使农民看得见、摸得着、信得过、用得上，深受各地主管部门、行业专家的支持和玉米种子企业的信赖，把风险控制在萌芽之中，对加快国家审定玉米品种的推广起到积极的促进作用，如农大 108、郑单 958、浚单 20 等品种的推广是有目共睹的。

玉米新品种的展示示范应该说是我们工作的一个亮点、切入点和着落点。回忆当年的情况，主要是品种少、好品种更少，更新换代速度很慢，好不容易在试验中找到几个品种，我们就想办法让人知道，期待被企业看上，祈盼在大地上开花结果，以便抵御外来品种对中国玉米种业的冲击，怀着朴素的民族种业之情感。我们整个试验团队投入了巨大的精力、全部的经验和智慧，在全国率先做了几项具体工作：一是摆擂台，广泛开展展示示范工作，试点遍布东西南北；二是开展会，在各地有目的、有特色的召开不同区域、不同类型的大规模现场考察观摩会，让玉米行业了解；三是广宣传，在新闻媒体上大规模多层次的宣传，如利用中央电视台，以及《农民日报》《科技日报》《光明日报》等，请记者参加，宣传品种、宣传展示示范、宣传推广工作，还在《中国种业》《种子科技》《种子世界》《作物杂志》等期刊和媒体上宣传新品种；四是做服务，把品种介绍给企业，把专家介绍给企业，双方自己来谈合作，在服务大家的合作过程中，本人一直坚守“不参与、不干预、不偏倚”三原则，促进科企合作，加快推广步伐；五是早定位，做好新品种的区域、类型、层次定位，服务于他们的合作开发推广。包括品种的真实表现、制种情况、风险评估、网点布局、现场观摩会策划等，遴选主导品种，并及时向农业部推荐作为主导品种来加大推广力度。

为了加快农大108的推广步伐，我们请许启凤教授到山西屯玉种业与侯爱民董事长进行合作洽谈；在陶汝汉副主任和廖琴处长领导下，全国农技中心在承德、包头、济源等地组织进行试制种；在北京及时组织农大108玉米品种推广研讨会；利用年会机会，将仅有的2500千克种子统一安排全国性的展示示范、平价供种；及时通知许启凤教授提供试验用种保证当年的试验工作；在黄淮海地区已经种植百万亩基础上，在沈阳市组织玉米专业委员会研究如何简化程序、加快试验审定步伐、开展多点生产试验以及大面积示范等工作，经玉米专业委员会考察认可后简化程序被直接审定，采取的这一系列服务对策都是为加快农大108等优良品种的推广。

我们在郑单958的推广过程中，做的一些主要工作包括：一是策划审定，在2000年同期组织、策划河南、河北、山东和国家农作物品种审定委员会的审定，我们与三省种子管理部门密切配合做好相关服务工作，记得为等审定申报材料，特别延缓一周时间；二是代理推广，组织河北、河南、山东省种子管理站品种科（具体由周进宝、温春东、李龙凤负责）代理这个品种的推广工作，但不得参与种子经营事宜，确保种子质量和展示示范点有优质种子供应；三是组织示范，做好郑单958的展示示范是推广的基础，记得当年从2000年到2002年仅全国农技中心组织的挂牌编号的示范面积达到20万亩以上，前所未有；四是抓好种子生产，自交系及种子生产由温春东协助堵纯信老师等在西北安排确保旱涝保收；五是协助科企合作，协助种子企业与河南省农业科学院粮食作物研究所合作，由房志勇所长负责；六是推荐主导品种，及时将郑单958推荐给农业部作为主导品种进行大范围示范推广；七是明确定位，确定农大108为全国主要推广品种同时，当年将郑单958作为黄淮海首选品种的市场定位等。大概在2007—2008年的时候，我们就对郑单958的推广利用前景已经有一个明确的判断，这个品种将创造中国玉米乃至农作物品种推广的多项纪录：一是年推广面积超过千万亩的时间将超过20年；二是年推广面积超过5000万亩的时间将超过10年；三是该品种累计突破10亿亩的种植面积指日可待；四是可以初步判断，该品种选育与推广为我国增产500亿千克玉米，贡献非凡。该品种的选育与推广，不仅使高产优质广适多抗的有机结合，而且有效地抵御来自跨国种企对我国种业的冲击，极大地提高了玉米育种家和种业发展前景的信心，甚至影响到对未来我国玉米育种目标的重新定位和思考，尤其是对玉米丰产稳产、早熟耐密、多抗广适目标品种的认识、追求和期待。

在浚单20的推广过程中，一是首先定位为黄淮海地区农大108、郑单958和浚单20为主要推广品种；二是协助河南省浚县农业科学研究所程相文老师与丰乐种业、屯玉种业、德农种业、太行种业等合作开发；三是组织浚单20等系列品种展示示范并组织大规模的全国性的黄淮海现场会来宣传推广；四是将浚单20与郑单958、农大108一起向农业部推荐并确定为全国玉米主导品种近10年。在试验改革成功以后，如何加快国家审定玉米品种推广成为我们极其关注、积极努力、及时研究的重要任务。毫无疑问，农大108、郑单958、浚单20等国家审定玉米大品种的选育推广为国家粮食安全做出了突出的贡献，国家玉米品种试验团队功不可没。

国家玉米新品种的展示示范历程大体经历了以下几个阶段：1996—2000年为创建探索阶段；2001—2009年为推进完善阶段；2010—2015年为提升规范阶段。

记得1998年时，就想如何加快农大108等玉米新品种推广，当时没有任何经验，也不具备经费和推广网络，来参加的品种就安排展示示范，以便吸引更多的好品种参与进来，“来了就好”是推广网络搭建初期的期待。在2000年左右的年会上，我们就提出了“以试验网来启动推广网”的推广思路和服务理念，要求国家各玉米试验点都要搞示范工作，尽快把玉米好品种推广出去。2001年左右，辽宁省种子管理局在沈阳组织了国家玉米新品种展示达436个品种，收到了良好的效果。李岚清副总理曾视察这个玉米新品种的展示示范点。多的确是好事，但不能乱，一定要把好品种示范推广出来。2003年我们要求所有国家级展示示范点统一编号、统一展示示范牌式样（印有全国农技中心标志）。2004—2005年开始把规范展示示范工作作为我们的一项重要任务，要求分类开展展示示范工作，分为审定品种、苗头品种、引进品种和重点展示示范品种。2005年开始根据范小建副部长的指示，要求展示示范工作要规范、提升、下沉，还要好看、好学、好用、见效，以推进展示示范健康发展。2010年开始组织先导性品种展示示范工作，我们率先提出审定后的品种才能参加示范，2012年我们要求审定后的优良品种开展示范以净化市场，2013年开始重点展示示范农业部和各省级主导品种，同时及时研究并确定全国性的分区域的重点展示示范推广的玉米新品种。

现将1996—2015年期间，全国农技中心开展的国家级玉米品种展示、示范情况进行初步统计如下。

1996—2015年国家玉米品种展示示范汇总（不完全统计）

年度	省（区）	展示点	品种数	示范片	示范	面积（万亩）
1996	11	0	0	123	10	0.07
1997	11	0	0	89	11	11.08
1998	13	0	0	27	13	8.69
1999	11	0	0	27	12	39.10
2000	19	12	60	51	14	36.64
2001	25	25	125	61	36	101.71
2002	27	34	170	64	27	87.19
2003	27	44	220	57	39	63.28
2004	28	44	220	62	45	26.00
2005	28	81	455	55	42	27.25
2006	28	81	455	52	48	23.00
2007	27	79	395	52	48	22.30
2008	27	78	390	48	57	23.10
2009	25	79	395	46	66	24.80
2010	22	56	280	36	41	10.43
2011	18	48	240	35	30	18.00

（续表）

年度	省（区）	展示点	品种数	示范片	示范	面积（万亩）
2012	17	52	260	35	27	15.00
2013	25	94	470	40	50	17.50
2014	21	81	405	33	49	18.70
2015	13	52	260	28	38	12.20
合计	28	940	4800	1021	703	586.04

备注：2016 年 2 月 19 日完成统计汇总。

为民选种

从2005年始，农业部每年春季向全国广大农民朋友推荐一批农业主导品种和主推技术。截至2016年的遴选结束，记得除个别年份缺席外，我几乎参加了历年农业部玉米主导品种和主推技术的初审、遴选和把关工作，深感责任大、任务重、压力大。好在有李少昆研究员（组长）把关，也曾经邀请赵明、王璞、李潮海、赵久然、季广德、曹靖生、袁建华、程伟东、汪黎明、高聚林、番兴明、杨国航等专家审核，他们都曾参加过对玉米主导品种和主推技术的把关工作。

现在回头看，还有很多遗憾的地方，但对于这项工作总体认为还是比较满意的，这个事除靠经验、技术、信息和对品种的定位、判断、预测外，也的确是个良心活，因为审定属于达标准入，与是否在生产上能推广好有密切关系，但没有必然的联系和直接关系，实际上是在审定品种的基础上再给农民把把关，推荐一下好品种（即高效益、有特色、低风险的品种），带有公益广告、指导帮助、服务引导的作用和性质，应该说做好了意义不小。所以我每次做起来，都是带着感情做、带着责任做、带着追求做，以便对得起自己的岗位职责，对得起农业部的信任，对得起产业的需求，更对得起农民的期盼！就玉米主导品种的遴选方面，谈点小体会。看似简单的问题，实际上这里有2个大问题。

其一是风险掌控问题。推荐的品种不应该有很大的风险，这是底线，否则就麻烦了。多年应用的品种可以判断和预测未来的基本结果，刚刚国家审定（适宜范围广）的品种在把握风险上难度大了些，如刚刚审定的浚单20、农华101、京科968、登海605、伟科702等，有的甚至是在现有资料基础上仅仅田间看过几个点长相的，如德育919、东单6531、利民33等，当年作为主导品种也是捏了一把汗（当然，好在省级农业主管部门把了一道关）。根据自己多年的经验判断，对于审定的品种仍有2个风险应引起重视：一是生育期风险，这是品种的基本风险，已审定品种也不是一点问题没有，尤其在东华北区域、东北中熟区域、东北早熟区域、极早熟区域和西北区域都显得尤为重要，就是别越区并留有一定的缓冲区；二是抗性问题，这往往是大家都十分关注的特别容易发生的风险，主要病害的防控可以通过抗病接种鉴定结果与推荐区域的试验结果吻合性的评估来判断，而抗倒伏（折）的把控往往会显得苍白无力，没有太多的数据支撑、没有太多的检测鉴定手段、没有引起足够的重视，抗旱的问题更是无从谈起。

实际上抗倒伏（折）和抗旱都应该也能够逐步列入对玉米品种的性状测试、前景评价中来，对规避品种未来的风险会起到很大的帮助。

其二是区域布局问题。每年的主导品种数量很少，过去的12年中每年品种数量从最早的9个、逐渐上升到31个，但玉米面积最大、区域范围最广、品种类型最多，20 ~ 30个品种显得微不足道、杯水车薪。所以在确定主导品种时往往布局上研究了以下五点。

（1）区域布局。即“东、西、南、北、中”的广布局，应该适当的照顾主要生产区域的品种需求，扩大主导品种的作用和影响，引导农民选择优良品种，包括国家审定品种基础上的省级补充布局，如东北早熟玉米区、极早熟玉米区、西南玉米区、东南玉米区、苏皖淮北玉米区的布局等，往往有些区域国家审定品种少甚至没有，只好选拔优良的省级审定品种来补充。

（2）层次布局。即“老、中、青”相结合，应该有大品种、老品种，也应该有新品种、小品种的布局，埋下未来的希望和期待，这需要经验的支撑，多看多问多研究、广思考、深定位，既需要郑单958，也需要刚刚审定的苗头品种。

（3）类型布局。即“五花八门”来引导，玉米除了普通类型外，还有青贮、甜、糯、爆等玉米类型，也要关注并引导品种、种业、产业发展，如甜、糯、青贮玉米品种的引导。

（4）方向布局。即“品种走势”的未来掌控，需要确定方向性的东西，往往难度大，而且是渐进式的推进，包括对品种审定标准的制定及育种目标、市场需求方向的把控等。

（5）权重布局。即对主导品种在全国的影响、作用、地位等问题的调控。作为农业部确定的玉米主导品种，如果说不能占据“半壁江山”，起码“三分天下”为宜，否则主导品种就可能可有可无，也许会成为无地位、无作用的“形象工程”或“政绩工程”，那就会失掉作用和意义。

实际工作中，是按这个思路考虑和进行的，但往往难以完全达到这个理想化的目的，涉及因素很多，主要原因是允许推荐的玉米主导品种数量太少，不足审定品种的1.0%，加之经验、技术和智慧支撑能力的不足，虽然尽力但难以满意，难以满足各方面的需求，往往做起来很难。在过去的10多年来，记得除2009年、2011年因出差和出国原因未能参加外，其余10年的遴选都有幸参加。我觉得，很多省的主管部门做了一些有益的探索和尝试，如主导品种的选拔（靠展示、示范，专家评议等方式）、主导品种的公示、主导品种的田间专家评选等都是非常有意义的工作，值得借鉴。

根据多年的实践看，对于主导品种的遴选而言，我觉得主要应掌握几个关键的目标和具体环节：一是符合我国农业尤其是种植业产业发展规划和布局；二是服务我国玉米生产、农业科技的发展趋势和方向；三是突出重点，就是玉米主产区、主要生产类型；四是规避品种生产风险，在确保品种丰产性的同时，要突出广适、多抗、优质、早熟等特性的选择；五是以试验数据为支撑，以省级推荐为基础，以生产表现为核心进行选拔；六是后续接班品种的选拔，应该始终放在主导品种选拔的重点，这是每位参与者的无形责任。

当然，要排除干扰、换位思考和用良心选种也是必不可少的必修课，换位思考我们的工作能给农民带来什么，农民的“一亩三分地”关乎一年的收成、效益和全家人的生计，不可小视。实际上，这么多年走过来，除中国农学会的朋友外，几乎没有几个育种家、企业家知道咱们积极参与农业部历年主导品种的把控，实际上是为咱们“农民父母”在把关，这应该是我们的责任，更是我们的尊严。

现将农业部2005年以来发布的玉米主导品种列出来，以便大家了解和评说。

2005年：农大108、郑单958、丹玉39号、鲁单981、浚单20、东单60、吉单27、登海11号、龙单28号、吉单209、农大科茂518、鄂玉10号（12个品种）。

2006年：郑单958、农大108、东单60、丹玉39号、鲁单981、吉单27、登海11号、农大95、龙单16（9个品种）。

2007年：郑单958、浚单20、东单60、丹玉39号、农大108、登海11号、沈单16号、鲁单9002、龙单16、吉单27（10个品种）。

2008年：郑单958、浚单20、东单60、丹玉39号、农大108、登海11号、沈单16号、鲁单9002、龙单16、吉单27、中单808、京单28（12个品种）。

2009年：郑单958、浚单20、东单60、丹玉39号、农大108、登海11号、沈单16号、鲁单981、兴垦3号、吉单27、中单808、京单28、丰禾10号、蠡玉16号、三北6号、中科11号（16个品种）。

2010年：郑单958、浚单20、鲁单981、金海5号、京单28、中科11号、蠡玉16号、沈单16号、永玉3号、锐步1号、吉单27、辽单565、龙单38、绥玉10、兴垦3、益丰29、川单418、渝单19号、云瑞8号、正大619、黔兴201、登海11号、成单30、中单808、新夏美珍（25个品种）。

2011年：郑单958、浚单20、鲁单981、金海5号、京单28、中科11号、蠡玉16号、沈单16号、苏玉20、纪元1号、吉单27、辽单565、龙单38、绥玉10、兴垦3、哲单37、农华101、川单418、东单80、正大619、贵单8号、登海11、成单30、中单808（24个品种）。

2012年：郑单958、浚单20、鲁单981、金海5号、京单28、中科11号、蠡玉16号、沈单16号、苏玉20、中单909、吉单27、辽单565、龙单38、绥玉10、兴垦3、哲单37、农华101、京科968、川单418、东单80、雅玉889、正大619、贵单8号、登海11、成单30、中单808、京科糯2000、新夏美珍（28个品种）。

2013年：郑单958、浚单20、鲁单981、金海5号、京单28、中科11、蠡玉16号、苏玉20、中单909、登海605、伟科702、吉单27、辽单565、龙单38、绥玉10、兴垦3、农华101、京科968、克单14、川单189、东单80、雅玉889、正大619、贵单8号、登海11、成单30、中单808、京科糯2000（28个品种）。

2014年：郑单958、浚单20、鲁单981、金海5号、中科11、蠡玉16、中单909、登海605、伟科702、京单58、苏玉29、吉单27、辽单565、兴垦3、农华101、京科968、龙单59、利民33、德美亚1号、KWS2564、良玉88、川单189、东单80、雅玉889、成单30、中单808、桂单0810、荃玉9号、云瑞88、苏玉30、京科糯2000（31个品种）。

2015年：郑单958、浚单20、隆平206、金海5号、中科11、蠡玉16、中单909、登海605、伟科702、京农科728、苏玉29、吉单27、德育919、兴垦3、农华101、京科968、绿单2号、利民33、德美亚1号、KWS2564、东单6531、川单189、东单80、雅玉889、成单30、中单808、桂单0810、荃玉9号、云瑞88、苏玉30、苏科花糯2008（31个品种）。

2016年：郑单958、浚单20、隆平206、金海5号、中科11、中单909、登海605、伟科702、苏玉29、圣瑞999、宇玉30、德育919、农华101、京科968、德美亚1号、KWS2564、东单6531、翔玉998、绥玉23、华农887、东单80、雅玉889、成单30、中单808、桂单162、荃玉9号、荣玉1210、云瑞999、苏玉30、豫青贮23、苏科花糯2008（31个品种）。

备注：2016年2月15日杀青。

第三章

努力奋斗

测试定位

所谓测试，举个例子，咱们常说的区试就是其类别之一，依据目的不同往往测试内容也会有差别。区试作为测试的一种，它是包括区域试验、生产试验及其成分、性状、功能等鉴定检验检测的统称。所谓定位，是通过观察、测试、记载等方式得到的初步印象、数据记忆，对品种的使用价值、生产潜力、大田表现、生产风险、熟期类别、适宜范围、种植方式、栽培密度、遗传背景等进行记载、预测、判断、评估的过程。测试往往是为了定位，定位则比测试难得多。

一般习惯上统称为品种测试、评价和利用（非品种权保护专用词），而官方的表述为品种试验审定和推广。做品种利用价值的试验（VCU），在全球的范围估计都离不开三个基本效应，即年际效应、区域效应和生产效应，也就决定了试验方案的基本设计。预备试验则初步确定品种的可能利用区域范围及其性状基本表现（基本适应性），区域试验需要准确的测试品种的相关性状、性能、成分及其适应区域，生产试验则是在大面积生产条件（水平）上验证品种表现、优劣及利用前景，同时进行栽培技术的研究或总结。过去的基本试验和测试项目主要有：预备试验、区域试验、生产试验、抗病鉴定、品尝鉴定、品质检测、DNA 指纹鉴定、转基因成分检测等内容，当然优良品种的展示、示范、推广也是国家玉米品种试验网的重要职责。

在过去的 20 多年中（1995—2015 年），我们已经对玉米育种家、企业家交给我们的各类型、各区域的近万个玉米新品种通过国家区试网客观公正地圆满完成了预期的测试、检测、鉴定任务，很多品种也得到了广泛利用和推广，包括大家都知道的农大 108、郑单 958、浚单 20、先玉 335、辽单 565、登海 605、京科 968、伟科 702、中单 808、农华 101、东单 13、东单 60 等无数玉米品种都在其中，有的品种甚至到目前仍在支撑着国家玉米生产的“半壁江山”。我自认为，农民、政府、市场和玉米企业家、育种家的需求交会点正是国家玉米品种试验网的目的所在，我们应该交上了一份自认为合格的答卷。在这里，我要为承担国家各类试验任务的同行战友、多年朋友和玉米专家点赞！

下列是经大家共同努力，在国家公益试验平台上，过去的 21 年中完成的对玉米各类参试品种的测试和同年国家审定品种数量 (个次) 的不完全统计，仅供参考。

1995—2015 年 国家级玉米品种试验完成的品种测试和同年国家审定品种数（个次）统计

年度	预备试验品种数（个）	区域试验品种数（个）	生产试验品种数（个）	测试品种总计（个次）	同年国家审定品种数（个次）
1995	0	37	0	37	5
1996	95	38	10	143	0
1997	72	38	14	114	0
1998	63	49	14	126	14
1999	59	54	30	143	14
2000	57	131	21	209	17
2001	89	172	41	302	13
2002	123	282	36	441	1
2003	125	437	49	611	79
2004	243	491	64	798	46
2005	233	514	272	1019	51
2006	283	357	66	706	68
2007	232	244	23	499	36
2008	218	304	19	541	29
2009	225	400	38	663	14
2010	172	318	55	545	24
2011	386	291	51	728	25
2012	139	299	29	467	20
2013	182	308	50	540	18
2014	334	321	64	719	29
2015	278	601	0	879	45
合计	3608	5686	946	10230	548

备注：2018 年 3 月 22 日杀青。

总结归纳

在过去20多年从事国家玉米品种试验、审定、推广的管理服务实践中，对已经开展的工作和取得的经验，即使是利用我和战友无数业余时间进行系统的整理、总结和归纳，也是非常情愿的。源于难忘的1995—1997年，在进行国家农作物尤其是玉米品种试验审定推广体系的建立、规范、完善和改革、创新、发展的初期，到处也找不到可以借鉴的玉米品种试验的历史资料和相关记载，好在老师们教的没有都丢在脑后，好在有一批志同道合的专家朋友！当时真是"摸着石头过河"，苦不堪言！记得从那时起，就想把这些东西用文字记录下来，猜想也许未来会有用的，也等于给自己留点纪念、给历史留点痕迹、给国家留点财富吧！所以我就一直在组织各位专家同行，努力出些书、制些标准、总结点经验，也许算是自己的一点点责任、奉献和追求！我的想法是留点足迹可以使他人有参照的前行坐标。

所以，在过去的20多年尤其1995年试验改革顺利实施后，到2000年前后这种总结、归纳的意识十分强烈，决心组织大家去编辑10本书，不论加班加点（现在仍是），还是假期周末、风霜雨雪，从来没有阻挡我整理归纳材料的信心和决心，甚至时常写到凌晨时仍沉浸在对往事的回顾、怀念、享受的着迷之中。经过近20年的历程，后来一发不可收拾。在大家的大力支持、帮助和配合下（当然有些是专家主导的，我也仅仅是出谋划策、协调定位而已），先后组织完成了3本玉米品种科技论坛、3本小杂粮书籍、3种品种名录、15本玉米动态、18个行业标准……一大批专业资料、书籍、标准等的编写编制工作，这种努力仅仅从成就了自己的小小梦想而言已经很值得了。下面介绍的也仅仅是这些追求的缩影，是大家一起辛勤努力、经验技术和集体智慧的结晶。为此，国家玉米品种试验网还先后两次向中国农业大学、沈阳农业大学、吉林农业大学、河北农业大学、河南农业大学、山东农业大学、南京农业大学、扬州大学农学院、华中农业大学、四川农业大学、西北农林科技大学等10多所农业大学图书馆和国家图书馆等单位赠送出版的部分书籍，这也许是送给社会尤其是老师们的难以挂齿的汇报、回报和感恩情怀而已。

2001年4月，廖琴主编的《中国玉米品种科技论坛》一书，由中国农业科技出版社出版，这是将两次培训（1999年北京、2001年南京）主要内容汇编成册并免费赠送。本书得到了北京德农种业、江苏沿江地区农业科学研究所、山西屯玉种业、德国KWS种子股份有限公司的大力支持。应该说，在我国农作物品种尤其是玉米区试培训史上翻开了崭新的一页。当时组织试行的《国家玉米品种区域试验管理办法》《国家玉米品种审定标准》《国家玉米区试、预试、生试调查记载项目和标准》《国家鲜食玉米记载项目和标准》《国家玉米品种试验参试品种申请表》等5个附件材料（草案），对于我国农作物品种尤其是玉米品种试验完善、审定规范、抗病鉴定和品质检测等技术标准体系的建立起到了不可替代的基础作用，是完善和规范国家玉米品种试验网的起步阶段所做的基础工作。在此基础上，又经历了3 ~ 5年的实践创新探索，终于形成了我国玉米从品种试验技术规程、品种审定规范、种子生产到抗病鉴定规范、DNA指纹检测等为核心的玉米品种试验审定和种子生产的系列技术支撑体系的框架。

2001年6月，本人汇编的《中国农作物优良品种》一书，由中国农业科技出版社出版。这是为了贯彻、落实和配合《中华人民共和国种子法》（以下简称《种子法》）的颁布实施，本人利用半年多的业余时间，整理汇编并出版的。该书整合了审定资源，改变了农作物审定品种资料不全、信息混乱的局面，使种子管理部门以及种子经营者、使用者和推广者有了系统规范的品种参考，也进一步促进了《种子法》在农作物品种管理方面可以得到顺利实施，否则国家审定品种、适宜范围、主要特点全社会都不清楚，如何守法、执法、推广都是难题。自己利用业务时间、公开资料和依赖于从事试验审定管理工作的多年经验整理出版了该书。这本书是本人从2001年的1月1日到5月29日几乎每天20：00开始到24：00结束，利用5个月业余时间整理出版的（现存手稿8本），请我尊敬的我国著名农学家、中国工程院院士、中国农业科学院原院长卢良恕先生作序（当年5月30日），5月31日与出版社签订出版合同，6月底出版发行。该书全面系统地汇编了我国1990—2000年国家级审定的农作物品种介绍（以1984—1990年国家审定品种、由农业部1990年发布公告内容为核心）。该书的出版得到中国农业科技出版社编审刘晓松老师的悉心指导、大力支持和全力帮助。

2002年1月，廖琴、孙世贤主编出版《中国玉米新品种动态》（2001年，首次出版的国家玉米品种试验总结），该书得到了合肥丰乐种业独家赞助和玉米部程虎经理的大力支持，全国农技中心党委书记陈生斗副主任作序。我当时觉得，这是全社会的资源和信息，是国家专项经费支持的公益类事业，应该公开以回报社会；同时也觉得公开后对我本人、主持人和试验质量是极大的考验、监督和促进作用；公益性试验的运行、试验数据及结果向社会全面公开应该在玉米方面实行最早、效果最好，也是对全体承试人员的回报；书名《中国玉米新品种动态》是本人建议的，当时已经预测国家试验将影响我国玉米品种的“半壁江山”，且每年新旧交替，代表了玉米品种的更新换代节奏。出版国家级玉米品种试验总结报告得到了同事和同行朋友的广泛认可，逐渐被水稻、小麦、油菜、棉花、大豆等作物试验体系借鉴。

2002年1月，王晓鸣、戴法超、廖琴、孙世贤编著的《玉米病虫害田间手册》一书，由中国农业科学技术出版社出版。该书是抗病鉴定专家在系统积累玉米品种抗病鉴定经验技术的基础上，通过大家一起沟通、策划、定位完成的。该书主要为承担国家玉米品种试验各试点而编辑出版，向国家试验承担单位全面逐点免费赠送，是国家玉米品种试验手册式指导教材。该书图文并茂，系统总结并全面介绍了玉米生产中的63种病虫害，详细介绍了25种玉米常见病害病原及其发生规律、特点和症状识别特征、相关鉴定技术、抗性评价标准、防治措施等，为玉米品种区试、玉米育种、玉米生产等提供了直观、系统、全面、实用的病虫害鉴定、评价、防治指南和规范性技术指导。

2002年8月，林汝法、柴岩、廖琴、孙世贤主编的《中国小杂粮》一书，由中国农业科学技术出版社出版，农业部刘坚副部长作序。该书详细介绍了22种代表性的中国小杂粮作物的综合概况、形态特征、生态区划及生产分布、品种及资源情况、栽培技术和综合利用等，是中国小杂粮的综合性、权威性和经典性著作（柴岩教授为编写这本杂粮专著付出了艰辛的努力）。

2003年1月，廖琴、孙世贤主编的《中国玉米新品种动态》（2002年）一书，由中国农业科学技术出版社出版发行，得到合肥丰乐种业独家赞助，全国农技中心党委书记潘显政作序。该书主要为宣传国家玉米区试审定工作、规范从业行为。在领导的大力支持下，玉米动态的出版受到业界的普遍欢迎，对于加快优良品种推广、科企合作等作用明显、效果显著、意义深远，其中一些优良品种已在我国玉米生产、种业和产业发展中得到了广泛应用，这类公益性面向全社会的试验应该全面公开发布，应经得起监督检验。

2003年8月，孙世贤编写的《中国农作物品种管理与推广》一书，由中国农业科学技术出版社出版发行。该书全面总结了国家级农作物品种试验、审定和推广工作的经验，对此后的农作物品种管理、种业发展、玉米科技进步以及产业走向进行了积极探讨，对品种试验、种业发展、推广应用等进行了系统总结、探讨和阐述，仅为作者的观点。

2005年5月，孙世贤、周进宝、万永红主编的《全国农作物审定品种名录》一书，由中国农业科学技术出版社出版并向参加国家玉米等作物品种区试年会的代表同行免费发放。该书以国家和各省历年审（认）定农作物品种公告为基础，囊括了1990—2004年国家审（认）定的1669个品种，同时收集整理了1960—2003年各省级审（认）定的159种农作物14901个品种的信息，内容翔实，资料齐全，是品种管理、资源利用等方面的权威性参考书。

2007年5月，孙世贤、杨国航主编的《中国玉米品种科技论坛》（第二版）一书由中国农业科学技术出版社出版并向全国同行免费赠送。该书收集并整理了2003年以来全国农技中心组织的大规模培训授课内容，并将有关政策、法规、办法、标准一并汇编，作为国家玉米品种试验、审定的权威性技术指导专用书籍，也成为玉米品种科研、试验、管理、生产与推广人员的重要参考书。

2008年6月，陈学军、孙世贤主编的《北方春玉米品种试验技术与品种管理》一书由吉林科学技术出版社出版发行并向全国同行免费赠送。该书系统总结了北方春玉米区玉米品种试验技术，包括品种选育、栽培技术、玉米生产、病虫害防治、甜糯和青贮玉米发展以及相关省级品种管理经验、存在的问题及对策建议等。

2008年8月，赵久然、孙世贤、王凤格主编的《中国玉米品种DNA指纹鉴定研究动态》一书由中国农业科学技术出版社出版并向全国同行免费赠送。该书系统总结了2002年以来DNA指纹鉴定技术在玉米品种试验审定工作中取得的积极进展，以进一步推进DNA指纹鉴定技术在国家尤其是省级玉米乃至各类农作物品种管理中的广泛应用。

2008年11月，孙世贤、廖琴主编的《全国玉米审定品种名录》一书，由中国农业科学技术出版社出版并向全国同行免费赠送。该书收录了2000—2008年国家和各省级农作物品种审定委员会审（认）定的玉米品种3595个（次），剔除省际间重复的品种，实有3150个审定品种，其中国家级审定品种340个。本书主要是给玉米种子生产单位、经营单位、推广部门、管理部门提供合法的玉米品种及其适宜范围等特点的信息服务，避免盲目选用品种。想通过这种服务，探索我国农作物品种信息发布的主渠道、推进我国审定品种的目录管理，促进全社会对未审先推、越区销售、名实不符品种的限制、监督和管理，避免品种乃至玉米生产的风险。

2010年12月，王晓鸣、石洁、晋齐鸣、李晓、孙世贤主编的《玉米病虫害田间手册》（第二版）一书，由中国农业科学技术出版社出版。该书对生物学病害、虫害等有害动物、生理和遗传病害、化学药剂毒害、玉米抗病虫性鉴定与评价进行了全面介绍和阐述，论述系统、内容全面，实用性强。

2011年1月，王凤格、赵久然、杨扬主编的《玉米品种DNA指纹鉴定技术——SSR标记的研究与应用》一书，由中国农业科学技术出版社出版。该书是在2008年出版的《玉米品种DNA指纹鉴定技术研究与应用》一书基础上的补充、完善、再版，是对SSR标记在玉米品种鉴定、应用、研究的全面系统总结。到2011年1月，由北京市农林科学院玉米研究中心建成了入库量14000多份的玉米标准DNA指纹数据库，基本实现了区试与审定、品种权保护的联合建库和联合监测，为种子执法年行动和监督抽查提供权威性的标准DNA指纹，其中国家和各省玉米区试检测及建库数量累计达8247份，申请品种权保护玉米品种数量1237份，审定玉米品种数量3500份。

2013年10月，孙世贤、季广德、杨国航主编的《一行足迹——玉米这十年》一书，由中国农业科学技术出版社出版并免费向玉米同行赠送。这是经过两年多系统整理，对第一、二届国家农作物品种审定委员会玉米专业委员会10多年来的国家玉米品种试验审定工作，进行了系统、全面、客观的介绍和总结。该书努力争取做到“不夸张、不修饰、不展望”，日期正好是我从事玉米学习、研究、管理、推广、服务30周年的纪念日，是家父去世4周年的忌日！书名来源于自己不成熟的一句话：“人生留不下丰碑，应留下一行足迹！”因为丰碑只能景仰，足迹是我们踏过的痕迹，当他人前行时可以借鉴、不会迷失方向，走过后一切消失！

2015年12月，孙世贤、周进宝、陈学军、杨国航主编的《中国玉米品种科技论坛》（同名书的第三版，历时17年的第3本）一书，由中国农业科学技术出版社出版并向全国玉米同行免费赠送。该书集中体现了60多位专家在玉米育种、科研、种业、产业发展中多年的经验、观点、追求和探索，全面介绍了8年来10余次培训内容并向全国玉米同行免费赠送。

2016年10月，本人编著的《玉米同行三十年》一书，由中国农业科学技术出版社出版并向全国玉米同行免费赠送。该书真实地记录了本人从事玉米学习和工作以来所论述或发表的108篇论文、文章或材料，是本人伴随我国玉米生产、种业、产业进步的学习、探索和追求的缩影，是与同行、与玉米、与战友的奋斗、追求、实践的足迹、轨迹和痕迹，是对玉米、种业、产业的汇报，是对社会、家庭、梦想的回报，是对父母、老师和战友的真实报告。

2017年9月，由孙世贤、张扬勇、王述彬、张淑江、张力主编的《中国蔬菜优良品种（2004—2015）》一书，由中国农业科学技术出版社出版并向全国专家和各省级同行免费赠送。

该书详细介绍了在全国农技中心组织下，在方智远院士和孙日飞所长、廖琴处长的带领下，国家蔬菜品种鉴定委员会及各省种子管理部门依据《中华人民共和国农业技术推广法》而开展的蔬菜品种测试鉴定和技术服务工作，收录了2004—2015年通过国家和2004—2013年通过省级鉴定（审定、认定、登记、备案）的73种蔬菜作物3192个品种的信息，实际上展现的是全国农技中心在过去15年来（2001—2015年）组织开展非审定作物品种鉴定服务的历程、进程和缩影。

备注：2018年4月18日杀青。

试验历程

中华人民共和国成立之初，我国农作物品种试验工作开始起步，应该说走过了漫长而艰难的旅程，主要发展阶段正是我国改革开放近 40 年来的光辉历程。伴随改革开放的春风，围绕农业生产的需求，品种区域试验工作取得了令人瞩目的成就，为我国“三农”事业的发展奠定了坚实的基础。

一、历史回顾

（一）起步探索阶段（1950—1990 年）

1950 年和 1954 年的二次全国种子工作会议，农业部都明确要求“凡是有推广希望的品种和准备推广的品种，都要交由农业试验站和其他委托的试验点，进行区域审查试验”和“待试验成功后，再向适应地区推广”。因此，20 世纪 50 年代初各大区及省级研究单位陆续开展了棉花、水稻、小麦、大豆等主要农作物的品种区域试验；农业部拟定了《粮食作物品种检定和种子检定的简易方法》《中央农业部水稻区域试验方法》，1956 年农业部正式颁布《棉花品种区域试验实施办法》，开始逐步规范区域试验工作，采用统一的试验方法和记载标准。截至 1959 年，全国区域试验点还不到 800 个，覆盖仅水稻等 10 多种作物，覆盖地区还不到 20 个省，无法满足生产发展的需要。在 3 年困难时期，区域试验基本处于停顿阶段。1972 年农林部成立种子局，区域试验工作得到陆续恢复和建立，但受“文化大革命”影响，再次遭到重创。

1978 年我国开始了改革开放的伟大征程。1981 年农业部成立了第一届全国农作物品种审定委员会，1982 年年底农牧渔业部正式颁布了《全国农作物品种审定试行条例》，使区域试验工作逐步做到有章可循。1984 年国家计委和原农牧渔业部在国家工业性试验项目投资中，安排资金建设了 168 个国家级区域试验基地，初步改善了区域试验条件。这时全国共分设了 18 种作物的区域试验点 900 多处，区域试验工作逐步发展。但由于试验经费严重不足，试验条件依然很差，导致试验质量下降、试验规模缩小、区试队伍人员流失，区试工作步履艰难。

（二）建立发展阶段（1991—1999 年）

1991 年《中华人民共和国种子管理条例》（以下简称《条例》）颁布，农业部颁布了《中华人民共和国种子管理条例农作物种子实施细则》（以下简称《细则》），伴随《条例》《细则》和“种子工程”的实施，阻碍区域试验发展的一些问题逐步得到解决。《细则》明确规定，“报审品种必须进行区域试验和生产试验”，法律地位得到根本解决。1995 年年初，全国农作物品种审定委员会办公室依据农业司“大筛选、大交流、大协作、大步伐”的要求，开展了全国水稻、小麦、玉米、棉花新品种筛选试验。

1995 年 8 月下旬，全国农业技术推广服务中心成立（简称全国农技中心），农业部明确全国农技中心负责国家农作物品种区域试验的组织管理，从而理顺了关系，解决了多年来管理体制不顺的问题。全国农技中心利用“九五”种子工程提出到 20 世纪末全国主要农作物品种要基本更换一次的机会，在 1996—1998 年期间，每年从“科技兴农”资金和种子工程事业费中争取到 500 多万元的投入，缓解了经费困难的局面。

从 1995 年年初开始区域试验改革，到 1997 年国家又安排资金建设品种区域试验站，改善了区域试验条件；到 1997 年年底，在加快试验步伐、理顺试验与审定、国家与省级关系、加强基础设施建设等方面迈出了新步伐，走出困境并迅速发展。

1998—1999 年全国人大在起草《种子法》过程中，虽然经过激烈的讨论，但参照国际惯例和依据我国国情，在全国农技中心的积极努力下，决定继续实行品种审定制度。因此，把品种审定和区域试验写进了《种子法》和配套法规。

从 1998 年开始每年都开展了多区域、大范围的试验质量检查和品种试验考察；1999 年开始的承试人员技术培训，提升了从业人员技术技能和道德素质，确保试验科学公正；同时，逐步建立并完善了年会审核等集体决策制度。

1999 年在农业部领导和财务司的大力支持下，在业内知名专家的共同呼吁下，经过全国农技中心的积极争取，财政部将国家农作物品种区域试验作为固定专项正式列入国家财政预算，当年安排 1100 万元。从 2000 年起每年安排 2000 万元。补助经费的大幅度增加，解决了长期困扰区域试验工作的一大难题，保证了国家农作物品种区域试验和审定工作持续稳定发展。

2000 年时任国务院副总理温家宝批示“优化农作物品种是调整农业结构的重要环节。农作物品种区域试验是品种审定、推广的基础和依据”，要求“进一步加强农作物育种工作和品种区域试验、审定和推广工作，制定和完善农作物品种试验审定技术标准和制度，维护种子市场秩序”。1997—2004 年，在种子工程投资中，国家安排 1.38 亿元建设了 135 个国家级农作物品种区域试验，改善了田间试验条件，装备了仪器设备，保证了试验工作顺利进行和试验质量稳步提高，推动了区域试验工作健康发展。

（三）完善规范阶段（2000—2009 年）

2000 年《种子法》及 2001 年的配套法规规章颁布为标志，全国农技中心将主要农作物品种区域试验规程、审定规范等纳入农业部行业标准制定计划，到2005年已基本完成制定工作，2006年农业部陆续颁布实施，使农作物品种区域试验、审定工作进入了有法可依、有章可循的发展轨道，保证了品种试验的科学性和评价的公正性。

多年来，在全国农技中心的不断努力和各省种子管理部门及科研单位的协同配合下，逐步完善试验布局，规范试验运行，创新管理机制，加强区试队伍建设，加快了新品种推广和科技成果转化力度。

一是2000年开始逐渐完善了各主要农作物的品质检测和抗性鉴定，确保了品种生产安全。二是2000年以来不断完善试验区组设置，开展了武陵山区水稻玉米、国家鲜食甜糯玉米和青贮玉米、鲜食大豆等设置。三是不断推进新品种展示示范工作，1997年只在11个省启动玉米新品种示范，2005年在全国30个省（区、市）开展了7种主要农作物新品种展示示范。“十五”期间国家审定的农作物品种957个，是“九五”期间的2.8倍，国家审定品种在生产上的比例也大幅度提升，以玉米为例，在种植6.7万公顷以上的品种中，1997年国家审定的品种占33.4%，2005年上升到68.7%。四是伴随2002年启动的玉米品种DNA指纹检测、2005年开始的玉米试验样品保藏以及2007年开始的转基因成分检测，推动着高新技术在品种试验中的应用，为保护知识产权和加强品种管理奠定了基础。五是鉴于对照的退化，在以产量为核心的玉米、大豆品种试验中，2009年开始采用参试品种产量平均值作为对照产量的评价体系改革，都取得了良好的效果。

（四）改革发展阶段（2010—2015年）

2011年4月1日，国务院发布了《关于加快推进现代农作物种业发展的意见》（8号文）；2013年12月27日农业部颁布了《主要农作物品种审定办法》，自2014年2月1日起施行，标志着我国进入推进现代种业发展的新阶段。

至此，以国家农作物品种区域试验站为龙头，以省级种子管理部门为依托，以品质、抗性、DNA指纹检测、转基因成分检测和其他区试点为补充的国家农作物品种区域试验体系基本建成；以农作物品种区域试验为基础、以品种审定为核心、以展示示范为抓手的国家级新品种推广网络已经形成。

为了加强种子工作，农业部于2011年6月成立了种子管理局。2012年开始，种子管理局以促进“育繁推一体化”种子企业做大做强为目标，开展了国家级区域试验工作改革，率先开展的是中玉科企联合（北京）种业技术有限公司的玉米品种区试“8+1”。2014年5月26日国家农作物品种审定委员会发布了《国家级水稻玉米品种审定绿色通道试验指南》，标志着我国主要农作物品种区域试验改革进入了新阶段；2015年《全国农技中心关于印发2015年国家玉米良种攻关机收品种区域试验实施方案的通知》，标志着区域试验工作适应农业发展的新需要和种业发展的新要求；2016年1月1日施行的新修订的《种子法》为标志，农作物品种试验开启了我国农作物品种试验审定又一改革发展创新探索的新阶段。

二、经验启示

回顾40年来改革开放伟大进程中的品种试验审定工作，有很多值得总结的经验。一是服务于国家发展的大局是试验工作的根本；二是中国进入了新时代，品种试验服务现代农业、现代种业和现代产业是必须把握的方向；三是实施乡村振兴战略，产业是核心，要紧紧围绕“绿色、优质、安全”开展试验工作；四是“依法试验、依法治种”是当前及今后的迫切任务；五是坚持问题导向，着力解决当前种业市场中的问题、服务“三农”发展是大局；六是创新驱动是发展动力，要紧紧依靠试验队伍，加大体制机制创新，服务于实现中国梦的伟大新时代。

三、发展建议

在实施“乡村振兴”战略、推进现代种业的伟大征程中，全社会对发展民族种业有很多新期待、新希望，期许要有新作为。一是加强多渠道试验体系的服务和指导，确保试验数据的真实性是当今试验审定的首要任务，试验设置的科学性和数据的真实性成为人们关注的焦点、管理的难点和监管的重点；二是在试验改革的历史大背景下，在促进“绿色、安全、优质、特色”的同时，要选拔更多的优良品种，才能保证农业、种业、产业健康持续发展；三是继续加强基础设施建设、经费的投入力度和人才队伍建设，建设一支高素质的试验队伍是根本；四是积极推进试验工作适应农业产业的机械化、轻简化、智能化和信息化的进程，服务于现代农业、现代种业和现代产业的快速发展。

备注：2018年12月11日杀青。

岗位调整

2015年，在年初就有预感，这一年对我来说注定会是不平常、不平凡、不平静的一年，是新《种子法》即将修订完成的一年，是机收籽粒热烈讨论的一年，是围绕审定制度争吵的一年，是1995年以来国家玉米品种区域试验改革的第20年，也是全国农技中心处室领导岗位调整的一年。我于3月29日参加国家玉米良种重大攻关项目专家组会（在中国农业科学院召开），会上农业部种子管理局张延秋局长突然直接指令，由我负责为玉米攻关组起草国家玉米机收籽粒的区域试验实施方案，要求2018年不仅要审定品种，还明确指出区域试验与生产试验可以交叉进行。按照张局长的指示，我于3月30日至4月3日共5天时间，每天加班到深夜，全力规划试验布局，确定试验组别，明确品种选拔条件，指定相关单位进行测试、鉴定、检测，征集参试品种，选拔承担单位和确定田间试验设置等相关工作。4月20日全国农技中心以农技种函（2015）148号的形式印发了《2015年国家玉米良种攻关机收品种区域试验实施方案》。5月22日下午在农业部召开的玉米良种攻关协作组会议上，我中心因积极协助攻关组、及时启动机收组试验工作而得到农业部余欣荣副部长的充分肯定和表扬，方案被农业部种子管理局全部认可和国家玉米良种攻关专家组的全面采纳。

2015年5月，我按照邱军的邀请、建议和安排，陪同第三届国家农作物品种审定委员会小麦专业委员会以周阳等为代表的部分委员专家，参加北方旱地组冬小麦的考察活动，5日考察了河南省洛阳市农林科学院，6日考察了孟津试验站、灵宝县农业科学研究所，7日考察了陕西富平农作物品种试验站并前往陕北洛川看望挂职的张冬晓副处长，8日参观洛川会议纪念馆并接受爱党爱国的革命传统教育，考察甘肃陇东学院、平凉地区农业科学研究所、长武县农业技术中心承担的国家小麦品种试验，学习梁增基先生扎根基层60年的先进事迹，9日考察西北农林科技大学的各组小麦品种试验后到达西安宾馆，准备组织并参加10号在西安召开的国家小宗粮豆品种鉴定会。当晚，我在西安宾馆和几位老专家、老朋友、老战友促膝长谈。

考察期间乃至很久以来，我一直在想几件事情。一是国家玉米种业和产业的快速发展，使我个人从技术到政策、从政府到市场、从品种到产业很难适应、把握和满足未来的品种方向、市场走向、政府政策、法律规章等多方面的客观要求。二是我也在国家玉米品种试验审定推广这个岗位、职责、平台得到学习、锻炼、提高了20年以上，应该请年轻人来抓紧承担岗位重任。三是从1986年（硕士毕业）、1995年（中心成立）算起到现在，20年、30年都过去了，一直在奔波、实践和探索，本人的技术、精力、精神难以适应领导、岗位和时代的要求。历经风霜雨雪、度过世态炎凉、品尝酸甜苦辣、奔波东西南北！也想好好休整一下、回顾一下、总结一下，只是一直在寻找机会，而此时，正值中心改革，机会难得。四是近年来，短短几年的工夫，有很多疑问、迷茫和困惑百思不得其解，求师无门、探索无径、追求无援，总感觉目前种业问题较多，主要是方向不是很清晰、路径不是很顺畅、阶段定位不是很准确、措施不是很得力、对策不是很有效、政策不是很对头、市场不是很安静、心态不是很平和。主要鉴于以上几个方面的原因，思来想去觉得自己需要换个岗位、换个思路，也许能解除疑惑、柳暗花明。

基于这些年长期的拼搏、煎熬和思考，当遇见朋友们时就聊了起来，大家很同意我的看法、理解我的想法、支持我的做法，这样我就下定了决心。同时，我想在今年将各区、各组、各类玉米品种试验再看看，毕竟是自己20多年来作为直接组织、策划、实践和探索者之一而为国家建立的网络、体系和队伍，一种留恋油然而生。我按照全国农技中心工作计划和要求，在制定全年的考察计划后，力争能组织或参加所有组别由本人负责作物的考察，以便当面感谢承试人员的付出（除8月10—15日西北玉米品种试验考察），由本人组织的各组别、各作物考察、培训等活动一直紧张有序并持续到年底，想站好最后一班岗。

这些考察检查包括：6月4—11日的南方甜糯玉米品种试验考察（广东、广西）、6月15—19日的番茄辣椒品种试验考察（合肥、南京、苏州、南通）、6月24—27日的乌兰浩特东北早熟组玉米品种试验技术培训班、6月30日—7月4日的西（甜）瓜东华北区品种试验考察（天津、唐山、哈尔滨）、7月26日—8月2日的西南玉米品种试验考察（湖北、贵州）、8月24—28日的东北中熟品种试验考察（辽宁、吉林、黑龙江）、9月6—13日的黄淮海夏玉米品种试验考察（山西、陕西和河南）、9月15—22日的东北早熟和极早熟玉米品种试验考察（吉林、内蒙古、黑龙江）、10月26—27日的大白菜甘蓝品种试验考察（山东）等共8组考察和一个区域的玉米培训任务并圆满完成，其中有6区玉米品种试验考察活动，提交了8篇考察报告。

期间，2015年9月2日下午，中心分管领导找我谈话，调整我负责了20多年的玉米工作岗位，我明确表态，同意组织的安排。原因如下：一是国家的岗位听领导安排，我全力支持配合；二是我在这个岗位干了20多年了，应该让年轻人多一些锻炼的机会！同时，我也明确提出，希望全国农技中心对技术干部的调整要慎重，不要把技术干部都培养成“万金油”式的专家。就这样，我顺利地实现了岗位的调整。紧接着，在领导的关心和安排下，于10月10日我正式从本楼的616房间（工作了整整20年的办公室）搬到607房间办公。

10月19日处室开会进行工作分工，安排我具体负责棉花、马铃薯、甘薯、蔬菜、西（甜）瓜、茶树6类作物的相关工作。我同意工作安排，同时也建议处领导应适当削减一些我负责的作物，毕竟作物种类很多，而且我现在的时间、精力大不如从前了，处领导答应在2016年有新入职人员到来后再予以考虑，我只好服从安排。

于是，我继续开展相关业务工作，10月21—23日长沙国家西瓜甜瓜品种区试培训班（年会）和鉴定会、2015年玉米品种试验经费下拨、非审定作物品种登记办法讨论、玉米编号开码、DNA问题品种处理、品种权保护品种初审、印发2016年国家西瓜甜瓜品种试验方案、准备 2015 年番茄辣椒品种试验年会（11 月 24—26 日南京）、12 月 8—10 日济南国家蔬菜品种鉴定会、12 月 13—14 日的玉米抗病鉴定规范 4 个行业标准专家审定会材料、12 月 14—16 日的 2015 年国家春作马铃薯品种试验年会、2016 年国家春作马铃薯品种试验方案等的同时，也完成了玉米的全面总结、材料的完整交接工作，具体玉米品种试验工作的交接情况如下。

11 月 2 日，提交处领导《2015 年国家玉米品种试验实施方案》；将我调整岗位的事宜和接手人员信息通知了各相关作物主持人、鉴定人员、检测人员等并致谢。

11 月 3 日，提交玉米以及白菜、甘蓝、番茄、辣椒、茶树、西（甜）瓜 2015 年应拨款项汇总信息。

11 月 4 日，向处长提出请示，本人不适合再担任高粱、谷子、甜菜品种鉴定委员会副主任委员（2001 年起，都是职务出任，现不承担相应作物的试验任务，则不宜再担任该职务），得到相关领导同意。

11 月 9 日，提交 2015 年国家玉米品种试验参试品种的（区试、公益品比、服务品比）汇总表；提交《2015 年东华北和黄淮海的服务性品比试验方案》《国家东北中熟组和黄淮海夏玉米机收籽粒组品种区试方案》。

11 月 16 日，提交 2015 年国家玉米品种试验考察报告 6 篇。

12 月 23 日，提交 16 组玉米品种抗病鉴定总结、4 组玉米品种 DNA 指纹检测报告；2015 年国家玉米品种区试 13 位主持人的劳务费清单；2015 年的年会日程和报告题目、顺序安排草案；2015 年国家玉米品种区试年会用的 13 章 26 份试验总结报告草案等。

12 月 28 日，提交东华北服务性品比 3 件 PDF 材料、黄淮海服务性品比 3 件 PDF 材料，提交机收组 DNA 指纹检测报告。

12 月 29 日，提交黄淮海和东华北服务性试验总结 Word 文档的 8 个材料（含刚收到的品质检测两组报告）、陕单 609 和延单 288 两个品种的 7 份材料（补充的抗病鉴定报告、DNA 配套的指纹检测报告）、《2015 年国家玉米品种试验年会通讯录（草案）》和《2015 年年会住宿安排清单材料（草案）》；强盛 X6-7 品种的抗病鉴定材料；提交 2015 年国家玉米品种试验全套密码。

12 月 30 日，我再三回忆是否所有工作交接都完成了？心中仍怕当中有所遗漏。此时，同事建议让我也参加 2016 年 1 月 5 日将在海口召开的玉米品种试验年会。我想起 10 月 19 日工作分工时，处长强调要在年会期间完成工作交接。同时，我也想跟一直和我并肩奋斗在玉米区试战线上的“战友们”握个手再见、告个别致谢，他们是明年不在玉米主持和鉴定岗位的王晓鸣、王守才、陈学军、晋齐鸣、张匀华 5 位专家，丁万志、苏俊、迟斌、任仲勋 4 位委员，以及即将退休或离开省级玉米品种试验管理岗位的章文顺、王子明、姚撑民、余虎、常雪艳 5 位朋友。按照惯例，过去每年的年会因为不同原因调整的玉米品种试验主持人、鉴定专家、省站负责人员，都要来年会衔接交接，大会都会对他们的贡献表示致谢，这是对他们多年来辛勤劳作和人格人品的尊重！故当日下午下班前我就填报了出差审批单，计划为自己人生 20 多年的国家官方玉米品种试验、审定、推广的工作职责、事业追求、玉米梦想画一个自认为非常圆满的句号。

12月31日，我提交了当天才从北京市种子管理站要到的玉米参试品种转基因检测正式报告电子版。下午4时40分，处长通知我说，领导不建议你参加2015年国家玉米品种区试年会（海口），我便将刚刚打印出来的、已经封存的所有组别的3套玉米品种试验各组密码编号交给处长，并说明如何去逐步开号及3套材料的使用。

此时的我，还来不及感伤，于当晚6时前，在本处及办公室同事的大力帮助下，将《2016年国家春作马铃薯品种试验实施方案》的通知（2015年农技中心第510号、也是全国农技中心当年的最后一个函）编号待印。此函在我心中可以说是一个象征性标志，此刻的我已经完成了岗位调整、角色变换、职责转变……

至此，应该说按全国农技中心岗位职责以及品种审定办法要求、品种审定标准规定，我已经将所有玉米事宜全部交出并交接完毕。我为自认为勤奋与执着、追求与探索、奉献与快乐、干净与公平、责任与担当的25年玉米职业生涯画上了一个圆满的句号！

感谢战友、感谢同行、感谢玉米，更感谢全国农技中心给我的平台、舞台和展台，使我们一起有机会、靠激情、凭本事去施展自我认可、自我欣赏、自我陶醉的极其平凡的无遗憾、无愧对、无后悔的人生事业之风采！

备注：2016年1月7日午夜前杀青。

学三字经

“人之初，性本善，性相近，习相远，苟不教，性乃迁……”，记得父亲在世时，他生活在营口，我工作在北京，只能短期探望他老人家，一般只有半天或者一天，甚至更短。印象最深的、也是父亲最得意的、时常背诵的、背诵得滚瓜烂熟的、几乎背诵了几十年的就是“三字经”了，看他背诵时那得意、愉快、自信的聚精会神的神态、表情，估计他老人家当年学习、实践、贯彻得还不错，他自我欣赏、自我满足、自我陶醉的样子，仿佛是在告诉我，这就是你人生中应该知道的一切！虽然我也会背几句“三字经”，但却不一定能做得到，更难说能做好，因此仿佛没有得意之事，但有遗憾之感，甚至略有无奈。

现想利用“三字经”把自己在业务上的经验、体会和感悟说一说，把个人在工作上的感恩、感谢和感慨献给大家！

一、人生人品

现在来谈人生人品，也许对我来说还是早了点，甚至早了很多，总觉得自己太肤浅了或者说没有资格，人虽到 60 岁，但很多观点、观念和理解也不一定就那么深刻、透彻和明白，只能根据自己的学识、经历与认知，简单地说说感受、思考和追求而已。

在我来看，人生依据现在的现实、寿命与趋势，可以大致分为以下 3 个阶段。

第一阶段，0 ~ 30 岁是从孩提时代到成人时期，包括婴儿、幼儿、儿童、小学生、中学生、大学生直至研究生或者初入社会就业的初级阶段，这个阶段总体上看是学习阶段、成长阶段、成熟阶段，也是思维方式、为人品质、办事风格的初步形成阶段，更是人生观、价值观、世界观的初期形成阶段，是确立与人为善、老实厚道、诚实守信的核心阶段。现在，社会上经常有瞪着眼睛说瞎话，做形象事但却是缺乏诚信的人，实质就是这个阶段埋下的祸根，最主要原因是家庭中缺乏教养。此阶段的后期，也就是 20 ~ 30 岁，是人生中的第一个过渡阶段，从学习生涯过渡到工作生涯，是为未来的工作、生活、事业和追求、探索、梦想做准备阶段。

第二阶段，30 ~ 60 岁一般为工作阶段，当然更是人生的学习阶段。这个阶段不仅要认真工作，还要担负成家立业、生儿育女、养家糊口的责任，同时还是不断学习，继续深造进修的重要时期。除了家庭外，这一阶段担负着沉重的社会责任，起码我认为或每个人都应该有“我的存在不要破坏自然、危害社会和祸害他人”的人生底线意识；如果再提高点素质，应该做到“我的存在有利于社会、他人和自己”，否则你的存在意义何在？不等于浪费人类、自然和社会资源吗？当然，更好的是“我的存在能对大家有帮助”的伟大理想。这几乎是我心目中的最高境界，就像是毛主席那时候教导我们说的要做“有益于人民的人”。此阶段，只要有梦想、有追求、有努力，就会勾画出绚丽、多彩、美妙的人生风景线。此阶段的后期，50 ~ 60 岁可以说是人生第二个重要过渡阶段，从中年迈到老年、从工作转向生活、从社会回归家庭的过渡。

第三阶段，61 ~ 100 岁，应该是比较简单的阶段，但也是活不好则最艰难的阶段，而我现在刚刚步入，还未完全经历，因此无法高谈阔论，也难以设想勾画。这个阶段引以为豪的不是曾经做过什么工作，挣了多少钱，获了多少奖，而是自身的身体情况、幸福状态和生存条件，比的是身体的健康与生命的维度，绝不是物质和权贵！当然，在力所能及情况下，仍要为社会、家庭和他人奉献点余热是可取的。正如保尔·柯察金所说的“当他回忆往事的时候，不因虚度年华而悔恨，也不因碌碌无为而羞耻”。

50 岁之前（前半生），要学会诚实做人、认真做事、严谨做学问（并不复杂，但现在眼前看，对很多人是太难太严太高的标准）。

50 岁之后（后半生），要学会“感恩、长脸、静心”。我觉得人生也就三件事。

——感恩，即父母养育之恩、老师教育之恩、朋友帮助之恩，我现在能努力学做的也就是“来者不拒、有求必应、有问必答”而已，但实际上也就是想去做、知道难做到、更谈不上做好了。

——长脸，脸不在于长得好坏，而在于行的曲直、优劣、正歪，脸是家庭、家族、父母形象的核心、本质和抽象表征。要想长脸，有三做、三不做、三不说，如做到“三实”（即说话诚实、做事踏实、为人老实），不做“三事”（即不做亏心事、害人事、缺德事），不说“三话”（即不说假话、空话、大话），要遇事冷静、着眼对方关切、勿忘公共利益来决策自己的行为，还要“勿以善小而不为，勿以恶小而为之”。

——静心，即心静如水、修身养性，一切都是身外之物，修炼到“为我所用、不为所有”的境界，争取做到“看而不想、想而不说、说而不记、记而不思、思而不虑、虑而不辩”的境地，这一点上我也一直在努力！

做人也应该有三原则，这些原则与对党员尤其是各级领导干部的要求其实是一样的，即忠诚、干净、担当！寓意可能有别，其实这不需要解释，也解释不清楚，心安理得即可，每天晚上一睡就着，睡得呼呼的就好，因为你没做亏心事！

当然，做人成功是比较难的，应该有三个基本条件：

——父母养育，这是前提条件、必备条件和基本条件，这里说的是养、育、教于一体；

——老师教育，往往这个老师包括父母、老师、朋友，主要指言传、身教、垂范，也就是人们常说的“三人行必有吾师”；

——自己努力，这是内因、是本质、是核心，自己不努力一切都是无用的。现在从自己的能力、所处环境、努力的情况看不是成功人士，也难以成功，仅仅是一直在向成功努力地奔跑！

要实现做人成功的目标，往往也需要3个重要的附属条件，即拥有好领导、好环境、好朋友。好领导，起码心地善良、办事公道、为人正派；好环境，包括家庭、单位、社会的基础、基本、人文环境；好朋友，接触的人绝大多数都厚道善良、志同道合、辛勤工作。

我觉得，做人如果不能给自己负责，那也不能给别人负责；反之也一样。这与前面谈到的“长脸”是一个道理。

关于做人，记得阎肃先生曾说的“天分、缘分、勤奋和本分是一生的总结”；厉以宁先生说过的“要有自己理想，要有坚强力量，不要半途而废”；袁隆平先生说的“知识、汗水、灵感和机遇是成功的秘诀”。我觉得，大家们说得非常正确，我的想法与之一致，应该是“说实话、想正事、做益事”，简单说就是要实事求是、仗义执言、主持正义，想国家利益、事业发展、人生追求，做一个有益于国家、有益于他人、当然也应该有益于自己的人。

那，我们看人也看3方面就足够了，即勤学、苦干、素养。这是值得欣赏、无可非议的，但似乎还缺少点什么。也许增加以下3点更贴切：有爱心重细节、勇创新敢担当、懂规则守规矩。这仅仅是我的一点体会，也许又需要3个附属条件：做事的切入点、目标的定位点、价值取向的着落点，这3点可视如人生人品之标志。

二、品种种业

农作物品种是种业乃至农业发展的前提、基础和核心，我们确定的农作物品种管理3个原则，即实事求是、与时俱进、规避风险，当然还要依法管理、客观公正、科学效率。

咱先从品种谈起。大家经常问我一个问题，就是如何看品种，其实这个问题太简单也太复杂。从玉米遗传育种专业或学科而言，凭学业、经验和技术而论，我是外行，因为不懂育种、不知血缘、不解遗传。衡量品种的优劣往往我们栽培人有自己的观点、看法和思考，一般宏观上可从3个方面着眼，就是生产的安全程度、公众的认知程度和市场的占有程度；追求农产品的3个目标就是好用、好吃、好看，实际上也就是高效、优质、特色，当然更需要绿色、环保、可持续。能否选育成大品种、好品种、特色品种一般有3个前提条件，就是“一个大育种家、用几十年的奋斗、选育出一个大亲本”也许才有可能锤炼出一个大品种，当然也需要有目标、有机遇、有灵感，而在确定好目标基础上的持之以恒、持续不断、循序渐进是基础、前提和必备条件。

具体看品种行与否、优与劣、好与坏，应该重点关注的涉及很多方面，真正想把握和了解品种的真实情况，我觉得应该采取“他人鉴定、异地鉴定、生产田鉴定”比较可信、可靠、可用，而三个最为典型性状（特点）不可忽视、最为有用，即熟期、抗性、结实。当然，也有3个前置条件要保证，就是合适的时期、代表性地块、合理的栽培方式。显然，还有3个附属条件，即对照、长势、落黄。有人说“抗性就是产量”，我认为这句话不全面、不客观、不真实。我们要辨证看，如果没有抗性作为前置条件、前提条件和保证条件，往往也没有产量、品质和早熟性而言；客观看，这句话给人的感觉太外行、太片面、太偏激，生产上多年大面积应用的品种往往是水平抗性并非是垂直抗性的，抗性就是抗性，并不是品种审定制度的目标选择，抗性太好的品种往往需要消耗更多的光合产物用于抵御生物与非生物逆境的影响和干扰，减少了光合产物用于形成产量、品质和早熟的需要，而三者的平衡、协调和配套衔接才是真正构成了作物能给予我们的客观需要：高产稳产、品质优良和适期早熟性，当然应在同等条件下来谈农作物的市场需求、比较效益、丰产广适性（太多的我也展开不了，只是个人的一点“三字经”而已，别太见笑即可）。

对于农作物品种，在生产上要注意合理把握十大关系，即产量与品质、丰产与稳产、高产与广适、产量与抗性、产量与生育期、投入与产出、品种与措施、品种与环境、广适与多抗、效益与风险的关系。世上绝没有产量、品质、抗性都万能的品种，老天爷也永远不会提供风调雨顺的优质环境，更无法准确把握、判断和预测品种的最佳效益。

那么，品种审定（市场准入）应该有 3 个基本前提条件，即有区别、有价值、少风险，简单说就是有特色、可使用、很安全，否则该不该提供给生产、给农民、给农业，这就看从业人员的心态、素质和人品了，不论是政府准入、企业准入、科研准入，道理都一样的，就是在考验做人起码的良心。

有人说“品种入市权交给企业、品种选择权交给市场、品种评判权交给农民”。我真的不知道这种话怎么臆造出来的，我的判断是“酝酿许久 + 高人指点迷津 + 团体智慧”！没有文化不可怕，怕的是乱说、乱喊、乱叫！不懂法律不可怕，怕的是违法、干扰法、蔑视法！说错话也不要紧，关键看行为，应该知法、执法、守法！当然，这又涉及当政者素质、执法者心态、为官者作为！简单说，如果品种入市权交给企业，那还需要《种子法》、审定登记制度、种子管理部门干吗？实在对这种说法无法理解，起码现在条件尚未成熟，还未发展到这个阶段。我自认为绝没有断章取义，这是严肃的问题，涉及现阶段中国种业的阶段定位问题、产业发展需要问题和科技创新转化问题，更关系到为农业、农村、农民的把关、站岗和服务的问题，很显然更涉及乡村振兴战略能否顺利实现的大问题。中国种业的现状真的不容高估，全社会的诚信体系建设都被中央摆到突出的位置了。当前种子企业的现状起码是参差不齐、诚信不足、创新不够，正处于初级发展阶段。如果把品种评判权交给农民，要那么多所谓专家干什么、品种审定委员会为什么不撤销？不少农民都没有多少文化，不会评判品种，仅仅依靠经验，也许当几十年的农民、品尝半辈子的辛酸、多年赔本的苦难经历真能评判出来，有时甚至比专家准确得多，但这需要用他们血汗钱作为代价，这种代价太大！如果就这么把责任、作为和担当轻易交出去了，那么现在为什么习近平总书记天天强调扶贫、人民利益大于天呀！其中帮扶农民、农村教育和产业扶贫是极其重要的组成部分，给农村、农业和农民扶贫是当前全国扶贫的核心、重点和难点，这关系到中华民族第一个“百年梦想”是否能真正、顺利、如期实现的大问题，来不得半点虚伪。今天不要去做后天的事，做明天的事已经超前了，还是做好今天的事。多听听大家的意见，往往会弥补自己的不足、增长自己的才干、丰富自己的经验、提升自己的智慧，何乐而不为？

采用有资质的第三方独立测试、有学历和经验的委员会委员客观评价、加之良好的心态和可操作的标准，是完全可以初步判定出来的。纵观玉米品种的发展历程，我们纵跨20多年、审定了500多个玉米品种，没有看到什么大的失误。前人的东西还要留点好，别都抛了或丢了！管理创新还是应在“继承中创新、实践中创新、吸收中创新”。现阶段，我们还是要给农业、农村、农民把把关，应该依法、依规、依标准，为科技创新、企业发展、产业提升多服务，做好游戏规则、净化市场环境、打击违法违规违纪行为比什么都重要。

既然做人有底线，从事试验工作的技术人员也应该有底线，那就是努力做到试验数据真实可靠、客观公正、实事求是；从事审定人员的底线就是“不能让自己父母使用的品种绝不能被审定，否则就是混蛋”；审定品种的安全底线应该是“宁可让农民减产，决不能让农民绝收”，这“一亩三分地”毕竟关系到一家老小的生计；农民一年的收成要靠党的政策，托老天爷（自然气候）帮忙，如果真不给百姓把好关，那真是喊天天不应、叫地地不灵；从事种业人员的底线是“不能让自己父母使用的种子，绝不能卖给别人的父母！”

记得在十多年前，在分析我国种业特点的时候就发现，我国种业早已烙上祖宗的痕迹，也已具备了鲜明的时代特征。一是成为了全球第二大种业，但确是刚刚起步，仍处于初级发展阶段的种业；二是小而散、小而全、小而弱的状态，需要整合、需要提升、需要定位，得靠市场的力量；三是诚信不足、创新不足、实力不足的种业；四是由政府主导的、大小并存的和“根、茎、叶”相脱节、衔接不够紧密的种业；五是尚未摆脱体制、难以适应市场、无法满足产业的种业。核心仍是体制不顺畅、机制不健全、人才仍奇缺、诚信尚不足、品牌未形成、政策在多变、市场难定位、心态不平静的大、中、小企业并存、共生、互惠的初级发展阶段。从目前看，我国种业仍经不起摇摆、扛不起风吹、更受不了折腾。我一直主张合作共赢、多赢的发展战略，我国大部分企业小而散、缺乏资源、缺乏创新、缺乏机制，包括缺乏平台、缺乏网络、缺乏品种，更缺乏视野、缺乏心胸、缺乏定位。其实，最大的竞争对手是最密切的合作伙伴，竞争本身就是合作的开始。合作要尊重对方、保护自己、优势互补乃至取长补短、互惠互利、着眼长远。往往一家一个“资源库”、一家一个“绿色通道”、一家一个“育—繁—推”、一家一个“实验室”、一家一个“加工厂”、一家一个“冷藏库”、一家一条“生产线”，使我们初级发展阶段的中国种业面临的是雪上加霜，巨大浪费并损失惨重！我还是那句老话“闭门造不出来有用的好车”。其他观点和对策，如“事企脱钩、科企合作”等等就不在这里来具体分析，也并不表明本人赞成与反对，而是客观评价对策的优劣、寻找更好的发展路径和积极探讨现阶段是否有更明智的选择！

困难的时候，别忘了迈步时的初心；收获的时间，别忘了耕耘的艰辛；幸福的时刻，别忘了奋斗历程的决心。人生99%是耕耘的奋斗历程，1%是得到硕果的美好时刻；能品味99%的过程，才能收获和享受1%的幸福。人生价值无限，不劳而获是耻辱。

三、试验推广

再谈谈品种试验，也有3点核心，即方案、布局、执行力。如何做好品种试验工作，前人告诉我们应该有3个必不可少的条件，那就是——人、地、物。所谓人就是要有“心”，一是

“爱心、专心、细心”；二是“恒心、良心、平常心”。所谓“地”，就是地块的代表性，规整的地块要保证“旱涝保收、肥力均匀、中等偏上”。所谓“物”，就是基本的试验设施、设备和条件。这些包括目标、标准、措施都是通过方案连接起来，方案就是要保证品种试验的方向正确、目标明确、路径清晰，就是设计科学、措施得力、对照合理，就是运转高效、运行顺畅、客观公正。

从品种的试验效应上讲，要关注3个方面，即区域效应（多点试验）、年际效应（多年试验）、生产效应（生产试验），其附属效应有重复效应、边际效应、肥水效应等。当然如何保证品种试验的“唯一差异性”原则，那就是除保证品种的遗传效应外，其他条件必须尽最大努力从试验的目标选择、试验的设计、试验的布局，包括试验的田间管理、试验的数据采集、数据的统计分析等去避免、克服和减轻任何可能的影响。当然，如果的确是第三方做试验、做测试、做评价，则增加了不少可信度，也许是最佳的选择。

说到产量，它的形成主要是3个要素，即遗传基础、环境条件和配套措施。而构成产量的因子是穗数、粒数和粒重，也就是群体与个体、全局与局部、宏观与微观的相互关系。我们所说的产量还有3个目标，即高产、优质、早熟，是品种选择的本质目标性状（当然不排除广适性），三者是密不可分的关系，对品种而言就是有进步、更安全、较稳定。我们从事农作物品种试验审定的服务对象主要是农民市民、育种家、企业家，也就是为了产品效益、市场需求和产业发展服务；换句话说，也就是为生产生活、成果转化、增产增收服务，道理是一样的。

从事农作物品种推广鉴于所处的发展阶段，还是应该建立立体式三个信息服务平台，简单说就是“地里的品种、书上的品种、网上的品种”，使消费者看得见、摸得着、信得过。因此从事各类农作物品种推广离不开三个基本原则，因地制宜、良种良法、循序渐进，现阶段的品种推广最有效的方式是特色定位、产品牵动、局部突破。避免贪大、贪全、贪快而形成的急躁浮躁、急功近利、急于求成“短、平、快”的不切实际心理、传统做法和盲目措施。根据多年的实践看，应该采取的方式是“星星之火、三大战役、以点带面”，最重要的还是前辈的说法最准确，那就是“试验、示范、推广”的三部曲，我觉得非常简洁、清楚和明确地表达了品种的基本推广方式。

从事农作物品种试验的技术人员是否成功，具体标志是爱岗敬业、业务娴熟、知识丰富。有3个显著的标志，那就是“与育种家谈育种目标、与企业家谈经营理念、与管理者谈宏观战略”，所谓谈就是平等地探讨目标、理念和战略。我也常说，从事试验工作的同人“责任大、任务重、使命光荣”，工作极其重要，涉及农民的期盼、育种家的期待、企业家的期望；更关系到上亿农户的收成、效益和生计，关系国家的粮食安全、丰富城乡各类农产品质量和农产品市场的有效供给，来不得半点含糊。这是我们成长的历练、经验的累积、技术的实践和做人、做事、做学问的人生沉淀，这更是“服务活、良心活、子女活”，还是我常说的一句话“试验锻炼人、经营检验人、审定考验人”。

四、感恩感慨

我从 1979 年 9 月 16 日开始农学的学习，1983 年从事玉米栽培学习，1986 年从事玉米栽培研究，1990 年开始从事国家级玉米等多种农作物品种试验、审定和推广工作。

为了大地的丰收，为了玉米的进步，也为了自己作为农民后代的尊严，为了农作物品种试验、审定、推广体系的建立、改革、发展，在我人生“事业的黄金”阶段，无数的朋友理解、支持、帮助了我，岗位、职责和各项工作任务培养、锻炼、提高了我，事业追求的梦想鞭策、激励、完善了我，公共、公益、公平利益需要成就了自认为“勤奋、干净、担当”的我，培养了我正直、耿直、直来直去的为人、风格、品德，造就了一个远未成熟的我，但成就了我成熟的世界观、人生观、价值观！我感恩父母的养育培养，我感恩恩师夫妇的悉心培养教育，我感恩无数老师、战友、朋友的帮助、支持、厚爱，我感恩家庭成员的默默关心、支持、付出！我感恩 30 多年来遇见的每一位使我成长的恩人、善人、厚道人！感谢大家的培养、支持、帮助乃至善意的批评、指点甚至指责，给了我人生成长的平台、发挥的舞台和良好的心态，奏响起人生自认为不算成功、尚且美妙、无怨有悔的乐章，鼓舞我勤奋努力、顽强刻苦、不忘初心地克服各种困难，在实现自己人生价值、追求和梦想中奔波！ 30 多年来积攒了人生很多宝贵的经验、技术和教训，攒了一辈子用不完的玉米技术、人生历练、价值取向！人还是要有自己的风格，起码应争取达到“无欲则刚”“无私则宽”“无求自高”的自我欣赏、欣慰、欣然之目标、之追求、之境界！

伴随玉米、伴随岗位、伴随职责，伴随朋友、伴随事业、伴随梦想，我们东西南北奔波、昼夜不停思考追求、实践验证学习求索，度过了从未间断、努力奋斗、创新探索的 10 年、20 年、30 年的艰辛历程！我仍将继续陪伴大家、陪伴战友、陪伴玉米之未来的 30 年、40 年乃至终生，这是我唯一永恒的承诺！我经常说“不要把争吵带到退休，更不要把恩怨带入坟墓！”人生多美好，相遇前世缘！

希望能看到本文的新老朋友们，能与我一起、一旦有适宜的机会、心静时，能够多主动去看看高山、大海、森林、沙漠、草原，人生快乐、人生苦短、人生如梦……

备注：2016 年 3 月 11 日杀青；2019 年 7 月 22 日补充、完善。

作品集锦

一、出版书籍 88 本

（一）主编 36 本

1.《中国农作物优良品种》，编（孙世贤），中国农业科技出版社，2001 年。

2.《玉米病虫害田间手册》，主编（王晓鸣　戴法超　廖琴　孙世贤），中国农业科学技术出版社，2002 年 1 月。

3.《中国玉米新品种动态》（2001 年国家级玉米新品种试验报告），主编（廖琴　孙世贤），中国农业科学技术出版社，2002 年 1 月。

4.《中国小杂粮》，主编（林汝法　柴岩　廖琴　孙世贤），中国农业科学技术出版社，2002 年 8 月。

5.《中国玉米新品种动态》（2002 年国家级玉米品种试验报告），主编（廖琴　孙世贤），中国农业科学技术出版社，2003 年 1 月。

6.《中国农作物品种管理与推广》，编著（孙世贤），中国农业科学技术出版社，2003 年 8 月。

7.《中国玉米新品种动态》（2003 年国家级玉米品种区试报告），主编（廖琴　孙世贤），中国农业科学技术出版社，2004 年 1 月。

8.《中国玉米新品种动态》（2004 年国家级玉米品种区试报告），主编（廖琴　孙世贤），中国农业科学技术出版社，2005 年 1 月。

9.《全国农作物审定品种名录》，主编（孙世贤　周进宝　万永红），中国农业科学技术出版社，2005 年 5 月。

10.《中国玉米新品种动态》（2005 年国家级玉米品种区试报告），主编（廖琴　孙世贤），中国农业科学技术出版社，2006 年 1 月。

11.《中国玉米新品种动态》（2006 年国家级玉米品种区试报告），主编（孙世贤　周进宝　陈学军），中国农业科学技术出版社，2007 年 3 月。

12.《中国玉米品种科技论坛》，主编（孙世贤　杨国航），中国农业科学技术出版社，

2007年4月。

13.《中国小杂粮品种》，主编（柴岩　冯佰利　孙世贤），中国农业科学技术出版社，2007年8月。

14.《中国玉米新品种动态》(2007年国家级玉米品种区试报告)，主编（孙世贤　周进宝　陈学军　杨国航），中国农业科学技术出版社，2008年3月。

15.《北方春玉米品种试验技术与品种管理》，主编（陈学军　孙世贤），吉林科学技术出版社，2008年6月。

16.《中国玉米品种DNA指纹鉴定研究动态》，主编(赵久然　孙世贤　王凤格)，中国农业科学技术出版社，2008年8月。

17.《全国玉米审定品种名录》，主编（孙世贤　廖琴），中国农业科学技术出版社，2008年11月。

18.《中国玉米新品种动态》(2008年国家级玉米品种区试报告)，主编（孙世贤　杨国航　陈学军　周进宝），中国农业科学技术出版社，2009年3月。

19.《中国玉米新品种动态》(2009年国家级玉米品种区试报告)，主编（孙世贤　王晓鸣　王守才　杨国航），中国农业科学技术出版社，2010年4月。

20.《玉米病虫害田间手册》编著者（王晓鸣　石洁　晋齐鸣　李晓　孙世贤），中国农业科学技术出版社，2010年12月。

21.《中国玉米新品种动态》(2010年国家级玉米品种区试报告)，主编（孙世贤　赵久然　王乐凯　刘存辉　王凤格　刘玉恒），中国农业科学技术出版社，2011年3月。

22.《中国玉米新品种动态》(2011年国家级玉米品种区试报告)，主编（谷铁城　杨国航　唐道廷　李磊鑫　孙世贤），中国农业科学技术出版社，2012年5月。

23.《中国玉米新品种动态》(2012年国家级玉米品种区试报告)，主编（谷铁城　陈学军　周进宝　杨国航　孙世贤），中国农业科学技术出版社，2013年4月。

24.《一行足迹—玉米这十年》，主编（孙世贤　季广德　杨国航），中国农业科学技术出版社，2013年10月。

25.《2011—2013年全国农作物鉴定品种专辑》，中国农技推广，2014年增刊，执行主编，中国农业科学技术出版社，2014年4月。

26.《中国玉米新品种动态》(2013年国家级玉米品种区试报告)，主编（谷铁城　杨国航　刘存辉　唐道廷　孙世贤），中国农业科学技术出版社，2014年4月。

27.《中国玉米新品种动态》(2014年国家级玉米品种区试报告)，主编（谷铁城　周进宝　陈学军　杨国航　孙世贤），中国农业科学技术出版社，2015年4月。

28.《中国玉米品种科技论坛》(2015)，主编（孙世贤　周进宝　陈学军　杨国航），中国农业科学技术出版社，2015年12月。

29.《2015年玉米国家区试品种报告》，主编（孙世贤　邱军　陈学军　周进宝　杨国航），中国农业科学技术出版社，2016年4月。

30.《2015年棉花国家区试品种报告》，主编（金石桥　杨付新　许乃银　赵素琴　刘逢

举　孙世贤），中国农业科学技术出版社，2016 年 4 月。

31.《玉米同行三十年》，编著（孙世贤），中国农业科学技术出版社，2016 年 10 月。

32.《2016 年棉花国家区试品种报告》，主编（孙世贤　杨付新　许乃银　赵素琴　彭军），中国农业科学技术出版社，2017 年 3 月。

33.《中国蔬菜优良品种》（2004—2015），主编（孙世贤　张扬勇　王述彬　张淑江　张力），中国农业出版社，2017 年 9 月。

34.《2017 年棉花国家区试品种报告》，主编（孙世贤　许乃银　赵素琴　彭军　付小琼　唐淑荣），中国农业科学技术出版社，2018 年 4 月。

35.《2018 年棉花国家区试品种报告》，主编（孙世贤　许乃银　赵素琴　彭军　朱荷琴　赵建军），中国农业科学技术出版社，2019 年 3 月。

36.《2019 年棉花国家区试品种报告》，主编（孙世贤　许乃银　赵素琴　彭军　张芳），2020 年 3 月。

（二）参编 52 本

1.《种植优良新品种》，编者，气象出版社，1992 年。

2.《顾慰连论文选集》，合作者，辽宁科学技术出版社，1992 年。

3.《中国蔬菜优良品种》（1980—1990 年），编者，农业出版社，1992 年。

4.《中国蔬菜优良品种》（1991 年），编者，农业出版社，1993 年。

5.《农民实用技术教育读本》，编者，中国农业出版社，1995 年。

6.《种子工程与农业发展》，编委，中国农业出版社，1995 年。

7.《中国种业面向新世纪》，编审人员，中国农业科技出版社，1999 年。

8.《中国玉米新品种图鉴》，编委，中国农业科技出版社，1999 年。

9.《中国种苗信息全书》（种植业卷），副主编，中国农业科技出版社，1999 年 4 月。

10.《作物优良品种与栽培指南》，副主编，湖北科学技术出版社，2000 年。

11.《农业技术推广指南》（2000—2001），编者，中国农业出版社，2000 年。

12.《前进中的中国农技推广事业》，编者，中国农业出版社，2000 年。

13.《中国农作物审定品种》（1996—1998），编委，西苑出版社，2001 年。

14.《中国玉米品种科技论坛》，副主编，中国农业科技出版社，2001 年。

15.《国外农业推广》（十二国经验及启示），编写人员，中国农业出版社，2001 年。

16.《中国种业，新机遇 · 新挑战 · 新对策》，编委，中国农业出版社，2001 年。

17.《全国农作物品种目录》，编委，中国农业出版社，2002 年。

18.《加入世贸组织与中国农业》，参编，中国农业出版社，2002 年。

19.《实施八大农作物优势区域发展规划技术推广方案》，全国农业技术推广服务中心，编写人员，2002 年 12 月。

20.《吉林省农作物品种志》，编者，科学出版社，2003 年。

21.《全国农作物审定品种》（2001），编委，中国农业出版社，2003 年。

22.《春播玉米高产优质生产技术挂图》，编委，中国农业出版社，2004年。

23.《中国种子管理与种业发展》，编委，中国农业出版社，2005年。

24.《中国杂粮研究》（第二届中国杂粮产业化发展论坛论文集），编委会常务副主任，中国农业科学技术出版社，2005年8月。

25.《国外农业推广经验及启示》，编者，中国农业科学技术出版社，2006年。

26.《全国农作物审定品种》（2002），编者，中国农业科学技术出版社，2006年。

27.《2007年农业主导品种和主推技术》（农业科技入户工程），编者，中国农业出版社，2007年。

28.《中国小杂粮产业发展报告》，编者，中国农业科学技术出版社，2007年。

29.《中国小杂粮产业发展指南》，编写人员，西北农林科技大学出版社，2007年。

30、《大豆主要品种DNA指纹图谱》，副主编，中国农业出版社，2007年8月。

31.《中国转抗虫基因棉花品种（1997—2007）》，编委，中国农业出版社，2008年。

32.《全国农作物审定品种》（2003）、（2004），编委会副主任、编委，中国农业科学技术出版社，2008年。

33.《2008年农业主导品种和主推技术》（农业科技入户工程），编者，中国农业出版社，2008年。

34.《中国特色作物产业发展研究》，副主编，西北农林科技大学出版社，2008年8月。

35.《2009年农业主导品种和主推技术》（农业科技入户工程），编者，中国农业出版社，2009年。

36.《2011年农业主导品种和主推技术》（农业科技入户工程），编者，中国农业出版社，2011年。

37.《中国玉米栽培发展三十年（1981—2010）》，副主编，中国农业科学技术出版社，2011年7月。

38.《中国黄米食品》，编委，西北农林科技大学出版社，2012年。

39.《2013年农业主导品种和主推技术》（全国基层农业技术推广补助项目），编者，中国农业出版社，2013年。

40.《玉米品种DNA指纹鉴定技术100问》，副主编，中国农业科学技术出版社，2013年12月。

41.《2014年农业主导品种和主推技术》（全国基层农业技术推广补助项目），编者，中国农业出版社，2014年。

42.《国外农业技术发展现状与启示》，编者，中国农业科学技术出版社，2014年。

43.《2014年中国种业发展报告》，编委，中国农业出版社，2014年。

44.《2015年农业主导品种和主推技术》（全国基层农业技术推广补助项目），编者，中国农业出版社，2015年。

45.《中国农作物品种审定30年论文集》，编委，中国农业科学技术出版社，2015年。

46.《国家审定玉米品种SSR指纹图谱》，编者，中国农业科学技术出版社，2015年。

47.《2016 年农业主导品种和主推技术》(全国基层农业技术推广补助项目)，编者，中国农业出版社，2016 年。

48.《2018 年中国种业发展报告》，编写人员，中国农业科学技术出版社，2018 年。

49.《2017 年全国主要农作物品种推广应用报告》，编写人员，中国农业科学技术出版社，2019 年 3 月。

50.《2019 年中国种业发展报告》，编写人员，中国农业科学技术出版社，2019 年。

51.《2018 年全国主要农作物品种推广应用报告》，编写人员，中国农业科学技术出版社，2020 年 5 月。

52.《中国玉米遗传育种》，学术顾问，上海科学技术出版社，2020 年 5 月。

二、发表文章 99 篇

（一）执笔 42 篇

1. 作物的潜在生产力与现实生产力之间的辨证关系，《农林辩证法》，1986 年第 2 卷第 3 期，p57-60，第 2 作者，执笔。

2. 氮、磷、钾肥对玉米倒伏及其产量的影响，《中国农业科学》，1989 年第 3 期，p28-33，第 1 作者，执笔。

3. 密度对玉米倒伏及其产量的影响，《沈阳农业大学学报》，1989 年第 4 期，p413-416，第 1 作者，执笔。

4. 国外玉米倒伏研究，《世界农业》，1991 年第 5 期，p23-24，第 1 作者，执笔。

5. 科技兴农　良种是龙头，《中国经济信息》，1992 年，p30-31，作者。

6. 晋东南地区旱地春玉米高产稳产栽培技术体系研究与应用，《干旱地区农业研究》，1993 年第 2 期，p6-12，第 2 作者，执笔。

7. 种子经营注意事项，《中国农村科技》，1996 年第 2 期，p6，作者。

8. 关于加快国家品种审定制度改革的建议，《中国农技推广》，1996 年第 3 期，p8-9，作者。

9.1995 年全国玉米新品种筛选试验结果初报，《作物杂志》，1996 年第 3 期，p26-27，第 2 作者，执笔。

10. 试论国家农作物区域试验问题，《作物杂志》，1996 年第 5 期，p14-15，作者。

11. 规范和完善国家区域试验问题的思考，《种子世界》，1996 年第 6 期，p14-15，作者。

12.1995—1996 年全国小麦新品种筛选试验结果简报，《中国农技推广》，1997 年第 1 期，p31-32，作者。

13. 第三届全国农作物品种审定委员会成立，《中国农技推广》，1997 年第 2 期，p30，作者。

14. 赴澳农作物品种评价和注册培训情况汇报，《种子科技》，1997 年第 6 期，p26-27，第 1 作者，执笔。

15. 有关农作物引种的若干问题,《种子工程与农业发展》(第二届中国国际农业科技年会汇编),中国农业出版社,p609–612,1997 年,作者。

16. 全国玉米新品种筛选试验取得突破性进展,《种子科技》,1998 年第 4 期,p29–30,第 2 作者,执笔。

17. 21 世纪初叶中国玉米育种和生产前景展望,《华北农学报》,1998 年第 13 卷,p121,作者。

18. 国家玉米区域试验改革探索,《中国种业面向新世纪》,1999 年,中国农业科学技术出版社,p129–134,第 2 作者,执笔。

19. 国家玉米品种区域试验改革思路探讨,《种子科技》,1999 年第 1 期,p4–5,作者。

20.“十五”期间我国农作物新品种推广展望,《种子科技》,2000 年第 3 期,p127–128,作者。

21.“九五”期间我国玉米品种已基本实现一次更换,《种子科技》,2000 年第 6 期,p338–340,作者。

22. 种植业结构调整中的玉米生产问题,《华北农学报》,2000 年 8 月第 15 卷,p1–3,作者。

23. 关于调整全国种业管理机构设置的建议,《种子科技》,2000 年第 5 期,p249–251,作者。

24. 刍议主要农作物品种管理问题,《作物杂志》,2001 年第 1 期,p4–5,作者。

25. 论主要农作物品种示范与审定的关系,《种子科技》,2001 年第 1 期,p3–4,作者。

26. 非主要农作物品种管理问题的探讨,《种子世界》,2001 年第 2 期,p4,作者。

27. 关于农作物品种报审条件的讨论,《种子世界》,2001 年第 9 期,p4–6,作者。

28. 从审定制度的历史展望品种管理的未来,《中国种业——新机遇·新挑战·新对策》,中国农业出版社,2001 年,p313–317,作者。

29. 从先锋.孟山都公司看美国玉米种业发展特点,《世界农业》,2003 年第 6 期,p30–31,第 1 作者,执笔。

30. 2002 年美国玉米高产竞赛简况,《玉米科学》,2003 年第 3 期,p102,译者。

31. 高产优质是玉米永恒的主题,《农民日报》,2003 年 12 月 3 日头版,第 1 作者,执笔。

32. 我国甜糯玉米的发展现状与对策,《中国农技推广》,2004 年第 3 期,p27–29,第 1 作者。

33. 2003 年国家玉米品种区试年会纪要,《种子科技》,2004 年第 3 期,p151–152,作者。

34. 2003 年国家玉米品种区试考察报告,《种子世界》,2004 年第 5 期,p56–57,作者。

35. 农作物品种区试的基本条件及管理,《种子世界》,2004 年第 9 期,p4–8,作者。

36. 做好区域试验工作的体会,《种子世界》,2004 年第 10 期,p1–5,作者。

37. 高产的挑战:美国农民向高产纪录迈进(作者:莱利.赖臣伯格),《种子》,2006 年第 3 期,p92–94,译者。

38. 玉米品种试验中 DNA 指纹检测进展和品种管理对策,《玉米科学》,2009 年第 6 期,

p127-131，第1作者。

39. 我国农作物品种管理的若干对策建议，《中国种业》，2010年第4期，p5-8，作者。

40. 我国杂交玉米品种推广与成效，《作物杂志》，2010年第3期，p121-124，作者。

41. 国家级玉米品种试验审定改革30年，《中国农作物品种审定30年论文集》，中国农业科学技术出版社，2015年，p40-45，作者。

42. 关于非审定作物品种管理问题探讨，《中国种业》，2015年第12期，p8-11，作者。

（二）合作57篇

1. 专家谈黄淮海平原玉米生产问题，《中国农学通报》，1989年第5期，p40，第2作者。

2. 咸阳市超大穗小麦不能在生产上直接推广应用，《种子世界》，1994年第8期，p14，第2作者。

3. 借鉴欧盟种子管理经验，加快我国种子产业化步伐——赴德国法国农作物种子管理考察报告，《种子科技》，1999年第3期，p22-24，第2作者。

4. 对非审定农作物品种管理的建议，《种子世界》，2001年第7期，p7-8，第3作者。

5. 中国玉米新品种DNA指纹库建立系列研究，《玉米科学》，2003年第2期，p3-5，第6作者。

6. 中国玉米新品种DNA指纹库建立系列研究，《玉米科学》，2003年第4期，p3-6，第7作者。

7. 西南常用玉米自交系SSR指纹图谱构建，《西南农业学报》，2003年16卷2期，p1-6，第3作者。

8. 美国玉米种子发展现状给我们的几点启示，《种子》，2003年第3期，p51-52，第3作者。

9. 高粱浑身是产业，《中国农学会杂粮分会成立大会暨首届中国杂粮产业发展论坛》，2004年，p105-111，第2作者。

10. 中国玉米新品种标准DNA指纹库构建研究的几点思考，《植物学通报》，2005年第1期，p121-128，第4作者。

11. 我国农作物种子管理与发展对策，《中国农技推广》2005年第10期，p4-7，合作者。

12. 全国玉米杂交种推广现状浅析，《种子》，2005年9月（总第24卷第9期），p59-61，第2作者。

13. 从品种性状及遗传背景看全国玉米杂交种推广，《种子》，2006年3月第3期（总第25卷），p55-57，第2作者。

14. 从品种试验看玉米育种面临的技术问题，《作物杂志》，2006年第2期（总第111期），p10-12，第2作者。

15. 富铁营养保健型超早熟谷子新种质的创新，《中国农业科学》，2006年第5期（总第39卷），p1044-1048，第2作者。

16. 夏玉米籽粒收获期判定方法研究，《作物杂志》，2006年第5期，p11-13，第3作者。

17. 夏玉米苗期抗旱性鉴定指标研究，《河北农业科学》，2006年第3期，p5-9，第3作者。

18. 玉米DNA指纹数据库建库标准规范的建立，《玉米科学》，2006年第6期，p66-68，第8作者。

19. 国家玉米主产区预试品种的SSR分析 Ⅰ 预试品种的真实性和一致性评价，《玉米科学》，2006年第6期，p38-42，第3作者。

20. 国家玉米主产区预试品种的SSR分析 Ⅱ 预试品种的遗传多样性，《玉米科学》，2007年第1期，p16-20，第2作者。

21. 对超级玉米育种目标及技术路线的再思考，《玉米科学》，2007年第1期，p21-23，第2作者。

22 京津唐夏播早熟玉米区生产现状和发展趋势，《种子》，2007年2月第3期，p86-88，第2作者。

23. 东北早熟春玉米区生产现状和发展趋势，《玉米科学》，2007年第4期，p143-145。第2作者。

24. 公平科学公正推进玉米产业发展，《中国种业》，2007年7月第7期，p21-23，第3作者。

25. 国家青贮玉米品种区域试验现状及发展趋势，《作物杂志》，2008年第1期，p85-89，第3作者。

26. 黄淮海夏播玉米区生产现状和发展趋势，《作物杂志》，2008年第2期，p4-7，第3作者。

27. 京津唐夏播早熟玉米区品种区域试验现状与展望，《作物杂志》，2008年第2期，p102-105，第2作者。

28. 玉米苗期抗旱性形态鉴定指标研究，《玉米科学》，2008年第3期，p60-63，第3作者。

29. 我国小麦品种现状与管理，《中国种业》，2009年第2期，p12-15，第3作者。

30. 玉米品种SSR分子标记与田间小区种植一致性鉴定结果的比较，《玉米科学》，2009年第1期，p40-45，第4作者。

31. 农作物品种管理回顾与展望，《中国种植业技术推广改革发展与展望》，2010年，中国农业出版社，p79-88，第2作者。

32. 不同生育时期水分胁迫对玉米产量及生长发育的影响，《玉米科学》，2009年第2期，p60-63，第2作者。

33. 玉米叶部形态指标与抗旱性的关系研究，《玉米科学》，2009年第3期，p68-70，第2作者。

34. 水分胁迫对玉米苗期叶绿素荧光参数的影响，《玉米科学》，2009年第3期，p95-98，第2作者。

35. 水分胁迫对玉米叶绿素荧光特性的影响，《华北农学报》，2009年第3期，p102-106。

第3作者。

36. 水分胁迫对玉米光合速率和水分利用效率的影响，《华北农学报》，2009年增刊，p155–158，第4作者。

37. 玉米叶片光合生理与抗旱性关系研究，《种子》，2009年第8期，p4–8，第2作者。

38. 硫酸锌处理对玉米种子萌发的生理效应，《植物营养与肥料学报》，2009年第2期，p410–415，第3作者。

39. 躬耕科研 创新求索的玉米栽培人，《中国玉米栽培学组成立30周年论文集》，2010年，p11–13，第2作者。

40. 国家玉米审定品种数据库的建设研究，《作物杂志》，2010年第2期，p95–98，第3作者。

41. 玉米品种试验中对照品种的选择及应用，《种子》，2010年第5期，p115–117。第4作者。

42. 国家玉米品种试验中对照品种更迭与发展，《玉米科学》，2010年第4期，p49–51，第4作者。

43. 东北地区和黄淮海地区玉米种质利用模式的比较，《玉米科学》，2010年第5期，p29–34，第5作者。

44. 国家农作物品种审定的作用，《中国种业》，2011年第3期，p3–4，第2作者。

45. 农作物审定品种退出机制的实施现状及必要性分析，《种子》，2011年第8期，p96–98，第2作者。

46. 关于农作物审定品种退出机制实施原则的探讨，《种子》，2011年第9期，p99–101，第2作者。

47. 中国番茄区域试验30年，《中国蔬菜》，2014年第6期，p57–62，第3作者。

48. 对作物区域试验中参试品种产量统计方法问题的探讨，《中国农学通报》，2014年第33期，p133–140，第6作者。

49. 美国蔬菜生产与质量安全管理及启示，《国外农业技术发展现状及启示》，2014年，中国农业科学技术出版社，p16–23，第3作者。

50. 我国农作物品种区域试验审定回顾与展望，《中国农作物品种审定30年论文集》，中国农业科学技术出版社，2015年，p6–12，第3作者。

51. DNA指纹技术在玉米区域试验品种真实性及一致性检测中的应用，《分子植物育种》，2016年第14卷第2期，p456–461，第4作者。

52. 国家鲜食糯玉米区域试验品种产量和品质性状分析，《玉米科学》，2016第3期，p62–68、77，第2作者。

53. 国家鲜食甜玉米区域试验品种产量和品质性状分析，《中国农学通报》，2016年第13期，p164–171，第2作者。

54. 我国水稻主要品种近30年来审定及推广应用情况，《作物杂志》，2018年第2期，p1–5，第2作者。

55. 转基因作物的生物安全：基因漂移及其潜在生态风险的研究和管控,《作物杂志》,2019 年第 2 期，p8-14，第 3 作者。

56. 中国黄淮海平原夏玉米成熟期与产量之关系 (2003—2017),《自然研究 - 科学报告》,英国伦敦，2019 年 8 月 6 日，章节 #SREP-18-37433A，第 6 作者。

57. 基于 GYT 双标图对西北内陆棉区国审棉花品种的分类评价 [J],《作物学报》, 2021 年第 4 期，p660-671，第 7 作者。

三、品种宣传类 40 篇

1. 全国农作物品种审定委员会审 (认) 定的水稻品种 ,《中国稻米》,1994 年第 1 期，p24，编者。

2. 全国审定通过的农作物新品种介绍,《中国农技推广》, 1995 年第 1、2 期，p32-33、p21-23，第 1 编者。

3. 全国审定通过的农作物新品种介绍,《中国农技推广》, 1995 年第 5、6 期，p31-33、p28-30，第 1 编者。

4. 应加速推广的玉米品种,《中国农技推广》, 1996 年第 1 期，p37-38，第 3 编者。

5. 应加速推广的水稻品种,《中国农技推广》, 1996 年第 4 期，p34，第 3 编者。

6. 优良玉米新品种简介,《种子科技》, 1998 年第 3 期，p45-46，编者。

7. 四个烟草新品种,《农家顾问》, 1998 年第 7 期，p16，编者。

8. 第三届全国农作物品种审定委员会 1998 年审定通过的品种简介（一),《种子科技》,1999 年第 4 期，p45-47，编者。

9. 第三届全国农作物品种审定委员会 1998 年审定通过的品种简介（二),《种子科技》,1999 年第 5 期，p43-45，编者。

10. 第三届全国农作物品种审定委员会 1998 年审定通过的品种简介（三),《种子科技》,1999 年第 6 期，p43-45，编者。

11. 第三届全国农作物品种审定委员会 1999 年审定通过的品种简介（一),《种子科技》,2000 年第 1 期，p59-61，编者。

12. 第三届全国农作物品种审定委员会 1999 年审定通过的品种简介（二),《种子科技》,2000 年第 2 期，p122-124，编者。

13. 第三届全国农作物品种审定委员会 1999 年审定通过的品种简介（三),《种子科技》,2000 年第 3 期，p182-185，编者。

14. 第三届全国农作物品种审定委员会 1999 年审定通过的品种简介（四),《种子科技》,2000 年第 4 期，p245-246，编者。

15. 第三届全国农作物品种审定委员会 1999 年审定通过的品种简介（五),《种子科技》,2000 年第 5 期，p307-308，编者。

16. 第三届全国农作物品种审定委员会 2000 年审定通过的品种简介（1),《种子科技》,

2001 年第 1 期，p59，编者。

17. 第三届全国农作物品种审定委员会 2001 年审定通过的品种简介（Ⅰ），《种子科技》，2001 年第 6 期，p370-372，编者。

18. 第三届全国农作物品种审定委员会 2001 年审定通过的品种简介（Ⅱ），《种子科技》，2002 年第 1 期，p58-60，编者。

19. 第三届全国农作物品种审定委员会 2001 年审定通过的品种简介（Ⅲ），《种子科技》，2002 年第 2 期，p122-124，编者。

20. 第三届全国农作物品种审定委员会 2001 年审定通过的品种简介（Ⅳ），《种子科技》，2002 年第 3 期，p184-186，编者。

21. 第三届全国农作物品种审定委员会 2001 年审定通过的品种简介（Ⅴ），《种子科技》，2002 年第 4 期，p244-246，编者。

22. 第三届全国农作物品种审定委员会 2001 年审定通过的品种简介（Ⅵ），《种子科技》，2002 年第 5 期，p306-309，编者。

23. 第三届全国农作物品种审定委员会 2001 年审定通过的品种简介（Ⅶ），《种子科技》，2002 年第 6 期，p368-370，编者。

24. 第三届全国农作物品种审定委员会 2002 年审定通过的品种简介，《种子科技》，2003 年第 1 期，p59-61，编者。

25. 第一届国家农作物品种审定委员会第一次会议审定通过的品种简介，《种子科技》，2003 年第 3 期，p179-183，编者。

26. 第一届国家农作物品种审定委员会第一次会议审定通过的品种简介，《种子科技》，2003 年第 6 期，p367-371，编者。

27. 第一届国家农作物品种审定委员会第二次会议审定通过的品种介绍（Ⅳ），《种子科技》，2004 年第 5 期，p303-308，编者。

28. 2010 年国家鉴定的甘蓝品种，《中国蔬菜》，2011 年第 21 期，p33-37，第 2 编者。

29. 2012 年国家鉴定的西甜瓜品种，《中国蔬菜》，2013 年第 1 期，p39-43，第 2 编者。

30. 2012 年国家鉴定的大白菜品种，《中国蔬菜》，2013 年第 2 期，p40-42，第 2 编者。

31. 2012 年国家鉴定的甘蓝品种，《中国蔬菜》，2013 年第 5 期，p35-37，第 2 编者。

32. 2012 年国家鉴定的番茄品种，《中国蔬菜》，2013 年第 7 期，p35-37，第 2 编者。

33. 2013 年国家西瓜甜瓜鉴定品种，《中国蔬菜》，2014 年第 1 期，p89-91，第 2 编者。

34. 2013 年国家鉴定的辣椒品种（一），《中国蔬菜》，2014 年第 2 期，p85-88，第 2 编者。

35.2013 年国家鉴定的辣椒品种（二），《中国蔬菜》，2014 年第 3 期，p92-95，第 2 编者。

36.2014 年国家鉴定的甘蓝品种，《中国蔬菜》，2014 年第 7 期，p87-88，第 3 编者。

37.2015 年国家鉴定的甘蓝品种，《中国蔬菜》，2015 年第 5 期，p92-95，第 2 编者。

38.2015 年国家鉴定的大白菜品种，《中国蔬菜》，2015 年第 6 期，p89-91，第 2 编者。

39.2015 年国家鉴定的番茄品种（一），《中国蔬菜》，2015 年第 7 期，p89-91，第 2 编者。

40.2015 年国家鉴定的番茄品种（二），《中国蔬菜》，2015 年第 8 期，p89-94，第 2 编者。

四、制（修）定标准18项

（一）主持5项

1. 中华人民共和国国家标准《玉米种子生产技术操作规程》（GB/T 17315—2011）（代替GB/T 17315—1998），主要起草人（第2名），2011-12-30发布，2012-04-01实施。

2. 中华人民共和国农业行业标准《专用玉米杂交种繁育制种技术操作规程》（NY/T 1211—2006），主要起草人（第1名），2006-12-06发布，2007-02-01实施。

3. 中华人民共和国农业行业标准《农作物品种试验技术规程 玉米》（NY/T 1209—2006），主要起草人（第1名），2006-12-06发布，2007-02-01实施。

4. 华人民共和国农业行业标准《农作物品种审定规范 玉米》（NY/T 1197—2006），主要起草人（第1名），2006-12-06发布，2007-02-01实施。

5. 中华人民共和国农业行业标准《农作物品种试验技术规程 高粱》（NY/T 2645—2014），主要起草人（第1名），2014年10月17日发布，2015年1月1日实施。

（二）组织13项

1. 中华人民共和国国家标准《高粱种子生产技术操作规程》（GB/T 17319—2011）（代替GB/T 17319—1998），主要起草人（第2名），2011-12-30发布，2012-04-01实施。

2. 中华人民共和国农业行业标准《无公害食品 绿豆生产技术规程》（NY/T 5204—2004），主要起草人（第3名），2004-01-07发布，2004-03-01实施。

3. 中华人民共和国农业行业标准《甜菜种子生产技术规程》（NY/T 978—2006），主要起草人（第4名），2006年1月26日发布，2006年4月1日实施。

4.《玉米抗病虫性鉴定技术规范 第6部分：腐霉茎腐病》（NY/T 1248.6—2016），主要起草人（第2名），2016年10月26日发布，2017年4月1日实施。

5.《玉米抗病虫性鉴定技术规范 第7部分：镰孢茎腐病》（NY/T 1248.7—2016），主要起草人（第2名），2016年10月26日发布，2017年4月1日实施。

6.《玉米抗病虫性鉴定技术规范 第8部分：镰孢穗腐病》（NY/T 1248.8—2016），主要起草人（第2名），2016年10月26日发布，2017年4月1日实施。

7.《玉米抗病虫性鉴定技术规范 第9部分：纹枯病》（NY/T 1248.9—2016），主要起草人（第2名），2016年10月26日发布，2017年4月1日实施。

8.《玉米抗病虫性鉴定技术规范 第10部分：弯孢叶斑病》(NY/T 1248.10—2016)，主要起草人（第2名），2016年10月26日发布，2017年4月1日实施。

9.《玉米抗病虫性鉴定技术规范 第11部分：灰斑病》（NY/T 1248.11—2016），主要起草人（第3名），2016年10月26日发布，2017年4月1日实施。

10.《玉米抗病虫性鉴定技术规范 第12部分：瘤黑粉病》（NY/T 1248.12—2016），主要起草人（第2名），2016年10月26日发布，2017年4月1日实施。

11.《玉米抗病虫性鉴定技术规范　第13部分：粗缩病》(NY/T 1248.13—2016)，主要起草人（第2名），2016年10月26日发布、2017年4月1日实施。

12.《主要农作物品种审定标准》，其中含7种主要农作物和蚕品种审定标准。重点参与了其中“总则”和“玉米品种主要指标”的修改和定位。国家农作物品种审定委员会办公室2014年8月28日以“国品审〔2014〕2号”形式发布，本人为主要参加人。

13.《主要农作物品种审定标准（国家级）》，其中含5种主要农作物品种审定标准。国家农作物品种审定委员会2017年7月20日发布（无文号），作为组织者之一，参与了其中“棉花”的修改、定位、协调等具体工作。

五、获得奖励

本人获省部级以上科技奖励21项/次，论文获奖5项，为全国农技中心赢得奖项7项。

（一）获省部级以上科技奖励

1. 旱农地区农作物增产技术，1991年9月获国家计委、国家科委、财政部的国家科技攻关荣誉证书，中国农业科学院作物育种栽培研究所(集体奖)，第7名。

2. 我国北方旱农地区农作物增产技术体系研究，1991年农业部科学技术进步奖三等奖，项目完成者。

3. 晋东南旱地农作物高效增产技术体系及应用基础研究，1992年山西省科技进步奖二等奖，第8名。

4. 优质玉米新品种农大108的选育及推广，2000年北京市科学技术进步奖一等奖，第8名。

5. 玉米单交种农大108扩繁及配套技术推广，2000年全国农牧渔丰收奖一等奖，第6名。

6. 优良玉米单交种农大3138的选育和推广，2001年山西省科学技术进步奖二等奖，第6名。

7. 优良玉米自交系综3和综31的选育与利用，2002年中国高校科学技术奖一等奖，第10名。

8. 耐密型玉米杂交种四密25号的选育与推广，2002年吉林省科学技术进步奖一等奖，第8名。

9. 玉米单交种农大3138的选育与利用，2002年中国高校科学技术奖一等奖，第4名。

10. 优质高产玉米新品种农大108的选育与推广，2002年国家科学技术进步奖一等奖，第8名。

11. 高产优质多抗大穗型玉米杂交种豫玉22号的选育与大面积推广，2003年河南省科学技术进步奖一等奖，第8名。

12. 玉米杂交种豫玉22的选育与雄性不育利用及产业化，2004年国家科技进步奖二等奖，第9名。

13. 优良玉米自交系综 3 和综 31 的选育与利用，2005 年国家科技进步奖二等奖，第 8 名。

14. 高产稳产广适紧凑型玉米单交种郑单 958，2006 年河南省科技进步奖一等奖，第 2 名。

15. 高产稳产广适紧凑型玉米单交种郑单 958，2007 年国家科技进步奖一等奖，第 7 名。

16. 玉米单交种浚单 20 选育及配套技术研究与应用，2011 年国家科学技术进步奖一等奖，第 5 名。

17. 中国玉米标准 DNA 指纹库构建及关键技术研究与应用，2011 年北京市科学技术奖二等奖，第 4 名。

18. 中国玉米标准 DNA 指纹库构建关键技术研究与应用，2014-2015 年度中华农业科技奖一等奖，第 4 名。

19. 黄淮海玉米抗病性鉴定标准化技术体系构建与应用，2018 年河北省科技进步奖三等奖，第 6 名。

20. 中国小杂粮生产技术普及与推广，2018 年度中国作物科学奖（科普奖），中国作物学会，第 5 名。

21. 玉米抗主要病虫鉴定评价技术体系创建与应用，2018—2019 年度中华农业科技奖二等奖，第 4 名。

（二）论文获奖情况（5 篇）

1. “十五”期间我国农作物品种推广展望，《种子》，2000 年获中国作物学会优秀论文，2001 年获全国农技中心优秀论文，2003 年获中国科协学术年会农林水行业优秀论文，作者。

2. 种植业结构调整中的玉米生产问题，《华北农学报》《种子》，2000 年获中国作物学会优秀论文，2003 年获中国科协学术年会农林水行业和全国第七届玉米栽培学术交流会优秀论文，作者。

3. 从审定制度的历史展望品种管理的未来，2001 年获全国农技中心和中国种子协会优秀论文，作者。

4. 国家级玉米品种试验审定改革 30 年，2015 年获国家农作物品种审定委员会优秀论文，作者。

5. DNA 指纹技术在玉米区域试验品种真实性及一致性检测中的应用，2015 年获国家农作物品种审定委员会优秀论文，第 4 作者。

（三）为单位赢得奖项（7 项）

1. 高产优质多抗大穗型玉米杂交种豫玉 22 号的选育与大面积推广，2003 年河南省科学技术进步奖一等奖，全国农业技术推广服务中心，第 5 名。

2. 玉米杂交种豫玉 22 的选育与雄性不育利用及产业化，2004 年国家科技进步奖二等奖，全国农业技术推广服务中心，第 6 名。

3. 高产稳产广适紧凑型玉米单交种郑单 958，2006 年河南省科学技术进步奖一等奖，全国农业技术推广服务中心，第 4 名。

4. 高产稳产广适紧凑型玉米单交种郑单 958，2007 年国家科技进步奖一等奖，全国农业技术推广服务中心，第 4 名。

5. 中国玉米标准 DNA 指纹库构建及关键技术研究与应用，2011 年北京市科学技术奖二等奖，全国农业技术推广服务中心，第 2 名。

6. 中国玉米标准 DNA 指纹库构建关键技术研究与应用，2014—2015 年度中华农业科技奖一等奖，全国农业技术推广服务中心，第 2 名。

7. 玉米抗主要病虫鉴定评价技术体系创建与应用，2018—2019 年度中华农业科技奖二等奖，全国农业技术推广服务中心，第 2 名。

六、引进玉米品种 2 个

（一）品种名称：DOGE

育种单位：德国 KWS 种子公司

引种单位：辽宁省种子管理局

引 种 人：孙世贤

审定编号：辽审玉〔1998〕60 号

审定年度：1998 年

（二）品种名称：KX4561

育种单位：德国 KWS 种子公司

引种单位：辽宁省种子管理局

引 种 人：孙世贤

审定编号：辽审玉〔2001〕115 号

审定年度：2001 年

备注：2016 年 2 月 16 日杀青。

半生旅途

孙世贤，男，1960 年 9 月 1 日出生（农历），辽宁省营口市人，中共党员。

1969—1975 年，就读于辽宁省营口县旗口乡滚子泡小学；1975—1978 年，就读于辽宁省营口县旗口乡第一中学；1978 年 3 月—1979 年 8 月，就读于辽宁省营口县高级中学。

1979 年 9 月—1983 年 7 月，就读于沈阳农学院获农学学士学位；1983 年 8 月—1986 年 7 月，就读于沈阳农业大学获农学硕士学位，师从于顾慰连教授和戴俊英教授。

1986 年 8 月—1990 年 11 月，在中国农业科学院作物育种栽培研究所工作；1990 年 12 月—1995 年 7 月，在全国农作物品种审定委员会办公室工作；1995 年 8 月—2020 年 9 月，在全国农技中心品种区试处（良种区试繁育处、品种管理处）工作。

1989 年任助理研究员，1997 年任高级农艺师，2006 年获农业技术推广研究员任职资格，2015—2020 年被全国农业技术推广服务中心聘为农业技术推广研究员。2005—2015 年任全国农业技术推广服务中心品种管理处副处长。

1986—1990 年从事玉米栽培技术研究，1990 年以来曾从事玉米以及小麦、烟草、高粱、谷子、甘薯、甘蔗、甜菜、小宗粮豆、蔬菜、西瓜甜瓜、茶树、棉花、马铃薯等作物品种区域试验、审定（认定、鉴定）、新品种推广和良种繁育技术工作。

1997 年以来曾任全国农作物品种审定委员会玉米专业委员会品审专家，北京市农作物品种审定委员会玉米专业委员会委员，西南师范大学兼职教授，中国农业大学硕士研究生导师，中国农学会遗传资源分会理事，中国作物学会玉米专业委员会、甘薯专业委员会委员（理事）和栽培专业委员会玉米栽培学组副组长、全国玉米高产创建指导团专家，全国农作物种子标准化技术委员会原种生产技术规程分技术委员会委员，中国种子协会理事，国家高粱改良中心理事，中国种子集团公司顾问委员会委员，《种子》《玉米科学》《中国种业》《作物杂志》《种子世界》编委会委员，北京市对外科技交流协会理事，北京蔬菜学会理事，北京作物学会常务理事，全国农技中心农作物品种试验站（西北）站长，陕西华富种业有限责任公司总经理、董事长。

从业 35 年来，出版专业书籍 88 本（其中主编 36 本），发表文章 99 篇（其中执笔 42 篇，获奖 5 篇），发表品种宣传类文章 40 篇，主持组织制（修）定国家或农业行业标准 18 项（其中主持 5 项、组织 13 项，国标 2 项、行标 16 项）。获得省部级以上科技奖励 21 项，其中获国家科技进步奖一等奖 3 项、二等奖 2 项；为全国农技中心赢得省部级以上科技奖励 7 项；培养硕士研究生 3 名；2014 年获国务院政府特殊津贴。

备注：2019 年 4 月 22 日杀青。

第四章

鉴定服务

鉴定服务

2000 年 12 月 1 日，《中华人民共和国种子法》实施，决定了农业部对 7 种主要农作物实施品种审定，而大量的其他作物品种没有管理服务准入方式。在全国农技中心党委书记的大力支持下，在良种区试繁育处处长的直接领导下，全处同事在做好主要农作物品种试验审定推广工作的同时，为了服务提升农业相关产业，丰富城乡农产品市场，增加农民收入和脱贫致富，依据《中华人民共和国农业技术推广法》，组织开展了 32 种非审定作物品种试验鉴定和推广工作。我们坚持“不放松、不放弃、不强制”的自愿原则和“抓大扶小、抓大带小、抓大促小”服务理念，先后继续组织各类农作物品种区域试验，组建不同作物的品种鉴定委员会，制定品种鉴定章程办法和标准，组织各类完成试验程序品种的鉴定工作。在全处同事、同行专家、承试单位及参试单位的大力支持配合协助下，从 2001 年开始率先组织了谷子、高粱、小宗粮豆、甘薯、甘蔗、甜菜等品种鉴定委员会，积极安排相应作物的品种区域试验、品种试验考察、品种试验年会、品种鉴定评价、小宗粮豆品种科技示范园建设等推广服务工作。在 2001—2016 年期间，本人积极参与相关作物鉴定委员会组建、品种定位把关和技术服务工作。据不完全统计，仅 2003 年以来本人积极配合主持人完成了 18 种农作物包括：甘薯、甘蔗、甜菜、高粱、谷子、绿豆、红小豆、蚕豆、莜麦、荞麦、西瓜、甜瓜、大白菜、番茄、甘蓝、辣椒、茶树、马铃薯品种的测试、鉴定、章程、办法、标准等方向性工作，以及材料整理、鉴定品种定位和安全掌控等具体工作。在此，非常感谢马代夫、李强、陈如凯、林影、陈连江、马亚怀、卢庆善、邹剑秋、刁现民、程汝宏、刘正理、柴岩、林汝法、季广德、冯伯利、孙小武、刘君璞、马跃、方智远、孙日飞、杜永臣、赵山普、赵青春、杨亚军、张定、梁月荣、金黎平等一大批行业知名专家和鉴定委员会主任及高士杰、张福耀、王绍滨、郭二虎、房伯平、柏章才、张淑江、李菲、张扬勇、庄木、王述彬、张力、徐建飞、段绍光、石瑛、纳添仓、沈艳芬、张招娟、刘卫平、朱杰华、杨志辉等各作物试验主持人。包括各相关省级种子管理部门品种管理技术专家的大力支持，使我们能够充分依靠大家的力量和经验、技术、智慧完成了应有的进程。当然，这些品种也仅仅是我们在非审定作物品种管理服务方面的追求、实践、探索中开展品种鉴定、评价、推广方面的一个缩影。我认为，离开品种使用价值的登记、备案、示范等都是缺乏对农作物品种将对农业、农村、农民服务目的性和方向性的扭曲和失控。我总认为，农民、农业、农村的利益比天大，恩情比海深！那是哺育、抚育和养育我们成长、成熟、成功的源泉。下表介绍的是本人直接经手的 18 种农作物通过全国农技中心组织各作物品种鉴定委员会鉴定的 463 个优良品种。

备注：2018 年 6 月 5 日杀青。

总序号	分类序号	品种鉴定编号	作物种类	品种名称	亲本组合	选育单位	适宜范围
1	1	国品鉴甘薯 2003001	甘薯	金山 25	金山 57/集团父本	福建农林大学作物学院	建议在南方薯区非薯瘟病区作夏、秋薯种植，禁止在薯瘟病重病地种植
2	2	国品鉴甘薯 2003002	甘薯	南薯 99	潮薯一号 / 红皮早	四川省南充市农业科学研究所	建议在长江流域薯区作春夏薯种植
3	3	国品鉴甘薯 2003003	甘薯	宁薯 192	苏薯 5 号 / 苏薯 4 号	江苏省农业科学院粮食作物研究所	建议在长江流域薯区作春夏薯栽培
4	4	国品鉴甘薯 2003004	甘薯	商薯 19	SL-01/ 豫薯 7 号	河南省商丘市农林科学研究所	建议在河南、河北、安徽、江苏省等全国北方黄淮薯区作春夏薯种植，不宜在黑斑病重病区种植
5	5	国品鉴甘薯 2003005	甘薯	烟薯 20 号	烟薯 550 放任授粉	山东省烟台市农业科学研究院	建议在山东、河南、安徽、江苏、河北省等黄淮非茎线虫病区作春夏薯推广种植
6	6	国品鉴甘薯 2003006	甘薯	渝苏 153	徐薯 18 集团杂交	西南师范大学	建议在长江流域春夏薯区中等以上肥水条件的地块作淀粉用种植
7	7	国品鉴甘薯 2004001	甘薯	广紫薯 1 号	广薯 95-1/ 广薯 88-70	广东省农业科学院作物研究所	建议在广东、广西、福建、江西、河北、湖北、海南省（区）薯区种植
8	8	国品鉴甘薯 2004002	甘薯	济薯 18	徐薯 18 放任授粉	山东省农业科学院作物研究所	建议在河北、安徽、山东、河南漯河、广东、福建、湖南夏薯区种植该品种耐湿性较差，不宜在潮湿地区种植
9	9	国品鉴甘薯 2004003	甘薯	冀薯 98	冀 21-2/Y-6	河北省农林科学院粮油作物研究所	建议在山东、河南、河北、安徽、江苏等省作春、夏薯种植该品种不抗茎线虫病，不宜在茎线虫病地区种植
10	10	国品鉴甘薯 2004004	甘薯	金山 291	金山 57 为母本、金山 584 等集团父本	福建农林大学作物学院	建议在广东、福建、广西、江西、海南省（区）作夏、秋薯种植，不宜在重薯瘟病区种植
11	11	国品鉴甘薯 2004005	甘薯	龙薯 1 号	岩粉 1 号 / 龙岩 7-3	福建省龙岩市农业科学研究所	建议在福建、江西、广东、海南等省作夏、秋薯区种植

（续表）

总序号	分类序号	品种鉴定编号	作物种类	品种名称	亲本组合	选育单位	适宜范围
12	12	国品鉴甘薯 2004006	甘薯	普薯 24	普薯 23 号 / 普薯 6 号	广东省普宁市农业科学研究所	建议在福建、广东、江西、海南等省作春、夏、秋薯种植
13	13	国品鉴甘薯 2004007	甘薯	商薯 85	豫薯 7 号 / 豫薯 10 号	河南省商丘市农林科学研究所	建议在河南、河北、安徽、江苏北方薯区作春、夏薯种植该品种抗病性不太稳定
14	14	国品鉴甘薯 2004008	甘薯	徐薯 23	P616–23/ 烟薯 27	江苏徐州甘薯研究中心	建议在山东、河南、安徽、江苏、河北等省作春、夏薯种植该品种耐湿性较好，适宜平原肥水条件较好的地区种植，不宜在根腐病重病地种植
15	15	国品鉴甘薯 2004009	甘薯	渝苏 151	徐薯 18/ 苏薯 1 号	西南师范大学	建议在重庆市、四川省及相似生态区作春、夏薯种植
16	16	国鉴甘薯 2005001	甘薯	鄂薯 4 号	鄂薯 2 号 / AIS0122–2	湖北省农业科学院作物研究所	建议在湖北、江西、湖南和江苏南部作春、夏薯种植
17	17	国鉴甘薯 2005002	甘薯	福薯 7–6	“白胜”计划集团杂交	福建省农业科学院耕作研究所	建议在福建、北京、河南、江苏、四川、广东和广西省（区、市）非蔓割病重发区作叶菜用品种种植
18	18	国鉴甘薯 2005003	甘薯	阜薯 24	红旱生 / 皖薯 1 号	安徽省阜阳市农业科学研究所	建议在安徽、河北省作春、夏薯种植
19	19	国鉴甘薯 2005004	甘薯	桂薯 96–8	“青头不论春”集团杂交	广西壮族自治区农业科学院玉米研究所	建议在广东、广西、福建及江西省（区）非薯瘟病常发区作秋、冬薯种植
20	20	国鉴甘薯 2005005	甘薯	宁紫薯 1 号	宁 97–23 放任授粉	江苏省农业科学院粮食作物研究所	建议在江苏、河北、山东、湖北、湖南、广东、广西省（区）作紫肉食用型甘薯品种种植
21	21	国鉴甘薯 2005006	甘薯	苏薯 10 号	商 52–7/ 苏薯 2 号	江苏省农业科学院粮食作物研究所	建议在江西、浙江、江苏南部作春、夏薯种植
22	22	国鉴甘薯 2005007	甘薯	徐薯 22	豫薯 7 号 / 苏薯 7 号	江苏徐州甘薯研究中心	建议在江苏、浙江、江西、湖南、湖北、四川、重庆省（市）作春、夏薯种植

（续表）

总序号	分类序号	品种鉴定编号	作物种类	品种名称	亲本组合	选育单位	适宜范围
23	23	国鉴甘薯 2005008	甘薯	烟紫薯1号	烟紫薯 80 放任授粉	山东省烟台市农业科学研究院	建议在山东、福建、河南、江苏、湖南、广西、广东省（区）作紫肉食用型甘薯品种种植
24	24	国鉴甘薯 2005009	甘薯	渝紫 263	徐薯 18 集团杂交	西南师范大学	建议在重庆、江西、湖南、江苏南部作紫肉食用型甘薯品种种植注意防治蔓割病
25	25	国品鉴甘薯 2016001	甘薯	烟薯 29 号	烟薯 24 号放任授粉	山东省烟台市农业科学研究院	建议在山东、河北、河南、安徽、江苏北部、陕西适宜地区种植注意防治茎线虫病和黑斑病
26	26	国品鉴甘薯 2016002	甘薯	济薯 25	济 01028 放任授粉	山东省农业科学院作物研究所	建议在山东、河北、陕西、河南南部、安徽、江苏北部适宜地区种植注意防治茎线虫病和黑斑病
27	27	国品鉴甘薯 2016003	甘薯	洛薯 11 号	CIP194037-1 放任授粉	洛阳农林科学院，洛阳金谷王种业有限公司	建议在河南南部、陕西、山东中部和南部、安徽、江苏北部适宜地区种植注意防治黑斑病
28	28	国品鉴甘薯 2016004	甘薯	湘薯 98	徐薯 22 放任授粉	湖南省作物研究所	建议在湖南、四川、重庆、湖北、江西、浙江、江苏南部适宜地区种植不宜在蔓割病和薯瘟病重发地种植
29	29	国品鉴甘薯 2016005	甘薯	渝薯 1 号	浙薯 13/日紫 13	西南大学	建议在重庆、四川（成都除外）、湖南、湖北、江西、浙江、江苏南部适宜地区种植注意防治茎线虫病，不宜在薯瘟病重发地种植
30	30	国品鉴甘薯 2016006	甘薯	浙薯 21	浙薯 75/ 绫紫	浙江省农业科学院作物与核技术利用研究所	建议在浙江、贵州、重庆、湖南、江西、江苏南部适宜地区种植不宜在薯瘟病重发地种植

（续表）

总序号	分类序号	品种鉴定编号	作物种类	品种名称	亲本组合	选育单位	适宜范围
31	31	国品鉴甘薯 2016007	甘薯	龙薯 31 号	龙薯 9 号放任授粉	龙岩市农业科学研究所	建议在福建、海南、广东（广州除外）、广西适宜地区种植不宜在薯瘟病重发地种植
32	32	国品鉴甘薯 2016008	甘薯	福薯 604	广薯 87 放任授粉	福建省农业科学院作物研究所	建议在福建、海南、广东（广州除外）、广西、江西适宜地区种植不宜在薯瘟病重发地种植
33	33	国品鉴甘薯 2016009	甘薯	秦紫薯 2 号	秦薯 4 号放任授粉	宝鸡市农业科学研究所	建议在陕西、北京、河北、山西、河南东部、山东胶东适宜地区作食用型紫薯品种种植注意防治茎线虫病和黑斑病，不宜在根腐病重发地种植
34	34	国品鉴甘薯 2016010	甘薯	烟紫薯 4 号	浙薯 81 放任授粉	山东省烟台市农业科学研究院	建议在山东、北京、河北、陕西、山西、安徽中北部、河南东部适宜地区作食用型紫薯品种种植注意防治茎线虫病和黑斑病，不宜在根腐病重发地种植
35	35	国品鉴甘薯 2016011	甘薯	徐紫薯 6 号	徐薯 18/ 徐薯 27	江苏徐淮地区徐州农业科学研究所	建议在江苏北部、北京、河北、陕西、山西、山东、河南、安徽中北部适宜地区作为食用型紫薯品种种植注意防治黑斑病
36	36	国品鉴甘薯 2016012	甘薯	宁紫薯 4 号	徐紫薯 5 号 / 宁紫薯 1 号	江苏省农业科学院粮食作物研究所	建议在江苏南部、四川、重庆、湖南、江西、浙江适宜地区作为食用型紫薯品种种植不宜在根腐病和薯瘟病重发地种植
37	37	国品鉴甘薯 2016013	甘薯	福薯 404	烟薯 176 放任授粉	福建省农业科学院作物研究所	建议在福建、海南、广东、广西、江西省（区）适宜地区作为食用型紫薯品种种植不宜在薯瘟病地区种植

（续表）

总序号	分类序号	品种鉴定编号	作物种类	品种名称	亲本组合	选育单位	适宜范围
38	38	国品鉴甘薯 2016014	甘薯	福菜薯 22	泉薯 830 放任授粉	福建省农业科学院作物研究所	建议在福建、海南、广东、四川、重庆、湖北、浙江、江苏、河南省（市）适宜地区作叶菜用甘薯种植注意防治黑斑病，不宜在根腐病重病区种植
39	39	国品鉴甘薯 2016015	甘薯	苏薯 29	浙紫薯 1 号 / 苏薯 16 号	江苏省农业科学院粮食作物研究所	建议在江苏南部、四川（成都除外）、湖南、湖北、江西、浙江适宜地区种植注意防治黑斑病
40	40	国品鉴甘薯 2016016	甘薯	商徐紫 1 号	渝紫薯 7 号放任授粉	商丘市农林科学研究所，江苏徐州甘薯研究中心	建议在河南、江苏北部、河北、陕西、山东（泰安除外）、安徽中北部适宜地区作为食用型紫薯品种种植注意防治茎线虫病，不宜在根腐病重发地种植
41	41	国品鉴甘薯 2016017	甘薯	冀紫薯 2 号	徐薯 25 放任授粉	河北省农林科学院粮油作物研究所	建议在河北、北京、山西、山东、河南、陕西省（市）适宜地区作为食用型紫薯品种种植注意防治黑斑病，不宜在根腐病重发地种植
42	42	国品鉴甘薯 2016018	甘薯	济紫薯 3 号	Ayamurasaki 放任授粉	山东省农业科学院作物研究所	建议在山东、北京、河北、山西省（市）适宜地区作高花青素型品种种植注意防治茎线虫病，不宜在根腐病和蔓割病重发地种植
43	43	国品鉴甘薯 2016019	甘薯	阜紫薯 1 号	渝紫 1 号放任授粉	阜阳市农业科学院	建议在北京、河北、山西、河南、山东（泰安除外）适宜地区作为食用型紫薯品种种植注意防治黑斑病和茎线虫病，不宜在根腐病重发地种植

（续表）

总序号	分类序号	品种鉴定编号	作物种类	品种名称	亲本组合	选育单位	适宜范围
44	44	国品鉴甘薯 2016020	甘薯	鄂紫薯 13	宁紫薯 1 号放任授粉	湖北省农业科学院粮食作物研究所	建议在四川、湖南、江西、浙江、江苏南部适宜地区作为食用型紫薯品种种植注意防治黑斑病，不宜在根腐病和蔓割病重发地种植
45	45	国品鉴甘薯 2016021	甘薯	川紫薯 4 号	烟紫薯 176 放任授粉	四川省农业科学院作物研究所	建议在四川、贵州、重庆、湖南、江西、浙江省（市）适宜地区作为食用型紫薯品种种植注意防治黑斑病和茎线虫病，不宜在根腐病和蔓割病重发地种植
46	46	国品鉴甘薯 2016022	甘薯	徐渝薯 34	渝 06-2-9/渝 04-3-218	江苏徐州甘薯研究中心，西南大学	建议在重庆、四川、湖南、江西、浙江省（市）适宜地区作高胡萝卜素型品种种植注意防治黑斑病，不宜在根腐病和蔓割病重发地种植
47	47	国品鉴甘薯 2016023	甘薯	广紫薯 9 号	广紫薯 2 号 / 越南紫	广东省农业科学院作物研究所	建议在广东、福建（福州除外）、江西适宜地区作高花青素型品种种植不宜在蔓割病和薯瘟病重发地种植
48	48	国品鉴甘薯 2016024	甘薯	泉紫薯 96	泉薯 10 号放任授粉	福建省泉州市农业科学研究所	建议在福建、广东（湛江除外）、广西适宜地区作为食用型紫薯品种种植不宜在薯瘟病重发地种植
49	49	国品鉴甘薯 2016025	甘薯	龙紫薯 6 号	龙薯 14 号放任授粉	龙岩市农业科学研究所	建议在福建、广西、江西省（区）适宜地区作为食用型紫薯品种种植不宜在薯瘟病重发地种植
50	50	国品鉴甘薯 2016026	甘薯	龙津薯 1 号	绫紫 / 龙薯 9 号	龙岩龙津作物品种研究所	建议在福建（莆田除外）、广东、广西、江西适宜地区作为食用型紫薯品种种植不宜在薯瘟病重发地块种植

（续表）

总序号	分类序号	品种鉴定编号	作物种类	品种名称	亲本组合	选育单位	适宜范围
51	51	国品鉴甘薯 2016027	甘薯	桂紫薇薯1号	糊薯 1 号 / 广薯 104	广西壮族自治区农业科学院玉米研究所	建议在广西、广东、福建（龙岩除外）、江西适宜地区作为食用型紫薯品种种植不宜在薯瘟病和蔓割病重发地块种植
52	52	国品鉴甘薯 2016028	甘薯	广紫薯10号	广紫薯 2 号 / 越南紫	广东省农业科学院作物研究所	建议在广东、广西、福建（福州除外）、江西适宜地区作为食用型紫薯品种种植不宜在薯瘟病重发地块种植
53	53	国品鉴甘薯 2016029	甘薯	阜菜薯1号	阜薯 24 放任授粉	阜阳市农业科学院	建议在山东、河南、江苏、浙江、福建、海南省适宜地区作叶菜用甘薯种植注意防治茎线虫病，不宜在根腐病和蔓割病重发地块种植
54	54	国品鉴甘薯 2016030	甘薯	福菜薯 23	紫叶薯放任授粉	福建省农业科学院作物研究所	建议在福建、海南、广东、四川、湖北、浙江、江苏、河南、山东省适宜地区作叶菜用甘薯种植不宜在根腐病重发地块种植
55	55	国品鉴甘薯 2016031	甘薯	湘菜薯2号	湘薯 18 放任授粉	湖南省作物研究所	建议在海南、广东、四川、湖北、浙江、江苏、河南、山东省适宜地区作叶菜用甘薯种植注意防治茎线虫病，不宜在根腐病和薯瘟病重发地块种植
56	56	国品鉴甘薯 2016032	甘薯	广菜薯6号	泉薯 830 放任授粉	广东省农业科学院作物研究所	建议在广东、海南、福建、四川、湖北、浙江、江苏、河南、山东省适宜地区作叶菜用甘薯种植注意防治茎线虫病，不宜在根腐病和薯瘟病重发地块种植
57	1	国鉴蔗 2005001	甘蔗	桂糖 19 号	新台糖 1 号 / 崖城 85-55	广西壮族自治区甘蔗研究所、农业部甘蔗生理生态与遗传改良重点开放实验室	建议在福建、广东、广西、四川省（区）蔗区肥力中等以上的非黑穗病高发区种植

（续表）

总序号	分类序号	品种鉴定编号	作物种类	品种名称	亲本组合	选育单位	适宜范围
58	2	国鉴蔗 2005002	甘蔗	桂糖 21 号	赣蔗 76-65/崖城 71-374	广西壮族自治区甘蔗研究所、农业部甘蔗生理生态与遗传改良重点开放实验室	建议在广西、广东、福建、云南、四川省（区）蔗区的非黑穗病高发区种植
59	3	国鉴蔗 2005003	甘蔗	桂糖 24 号	桂糖 71-5/崖城 84-153	广西壮族自治区甘蔗研究所、农业部甘蔗生理生态与遗传改良重点开放实验室	建议在广西、广东、福建省（区）蔗区种植
60	4	国鉴蔗 2005004	甘蔗	桂糖 23 号	新台糖 1 号/崖城 71-374	广西壮族自治区甘蔗研究所、农业部甘蔗生理生态与遗传改良重点开放实验室	建议在广西、广东、四川、福建省（区）蔗区种植
61	5	国鉴蔗 2005005	甘蔗	桂糖 25 号	CP72-1210/崖城 71-374	广西壮族自治区甘蔗研究所、农业部甘蔗生理生态与遗传改良重点开放实验室	建议在广东、广西、福建省（区）蔗区中等肥力以上的田地种植
62	6	国鉴蔗 2005006	甘蔗	云蔗 89-351	崖城 82-96/桂糖 73-167	云南省农业科学院甘蔗研究所、农业部甘蔗生理生态与遗传改良重点开放实验室	建议在云南、广东、福建、四川省蔗区种植
63	7	国鉴蔗 2005007	甘蔗	云蔗 92-19	赣蔗 64-137/CP67-412	云南省农业科学院甘蔗研究所、农业部甘蔗生理生态与遗传改良重点开放实验室	建议在云南、广东、福建、四川省蔗区中等肥力以上的水田、水浇地种植
64	8	国鉴蔗 2005008	甘蔗	粤糖 89-240	CP72-1210/桂糖 73-167	广州甘蔗糖业研究所	建议在广东、广西、云南省（区）蔗区中等肥力以上的田地种植
65	9	国鉴蔗 2005009	甘蔗	福农 94-0403	CP72-1210/闽糖 69-263	福建农林大学甘蔗综合研究所、农业部甘蔗生理生态与遗传改良重点开放实验室	建议在福建、广东、广西省（区）蔗区中等肥力以上水田、水浇地种植
66	10	国鉴蔗 2005010	甘蔗	福农 95-1702	CP72-1210/粤农 73-204	福建农林大学甘蔗综合研究所、农业部甘蔗生理生态与遗传改良重点开放实验室	建议在福建、广东、广西省（区）蔗区中等肥力以上水田、水浇地种植

（续表）

总序号	分类序号	品种鉴定编号	作物种类	品种名称	亲本组合	选育单位	适宜范围
67	11	国鉴蔗 2005011	甘蔗	赣蔗 18	Roc1 号 / 崖城 71-374	江西省甘蔗研究所、农业部甘蔗生理生态与遗传改良重点开放实验室	建议在江西、福建、广西、四川省（区）蔗区水浇地种植
68	12	国鉴蔗 2005012	甘蔗	川蔗 23 号	CP34-120/ 崖城 71-374	四川省制糖糖业工业研究所	建议在四川、云南省蔗区种植
69	13	国鉴蔗 2005013	甘蔗	闽糖 86-2121	Q61/CP49-50	福建省农业科学院甘蔗研究所、农业部甘蔗生理生态与遗传改良重点开放实验室	建议在福建、广东、四川、云南省蔗区中等肥力以上水田、水浇地种植
70	14	国鉴蔗 2005014	甘蔗	闽糖 92-649	新台糖 1 号 / 闽选 703	福建省农业科学院甘蔗研究所、农业部甘蔗生理生态与遗传改良重点开放实验室	建议在福建、广东蔗区中等肥力以上水田、水浇地种植
71	15	国品鉴甘蔗 2016001	甘蔗	粤糖 06233	粤糖 93-213 × 粤糖 93-159	广州甘蔗糖业研究所，福建农林大学国家甘蔗产业技术研发中心	建议在广东、广西、云南、福建、海南省（区）台风影响小的蔗区中等以上肥力的旱坡地和水旱田（地）种植，宜保留 1~2 年宿根栽培
72	16	国品鉴甘蔗 2016002	甘蔗	粤糖 07516	粤糖 00-236 × 桂糖 96-211	广州甘蔗糖业研究所，福建农林大学国家甘蔗产业技术研发中心	建议在广东、广西、云南、福建、海南省（区）台风影响小的蔗区中等以上肥力的旱坡地和水旱田（地）种植，宜保留 1~2 年宿根栽培
73	17	国品鉴甘蔗 2016003	甘蔗	福农 43 号	90-1211 × 77-797	福建农林大学国家甘蔗工程技术研究中心，福建农林大学国家甘蔗产业技术研发中心，农业部福建省甘蔗生物学与遗传育种重点实验室	建议在云南、广西、广东、福建省（区）蔗区中等以上肥力的旱地种植

（续表）

总序号	分类序号	品种鉴定编号	作物种类	品种名称	亲本组合	选育单位	适宜范围
74	18	国品鉴甘蔗 2016004	甘蔗	福农 40 号	福农 93-3406 × 粤糖 91-976	福建农林大学国家甘蔗工程技术研究中心，福建农林大学国家甘蔗产业技术研发中心，农业部福建省甘蔗生物学与遗传育种重点实验室	建议在广西、云南、广东省（区）蔗区作为晚熟品种种植
75	19	国品鉴甘蔗 2016005	甘蔗	桂柳 07500	粤糖 92/1287 × CP72/1210	柳城县甘蔗研究中心，福建农林大学国家甘蔗产业技术研发中心	建议在广东、广西、云南、福建、海南省（区）蔗区中等以上肥力的旱坡地和水旱田（地）种植，宜保留 1-2 年宿根栽培
76	20	国品鉴甘蔗 2016006	甘蔗	闽糖 02205	崖城 90-3 × ROC10	福建省农业科学院甘蔗研究所	建议在云南、广西、广东、福建省（区）蔗区中等以上肥力田地种植
77	21	国品鉴甘蔗 2016007	甘蔗	赣蔗 20 号	ROC10 × CP57-614	江西省甘蔗研究所，福建农林大学国家甘蔗工程技术研究中心	建议在云南、广西、广东、福建省（区）蔗区中等以上肥力田地种植
78	22	国品鉴甘蔗 2016008	甘蔗	云蔗 082060	粤糖 93-159 × Q121	云南省农业科学院甘蔗研究所，云南云蔗科技开发有限公司	建议在云南、广西、广东、福建省（区）蔗区中等以上肥力田地种植
79	1	国品鉴甜菜 2003001	甜菜	Beta812	母系 BTSM88731 与父系 BTSP86356 以 3：1 比例配制杂交种	美国 BETASEED 公司	建议在黑龙江的松嫩平原、三江平原、吉林西部，内蒙古中部、河套地区，甘肃酒泉、武威，新疆塔城、石河子甜菜产区种植
80	2	国品鉴甜菜 2003002	甜菜	HM1629	母系 MS-116 与父系 POLL-060 以 3：1 比例配制杂交种	SYNGENTA SEEDS AB 种子公司	建议在黑龙江的松嫩平原、三江平原、吉林西部，内蒙古中部、河套地区，甘肃酒泉、武威，新疆塔城、伊犁、和静甜菜产区种植

（续表）

总序号	分类序号	品种鉴定编号	作物种类	品种名称	亲本组合	选育单位	适宜范围
81	3	国品鉴甜菜 2003003	甜菜	HI0183	母系 MS-116 与父系以 3：1 比例配制杂交种	SYNGENTA SEEDS AB 种子公司	建议在黑龙江的松嫩平原、三江平原、牡丹江地区，吉林西部，内蒙古东部，山西大同，甘肃酒泉、武威，新疆塔城、伊犁、和静甜菜产区种植
82	4	国品鉴甜菜 2003004	甜菜	KWS0143	母系 KWSM9687 与父系 KWSP7988 以 3：1 比例配制杂交种	德国 KWS 公司	建议在黑龙江的松嫩平原、三江平原、牡丹江地区，吉林西部，内蒙古东部、河套地区，山西大同，甘肃酒泉、武威，新疆塔城、伊犁、和静甜菜产区种植
83	5	国品鉴甜菜 2003005	甜菜	中甜 207	亲本为 DP14（P1）和 DP03（P2）按 3：1 混合栽植杂交获得	中国农业科学院甜菜研究所	建议在黑龙江的呼兰、友谊，吉林的洮南、范家屯，内蒙古的乌兰浩特，甘肃的黄羊镇，新疆的和静地区种植
84	6	国品鉴甜菜 2003006	甜菜	ST9818	母系石 M205A 与父系 MM4XRH-1 按 3：1 配制杂交种	新疆石河子甜菜研究所	建议在甘肃的黄羊镇、酒泉，新疆的塔城和石河子地区种植
85	7	国品鉴甜菜 2003007	甜菜	ZD206	母系 KWS86586M 与父系 PT35157 以 3：1 配制杂交种	中国农业科学院甜菜研究所、德国 KWS 公司合作育成	建议在黑龙江的呼兰、宁安，吉林的范家屯，内蒙古的林西、包头，甘肃的黄羊镇，新疆的塔城、伊犁地区种植
86	8	国品鉴甜菜 2003008	甜菜	ZD209	母系 KWS66581M 与父系 PT35259 以 3：1 配制杂交种	中国农业科学院甜菜研究所、德国 KWS 公司合作育成	建议在黑龙江的呼兰、宁安、友谊、嫩江，吉林的范家屯、洮南，内蒙古的林西、包头、呼和浩特，甘肃的黄羊镇、酒泉，新疆的塔城、和静、伊犁、昌吉地区种植

（续表）

总序号	分类序号	品种鉴定编号	作物种类	品种名称	亲本组合	选育单位	适宜范围
87	9	国品鉴甜菜 2003009	甜菜	ZD210	母系 KWS66182M 与父系 PT35158 以 3∶1 配制杂交种	中国农业科学院甜菜研究所、德国 KWS 公司合作育成	建议在黑龙江的呼兰、嫩江，吉林的洮南，内蒙古的林西、包头、呼和浩特，甘肃的黄羊镇，新疆的塔城、昌吉、和静地区种植
88	10	国鉴甜菜 2005001	甜菜	Beta218	母系 BTSM88779 与父系 BTSP86323 以 3∶1 比例配制杂交种	美国 Betaseed 公司	建议在新疆，甘肃，河北张北，内蒙古呼和浩特、包头、林西，黑龙江宁安地区种植
89	11	国鉴甜菜 2005002	甜菜	HI0135	母系 MS-314 与父系 poll-0131 以 3∶1 比例配制杂交种	瑞士先正达公司	建议在新疆，甘肃，河北张北，内蒙古呼和浩特、包头、林西，吉林洮南地区种植
90	12	国鉴甜菜 2005003	甜菜	KWS3418	母系 KWSM9763 与父系 KWSP7863 以 3∶1 比例配制杂交种	德国 KWS 公司	建议在新疆，甘肃，河北张北，内蒙古呼和浩特、包头、林西，黑龙江宁安、吉林洮南地区种植
91	13	国品鉴甜菜 2016001	甜菜	KWS1197	母系 KWSMS9839 与父系 KWSP9057 以 3∶1 比例配制（二倍体）杂交种	德国 KWS 公司；申请单位：中国农业科学院甜菜研究所	建议在黑龙江呼兰和嫩江，吉林范家屯，河北张北，内蒙古呼和浩特和察右前旗，甘肃酒泉，新疆奇台、石河子、伊犁和和静地区种植
92	14	国品鉴甜菜 2016002	甜菜	KWS2314	父系母系材料均来自德国 KWS 公司种质资源库。母系 KWSMS9984（单胚二倍体）由 MS8752（单胚二倍体）与异型保持系 O-8875（单胚二倍体）杂交获得。母系与父系（KWSP9091，多胚二倍体）以 3∶1 比例配制（二倍体）杂交种	德国 KWS 公司；申请单位：中国农业科学院甜菜研究所	建议在黑龙江呼兰、友谊和嫩江，吉林洮南和范家屯，河北张北，内蒙古呼和浩特和察右前旗，新疆奇台、石河子、塔城和和静地区种植

（续表）

总序号	分类序号	品种鉴定编号	作物种类	品种名称	亲本组合	选育单位	适宜范围
93	15	国品鉴甜菜 2016003	甜菜	ST12024	以 NO2.75 × F11.9 为母本，以 N44 × N21.2 为父本杂交选育而成	德国斯特儒博有限公司；申请单位：德国斯特儒博有限公司北京代表处	建议在黑龙江呼兰、嫩江和依安，吉林洮南，河北张北，内蒙古呼和浩特、巴盟和察右前旗，甘肃酒泉，新疆奇台、石河子、塔城、伊犁和和静地区种植
94	16	国品鉴甜菜 2016004	甜菜	ST13929	以 D13 × D06 为母本，以 N03 × 059 为父本杂交选育而成	德国斯特儒博有限公司；申请单位：德国斯特儒博有限公司北京代表处	建议在黑龙江呼兰、友谊和嫩江，吉林洮南，内蒙古呼和浩特和察右前旗，新疆奇台、石河子和伊犁地区种植
95	17	国品鉴甜菜 2016005	甜菜	SV1433	以 SVDHMS2556 不育系为母本，以 SVDHPOL4887 为父本杂交而成	荷兰安地国际有限公司；申请单位：荷兰安地国际有限公司北京代表处	建议在黑龙江呼兰、友谊和嫩江，吉林洮南和范家屯，河北张北，内蒙古呼和浩特和察右前旗，甘肃酒泉，新疆奇台、石河子、塔城、伊犁和和静地区种植
96	18	国品鉴甜菜 2016006	甜菜	Beta240	母系 BTS MS91039 与父系（BTSP93123）以 3∶1 比例配制杂交种	美国 Beta Seed 公司；申请单位：中国农业科学院甜菜研究所	建议在黑龙江呼兰，吉林范家屯，山西大同，内蒙古呼和浩特，甘肃酒泉，新疆奇台、石河子、伊犁和和静地区种植
97	19	国品鉴甜菜 2016007	甜菜	SV1434	以 SVDHMS2558 不育系为母本，以 SVDHPOL4884 为父本杂交而成	荷兰安地国际有限公司；申请单位：荷兰安地国际有限公司北京代表处	建议在黑龙江友谊，吉林范家屯，河北张北，内蒙古呼和浩特和察右前旗，甘肃酒泉，新疆奇台、石河子和塔城地区种植
98	20	国品鉴甜菜 2016008	甜菜	JKF208-11	母本多胚不育系为 KF-25A，保持系为 KF-25B；父本“8-8-S2-4”是从“8-8”中选育的优良单株	吉林省农业科学院经济植物研究所	建议在黑龙江呼兰和友谊，吉林洮南和范家屯，河北张北，山西大同，内蒙古呼和浩特和前旗，新疆昌吉地区种植
99	1	国品鉴粱 2004001	高粱	哲杂 26	哲 17A × 哲恢 50	内蒙古通辽市农业科学研究院	建议在内蒙古通辽、赤峰市，吉林省松原，黑龙江省南部，辽宁省北部地区种植

（续表）

总序号	分类序号	品种鉴定编号	作物种类	品种名称	亲本组合	选育单位	适宜范围
100	2	国品鉴粱 2004002	高粱	哲杂 27	V4A × 哲恢 50	内蒙古通辽市农业科学研究院	建议在内蒙古通辽、赤峰市，吉林省松原，辽宁省北部地区种植
101	3	国品鉴粱 2004003	高粱	四杂 40	97 Ⅰ 101 × 4219	吉林省农业科学院作物研究所（原四平市农科院作物所）	建议在吉林省中南部，内蒙古通辽市南部，辽宁省北部等地区种植
102	4	国品鉴粱 2004004	高粱	赤杂 16	8A × 7654	内蒙古赤峰市农业科学研究所	建议在内蒙古赤峰、兴安盟，黑龙江西南部、吉林西部地区种植
103	5	国品鉴粱 2004005	高粱	龙 609	308A × 哈恢 560	黑龙江省农业科学院作物育种所	建议在吉林西北部，黑龙江省第一积温带和第二积温带上限、肥水条件较好的地区种植
104	6	国品鉴粱 2004006	高粱	辽杂 17	124A × 8001	辽宁省农业科学院作物研究所	建议在辽宁北部、吉林南部种植
105	7	国品鉴粱 2004007	高粱	锦杂 100	7050A × 9544	辽宁省锦州农业科学院	建议在辽宁省，河北省承德、唐山、秦皇岛，山西省等地区种植在河北、山西种植时注意防鸟害
106	8	国品鉴粱 2004008	高粱	晋杂 18	7501A × R111	山西省农业科学院高粱研究所	建议在辽宁，河北，山西，陕西省种植
107	9	国品鉴粱 2004009	高粱	辽杂 12	7050A × 654	国家高粱改良中心	建议在辽宁省沈阳以南、河北、山西、陕西种植
108	10	国品鉴粱 2004010	高粱	辽杂 18	038A × 2381	国家高粱改良中心	建议在辽宁省沈阳以南、河北、山西、陕西种植
109	11	国品鉴粱 2004011	高粱	铁杂 15	TL169–214A × 719	辽宁省铁岭市农业科学院	建议在辽宁省朝阳、阜新、锦州、沈阳、铁岭市，河北省承德、唐山地区种植
110	12	国品鉴粱 2004012	高粱	承杂 7 号	2002A × 7788	中种集团承德长城有限公司	建议在河北省中北部，内蒙古东南部、吉林西部、黑龙江第一积温带种植
111	13	国品鉴粱 2004013	高粱	晋草 1 号	A3SX–1A × 苏丹草 IS722	山西省农业科学院高粱研究所	建议在我国活动积温 2300℃以上地区种植

（续表）

总序号	分类序号	品种鉴定编号	作物种类	品种名称	亲本组合	选育单位	适宜范围
112	14	国品鉴粱 2004014	高粱	健宝	从澳大利亚太平洋种子公司引入，为高粱和苏丹草杂交种	北京德农种业有限公司	建议在我国活动积温 2300℃以上地区种植
113	15	国品鉴粱 2004015	高粱	辽草 1 号	7050A × 苏丹草	国家高粱改良中心	建议在我国活动积温 2300℃以上地区种植
114	16	国品鉴粱 2004016	高粱	辽饲杂 4 号	L0201A × LTR101	国家高粱改良中心	建议用于青贮时在东北、华北、西北地区种植
115	17	国鉴粱 2005001	高粱	四杂 42	Ⅶ 72A × 4815	吉林省农业科学院作物育种研究所	建议在吉林、黑龙江、内蒙古省（区）敖杂 1 号适宜区域种植，应及时防治螟虫
116	18	国鉴粱 2005002	高粱	吉杂 96	5222A × 133-6	吉林省农业科学院作物育种研究所	建议在辽宁省北部，吉林省四平、长春、松原，黑龙江第Ⅰ积温带上限，内蒙古通辽种植，应及时防治螟虫
117	19	国鉴粱 2005003	高粱	辽杂 22 号	P01A × 105	国家高粱改良中心	建议在吉林中南部、黑龙江第Ⅰ积温带上限、内蒙古赤峰和通辽无霜期较长地区种植
118	20	国鉴粱 2005004	高粱	哲杂 125 号	13A × 哲恢 40	内蒙古通辽市农业科学研究院	建议在辽宁北部地区，吉林省松源，黑龙江第Ⅰ积温带上限，内蒙古赤峰南部和通辽地区种植
119	21	国鉴粱 2005005	高粱	晋杂 101	A2SX44A ×（363C/2691）	山西省农业科学院高粱研究所	建议在黑龙江第Ⅰ积温带上限，吉林松原、长春、四平，内蒙古通辽、赤峰东南部，山西吕梁和晋中山区种植
120	22	国鉴粱 2005006	高粱	辽杂 21 号	363A × 0-01	国家高粱改良中心	建议在辽宁、河北、山西、陕西、甘肃和宁夏省（区）春播晚熟区种植，生育期间应及时防治黏虫、蚜虫和螟虫

（续表）

总序号	分类序号	品种鉴定编号	作物种类	品种名称	亲本组合	选育单位	适宜范围
121	23	国鉴粱 2005007	高粱	辽杂 23 号	P02A×415	国家高粱改良中心	建议在辽宁西北地区、河北、山西、陕西、甘肃和宁夏春播晚熟区种植，播种前应采取药剂拌种预防高粱丝黑穗病
122	24	国鉴粱 2005008	高粱	辽杂 24 号	7050A×011	辽宁省农业科学院高粱研究所、植保研究所	建议在辽宁中、南部和河北中、南部种植
123	25	国鉴粱 2005009	高粱	晋杂 20 号	L405A×626	山西省农业科学院农作物品种资源研究所	建议在辽宁省沈阳以南、山西忻州以南、河北承德和唐山地区种植
124	26	国鉴粱 2005010	高粱	平杂 8 号	永 1762×平恢 8 号	甘肃省平凉市农科所	建议在甘肃、陕西和宁夏省（区）春播晚熟区种植，播种前应采取药剂拌种预防高粱丝黑穗病
125	27	国鉴粱 2005011	高粱	锦杂 103	232EA×858	辽宁省锦州农业科学院	建议在辽宁、河北东部、山西无霜期较长地区种植，注意预防雀害
126	28	国鉴粱 2005012	高粱	辽甜 1 号	L0201A×LTR102	国家高粱改良中心	建议在黑龙江、吉林、辽宁、内蒙古、北京、陕西、山西、安徽、湖南、河南、甘肃和宁夏省（区、市）作青贮高粱种植，注意防止倒伏
127	29	国鉴粱 2005013	高粱	两糯一号	九嶷糯粱 HS-57×湘 10721	湖南省宁远县种子公司	建议在湖南、湖北、四川、重庆省（市）种植，播种前应采取药剂拌种预防高粱丝黑穗病，注意防治纹枯病和叶斑病
128	30	国鉴粱 2005014	高粱草	苏波丹	2001 年从澳大利亚太平洋种子公司引入的苏丹草杂交种。母本为 S433291，父本为 SF89773	德农种业赤峰分公司	建议在全国适宜地区种植，每次刈割时保证留茬 15 ～ 20 厘米

（续表）

总序号	分类序号	品种鉴定编号	作物种类	品种名称	亲本组合	选育单位	适宜范围
129	1	国品鉴谷 2003001	谷子	沧谷 3 号	8337 × 引 F_3	河北省沧州市农林科学院	建议在河北省黑龙港流域的沧州、衡水市和河南安阳市，山东临沂市莒南及其同类型区推广在推广中要注意防治谷锈病、谷瘟病
130	2	国品鉴谷 2003002	谷子	冀谷 18	谷研 4 号 × 高 39	河北省农林科学院谷子研究所	建议在冀中南及河南、山东夏谷区推广，也可在冀东燕山、冀西太行山及晋中、陕南、内蒙古赤峰市丘陵旱地春播注意合理密植
131	3	国品鉴谷 2003003	谷子	晋谷 28 号	陕县黑支谷系选后代 Co60 辐射	山西省农业科学院	建议在山西中南部，甘肃庆阳等地推广该品种分蘖性强，注意种植密度
132	4	国品鉴谷 2003004	谷子	大同 27 号	（73-50 × 早 1）× 伊 17	山西省农业科学院高寒作物研究所	建议在山西省北部及中部山区，河北张家口地区，内蒙古呼和浩特、包头地区，宁夏固原，甘肃会宁等地区种植注意种植密度
133	5	国品鉴谷 2003005	谷子	陇谷 10 号	8601 × 陇谷 9 号	甘肃省农业科学院作物研究所	建议在甘肃中东部，河北省张家口、承德，山西雁北等地区推广注意合理密植
134	6	国品鉴谷 2003006	谷子	太选 1 号	晋汾 34 号 × 黄冬谷（DNA）	山西省农业科学院作物遗传研究所	建议在山西中部，北京门头沟，甘肃庆阳等地种植注意红叶病发生
135	7	国品鉴谷 2003007	谷子	95 汾选 3	晋谷 21 号 × 晋谷 20 号	山西省农业科学院经济作物研究所	建议在山西中南部及河北张家口等地区推广注意防治白发病
136	8	国品鉴谷 2003008	谷子	赤谷 10 号	承谷 8 号 × 赤谷 4 号	内蒙古赤峰市农业科学研究所	建议在山西西北部，内蒙古赤峰及河北省承德，辽宁朝阳等地区推广注意防治谷锈病
137	9	国品鉴谷 2004001	谷子	冀谷 19	矮 88 × 青丰谷	河北省农林科学院谷子研究所	建议在冀、鲁、豫夏谷区夏播，也可在冀东北和冀西丘陵山地春播在推广中注意适当提早播种

（续表）

总序号	分类序号	品种鉴定编号	作物种类	品种名称	亲本组合	选育单位	适宜范围
138	10	国品鉴谷 2004002	谷子	豫谷 11	矮 88 × 安 472	河南省安阳市农业科学研究所	建议在冀、鲁、豫夏谷区夏播种植推广中要加强后期管理，注意防治线虫病
139	11	国品鉴谷 2004003	谷子	济谷 13	掖 83–1 × 8511	山东省农业科学院作物研究所	建议在冀、鲁、豫夏谷区夏播种植推广中注意防治纹枯病
140	12	国品鉴谷 2004004	谷子	铁谷 14	铁谷 5 号 × 外引“79127”	辽宁省铁岭市农业科学院	建议在辽宁省，吉林省南部及黑龙江省哈尔滨市郊等地种植，注意防病，适时早播
141	13	国品鉴谷 2004005	谷子	承谷 11	日本 60 日 × 野鸡气	中种集团承德长城种子有限公司	建议冀东北春谷区，山西，陕西，辽宁朝阳，内蒙赤峰等地春播，注意防治谷锈病和纹枯病
142	14	国品鉴谷 2004006	谷子	朝谷 13	昭农 21 × 铁谷 7 号	辽宁省水土保持研究所	建议在辽宁西部干旱、半干旱地区及同类型区推广，注意防倒
143	15	国品鉴谷 2004007	谷子	晋谷 35	（晋谷 14 × 晋谷 21）F_1 辐射	山西省农业科学院谷子研究所	建议在山西，陕西，甘肃等地春播，注意适时早播
144	16	国品鉴谷 2004008	谷子	张杂谷 1 号	A1 × 冀张谷 1 号	河北省张家口坝下农业科学研究所	建议在河北、山西、陕西、甘肃北部等 ≥ 10℃积温 2600℃以上地区推广，注意保证种子纯度
145	17	国鉴谷 2005001	谷子	冀谷 20	目标性状基因库	河北省农林科学院谷子研究所	建议在河北、河南、山东夏谷区种植，也可在唐山、秦皇岛、山西中部、宁夏南部春播，注意防治线虫病
146	18	国鉴谷 2005002	谷子	冀谷 21	目标性状基因库	河北省农林科学院谷子研究所	建议在河北、河南、山东夏谷区种植，也可在唐山、秦皇岛、山西中部、宁夏南部春播，注意防治线虫病
147	19	国鉴谷 2005003	谷子	衡谷 9 号	7520/91101	河北省农林科学院旱作研究所	建议在河北、河南、山东夏谷区种植，在推广中注意防倒伏，防治纹枯病、线虫病

（续表）

总序号	分类序号	品种鉴定编号	作物种类	品种名称	亲本组合	选育单位	适宜范围
148	20	国鉴谷 2005004	谷子	长农 35 号	晋汾 7 号 × 宁黄 1 号	山西省农业科学院谷子研究所	建议在山西中南部、陕西延安、甘肃东部无霜期 150 天以上地区春播，注意适时早播
149	21	国鉴谷 2005005	谷子	晋谷 36	77-32 × 长穗黄	山西省农业科学院遗传研究所	建议在山西中南部、陕西延安、甘肃东部无霜期 150 天以上地区春播，注意适时早播
150	22	国鉴谷 2005006	谷子	兴谷 88	晋谷 28 粒子束处理	山西省农业科学院	建议在山西中南部、陕西延安、甘肃东部、辽宁铁岭无霜期 150 天以上地区春播，注意预防红叶病
151	23	国鉴谷 2005007	谷子	张杂谷 3 号	A2 × 1484-5	河北省张家口坝下农科所、中国农业科学院品种资源研究所	建议在河北张家口坝下、山西北部、陕西榆林、内蒙古呼和浩特地区春播，注意防倒，确保种子纯度
152	24	国鉴谷 2005008	谷子	大同 29	目标性状基因库	山西省农业科学院高寒区所	建议在山西北部、甘肃、宁夏中南部、河北张家口坝下春播，注意防治黑穗病
153	25	国鉴谷 2005009	谷子	承谷 12	朝 86-10 × 承谷三号	中种集团承德长城种子有限公司	建议在河北北部、山西中部、辽宁朝阳春播，注意防治纹枯病、白发病
154	26	国鉴谷 2005010	谷子	公谷 68	公谷 62/80026	吉林省农业科学院作物研究所	建议在吉林中、西部和辽宁北部种植，注意防涝
155	1	国品鉴杂 2004001	绿豆	冀绿 9239	冀引 3 号为母本，Vc2808A 为父本杂交选育	河北省农林科学院粮油作物研究所	建议在黑龙江哈尔滨，吉林白城，辽宁沈阳，内蒙古翁牛特，陕西榆林，山西大同、长治、太谷以及新疆石河子等地种植
156	2	国品鉴杂 2004002	绿豆	冀绿 9309	唐山绿豆 108 与亚蔬绿豆 D0049-1 的后代 8313-11-4-3 为母本，辽宁的鹦哥绿豆为父本杂交选育	河北省农林科学院粮油作物研究所	建议在河北承德、吉林白城，内蒙翁牛特，陕西榆林，山西的大同、长治、太谷等地种植

（续表）

总序号	分类序号	品种鉴定编号	作物种类	品种名称	亲本组合	选育单位	适宜范围
157	3	国品鉴杂 2004003	绿豆	保 942–34	冀绿 2 号与邓家台绿豆杂交选育	河北省保定市农业科学研究所	建议在北京、河北保定、石家庄，河南南阳、安阳，山东东营、垦利，陕西榆林，内蒙古翁牛特，辽宁沈阳，吉林白城等地种植
158	4	国品鉴杂 2004004	绿豆	中绿 4 号	用亚蔬绿豆 VC1973A 为母本，V2709 为父本，通过有性杂交选育而成	中国农业科学院作物品种资源研究所	建议在北京，河北承德、保定、石家庄，山西太原、临汾，黑龙江哈尔滨、大庆，浙江杭州，山东烟台、潍坊，河南安阳、南阳，广西南宁，陕西榆林等地种植
159	5	国品鉴杂 2004005	绿豆	中绿 5 号	用亚蔬绿豆 VC1973A 为母本，VC2768A 为父本，通过有性杂交选育而成	中国农业科学院作物品种资源研究所	建议在北京，河北石家庄，山西大同、太原，内蒙古赤峰，辽宁沈阳，吉林白城，黑龙江哈尔滨，江苏泰州，河南南阳，云南丽江，陕西榆林，新疆石河子等地种植
160	1	国品鉴杂 2004006	红小豆	冀红 9218	遵化红小豆为母本，京小 3 号为父本杂交选育	河北省农林科学院粮油作物研究所	建议在辽宁沈阳，河北保定、石家庄，河南郑州，陕西延安、大荔，山西大同、太原、长治，新疆哈巴河及江苏如皋等地种植
161	2	国品鉴杂 2004007	红小豆	冀红 8937	天津红小豆和日本大纳言的杂交后代 8208–12104 为母本，B0653 为父本杂交选育	河北省农林科学院粮油作物研究所	建议在河北保定、石家庄，山西大同、太原、长治，陕西榆林、延安、大荔，新疆哈巴河，河南郑州，江苏如皋等地种植
162	3	国品鉴杂 2004008	红小豆	保 876–16	冀红 1 号和日本大纳言杂交选育	河北省保定市农业科学研究所	建议在河北保定、石家庄、廊坊，山西大同、太原，陕西榆林、延安，河南郑州、南阳，辽宁阜新、沈阳，吉林公主岭、白城以及黑龙江哈尔滨等地种植

（续表）

总序号	分类序号	品种鉴定编号	作物种类	品种名称	亲本组合	选育单位	适宜范围
163	4	国品鉴杂 2004009	红小豆	保 8824-17	冀红 1 号与台 9 杂交后代和日本大纳言杂交选育	河北省保定市农业科学研究所	建议在河北保定、石家庄、廊坊，山东垦利，山西大同，陕西榆林、大荔，河南郑州，辽宁阜新、沈阳，吉林公主岭、白城以及黑龙江哈尔滨等地种植
164	5	国品鉴杂 2004010	红小豆	中红 2 号	从早红 2 号（原北京农家品种“密云红小豆”）中系统选育而成	中国农业科学院作物品种资源研究所	建议在北京，河北石家庄，山西太原、长治，辽宁沈阳，吉林白城，黑龙江哈尔滨，江苏泰兴，河南南阳，云南丽江，四川峨嵋，云南昆明，陕西的榆林、延安、渭南、咸阳、汉中等地种植
165	1	国品鉴杂 2004011	蚕豆	临蚕 5 号	和政尕蚕豆与英 175 杂交后代做母本，青海 3 号为父本杂交选育	甘肃省临夏州农业科学研究所	建议在海拔 1650-2300 米水肥条件较好的地区种植
166	1	国品鉴杂 2004012	莜麦	坝莜 3 号	冀张莜 2 号为母本，8818-30 为父本杂交选育而成	河北省张家口市坝上农业科学研究所	建议在河北坝上生产潜力 100-200 公斤 / 亩的肥坡地、旱滩地和阴滩地以及其他省区同类型区种植
167	1	国品鉴杂 2004013	荞麦	定甜荞 1 号	从定西甜荞混和群体中选育而成	甘肃省定西旱农科研推广中心	建议在内蒙古、甘肃、陕西、宁夏省（区）甜荞生产区种植
168	2	国品鉴杂 2004014	荞麦	西农 9920	从陕南苦荞混和群体中选育而成	西北农林科技大学农学院	建议在内蒙古、河北、甘肃、陕西、宁夏、贵州省（区）春播区以及湖南、江苏省秋播区种植
169	3	国品鉴杂 2004015	荞麦	黔苦 2 号	从老鸦苦荞混和群体中选育而成	贵州省威宁县农业科学研究所	建议在甘肃、贵州、湖南、陕西、云南、四川省种植
170	4	国品鉴杂 2004016	荞麦	黔苦 4 号	从高原苦荞混和群体中选育而成	贵州省威宁县农业科学研究所	建议在贵州、四川、甘肃、内蒙古等地种植
171	1	国品鉴瓜 2009001	西瓜	黑马王子	ST4 × LB239	湖南省瓜类研究所	建议在湖南、湖北、江西、广西、贵州省（区）露地栽培应用
172	2	国品鉴瓜 2009002	西瓜	博达隆 2 号	9042 × HP-2	湖南博达隆科技发展有限公司	建议在湖南、江西、广西、贵州省（区）露地栽培应用

（续表）

总序号	分类序号	品种鉴定编号	作物种类	品种名称	亲本组合	选育单位	适宜范围
173	3	国品鉴瓜 2009003	西瓜	小玉 8 号	0305-2 × SH-2	湖南省瓜类研究所	建议在湖南、安徽、河南、山东、陕西、四川、江西省保护地条件下栽培应用
174	4	国品鉴瓜 2009004	西瓜	中裕 2 号	MB-201 × AK-14	辽宁大连中裕种业有限公司	建议在山东、北京、河南、陕西、四川、湖南省（市）保护地条件下栽培应用
175	5	国品鉴瓜 2009005	西瓜	甜宝小无籽	M405 × F223	北京市农业技术推广站	建议在北京、山东、河南、湖南、安徽、陕西省（市）保护地条件下栽培应用
176	6	国品鉴瓜 2009006	西瓜	陇抗 9 号	92 A 30 × 92 A 45	甘肃省农业科学院蔬菜研究所	建议在宁夏、甘肃省（区）的沙田露地栽培应用
177	7	国品鉴瓜 2010001	西瓜	春秀	秀岭 00-1-1-1-5-3-4-1-1 × F46F-1-3-1-1	山东省农业科学院蔬菜研究所	建议在山东、安徽、陕西、四川、黑龙江省适宜地区作保护地种植
178	8	国品鉴瓜 2010002	西瓜	红小帅 2 号	X6 × C7	北京市农业技术推广站	建议在北京、山东、陕西、黑龙江、安徽、四川、湖南省（市）适宜地区作保护地种植
179	9	国品鉴瓜 2010003	西瓜	姑苏红	a6-12-5-3-3-2× d23-7-6-2-3-1	江苏省苏州市蔬菜研究所	建议在安徽、江苏、陕西、山东及海南省适宜地区作保护地种植
180	10	国品鉴瓜 2010004	西瓜	雪峰小玉无子 2 号	S05 × ES207	湖南省瓜类研究所	建议在湖南、安徽、四川、山东、陕西、黑龙江、北京、江西、海南省（市）适宜地区作保护地种植
181	11	国品鉴瓜 2010005	西瓜	宁农科 1 号	M204-3 × F306-7	宁夏回族自治区农林科学院种质资源研究所	建议在宁夏、甘肃省（区）适宜地区种植
182	12	国品鉴瓜 2011001	西瓜	雪峰橙玉	ES222-1 × ES222-2	湖南省瓜类研究所	建议在湖南、安徽、山东、陕西、黑龙江省适宜地区作保护地种植
183	13	国品鉴瓜 2011002	西瓜	宁农科 3 号	M621-4 × F417-9	宁夏回族自治区农林科学院种质资源研究所	建议在宁夏自治区、甘肃省适宜地区作露地种植

（续表）

总序号	分类序号	品种鉴定编号	作物种类	品种名称	亲本组合	选育单位	适宜范围
184	14	国品鉴瓜 2012001	西瓜	雪峰小玉9号	引 -5 × ES216	湖南雪峰种业有限责任公司	建议在江苏、安徽、四川、湖南、北京、河南、陕西省（市）适宜地区作保护地栽培种植
185	15	国品鉴瓜 2012002	西瓜	雪峰黑牛	ST4 × LB238	湖南雪峰种业有限责任公司	建议在湖南、湖北、四川、安徽、天津、河北、山东、陕西、宁夏省（区、市）适宜地区作露地栽培种植
186	16	国品鉴瓜 2012003	西瓜	津蜜 8 号	4N–5 × SS–3	天津科润蔬菜研究所	建议在四川、安徽、天津、河北、宁夏省（区、市）适宜地区作露地栽培种植
187	17	国品鉴瓜 2013001	西瓜	雪峰小玉9号	引 -5 × ES216	湖南雪峰种业有限责任公司	建议在江苏、安徽、四川、湖南、北京、河南、陕西省（市）适宜地区作保护地栽培种植
188	18	国品鉴瓜 2013002	西瓜	雪峰黑牛	ST4 × LB238	湖南雪峰种业有限责任公司	建议在湖南、湖北、四川、安徽、天津、河北、山东、陕西、宁夏省（区、市）适宜地区作露地栽培种植
189	19	国品鉴瓜 2013003	西瓜	津蜜 8 号	4N–5 × SS–3	天津科润蔬菜研究所	建议在四川、安徽、天津、河北、宁夏省（区、市）适宜地区作露地栽培种植
190	20	国品鉴瓜 2014001	西瓜	朝霞	38 × 45	中国农业科学院郑州果树研究所	建议在河南、北京、新疆、山东、陕西、湖南、江西、江苏、海南省（区、市）适宜地区作保护地种植
191	21	国品鉴瓜 2014002	西瓜	龙盛 1 号	H35 × C–1	黑龙江省农业科学院园艺分院	建议在黑龙江、陕西、山东、湖南、四川、江西、安徽、海南省适宜地区作保护地种植
192	22	国品鉴瓜 2014003	西瓜	蜜兰	W–7048 × W–7S11	合肥丰乐种业股份有限公司	建议在安徽、湖南、四川、海南、河北、山东、陕西、新疆省（区）适宜地区作保护地种植
193	23	国品鉴瓜 2014004	西瓜	黑宝公	FL08148 × FL04156	合肥丰乐种业股份有限公司	建议在安徽、江西、湖南、宁夏、陕西、河北省（区）适宜地区种植

（续表）

总序号	分类序号	品种鉴定编号	作物种类	品种名称	亲本组合	选育单位	适宜范围
194	24	国品鉴瓜 2014005	西瓜	隆发 88 无子	SA9801 × BC219	湖南雪峰种业有限责任公司	建议在湖南、江西、贵州、安徽、四川、陕西、宁夏、河北、山东、天津省（区、市）适宜地区种植
195	25	国品鉴瓜 2013006	西瓜	农科大 13 号	米 08 × F10	西北农林科技大学	建议在陕西、甘肃、宁夏、新疆省（区）适宜地区种植
196	1	国品鉴瓜 2009007	甜瓜	丰雷	MW-9 × Me-10	天津科润蔬菜研究所	建议在天津、北京、安徽、江苏、湖南、新疆省（区、市）设施栽培应用
197	2	国品鉴瓜 2010006	甜瓜	平甜 6 号	S-10 × H-2	河南省平顶山市农业科学院	建议在江苏、浙江、安徽、海南、河南省适宜地区作保护地春季种植
198	3	国品鉴瓜 2010007	甜瓜	白玉满堂	EF8 × EF24	中国农业科学院郑州果树研究所	建议在河北、河南、湖北、陕西省适宜地区春季种植
199	4	国品鉴瓜 2010008	甜瓜	唐甜 2 号	S98-127693 × 63117-38-65	河北省唐山市农业科学研究院	建议在河北、辽宁、吉林、黑龙江、内蒙古、陕西省（区）适宜地区春季种植
200	5	国品鉴瓜 2011003	甜瓜	中甜 4 号	B121 × B4	中国农业科学院郑州果树研究所	建议在河南、安徽、湖南、河北、新疆、陕西省（区）适宜地区作保护地种植
201	6	国品鉴瓜 2011004	甜瓜	金露 2 号	FLM1102 × FLM1128	合肥丰乐种业股份有限公司	建议在安徽、江苏、湖南、河南、天津、甘肃、黑龙江省（市）适宜地区作保护地种植
202	7	国品鉴瓜 2011005	甜瓜	雪橙	H202 × B110	湖南省瓜类研究所	建议在湖南、安徽、江苏、河北、陕西、湖北、河南省适宜地区作保护地种植
203	8	国品鉴瓜 2011006	甜瓜	新盛玉	KY38 × N34	福州市农业科学研究所，福建省农业科学院农业生物资源研究所	建议在福建、安徽、湖南、湖北及河南省适宜地区作露地种植
204	9	国品鉴瓜 2011007	甜瓜	丽玉	2070-98 × 5301-51	福建省农业科学院农业生物资源研究所，福州市农业科学研究所	建议在福建、安徽、湖南、湖北、河南省适宜地区作露地种植

（续表）

总序号	分类序号	品种鉴定编号	作物种类	品种名称	亲本组合	选育单位	适宜范围
205	10	国品鉴瓜 2012004	甜瓜	农大甜1号	06-1×K003	西北农林科技大学	建议在北京、河北、河南、陕西、甘肃、宁夏、新疆、黑龙江省（区、市）适宜地区作保护地栽培种植
206	11	国品鉴瓜 2012005	甜瓜	风味5号	5-6×白红心脆	新疆维吾尔自治区农业科学院哈密瓜研究中心	建议在河南、陕西、甘肃、新疆、黑龙江、湖南、江苏、浙江省（区）适宜地区作保护地栽培种植
207	12	国品鉴瓜 2012006	甜瓜	网络2号	B32×B61	中国农业科学院郑州果树研究所	建议在河南、河北、天津、甘肃、宁夏、新疆、黑龙江、江苏、浙江、安徽、海南省（区、市）适宜地区作保护地栽培种植
208	13	国品鉴瓜 2012007	甜瓜	西州密25号	05-89×02-17	新疆维吾尔自治区葡萄瓜果开发研究中心	建议在河北、河南、天津、陕西、宁夏、甘肃、新疆、黑龙江、湖南、安徽、广西、海南省（区、市）适宜地区作保护地栽培种植
209	14	国品鉴瓜 2012008	甜瓜	海蜜5号	Y9601-102-16×Y9711-102-14	海门市农业科学研究所	建议在江苏、浙江、湖南、广西、河南、天津、陕西、甘肃、新疆省（区、市）适宜地区作保护地栽培种植
210	15	国品鉴瓜 2012009	甜瓜	甘甜玉露	03W01×03W05	甘肃省农业科学院蔬菜研究所	建议在北京、河北、黑龙江、陕西、甘肃、宁夏、新疆、湖南、安徽、江苏、浙江、广西、海南省（区、市）适宜地区作保护地栽培种植
211	16	国品鉴瓜 2012010	甜瓜	正太网纹5号	米05×米02	泰安市正太科技有限公司、山东省果树研究所	建议在广西、江苏、浙江、河南、宁夏、新疆、黑龙江省（区）适宜地区作保护地栽培种植
212	17	国品鉴瓜 2012011	甜瓜	京玉10号	140×121	北京市农林科学院蔬菜研究中心	建议在河北、陕西、黑龙江省适宜地区作露地栽培种植

（续表）

总序号	分类序号	品种鉴定编号	作物种类	品种名称	亲本组合	选育单位	适宜范围
213	18	国品鉴瓜 2013004	甜瓜	农大甜1号	06–1×K003	西北农林科技大学	建议在北京、河北、河南、陕西、甘肃、宁夏、新疆、黑龙江省（区、市）适宜地区作保护地栽培种植
214	19	国品鉴瓜 2013005	甜瓜	风味 5 号	5–6× 白红心脆	新疆维吾尔自治区农业科学院哈密瓜研究中心	建议在河南、陕西、甘肃、新疆、黑龙江、湖南、江苏、浙江省（区）适宜地区作保护地栽培种植
215	20	国品鉴瓜 2013006	甜瓜	网络 2 号	B32×B61	中国农业科学院郑州果树研究所	建议在河南、河北、天津、甘肃、宁夏、新疆、黑龙江、江苏、浙江、安徽、海南省（区、市）适宜地区作保护地栽培种植
216	21	国品鉴瓜 2013007	甜瓜	西州密25号	05–89×02–17	新疆维吾尔自治区葡萄瓜果开发研究中心	建议在河北、河南、天津、陕西、宁夏、甘肃、新疆、黑龙江、湖南、安徽、广西、海南省（区、市）适宜地区作保护地栽培种植
217	22	国品鉴瓜 2013008	甜瓜	海蜜 5 号	Y9601–102–16×Y9711–102–14	海门市农业科学研究所	建议在江苏、浙江、湖南、广西、河南、天津、陕西、甘肃、新疆省（区、市）适宜地区作保护地栽培种植
218	23	国品鉴瓜 2013009	甜瓜	甘甜玉露	03W01×03W05	甘肃省农业科学院蔬菜研究所	建议在北京、河北、黑龙江、陕西、甘肃、宁夏、新疆、湖南、安徽、江苏、浙江、广西、海南省（区、市）适宜地区作保护地栽培种植
219	24	国品鉴瓜 2013010	甜瓜	正太网纹5号	米 05× 米 02	泰安市正太科技有限公司、山东省果树研究所	建议在广西、江苏、浙江、河南、宁夏、新疆、黑龙江省（区）适宜地区作保护地栽培种植
220	25	国品鉴瓜 2013011	甜瓜	京玉 10 号	140×121	北京市农林科学院蔬菜研究中心	建议在河北、陕西、黑龙江省适宜地区作露地栽培种植

（续表）

总序号	分类序号	品种鉴定编号	作物种类	品种名称	亲本组合	选育单位	适宜范围
221	26	国品鉴瓜 2013012	甜瓜	银宝	FM61172 × FM61171	合肥丰乐种业股份有限公司	建议在安徽、江西、湖北和河北、陕西、黑龙江省适宜地区作露地栽培种植
222	27	国品鉴瓜 2014007	甜瓜	湘玉	BT206 × BT108	湖南省瓜类研究所	建议在河北、北京、黑龙江、吉林和湖南、湖北省（市）适宜地区种植
223	28	国品鉴瓜 2014008	甜瓜	唐甜 10 号	R235-6-7-9 × H22	河北省唐山市农业科学研究院	建议在河北、内蒙古、陕西、黑龙江、吉林、河南、安徽、湖南、福建省（区）适宜地区种植
224	1	国品鉴菜 2010031	大白菜	金早 58	RC4 × 07S132	西北农林科技大学园艺学院	建议在陕西、天津、河南、河北、辽宁省（市）适宜地区作早熟秋大白菜种植
225	2	国品鉴菜 2010032	大白菜	西白 65	99-30-2-3-1-2-3× F70H	山东登海种业股份有限公司西由种子分公司	建议在河北、天津、辽宁、黑龙江、山东、河南、陕西省（市）适宜地区作秋季中早熟大白菜种植
226	3	国品鉴菜 2010033	大白菜	汴早 9 号	早 85 ×（345 × 东二）	河南省开封市蔬菜科学研究所	建议在河北、河南、陕西、辽宁、黑龙江省适宜地区作秋季早熟大白菜种植
227	4	国品鉴菜 2010034	大白菜	新早 56	早 3039 × 杂 6210	河南省新乡市农业科学院	建议在河北、辽宁、陕西、河南省适宜地区作秋季早熟大白菜种植
228	5	国品鉴菜 2010035	大白菜	秋白 80	07S780 × 05S1712	西北农林科技大学	建议在辽宁、黑龙江、天津、河北、浙江、河南、陕西省（市）适宜地区作秋季中晚熟大白菜种植
229	6	国品鉴菜 2010036	大白菜	新中 78	陕 5201 × 丰 13936	河南省新乡市农业科学院	建议在辽宁、天津、河北、浙江、河南省（市）适宜地区作秋季中晚熟大白菜种植
230	7	国品鉴菜 2010037	大白菜	西白 9 号	山西玉青 × 早 3	山东登海种业股份有限公司西由种子分公司	建议在天津、河北、辽宁、黑龙江、陕西省（市）适宜地区作秋季中晚熟大白菜种植

（续表）

总序号	分类序号	品种鉴定编号	作物种类	品种名称	亲本组合	选育单位	适宜范围
231	8	国品鉴菜 2010038	大白菜	秋白 85	05S1657 × 05S137	西北农林科技大学	建议在天津、河北、辽宁、黑龙江省（市）适宜地区作秋季中晚熟大白菜种植
232	9	国品鉴菜 2010039	大白菜	惠白 88	0301-2-8-8 × 0419-10-4-4	山西省农业科学院蔬菜研究所	建议在河北、天津、辽宁、浙江、黑龙江省（市）适宜地区作秋季中晚熟大白菜种植
233	10	国品鉴菜 2010040	大白菜	石育秋宝	88-11-1 × 87-10-1	河北时丰农业科技开发有限公司	建议在天津、河北、辽宁、黑龙江省（市）适宜地区作秋季中晚熟大白菜种植
234	11	国品鉴菜 2012019	大白菜	金秋 68	08RC6 × 08S183	西北农林科技大学	建议在北京、辽宁、山东、河南、陕西省（市）适宜地区作秋季大白菜种植
235	12	国品鉴菜 2012020	大白菜	油绿 3 号	Y-901-5 × EL-902-1	河北农业大学，河北国研种业有限公司	建议在北京、天津、河北、辽宁、山东省（市）适宜地区作秋季大白菜种植
236	13	国品鉴菜 2012021	大白菜	锦秋 1 号	A00713 × A00714	中国农业科学院蔬菜花卉研究所	建议在北京、河北、辽宁、山东、陕西省（市）适宜地区作秋季大白菜种植
237	14	国品鉴菜 2012022	大白菜	秀翠	ZC03 × SC08	上海种都种业科技有限公司	建议在北京、河北、山东、河南、陕西省（市）适宜地区作秋季大白菜种植
238	15	国品鉴菜 2012023	大白菜	珍绿 55	J537 × Q667	天津科润农业科技股份有限公司蔬菜研究所	建议在北京、天津、河北、山东、河南省（市）适宜地区作秋季大白菜种植
239	16	国品鉴菜 2012024	大白菜	西白 88	XQ36-2 × XF78-149	山东登海种业股份有限公司西由种子分公司	建议在北京、河北、山东、河南、陕西省（市）适宜地区作秋季大白菜种植
240	17	国品鉴菜 2012025	大白菜	胶白 7 号	胶选 98712 × 韩核 2001236	青岛市胶州大白菜研究所有限公司	建议在北京、河北、山东、陕西省（市）适宜地区作秋季大白菜种植
241	18	国品鉴菜 2012026	大白菜	珍绿 80	J271 × J401	天津科润农业科技股份有限公司蔬菜研究所	建议在北京、天津、河北、辽宁、黑龙江、山东、河南、浙江、陕西省（市）适宜地区作秋季大白菜种植

（续表）

总序号	分类序号	品种鉴定编号	作物种类	品种名称	亲本组合	选育单位	适宜范围
242	19	国品鉴菜 2012027	大白菜	绿健 85	B70817 × B70818	中国农业科学院蔬菜花卉研究所	建议在北京、天津、河北、辽宁、河南、山东、陕西省（市）适宜地区作秋季大白菜种植
243	20	国品鉴菜 2012028	大白菜	青研春白 3 号	P8–1 × C–2–1–7–2–3	青岛市农业科学研究院	建议在北京、辽宁、陕西、云南省（市）适宜地区作春季大白菜种植
244	21	国品鉴菜 2012029	大白菜	津秀 1 号	C393 × A320	天津科润农业科技股份有限公司蔬菜研究所	建议在北京、天津、河北、辽宁、陕西、湖北和云南省（市）适宜地区作春季大白菜种植适当晚播防止抽薹
245	22	国品鉴菜 2012030	大白菜	西星强春 1 号	XC08–12 × XC08–14	山东登海种业股份有限公司西由种子分公司	建议在北京、河北、黑龙江、湖北、云南省（市）适宜地区作春季大白菜种植适当晚播防止抽薹
246	23	国品鉴菜 2015040	大白菜	秦杂 60	11RC2 × 11S2	西北农林科技大学	建议在北京、河北、辽宁和山东省（市）适宜地区作秋季早熟大白菜种植
247	24	国品鉴菜 2015041	大白菜	郑白 65	06z153–6–2–3× EP1–5–2–1	郑州市蔬菜研究所	建议在北京、河北和山东省（市）适宜地区作秋季早熟大白菜种植
248	25	国品鉴菜 2015042	大白菜	新早 59	38527 × 38100	河南省新乡市农业科学院	建议在北京市和河北省适宜地区作秋季早熟大白菜种植
249	26	国品鉴菜 2015043	大白菜	天正桔红 65	08428 × 08468	山东省农业科学院蔬菜研究所	建议在北京、天津、河北、辽宁、山东和浙江省（市）适宜地区作秋季中熟大白菜种植
250	27	国品鉴菜 2015044	大白菜	吉红 308	A20861 × A20862	中国农业科学院蔬菜花卉研究所	建议在北京、天津、河北、辽宁、黑龙江、山东、河南和浙江省（市）适宜地区作秋季中熟大白菜种植
251	28	国品鉴菜 2015045	大白菜	青研秋白 1 号	C15 混 –2 × 02 韩 –S 混 –14	青岛市农业科学研究院	建议在北京、天津、河北、辽宁、黑龙江、山东、河南和陕西省（市）适宜地区作秋季中熟大白菜种植

（续表）

总序号	分类序号	品种鉴定编号	作物种类	品种名称	亲本组合	选育单位	适宜范围
252	29	国品鉴菜 2015046	大白菜	西白 57	S23-56 × Tm75-1	山东登海种业股份有限公司西由种子分公司	建议在北京、天津、河北、辽宁、黑龙江、山东、河南、浙江和陕西省（市）适宜地区作秋季中熟大白菜种植
253	30	国品鉴菜 2015047	大白菜	利春	A10615 × A10616	中国农业科学院蔬菜花卉研究所	建议在北京、天津、河北、山东、河南、浙江和陕西省（市）适宜地区作秋季中熟大白菜种植
254	31	国品鉴菜 2015048	大白菜	德高 18 号	HT237132 × FG832421	德州市德高蔬菜种苗研究所	建议在北京、天津、河北、山东、河南、浙江和陕西省（市）适宜地区作秋季晚熟大白菜种植
255	32	国品鉴菜 2015049	大白菜	晋青 2 号	92-14-6-2 × 88-13-8	山西省农业科学院蔬菜研究所	建议在北京、天津、河北、山东、河南、浙江和陕西省（市）适宜地区作秋季晚熟大白菜种植
256	33	国品鉴菜 2016001	大白菜	秦春 1 号	DS10-24 × DS5-63	西北农林科技大学	建议在北京、河北、山东和湖北省（市）适宜地区作春季大白菜种植适当晚播防止抽薹
257	34	国品鉴菜 2016002	大白菜	晋春 3 号	32S-201 × 22S	山西省农业科学院蔬菜研究所	建议在北京、辽宁、山东和云南省（市）适宜地区作春季大白菜种植适当晚播防止抽薹
258	35	国品鉴菜 2016004	大白菜	潍春 22 号	BZ07-09 × VD05-272	山东省潍坊市农业科学院	建议在北京、山东和云南省（市）适宜地区作春季大白菜种植适当晚播防止抽薹
259	36	国品鉴菜 2016005	大白菜	石育春宝	C02-3-1 × C02-5-11-3	河北时丰农业科技开发有限公司	建议在北京市和云南省适宜地区作春季大白菜种植适当晚播防止抽薹
260	37	国品鉴菜 2016006	大白菜	利春	A10615 × A10616	中国农业科学院蔬菜花卉研究所	建议在北京、辽宁、黑龙江、山东和和湖北省（市）适宜地区作春季大白菜种植适当晚播防止抽薹

（续表）

总序号	分类序号	品种鉴定编号	作物种类	品种名称	亲本组合	选育单位	适宜范围
261	38	国品鉴菜 2016007	大白菜	翠竹	BP23 × BP18	四川种都高科种业有限公司	建议在北京、黑龙江、山东和湖北省（市）适宜地区作春季大白菜种植适当晚播防止抽薹
262	1	国品鉴菜 2012001	番茄	中杂 107	052h31 × 052h33	中国农业科学院蔬菜花卉研究所	建议在北京、上海、河南、辽宁、江苏、山西省（市）适宜地区春季保护地种植
263	2	国品鉴菜 2012002	番茄	申粉 V-1	06-2-4-8-11 × Z09A39-3	上海市农业科学院园艺研究所	建议在上海、北京、山西、内蒙古、辽宁、黑龙江、江苏、河南省（区、市）适宜地区春季保护地种植
264	3	国品鉴菜 2012003	番茄	东农 719	051394 × 051162	东北农业大学	建议在黑龙江、北京、内蒙古、辽宁、河南、山东、上海、江苏省（区、市）适宜地区春季保护地种植
265	4	国品鉴菜 2012004	番茄	天骄 806	BP916 × AP23	呼和浩特市广禾农业科技有限公司	建议在内蒙古、北京、山西、辽宁、黑龙江、上海、山东、河南、江苏、浙江省（区、市）适宜地区春季保护地种植
266	5	国品鉴菜 2012005	番茄	洛番 12 号	992 × 978	洛阳农林科学院	建议在河南、北京、山西、内蒙古、辽宁、黑龙江、山东、上海、江苏省（区、市）适宜地区春季保护地种植
267	6	国品鉴菜 2012006	番茄	苏粉 10 号	TM-04-6 × TM-04-11	江苏省农业科学院蔬菜研究所	建议在江苏、北京、山西、内蒙古、辽宁、黑龙江、山东、上海、河南省（区、市）适宜地区春季保护地种植
268	7	国品鉴菜 2012007	番茄	粉莎 1 号	S1 × S02-46	青岛市农业科学研究院	建议在山东、北京、山西、辽宁、黑龙江、河南、上海、江苏省（市）适宜地区春季保护地种植

（续表）

总序号	分类序号	品种鉴定编号	作物种类	品种名称	亲本组合	选育单位	适宜范围
269	8	国品鉴菜 2012008	番茄	红秀	R156 × R013	沈阳市农业科学院	建议在辽宁、北京、山西、内蒙古、黑龙江、山东、河南、上海、湖北、浙江省（区、市）适宜地区春季保护地种植
270	9	国品鉴菜 2012009	番茄	莎冠	S 以 2-4 × S02-2	青岛市农业科学研究院	建议在山东、北京、山西、内蒙古、辽宁、河南、上海、湖北省（区、市）适宜地区春季保护地种植
271	10	国品鉴菜 2012010	番茄	烟红 101	XM-2-10-16-3-5-9 × FL-10-4-8	山东省烟台市农业科学研究院	建议在山东、北京、山西、内蒙古、辽宁、黑龙江、河南、湖北省（区、市）适宜地区春季保护地种植
272	11	国品鉴菜 2013021	番茄	北研 4 号	05B-87 × 05B-92	抚顺市北方农业科学研究所	建议在北京、山西、内蒙古、黑龙江、江苏、上海、山东、河南省（区、市）适宜地区春季保护地种植
273	12	国品鉴菜 2015001	番茄	中寿 11-3	RTy20933 × 206101-12	中国农业大学农学与生物技术学院	建议在山西、吉林、江苏和四川省适宜地区春季保护地种植
274	13	国品鉴菜 2015002	番茄	申番 2 号	A09-86 × A09-29	上海市农业科学院园艺研究所	建议在北京、山西、吉林、河南、江苏、上海和陕西省（市）适宜地区春季保护地种植
275	14	国品鉴菜 2015003	番茄	东农 722	08HN11 × 08HN23	东北农业大学	建议在山西、吉林、河南、江苏、陕西省适宜地区春季保护地种植
276	15	国品鉴菜 2015004	番茄	北研 10 号	07B-108 × 07B-81	抚顺市北方农业科学研究所	建议在北京、内蒙古、吉林、黑龙江、山东、上海和江苏省（区、市）适宜地区春季保护地种植

（续表）

总序号	分类序号	品种鉴定编号	作物种类	品种名称	亲本组合	选育单位	适宜范围
277	16	国品鉴菜 2015005	番茄	青农 866	P10 × P24	青岛农业大学	建议在北京、河北、吉林、黑龙江、江苏、上海、四川和陕西省（市）适宜地区春季保护地种植
278	17	国品鉴菜 2015006	番茄	烟粉 207	P91-1-26-6-5-1-9 × NF19-9-5-15-6-3	山东省烟台市农业科学研究院	建议在北京、河北、山西、内蒙古、吉林、黑龙江、河南、江苏、上海和陕西省（区、市）适宜地区春季保护地种植
279	18	国品鉴菜 2015007	番茄	粉莎 3 号	S 以 12 × S06-73	青岛市农业科学研究院	建议在北京、内蒙古、吉林、黑龙江、河南、江苏、上海、四川和陕西省（区、市）适宜地区春季保护地种植
280	19	国品鉴菜 2015008	番茄	圆粉 209	G53-42 × T8-8G	山西省农业科学院蔬菜研究所	建议在北京、河北、山西、吉林、黑龙江、山东、河南、江苏和四川省（市）适宜地区春季保护地种植
281	20	国品鉴菜 2015009	番茄	洛番 15 号	H85-12 × A5-11	洛阳农林科学院	建议在北京、山西、内蒙古、吉林、黑龙江、山东、河南、江苏、上海和四川省（区、市）适宜地区春季保护地种植
282	21	国品鉴菜 2015010	番茄	星宇 206	S5 × TS19	包头市农业科学研究所	建议在河北、内蒙古、吉林、黑龙江、河南、江苏、上海和陕西省（区、市）适宜地区春季保护地种植
283	22	国品鉴菜 2015011	番茄	浙粉 702	7969F2-19-1-1-3× 4078F2-3-3-3	浙江省农业科学院蔬菜研究所	建议在吉林、黑龙江、山东、河南、江苏、四川和陕西省适宜地区春季保护地种植
284	23	国品鉴菜 2015012	番茄	金蓓蕾	SZ20107-8-4 × SZ20235-13-2	上海种都种业科技有限公司	建议在北京、山西、辽宁、河南、江苏、上海、浙江、广西和四川省（区、市）适宜地区春季种植

（续表）

总序号	分类序号	品种鉴定编号	作物种类	品种名称	亲本组合	选育单位	适宜范围
285	24	国品鉴菜 2015013	番茄	红运 721	1002A × LQH	重庆市农业科学院蔬菜花卉研究所	建议在北京、山西、内蒙古、河南、江苏、湖北、广西、重庆和四川省（区、市）适宜地区春季种植
286	25	国品鉴菜 2015014	番茄	北研 9 号	08B–254 × 08B–259	抚顺市北方农业科学研究所	建议在北京、山西、辽宁、山东、河南、江苏、上海、广西、湖北和湖南省（区、市）适宜地区春季种植
287	26	国品鉴菜 2015015	番茄	莎红	S 以 4–2 × S–21	青岛市农业科学研究院、中国科学院遗传与发育生物学研究所	建议在北京、山东、河南、江苏、广西、广东、重庆和四川省（区、市）适宜地区春季种植
288	27	国品鉴菜 2015016	番茄	丽红	D65–62 × L60–168	山西省农业科学院蔬菜研究所	建议在北京、山西、辽宁、山东、河南、江苏、广西、重庆和四川省（区、市）适宜地区春季种植
289	28	国品鉴菜 2015017	番茄	诺盾 2426	F08–003 × F09–025	安徽徽大农业有限公司	建议在辽宁、山东、江苏、广西、重庆和四川省（区、市）适宜地区春季种植
290	29	国品鉴菜 2015018	番茄	瓯秀 806	711–2–35–19–3–5–1 × 720–9–1–6–5–4–3	温州科技职业学院	建议在辽宁、江苏、广西、重庆和四川省（区、市）适宜地区春季种植
291	30	国品鉴菜 2015019	番茄	申樱 1 号	A09–146 × A09–131	上海市农业科学院园艺研究所	建议在北京、辽宁、江苏、上海、浙江、海南、湖南、四川和陕西省（市）适宜地区春季保护地种植
292	31	国品鉴菜 2015020	番茄	红太郎	T024 × T058	沈阳市农业科学院	建议在北京、辽宁、山东、河南、江苏、浙江、海南、四川和陕西省（市）适宜地区春季保护地种植
293	32	国品鉴菜 2015021	番茄	天正翠珠	以色列 BR–1391 纯合后代 02–13–7F_6 × 以色列 BR –1391 纯合后代 02–13–19F_5	山东省农业科学院蔬菜花卉研究所	建议在北京、辽宁、山东、河南、江苏、浙江、湖南和海南省（市）适宜地区春季保护地种植

（续表）

总序号	分类序号	品种鉴定编号	作物种类	品种名称	亲本组合	选育单位	适宜范围
294	33	国品鉴菜 2015022	番茄	樱莎红 3 号	W05-16 × W06-125	青岛市农业科学研究院、中国科学院遗传与发育生物学研究所	建议在北京、山东、江苏、上海、浙江、海南、湖南、四川和陕西省（市）适宜地区春季保护地种植
295	34	国品鉴菜 2015023	番茄	冀东 218	01-21 × 01-180	河北科技师范学院	建议在山东、河南、江苏、浙江、海南、湖南和四川省适宜地区春季保护地种植
296	35	国品鉴菜 2015024	番茄	美奇	MT0218 × T0235-1	周口市农业科学院	建议在北京、辽宁、河南、江苏、浙江、海南、湖南、四川和陕西省（市）适宜地区春季保护地种植
297	36	国品鉴菜 2015025	番茄	金美	MY0216 × MY0310	周口市农业科学院	建议在北京、辽宁、山东、河南、江苏、海南、湖南、四川和陕西省（市）适宜地区春季保护地种植
298	37	国品鉴菜 2015026	番茄	金陵佳玉	TY-07-8 × TY-07-13	江苏省农业科学院蔬菜研究所	建议在北京、河南、浙江、海南和湖南省（市）适宜地区春季保护地种植
299	38	国品鉴菜 2015027	番茄	金陵美玉	JSCT10 × JSCT17	江苏省农业科学院蔬菜研究所	建议在北京、山东、河南、浙江、海南和四川省（市）适宜地区春季保护地种植
300	39	国品鉴菜 2015028	番茄	爱珠	T-3281 × T-3284	苏州市种子管理站、农友种苗（中国）有限公司	建议在北京、辽宁、河南、江苏、上海、浙江、海南、湖南、四川和陕西省（市）适宜地区春季保护地种植
301	40	国品鉴菜 2016053	番茄	红珍珠	ST-04-01 × ST-05-11	安徽省农业科学院园艺研究所	建议在辽宁、山东、江苏、上海、海南、四川和陕西省（市）适宜地区春季保护地种植
302	1	国品鉴菜 2010012	甘蓝	豫甘 1 号	C57-11 × C56-8	河南省农业科学院园艺研究所	建议在北京、山西、陕西、山东省（市）适宜地区作露地春甘蓝种植
303	2	国品鉴菜 2010013	甘蓝	绿球 66	CMSY03-12 × MP01-68-5	西北农林科技大学	建议在陕西、北京、河北、山东、云南省（市）适宜地区作露地春甘蓝种植

（续表）

总序号	分类序号	品种鉴定编号	作物种类	品种名称	亲本组合	选育单位	适宜范围
304	3	国品鉴菜 2010014	甘蓝	惠丰 6 号	9203-4 × 0346-4	山西省农业科学院蔬菜研究所	建议在北京、山东、河北、陕西、青海、云南省（市）适宜地区作露地早熟春甘蓝种植
305	4	国品鉴菜 2010015	甘蓝	中甘 192	CMS87-534 × 88-62	中国农业科学院蔬菜花卉研究所	建议在北京、山东、河北、陕西、青海、云南省（市）适宜地区作早熟春甘蓝露地种植
306	5	国品鉴菜 2010016	甘蓝	中甘 196	CMS87-534 × 91-276	中国农业科学院蔬菜花卉研究所	建议在北京、山东、河北、辽宁、青海、云南省（市）适宜地区作春甘蓝露地种植
307	6	国品鉴菜 2010017	甘蓝	豫甘 3 号	C55-17 × C80-2	河南省农业科学院园艺研究所	建议在北京、河北、山西、湖北、浙江省（市）适宜地区作秋甘蓝种植
308	7	国品鉴菜 2010018	甘蓝	豫甘 5 号	C28-23 × C55-17	河南省农业科学院园艺研究所	建议在北京、河北、山西、山东、湖北省（市）适宜地区作秋甘蓝种植
309	8	国品鉴菜 2010019	甘蓝	惠丰 7 号	9001-17 × 9106-2	山西省农业科学院蔬菜研究所	建议在北京、山西、河南、云南、湖北省（市）适宜地区作早熟秋甘蓝种植
310	9	国品鉴菜 2010020	甘蓝	秋甘 4 号	CMS95100 × 98017	北京市农林科学院蔬菜研究中心	建议在北京、河南、江西、浙江省（市）适宜地区作中早熟秋甘蓝种植
311	10	国品鉴菜 2010021	甘蓝	怡春	2002-46 × 2002-49	上海市农业科学院园艺研究所	建议在浙江、江西、云南省（市）适宜地区作早熟秋甘蓝种植
312	11	国品鉴菜 2010022	甘蓝	超美	CMS70-301 × 50-4-1	上海市农业科学院园艺研究所	建议在河南、陕西、江西、湖北省适宜地区作中早熟秋甘蓝种植
313	12	国品鉴菜 2010023	甘蓝	中甘 96	CMS96-100 × 96-109	中国农业科学院蔬菜花卉研究所	建议在北京、山东、河南、江西、湖北、浙江省（市）适宜地区作早熟秋甘蓝种植
314	13	国品鉴菜 2010024	甘蓝	博春	Y9805-5-2 × Y5-3-14	江苏省农业科学院蔬菜研究所	建议在江苏、河南、湖南、贵州、浙江省适宜地区作露地越冬甘蓝栽培

（续表）

总序号	分类序号	品种鉴定编号	作物种类	品种名称	亲本组合	选育单位	适宜范围
315	14	国品鉴菜 2010025	甘蓝	苏甘 20	Y9805-5-2 × 99132-3-5	江苏省农业科学院蔬菜研究所	建议在江苏、上海、河南、湖南、江西、重庆省（市）适宜地区作露地越冬甘蓝栽培
316	15	国品鉴菜 2010026	甘蓝	苏甘 21	9407-10-1 × Y6-6-4	江苏省农业科学院蔬菜研究所	建议在贵州、重庆、湖北省（市）适宜地区作露地越冬甘蓝栽培
317	16	国品鉴菜 2010027	甘蓝	春甘 2 号	99-2-2 × 02-2-1	江苏丘陵地区镇江农业科学研究所	建议在浙江、河南、安徽、重庆、湖北、湖南、江苏、江西省（市）适宜地区作露地越冬春甘蓝种植
318	17	国品鉴菜 2010028	甘蓝	商甘蓝 1 号	商甘 9401 × 商甘 9408	河南省商丘市农林科学研究所	建议在河南、浙江、江西、湖北、重庆、贵州省（市）适宜地区作露地越冬春甘蓝种植
319	18	国品鉴菜 2010029	甘蓝	皖甘 8 号	9802-6 × 9701-3	安徽省淮南市农业科学研究所	建议在河南、安徽、上海、江苏、江西、重庆、浙江、湖南、湖北省（市）适宜地区作早熟露地越冬春甘蓝种植
320	19	国品鉴菜 2010030	甘蓝	春早	02-492 × 02-34	浙江大学蔬菜研究所	建议在江苏、浙江、河南、江西、贵州、重庆、湖北省（市）适宜地区作露地越冬春甘蓝栽培
321	20	国品鉴菜 2012011	甘蓝	惠甘 68	9001-17 × 0206-3	山西省农业科学院蔬菜研究所	建议在北京、山西和河南省（市）适宜地区作早熟秋甘蓝种植
322	21	国品鉴菜 2012012	甘蓝	达光	98-19 × 99-36	上海种都种业科技有限公司	建议在北京、湖北、云南省（市）适宜地区作早熟秋甘蓝种植
323	22	国品鉴菜 2012013	甘蓝	争美	CMS109 × 2008-137	上海市农业科学院园艺研究所	建议在山西、湖北、云南省适宜地区作早熟秋甘蓝种植
324	23	国品鉴菜 2012014	甘蓝	福兰	7035 × 7193	北京华耐农业发展有限公司	建议在北京、河南、湖北省（市）适宜地区作早熟秋甘蓝种植

（续表）

总序号	分类序号	品种鉴定编号	作物种类	品种名称	亲本组合	选育单位	适宜范围
325	24	国品鉴菜 2012015	甘蓝	满月	YF006 × YF008	北京华耐农业发展有限公司	建议在河南、湖北、浙江省适宜地区作早熟秋甘蓝种植
326	25	国品鉴菜 2012016	甘蓝	玉锦	CMS21-1 × K01-1	江苏省农业科学院蔬菜研究所	建议在北京、山西、辽宁、河南、陕西、湖北、云南省（市）适宜地区作中早熟秋甘蓝种植
327	26	国品鉴菜 2012017	甘蓝	秋甘 5 号	CMS021 × 95077	北京市农林科学院蔬菜研究中心	建议在河南、陕西、湖北省适宜地区作中早熟秋甘蓝种植
328	27	国品鉴菜 2012018	甘蓝	中甘 101	CMS21-3 × 99-140	中国农业科学院蔬菜花卉研究所	建议在北京、山西、河南、云南省（市）适宜地区作中早熟秋甘蓝种植
329	28	国品鉴菜 2014001	甘蓝	中甘 828	CMS87-534 × 96-100	中国农业科学院蔬菜花卉研究所	建议在北京、河北、山西、陕西省（市）适宜地区作早熟春甘蓝露地种植
330	29	国品鉴菜 2014002	甘蓝	西星甘蓝 1 号	CMS 金早生 A × 99-1	山东登海种业股份有限公司西由种子分公司	建议在北京、山西、陕西、云南省（市）适宜地区作早熟春甘蓝露地种植
331	30	国品鉴菜 2014003	甘蓝	秦甘 58	CMS451- G62-25843 × MP01-36845	西北农林科技大学园艺学院	建议在北京、河北、陕西、云南省（市）适宜地区作早熟春甘蓝露地种植
332	31	国品鉴菜 2014004	甘蓝	春喜	09C2112 × 09C1593	江苏省农业科学院蔬菜研究所	建议在河北、山西、山东、云南省适宜地区作早熟春甘蓝露地种植
333	32	国品鉴菜 2014005	甘蓝	争牛	CMS-101 × 2004-30	上海市农业科学院园艺研究所	建议在北京、河北、山西和陕西省（市）适宜地区作春甘蓝露地种植
334	33	国品鉴菜 2015029	甘蓝	圆绿	0708-2-D-240-182 × SHF-3-180-134	上海市农业科学院园艺研究所	建议在北京、河北、湖北省（市）适宜地区作早熟秋甘蓝种植
335	34	国品鉴菜 2015030	甘蓝	中甘 582	CMS96-100 × 10Q-795	中国农业科学院蔬菜花卉研究所	建议在北京、河北、浙江和湖北省（市）适宜地区作早熟秋甘蓝种植
336	35	国品鉴菜 2015031	甘蓝	苏甘 55	08C412 × 08C232	江苏省农业科学院蔬菜研究所	建议在北京、山西、辽宁、山东和河南省（市）适宜地区作早熟秋甘蓝种植

（续表）

总序号	分类序号	品种鉴定编号	作物种类	品种名称	亲本组合	选育单位	适宜范围
337	36	国品鉴菜 2015032	甘蓝	嘉兰	CMS122-4 × H201-3	江苏省农业科学院蔬菜研究所	建议在山西、山东、河南、浙江、湖北和云南省适宜地区作秋甘蓝种植
338	37	国品鉴菜 2015033	甘蓝	秋甘 7 号	CMS95100 × 95085	北京市农林科学院蔬菜研究中心	建议在山东、河南、浙江、湖北和云南省适宜地区作秋甘蓝种植
339	38	国品鉴菜 2015034	甘蓝	伽菲	401 × 04-398	上海种都种业科技有限公司	建议在山西、山东、河南、浙江、湖北和云南省适宜地区作秋甘蓝种植
340	39	国品鉴菜 2015035	甘蓝	铁头 102	1005 × 1053	北京华耐农业发展有限公司	建议在辽宁、山东、河南、浙江和云南省适宜地区作中早熟秋甘蓝种植
341	40	国品鉴菜 2015036	甘蓝	秦甘 68	XF05CMS × DH09-21-3	西北农林科技大学	建议在河北、山西、山东、河南、浙江、湖北、云南和陕西省适宜地区作中早熟秋甘蓝种植
342	41	国品鉴菜 2015037	甘蓝	中甘 102	CMS21-3 × 10Q-260	中国农业科学院蔬菜花卉研究所	建议在北京、山西、辽宁、河南、浙江、湖北和云南省（市）适宜地区作中熟秋甘蓝种植
343	42	国品鉴菜 2015038	甘蓝	瑞甘 16	03-7-1-1-4-2× 04-2-6-2-1-2	江苏丘陵地区镇江农业科学研究所	建议在北京、山西、山东、河南、湖北、云南和陕西省（市）适宜地区作中熟秋甘蓝种植
344	43	国品鉴菜 2015039	甘蓝	瑞甘 17	CMS04-13 × 03-8-1-2-4-1	江苏丘陵地区镇江农业科学研究所	建议在山西、河南、浙江、湖北和云南省适宜地区作中熟秋甘蓝种植
345	44	国品鉴菜 2016008	甘蓝	中甘 165	DGMS01-216 × 10-795	中国农业科学院蔬菜花卉研究所	建议在北京、浙江和云南省（市）适宜地区作早熟春甘蓝种植
346	45	国品鉴菜 2016009	甘蓝	春甘 11	CMS99012 × 98014	京研益农（北京）种业科技有限公司，北京市农林科学院蔬菜研究中心	建议在山西、浙江、云南和陕西省适宜地区作春甘蓝种植
347	46	国品鉴菜 2016010	甘蓝	春甘 14	CMS99012 × 461	京研益农（北京）种业科技有限公司，北京市农林科学院蔬菜研究中心	建议在山西、浙江和云南省适宜地区作春甘蓝种植

（续表）

总序号	分类序号	品种鉴定编号	作物种类	品种名称	亲本组合	选育单位	适宜范围
348	47	国品鉴菜 2016011	甘蓝	苏甘 37	B121-1×1-15	江苏省农业科学院蔬菜研究所	建议在山西和浙江省适宜地区作春甘蓝种植
349	48	国品鉴菜 2016012	甘蓝	秦甘 62	YZ34CMS451×DH10-2-3	西北农林科技大学	建议在浙江和云南省适宜地区作春甘蓝种植
350	49	国品鉴菜 2016013	甘蓝	中甘 1280	CMS11-500×14-651	中国农业科学院蔬菜花卉研究所	建议在安徽、湖南、湖北和贵州省适宜地区作越冬甘蓝种植
351	50	国品鉴菜 2016014	甘蓝	中甘 1198	CMS308-14-445×14-651	中国农业科学院蔬菜花卉研究所	建议在江苏、湖南和湖北省适宜地区作越冬甘蓝种植
352	51	国品鉴菜 2016015	甘蓝	苏甘 902	07C404×08C400	江苏省农业科学院蔬菜研究所	建议在湖北、湖南和贵州省适宜地区作越冬甘蓝种植
353	52	国品鉴菜 2016016	甘蓝	冬兰	Y7-2-4×M383-2-2	江苏省农业科学院蔬菜研究所	建议在江苏、浙江、江西、湖北、湖南和贵州省适宜地区作越冬甘蓝种植
354	53	国品鉴菜 2016017	甘蓝	寒帅	H15-7-2×M33-2-2	江苏省江蔬种苗科技有限公司	建议在江苏、安徽、江西、湖北和湖南省适宜地区作越冬甘蓝种植
355	54	国品鉴菜 2016018	甘蓝	早春 7 号	CMS70-301×50-4-1	上海市农业科学院园艺研究所	建议在江苏、浙江、安徽、江西、湖北、湖南和贵州省适宜地区作越冬甘蓝种植
356	55	国品鉴菜 2016019	甘蓝	瑞甘 22	05-8-5-3-1-2×04-11-8-6-1-2	江苏丘陵地区镇江农业科学研究所	建议在江苏和重庆省（区、市）适宜地区作越冬甘蓝种植
357	1	国品鉴菜 2010001	辣椒	海丰 25 号	M-12-3×Y-49-1	北京市海淀区植物组织培养技术实验室	建议在辽宁、江苏、重庆、湖南、江西省（市）适宜地区作春季保护地辣椒种植
358	2	国品鉴菜 2010002	辣椒	京甜 3 号	9806-1×9816	北京市农林科学院蔬菜研究中心	建议在新疆、辽宁、河北、江苏省（区）适宜地区作春季保护地及露地辣椒种植
359	3	国品鉴菜 2010003	辣椒	哈椒 8 号	H22×C272	哈尔滨市农业科学院	建议在辽宁、河北、新疆、重庆、江西省（区、市）适宜地区作保护地辣椒栽培
360	4	国品鉴菜 2010004	辣椒	湘椒 62	Y05-1A×8815	湖南湘研种业有限公司	建议在辽宁、新疆、河北、江苏、重庆、湖南、江西省（区、市）适宜地区作春季保护地辣椒种植

（续表）

总序号	分类序号	品种鉴定编号	作物种类	品种名称	亲本组合	选育单位	适宜范围
361	5	国品鉴菜 2010005	辣椒	冀研 15 号	AB91-W22-986×GF8-1-1-5	河北省农林科学院经济作物研究所	建议在河北、辽宁、新疆、重庆、江西省（区、市）适宜地区作春季保护地辣椒种植
362	6	国品鉴菜 2010006	辣椒	福湘早帅	H2802×S2055	湖南省蔬菜研究所	建议在新疆、河北、重庆、湖南、江西省（区、市）适宜地区作春季保护地辣椒种植
363	7	国品鉴菜 2010007	辣椒	苏椒 15 号	05X 新 51×05X 新 24	江苏省农业科学院蔬菜研究所	建议在江苏、辽宁、重庆、湖南、河北、江西省（市）适宜地区作春季保护地辣椒种植
364	8	国品鉴菜 2010008	辣椒	苏椒 16 号	05X375×05X 新 55	江苏省农业科学院蔬菜研究所	建议在江苏、新疆、辽宁、重庆、河北、江西省（区、市）适宜地区作春季保护地辣椒种植
365	9	国品鉴菜 2010009	辣椒	川椒 3 号	尖 113A×尖 A198	四川省川椒种业科技有限责任公司	建议在四川、河南、广西、陕西、江苏省适宜地区作露地辣椒栽培
366	10	国品鉴菜 2010010	辣椒	川椒 301	尖 113A×甜 C16	四川省川椒种业科技有限责任公司	建议在河南、黑龙江、江苏、陕西、四川、海南省适宜地区作露地辣椒种植
367	11	国品鉴菜 2010011	辣椒	中椒 105 号	04q-3×0516	中国农业科学院蔬菜花卉研究所	建议在海南、广东省适宜地区南菜北运基地秋冬栽培，在河南、江苏、四川、黑龙江、陕西适宜地区作早春露地辣椒种植
368	12	国品鉴菜 2013001	辣椒	师研 1 号	0112×9923	洛阳师范学院	建议在河北、辽宁、江苏、安徽、山东、重庆、新疆省（区、市）适宜地区作保护地辣椒种植
369	13	国品鉴菜 2013002	辣椒	苏椒 18 号	5 母长 ×08X59	江苏省农业科学院蔬菜研究所	建议在河北、辽宁、江苏、安徽、新疆省（区）适宜地区作保护地辣椒种植

（续表）

总序号	分类序号	品种鉴定编号	作物种类	品种名称	亲本组合	选育单位	适宜范围
370	14	国品鉴菜 2013003	辣椒	中椒 0808 号	0517 × 0601M	中国农业科学院蔬菜花卉研究所	建议在河北、辽宁、江苏省适宜地区作保护地甜椒种植
371	15	国品鉴菜 2013004	辣椒	冀研 16 号	AB91-W222-49176 × BYT-4-1-3-6-8	河北省农林科学院经济作物研究所	建议在河北、辽宁、安徽省适宜地区作保护地甜椒种植
372	16	国品鉴菜 2013005	辣椒	京甜 1 号	03-68 × 03-106	北京市农林科学院蔬菜研究中心、北京京研益农科技发展中心	建议在辽宁、山东、新疆省（区）适宜地区作保护地甜椒种植
373	17	国品鉴菜 2013006	辣椒	沈研 15 号	A02-7 × 0840-7	沈阳市农业科学院蔬菜研究所	建议在辽宁、江苏、安徽、山东、重庆省（市）适宜地区作保护地甜椒种植
374	18	国品鉴菜 2013007	辣椒	湘研 808	R7-2 × Y05-12	湖南湘研种业有限公司	建议在河南、江苏、广东省适宜地区作露地辣椒种植
375	19	国品鉴菜 2013008	辣椒	金田 8 号	3509 × 3504	广东省农业科学院蔬菜研究所、广东科农蔬菜种业有限公司	建议在江苏、广西、广东省（区）适宜地区作露地辣椒种植
376	20	国品鉴菜 2013009	辣椒	东方 168	97-130 × 98-131	广州市绿霸种苗有限公司	建议在黑龙江、河南、江苏、广东省适宜地区作露地辣椒种植
377	21	国品鉴菜 2013010	辣椒	粤研 1 号	绿霸 202-560 × 辣优四号 -590	广东省农业科学院蔬菜研究所、广东科农蔬菜种业有限公司	建议在黑龙江、河南、江苏、广东省适宜地区作露地辣椒种植
378	22	国品鉴菜 2013011	辣椒	绿剑 12 号	H201 × H102	江西农望高科技有限公司	建议在黑龙江、河南、江苏、广东省适宜地区作露地辣椒种植
379	23	国品鉴菜 2013012	辣椒	湘妃	A × 03F-16-1	湖南湘研种业有限公司	建议在湖南、云南、内蒙古、江西、陕西、四川省（区）适宜地区作露地干鲜两用型辣椒种植
380	24	国品鉴菜 2013013	辣椒	博辣红帅	9704A × J01-227	湖南省蔬菜研究所	建议在湖南、江西、四川省适宜地区作露地干鲜两用型辣椒种植
381	25	国品鉴菜 2013014	辣椒	干鲜 4 号	140A × 辛八	四川省川椒种业科技有限责任公司	建议在湖南、云南、内蒙古、江西、陕西、四川省（区）适宜地区作露地干鲜两用型辣椒种植

（续表）

总序号	分类序号	品种鉴定编号	作物种类	品种名称	亲本组合	选育单位	适宜范围
382	26	国品鉴菜 2013015	辣椒	国塔 109	AB05-111×98199	北京市农林科学院蔬菜研究中心、北京京研益农科技发展中心	建议在湖南、云南、内蒙古、江西、陕西、四川省（区）适宜地区作露地干鲜两用型辣椒种植
383	27	国品鉴菜 2013016	辣椒	苏椒 19 号	05X317×05X319	江苏省农业科学院蔬菜研究所	建议在湖南、云南、内蒙古、江西、陕西、四川省（区）适宜地区作露地干鲜两用型辣椒种植
384	28	国品鉴菜 2013017	辣椒	皖椒 18	02-08×89-18	安徽省农业科学院园艺研究所	建议在江西、四川、云南省适宜地区作露地干鲜两用型辣椒种植
385	29	国品鉴菜 2013018	辣椒	辛香 8 号	N119×T046	江西农望高科技有限公司	建议在湖南、云南、内蒙古、江西、陕西、四川省（区）适宜地区作露地干鲜两用型辣椒种植
386	30	国品鉴菜 2013019	辣椒	艳椒 417	739-1-1-1-1×534-2-1-1-1	重庆市农业科学院蔬菜花卉研究所	建议在湖南、云南、内蒙古、江西、陕西、四川省（区）适宜地区作露地干鲜两用型辣椒种植
387	31	国品鉴菜 2013020	辣椒	苏椒 103 号	01016-2×S006	江苏省农业科学院蔬菜研究所	建议在河南、江苏、广东省适宜地区作露地甜椒种植
388	32	国品鉴菜 2016020	辣椒	大汉 2 号	9901×0302	江西农望高科技有限公司	建议在辽宁、江苏、安徽、山东、湖北和新疆省（区）适宜地区作保护地辣椒种植
389	33	国品鉴菜 2016021	辣椒	秦椒 1 号	R9816-2-1-3×Z97-2-7-42	西北农林科技大学园艺学院	建议在在辽宁、江苏、安徽、山东、湖北、重庆和新疆省（区、市）适宜地区作保护地辣椒种植
390	34	国品鉴菜 2016022	辣椒	国福 305	07-70MS×07-25	京研益农（北京）种业科技有限公司，北京市农林科学院蔬菜研究中心	建议在辽宁、江苏、安徽、山东、湖北、重庆和新疆省（区、市）适宜地区作春季保护地和秋延后拱棚种植

（续表）

总序号	分类序号	品种鉴定编号	作物种类	品种名称	亲本组合	选育单位	适宜范围
391	35	国品鉴菜 2016023	辣椒	苏椒 25 号	200905M × 2009X93	江苏省农业科学院蔬菜研究所	建议在江苏、安徽、山东、湖北、重庆和新疆省（区、市）适宜地区作保护地辣椒种植
392	36	国品鉴菜 2016024	辣椒	沈研 18 号	A074-3 × 0952-7	沈阳市农业科学院	建议在辽宁、江苏、安徽、山东、重庆和新疆省（区、市）适宜地区作保护地辣椒种植
393	37	国品鉴菜 2016025	辣椒	湘研 812	9202 × R07360	湖南湘研种业有限公司	建议在辽宁、江苏、安徽、山东、重庆和新疆省（区、市）适宜地区作保护地辣椒种植
394	38	国品鉴菜 2016026	辣椒	濮椒 6 号	0712 × A-96	濮阳市农业科学院	建议在河南、辽宁、江苏、安徽、山东、湖北和重庆省（市）适宜地区保护地辣椒种植
395	39	国品鉴菜 2016027	辣椒	苏椒 26 号	2012X14 × 2012X10	江苏省农业科学院蔬菜研究所	建议在江苏、山东、安徽、湖北、重庆和新疆省（区、市）适宜地区作保护地辣椒种植
396	40	国品鉴菜 2016028	辣椒	冀研 108 号	AB91-W222-49176 × JF8G-2-1-2-5-1-11-4	河北省农林科学院经济作物研究所	建议在北京、河北、山西、山东和上海省（市）适宜地区作保护地甜椒种植
397	41	国品鉴菜 2016029	辣椒	国禧 115	SY09-187 × SY09-178	京研益农（北京）种业科技有限公司，北京市农林科学院蔬菜研究中心	建议在北京、河北、山西、江苏和上海省（市）适宜地区作早春保护地和秋延后拱棚种植
398	42	国品鉴菜 2016030	辣椒	申椒 2 号	P202-7 × P202-2	上海市农业科学院园艺研究所	建议在山西、山东、江苏和上海省（市）适宜地区作保护地甜椒种植
399	43	国品鉴菜 2016031	辣椒	金田 11 号	262 × 216	广东省农业科学院蔬菜研究所，广东科农蔬菜种业有限公司	建议在河南、江苏、广东、广西和海南省（区）适宜地区作露地辣椒种植
400	44	国品鉴菜 2016032	辣椒	驻椒 19	梨乡 888-7-12-1-5-5-7-4-9 × 驻 0606	驻马店市农业科学院	建议在河南、江苏、广东、广西和海南省（区）适宜地区作露地辣椒种植

（续表）

总序号	分类序号	品种鉴定编号	作物种类	品种名称	亲本组合	选育单位	适宜范围
401	45	国品鉴菜 2016033	辣椒	春研 26 号	20-6-4 × A02-7	江西宜春市春丰种子中心	建议在黑龙江、河南、江苏、广西和海南省（区）适宜地区作露地辣椒种植
402	46	国品鉴菜 2016034	辣椒	国福 208	06-4 × 06-54	京研益农（北京）种业科技有限公司，北京市农林科学院蔬菜研究中心	建议在黑龙江、河南、江苏、广东、广西和海南省（区）适宜地区作露地辣椒种植
403	47	国品鉴菜 2016035	辣椒	长研 206	8218 × F285	长沙市蔬菜科学研究所	建议在黑龙江、河南、江苏和广东省适宜地区作露地辣椒种植
404	48	国品鉴菜 2016036	辣椒	春研翠龙	E99-9 × 01-1-6	江西宜春市春丰种子中心	建议在内蒙古、江西、广东、湖南、云南、贵州、四川和陕西省（区）适宜地区作露地辣椒种植
405	49	国品鉴菜 2016037	辣椒	艳椒 11 号	812-1-1-1-1 × 811-2-1-1-1	重庆市农业科学院蔬菜花卉研究所	建议在内蒙古、江西、广东、湖南、云南、贵州、四川和陕西省（区）适宜地区作露地辣椒种植
406	50	国品鉴菜 2016038	辣椒	博辣 8 号	LJ07-16 × LJ06-22	湖南省蔬菜研究所	建议在内蒙古、江西、广东、湖南、云南、贵州、四川和陕西省（区）适宜地区作露地辣椒种植
407	51	国品鉴菜 2016039	辣椒	川腾 6 号	2003-12-1-1-3 × V25-2-10	四川省农业科学院园艺研究所	建议在内蒙古、江西、广东、湖南、云南、贵州、四川和陕西省（区）适宜地区作露地辣椒种植
408	52	国品鉴菜 2016040	辣椒	辛香 28 号	1908 × H103	江西农望高科技有限公司	建议在内蒙古、江西、湖南、云南和陕西省（区）适宜地区作露地辣椒种植
409	53	国品鉴菜 2016041	辣椒	湘辣 10 号	RX12-97 × RX11-57	湖南湘研种业有限公司	建议在内蒙古、江西、广东、湖南、云南、贵州、四川和陕西省（区）适宜地区作露地辣椒种植

（续表）

总序号	分类序号	品种鉴定编号	作物种类	品种名称	亲本组合	选育单位	适宜范围
410	54	国品鉴菜 2016042	辣椒	千丽 1 号	9624-25-1-3-3-6-1-2×9711-34-2-3-10-4-2	杭州市农业科学研究院	建议在内蒙古、江西、广东、湖南、云南、贵州、四川和陕西省（区）适宜地区作露地辣椒种植
411	55	国品鉴菜 2016043	辣椒	春研青龙	B98-8×E99-1	江西宜春市春丰种子中心	建议在内蒙古、江西、广东、湖南、云南、贵州和陕西省（区）适宜地区作露地辣椒种植
412	56	国品鉴菜 2016044	辣椒	苏椒 22 号	2009X142×2009X200	江苏省农业科学院蔬菜研究所	建议在内蒙古、湖南、广东、云南、贵州和陕西省（区）适宜地区作露地干鲜两用型辣椒种植
413	57	国品鉴菜 2016045	辣椒	兴蔬绿燕	HJ180A×SJ07-21	湖南省蔬菜研究所	建议在内蒙古、江西、广东、湖南、云南、贵州和陕西省（区）适宜地区作露地辣椒种植
414	58	国品鉴菜 2016046	辣椒	赣椒 15 号	B9404 × N104	江西省农业科学院蔬菜花卉研究所	建议在内蒙古、江西、湖南、广东、云南、贵州和四川省（区）适宜地区作春季早熟露地辣椒种植
415	59	国品鉴菜 2016047	辣椒	天禧金帅	06-012×06-089	南京星光种业有限公司，南京市种子管理站	建议在内蒙古、江西、湖南、广东、云南、贵州、四川和陕西省（区）适宜地区用于露地辣椒种植
416	60	国品鉴菜 2016048	辣椒	盐椒 1 号	1-18-15-12×42-3-7-14	江苏沿海地区农业科学研究所	建议在江西、湖南、云南和陕西省适宜地区作露地辣椒种植
417	61	国品鉴菜 2016049	辣椒	苏椒 23 号	2012X67×2012X68	江苏省农业科学院蔬菜研究所	建议在内蒙古、江西、广东、云南、贵州和陕西省（区）适宜地区作露地干鲜两用型辣椒种植
418	62	国品鉴菜 2016050	辣椒	镇研 21 号	A9259×N9389	镇江市镇研种业有限公司，徐州海林辣椒育种专业合作社	建议在内蒙古、江西、湖南、广东、云南、四川、贵州和陕西省（区）适宜地区作露地辣椒种植

（续表）

总序号	分类序号	品种鉴定编号	作物种类	品种名称	亲本组合	选育单位	适宜范围
419	63	国品鉴菜 2016051	辣椒	干鲜 2 号	A68 × A75	四川省川椒种业科技有限责任公司	建议在内蒙古、江西、湖南、广东、云南、贵州、四川和陕西省（区）适宜地区作露地辣椒种植
420	64	国品鉴菜 2016052	辣椒	苏椒 24 号	2012X40 × 2012X24	江苏省农业科学院蔬菜研究所	建议在黑龙江、江苏、河南和广东省适宜地区作露地甜椒种植
421	1	国品鉴茶 2010001	茶树	霞浦春波绿	从福鼎大白茶有性群体中选择的突变单株，采用单株育种法选育而成	霞浦县茶业管理局	建议在福建、湖北、四川、湖南省适宜茶区栽植
422	2	国品鉴茶 2010002	茶树	春雨一号	从福鼎大白茶实生后代中采用系统选育法育成	浙江省武义县农业局	建议在浙江、四川、湖北、福建省适宜茶区栽植
423	3	国品鉴茶 2010003	茶树	春雨二号	从福鼎大白茶的实生后代中采用系统选育法育成	浙江省武义县农业局	建议在浙江、四川、湖北、福建省适宜茶区栽植
424	4	国品鉴茶 2010004	茶树	茂绿	从福鼎大白茶有性系后代中采用单株分离、系统选育而成	杭州市农业科学研究院	建议在浙江、贵州、河南、福建省适宜茶区栽植
425	5	国品鉴茶 2010005	茶树	南江 1 号	从南江大叶茶群体种中单株选育而成	重庆市农业科学院	建议在重庆、浙江、湖北、四川省（市）适宜茶区栽植
426	6	国品鉴茶 2010006	茶树	石佛翠	从岳西县石佛群体中通过单株分离、系统选育而成	安徽省安庆市种植业管理局、安徽省农业科学院茶叶研究所	建议在浙江、安徽、河南、湖北省年平均温度 15℃左右、年降水 1100mm 左右的长江南北茶区栽植
427	7	国品鉴茶 2010007	茶树	皖茶 91	从云大群体的天然杂交后代中经系统选育而成	安徽农业大学	建议在安徽、浙江、贵州、河南信阳的年平均温度 15℃以上、年降水量 1100mm 左右的茶区栽植
428	8	国品鉴茶 2010008	茶树	尧山秀绿	从“鸠坑种”有性系中采用系统选育法育成	广西壮族自治区桂林茶叶科学研究所	建议在广西、四川、湖北省（区）适宜茶区栽植
429	9	国品鉴茶 2010009	茶树	桂香 18 号	从凌云白毫群体中采用系统选育法育成	广西壮族自治区桂林茶叶科学研究所	建议在广西、湖北省（区）适宜茶区栽植

（续表）

总序号	分类序号	品种鉴定编号	作物种类	品种名称	亲本组合	选育单位	适宜范围
430	10	国品鉴茶 2010010	茶树	玉绿	以日本薮北种为母本，福鼎大白茶、槠叶齐、湘波绿、龙井 43 等品种混合花粉为父本的人工杂交后代中，采用单株选育而成无性系品种	湖南省茶叶研究所	建议在四川、湖南、湖北省适宜茶区栽植
431	11	国品鉴茶 2010011	茶树	浙农 139	从福鼎大白茶与云南大叶种自然杂交后代中采用单株分离、系统选育而成	浙江大学茶叶研究所	建议在浙江、福建、四川省适宜茶区栽植
432	12	国品鉴茶 2010012	茶树	浙农 117	福鼎大白茶与云南大叶种自然杂交后代中采用单株分离、系统选育而成	浙江大学茶叶研究所	建议在浙江、福建、湖北、四川省适宜茶区栽植
433	13	国品鉴茶 2010013	茶树	中茶 108	应用 60Co-γ 射线对龙井 43 穗条进行辐照诱变，经扦插繁殖后系统选育而成	中国农业科学院茶叶研究所	建议在浙江、四川、湖北、河南信阳适宜茶区栽植
434	14	国品鉴茶 2010014	茶树	中茶 302	格鲁吉亚 6 号为母本，福鼎大白茶种籽实生苗为父本，采用人工杂交经单株选择选育而成	中国农业科学院茶叶研究所	建议在浙江、四川、湖北、河南信阳适宜茶区栽植
435	15	国品鉴茶 2010015	茶树	丹桂	从武夷肉桂自然杂交后代中经单株分离、系统选育而成	福建省农业科学院茶叶研究所	建议在广东、广西、湖南省（区）适宜茶区栽植
436	16	国品鉴茶 2010016	茶树	春兰	从铁观音自然杂交后代中经单株分离、系统选育而成	福建省农业科学院茶叶研究所	建议在湖南、广西、广东省（区）适宜茶区栽植
437	17	国品鉴茶 2010017	茶树	瑞香	从黄棪自然杂交后代中经单株分离、系统选育而成	福建省农业科学院茶叶研究所	建议在湖南、广西、广东省（区）适宜茶区栽植
438	18	国品鉴茶 2010018	茶树	鄂茶 5 号	从劲峰天然杂交后代中采用单株分离、系统选育而成	湖北省农业科学院果树茶叶研究所	建议在湖北、浙江、贵州、河南省适宜茶区栽植

（续表）

总序号	分类序号	品种鉴定编号	作物种类	品种名称	亲本组合	选育单位	适宜范围
439	19	国品鉴茶 2010019	茶树	鸿雁 9 号	从八仙茶自然杂交后代中单株分离、系统选育而成	广东省农业科学院茶叶研究所	建议在广东、广西、湖南、福建省（区）适宜茶区栽植
440	20	国品鉴茶 2010020	茶树	鸿雁 12 号	从铁观音自然杂交后代中单株分离、系统选育而成	广东省农业科学院茶叶研究所	建议在广东、广西、湖南、福建省（区）适宜茶区栽植
441	21	国品鉴茶 2010021	茶树	鸿雁 7 号	从八仙茶自然杂交后代中单株分离、系统选育而成	广东省农业科学院茶叶研究所	建议在广东、广西、湖南、福建省（区）适宜茶区栽植
442	22	国品鉴茶 2010022	茶树	鸿雁 1 号	从铁观音自然杂交后代中单株分离、系统选育而成	广东省农业科学院茶叶研究所	建议在广东、广西、湖南、福建省（区）适宜茶区栽植
443	23	国品鉴茶 2010023	茶树	白毛 2 号	从乐昌白毛群体中采用单株分离、系统选育而成	广东省农业科学院茶叶研究所	建议在广东、广西、福建南部茶区栽植
444	24	国品鉴茶 2010024	茶树	金牡丹	铁观音为母本，黄棪为父本，采用杂交育种法选育而成	福建省农业科学院茶叶研究所	建议在福建、广西、广东省（区）适宜茶区栽植
445	25	国品鉴茶 2010025	茶树	黄玫瑰	以黄观音为母本，黄棪为父本，采用杂交育种法选育而成	福建省农业科学院茶叶研究所	建议在福建、广东、湖南省适宜茶区栽植
446	26	国品鉴茶 2010026	茶树	紫牡丹	从铁观音自然杂交后代中采用单株分离、系统选育而成	福建省农业科学院茶叶研究所	建议在福建、广东、广西、湖南省（区）适宜茶区栽植
447	27	国品鉴茶 2013001	茶树	特早 213	从引进的福鼎群体中选择发芽早的单株，通过单株分离、系统选育而成	四川省名山县茶业发展局、四川省农业科学院茶叶研究所、四川省优质农产品开发服务中心	建议在四川、贵州、河南、浙江省适宜的绿茶产区种植
448	28	国品鉴茶 2014001	茶树	巴渝特早	从福建引进的福鼎大白茶群体中，采用单株分离、系统选育而成	重庆市农业技术推广总站、重庆市巴南区农业委员会	建议在重庆、贵州、湖南和浙江部分适宜茶区种植

（续表）

总序号	分类序号	品种鉴定编号	作物种类	品种名称	亲本组合	选育单位	适宜范围
449	29	国品鉴茶 2014002	茶树	花秋 1 号	从邛崃花楸山古茶树资源中采用单株分离、系统选育而成	四川省花秋茶业有限公司	建议在四川、湖北、广西和贵州省（区）适宜茶区种植
450	30	国品鉴茶 2014003	茶树	梦茗	从安徽省岳西县来榜镇茶树群体品种中采用单株分离、系统选育而成	安庆市茶业学会	建议在安徽、湖北、湖南和福建省适宜茶区种植
451	31	国品鉴茶 2014004	茶树	黔茶 8 号	以昆明中叶群体种采用单株分离系统选育而成	贵州省茶叶研究所	建议在贵州、湖北和广东省适宜茶区种植
452	32	国品鉴茶 2014005	茶树	山坡绿	从舒城茶树群体品种中采用单株分离、系统选育而成	舒城县茶叶产业协会、舒城县舒茶九一六茶场	建议在安徽、湖北、湖南和贵州省适宜茶区种植
453	33	国品鉴茶 2014006	茶树	苏茶 120	从福鼎大白茶有性群体品种中采用单株分离、系统选育而成	无锡市茶叶品种研究所有限公司	建议在江苏、湖南、福建和浙江省适宜茶区种植
454	34	国品鉴茶 2014007	茶树	天府 28 号	从四川中小叶群体品种中采用单株分离、系统选育而成	四川省农业科学院茶叶研究所	建议在四川、湖北和贵州省适宜茶区种植
455	35	国品鉴茶 2014008	茶树	湘妃翠	由母本福鼎大白茶的天然杂交后代单株分离、系统选育而成	湖南农业大学	建议在湖南、浙江、贵州和广西省（区）适宜茶区种植
456	36	国品鉴茶 2014009	茶树	中茶 111	从云桂大叶茶树群体品种中采用单株分离、系统选育而成	中国农业科学院茶叶研究所	建议在浙江、贵州、湖南、湖北省适宜茶区种植
457	37	国品鉴茶 2014010	茶树	鸿雁 13 号	从铁观音自然杂交后代中采用单株分离、系统选育而成	广东省农业科学院饮用植物研究所	建议在广东、福建和广西省（区）适宜茶区种植
458	1	国品鉴马铃薯 2016001	马铃薯	中薯 22 号	PW88065 × C93.154	中国农业科学院蔬菜花卉研究所	建议在河北北部、陕西北部、山西北部和内蒙古中部华北一季作区种植
459	2	国品鉴马铃薯 2016002	马铃薯	冀张薯 20 号	3 号 × 金冠	河北省高寒作物研究所	建议在河北北部、陕西北部、山西北部和内蒙古中部华北一季作区种植

（续表）

总序号	分类序号	品种鉴定编号	作物种类	品种名称	亲本组合	选育单位	适宜范围
460	3	国品鉴马铃薯2016003	马铃薯	希森6号	Shepody×XS9304	乐陵希森马铃薯产业集团有限公司，国家马铃薯工程技术研究中心	建议在河北北部、陕西北部、山西北部和内蒙古中部华北一季作区种植
461	4	国品鉴马铃薯2016004	马铃薯	中薯红1号	Kondor×River John Blue	中国农业科学院蔬菜花卉研究所	建议在河北北部、陕西北部、山西北部和内蒙古中部华北一季作区种植
462	5	国品鉴马铃薯2016005	马铃薯	定薯3号	大西洋×定薯1号	甘肃省定西市农业科学研究院	建议在青海东南部、宁夏南部、甘肃中部北方一季作区种植
463	6	国品鉴马铃薯2016006	马铃薯	黔芋6号	Shepody×387136.14	贵州省马铃薯研究所	建议在贵州西部及西北部、湖北西部、四川中部及西南部、重庆市东北部、云南东北部及西部、陕西安康春作区种植

第五章

品种准入

品种准入

一、玉米，555 个品种

在过去 25 年的漫长历史曲折进程中，缘于工作、职责分工、专业使然，在全国农技中心领导的安排、支持下，在全国同行专家的全力支持、帮助和配合下，本人几乎经手了 1991—2015 年国家审定的每个玉米品种，经历了整整 25 年多的国家玉米品种试验审定推广的过程，包括试验设计、品种测试、鉴定评价、试验管理、资料汇总、材料审核、公告整理和风险防控、品种定位、区域布局等。应该说本表的 555 个（次）国家审定的玉米品种投入了我过去 25 年多的大部分工作与业余时间、精力、技术和经验！为了大地的丰收、为了农民的生计、为了育种家的汗水，也为了自己的责任、担当和尊严，我们玉米团队先后在李船江、吴景锋、贾世锋、冯维芳、吴绍宇、李登海、季广德、郑渝、王守才、周进宝、陈学军、王晓鸣、刘玉恒、张彪、丁万志、赵久然、黄长玲、李绍明等历任主任和专家们的带领下，在全体玉米委员大力支持、密切配合和积极帮助下，依法、依规、依标，在定位、把关和准入工作中，努力实践、积极探索，圆满地完成了国家级玉米品种试验审定推广等管理服务任务，这与无数试验主持人、试验鉴定检测专家和省级种子管理部门专家的辛勤努力是分不开的，尤其是广大承试人员的默默奉献和辛勤汗水，通过下表可以看到国家玉米品种试验审定制度的建立、规范、完善乃至改革、提升、发展的渐进式艰难历程。在此对各位老师、专家和战友致以崇高的敬意！坦荡地说，我们向全国种植玉米的父老乡亲们交了一张自认为似乎满意、尚不如意、尚难完美的答卷，但总觉得值得欣慰、回味和品味……罗列这些品种简单信息，也许对尚未退出品种的利用是一个方便的手册，也是应该了解的玉米历史！但愿对大家有帮助，使用过程中请以农业部公告为准。

备注：2016 年 2 月 29 日杀青。

序号	审定编号	审定年度	玉米类型	品种名称	选（引）育单位（人）	品种来源	适宜种植范围
1	国审玉 2015001	2015	普通玉米	佳禾 18	围场满族蒙古族自治县佳禾种业有限公司	佳 788-2 × F11	河北张家口及承德北部接坝冷凉区、吉林东部极早熟区、黑龙江第四积温带、内蒙古呼伦贝尔岭南及通辽北部、赤峰北部地区、宁夏南部极早熟玉米区春播种植。注意防治大斑病和丝黑穗病
2	国审玉 2015002	2015	普通玉米	元华 8 号	曹冬梅、徐英华	WFC0148 × WFC0427	河北张家口及承德北部接坝冷凉区、吉林东部极早熟区、黑龙江第四积温带、内蒙古呼伦贝尔岭南及通辽北部、赤峰北部极早熟区、宁夏南部极早熟玉米区春播种植。注意防治大斑病和丝黑穗病
3	国审玉 2015003	2015	普通玉米	先达 101	先正达（中国）投资有限公司隆化分公司	NP1914 × NP1941-357	河北张家口及承德北部接坝冷凉区、吉林东部极早熟区、黑龙江第四积温带、内蒙古呼伦贝尔岭南及通辽北部、赤峰北部极早熟区、宁夏南部极早熟玉米区春播种植。注意防治大斑病、丝黑穗病和灰斑病
4	国审玉 2015004	2015	普通玉米	吉东 81 号	吉林省辽源市农业科学院	M407 × F62	辽宁东部山区、吉林中熟区、黑龙江第一积温带、内蒙古中东部中熟区春播种植。注意防治大斑病和丝黑穗病
5	国审玉 2015005	2015	普通玉米	沈玉 801	沈阳市农业科学院、沈阳市农业科学院种业有限公司	沈 391 × 沈 8078	辽宁东部山区、吉林中熟区、黑龙江第一积温带、内蒙古中东部中熟区春播种植。注意防治大斑病、灰斑病、弯孢叶斑病和丝黑穗病
6	国审玉 2015006	2015	普通玉米	农华 205	北京金色农华种业科技股份有限公司	H985 × B8328	北京、天津、河北北部、内蒙古通辽和赤峰，山西、辽宁、吉林中晚熟区春播种植
7	国审玉 2015007	2015	普通玉米	承 950	承德裕丰种业有限公司	承系 110 × 承系 157	天津、河北北部、内蒙古通辽和赤峰，山西、辽宁、吉林中晚熟区春播种植
8	国审玉 2015008	2015	普通玉米	东单 119	辽宁东亚种业科技股份有限公司、辽宁东亚种业有限公司	F6wc-1 × F7292-37	天津、河北北部、内蒙古通辽和赤峰，山西、辽宁、吉林中晚熟区春播种植。注意防治弯孢菌叶斑病
9	国审玉 2015009	2015	普通玉米	巡天 1102	河北巡天农业科技有限公司	H111426 × X1098	北京、天津、河北北部、内蒙古赤峰和通辽，山西、辽宁、吉林中晚熟区，陕西延安地区春播种植。注意防治灰斑病。该品种还适宜甘肃、宁夏、新疆和内蒙古西部地区春播种植。注意防治丝黑穗病

（续表）

序号	审定编号	审定年度	玉米类型	品种名称	选（引）育单位（人）	品种来源	适宜种植范围
10	国审玉2015010	2015	普通玉米	裕丰 303	北京联创种业股份有限公司	CT1669 × CT3354	北京、天津、河北北部、内蒙古赤峰和通辽，山西、辽宁、吉林中晚熟区春播种植。注意防治大斑病、丝黑穗病和灰斑病。该品种还适宜北京、天津、河北保定及以南地区、山西南部、河南、山东、江苏淮北、安徽淮北、陕西关中灌区夏播种植。注意防治粗缩病和穗腐病，瘤黑粉病高发区慎用
11	国审玉2015011	2015	普通玉米	登海 685	山东登海种业股份有限公司	DH382 × DH357-14	北京、天津、河北保定及以南地区、山西南部、河南、山东、江苏淮北、安徽淮北、陕西关中灌区夏播种植。注意防治叶斑病和粗缩病
12	国审玉2015012	2015	普通玉米	滑玉 168	河南滑丰种业科技有限公司	HF2458-1 × MC712-2111	北京、天津、河北保定及以南地区、山西南部、河南、山东、江苏淮北、安徽淮北、陕西关中灌区夏播种植。注意防治粗缩病和玉米螟
13	国审玉2015013	2015	普通玉米	伟科 966	郑州伟科作物育种科技有限公司	WK3958 × WK898	北京、天津、河北保定及以南地区、山西南部、河南、山东、江苏淮北、安徽淮北、陕西关中灌区夏播种植。注意防治瘤黑粉病和粗缩病
14	国审玉2015014	2015	普通玉米	农大 372	宋同明	X24621 × BA702	河北保定以南地区、山西南部、山东、河南、江苏淮北、安徽淮北、陕西关中灌区夏播种植。注意防治瘤黑粉病、粗缩病
15	国审玉2015015	2015	普通玉米	联创 808	北京联创种业股份有限公司	CT3566 × CT3354	北京、天津、河北保定及以南地区、山西南部、河南、山东、江苏淮北、安徽淮北、陕西关中灌区夏播种植。注意防治粗缩病、弯孢叶斑病、瘤黑粉病、茎腐病和玉米螟
16	国审玉2015016	2015	普通玉米	农华 816	北京金色农华种业科技股份有限公司	7P402 × B8328	河北保定及以南地区、山西南部、河南、山东、江苏淮北、安徽淮北、陕西关中灌区夏播种植。注意防治瘤黑粉病和粗缩病
17	国审玉2015017	2015	普通玉米	郑单 1002	河南省农业科学院粮食作物研究所	郑 588 × 郑 H71	河北保定及以南地区、山西南部、河南、山东、江苏淮北、安徽淮北、陕西关中灌区夏播种植。注意防治瘤黑粉病、粗缩病、茎腐病、弯孢叶斑病和玉米螟
18	国审玉2015018	2015	普通玉米	豫单 606	河南农业大学	豫 A9241 × 新 A3	北京、天津、河北及山西南部、河南、山东、江苏淮北、安徽淮北、陕西关中灌区夏播种植。注意防治瘤黑粉病和粗缩病

（续表）

序号	审定编号	审定年度	玉米类型	品种名称	选（引）育单位（人）	品种来源	适宜种植范围
19	国审玉2015019	2015	普通玉米	苏玉 41	江苏省农业科学院粮食作物研究所	苏 95–1 × JS09306	江苏淮南、安徽淮南、浙江、江西、福建、广东春播种植。注意防治纹枯病和玉米螟
20	国审玉2015020	2015	普通玉米	汉单 777	湖北省种子集团有限公司	H70202 × H70492	江苏淮南、安徽淮南、浙江、江西、福建、广东春播种植
21	国审玉2015021	2015	普通玉米	辽单 588	辽宁省农业科学院玉米研究所、辽宁东方农业科技有限公司	辽 8821 × S121	甘肃、宁夏、新疆和内蒙古西部地区春播种植。注意防治丝黑穗病
22	国审玉2015022	2015	普通玉米	新玉 52 号	新疆华西种业有限公司	472R × 231	甘肃、宁夏、新疆和内蒙古西部地区春播种植。注意防治大斑病、丝黑穗病和茎腐病
23	国审玉2015023	2015	普通玉米	科河 24 号	内蒙古巴彦淖尔市科河种业有限公司	KH786 × KH467	甘肃、宁夏、新疆和内蒙古西部地区春播种植。注意防治丝黑穗病和大斑病
24	国审玉2015024	2015	普通玉米	五谷 568	甘肃五谷种业有限公司	H9310 × WG603	甘肃、宁夏、新疆和内蒙古西部地区春播种植
25	国审玉2015025	2015	普通玉米	绵单 1256	绵阳市农业科学研究院	绵 723 × S52	四川、重庆、云南、贵州、广西、湖南、湖北、陕西汉中地区的平坝丘陵和低山区春播种植。注意防治穗腐病和灰斑病
26	国审玉2015026	2015	普通玉米	荣玉 1210	四川农业大学玉米研究所	SCML202 × LH8012	四川、重庆、云南、贵州、湖北、湖南、广西、陕西汉中地区的平坝丘陵和低山区春播种植。注意防治茎腐病、丝黑穗病、穗粒腐病、灰斑病和玉米螟
27	国审玉2015027	2015	普通玉米	卓玉 2 号	贵州卓信农业科学研究所	QB662 × 2219	四川、重庆、云南、贵州、湖南、湖北、广西、陕西汉中地区的平坝丘陵和低山区春播种植。注意防治纹枯病和穗腐病
28	国审玉2015028	2015	普通玉米	野风 160	邢台市野丰玉米研究所	M13B × ZX424	四川、重庆、云南、贵州、湖北、湖南、广西、陕西汉中地区的平坝丘陵和低山区春播种植。注意防治茎腐病、穗腐病和灰斑病
29	国审玉2015029	2015	普通玉米	青青 009	贵州省遵义市辉煌种业有限公司	ZHF408 × ZHL908	四川、重庆、云南、贵州、湖北、湖南、广西、陕西汉中地区的平坝丘陵和低山区春播种植。注意防治丝黑穗病、纹枯病和玉米螟
30	国审玉2015030	2015	普通玉米	康农玉 007	四川高地种业有限公司	FL316 × FL218	四川、重庆、贵州、云南、湖南、湖北、广西和陕西汉中地区的平坝丘陵和低山区春播种植。注意防治茎腐病、穗粒腐病和玉米螟

（续表）

序号	审定编号	审定年度	玉米类型	品种名称	选（引）育单位（人）	品种来源	适宜种植范围
31	国审玉2015031	2015	普通玉米	天单101	四川国垠天府种业有限公司、四川省内江市农业科学院	C38012×S52	四川、重庆、云南、湖南、湖北、贵州、广西（百色地区除外）和陕西汉中地区的平坝丘陵和低山区种植。注意防治穗腐病、茎腐病、灰斑病和玉米螟
32	国审玉2015032	2015	糯质玉米	万糯2000	河北省万全县华穗特用玉米种业有限责任公司	W67×W68	北京、河北、山西、内蒙古、辽宁、吉林、黑龙江、新疆作鲜食糯玉米品种春播种植。注意防治玉米螟、大斑病。该品种还适宜北京、天津、河北、山东、河南、江苏淮北、安徽淮北、陕西关中灌区作鲜食糯玉米品种夏播种植。注意及时防治玉米螟、小斑病、矮花叶病、瘤黑粉病
33	国审玉2015033	2015	糯质玉米	佳糯668	万全县万佳种业有限公司	糯49×糯69	北京、河北、山西、内蒙古、辽宁、吉林、黑龙江、新疆作鲜食糯玉米品种春播种植。注意防治大斑病。该品种还适宜北京、天津、河北、河南、山东、江苏淮北、安徽淮北、陕西关中灌区作鲜食糯玉米夏播种植。注意防治小斑病、矮花叶病、瘤黑粒病
34	国审玉2015034	2015	糯质玉米	农科玉368	北京市农林科学院玉米研究中心、北京华奥农科玉育种开发有限责任公司	京糯6×D6644	北京、天津、河北、山东、河南、江苏淮北、安徽淮北、陕西关中灌区作鲜食糯玉米夏播种植。注意防治小斑病、矮花叶病和瘤黑粉病
35	国审玉2015035	2015	糯质玉米	鲜玉糯4号	海南省农业科学院粮食作物研究所	N02-7×T10	海南、江苏淮南、安徽淮南、上海、浙江、江西、福建、广东、广西作鲜食糯玉米品种种植。注意防治小斑病、腐霉茎腐病和纹枯病
36	国审玉2015036	2015	糯质玉米	苏科糯8号	江苏省农业科学院粮食作物研究所	JSW10721×JSW10684	江苏淮南、安徽淮南、上海、浙江、江西、福建、广东、广西、海南作鲜食糯玉米春播种植。注意防治小斑病和纹枯病
37	国审玉2015037	2015	糯质玉米	明玉1203	江苏明天种业科技有限公司	JSW0388×JSW10722	江苏淮南、安徽淮南、上海、浙江、江西、福建、广东、广西、海南作鲜食糯玉米春播种植
38	国审玉2015038	2015	糯质玉米	万彩糯3号	河北省万全县华穗特用玉米种业有限责任公司	W60×W59	江苏淮南、安徽淮南、上海、浙江、江西、福建、广东、广西、海南作鲜食糯玉米品种春播种植。注意防治小斑病和玉米螟
39	国审玉2015039	2015	糯质玉米	玉糯258	重庆市农业科学院	EX955×D1003	四川、重庆、云南、贵州、湖南和湖北作鲜食糯玉米春播种植

（续表）

序号	审定编号	审定年度	玉米类型	品种名称	选（引）育单位（人）	品种来源	适宜种植范围
40	国审玉2015040	2015	甜质玉米	京科甜179	北京市农林科学院玉米研究中心	T68×T8867	北京、河北、山西、内蒙古、辽宁、吉林、黑龙江、新疆作鲜食甜玉米春播种植。注意防治大斑病。该品种还适宜北京、天津、河北、山东、河南、江苏淮北、安徽淮北、陕西关中灌区作鲜食甜玉米品种夏播种植。注意防治小斑病、茎腐病、瘤黑粉病和矮花叶病
41	国审玉2015041	2015	甜质玉米	中农甜414	中国农业大学	BS641W×BS638	北京、天津、河北保定及以南地区、山东、河南、江苏淮北、安徽淮北作鲜食甜玉米夏播种植。注意防治瘤黑粉病和矮花叶病
42	国审玉2015042	2015	爆裂玉米	金爆1号	北京金农科种子科技有限公司	JB0901×JB0715	辽宁、吉林、天津、上海、陕西和新疆春播种植，河南、山东夏播种植。注意防治大斑病
43	国审玉2015043	2015	爆裂玉米	沈爆4号	沈阳农业大学特种玉米研究所	沈爆Q7×沈爆303	辽宁、吉林、天津、上海、陕西和新疆春播种植，河南、山东夏播种植。注意防治大斑病
44	国审玉2015044	2015	爆裂玉米	金爆1237	沈阳金色谷特种玉米开发有限公司	沈爆260×金爆D7	辽宁、吉林、天津、上海、陕西和新疆春播种植，河南、山东夏播种植。注意防治大斑病
45	国审玉2015045	2015	糯质玉米	鲁星糯1号	莱州市鲁丰种业有限公司	N46119×B108	河北、山东、河南、江苏北部、安徽北部、山西南部、陕西关中灌区作鲜食糯玉米种植。注意防治大斑病、小斑病、矮花叶病和瘤黑粉病和棉铃虫
46	国审玉2014001	2014	普通玉米	华农866	北京华农伟业种子科技有限公司	B280×京66	辽宁、吉林中晚熟区，内蒙古赤峰和通辽、河北北部、天津、北京北部、山西中晚熟区、陕西延安地区春播种植
47	国审玉2014002	2014	普通玉米	锦华150	北京金色农华种业科技股份有限公司	Y558×B8328	吉林、辽宁、山西中晚熟区、北京、天津、河北北部、内蒙古赤峰和通辽、陕西延安地区春播种植
48	国审玉2014003	2014	普通玉米	德育977	吉林德丰种业有限公司	Lk910×LK122	辽宁、吉林、山西的中晚熟区，河北北部、内蒙古赤峰和通辽地区、北京、天津、陕西延安地区春播种植
49	国审玉2014004	2014	普通玉米	吉农大668	吉林农大科茂种业有限责任公司	km8×F349	辽宁、吉林和山西的中晚熟区，河北北部、内蒙古通辽和赤峰地区、北京、天津、陕西延安地区春播种植种植
50	国审玉2014005	2014	普通玉米	良玉918号	丹东登海良玉种业有限公司	良玉M53×良玉S127	辽宁、吉林和山西中晚熟区，天津、河北北部、内蒙古赤峰和通辽地区、陕西延安地区春播种植

（续表）

序号	审定编号	审定年度	玉米类型	品种名称	选（引）育单位（人）	品种来源	适宜种植范围
51	国审玉2014006	2014	普通玉米	锦润 911	锦州农业科学院、辽宁东润种业有限公司	锦 02-59 × 锦 04-77	辽宁、吉林和山西中晚熟区，天津、河北北部、内蒙古赤峰和通辽地区、陕西延安地区春播种植
52	国审玉2014007	2014	普通玉米	安早 10	李平	J12 × ZJ01	河北张家口及承德北部接坝冷凉区、吉林东部极早熟区、黑龙江第四积温带、内蒙古呼伦贝尔岭南及通辽与赤峰市北部极早熟区、宁夏南部极早熟玉米区春播种植。注意防治大斑病、丝黑穗病和茎腐病
53	国审玉2014008	2014	普通玉米	九玉 5 号	内蒙古九丰种业有限责任公司	AS014 × AS078	河北张家口及承德北部接坝冷凉区、吉林东部极早熟区、黑龙江第四积温带、内蒙古呼伦贝尔岭南及通辽市北部地区、宁夏南部极早熟玉米区春播种植，注意防治茎腐病和玉米螟
54	国审玉2014009	2014	普通玉米	飞天 358	武汉敦煌种业有限公司	FT0908 × FT0809	辽宁东部山区、吉林中熟区、黑龙江第一积温带和内蒙古中东部中熟区春播种植，北京、天津和河北的唐山、廊坊、沧州及保定北部地区夏播种植。注意防治大斑病、丝黑穗病、弯孢叶斑病和玉米螟
55	国审玉2014010	2014	普通玉米	宇玉 30 号	山东神华种业有限公司	SX1132-2 × SX3821	北京、天津、河北、河南、山东、陕西关中灌区、山西运城地区、江苏北部、安徽北部夏播种植。瘤黑粉病和粗缩病高发区慎用
56	国审玉2014011	2014	普通玉米	华农 887	北京华农伟业种子科技有限公司	B8 × 京 66	辽宁东部山区，吉林中熟区，黑龙江第一积温带和内蒙古东部中熟区春播种植
57	国审玉2014012	2014	普通玉米	强盛 369	山西强盛种业有限公司	6143 × 997	山东、河南、河北南部及山西南部、陕西关中灌区和江苏北部、安徽北部夏播种植
58	国审玉2014013	2014	普通玉米	华农 138	天津科润津丰种业有限责任公司、北京华农伟业种子科技有限公司	B105 × 京 66	山东、河南、河北保定及以南地区及山西南部、陕西关中灌区和江苏北部、安徽北部夏播种植
59	国审玉2014014	2014	普通玉米	梦玉 908	合肥丰乐种业股份有限公司	DK58-2 × 京 772-2	河南、山东、河北保定及以南地区、陕西关中灌区、江苏北部、安徽北部及山西南部夏播种植
60	国审玉2014015	2014	普通玉米	大成 168	宝丰县农业科学研究所	802 × 6107A	河南、山东、河北保定及以南地区、陕西关中灌区、江苏北部、安徽北部及山西南部夏播种植
61	国审玉2014016	2014	普通玉米	NK971	北京市农林科学院玉米研究中心	京 388 × 京 372	山东、河北保定及以南地区、河南、陕西关中灌区、安徽北部、江苏北部、山西运城地区夏播种植

（续表）

序号	审定编号	审定年度	玉米类型	品种名称	选（引）育单位（人）	品种来源	适宜种植范围
62	国审玉2014017	2014	普通玉米	平玉8号	武威市农业科学研究院、平顶山市农业科学院	武9086×5172	陕西榆林地区、甘肃、宁夏、新疆和内蒙古西部地区春播种植
63	国审玉2014018	2014	普通玉米	延科288	延安延丰种业有限公司	莫改42×黄改6334	四川、重庆、云南、贵州、广西、湖南、湖北、陕西汉中地区种植
64	国审玉2014019	2014	普通玉米	仲玉998	仲衍种业股份有限公司	998×H08	四川、重庆、云南、贵州、湖北、湖南、广西、陕西汉中地区的平坝丘陵和低山区春播种植
65	国审玉2014020	2014	普通玉米	禾睦玉918	贵州禾睦福种子有限公司	QS6822×QS50	四川、重庆、云南、湖南、湖北、贵州、广西和陕西汉中地区的平坝丘陵低山区春播种植。注意防治丝黑穗病
66	国审玉2014021	2014	普通玉米	联创799	北京联创种业股份有限公司	CT3141×CT5898	江苏南部、安徽南部、浙江、江西、福建、广东春播种植
67	国审玉2014022	2014	甜质玉米	晋超甜1号	山西省农业科学院玉米研究所	TY32-111×TY37/7710	北京、天津、河北、山东、河南、江苏北部、安徽北部、陕西关中灌区夏播种植
68	国审玉2014023	2014	甜质玉米	粤甜20号	广东省农业科学院作物研究所	夏威夷-1×泰甜5号-2	广东、广西、江苏南部、上海、江西、浙江、福建和海南作鲜食甜玉米种植。注意防治大斑病、小斑病、纹枯病和玉米螟
69	国审玉2014024	2014	糯质玉米	京科糯569	北京市农林科学院玉米研究中心、北京华奥农科玉育种开发有限责任公司	N39×白糯6	北京、河北、山西、内蒙古、黑龙江、吉林、辽宁、新疆作鲜食糯玉米春播种植
70	国审玉2014025	2014	糯质玉米	美玉糯16号	海南绿川种苗有限公司	HE703×HE729nct	海南、广东、广西、上海、浙江、江西、福建、江苏中南部、安徽中南部作鲜食糯玉米品种春播种植
71	国审玉2014026	2014	糯质玉米	粤彩糯2号	广东省农业科学院作物研究所	N32-107×N61-32	广东、广西、江苏中南部、安徽中南部、上海、浙江、江西、福建和海南作鲜食糯玉米品种种植
72	国审玉2014027	2014	糯质玉米	荣玉糯9号	四川农业大学玉米研究所	WX014×WX015	广东、广西、江苏中南部、安徽中南部、上海、浙江、福建、江西和海南作鲜食糯玉米品种种植。注意防治蚜虫、玉米螟等病虫害
73	国审玉2014028	2014	糯质玉米	苏玉糯1502	江苏沿江地区农业科学研究所	L150×T2	江苏中南部、安徽中南部、上海、浙江、江西、福建、广东、广西、海南作鲜食糯玉米种植
74	国审玉2014029	2014	糯质玉米	渝糯525	重庆市农业科学院	EX931×D518	四川、重庆、云南、贵州、湖南和湖北作鲜食糯玉米种植

（续表）

序号	审定编号	审定年度	玉米类型	品种名称	选（引）育单位（人）	品种来源	适宜种植范围
75	国审玉2013001	2013	普通玉米	明玉 19	葫芦岛市明玉种业有限责任公司	明 84 × 明 71	吉林、辽宁、山西中晚熟区、北京、天津、河北北部、内蒙古赤峰和通辽地区春播种植
76	国审玉2013002	2013	普通玉米	奥玉 3804	北京奥瑞金种业股份有限公司	OSL266 × 丹 598	北京、河北北部、山西中晚熟区、辽宁中晚熟区、吉林中晚熟区、内蒙古赤峰和通辽地区、陕西延安地区春播种植
77	国审玉2013003	2013	普通玉米	京科 665	北京市农林科学院玉米研究中心	京 725 × 京 92	北京、天津、河北北部、山西中晚熟区、辽宁中晚熟区（不含丹东）、吉林中晚熟区、内蒙古赤峰和通辽、陕西延安地区春播种植
78	国审玉2013004	2013	普通玉米	铁研 358	铁岭市农业科学院	铁 T0278 × 铁 T0403	吉林、辽宁、山西中晚熟区、北京、天津、河北北部、内蒙古赤峰和通辽地区、陕西延安地区春播种植
79	国审玉2013005	2013	普通玉米	潞玉 36	山西潞玉种业股份有限公司	LZM2-18 × LZF4	吉林、辽宁、山西中晚熟区、北京、天津、河北北部、内蒙古赤峰地区、陕西延安地区春播种植
80	国审玉2013006	2013	普通玉米	富尔 1 号	本溪满族自治县农业科学研究所	L201 × T166	辽宁东部山区，吉林中熟区，黑龙江第一积温带，内蒙古东部、中部中晚熟区种植
81	国审玉2013007	2013	普通玉米	黎乐 66	浚县丰黎种业有限公司	C28 × CH05	河南、山东、陕西关中灌区、江苏北部及山西南部夏播种植。粗缩病、瘤黑粉病高发区慎用
82	国审玉2013008	2013	普通玉米	蠡玉 86	石家庄蠡玉科技开发有限公司	L5895 × L5012	河南、山东、河北保定及以南地区、陕西关中灌区、江苏北部、安徽北部及山西南部夏播种植。粗缩病、瘤黑粉病高发区慎用。根据中华人民共和国农业部公告第 1877 号，该品种还适宜在吉林中晚熟区，天津，河北北部（唐山除外），内蒙古赤峰和通辽，山西中晚熟区（晋东南除外），陕西延安地区春播种植
83	国审玉2013009	2013	普通玉米	圣瑞 999	郑州圣瑞元农业科技开发有限公司	圣 68 × 圣 62	河北保定及以南地区、河南、山东、陕西关中灌区、江苏北部、安徽北部及山西南部夏播种植。粗缩病、瘤黑粉病高发区慎用
84	国审玉2013010	2013	普通玉米	三峡玉 9 号	重庆三峡农业科学院	XZ049-42 × XZ41P	重庆、湖南、湖北、广西、四川、云南和贵州的平坝丘陵低山区春播种植。小斑病、茎腐病高发区慎用
85	国审玉2013011	2013	普通玉米	极峰 30	河北极峰农业开发有限公司	QY-1 × Q2117	四川、重庆、湖南、贵州、广西、湖北（不含恩施）和云南（不含楚雄）的平坝丘陵低山区春播种植。茎腐病、穗腐病高发区慎用

（续表）

序号	审定编号	审定年度	玉米类型	品种名称	选（引）育单位（人）	品种来源	适宜种植范围
86	国审玉2013012	2013	普通玉米	金玉 506	贵州省旱粮研究所	S273×QB506	贵州、云南、湖北、广西、四川（不含绵阳）和重庆（不含万州）的平坝丘陵低山区春播种植
87	国审玉2013013	2013	普通玉米	陵玉 987	仁寿县陵州作物研究所	LSC107×LSC37	四川、重庆、云南、湖南、广西、湖北（不含十堰）、贵州（不含贵阳和铜仁）和陕西汉中地区的平坝丘陵低山区春播种植。穗腐病高发区慎用
88	国审玉2013014	2013	普通玉米	中梁 319	孙晓磊	S975-22×S799-1	黑龙江第四积温带，河北张家口及承德北部接坝冷凉区、吉林东部、内蒙古呼伦贝尔岭南及通辽市北部、宁夏南部极早熟区春播种植
89	国审玉2013015	2013	普通玉米	佳 518	围场满族蒙古族自治县佳禾种业有限公司	佳 2632×佳 788	黑龙江第四积温带、河北张家口及承德北部接坝冷凉区、吉林东部、内蒙古呼伦贝尔岭南及通辽市北部地区、宁夏南部（不含固原）极早熟玉米区春播种植
90	国审玉2013016	2013	普通玉米	屯玉 188	曹冬梅 徐英华 曹丕元	WFC2611×WFC96113	黑龙江第四积温带、内蒙古呼伦贝尔岭南及通辽市北部地区、吉林东部、河北张家口及承德北部接坝冷凉区、宁夏南部极早熟玉米区春播种植
91	国审玉2013017	2013	普通玉米	纪元 101	河北新纪元种业有限公司	廊系 -33×廊系 -1	北京、天津和河北唐山、廊坊、保定北部、沧州中北部夏玉米区种植。玉米螟高发区慎用
92	国审玉2013018	2013	普通玉米	MC220	北京市农林科学院玉米研究中心	京 X220×京 C632	北京、天津、河北唐山、廊坊、保定北部、沧州中北部夏玉米种植区种植。玉米螟高发区慎用
93	国审玉2012001	2012	普通玉米	龙作 1 号	黑龙江省农业科学院作物育种研究所	中 M-8×L237	辽宁东部山区，吉林中熟区（白城市除外），黑龙江第一积温带和内蒙古东部中熟区种植
94	国审玉2012002	2012	普通玉米	丹玉 606 号	丹东农业科学院	丹 1133×丹 37	辽宁东部山区，吉林通化市，黑龙江第一积温带和内蒙古东部中熟区种植
95	国审玉2012003	2012	普通玉米	京农科 728	北京农科院种业科技有限公司	京 MC01×京 2416	北京，天津和河北唐山、廊坊、沧州及保定北部地区夏播种植
96	国审玉2012004	2012	普通玉米	奥玉 3801	北京奥瑞金种业股份有限公司	OSL272×J24	北京，天津和河北唐山、廊坊、沧州及保定北部地区夏播种植
97	国审玉2012005	2012	普通玉米	蠡玉 86	石家庄蠡玉科技开发有限公司	L5895×L5012	吉林中晚熟区，天津，河北北部（唐山除外），内蒙古赤峰和通辽，山西中晚熟区（晋东南除外），陕西延安地区春播种植

（续表）

序号	审定编号	审定年度	玉米类型	品种名称	选（引）育单位（人）	品种来源	适宜种植范围
98	国审玉 2012006	2012	普通玉米	泽玉 709	长春市宏泽玉米研究中心	634150 × TM	吉林中晚熟区，天津，河北北部（唐山除外），内蒙古赤峰、通辽，陕西延安地区春播种植
99	国审玉 2012007	2012	普通玉米	农华 032	北京金色农华种业科技有限公司	7P402 × 良玉 S121	吉林中晚熟区，天津，河北北部（唐山除外），内蒙古赤峰和通辽，山西中晚熟区（晋东南除外），陕西延安地区春播种植
100	国审玉 2012008	2012	普通玉米	良玉 99 号	丹东登海良玉种业有限公司	M03 × M5972	天津，吉林长春、四平地区春播种植
101	国审玉 2012009	2012	普通玉米	美豫 5 号	河南省豫玉种业有限公司	758 × HC7	吉林中晚熟区、山西中晚熟区、内蒙古通辽和赤峰地区、陕西延安地区春播种植；河南、河北保定及以南地区、山东、陕西关中灌区、山西运城、江苏北部、安徽北部地区夏播种植
102	国审玉 2012010	2012	普通玉米	伟科 702	郑州伟科作物育种科技有限公司、河南金苑种业有限公司	WK858 × WK798-2	吉林晚熟区、山西中晚熟区、内蒙古通辽和赤峰地区、陕西延安地区、天津市春播种植；河南、河北保定及以南地区、山东、陕西关中灌区、江苏北部、安徽北部夏播种植；甘肃、宁夏、新疆、陕西榆林、内蒙古西部春播种植
103	国审玉 2012011	2012	普通玉米	五谷 704	甘肃五谷种业有限公司	6320 × WG5603	甘肃、宁夏、新疆、陕西榆林、内蒙古西部地区春播种植
104	国审玉 2012012	2012	普通玉米	同玉 11	四川省云川种业有限公司	S17 × S52	四川、重庆、云南、湖南、湖北、贵州、广西和陕西汉中地区的平坝丘陵低山区春播种植
105	国审玉 2012013	2012	普通玉米	帮豪玉 108	恩施土家族苗族自治州农业技术推广中心	8865 × 281H	四川、重庆、云南、贵州、湖北、湖南（长沙市除外）、广西（南宁市除外）和陕西汉中市平坝丘陵低山区春播种植
106	国审玉 2012014	2012	普通玉米	苏玉 36	江苏省农业科学院粮食作物研究所	苏 95-1 × JS06766	江苏中南部、江西、福建及广东省春播种植
107	国审玉 2012015	2012	普通玉米	鲁单 9088	山东省农业科学院玉米研究所	lx088 × lx03-2	江苏中南部、安徽南部、浙江、江西、福建、广东玉米区种植
108	国审玉 2012016	2012	糯质玉米	山农糯 168	山东农业大学	SN375 × SN373	吉林、辽宁中晚熟区，河北北部，山西晋东南地区，内蒙古呼和浩特市及新疆中部鲜食糯玉米区春播种植
109	国审玉 2012017	2012	糯质玉米	渝糯 930	重庆市农业科学院	Y407 × DN830	江苏中南部，浙江，福建，广东，广西，江西，安徽中南部鲜食糯玉米区种植

（续表）

序号	审定编号	审定年度	玉米类型	品种名称	选（引）育单位（人）	品种来源	适宜种植范围
110	国审玉2012018	2012	糯质玉米	苏玉糯901	江苏沿江地区农业科学研究所	W935 × W8	江苏中南部、安徽中南部、浙江、江西、福建、广东、广西、海南糯玉米春播区种植
111	国审玉2012019	2012	甜质玉米	斯达204	北京中农斯达农业科技开发有限公司	S24A2 × D13B1	北京、河北北部、内蒙古中东部、辽宁中晚熟区、吉林中晚熟区、黑龙江第一积温带、山西中熟区、新疆中部甜玉米春播区种植。天津、河南、山东、陕西、江苏北部、安徽北部作鲜食甜玉米品种夏播种植
112	国审玉2012020	2012	甜质玉米	荣玉甜1号	四川农业大学玉米研究所	SH008 × SH013	湖南、湖北（武汉除外）、重庆、四川、贵州、云南甜玉米区春播种植。
113	国审玉2011001	2011	普通玉米	辽禾6	大连盛世种业有限公司	SD7928 × SD8738	辽宁东部山区、吉林中熟区、黑龙江第一积温带和内蒙古中东部（通辽除外）中熟区春播种植
114	国审玉2011002	2011	普通玉米	吉东49号	吉林省吉东种业有限责任公司	XF × D22	辽宁东部山区、吉林中熟区、黑龙江第一积温带（双城除外）和内蒙古中东部（通辽除外）中熟区春播种植
115	国审玉2011003	2011	普通玉米	华农18	北京华农伟业种子科技有限公司、北京市农林科学院玉米研究中心	M6 × 京68	辽宁东部山区、吉林中熟区、黑龙江第一积温带和内蒙古中东部中熟区春播种植，还适宜在北京、天津和河北的保定北部、廊坊地区夏播种植
116	国审玉2011004	2011	普通玉米	金山27号	通辽金山种业科技有限责任公司	金自L610 × 昌7-2	天津、山西中晚熟区、辽宁中晚熟区、吉林中晚熟区、内蒙古赤峰和通辽、陕西延安和河北承德、张家口、唐山地区春播种植。丝黑穗病、弯孢菌叶斑病和茎腐病高发区慎用
117	国审玉2011005	2011	普通玉米	良玉208	丹东登海良玉种业有限公司	M01 × S122	天津、山西中晚熟区、内蒙古赤峰、辽宁中晚熟区、吉林中晚熟区（九台除外）、陕西延安、河北张家口和唐山地区春播种植
118	国审玉2011006	2011	普通玉米	东裕108	沈阳东玉种业有限公司	P2237 × K3841	天津、河北承德和唐山、山西中晚熟区、内蒙古赤峰、辽宁中晚熟区、吉林中晚熟区和陕西延安地区春播种植
119	国审玉2011007	2011	普通玉米	京科968	北京市农林科学院玉米研究中心	京724 × 京92	北京、天津、山西中晚熟区、内蒙古赤峰和通辽、辽宁中晚熟区（丹东除外）、吉林中晚熟区、陕西延安和河北承德、张家口、唐山地区春播种植
120	国审玉2011008	2011	普通玉米	佳禾158	围场满族蒙古族自治县佳禾种业有限公司	LD140 × LD975	河北承德北部接坝冷凉区、吉林敦化、宁夏固原、新疆喀什极早熟玉米区春播种植

（续表）

序号	审定编号	审定年度	玉米类型	品种名称	选（引）育单位（人）	品种来源	适宜种植范围
121	国审玉2011009	2011	普通玉米	登海6702	山东登海种业股份有限公司	DH558×昌7-2	山东、河北保定及以南地区、河南（平顶山和周口除外）、陕西关中灌区（咸阳除外）、安徽北部、江苏北部、山西运城地区夏播种植
122	国审玉2011010	2011	普通玉米	德利农988	德州市德农种子有限公司	万73-1×明518	山东、河南（郑州和周口除外）、河北保定及以南地区（石家庄除外）、江苏北部、陕西关中灌区夏播种植
123	国审玉2011011	2011	普通玉米	中单909	中国农业科学院作物科学研究所	郑58×HD568	河南、河北保定及以南地区、山东（滨州除外）、陕西关中灌区、山西运城、江苏北部、安徽北部（淮北市除外）夏播种植
124	国审玉2011012	2011	普通玉米	浚单29	浚县农业科学研究所	浚313×浚66	河南（南阳和周口除外）、河北保定及以南地区（石家庄除外）、山东（枣庄除外）、陕西咸阳、山西运城、江苏北部、安徽阜阳地区夏播种植
125	国审玉2011013	2011	普通玉米	屯玉808	天津科润津丰种业有限责任公司	T88×T172	河南、河北保定及以南地区（石家庄除外）、山东（烟台除外）、陕西关中灌区、山西运城地区夏播种植
126	国审玉2011014	2011	普通玉米	甘鑫128号	武威市农业科学研究院	4185×7311	甘肃张掖和白银、宁夏、新疆、陕西榆林、内蒙古巴彦淖尔地区春播种植
127	国审玉2011015	2011	普通玉米	沈玉33号	沈阳市农业科学院	沈3336×沈3117	甘肃、宁夏、新疆（昌吉除外）、陕西榆林、内蒙古鄂尔多斯和巴彦淖尔地区春播种植
128	国审玉2011016	2011	普通玉米	源育16	石家庄蠡玉科技开发有限公司	Y9137×811-816-9-6	四川、重庆、湖南、湖北恩施和十堰、贵州（黔西南州除外）、广西（河池除外）的平坝丘陵和低山区春播种植
129	国审玉2011017	2011	普通玉米	三北89	三北种业有限公司	D21×A919	贵州、湖南、湖北宜昌和十堰、四川（绵阳除外）、广西（河池除外）的平坝丘陵和低山区春播种植
130	国审玉2011018	2011	普通玉米	荃玉9号	四川省农业科学院作物研究所	Y3052×18-599	重庆、湖南、四川（雅安除外）、贵州（铜仁除外）、陕西汉中地区的平坝丘陵和低山区春播种植
131	国审玉2011019	2011	普通玉米	天玉3000	云南隆瑞种业有限公司	YL051×910-1	云南、贵州、重庆、湖南、四川（绵阳除外）、广西（河池除外）、陕西汉中地区的平坝丘陵及低山区春播种植
132	国审玉2011020	2011	普通玉米	川单189	四川农业大学玉米研究所	SCML203×SCML1950	四川、贵州（毕节除外）、云南（曲靖除外）的平坝丘陵和低山区春播种植
133	国审玉2011021	2011	普通玉米	福单2号	湖南省永顺县旱粮研究所	E538×165	四川、重庆、湖南、贵州、云南、广西（河池除外）、陕西汉中地区的平坝丘陵和低山区春播种植

（续表）

序号	审定编号	审定年度	玉米类型	品种名称	选（引）育单位（人）	品种来源	适宜种植范围
134	国审玉2011022	2011	普通玉米	苏玉 30	江苏沿江地区农业科学研究所	HL40 × YJ7	江苏中南部、安徽南部、江西、福建、广东、浙江春播种植
135	国审玉2011023	2011	糯质玉米	禾盛糯1512	湖北省种子集团有限公司	HBN558 × EN6587	北京、河北保定及以南地区、河南、山东中部和东部、安徽北部、陕西关中灌区作鲜食糯玉米夏播种植
136	国审玉2011024	2011	糯质玉米	长糯 6 号	重庆中一种业有限公司	YW2 × S349-6	重庆、贵州、湖南、四川（绵阳除外）、湖北（武汉除外）作鲜食糯玉米春播种植
137	国审玉2011025	2011	糯质玉米	渝糯 851	重庆市农业科学院	N805 × S181	四川、重庆、贵州、云南、湖南、福建、广东、广西、海南、江西、浙江（金华除外）、湖北（武汉除外）、江苏中南部（南通除外）、安徽南部作鲜食糯玉米春播种植
138	国审玉2010001	2010	普通玉米	华农 18	北京华农伟业种子科技有限公司、北京市农林科学院玉米研究中心	M6 × 京 68	北京、天津和河北的保定北部、廊坊地区夏播种植
139	国审玉2010002	2010	普通玉米	浚研 18	浚县丰黎种业有限公司	W4722 × FL209	北京、天津和河北的保定北部、廊坊地区夏播种植
140	国审玉2010003	2010	普通玉米	京单 68	北京市农林科学院玉米研究中心	CH8 × 京 2416	北京、天津和河北的唐山、廊坊、保定北部、沧州北部夏播种植
141	国审玉2010004	2010	普通玉米	京单 58	北京市农林科学院玉米研究中心	CH3 × 京 2416	北京、天津和河北的廊坊、沧州北部、保定北部夏播种植
142	国审玉2010005	2010	普通玉米	盛单 219	大连盛世种业有限公司	SD116 × SD93	辽宁中晚熟区、吉林晚熟区、北京、天津、河北张家口坝下、山西中晚熟区、内蒙古通辽和赤峰地区、陕西延安地区春播种植
143	国审玉2010006	2010	普通玉米	良玉 188	丹东登海良玉种业有限公司	M60 × S121	辽宁中晚熟区、吉林四平晚熟区、河北张家口坝下、山西中晚熟区、内蒙古赤峰地区春播种植
144	国审玉2010007	2010	普通玉米	伟科 606	郑州市伟科农作物育种技术研究所	WK7 × WK8	河北北部、北京、天津、山西中晚熟区、吉林晚熟区、辽宁中晚熟区、内蒙古赤峰地区春播种植
145	国审玉2010008	2010	普通玉米	农华 101	北京金色农华种业科技有限公司	NH60 × S121	北京、天津、河北北部、山西中晚熟区、辽宁中晚熟区、吉林晚熟区、内蒙古赤峰地区、陕西延安地区春播种植，山东、河南（不含驻马店）、河北中南部、陕西关中灌区、安徽北部、山西运城地区夏播种植
146	国审玉2010009	2010	普通玉米	登海 605	山东登海种业股份有限公司	DH351 × DH382	山东、河南、河北中南部、安徽北部、山西运城地区夏播种植

（续表）

序号	审定编号	审定年度	玉米类型	品种名称	选（引）育单位（人）	品种来源	适宜种植范围
147	国审玉2010010	2010	普通玉米	蠡玉 37	石家庄蠡玉科技开发有限公司	L5895 × L292	河北中南部、山东、河南、陕西关中灌区、江苏北部、安徽北部、山西运城地区夏播种植
148	国审玉2010011	2010	普通玉米	金湘 369	怀化金亿种业有限公司	Y012 × T398	四川雅安、湖北、重庆、广西、贵州、湖南、云南、陕西汉中和安康地区的平坝丘陵和低山区春播种植
149	国审玉2010012	2010	普通玉米	三峡玉3号	重庆三峡农业科学院	XZ96112 × XZ-215	重庆、四川、湖北、云南、贵州、广西、陕西汉中和安康地区的平坝丘陵和低山区春播种植
150	国审玉2010013	2010	普通玉米	黔单 24	贵州省旱粮研究所	1061 × 947	贵州（不含遵义和铜仁）、云南、四川（不含雅安）、湖北、陕西汉中和安康地区的平坝丘陵和低山区春播种植
151	国审玉2010014	2010	普通玉米	天玉 168	成都天府农作物研究所	TF02-42 × TF02-13	四川（不含雅安）、云南、贵州、湖北、湖南、重庆、陕西汉中和安康地区的平坝丘陵和低山区春播种植
152	国审玉2010015	2010	普通玉米	华鸿 898	吉林省王义种业有限责任公司	428 × 861	河北承德北部接坝冷凉区、吉林极早熟区、黑龙江第四积温带下限、内蒙古呼伦贝尔岭南地区、陕西西部冷凉地区、甘肃陇南、新疆喀什和宁夏固原极早熟玉米区春播种植
153	国审玉2010016	2010	普通玉米	苏玉 29	江苏省农业科学院粮食作物研究所	苏 95-1 × JS0451	江苏中南部、安徽南部、江西、福建春播种植
154	国审玉2010017	2010	糯质玉米	桂糯 518	广西壮族自治区玉米研究所	DW613 × YL611	广西、广东、福建、江西、海南、江苏中南部、安徽南部作鲜食糯玉米春播种植
155	国审玉2010018	2010	糯质玉米	苏玉糯639	江苏沿江地区农业科学研究所	T585 × T618	江苏中南部、上海、浙江、江西、福建、广东、广西、海南作鲜食糯玉米春播种植
156	国审玉2010019	2010	糯质玉米	渝糯 3000	重庆市农业科学院	A505 × S181	重庆、四川宜宾、云南、贵州、湖北作鲜食糯玉米春播种植
157	国审玉2010020	2010	糯质玉米	渝科糯1号	重庆市农业科学院	B4301 × S181	重庆、四川、贵州、云南、湖北、湖南作鲜食糯玉米春播种植
158	国审玉2010021	2010	甜质玉米	粤甜 13 号	广东省农业科学院作物研究所	日超 -1 × C5	湖北、湖南、四川绵阳、重庆、云南、贵州贵阳作鲜食甜玉米春播种植
159	国审玉2010022	2010	甜质玉米	粤甜 16 号	广东省农业科学院作物研究所	华珍 -3 × C5	湖北、四川、重庆、贵州遵义、广西、广东、安徽南部、浙江、江苏中南部、上海、福建作鲜食甜玉米春播种植
160	国审玉2010023	2010	甜质玉米	金玉甜1号	温州市农业科学研究院	152 × 113	四川、重庆、云南、贵州作鲜食甜玉米春播种植

（续表）

序号	审定编号	审定年度	玉米类型	品种名称	选（引）育单位（人）	品种来源	适宜种植范围
161	国审玉2010024	2010	甜质玉米	浙甜 2088	浙江勿忘农种业股份有限公司	P 杂选 311 × 大 28-2	湖北、四川、重庆、贵州作鲜食甜玉米春播种植
162	国审玉2009001	2009	普通玉米	京科 389	北京市农林科学院玉米研究中心	MC03 × 京 2416	北京、天津和河北保定北部、沧州中北部及廊坊、唐山玉米区夏播种植
163	国审玉2009002	2009	普通玉米	元华 116	个人：曹丕元 徐英华	WFC0142 × WFC0296	河北承德北部接坝冷凉区、黑龙江第四积温带东部、内蒙古赤峰、陕西延安、新疆喀什和宁夏固原的极早熟春玉米区种植
164	国审玉2009003	2009	普通玉米	雷奥 150	沈阳市雷奥玉米研究所	9714 × z3-87	辽宁东部山区、吉林中熟区、黑龙江第一积温带上限、内蒙古赤峰春播种植
165	国审玉2009004	2009	普通玉米	宏育 203	吉林市宏业种子有限公司	L201 × Y08	吉林中熟区、辽宁东部山区、黑龙江第一积温带上限（肇东除外）、内蒙古呼和浩特和赤峰春播种植
166	国审玉2009005	2009	普通玉米	宽诚 60	河北省宽城种业有限责任公司	海 34 × k404	河北北部（唐山除外）、北京、天津、山西中晚熟区、辽宁（铁岭和丹东除外）、内蒙古赤峰春播种植
167	国审玉2009006	2009	普通玉米	承玉 358	承德裕丰种业有限公司	承系 72 × 承系 52	河北北部春播区（唐山除外）、吉林东部中晚熟区、北京、山西中晚熟区（太原、长治除外）、辽宁（丹东、鞍山除外）、内蒙古赤峰和陕西延安春播种植
168	国审玉2009007	2009	普通玉米	铁研 124	铁岭市农业科学院	铁 98131 × 铁 0203-1	辽宁（丹东除外）、吉林晚熟区、北京、天津、河北（唐山除外）、山西中晚熟区、内蒙古通辽和赤峰、陕西延安春播种植
169	国审玉2009008	2009	普通玉米	中农大 4 号	中国农业大学	D340 × HZ127B	天津、山西中晚熟区、辽宁（丹东除外）、吉林长春中晚熟区、河北张家口和秦皇岛春播种植
170	国审玉2009009	2009	普通玉米	中地 77 号	中地种业（集团）有限公司	HF352 × HF295	北京、吉林中晚熟区、辽宁（丹东除外）、河北北部（承德除外）、山西中晚熟区、甘肃、宁夏、新疆、陕西延安和榆林、内蒙古的赤峰、鄂尔多斯和巴彦淖尔春播种植
171	国审玉2009010	2009	普通玉米	登海 662	山东登海种业股份有限公司	DH371 × DH382	山东、河北中南部、山西运城、河南（周口除外）、江苏北部、安徽北部夏播种植
172	国审玉2009011	2009	普通玉米	嘉农 18	葫芦岛市农业新品种科技开发有限公司	2511A × P02	湖南、湖北、贵州和重庆的武陵山区春播种植
173	国审玉2009012	2009	普通玉米	登海 3769	山东登海种业股份有限公司	DH19 × 武 62	福建、浙江、江西、广东以及江苏、安徽两省的淮河以南地区春播种植

（续表）

序号	审定编号	审定年度	玉米类型	品种名称	选（引）育单位（人）	品种来源	适宜种植范围
174	国审玉2009013	2009	糯质玉米	莱农糯10号	青岛农业大学	LN478-6×LN21-10	山东（烟台除外）、北京、天津、河北、河南作鲜食糯玉米品种夏播种植
175	国审玉2009014	2009	青贮玉米	雅玉青贮79491	四川雅玉科技开发有限公司	YA7947×LX9801	宁夏中部、新疆北部（昌吉除外）作专用青贮玉米品种春播种植
176	国审玉2008001	2008	普通玉米	京玉16	北京市农林科学院玉米研究中心	京89×京572	北京、天津两市，河北的唐山、廊坊、保定北部、沧州中北部夏玉米种植区种植
177	国审玉2008002	2008	普通玉米	吉农大578	吉林农大科茂种业有限责任公司	KM36×KM27	辽宁东部山区、吉林中熟区、黑龙江第一积温带下限、内蒙古赤峰种植
178	国审玉2008003	2008	普通玉米	宁玉525	南京春曦种子研究中心	宁晨62×宁晨39	辽宁东部山区、吉林中熟区（榆树除外）、黑龙江第一积温带上限、内蒙古赤峰和通辽种植
179	国审玉2008004	2008	普通玉米	三北338	三北种业有限公司	北802×R479	河北北部（唐山除外）、山西中晚熟区、辽宁中晚熟区（沈阳和铁岭除外）、吉林中晚熟区、陕西延安地区春播种植
180	国审玉2008005	2008	普通玉米	吉单88	吉林省农业科学院玉米研究所	吉046×丹598	吉林中晚熟区、北京、天津、河北北部、山西中晚熟区、辽宁和陕西延安地区春播种植
181	国审玉2008006	2008	普通玉米	齐单6号	山东鑫丰种业有限公司	SX053×SX2	北京、天津、河北北部、山西、辽宁锦州和大连、吉林晚熟区、内蒙古赤峰、陕西延安地区春播和四川、重庆、贵州（遵义除外）、云南、湖南、湖北恩施的平坝丘陵和低山区种植
182	国审玉2008007	2008/2007	普通玉米	天泰33	山东天泰种业有限公司	PC58×PC68	北京、天津、河北北部（唐山除外）、辽宁、吉林晚熟区、陕西延安地区春播种植
183	国审玉2008008	2008	普通玉米	辽单527	辽宁省农业科学院玉米研究所	辽7980×丹598	辽宁、河北北部、山西、吉林晚熟区（四平除外）、陕西延安地区春播种植。根据《中华人民共和国农业部公告》第928号，该品种（审定编号：国审玉2007010）还适宜在贵州、湖北、云南、四川、重庆、广西的平坝丘陵和低山区种植
184	国审玉2008009	2008	普通玉米	沈玉26号	沈阳市农业科学院	S3152×S5137	辽宁（丹东除外）、吉林晚熟区、河北北部、山西、陕西延安地区春播种植
185	国审玉2008010	2008	普通玉米	振杰1号	聊城市华丰玉米育种研究所	聊112×Lx9801	山东、河北中南部、河南、山西运城地区、陕西关中、江苏北部夏播区种植

（续表）

序号	审定编号	审定年度	玉米类型	品种名称	选（引）育单位（人）	品种来源	适宜种植范围
186	国审玉2008011	2008	普通玉米	农乐 988	新乡市种子公司	NL278 × NL167	河南、河北中南部、山东、山西运城地区、陕西关中、江苏北部、安徽北部夏播区种植
187	国审玉2008012	2008	普通玉米	联创 5 号	河南科泰种业有限公司	CT07 × Lx9801	河南、河北中南部（沧州除外）、山东、山西运城地区、陕西关中、江苏北部夏玉米区种植
188	国审玉2008013	2008	普通玉米	渝单 19 号	重庆市农业科学院	8954 × 交 51	重庆、四川、湖南、云南、贵州（毕节和贵阳除外）的平坝丘陵和低山区种植
189	国审玉2008014	2008	普通玉米	北玉 16 号	沈阳北玉种子科技有限公司	BY022 × BY021–2	重庆、湖南、云南、贵州的平坝丘陵和低山区种植
190	国审玉2008015	2008	普通玉米	隆玉 68	石家庄珏玉玉米研究所	珏 9019 × 节水 1	湖北（十堰除外）、湖南、贵州、四川、云南（大理除外）、广西的丘陵山区和低海拔地区种植
191	国审玉2008016	2008	普通玉米	金农 718	北京金农科种子科技有限公司	JN29 × M16	湖南、湖北、重庆、云南、贵州、广西的丘陵山区和低海拔地区种植
192	国审玉2008017	2008	普通玉米	东白 501	辽宁东亚种业有限公司	F12 × K0325	湖北、湖南、贵州和重庆的武陵山区种植
193	国审玉2008018	2008	青贮玉米	桂青贮1 号	广西壮族自治区玉米研究所	农大 108 × CML161	宁夏中部、新疆北部、内蒙古呼和浩特春播区作专用青贮玉米品种种植
194	国审玉2008019	2008	青贮玉米	雅玉青贮04889	四川雅玉科技开发有限公司	YA047 × YA8201	四川、上海、浙江、福建、广东作专用青贮玉米品种种植
195	国审玉2008020	2008	青贮玉米	铁研青贮458	铁岭市农业科学院	铁 7922 × 丹 9195	新疆北部、内蒙古呼和浩特春播区作专用青贮玉米品种种植
196	国审玉2008021	2008	青贮玉米	津青贮0603	天津市农作物研究所	340G × NDX	宁夏中部、新疆北部、内蒙古呼和浩特春播区作专用青贮玉米品种种植
197	国审玉2008022	2008	青贮玉米	豫青贮 23	河南省大京九种业有限公司	9383 × 115	北京、天津武清、河北北部（张家口除外）、辽宁东部、吉林中南部和黑龙江第一积温带春播区作专用青贮玉米品种种植
198	国审玉2008023	2008	甜质玉米	万甜 1826	河北省万全县华穗特用玉米种业有限责任公司	SW44 × SW45	河北北部、北京、山西东南部、辽宁中部、吉林中部、黑龙江第一积温带、内蒙古呼和浩特和赤峰、新疆中部春播区作鲜食甜玉米品种种植
199	国审玉2008024	2008	糯质玉米	吉农糯7 号	吉林省农业科学院玉米研究所	JNX6 × JNX22	吉林中部、北京、辽宁中部、黑龙江第一积温带、内蒙古呼和浩特、河北北部、山西东南部和新疆中部春播区作鲜食糯玉米品种种植
200	国审玉2008025	2008	糯质玉米	宿糯 1 号	宿州市农业科学研究所	SN21 × SN22	安徽北部、北京、天津、河北中南部、山东中部和东部、河南、陕西关中夏播区作鲜食糯玉米品种种植

（续表）

序号	审定编号	审定年度	玉米类型	品种名称	选（引）育单位（人）	品种来源	适宜种植范围
201	国审玉2008026	2008	糯质玉米	苏玉糯638	江苏沿江地区农业科学研究所	T36×T2	江苏南部、安徽南部、浙江、江西、福建、广东、广西、海南作鲜食糯玉米品种种植
202	国审玉2008027	2008	糯质玉米	苏玉糯14	江苏沿江地区农业科学研究所	W5×W68	江苏南部、安徽南部、上海、浙江、江西、福建、广东、广西、海南作鲜食糯玉米品种种植
203	国审玉2008028	2008	糯质玉米	苏科花糯2008	江苏省农业科学院粮食作物研究所	JS0581×JS0582	江苏南部、安徽南部、上海、浙江、江西、福建、广东、广西、海南作鲜食糯玉米品种种植
204	国审玉2008029	2008	糯质玉米，甜质玉米	鲜玉糯2号	海南省农业科学院粮食作物研究所	CD75-4Y51	海南、江苏南部、安徽南部、上海、浙江、江西、广东、广西、福建作鲜食糯玉米品种种植
205	国审玉2007001	2007	普通玉米	京单28	北京市农林科学院玉米研究中心	郑58×京024	北京、天津两市，河北省的唐山、廊坊、保定北部、沧州中北部夏玉米种植区种植
206	国审玉2007002	2007	普通玉米	利合16	山西利马格兰特种谷物研发有限公司	CKEXI13×LPMD72	黑龙江第四积温带、吉林东部极早熟地区、河北承德市北部接坝冷凉区、陕西延安地区、甘肃陇南地区、新疆喀什地区、内蒙古通辽北部和宁夏固原极早熟玉米区种植
207	国审玉2007003	2007	普通玉米	吉农大115	吉林农大科茂种业有限责任公司	KM36×KM12	辽宁东部山区、吉林中熟区、黑龙江第一积温带（双城市除外）、内蒙古赤峰和通辽地区种植
208	国审玉2007004	2007	普通玉米	吉东16号	吉林省吉东种业有限责任公司	四287×D22	辽宁东部山区、吉林中熟区、黑龙江第一积温带（双城市除外）、内蒙古赤峰和通辽地区种植
209	国审玉2007005	2007	普通玉米	吉东28号	吉林省吉东种业有限责任公司	KX×D22	辽宁东部山区、吉林中熟区、黑龙江第一积温带、内蒙古赤峰和通辽地区种植
210	国审玉2007006	2007	普通玉米	雷奥1号	沈阳市雷奥玉米研究所	L4005×吉853	辽宁东部山区、吉林中熟区、黑龙江第一积温带、内蒙古赤峰地区种植
211	国审玉2007007	2007	普通玉米	泽玉17号	沈阳市雷奥玉米研究所	L0745×吉853	辽宁东部山区、吉林中熟区、黑龙江第一积温带、内蒙古赤峰地区种植
212	国审玉2007008	2007	普通玉米	佳尔336	吉林省王义种业有限责任公司	E221×吉853	辽宁东部山区、吉林中熟区、黑龙江第一积温带、内蒙古赤峰和通辽地区种植
213	国审玉2007009	2007	普通玉米	德单8号	北京德农种业有限公司	D657×D658	辽宁东部山区、吉林中熟区、黑龙江第一积温带、内蒙古赤峰和通辽地区春播种植
214	国审玉2007010	2007	普通玉米	辽单527	辽宁省农业科学院玉米研究所	辽7980×丹598	贵州、湖北、云南、四川、重庆、广西的平坝丘陵和低山区种植

（续表）

序号	审定编号	审定年度	玉米类型	品种名称	选（引）育单位（人）	品种来源	适宜种植范围
215	国审玉2007011	2007	普通玉米	海禾 17	辽宁海禾种业有限公司	LS02 × L12	北京、天津、河北北部、山西、辽宁（辽南地区除外）、吉林晚熟区春播种植
216	国审玉2007012	2007	普通玉米	宁玉 309	南京春曦种子研究中心	宁晨 20 × 宁晨 07	北京、天津、河北北部、山西忻定盆地、辽宁（辽南地区除外）、吉林晚熟区春播种植
217	国审玉2007013	2007	普通玉米	齐单 1 号	山东鑫丰种业有限公司	XF0138 × SX211	天津、河北北部、山西、辽宁、吉林晚熟区、内蒙古赤峰地区、陕西延安地区春播和四川（雅安地区除外）、重庆、贵州、云南、广西、湖南、湖北的平坝丘陵和低山区种植
218	国审玉2007014	2007	普通玉米	丹玉 96 号	丹东农业科学院	丹 6263 × 丹 99 长	辽宁中部和南部、吉林晚熟区、河北北部、山西（汾阳地区除外）、内蒙古赤峰地区、陕西延安地区春播种植
219	国审玉2007015	2007	普通玉米	中迪 985	辽宁丹铁种业科技有限公司	A139 × T28	辽宁、吉林晚熟区、河北北部、天津、山西、内蒙古赤峰地区、陕西延安地区春播种植
220	国审玉2007016	2007	普通玉米	东单 80 号	辽宁东亚种业有限公司	C260 × C168	辽宁、吉林晚熟区、北京、天津、河北北部、山西春播和云南、贵州、四川、重庆、湖南、湖北、广西的平坝丘陵和低山区种植
221	国审玉2007017	2007	普通玉米	明玉 2 号	葫芦岛市龙湾新区明育玉米科研所	海 9818 × 明 2325	辽宁中西部、吉林晚熟区、天津、河北北部、山西春播区种植
222	国审玉2007018	2007	普通玉米	利民 3 号	松原市利民种业有限责任公司	M286 × M251	吉林晚熟区、天津、河北北部、山西、陕西延安地区春播种植
223	国审玉2007019	2007	普通玉米	东 315	四川省农业科学院作物研究所、四川农业大学玉米研究所	Y731 × 18-599	四川、重庆、贵州遵义地区、湖南、湖北、云南、广西的平坝丘陵和低山区种植
224	国审玉2007020	2007	普通玉米	川单 418	四川农业大学玉米研究所	SCML202 × 金黄 96B	四川、重庆、贵州、湖南、云南的平坝丘陵和低山区种植
225	国审玉2007021	2007	普通玉米	禾玉 9566	北京中农三禾农业科技有限公司	F36 × F66	四川、重庆、贵州、湖南、湖北、云南、广西的平坝丘陵和低山区种植
226	国审玉2007022	2007	普通玉米	三北 11	三北种业有限公司	S0127 × B0122	四川、重庆、贵州、湖南、湖北、云南的平坝丘陵和低山区种植
227	国审玉2007023	2007	普通玉米	强盛 11 号	山西强盛种业有限公司	大 913 × B4	贵州、湖南、云南的平坝丘陵和低山区种植
228	国审玉2007024	2007	普通玉米	奥玉 28	德农正成种业有限公司	PS098 × PS051	四川中南部、重庆、云南、湖南、贵州、广西的平坝丘陵和低山区种植

（续表）

序号	审定编号	审定年度	玉米类型	品种名称	选（引）育单位（人）	品种来源	适宜种植范围
229	国审玉2007025	2007	普通玉米	临奥 9 号	庞良玉	PS098 × PS056	四川、重庆、云南、湖南、湖北、贵州遵义地区、广西的平坝丘陵和低山区种植
230	国审玉2007026	2007	青贮玉米	强盛青贮30	山西强盛种业有限公司	3319 × 抗 F	北京、天津、河北北部、辽宁东部、吉林中南部、黑龙江第一积温带、内蒙古呼和浩特、山西北部、新疆北部、宁夏中部春玉米区作专用青贮玉米品种种植
231	国审玉2007027	2007	青贮玉米	登海青贮3571	山东登海种业股份有限公司	DH117 × DH08	北京、天津、河北北部、山西中部、吉林中南部、辽宁东部、宁夏中部、新疆北部、内蒙古呼和浩特春播区作专用青贮玉米品种种植
232	国审玉2007028	2007	青贮玉米	金刚青贮50	辽阳金刚种业有限公司	2104-1-6 × 9965	内蒙古呼和浩特、宁夏中部、新疆北部春播区作专用青贮玉米品种种植
233	国审玉2007029	2007	青贮玉米	京科青贮516	北京市农林科学院玉米研究中心	MC0303 × MC30	北京、天津、河北北部、辽宁东部、吉林中南部、黑龙江第一积温带、内蒙古呼和浩特、山西北部春播区作专用青贮玉米品种种植
234	国审玉2007030	2007	青贮玉米	辽单青贮178	辽宁省农业科学院玉米研究所	辽 2379 × 辽 4285	浙江、广东北部、福建北部、四川简阳和眉山地区作专用青贮玉米品种种植
235	国审玉2007031	2007	青贮玉米	锦玉青贮28	锦州农业科学院玉米研究所	J4019 × J2451	北京平原地区、天津、河北北部、山西中部、辽宁东部、吉林中南部、黑龙江省第一积温带、内蒙古呼和浩特春播区作专用青贮玉米品种种植
236	国审玉2007032	2007	甜质玉米	金甜 688	北京金农科种子科技有限公司	MU11-13 × H9122-5	山东、河南、河北中南部、陕西、安徽北部夏玉米区和四川、重庆、湖南、湖北、云南、贵州作鲜食甜玉米品种种植
237	国审玉2007033	2007	甜质玉米	粤甜 11 号	广东省农业科学院作物研究所	1022 × C4	广东、广西、浙江、江苏、上海、福建作鲜食甜玉米品种种植
238	国审玉2007034	2007	糯质玉米	金糯 628	北京金农科种子科技有限公司	H9120-w × M28-T	北京、天津、河北、山西中南部、辽宁中部、吉林中南部、黑龙江第一积温带、新疆石河子春播区和山东、河南、陕西关中、安徽北部夏播区作鲜食糯玉米品种种植
239	国审玉2007035	2007	糯质玉米	周糯 1 号	河南省周口市农业科学院	ZN214 × ZN11	北京、天津、河北中南部、山东、河南、陕西关中、安徽北部夏播区作鲜食糯玉米品种种植
240	国审玉2007036	2007	糯质玉米	郑黄糯 2 号	河南省农业科学院粮食作物研究所	郑黄糯 03 × 郑黄糯 04	北京、天津、河北中南部、山东、河南、陕西关中、安徽北部夏播区作鲜食糯玉米品种种植

（续表）

序号	审定编号	审定年度	玉米类型	品种名称	选（引）育单位（人）	品种来源	适宜种植范围
241	国审玉2006001	2006	普通玉米	京科 308	北京市农林科学院玉米研究中心	JN15 × J24-2	北京、天津和河北（唐山、廊坊、保定北部、沧州中北部）唐抗 5 号品种种植区种植
242	国审玉2006002	2006	普通玉米	农华 98	北京金色农华种业科技有限公司	YF01 × YF02	辽宁东部山区、吉林东部中晚熟区、黑龙江第一积温带上限、内蒙古赤峰地区四单 19 品种种植区春播种植
243	国审玉2006003	2006	普通玉米	兴垦 10 号	内蒙古丰垦种业有限责任公司	兴垦自 101-1 × 兴垦自矮 34	黑龙江第四积温带克单 9 号种植区、吉林东部山区有效积温 2200℃左右的地区、河北承德市北部接坝冷温区、内蒙古东部有效积温在 1 900~2 200℃的地区和宁夏固原地区极早熟玉米区种植
244	国审玉2006004	2006	普通玉米	长城 315	中种集团承德长城种子有限公司	北 711 × M8349-1	黑龙江第四积温带克单 9 号种植区、吉林东部山区有效积温 2 200℃左右的地区、河北承德市北部接坝冷温区、内蒙古东部有效积温在 1 900~2 200℃的地区和宁夏固原地区、新疆南部极早熟玉米区种植
245	国审玉2006005	2006	普通玉米	长城 1142	中种集团承德长城种子有限公司	V14 × 489	黑龙江第四积温带克单 9 号种植区、吉林东部山区有效积温 2200℃左右的地区、内蒙古东部有效积温在 1 900~2 200℃的地区和宁夏固原地区种植
246	国审玉2006006	2006	普通玉米	承玉 20	河北承德裕丰种业有限公司	承系 53 × 承系 60	辽宁东部山区、吉林东部中晚熟区、黑龙江第一积温带上限和内蒙古赤峰地区本玉 9 号品种种植区域种植
247	国审玉2006007	2006	普通玉米	万孚 2 号	邢成久	H16 × F118	辽宁东部山区、吉林东部中晚熟区、内蒙古赤峰地区本玉 9 号品种种植区域种植
248	国审玉2006008	2006	普通玉米	吉农大 302 号	吉林农大科茂种业有限责任公司	km11 × km12	吉林东部中晚熟区、辽宁东部山区、黑龙江第一积温带上限、内蒙古赤峰地区本玉 9 号品种种植区域种植
249	国审玉2006009	2006	普通玉米	秀青 74-5	中种集团承德长城种子有限公司	Jk88 × 434	辽宁东部山区，吉林东部中晚熟区，黑龙江第一积温带上限，内蒙古赤峰地区本玉 9 号品种种植区域种植
250	国审玉2006010	2006	普通玉米	秦龙 13	陕西秦龙绿色种业有限公司	早 46 × L676	辽宁东部山区、吉林东部中晚熟区、黑龙江第一积温带上限本玉 9 号品种种植区域种植
251	国审玉2006011	2006	普通玉米	兴垦 3 号	内蒙古丰垦种业有限责任公司	兴垦自 167-1 × 改良 Mo17	辽宁东部山区、吉林东部中晚熟区、黑龙江第一积温带上限、内蒙古赤峰地区四单 19 品种种植区域种植
252	国审玉2006012	2006	普通玉米	吉单 415	吉林省农业科学院玉米研究所	8902 × 承 351	辽宁东部山区、吉林东部中熟区、黑龙江第一积温带上限、内蒙古通辽地区四单 19 品种种植区域种植

（续表）

序号	审定编号	审定年度	玉米类型	品种名称	选（引）育单位（人）	品种来源	适宜种植范围
253	国审玉2006013	2006	普通玉米	登海 3312	山东登海种业股份有限公司	H4462-5×掖 81162	吉林、黑龙江第一积温带上限、内蒙古赤峰和通辽地区本玉 9 号品种种植区域种植
254	国审玉2006014	2006	普通玉米	三北 9 号	三北种业有限公司	S457×B08	辽宁东部山区、吉林中晚熟区、内蒙古赤峰和通辽地区本玉 9 号品种种植区域种植
255	国审玉2006015	2006	普通玉米	铁单 20 号	辽宁省铁岭市农业科学院、辽宁铁研种业科技有限公司	铁 97005-1×铁 D9125	辽宁东部山区、吉林中晚熟区、黑龙江第一积温带上限、内蒙古赤峰和通辽地区本玉 9 号品种种植区域种植
256	国审玉2006016	2006	普通玉米	本玉 18	辽宁省本溪满族自治县农业科学研究所	63792×7017	辽宁东部山区、吉林中晚熟区、黑龙江第一积温带上限、内蒙古赤峰和通辽地区四单 19 和本玉 9 号品种种植区域种植
257	国审玉2006017	2006	普通玉米	辽作 1 号	辽宁种业服务中心	A80×T121	辽宁东部山区、吉林中晚熟区、黑龙江第一积温带上限本玉 9 号品种种植区域种植
258	国审玉2006018	2006	普通玉米	郝育 12	沈阳世宾育种研究所	CH98×CH361	吉林、辽宁、天津、山西、河北北部和内蒙古赤峰春玉米区种植
259	国审玉2006019	2006	普通玉米	铁研 26 号	辽宁铁研种业科技有限公司、辽宁省铁岭市农业科学院	铁 98103-1×丹 360	辽宁、吉林、北京、天津、山西、河北北部、内蒙古通辽和赤峰地区、陕西延安地区春播种植
260	国审玉2006020	2006	普通玉米	丹玉 69 号	丹东农业科学院	C8605-2×丹 99 长	北京、天津、河北北部、山西、辽宁、吉林、内蒙古赤峰地区、陕西延安地区春播种植
261	国审玉2006021	2006	普通玉米	沈玉 21	沈阳市农业科学院	沈 3336×沈 3265	河北北部、辽宁、吉林、山西、北京、内蒙古赤峰地区、陕西延安地区春播，河北、安徽夏播
262	国审玉2006022	2006	普通玉米	利民 15	辽宁省本溪满族自治县农业科学研究所	本竖 6-3·7922×丹 340	吉林、山西、北京、天津、河北北部和陕西延安地区春播种植
263	国审玉2006023	2006	普通玉米	中科 10 号	北京中科华泰科技有限公司、河南科泰种业有限公司	CT02×CT209	北京、辽宁、吉林、山西、河北北部春播种植
264	国审玉2006024	2006	普通玉米	先玉 252	铁岭先锋种子研究有限公司	PH6JM×PHB1M	北京、天津、河北北部、山西、辽宁、吉林、内蒙古赤峰地区、陕西延安地区春播种植
265	国审玉2006025	2006	普通玉米	先玉 696	铁岭先锋种子研究有限公司	PH6WC×PHB1M	北京、天津、河北北部、山西、吉林、内蒙古赤峰地区、陕西延安地区春播种植

（续表）

序号	审定编号	审定年度	玉米类型	品种名称	选（引）育单位（人）	品种来源	适宜种植范围
266	国审玉 2006026	2006	普通玉米	先玉 335	铁岭先锋种子研究有限公司	PH6WC × PH4CV	北京、天津、辽宁、吉林、河北北部、山西、内蒙古赤峰和通辽地区、陕西延安地区春播种植，注意防治丝黑穗病。根据《中华人民共和国农业部公告》第 413 号，该品种（审定编号：国审玉 2004017）还适宜在河南、河北、山东、陕西、安徽、山西运城夏播种植
267	国审玉 2006027	2006	普通玉米	富友 9 号	辽宁东亚种业有限公司	东 D201 × 东 D202	北京、天津、河北、山西、辽宁、吉林晚熟区、陕西延安春玉米区和河北、河南、安徽夏玉米区种植
268	国审玉 2006028	2006	普通玉米	农华 8 号	北京金色农华种业科技有限公司	4461 × 9847	辽宁、吉林晚熟区、河北北部、北京、天津、山西、陕西延安地区春播种植
269	国审玉 2006029	2006	普通玉米	中农大 369	中国农业大学	806A × DH14	吉林、山西、辽宁丹东、河北张家口、陕西延安地区春播种植
270	国审玉 2006030	2006	普通玉米	屯玉 99	山西屯玉种业科技股份有限公司	T6 × T23	山西、吉林晚熟区、辽宁丹东、天津、河北北部、陕西延安地区春播种植
271	国审玉 2006031	2006	普通玉米	安玉 13	河南省安阳市农业科学研究所	420 × 3566	北京、天津、山西、辽宁沈阳和锦州地区、吉林四平地区、内蒙古赤峰地区、陕西延安地区春播种植
272	国审玉 2006032	2006	普通玉米	鲁单 6006	山东省农业科学院玉米研究所	Lx3999 × 招 835	北京、天津、河北北部、山西、辽宁、吉林、内蒙古赤峰和通辽地区、陕西延安地区春播种植
273	国审玉 2006033	2006	普通玉米	万孚 7 号	沈阳世宾育种研究所	CL143 × CH382	北京、天津、辽宁、吉林、河北北部、山西、内蒙古赤峰地区、陕西延安地区春播种植
274	国审玉 2006034	2006	普通玉米	中科 11 号	北京中科华泰科技有限公司、河南科泰种业有限公司	CT03 × CT201	河北、河南、山东、陕西、安徽北部、江苏北部、山西运城夏玉米区种植
275	国审玉 2006035	2006	普通玉米	粟玉 2 号	乐东粟神玉米研发有限公司	737 × 7811	河北、河南、陕西、安徽北部、江苏北部夏玉米区种植
276	国审玉 2006036	2006	普通玉米	鲁单 9006	山东省农业科学院玉米研究所	Lx00-6 × Lx9801	河北、河南、山东、安徽北部和陕西夏玉米区种植
277	国审玉 2006037	2006	普通玉米	中单 808	中国农业科学院作物科学研究所	CL11 × NG5	北京、天津、河北北部、四川、云南、湖南春播种植，注意防止倒伏
278	国审玉 2006038	2006	普通玉米	中农大 236	中国农业大学	W499 × W89	四川、重庆、贵州、云南、广西、湖北的平坝丘陵和低山区种植，北京、天津、山西、辽宁丹东、吉林四平、河北承德和内蒙古赤峰地区春播种植

（续表）

序号	审定编号	审定年度	玉米类型	品种名称	选（引）育单位（人）	品种来源	适宜种植范围
279	国审玉2006039	2006	普通玉米	登海 3731	山东登海种业股份有限公司	DH19 × DH26	四川、重庆、贵州、云南、湖北的平坝丘陵和低山区种植
280	国审玉2006040	2006	普通玉米	登海 3838	山东登海种业股份有限公司	DH08 × 08-641	四川、重庆、贵州、云南、广西、湖南、湖北的平坝丘陵和低山区种植
281	国审玉2006041	2006	普通玉米	登海 3686	山东登海种业股份有限公司	沈 137 × DH41	四川、重庆、贵州、云南、广西、湖南、湖北的平坝丘陵和低山区种植
282	国审玉2006042	2006	普通玉米	东单 4243	辽宁东亚种业有限公司	A269 × LD61	四川、重庆、湖南、湖北、云南、广西、贵州的平坝丘陵和低山区种植
283	国审玉2006043	2006	普通玉米	先玉 508	铁岭先锋种子研究有限公司	PH6WC × PH5AD	四川、重庆、湖南、湖北、贵州、云南和广西的平坝丘陵和低山区种植
284	国审玉2006044	2006	普通玉米	三农 201	河南三农种业有限公司	D815 × 143-2	四川、重庆、云南、贵州、湖南、湖北恩施地区的平坝丘陵和低山区种植
285	国审玉2006045	2006	普通玉米	渝单 11 号	重庆市农业科学院	渝 549 × 交 51	四川、重庆、云南、广西、贵州、湖南、湖北恩施地区的平坝丘陵和低山区种植
286	国审玉2006046	2006	普通玉米	雅玉 28	四川雅玉科技开发有限公司、合肥丰乐种业股份有限公司	YA3237 × 698-3 × 200B	四川、云南、贵州、湖南、湖北恩施地区的平坝丘陵和低山区种植
287	国审玉2006047	2006	普通玉米	春喜 11 号	成都天府农作物研究所	J401 × 18-599	重庆、四川（雅安地区除外）、贵州毕节和遵义地区、湖北恩施地区的平坝丘陵和低山区种植
288	国审玉2006048	2006	普通玉米	鄂玉 25	湖北省十堰市农业科学院	HZ111 × 美 C	湖北、湖南、贵州的武陵山区种植
289	国审玉2006049	2006	普通玉米	长玉 1 号	湖北省长阳土家族自治县种子公司	961 × 168	湖北、湖南、贵州和重庆的武陵山区种植
290	国审玉2006050	2006	青贮玉米	中农大青贮 GY4515	中国农业大学	By815 × S1145	北京、天津武清和宝坻、辽宁东部、吉林中南部、河北唐山和内蒙古呼和浩特春玉米区作专用青贮玉米品种种植
291	国审玉2006051	2006	青贮玉米	三北青贮 17	三北种业有限公司	S0020 × B0042	北京、辽宁东部、吉林中南部、内蒙古呼和浩特、河北承德和唐山春玉米区作专用青贮玉米品种种植
292	国审玉2006052	2006	青贮玉米	辽单青贮 529	辽宁省农业科学院玉米研究所	辽 6160 × 340T	黑龙江第一积温带上限、河北承德、内蒙古呼和浩特春玉米区作专用青贮玉米品种种植

（续表）

序号	审定编号	审定年度	玉米类型	品种名称	选（引）育单位（人）	品种来源	适宜种植范围
293	国审玉 2006053	2006	青贮玉米	京科青贮 301	北京市农林科学院玉米研究中心	CH3 × 1145	北京、天津、河北北部、山西中部、吉林中南部、辽宁东部、内蒙古呼和浩特春玉米区和安徽北部夏玉米区作专用青贮玉米品种种植
294	国审玉 2006054	2006	青贮玉米	雅玉青贮 27	四川雅玉科技开发有限公司	YA7854 × YA8702	北京、天津、河北承德、吉林中南部、新疆昌吉、广东北部春播玉米区作专用青贮玉米品种种植
295	国审玉 2006055	2006	青贮玉米	郑青贮 1 号	河南省农业科学院粮食作物研究所	郑饲 01 × 五黄桂	山西北部、新疆北部春玉米区和河南中部、安徽北部、江苏中北部夏玉米区作专用青贮玉米品种种植
296	国审玉 2006056	2006	青贮玉米	雅玉青贮 26	四川雅玉科技开发有限公司	YA3237 × YA8201	北京、天津、山西北部、吉林中南部、辽宁东部、内蒙古呼和浩特、新疆北部春玉米区和安徽北部、陕西中部夏玉米区作专用青贮玉米品种种植
297	国审玉 2006057	2006	青贮玉米	登海青贮 3930	山东登海种业股份有限公司	DH08 × DH28	北京、天津、河北北部、辽宁东部、内蒙古呼和浩特、福建中北部春播区作专用青贮玉米品种种植
298	国审玉 2006058	2006	甜质玉米	京科甜 126	北京市农林科学院玉米研究中心	SH-251 × 双金 -11	北京、天津、辽宁、吉林、黑龙江第一积温带上限、河北北部、内蒙古、新疆春玉米区作鲜食甜玉米品种种植
299	国审玉 2006059	2006	甜质玉米	郑加甜 5039	河南省农业科学院粮食作物研究所	Tse5228 × Tse5078	北京、河北、河南、山东、陕西夏玉米区作鲜食甜玉米品种种植
300	国审玉 2006060	2006	甜质玉米	中农大甜 413	中国农业大学	BS621 × BS632	北京、天津、河北、河南、山东、陕西、江苏北部、安徽北部夏玉米区作鲜食甜玉米品种种植
301	国审玉 2006061	2006	糯质玉米	郑黄糯 928	河南省农业科学院粮食作物研究所	Tywx8112 × Tywx08	北京、天津、河北、河南、山东、陕西、江苏北部、安徽北部夏玉米区作鲜食糯玉米品种种植
302	国审玉 2006062	2006	糯质玉米	西星白糯 13 号	山东登海种业股份有限公司	DHN859-1 × DHN13B4	北京、天津、河北、河南、山东、陕西、江苏北部、安徽北部夏玉米区作鲜食糯玉米品种种植
303	国审玉 2006063	2006	糯质玉米	京科糯 2000	北京市农林科学院玉米研究中心	京糯 6 × BN2	四川、重庆、湖南、湖北、云南、贵州作鲜食糯玉米品种种植
304	国审玉 2006064	2006	糯质玉米	郑白糯 4 号	河南省农业科学院粮食作物研究所	郑白糯 01 × 郑白糯 04	北京、天津、河北、河南、山东、江苏北部、安徽北部、陕西夏玉米区作鲜食糯玉米品种种植
305	国审玉 2006065	2006	糯质玉米	苏玉糯 13	江苏沿江地区农业科学研究所	T55 × T45	北京、天津、河北、河南、山东、陕西、安徽北部、江苏北部夏播区作鲜食糯玉米品种种植
306	国审玉 2006066	2006	糯质玉米	渝糯 8 号	重庆市农业科学院	3388 × S181	北京、天津、河北、河南、陕西夏玉米区作鲜食糯玉米品种种植

（续表）

序号	审定编号	审定年度	玉米类型	品种名称	选（引）育单位（人）	品种来源	适宜种植范围
307	国审玉2006067	2006	糯质玉米	郑黑糯2号	河南省农业科学院粮食作物研究所	郑黑糯03×郑黑糯04	广东、广西、福建、江西、安徽南部作鲜食糯玉米品种种植
308	国审玉2006068	2006	爆裂玉米	科爆201	中国科学院遗传与发育生物学研究所	1137×1159	辽宁、吉林春玉米区作爆裂玉米品种种植
309	国审玉2005001	2005	普通玉米	京玉7号	北京市农林科学院玉米研究中心	京501×京24	北京、天津和河北的保定北部、唐山、廊坊、沧州唐抗5号品种种植区域种植
310	国审玉2005002	2005	普通玉米	CF024	中国农业大学	X090×X178	北京、天津和河北的保定北部、唐山、廊坊、沧州唐抗5号品种种植区域种植
311	国审玉2005003	2005	普通玉米	良星4号	山东省德州市良星种子研究所	良12×良11	北京、天津和河北的保定北部、唐山、廊坊、沧州唐抗5号品种种植区域种植
312	国审玉2005004	2005	普通玉米	长城303	中种集团承德长城种子有限公司	Y977×X201	辽宁、吉林、内蒙古赤峰和通辽地区本玉9号品种种植区域种植
313	国审玉2005005	2005	普通玉米	屯玉88	山西屯玉种业科技股份有限公司	T301×T302	辽宁、吉林、黑龙江省第一积温带本玉9号品种种植区域种植
314	国审玉2005006	2005	普通玉米	辽单129	辽宁省农业科学院玉米研究所	辽8160×吉853	辽宁、吉林本玉9号品种种植区域种植
315	国审玉2005007	2005	普通玉米	富友99	辽宁省东亚种业有限公司	C7112×吉853	辽宁、吉林、黑龙江省第一积温带、内蒙古赤峰和通辽地区本玉9号品种种植区域种植
316	国审玉2005008	2005	普通玉米	辽127	辽宁省农业科学院玉米研究所	6082×丹3130	重庆、湖北、贵州、四川和云南春播种植
317	国审玉2005009	2005	普通玉米	鲁单9002	山东省农业科学院玉米研究所	郑58×Lx9801	北京、河北、山西、辽宁、吉林、内蒙古赤峰和通辽地区、陕西延安地区春播种植
318	国审玉2005010	2005	普通玉米	丹玉86号	辽宁省丹东农业科学院	丹988×丹T138	北京、河北、山西、辽宁、吉林、内蒙古赤峰和通辽地区、陕西延安地区春播种植
319	国审玉2005011	2005	普通玉米	中科2号	河南科泰种业有限公司，北京中科华泰科技有限公司	CT141×吉853	北京、天津、河北、山西、辽宁、内蒙古赤峰和通辽地区、陕西延安地区春播种植
320	国审玉2005012	2005	普通玉米	先玉420	铁岭先锋种子研究有限公司	PH6WC×PH6AT	北京、天津、河北、山西、辽宁、吉林、内蒙古赤峰和通辽地区、陕西延安地区春播种植

（续表）

序号	审定编号	审定年度	玉米类型	品种名称	选（引）育单位（人）	品种来源	适宜种植范围
321	国审玉2005013	2005	普通玉米	32S22	铁岭先锋种子研究有限公司	PH09B × PHPMO	北京、天津、辽宁、吉林、河北、山西、内蒙古赤峰和通辽地区、陕西延安地区春播种植
322	国审玉2005014	2005	普通玉米	屯玉 42	山西屯玉种业科技股份有限公司	T98 × T87	北京、河北、山西、辽宁、吉林、内蒙古赤峰和通辽地区、陕西延安地区春播种植
323	国审玉2005015	2005	普通玉米	万孚 1 号	沈阳隆迪种业有限公司	凌 9509 × 9808	北京、天津、河北、山西、辽宁、吉林、内蒙古赤峰和通辽地区、陕西延安地区春播种植
324	国审玉2005016	2005	普通玉米	永玉 3 号	河北省冀南玉米研究所	永 31257 × 连 1538	宁夏、甘肃和新疆春播种植
325	国审玉2005017	2005	普通玉米	聊玉 18	山东省聊城市农业科学研究院	835-2 × 3087	宁夏、甘肃、新疆春播种植
326	国审玉2005018	2005	普通玉米	滑 986	河南省滑丰种业有限责任公司	HF93 × HF08	河南、河北、山东、陕西、安徽北部、江苏北部、山西运城夏玉米区种植
327	国审玉2005019	2005	普通玉米	秀青 73-1	中种集团承德长城种子有限公司	永 35-1 × 永 35-2	河北、河南、山东、陕西、安徽北部、江苏北部、山西运城夏玉米区种植
328	国审玉2005020	2005	普通玉米	泰玉 2 号	山东省泰安市农星种业有限公司	齐 319 × 3841	河南、河北、山东、陕西、安徽北部夏玉米区种植
329	国审玉2005021	2005	普通玉米	登海 3622	山东登海种业股份有限公司	DH358 × DH323	河北、山东、陕西、安徽北部、山西运城夏玉米区种植
330	国审玉2005022	2005	普通玉米	屯玉 27	四川省农业科学院作物研究所	成自 273 × 成自 275	重庆、湖南、湖北、四川和广西种植
331	国审玉2005023	2005	普通玉米	遵玉 8 号	贵州省遵义市种子公司	78599-141 × L9665	贵州、重庆、四川、湖南、湖北和云南种植。还适宜在湖北、湖南、贵州和重庆的武陵山区种植
332	国审玉2005024	2005	普通玉米	渝单 8 号	重庆市农业科学研究所	478 × 561	重庆、湖南、湖北、贵州、四川、云南和广西种植
333	国审玉2005025	2005	普通玉米	鄂玉 16	湖北省十堰市农业科学院	Y8g61 × 美 22	湖北、重庆、四川、贵州和云南种植
334	国审玉2005026	2005	普通玉米	奥玉 3202	北京奥瑞金种业股份有限公司成都分公司	OSL048 × 8085(泰)	重庆、四川、湖南、云南和广西种植
335	国审玉2005027	2005	普通玉米	登海 3831	山东登海种业股份有限公司	DH08 × DH81	重庆、四川、湖南、云南和广西种植
336	国审玉2005028	2005	普通玉米	正红 2 号	四川农业大学	48-2 × 263	湖南、贵州、四川和云南种植
337	国审玉2005029	2005	普通玉米	川单 29	四川农业大学	SAM3001 × SAM1001	湖南、贵州和重庆的武陵山区种植

（续表）

序号	审定编号	审定年度	玉米类型	品种名称	选（引）育单位（人）	品种来源	适宜种植范围
338	国审玉2005030	2005	普通玉米	禾盛玉6号	北京八达岭仙农玉米研究所，湖北省种子集团公司	N995 × N998	湖南、贵州和重庆的武陵山区种植
339	国审玉2005031	2005	普通玉米	渝单15	重庆市农业科学研究所	549 × S37	湖北、贵州和重庆的武陵山区种植
340	国审玉2005032	2005	青贮玉米	晋单青贮42	山西省强盛种业有限公司	Q928 × Q929	北京、天津、河北、辽宁东部、吉林中南部、内蒙古中西部、上海、福建中北部、四川中部、广东中部春播区和山东中南部、河南中部、陕西关中夏播区作为青贮玉米品种种植
341	国审玉2005033	2005	青贮玉米	屯玉青贮50	山西屯玉种业科技股份有限公司	T93 × T49	辽宁东部、吉林中南部、天津、河北北部、山西北部春播区和陕西关中夏播区作青贮玉米品种种植
342	国审玉2005034	2005	青贮玉米	雅玉青贮8号	四川雅玉科技开发有限公司	YA3237 × 交51	北京、天津、山西北部、吉林、上海、福建中北部、广东中部春播区和山东泰安、安徽、陕西关中、江苏北部夏播区作青贮玉米品种种植
343	国审玉2005035	2005	糯质玉米	万糯1号	河北省万全县华穗特用玉米种业有限责任公司	W27 × W44	海南、广东、福建、浙江、上海、安徽南部、广西作鲜食糯玉米种植
344	国审玉2005036	2005	糯质玉米	申糯2号	上海市种子繁育中心	17 × 1	上海、浙江、江西、安徽南部、海南、广东、广西、福建作鲜食糯玉米种植
345	国审玉2005037	2005	糯质玉米	沪玉糯2号	上海市农业科学院作物育种栽培研究所	申W13 × 申W22	上海、浙江、江西、江苏南部、安徽南部、广东、广西、福建、海南作鲜食糯玉米种植
346	国审玉2005038	2005	糯质玉米	中糯309	中国农业科学院作物科学研究所	028-5 × 115-2	天津、河南、陕西夏玉米区种植
347	国审玉2005039	2005	糯质玉米	京紫糯218	北京市农林科学院玉米研究中心	紫糯5 × 紫糯3	海南、广东、广西、福建、浙江、江西、上海、江苏南部、安徽南部作鲜食糯玉米种植
348	国审玉2005040	2005	糯质玉米	郑白糯6号	河南省农业科学院粮食作物研究所	郑白糯06 × 郑白糯01	海南、广东、广西、福建、浙江、江西、上海、安徽南部作鲜食糯玉米种植
349	国审玉2005041	2005	糯质玉米	凤糯2146	安徽技术师范学院	糯系2214 × 糯6	海南、广东、广西、福建、浙江、江西、上海、江苏南部、安徽南部作鲜食糯玉米种植
350	国审玉2005042	2005	糯质玉米	郑黄糯1号	河南省农业科学院粮食作物研究所	郑黄糯01 × 郑黄糯02	河南、河北、天津、江苏北部、陕西夏玉米区作鲜食糯玉米种植

（续表）

序号	审定编号	审定年度	玉米类型	品种名称	选（引）育单位（人）	品种来源	适宜种植范围
351	国审玉2005043	2005	糯质玉米	京黄糯267	北京市农林科学院玉米研究中心	京糯5×黄糯6	北京、天津、河北、河南、山东、江苏北部、陕西夏玉米区作鲜食糯玉米种植
352	国审玉2005044	2005	糯质玉米	凤糯476	安徽技术师范学院	鲁糯D047×糯6	北京、天津、河南、河北、陕西、安徽北部夏玉米区作鲜食糯玉米种植
353	国审玉2005045	2005	糯质玉米	强盛黄糯1号	山西强盛种业有限公司	美糯 × 强11	北京、河北、山西、辽宁、吉林、黑龙江第一积温带、内蒙古赤峰和巴盟地区、新疆石河子垦区作鲜食糯玉米春播种植
354	国审玉2005046	2005	糯质玉米	金农科糯1号	北京金农科种子科技有限公司	M28×H9120-w	北京、天津、山东、河南、河北、陕西夏玉米区及广东、广西、海南、福建、浙江、江西、上海、江苏、安徽作鲜食糯玉米种植
355	国审玉2005047	2005	甜质玉米	绿色天使（甜）	北华玉米研究所	SS8611×SS14510	山西、辽宁、吉林、黑龙江第一积温带、新疆石河子垦区、内蒙古赤峰和巴盟春播区和北京、河北、山东、河南中部、安徽北部夏播区作鲜食甜玉米种植
356	国审玉2005048	2005	甜质玉米	甜玉8号	辽宁省园艺种苗有限公司	218×988	北京、山西、河北、辽宁、吉林、黑龙江第一积温带、新疆石河子垦区作早熟甜玉米品种春播种植
357	国审玉2005049	2005	甜质玉米	甜玉9号	辽宁省园艺种苗有限公司	937×259	山西、内蒙古赤峰和巴盟地区、新疆石河子垦区、黑龙江第一积温带作早熟甜玉米品种春播种植
358	国审玉2005050	2005	甜质玉米	金凤甜5号	广州市种子进出口公司	Z995B×Z993A	河南、河北、山东夏玉米区和海南、广东、广西、福建、浙江、江西、江苏、安徽、云南、贵州、四川、重庆作鲜食甜玉米种植
359	国审玉2005051	2005	甜质玉米	华宝甜1号	华南农业大学种子种苗研究开发中心	9609×9608	广东、海南、浙江、江西、福建作鲜食甜玉米种植
360	国审玉2004001	2004	普通玉米	吉单261	吉林吉农高新技术发展股份有限公司	W9706×吉853	黑龙江、吉林、辽宁、内蒙古通辽和赤峰地区本玉9号品种种植区域种植
361	国审玉2004002	2004	普通玉米	通科1号	内蒙古通辽市农业科学研究院	9137×391	辽宁、吉林、黑龙江、内蒙古通辽地区本玉9号品种种植区域种植
362	国审玉2004003	2004	普通玉米	辽单565	辽宁省农业科学院玉米研究所	中106×辽3162	辽宁、吉林、黑龙江、内蒙古通辽地区本玉9号品种种植区域种植
363	国审玉2004004	2004	普通玉米	银河14	吉林省公主岭市种子公司	Mo17×54309	辽宁、吉林、黑龙江、内蒙古通辽地区本玉9号品种种植区域种植

（续表）

序号	审定编号	审定年度	玉米类型	品种名称	选（引）育单位（人）	品种来源	适宜种植范围
364	国审玉2004005	2004	普通玉米	辽单 120	辽宁省农业科学院玉米研究所	辽 8478 × 郑 22	辽宁、吉林中南部、河北北部（不含张家口市）、山西、北京、天津、内蒙古黄河灌区、陕西北部、宁夏、甘肃、新疆春播种植
365	国审玉2004006	2004	普通玉米	费玉 3 号	山东省费县种子公司	费 03 × 费 04	辽宁北部、吉林中南部、河北北部、山西北部、北京、天津及陕西省延安地区春播种植，山东夏播种植
366	国审玉2004007	2004	普通玉米	丹科 2151	辽宁省丹东农业科学院	丹 717 × 丹 598	辽宁、吉林中南部晚熟区、河北北部、山西北部、北京、天津及陕西省延安地区春播种植
367	国审玉2004008	2004	普通玉米	农大 95	中国农业大学	F349 × W222	辽宁、吉林省中南部、河北中北部、山西北部、北京、天津及陕西延安地区春播种植
368	国审玉2004009	2004	普通玉米	强盛 1 号	山西省农业科学院种苗公司	912 × 922	辽宁、吉林中南部晚熟区、河北北部、山西北部、北京、天津及陕西延安地区春播种植
369	国审玉2004010	2004	普通玉米	奥玉 3101	北京奥瑞金种业股份有限公司	OSL001 × 丹 598	辽宁北部、吉林省中南部晚熟区、河北北部、山西北部、北京、天津及陕西延安地区春播种植
370	国审玉2004011	2004	普通玉米	登海 3660	山东登海种业股份有限公司	DH19 × DH12	辽宁、吉林省中南部晚熟区、河北北部、山西北部、北京、天津及陕西延安地区春播种植
371	国审玉2004012	2004	普通玉米	三北 6 号	三北种业有限公司	S0073 × B0049	辽宁北部和东部、吉林中南部晚熟区、河北北部春播区及陕西延安地区春播种植
372	国审玉2004013	2004	普通玉米	迪卡 5 号	孟山都公司	H462 × CZ924	辽宁、吉林中南部晚熟区、河北北部及陕西延安地区春播种植
373	国审玉2004014	2004	普通玉米	京科 25	北京市农林科学院玉米研究中心	J0045 × 吉 853	北京、天津、河北中北部唐抗 5 号品种种植区域夏播种植
374	国审玉2004015	2004	普通玉米	永 99–5	河北省冀南玉米研究所	永 3141 × 冀 161	天津、河北中北部唐抗 5 号品种种植区夏播
375	国审玉2004016	2004	普通玉米	宽诚 1 号	河北省宽城种业有限责任公司	海 35 × 海 91	天津、河北中北部唐抗 5 号品种种植区夏播
376	国审玉2004017	2004	普通玉米	先玉 335	铁岭先锋种子研究有限公司	PH6WC × PH4CV	河南、河北、山东、陕西、安徽、山西运城夏播种植
377	国审玉2004018	2004	普通玉米	金海 5 号	山东省莱州市金海作物研究所有限公司	JH78–2 × JH3372	河南、河北、山东、陕西、江苏、安徽、山西运城夏播种植
378	国审玉2004019	2004	普通玉米	承玉 15	河北承德裕丰种业有限公司	543 × 承系 36	四川、湖北、重庆、湖南、云南、贵州种植
379	国审玉2004020	2004	普通玉米	登海 3632	山东登海种业股份有限公司	DH08 × DH14	四川、湖北、重庆、湖南、云南、广西、贵州种植

（续表）

序号	审定编号	审定年度	玉米类型	品种名称	选（引）育单位（人）	品种来源	适宜种植范围
380	国审玉 2004021	2004	普通玉米	遵玉 8 号	贵州省遵义市种子公司	78599-141 × L9665	湖北、湖南、贵州和重庆的武陵山区种植
381	国审玉 2004022	2004	普通玉米	清玉 4 号	湖北清江种业有限责任公司	QY03 × 1286	湖北、湖南、贵州和重庆的武陵山区种植
382	国审玉 2004023	2004	普通玉米	资玉 3 号	四川省万发种子科技开发研究所有限公司	8698-2 × 937	湖北、湖南、贵州和重庆的武陵山区种植
383	国审玉 2004024	2004	普通玉米	奥玉 17	河北省石家庄蠡玉科技开发有限公司	618 × 831	湖北、湖南、贵州和重庆的武陵山区种植
384	国审玉 2004025	2004	青贮玉米	中北青贮 410	山西北方种业股份有限公司	SN915 × YH-1	北京、天津、河北北部、山西北部春玉米区及河北中南部夏播玉米区、福建中北部用作专用青贮玉米种植
385	国审玉 2004026	2004	青贮玉米	奥玉青贮 5102	北京奥瑞金种业股份有限公司	OSL019 × OSL047	北京、天津、河北北部春玉米区，陕西关中西部夏玉米区及江苏南部、上海、广东、福建作专用青贮玉米种植
386	国审玉 2004027	2004	青贮玉米	辽单青贮 625	辽宁省农业科学院玉米研究所	辽 88 × 沈 137	北京、天津、河北北部春玉米区作专用青贮玉米种植
387	国审玉 2004028	2004	青贮玉米	中农大青贮 67	中国农业大学	1147 × SY10469	北京、天津、山西北部春玉米区及上海、福建中北部用作专用青贮玉米种植
388	国审玉 2004029	2004	糯质玉米	彩糯 1 号	河北省万全县华穗特用玉米种业有限责任公司	W17 × W18*W21	河北、山西、辽宁、北京、吉林、新疆作为早熟鲜食糯玉米品种春播种植
389	国审玉 2004030	2004	糯质玉米	京科糯 120	北京市农林科学院玉米研究中心	京糯 6 × 白糯 6	山东、河南、河北、陕西、北京、天津、江苏北部、安徽北部夏玉米区作鲜食糯玉米种植
390	国审玉 2004031	2004	糯质玉米	郑白糯 918	河南省农业科学院粮食作物研究所	郑白糯 WX019 × 郑白糯 WX008	山东、河南、河北、陕西、北京、江苏北部、安徽北部夏玉米区作鲜食糯玉米种植
391	国审玉 2004032	2004	糯质玉米	奥糯 8101	北京奥瑞金种业股份有限公司	OSL090 × OSL088	山东、河南、河北、陕西、北京、江苏北部、安徽北部夏玉米区作鲜食糯玉米种植
392	国审玉 2004033	2004	糯质玉米	石彩糯 1 号	石家庄市农业科学研究院	石糯 2 × 石糯 1	山东、河南、河北、陕西、北京、江苏北部、安徽北部夏玉米区作鲜食糯玉米种植
393	国审玉 2004034	2004	糯质玉米	广糯 1 号	广州市农业科学研究所	wx-2-2-1 × 木 -31	广东、福建、江西、上海、江苏、广西作为鲜食糯玉米种植
394	国审玉 2004035	2004	糯质玉米	西星黑糯 1 号	山东登海种业股份有限公司	EN12-5 × EN951	山东、陕西、江苏北部、安徽北部夏玉米区及广东、江西、江苏、安徽、上海作为鲜食糯玉米种植

（续表）

序号	审定编号	审定年度	玉米类型	品种名称	选（引）育单位（人）	品种来源	适宜种植范围
395	国审玉2004036	2004	糯质玉米	苏玉糯8号	江苏沿江地区农业科学研究所	通354×通137	广东、福建、浙江、江西、上海、江苏、广西作鲜食深加工兼用型糯玉米种植
396	国审玉2004037	2004	甜质玉米	绿色先锋（甜）	北华玉米研究所	SS3574×SS8611	山东、河南、河北、陕西、北京、天津、江苏北部夏玉米区及河北北部、辽宁、内蒙古、黑龙江、吉林、北京、新疆春玉米区作为鲜食甜玉米种植
397	国审玉2004038	2004	甜质玉米	金甜678	北京金农科种子科技有限公司	MU11-13×H9120	山东、河南、河北、陕西、北京、天津、江苏北部、安徽北部夏玉米区作鲜食甜玉米种植
398	国审玉2004039	2004	甜质玉米	金甜878	北京金农科种子科技有限公司	MU1-23×2579	山东、河南、河北、陕西、天津、江苏北部、安徽北部夏玉米区作鲜食甜玉米种植
399	国审玉2004040	2004	甜质玉米	郑甜3号	河南省农业科学院粮食作物研究所	郑超甜TGQ026×TGQ018	山东、河南、河北、陕西夏玉米区作鲜食甜玉米种植
400	国审玉2004041	2004	甜质玉米	万甜2000	河北省万全县华穗特用玉米种业有限责任公司	SW23×SW24	广东、福建、浙江、江西、江苏、安徽、海南、广西、上海作为鲜食甜玉米种植
401	国审玉2004042	2004	甜质玉米	皖甜1号	安徽省农业科学院作物研究所	皖甜系1×超甜776	安徽、江苏、广东、广西、浙江、上海作为鲜食甜玉米种植
402	国审玉2004043	2004	甜质玉米	广甜2号	广州市农业科学研究所	SW9915-3×s9905-1	广东、福建、浙江、江西、江苏、安徽、广西、海南、上海作为鲜食甜玉米种植
403	国审玉2004044	2004	甜质玉米	农甜3号	华南农业大学农学院	L311×L104	广东、福建、浙江、江苏、安徽、广西、海南作为鲜食甜玉米种植
404	国审玉2004045	2004	甜质玉米	秦龙甜1号	陕西秦龙绿色种业有限公司	L921×R600	山东、河南、河北、陕西、江苏、安徽、北京、天津夏玉米区和广东、浙江、江西、上海、广西、海南作为鲜食甜玉米种植
405	国审玉2004046	2004	甜质玉米	浙甜2018	浙江省种子公司，浙江省东阳玉米研究所	150BW×大28	广东、福建、浙江、上海、江苏南部、安徽南部、广西、海南作为鲜食甜玉米种植
406	国审玉2003001	2003	普通玉米	冀玉9号	河北省农林科学院粮油作物研究所	冀15-22×冀35	辽宁、吉林、黑龙江省、内蒙古赤峰、通辽地区本玉9号品种种植区和宁夏、甘肃、新疆、内蒙古西部春播区以及河北、陕西夏播玉米区种植
407	国审玉2003002	2003	普通玉米	辽单33	辽宁省农业科学院作物研究所	辽3180×吉853	辽宁、吉林、黑龙江以及内蒙古赤峰、通辽地区本玉9号玉米品种种植区种植

（续表）

序号	审定编号	审定年度	玉米类型	品种名称	选（引）育单位（人）	品种来源	适宜种植范围
408	国审玉2003003	2003	普通玉米	吉单 342	吉林吉农高新技术发展股份有限公司，北方农作物优良品种开发中心	1037 × 吉 853	辽宁、吉林、黑龙江以及内蒙古赤峰和通辽地区本玉 9 号玉米品种种植区推广
409	国审玉2003004	2003	普通玉米	吉星 46	吉林吉农高新技术发展股份有限公司，北方农作物优良品种开发中心	四 –287 × 7922	辽宁、吉林、黑龙江以及内蒙古赤峰和通辽地区本玉 9 号玉米品种种植区推广
410	国审玉2003005	2003	普通玉米	济单 7 号	河南省济源市农业科学研究所	济 533 × 昌 7–2	辽宁、吉林、内蒙古、河北北部、北京、天津、山西农大 108 品种熟期的春玉米地区和河南省夏玉米区中上等肥力地区种植
411	国审玉2003006	2003	普通玉米	丹科 2123	辽宁省丹东农业科学院	D26 × 丹 598	辽宁、吉林南部、河北北部、陕西北部、山西、北京、天津春播玉米区种植
412	国审玉2003007	2003	普通玉米	郑单 19	河南省农业科学院粮食作物研究所	P138 × 郑 35	吉林、辽宁、河北北部、陕西延安地区、北京、天津春玉米区种植
413	国审玉2003008	2003	普通玉米	硕秋 8 号	赤峰德农・松州种业股份有限公司	211 × 峰 838	吉林、辽宁、内蒙古赤峰和通辽地区种植
414	国审玉2003009	2003	普通玉米	雅玉 12 号	四川省雅安市玉米研究开发中心	7922 × YA3729	四川、重庆、贵州、云南、广西、湖北、湖南春玉米区和河南、河北、山东、江苏北部、安徽北部、陕西、山西运城夏玉米区种植
415	国审玉2003010	2003	普通玉米	浚单 18	河南省浚县农业科学研究所	248 × 浚 92–6	河南、河北、山东、陕西、江苏北部、安徽北部、山西运城夏玉米区种植
416	国审玉2003011	2003	普通玉米	鲁单 981	山东省农业科学院玉米研究所	齐 319 × Lx9801	山东、河南、河北、陕西、江苏北部、安徽北部、山西运城夏玉米区种植
417	国审玉2003012	2003	普通玉米	登海 3 号	山东省登海种业股份有限公司	DH08 × P138	山东、河北、河南、陕西、江苏北部、安徽北部夏播区和山西、宁夏、甘肃陇南、云南、四川、重庆、贵州、湖北、湖南、广西、吉林南部春播区种植
418	国审玉2003013	2003	普通玉米	成单 22	四川省农业科学院作物研究所	273 × 238	四川、重庆、湖北、湖南、贵州、云南、广西种植
419	国审玉2003014	2003	普通玉米	沈单 16	沈阳市农业科学院	K12 × 沈 137	辽宁、宁夏、甘肃、新疆、内蒙古西部春播区和山东、河南、陕西、河北夏播区种植

（续表）

序号	审定编号	审定年度	玉米类型	品种名称	选（引）育单位（人）	品种来源	适宜种植范围
420	国审玉2003015	2003	普通玉米	东单11号	辽宁东亚种子集团公司种子科学研究院	LD143×LD61	辽宁、宁夏、甘肃、新疆、内蒙古西部地区种植
421	国审玉2003016	2003	普通玉米	济单94-2	河南省济源市农业科学研究所	济533×选京02	河南夏播区以及甘肃、内蒙古西部春播区种植
422	国审玉2003017	2003	普通玉米	丹玉46号	辽宁省丹东农业科学院	丹3130×丹340	甘肃、内蒙古西部春播区种植
423	国审玉2003018	2003	普通玉米	辽单38	辽宁省农业科学院作物研究所	辽26×丹340	宁夏、甘肃、新疆、内蒙古西部春播区以及四川、重庆、湖北、云南种植
424	国审玉2003019	2003	普通玉米	农大84	中国农业大学国家玉米改良中心	F349×P25	天津、北京、山西春播区以及吉林南部、河北北部（不含承德、张家口地区）种植
425	国审玉2003020	2003	普通玉米	承玉6	河北省承德裕丰种业有限公司	20143×承系1	河北省承德地区、天津、北京、山西春播种植
426	国审玉2003021	2003	普通玉米	长城淀12号	河北省承德华泰专用玉米种子新技术发展有限责任公司	Me12×XH3	河北承德地区、天津、北京、山西、内蒙古赤峰和通辽地区春播种植
427	国审玉2003022	2003	普通玉米	中单9409	中国农业科学院作物育种栽培研究所	齐205×CA375	河北省承德和张家口地区、北京、天津、内蒙古春播，陕西和河南省夏播，云南海拔1800米以下春、夏播和1100米以下作冬玉米种植
428	国审玉2003023	2003	普通玉米	吉星油199	吉林吉农高新技术发展股份有限公司	GY246×C8605-2	天津、山西、内蒙古通辽、吉林省南部、新疆乌鲁木齐地区春播种植
429	国审玉2003024	2003	普通玉米	吉油1号	吉林吉农高新技术发展股份有限公司	GY237×吉6003	吉林、天津、山西、内蒙古通辽、新疆乌鲁木齐地区春播种植
430	国审玉2003025	2003	甜质玉米	绿色超人	北华玉米研究所	8611bt×1141bt	北京、天津、河北、山西、辽宁、吉林、重庆、四川、云南、贵州、湖北、江苏、安徽、上海作鲜食甜玉米种植
431	国审玉2003026	2003	甜质玉米	吉甜6号	吉林农业大学	吉8898×吉908	辽宁、吉林、黑龙江第一、第二积温带、北京、山西南部、河北承德、内蒙古赤峰和通辽地区作鲜食甜玉米种植
432	国审玉2003027	2003	甜质玉米	甜单21	中国农业大学	C759×C874	辽宁、吉林、黑龙江第一、第二积温带、北京、天津、山西、河北北部、新疆乌鲁木齐、内蒙古赤峰和通辽地区种植
433	国审玉2003028	2003	甜质玉米	华甜玉1号	华中农业大学	HZ501×HZ508	河北、河南、陕西、江苏、安徽、湖北、湖南作鲜食甜玉米种植

（续表）

序号	审定编号	审定年度	玉米类型	品种名称	选（引）育单位（人）	品种来源	适宜种植范围
434	国审玉2003029	2003	甜质玉米	粤甜3号	广东省农业科学院作物研究所	1132×1022	广东、江苏、安徽、浙江、上海、福建、江西作鲜食甜玉米种植
435	国审玉2003030	2003	糯质玉米	中糯301	中国农业科学院作物育种栽培研究所	中63-2×中407-1	北京、河北北部、山西、黑龙江第一、二积温带、新疆石河子地区、内蒙古赤峰和巴盟地区作鲜食糯玉米春播种植
436	国审玉2003031	2003	糯质玉米	垦粘1号	黑龙江省农垦科学研究院	糯1×糯2	黑龙江第一、第二积温带作粒用糯玉米，黑龙江第一至第四积温带、北京、山西、河北承德地区、辽宁、吉林、内蒙古赤峰和巴盟地区作鲜食糯玉米春播种植
437	国审玉2003032	2003	糯质玉米	渝糯7号	重庆市农业科学研究所	S147×S181	重庆、四川、云南、贵州、广西、湖北的平坝或浅丘地区和河北、河南、山东、江苏北部、安徽北部、陕西夏玉米区作鲜食糯玉米种植
438	国审玉2003033	2003	糯质玉米	西星糯玉1号	山东省莱州市农业科学院蔬菜种苗研究所	BN101×BN201	山东、河南、河北、陕西、江苏北部、安徽北部夏玉米区作鲜食糯玉米种植
439	国审玉2003034	2003	糯质玉米	筑糯5号	贵阳市农业科学研究所	ZS31×金矮糯70	重庆、四川、云南、贵州、广西、湖北省的平坝或浅丘地区作鲜食糯玉米种植
440	国审玉2003035	2003	糯质玉米	遵糯1号	贵州省遵义市农业科学研究所	混选-1×H52	重庆、四川、云南、贵州、广西、湖北省的平坝或浅丘地区作鲜食糯玉米种植
441	国审玉2003036	2003	糯质玉米	川玉糯1号	康登伦	糯157×糯106	重庆、四川、云南、贵州、湖北、广西的平坝或浅丘地区作鲜食糯玉米种植
442	国审玉2003037	2003	糯质玉米	苏玉糯4号	江苏沿江地区农业科学研究所	354×H22	江苏、安徽、浙江、上海、江西、福建、广东作鲜食糯玉米种植
443	国审玉2003038	2003	爆裂玉米	沈爆3号	沈阳农业大学特种玉米研究所	沈农92-260×沈农98-303	辽宁、吉林、天津、山东、河南地区作为爆裂玉米品种种植
444	国审玉2003039	2003	爆裂玉米	津爆1号	天津市农作物研究所	W096×J97	辽宁、吉林、天津、山东、河南作为爆裂玉米品种种植
445	国审玉2003040	2003	爆裂玉米	豫爆2号	河南农业大学玉米研究所	N04-11×N10-45	辽宁、吉林、天津、山东、河南作为爆裂玉米品种种植
446	国审玉2003041	2003	普通玉米	吉单327	吉林吉农高新技术发展股份有限公司	96478×992	吉林、辽宁、黑龙江及内蒙古通辽地区本玉9品种种植区域种植

（续表）

序号	审定编号	审定年度	玉米类型	品种名称	选（引）育单位（人）	品种来源	适宜种植范围
447	国审玉2003042	2003	普通玉米	通吉 100	吉林省通辽市农业科学研究院，吉林吉农高新技术发展股份有限公司	C8605-2 × 吉 853	吉林、辽宁、黑龙江及内蒙古通辽地区本玉 9 品种种植区域种植
448	国审玉2003043	2003	普通玉米	强盛 31	山西省农业科学院种苗公司	918 × 919	黑龙江、吉林、辽宁、内蒙古通辽地区本玉 9 品种种植区域种植
449	国审玉2003044	2003	普通玉米	迪卡 3 号	孟山都公司	6053 × DH0514	吉林、辽宁、黑龙江及内蒙古通辽地区本玉 9 品种种植区域种植
450	国审玉2003045	2003	普通玉米	辽 613	辽宁省农业科学院玉米研究所	辽 68 × 丹 340	辽宁、吉林南部、河北北部春玉米区，山西、北京、天津、内蒙古黄河灌区及通辽地区、陕西省北部、宁夏、甘肃、新疆春播种植
451	国审玉2003046	2003	普通玉米	东单 60	辽宁东亚种业有限公司	A801 × 丹 598	辽宁、吉林省四平南部、河北张家口和承德地区、山西、北京、天津及陕西省延安地区春播种植
452	国审玉2003047	2003	普通玉米	沈玉 17	沈阳市农业科学研究院	沈 151 × 沈 137	辽宁、吉林省四平南部、河北承德和张家口地区、天津及陕西省延安地区春播种植
453	国审玉2003048	2003	普通玉米	濮单 6 号	河南省濮阳农业科学研究所	P97 × 9444	辽宁、吉林南部、河北承德和张家口地区、山西、天津、宁夏、内蒙古黄河灌区、陕西北部、甘肃、新疆、湖北、四川、重庆、湖南、云南、贵州春播种植，在河南、陕西、安徽夏播种植
454	国审玉2003049	2003	普通玉米	郑单 518	河南省农业科学院粮食作物研究所	选 73 × 昌 7-2	甘肃、新疆、内蒙古黄河灌区春播种植，注意防治丝黑穗病；在河南、山东、陕西、江苏夏播种植
455	国审玉2003050	2003	普通玉米	冀玉 988	河北省农林科学院粮油作物研究所	5304-48 × 黄选 921-6	北京、天津、河北中北部唐抗 5 号品种种植区域夏播
456	国审玉2003051	2003	普通玉米	农大 62	中国农业大学	WN11A × D16	北京、天津、河北中北部唐抗 5 号品种种植区域夏播
457	国审玉2003052	2003	普通玉米	京科 8 号	北京市农林科学院玉米研究中心	吉 853 × P007	北京、天津、河北中北部唐抗 5 号品种种植区域夏播
458	国审玉2003053	2003	普通玉米	京科 23	北京市农林科学院玉米研究中心	B12 × 京 54	北京、天津、河北中北部唐抗 5 号品种种植区域夏播种植
459	国审玉2003054	2003	普通玉米	浚单 20	河南省浚县农业科学研究所	9058 × 浚 92-8	河南、河北中南部、山东、陕西、江苏、安徽、山西运城夏玉米区种植
460	国审玉2003055	2003	普通玉米	迪卡 1 号	孟山都公司	ML346 × DH0513	河南、山东、河北中南部、陕西、江苏、安徽、山西运城夏玉米区种植

（续表）

序号	审定编号	审定年度	玉米类型	品种名称	选（引）育单位（人）	品种来源	适宜种植范围
461	国审玉2003056	2003	普通玉米	川单 23	四川农业大学玉米研究所	5022 × A318	湖北、四川、重庆、湖南、云南、贵州种植
462	国审玉2003057	2003	普通玉米	黔兴 2 号	贵州省种子公司	78599-3 × 交 51	贵州、云南、湖南种植
463	国审玉2003058	2003	普通玉米	渝单 7 号	重庆市农业科学研究所	268 × 87-1	四川、重庆、湖南、贵州、广西、云南种植
464	国审玉2003059	2003	普通玉米	承玉 11	河北省承德裕丰种业有限公司	承系 27 × 承系 36	广东、上海、江西、江苏南部、安徽南部种植
465	国审玉2003060	2003	普通玉米	中单 18	中国农业科学院作物育种栽培研究所	吉 853 × 中自 4875	广东、福建、上海、广西、江苏南部、安徽南部种植
466	国审玉2003061	2003	普通玉米	濮单 4 号	河南省濮阳农业科学研究所	9401 × 9212	河南夏播，山西、北京、天津、河北承德和张家口地区、陕西延安地区春播种植
467	国审玉2003062	2003	普通玉米	冀玉 10 号	河北省农林科学院粮油作物研究所	冀 257 × 冀 1198	河南、河北、山东、陕西、安徽北部、江苏北部夏玉米区种植
468	国审玉2003063	2003	糯质玉米	晋糯 205	山西天元种业有限公司	S981 × S982	河北承德地区、山西南部、辽宁中部、吉林中部、北京、黑龙江、内蒙古、新疆春播种植，注意防治灰斑病
469	国审玉2003064	2003	糯质玉米	西星赤糯 1 号	山东登海种业股份有限公司	GN12-3 × BN201	山东、河南、河北、陕西、江苏北部、安徽北部夏玉米区种植。注意防治大斑病、茎腐病
470	国审玉2003065	2003	糯质玉米	郑黑糯 1 号	河南省农业科学院粮食作物研究所	郑黑糯 01 × 郑黑糯 02	山东、河南、河北、陕西、江苏、安徽夏玉米区及广东、福建、浙江、江西、上海、广西种植
471	国审玉2003066	2003	糯质玉米	苏玉糯 2 号	江苏沿江地区农业科学研究所	通 361 × 366	山东、河南、河北、陕西、江苏北部、安徽北部夏玉米区种植
472	国审玉2003067	2003	糯质玉米	苏玉糯 5 号	江苏沿江地区农业科学研究所	通系 5 × 366	广东、福建、浙江、江西、上海、广西、江苏南部、安徽南部种植
473	国审玉2003068	2003	糯质玉米	万粘 1 号	河北万全县华穗特用玉米种业有限责任公司	W03 × W04	山东、河南、河北、陕西、江苏北部、安徽北部夏玉米区种植
474	国审玉2003069	2003	糯质玉米	渝糯 7 号	重庆市农业科学研究所	S147 × S181	浙江、上海、广西、安徽南部种植。矮花叶病重发地块慎用。还适宜在重庆、四川、云南、贵州、广西、湖北的平坝或浅丘地区和河北、河南、山东、江苏北部、安徽北部、陕西夏玉米区作鲜食糯玉米种植

（续表）

序号	审定编号	审定年度	玉米类型	品种名称	选（引）育单位（人）	品种来源	适宜种植范围
475	国审玉2003070	2003	甜质玉米	郑甜2号	河南省农业科学院粮食作物研究所	郑超甜TT03×郑超甜TH02	山东、河南、河北、陕西、江苏北部、安徽北部夏玉米区种植
476	国审玉2003071	2003	甜质玉米	秦农甜1号	陕西秦丰农业股份有限公司	永201×永202	山东、河南、河北、陕西、江苏北部、安徽北部夏玉米区种植
477	国审玉2003072	2003	甜质玉米	西星甜玉1号	山东登海种业股份有限公司	甜859-3×烟甜-1-1	重庆、四川、云南、贵州、广西、湖北的平坝或浅丘地区作为鲜食甜玉米种植
478	国审玉2003073	2003	甜质玉米	甜单21号	中国农业大学农学与生物技术学院	C759×C874	山东、河南、河北、陕西、江苏北部、安徽北部夏玉米区及重庆、四川、云南、贵州、广西、湖北的平坝或浅丘地区种植。在黄淮海夏玉米区注意预防矮花叶病和茎腐病等病虫害。还适宜在辽宁、吉林、黑龙江第一、第二积温带、北京、天津、山西、河北北部、新疆乌鲁木齐、内蒙古赤峰和通辽地区种植。应采取有效措施防治矮花叶病毒和茎腐病
479	国审玉2003074	2003	甜质玉米	云甜玉1号	云南省农业科学院粮食作物研究所	白甜糯-1-2-5-1-1-3×2636	重庆、四川、云南、贵州、广西、湖北及河南信阳地区种植
480	国审玉2003075	2003	甜质玉米	科甜98-1	浙江省农业科学院作物与核技术利用研究所	HZ-3-1×回E28×sh2	广东、福建、浙江、江西、上海、广西种植
481	国审玉2003076	2003	甜质玉米	晶甜3号	江苏省南京市蔬菜科学研究所	403-11×187-8	广东、福建、浙江、江西、上海、广西、江苏南部、安徽南部种植
482	国审玉2003077	2003	甜质玉米	珠甜1号	广东省农业科学院蔬菜研究所	PY7×PB11	广东、福建、浙江、上海、广西种植
483	国审玉2003078	2003	甜质玉米	穗甜1号	广州市农业科学研究所	Sy18×Sy14	广东、福建、浙江、江西、上海、广西、江苏南部、安徽南部地区种植
484	国审玉2003079	2003	爆裂玉米	郑爆2号	河南省农业科学院农业经济信息所	SB-1×YB-A	吉林、辽宁、天津、河南、河北、陕西春播种植
485	国审玉2002001	2002	普通玉米	濮单3号	河南省濮阳市农业科学研究所	P97×9212	山西、吉林、辽宁、北京、天津、河北承德、内蒙古赤峰地区有效积温2800℃以上的春玉米区种植
486	国审玉2001001	2001	普通玉米	铁单16号	辽宁省铁岭农业科学院	铁9206×铁D9125	黑龙江、吉林、辽宁和内蒙古种植本玉9号的地区推广使用

（续表）

序号	审定编号	审定年度	玉米类型	品种名称	选（引）育单位（人）	品种来源	适宜种植范围
487	国审玉2001002	2001	普通玉米	农大108	中国农业大学	178×黄C	该品种自1995年以来，陆续完成了国家东华北（1995年、1996年）、西北（1995年、1996年）区域试验，1998年通过国家审定（品种审定编号为“国审玉980002”），所划的适宜区为东北、华北、西北春玉米区。1998年以来又完成并通过了国家西南玉米区试（1997年、1998年）和国家黄淮海夏玉米区生产试验（2000年）。经审核，同意将农大108的适宜种植区域由原来的东北、华北、西北春玉米区扩展到黄淮海夏播玉米区和西南玉米区推广种植，但在纹枯病流行区应慎用
488	国审玉2001003	2001	普通玉米	东单13号	辽宁东亚种子科学研究院	LD175-1×LD61	东北、华北、西北、西南春玉米地区种植
489	国审玉2001004	2001	普通玉米	户单2000	陕西秦龙绿色种业有限公司	Q763×L6	吉林、辽宁、内蒙古、河北、陕西、山西等省有效积温达2800℃以上的春玉米区和四川平坝、贵州低海拔区种植
490	国审玉2001005	2001	普通玉米	登海11号	山东省莱州市农业科学院	DH65232×DH40	河北、河南、山东、陕西、江苏北部、安徽北部夏玉米区和四川、重庆等适宜地区种植
491	国审玉2001006	2001	普通玉米	农单5号	河北农业大学	农系531×农系110	河北、河南、陕西等夏玉米区种植
492	国审玉2001007	2001	普通玉米	承玉5	河北承德县种子公司	853×1154	河南、河北、江苏、安徽等夏玉米地区种植
493	国审玉2001008	2001	普通玉米	郑单18	河南省农业科学院粮食作物研究所	郑29×昌7-2	河南、安徽、江苏、陕西省夏玉米区中等以上肥力地种植
494	国审玉2001009	2001	普通玉米	雅玉10号	四川省雅安市玉米研究开发中心	YA3237×200B	云南、贵州、四川、重庆、湖北、广西等西南玉米区春播种植
495	国审玉2001010	2001	普通玉米	成单19	四川省农业科学院作物研究所	成687×7327	四川、贵州、重庆的平原、丘陵、低山玉米区种植
496	国审玉2001011	2001	普通玉米	蠡玉6号	河北省蠡县玉米研究所（申报单位：河南奥瑞金种子科技开发有限公司）	618×811	湖南、贵州、甘肃、河北春玉米区种植
497	国审玉2001012	2001	普通玉米	皖单8号	安徽省农业科学院作物研究所	皖系46×文黄31413	江苏南部、安徽南部、浙江、上海、江西、福建种植

（续表）

序号	审定编号	审定年度	玉米类型	品种名称	选（引）育单位（人）	品种来源	适宜种植范围
498	国审玉2001013	2001	甜质玉米	密玉 8 号	江苏徐淮地区淮阴农业科学研究所	Mo17（sh2×sh2）×金银束二环系	江苏、上海、安徽、浙江、福建等地区作鲜食甜玉米种植
499	国审玉20000001	2000	普通玉米	通单 24	吉林省通化市农业科学院	78–84–7Ht×7922	黑龙江省第一积温带和第二积温带上限、吉林省中熟和中晚熟区、辽宁省中熟区及内蒙古中晚熟区种植
500	国审玉20000002	2000	普通玉米	吉单 255	吉林省农业科学院玉米研究所	吉 002×S8–101	黑龙江省第一积温带上限、内蒙古东南部和辽宁省、吉林省本育 9 号熟期地区种植
501	国审玉20000003	2000	普通玉米	四密 25	吉林北方农作物优良品种开发中心	81162×7922	吉林中西部、黑龙江第一积温带上限以及内蒙古东南部、辽宁省本育 9 熟期地区种植
502	国审玉20000004	2000	普通玉米	辽单 30	辽宁省农业科学院作物研究所	8112×辽 1412	可在辽宁省、吉林省中熟玉米区和内蒙古东南部种植
503	国审玉20000005	2000	普通玉米	东单 8 号	辽宁东亚种子科学研究院	LD175×LD53	辽宁省、吉林省南部晚熟玉米区以及华北、西北等省份≥ 10℃有效活动积温 3 100℃以上的春玉米区种植
504	国审玉20000006	2000	普通玉米	丹玉 26（原名丹 2100）	辽宁省丹东农业科学院	9046×丹 598	辽宁省大部、吉林省南部、河北省北部以及京、津等春玉米区推广种植
505	国审玉20000007	2000	普通玉米	登海 9 号（原名吉 9739 或莱玉 3119）	山东莱州市农业科学院	DH65232×8723	吉林省、辽宁省、河北省以及内蒙古东南部春玉米区和黄淮海夏玉米区推广种植
506	国审玉20000008	2000	普通玉米	屯玉 1 号	山西屯留玉米种子专业公司	冲 72×辐 80、	山西省、天津市以及辽宁省、河北省的部分春播玉米区种植
507	国审玉20000009	2000	普通玉米	郑单 958	河南省农业科学院粮食作物研究所	郑 58×昌 7–2	黄淮海夏玉米区推广种植
508	国审玉20000010	2000	普通玉米	农大 81	中国农业大学作物学院	D15×D16	黄淮海夏玉米区种植，适宜密度为 3000 株 / 亩
509	国审玉20000011	2000	普通玉米	豫玉 23 号	河南省安阳市农业科学研究所	478×昌 7–2	黄淮海夏玉米区和四川省春玉米区种植
510	国审玉20000012	2000	普通玉米	豫单 8703	河南农业大学玉米研究所	综 3×87–1	黄淮海夏玉米区及西北春玉米区种植
511	国审玉20000013	2000	普通玉米	鲁单 50	山东省农科院玉米研究所	鲁原 92×齐 319	黄淮海夏玉米区推广种植
512	国审玉20000014	2000	普通玉米	鄂玉 10 号	湖北十堰市农科所	Z069×S7913	西南玉米区种植
513	国审玉20000015	2000	普通玉米	黔单 10 号	贵州省农业科学院旱粮所	93–63×Q102	西南肥水条件较好的地区种植
514	国审玉20000016	2000	普通玉米	渝单 5 号	重庆市农业科学研究所	478×095	西南玉米区种植

（续表）

序号	审定编号	审定年度	玉米类型	品种名称	选（引）育单位（人）	品种来源	适宜种植范围
515	国审玉20000017	2000	糯质玉米	沪玉糯一号	上海市农业科学院作物研究所	SW22 × SW01	东南地区作鲜食糯玉米种植，其他地区可在引种试验的基础上作鲜食糯玉米种植
516	国审玉990001	1999	普通玉米	东单七号	辽宁东亚育种研究所	LD100 × LD61	东北、华北、西北活动积温在2 870℃以上春播玉米区高水肥地块种植
517	国审玉990002	1999	普通玉米	辽单24号（原名辽9401）	辽宁省农业科学院玉米研究所	辽2345 × 丹340	辽宁以及河北北部、吉林南部、内蒙古东南部春玉米适宜地区种植
518	国审玉990003	1999	普通玉米	沈单10号	沈阳市农业科学院玉米研究所	Q1261 × 沈137	辽宁、天津、河北北部等东北、华北和西北春玉米适宜地区种植
519	国审玉990004	1999	普通玉米	屯玉2号	山西省屯留县玉米种子专业公司	冲72 × 丹340	山西东南部、河北北部、吉林、内蒙古适宜地区中高水肥地块春播晚熟区种植
520	国审玉990005	1999	普通玉米	豫玉25号	河南省农业科学院粮食作物研究所	郑653 × BT1	黄淮海夏播玉米适宜地区种植
521	国审玉990006	1999	普通玉米	掖单22号	山东省莱州市农业科学院	488 × 5237	山东、河北、天津、河南、陕西等黄淮海夏玉米和新疆春玉米等适宜地区推广种植
522	国审玉990007	1999	普通玉米	登海1号	山东省莱州市农业科学院	登海4866 × 196	黄淮海夏玉米等适宜区推广种植
523	国审玉990008	1999	普通玉米	招玉2号	山东省招远市种子公司	835 × 295	黄淮海夏玉米适宜地区种植，大斑病重发区应注意防病，生产中应适当密植
524	国审玉990009	1999	普通玉米	华玉四号	华中农业大学玉米研究室	HZ85 × S7913-1-3	西南春玉米适宜地区种植
525	国审玉990010	1999	普通玉米	海禾1号	辽宁省海城市种子公司	LS02 × LS08	西南春玉米适宜地区种植，种植密度以3 000株/亩左右为宜，生产上应注意防止倒伏
526	国审玉990011	1999	普通玉米	兴黄单892	贵州省黔西南州农业科学研究所	5311 × 苏11	贵州、云南等省海拔6 00~1 800米适宜地区中高肥水条件下种植，栽培上应注意防治丝黑穗病
527	国审玉990012	1999	普通玉米	川单14号	四川农业大学	08-64 × 21-ES	四川、贵州、云南等省山区和丘陵地区种植。因该品种植株、穗位偏高，生产上应注意防止倒伏
528	国审玉990013	1999	普通玉米	苏玉10号	江苏沿江地区农业科学研究所	4A × 75	江苏、安徽、江西、浙江、福建省适宜区种植
529	国审玉990014	1999	糯质玉米	苏玉（糯）1号	江苏沿江地区农业科学研究所	通系5 × 衡白522	江苏、上海等省市适宜区作鲜食糯玉米种植
530	国审玉980001	1998	普通玉米	郑单14号	河南省农业科学院粮食作物研究所	478优 × 郑22	东北中南部、西北东南部、华北、黄淮海及西南地区种植

（续表）

序号	审定编号	审定年度	玉米类型	品种名称	选（引）育单位（人）	品种来源	适宜种植范围
531	国审玉980002	1998	普通玉米	农大108	中国农业大学	黄C×178	东北、华北、西北等适宜地区作春播玉米或套种玉米推广利用
532	国审玉980003	1998	普通玉米	中玉4号	中国农业科学院品种资源研究所	CN165×CN4397	北京、山西春玉米中晚熟区及相似生态区种植
533	国审玉980004	1998	普通玉米	农大3138	中国农业大学	综31×P138	华北春玉米区、南方玉米区等适宜地区推广种植
534	国审玉980005	1998	普通玉米	中原单32号	中国农业科学院原子能利用研究所	齐318×原辐黄	黄淮海等适宜地区推广种植
535	国审玉980006	1998	普通玉米	冀丰58	河北省农林科学院粮油作物研究所、保定市农业科学研究所、邯郸市农业科学研究所	53×8112	河北、云南等适宜地区推广种植
536	国审玉980007	1998	普通玉米	川单12号	四川农业大学	20-48×09-613	四川、贵州、湖北等西南适宜地区推广种植
537	国审玉980008	1998	普通玉米	中单321	中国农业科学院作物育种栽培研究所	中452×中自01	在我国东华北、西北春玉米区、西南玉米区等适宜地区推广种植，但在丝黑穗病区应采取种子包衣等综合防治措施
538	国审玉980009	1998	普通玉米	农大高油115	中国农业大学	Gy220×1145	北京、天津等适宜地区春播种植
539	国审玉980010	1998	普通玉米	锦玉2号	辽宁省凌海市种子公司	宽叶C8605×（7）-61	辽宁、吉林、河北等东北、华北春玉米适宜地区种植
540	国审玉980011	1998	普通玉米	中单5384	中国农业科学院作物育种栽培研究所	黄早四×5213	黄淮海夏播区适宜地区推广，尤其适宜地陕、甘、宁干旱少雨地区种植。该品种抗旱性突出，不适宜在潮湿阴雨地区种植
541	国审玉980012	1998	普通玉米	掖单12号	山东省莱州市农业科学院	478×515	东北、华北、西北等春玉米区和黄淮海夏玉米适宜地区种植推广
542	国审玉980013	1998	普通玉米	掖单19号	山东省莱州市农业科学院	478×52106	我国东华北春玉米区、南方夏玉米区、黄淮海夏玉米区等适宜地区种植
543	国审玉980014	1998	普通玉米	掖单13号	山东省莱州市农业科学院	478×340	全国适宜地区种植
544	GS03001-1995	1995	普通玉米	四早6号	吉林省四平市农业科学院	434×4F1	吉林省东部半山区、黑龙江省第二积温带、内蒙古的哲盟、兴安盟的部分地区种植
545	GS03002-1995	1995	普通玉米	四单19号	吉林省四平市农业科学院	444×Mo17	吉林、黑龙江省种植四早8和白单9品种地区推广
546	GS03003-1995	1995	普通玉米	吉单180	吉林省农业科学院玉米研究所	吉853×Mo17	吉林中西部、黑龙江南部及内蒙古东部地区种植

（续表）

序号	审定编号	审定年度	玉米类型	品种名称	选（引）育单位（人）	品种来源	适宜种植范围
547	GS03004-1995	1995	普通玉米	冀单 28	河北省唐山市农业科学研究所	冀野四 3 × 获唐黄 17	京、津、冀一年两作制地区夏直播；在内蒙古、黑龙江和新疆等省（区）部分地区春播
548	GS03005-1995	1995	普通玉米	豫玉 11 号	河南省农业科学院粮食作物研究所	12 × 360 选	黄淮海夏玉米区推广
549	GS03001-1994	1994	普通玉米	鲁玉 13 号	山东省农业科学院玉米研究所	中系 091 × 齐 205	黄淮海和四川等适宜地区作普通玉米或青贮玉米推广
550	GS03002-1994	1994	普通玉米	雅玉 2 号	四川雅安地区农业科学研究所	7922 × S37	西南山地玉米区推广种植
551	GS03003-1994	1994	普通玉米	川农单交 9 号	四川农业大学	48-2 × 5003	四川省平丘地区及西南相似地区种植
552	GS03001-1992	1992	普通玉米	掖单 4 号	山东省莱州市农科所	8112 × 黄早四	适应性广，主要适于黄淮海地区，1992 年北京、河北、安徽、河南、山东、江苏、陕西及天津等省（市）种植面积共 1700 万亩
553	GS03002-1992	1992	普通玉米	丹玉 15 号	辽宁省丹东农科所	Mo17Ht × 丹 340	该品种具有高产、抗病、优质、适应性广的特点。截至 1990 年，辽宁省已推广 479.15 万亩，吉林公主岭、集安、辽源 3 个市累计推广 90 万亩，山东沂南县 30 万亩，河北抚宁县 30 万亩，河南登封县 45 万亩，在云南也有种植
554	GS03003-1992	1992	普通玉米	四单 16 号	吉林省四平市农科所	446 × Mo17	黑龙江省 1989—1991 年累计推广 550 万亩
555	GS03001-1991	1991	普通玉米	绵单 1 号	四川省绵阳市农科所	南 21-3 × 81565	西南山区种植

二、棉花，78 个品种

过去的五年（2016—2020 年）中，根据工作分工和岗位职责，本人负责国家棉花品种试验并协助审定工作，这一阶段学到了不少棉花的基本知识，加深了对棉花产业的了解，培养了对棉花事业的情感。这得益于第三届、第四届国家农作物品种审定委员会以曲辉英、李保成、张志刚和张献龙、周关印为代表的两届棉花专业委员会各位委员的悉心指导，也得益于国家棉花品种试验主持人许乃银、杨付新、赵素琴、彭军、付小琼研究员和朱荷琴、赵建军、唐淑荣、林玲、肖留斌、张锐、孙国清、朱留镇和刘逢举等专家的积极帮助，得益于各棉花主产省区种子管理部门的密切配合，更得益于广大承试人员默默无闻的辛勤工作，使得国家棉花品种试验审定和推广工作一直进展顺利，并在机采棉和短季棉试验开展、加快优质棉品种筛选、积极推进抗虫棉试验等方面取得积极进展和可喜成绩，在此一并致谢各位专家和朋友。

备注：2019 年 11 月 7 日杀青。

序号	审定编号	审定年度	品种类型	品种名称	选（引）育单位（人）	品种来源	适宜种植范围
1	国审棉 20200001	2020	转抗虫基因中熟常规棉品种	国欣棉 31	河间市国欣农村技术服务总会，新疆国欣种业有限公司	GK39 × XD-12	江苏和安徽淮河以南、浙江沿海、江西北部、河南南部、湖北、湖南北部和四川丘陵棉区春播种植。黄萎病重病地不宜种植
2	国审棉 20200002	2020	转抗虫基因中熟杂交棉品种	中生棉 11 号	中国农业科学院生物技术研究所	S013（泗棉 3 号选系）× GK12	江苏和安徽淮河以南、浙江沿海、江西北部、河南南部、湖北、湖南北部和四川丘陵棉区春播种植。枯萎病和黄萎病重病地不宜种植
3	国审棉 20200003	2020	转抗虫基因中熟杂交棉品种	湘 X1251	湖南省棉花科学研究所	湘 160 × 湘 39	江苏和安徽淮河以南、浙江沿海、江西北部、河南南部、湖北、湖南北部和四川丘陵棉区春播种植
4	国审棉 20200004	2020	转抗虫基因中熟杂交棉品种	华田 10 号	湖北华田农业科技股份有限公司	荆 718 × R1	江苏和安徽淮河以南、浙江沿海、江西北部、河南南部、湖北、湖南北部和四川丘陵棉区春播种植
5	国审棉 20200005	2020	转抗虫基因中熟杂交棉品种	中生棉 10 号	中国农业科学院生物技术研究所	P80 × GK12	江苏和安徽淮河以南、浙江沿海、江西北部、河南南部、湖北、湖南北部和四川丘陵棉区春播种植
6	国审棉 20200006	2020	转抗虫基因中熟杂交棉品种	华杂棉 H116	华中农业大学	H82140 × H92047	江苏和安徽淮河以南、浙江沿海、江西北部、河南南部、湖北、湖南北部和四川丘陵棉区春播种植
7	国审棉 20200007	2020	转抗虫基因早熟常规棉品种	鲁棉 532	山东棉花研究中心	K640（短季棉）/K836（抗虫棉）	河北、河南、山西南部、山东（除鲁西南外）、江苏和安徽淮河以北棉区夏播种植
8	国审棉 20200008	2020	转抗虫基因中熟常规棉品种	德利农 12 号	德州市德农种子有限公司	[（鲁棉研 28 × 9826）F_1]/鲁棉研 28	天津、河北、山东、河南、山西南部、陕西关中、江苏和安徽淮河以北棉区春播种植
9	国审棉 20200009	2020	转抗虫基因中熟常规棉品种	中棉 9001	中国农业科学院棉花研究所	冀棉 616/[（中棉所 25 × 中棉所 12）F_2]	天津、河北、山东、河南、山西南部、陕西关中、江苏和安徽淮河以北棉区春播种植

（续表）

序号	审定编号	审定年度	品种类型	品种名称	选（引）育单位（人）	品种来源	适宜种植范围
10	国审棉20200010	2020	转抗虫基因中熟常规棉品种	邯棉6101	邯郸市农业科学院	邯50182/邯218	天津、河北、山东、河南、山西南部、陕西关中、江苏和安徽淮河以北棉区春播种植
11	国审棉20200011	2020	转抗虫基因中熟常规棉品种	邯棉3008	邯郸市农业科学院	邯50012/YM111	天津、河北、山东、河南、山西南部、陕西关中、江苏和安徽淮河以北棉区春播种植
12	国审棉20200012	2020	转抗虫基因中熟常规棉品种	邯218	邯郸市农业科学院	邯161/邯郸109	天津、河北、山东、河南、山西南部、陕西关中、江苏和安徽淮河以北棉区春播种植
13	国审棉20200013	2020	转抗虫基因中熟常规棉品种	金农308	天津金世神农种业有限公司	富亿农12号系选	天津、河北、山东、河南、山西南部、江苏和安徽淮河以北棉区春播种植
14	国审棉20200014	2020	转抗虫基因中熟常规棉品种	中棉所9708	中国农业科学院棉花研究所	P851A/GKz中杂A49-668	天津、河北、山东、河南、山西南部、陕西关中、江苏和安徽淮河以北棉区春播种植
15	国审棉20200015	2020	转抗虫基因中熟常规棉品种	国欣棉26	河间市国欣农村技术服务总会，新疆国欣种业有限公司	农大601×41128	天津、河北、山东、河南、山西南部、陕西关中、江苏和安徽淮河以北棉区春播种植
16	国审棉20200016	2020	转抗虫基因中熟杂交棉品种	中棉所9711	中国农业科学院棉花研究所	P521A×GKz中杂A49-668	天津、河北、山东、河南、山西南部、陕西关中、江苏和安徽淮河以北棉区春播种植
17	国审棉20200017	2020	转抗虫基因中熟杂交棉品种	中M04	中国农业科学院棉花研究所	中2719×GKz中杂A49-668选系	天津、河北、山东、河南、山西南部、陕西关中、江苏和安徽淮河以北棉区春播种植
18	国审棉20200018	2020	非转基因早熟常规棉品种	H219	新疆合信科技发展有限公司	461-3×ZM-4	西北内陆早熟棉区春播种植
19	国审棉20200019	2020	非转基因早熟常规棉品种	H216	新疆合信科技发展有限公司	Y10×新陆早65号	西北内陆早熟棉区春播种植
20	国审棉20200020	2020	非转基因早熟常规棉品种	金垦1643	新疆农垦科学院棉花研究所	新陆早45号×7630	西北内陆早熟棉区春播种植

（续表）

序号	审定编号	审定年度	品种类型	品种名称	选（引）育单位（人）	品种来源	适宜种植范围
21	国审棉20200021	2020	非转基因早熟常规棉品种	LP518	安徽隆平高科种业有限公司	石 K8 选系 / 中棉所 475	西北内陆早熟棉区春播种植
22	国审棉20200022	2020	非转基因早中熟常规棉品种	X19075	新疆合信科技发展有限公司	（中棉所 43 号 × 新陆中 9 号）× 新陆中 36 号	西北内陆早中熟棉区春播种植
23	国审棉20200023	2020	非转基因早中熟常规棉品种	巴 43541	新疆巴音郭楞蒙古自治州农业科学研究院	40824 × 40195	西北内陆早中熟棉区春播种植
24	国审棉20200024	2020	非转基因早中熟常规棉品种	中棉所96B	中国农业科学院棉花研究所	98–119 ×（新陆中 36 × 29–1）	西北内陆早中熟棉区春播种植
25	国审棉20200025	2020	非转基因早中熟常规棉品种	K7	新疆石大科技股份有限公司	新陆中 36 号 × 33	西北内陆早中熟棉区春播种植
26	国审棉20200026	2020	非转基因早中熟常规棉品种	创棉 517	创世纪种业有限公司	创棉 50 号 × P16	西北内陆早中熟棉区春播种植
27	国审棉20190001	2019	转抗虫基因中熟常规品种	华惠 15	湖北惠民农业科技有限公司	（荆 97046 × 鄂抗棉 9 号）× 太 D–3	江苏和安徽淮河以南、浙江沿海、江西北部、湖北、河南南部、湖南北部和四川丘陵棉区春播种植
28	国审棉20190002	2019	转抗虫基因中熟杂交品种	冈 0996	武汉佳禾生物科技有限责任公司，黄冈市农业科学院	冈 06–9 × 冈 0804–1	江苏和安徽淮河以南、浙江沿海、江西北部、湖北、河南南部、湖南北部和四川丘陵棉区春播种植
29	国审棉20190003	2019	转抗虫基因中熟杂交品种	国欣棉 18 号	河间市国欣农村技术服务总会，新疆国欣种业有限公司	GK39 × XD12	江苏和安徽淮河以南、浙江沿海、江西北部、湖北、河南南部、湖南北部和四川丘陵棉区春播种植
30	国审棉20190004	2019	转抗虫基因中熟杂交品种	ZHM19	湖南省棉花科学研究所	湘 Z201 × H101	江苏和安徽淮河以南、浙江沿海、江西北部、湖北、河南南部、湖南北部和四川丘陵棉区春播种植
31	国审棉20190005	2019	转抗虫基因中熟常规品种	中棉所119	中国农业科学院棉花研究所	冀棉 616 ×（中棉所 25 × 豫棉 19 号）F2	天津、山东、河南、河北、山西南部、江苏和安徽淮河以北棉区春播种植

（续表）

序号	审定编号	审定年度	品种类型	品种名称	选（引）育单位（人）	品种来源	适宜种植范围
32	国审棉20190006	2019	转抗虫基因中熟常规品种	鲁棉696	山东棉花研究中心	鲁547×（新911×R2934）F2	天津、山东、河南、河北、山西南部、江苏和安徽淮河以北棉区春播种植
33	国审棉20190007	2019	转抗虫基因中熟常规品种	国欣棉25	河间市国欣农村技术服务总会，新疆国欣种业有限公司	GK39×41128	山东、河南、河北、山西南部、江苏和安徽淮河以北棉区春播种植
34	国审棉20190008	2019	转抗虫基因中熟常规品种	中棉所117	中国农业科学院棉花研究所	冀棉616×中93216	天津、山东（不含北部）、河南、河北、山西南部、江苏和安徽淮河以北棉区春播种植
35	国审棉20190009	2019	转抗虫基因中熟常规品种	聊棉15号	聊城市农业科学研究院，山东银兴种业股份有限公司	YX286×KRZ06	天津、山东、河南、河北、山西南部、江苏和安徽淮河以北棉区春播种植
36	国审棉20190010	2019	转抗虫基因中熟常规品种	鲁棉238	山东棉花研究中心	鲁棉研36号×鲁棉研28号	山东、河南（不含东部）、河北、山西南部、江苏和安徽淮河以北棉区春播种植
37	国审棉20190011	2019	转抗虫基因早熟杂交品种	中棉所115	中国农业科学院棉花研究所	ZB1A×GKz中杂A49-668	山东、河南、河北、山西南部、江苏和安徽淮河以北棉区夏播种植
38	国审棉20190012	2019	转抗虫基因早熟常规品种	鲁棉2387	山东棉花研究中心	S394×鲁397	山东、河南、河北、山西南部、江苏淮河以北棉区夏播种植
39	国审棉20190013	2019	转抗虫基因早熟常规品种	中棉425	中国农业科学院棉花研究所，山东众力棉业科技有限公司	中640×山农SF06	山东、河南、河北、江苏和安徽淮河以北棉区夏播种植
40	国审棉20190014	2019	转抗虫基因中熟常规品种	冀丰103	河北省农林科学院粮油作物研究所，河北冀丰棉花科技有限公司	99-68×97G1	天津、河北中南部、河南、山东和江苏淮河以北棉区种植
41	国审棉20190015	2019	非转基因早熟常规品种	庄稼汉902	石河子市庄稼汉农业科技有限公司	（石K10×早26）×（A群×石1031）	西北内陆早熟棉区种植

（续表）

序号	审定编号	审定年度	品种类型	品种名称	选（引）育单位（人）	品种来源	适宜种植范围
42	国审棉20190016	2019	非转基因早熟常规品种	F015-5	新疆金丰源种业股份有限公司	6621×新陆早16号系选	西北内陆早熟棉区种植
43	国审棉20190017	2019	非转基因早熟常规品种	H33-1-4	新疆合信科技发展有限公司	33×CH1	西北内陆早熟棉区种植
44	国审棉20190018	2019	非转基因早熟常规品种	金科20	北京中农金科种业科技有限公司	05-5×9819系选	西北内陆早熟棉区种植
45	国审棉20190019	2019	非转基因早熟常规品种	惠远1401	新疆惠远种业股份有限公司	新陆早13号×（惠远602×710）F_1	西北内陆早熟棉区种植
46	国审棉20190020	2019	非转基因早熟常规品种	新石K28	中国农业科学院棉花研究所，石河子农业科学研究院	新陆早46号系统选育而成	西北内陆早熟棉区种植
47	国审棉20190021	2019	非转基因早熟常规品种	中棉201	中棉种业科技股份有限公司	中棉所88×中075	西北内陆早熟棉区无（或轻）黄萎病棉田种植
48	国审棉20190022	2019	非转基因早中熟常规品种	创棉512	创世纪种业有限公司	豫棉20×新陆早24	西北内陆早中熟棉区种植
49	国审棉20190023	2019	非转基因早中熟常规品种	J8031	新疆金丰源种业股份有限公司	中287×（新陆中36号×新陆中14号）	西北内陆早中熟棉区种植，黄萎病重病地不宜种植
50	国审棉20180001	2018	转抗虫基因中熟常规品种	中棉所110	中国农业科学院棉花研究所，山东众力棉业科技有限公司	冀1286×XU2006	山西南部、陕西关中、河北、山东、河南、江苏淮河以北和安徽淮河以北棉区种植
51	国审棉20180002	2018	转抗虫基因中熟常规品种	鲁杂2138	山东棉花研究中心	鲁棉研21号×鲁棉研28号	天津、山西南部、陕西关中、河北、山东、河南、江苏淮河以北和安徽淮河以北棉区种植
52	国审棉20180003	2018	转抗虫基因中熟三系杂交品种	鲁棉1127	山东棉花研究中心	鲁588A×鲁28R	河北、山东、河南北部和安徽淮河以北棉区种植

（续表）

序号	审定编号	审定年度	品种类型	品种名称	选（引）育单位（人）	品种来源	适宜种植范围
53	国审棉 20180004	2018	转抗虫基因中熟杂交品种	华惠 13	湖北惠民农业科技有限公司	太 08 凡 105× 荆抗七 -20	江苏和安徽淮河以南、浙江沿海、江西北部、湖北、河南南部、湖南北部和四川丘陵棉区春播种植
54	国审棉 20180005	2018	转抗虫基因中熟杂交品种	湘杂 198	荆州市田野种业有限公司	D-16× 荆 55169	江苏和安徽淮河以南、浙江沿海、江西北部、湖北、河南南部、湖南北部和四川丘陵棉区春播种植
55	国审棉 20180006	2018	非转基因常规早熟品种	创棉 508	创世纪种业有限公司	中棉所 16× 炮台 1 号	西北内陆早熟棉区种植，黄萎病重病地不宜种植
56	国审棉 20170001	2017	转抗虫基因中熟杂交品种	锦科杂 10 号	新疆桑塔木种业股份有限公司、新乡市锦科棉花研究所	锦科 04-37× 锦科棉 11 号	天津、山西南部、河北、山东、河南、江苏和安徽淮河以北棉区种植
57	国审棉 20170002	2017	转抗虫基因中熟杂交品种	YM111	邯郸市农业科学院	邯 6205× 邯棉 802	天津、山西南部、河北、山东、河南、江苏和安徽淮河以北棉区种植
58	国审棉 20170003	2017	转抗虫基因早熟常规品种	邯 818	邯郸市农业科学院	邯 256× 邯 685	山西南部、河北、山东、河南种植
59	国审棉 20170004	2017	转抗虫基因中熟常规品种	航棉 12	安徽绿亿种业有限公司	LY12× 中棉所 41	江苏和安徽淮河以南、浙江沿海、江西和湖南北部、湖北、河南南部、四川丘陵棉区春播种植
60	国审棉 20170005	2017	转抗虫基因中熟常规品种	国欣棉 15	河间市国欣农村技术服务总会	SGK3× 汉南大铃	江苏和安徽淮河以南、浙江沿海、江西和湖南北部、湖北、河南南部、四川丘陵棉区春播种植
61	国审棉 20170006	2017	转抗虫基因中熟杂交品种	晶华棉 112	荆州市晶华种业科技有限公司	098141× 098121	江苏和安徽淮河以南、浙江沿海、江西和湖南北部、湖北、河南南部、四川丘陵棉区春播种植
62	国审棉 20170007	2017	转抗虫基因中熟杂交品种	江农棉 2 号	江西农庄主农业科技开发有限公司	12-40× 赣棉 11 号	江苏和安徽淮河以南、浙江沿海、江西和湖南北部、湖北、河南南部、四川丘陵棉区春播种植
63	国审棉 20170008	2017	非转基因早熟常规品种	惠远 720	新疆惠远种业股份有限公司	惠远 710 选系 × 08-15-1	西北内陆早熟棉区无（或轻）黄萎病棉田种植

（续表）

序号	审定编号	审定年度	品种类型	品种名称	选（引）育单位（人）	品种来源	适宜种植范围
64	国审棉20170009	2017	非转基因早熟常规品种	新石 K21	石河子农业科学研究院	从新陆早46号中系统选育而成	西北内陆早熟棉区无（或轻）黄萎病棉田种植
65	国审棉20170010	2017	非转抗虫基因早中熟常规品种	禾棉 A9-9	巴州禾春洲种业有限公司	（优系-8×豫棉36）×新陆中36	西北内陆早中熟棉区种植
66	国审棉2016001	2016	转抗虫基因中熟常规品种	银兴棉28	山东银兴种业股份有限公司	BR98-2变异株系选	天津、河北中南部、山东、河南、安徽淮河以北棉区种植
67	国审棉2016002	2016	转抗虫基因中熟常规品种	硕丰棉1号	保定硕丰农产股份有限公司	鲁棉研16号选系SB106×(1901、410、511的混合花粉）系选	天津、河北中南部、山西南部、河南（河南北部除外）、山东、江苏淮河以北、安徽淮河以北棉区种植
68	国审棉2016003	2016	转抗虫基因中熟常规品种	中棉所100	中国农业科学院棉花研究所	SGK中9409×库车-6	天津、山西南部、河北中南部、河南、山东、安徽淮河以北棉区种植
69	国审棉2016004	2016	转抗虫基因中熟常规品种	瑞棉1号	济南鑫瑞种业科技有限公司、中国农业科学院生物技术研究所	SGK321变异株系选	天津、山西南部、河北中南部、山东、河南、陕西关中地区、安徽淮河以北、江苏淮河以北棉区种植
70	国审棉2016005	2016	转抗虫基因中熟杂交品种	瑞杂818	济南鑫瑞种业科技有限公司、中国农业科学院生物技术研究所	08-939×04-4.072	天津、河北中南部、山西南部、河南、山东、陕西关中地区、江苏淮河以北、安徽淮河以北棉区种植
71	国审棉2016006	2016	转抗虫基因早熟常规品种	锦科707	新乡市锦科棉花研究所、中国农业科学院生物技术研究所	（sGK中394×锦科04-8）F_1×棉乡368	河北中南部、河南、山东（山东西南除外）、安徽淮河以北棉区种植
72	国审棉2016007	2016	转抗虫基因中早熟常规品种	宁棉2号	江苏神农大丰种业科技有限公司	H128/石远321系选	江苏和安徽淮河以南、江西和湖南北部、湖北、河南南部、四川丘陵棉区春播种植
73	国审棉2016008	2016	转抗虫基因中早熟杂交品种	国欣棉16	河间市国欣农村技术服务总会、中国农业科学院生物技术研究所	SGK3×TF-1	江苏和安徽淮河以南、浙江沿海、江西和湖南北部、湖北、河南南部、四川丘陵棉区春播种植

（续表）

序号	审定编号	审定年度	品种类型	品种名称	选（引）育单位（人）	品种来源	适宜种植范围
74	国审棉2016009	2016	非转基因早熟常规品种	Z1112	新疆兵团第七师农业科学研究所、新疆锦棉种业科技股份有限公司	陕5051×97-185	北疆早熟棉区黄萎病无病或轻病棉田种植
75	国审棉2016010	2016	非转基因早熟常规棉品种	新石K18	新疆石河子棉花研究所	自育品系994×（822抗×97-185）F_1	北疆早熟棉区黄萎病无病或轻病棉田种植
76	国审棉2016011	2016	非转抗虫基因早熟常规品种	J206-5	新疆金丰源种业股份有限公司	中49号×（新陆中36号×冀668）F_1	西北内陆早中熟棉区黄萎病无病区或轻病区春播种植
77	国审棉2016012	2016	非转基因早中熟常规品种	创棉501号	创世纪种业有限公司	豫棉2067×129的杂交后代	新疆南疆早中熟棉区的黄萎病轻病地或无病地种植
78	国审棉2016013	2016	转抗虫基因中熟三系杂交品种	中棉所99	中国农业科学院棉花研究所	P1528×sGK-中23	天津、河南、山东西南部、安徽淮河以北棉区中高肥水、黄萎病非重病棉田种植

第六章

玉米面积

在多年从事国家级玉米品种试验审定和推广工作基础上，利用农业部全国种子总站（1982—1994 年）和全国农业技术推广服务中心（1995—2019 年）的《全国农作物主要品种推广情况统计表》，对已有信息进行部分录入、核实、更正等编辑、汇总和定位工作，整理了“1982—2019 年全国玉米主要品种种植面积年度统计简表”奉献给大家，这是珍贵的玉米历史资料，也是玉米品种利用的全面信息，展示的是玉米专家们奋斗的痕迹，更是我国玉米品种引进、利用、推广的绚丽画卷，饱含玉米界同人的汗水、足迹和追求，完整展现了我国玉米品种选育进程、品种利用历程及玉米科技进步过程的发展史。

伴随这些品种的推广应用，实现了我国从粮食短缺、基本自给、自给有余的“用 7% 的耕地养活 22% 的人口”的历史进程，从而为我国改革开放的伟大征程提供了强有力的保障，为中国人民和中华民族实现第一个 100 年奋斗目标（即在中国共产党成立 100 年时全面建成小康社会）作出了我们玉米人的奉献和贡献。与此同时，我也走过了 30 多年从事玉米乃至农作物品种学习、工作、奋斗的难忘岁月，看到这些资料时，我仿佛看到每个品种、每位专家、历史瞬间等均在眼前闪过，包括遇见的老师专家、行业朋友和多年战友的情景仍在眼前，无法割舍、难以忘怀……

在此，要特别感谢智种网的朋友——车小平，为了本书的出版，赠送了智种网录入的 1982—2018 年的玉米品种每年面积统计的全套电子版资料。

本着对历史负责的态度，本人在尽最大努力保持原貌的基础上，对 30 多年的统计资料认真核实，根据各年度品种数量演变、玉米生产面积增长、品种利用更替的情况，先后选择前 150 位、200 位、300 位、500 位的品种进行汇总，使大家了解一下 38 年来玉米品种在我国的利用概况，希望对大家有所裨益。

备注：2018 年 7 月 20 日杀青，此后有补充，请以官方统计资料为准。

1982—1988 年我国玉米主要品种种植面积年度统计简表

（前 150 位）

单位：万亩

序号	1982 年		1983 年		1984 年		1985 年		1986 年		1987 年		1988 年	
	品种名称	面积	品种名称	面积	品种名称	面积	品种名称	面积	品种名称	面积	品种名称	面积	品种名称	面积
1	中单 2 号	2403	中单 2 号	2629	中单 2 号	2627	中单 2 号	2965	中单 2 号	3117	丹玉 13 号	3374	丹玉 13 号	4565
2	丹玉 6 号	1624	郑单 2 号	982	四单 8 号	1179	四单 8 号	1475	四单 8 号	1559	中单 2 号	2573	中单 2 号	1906
3	郑单 2 号	1252	鲁原单 4 号	968	吉单 101	1128	烟单 14	1195	烟单 14	1480	烟单 14	1791	烟单 14	1461
4	鲁原单 4 号	1045	京杂 6 号	872	烟单 14	870	吉单 101	633	丹玉 13 号	1061	四单 8 号	1458	四单八	1209
5	吉单 101	735	丹玉 6 号	819	丹玉 6 号	735	京早 7 号	508	鲁玉 2 号	1014	鲁玉 2 号	695	掖单 2 号	887
6	沈单 3 号	438	四单 8 号	770	京早 7 号	652	林赵 1 号	489	吉单 101	990	掖单 2 号	688	鲁玉 2 号	848
7	京早 7 号	422	京早 7 号	585	郑单 2 号	632	鲁玉 2 号	469	科单 102	928	鲁玉 8 号	616	吉单 131	658
8	吉双 83	400	吉单 101	523	京杂 6 号	523	京杂 6 号	447	黄莫 417	492	林赵 1 号	581	沈单 7 号	615
9	豫农 704	372	户单 1 号	420	鲁玉 3 号	503	郑单 2 号	428	鲁玉 3 号	468	吉单 118	572	白单 9 号	474
10	京杂 6 号	290	沈单 3 号	394	鲁原单 4 号	459	丹玉 11 号	405	户单 1 号	433	铁单 4 号	566	京杂 6 号	464
11	四单 8 号	270	博单 1 号	318	户单 1 号	394	丹玉 6 号	388	丹玉 11 号	383	京杂 6 号	473	东农 248	458
12	豫双 5 号	251	豫双 5 号	293	四单 10 号	388	掖单 2 号	381	京早 7 号	358	丹玉 11 号	373	黄莫 417	440
13	原单 1 号	238	73 单交	269	龙单 1 号	358	户单 1 号	332	苏玉 1 号	305	73 单交	340	七三单交	374
14	恩单 2 号	231	吉双 83 号	250	73 单交	351	博单 1 号	315	聊玉 5 号	293	反交 101	313	户单 1 号	373
15	嫩单 3 号	224	龙单 1 号	248	聊玉 5 号	320	聊玉 5 号	292	京杂 6 号	288	四单 12 号	311	冀单 17 号	298
16	旅丰 1 号	209	四单 10 号	229	反交 101	293	苏玉 5 号	290	73 单交	286	苏玉 1 号	303	铁单 4 号	286
17	黄玉米	201	获白 ×330	227	丹玉 11 号	257	鲁原单 4 号	284	铁单 4 号	267	冀单 17 号	291	鲁玉 5 号	280
18	双交种	178	旅丰 1 号	216	沈单 3 号	266	豫农 704	281	豫农 704	250	户单 1 号	268	反交 101	263
19	嫩单 1 号	166	烟单 14 号	215	博单 1 号	246	绥玉 2 号	249	郑单 2 号	232	吉单 101	250	掖单 4 号	257

（续表；单位：万亩）

序号	1982 年		1983 年		1984 年		1985 年		1986 年		1987 年		1988 年	
	品种名称	面积	品种名称	面积	品种名称	面积	品种名称	面积	品种名称	面积	品种名称	面积	品种名称	面积
20	博单 1 号	161	冀三 1 号	193	鲁玉 2 号	246	73 单交	248	郧单 1 号	177	鲁玉 7 号	244	苏玉 1 号	251
21	绥玉 2 号	153	恩单 2 号	188	嫩单 4 号	225	龙单 1 号	236	合玉 11 号	168	白单 9 号	237	郧单 1 号	233
22	鲁宁 1 号	152	反交 101	181	豫农 704	218	郧单 1 号	236	博单 1 号	167	龙单 1 号	230	四单 12	223
23	丰单 1 号	149	鲁宁 1 号	174	嫩单 3 号	216	反交 101	210	鲁原单 4 号	164	京早 7 号	211	丹玉 11 号	186
24	红单 1 号	144	鲁原三 2 号	168	安玉 2 号	207	冀单 10 号	177	冀单 10 号	160	嫩单 4 号	196	新合玉 11	183
25	郑单 1 号	143	丰单 1 号	165	冀单 10 号	191	丹玉 13 号	175	恩单 2 号	160	陕单 9 号	180	鲁玉 3 号	181
26	白马牙	141	郧单 1 号	147	获白 ×330	182	嫩单 4 号	166	四单 12 号	147	龙肇 1 号	172	丹玉号	165
27	黑白号	131	成单 4 号	147	旅丰 1 号	177	恩单 2 号	162	复单 2 号	137	复单 2 号	164	陕单 9 号	142
28	陕单 7 号	128	铁单 4 号	146	郧单 1 号	172	龙肇 1 号	152	冀单 11 号	130	东农 248	162	京早 7 号	137
29	鲁原三 2 号	125	墨白	145	吉双 83 号	161	墨白 1 号	150	鲁玉 6 号	122	郧单 1 号	161	SC-704	137
30	聊玉 5 号	123	绥玉 2 号	140	豫双 5 号	160	嫩单 3 号	149	龙单 1 号	122	恩单 2 号	144	恩单 2 号	135
31	73 单交	121	维尔 156	138	复单 2 号	145	合 51	137	冀 31 号	114	新绥玉 2 号	137	京早 8 号	133
32	中三交	112	吉单 104	130	冀三 1 号	144	四单 10 号	136	冀单 17 号	113	郑单 2 号	132	聊玉 7 号	133
33	合玉 11 号	110	聊玉 5 号	108	墨白 1 号	130	成单 4 号	135	陕单 9 号	109	新合玉 11 号	130	复单 2 号	113
34	会单 1 号	110	丹玉 11 号	103	鲁宁 1 号	126	沈单 4 号	128	京早 8 号	109	冀单 11 号	125	吉单 101	108
35	成单 4 号	107	冀单 10 号	100	嫩单 1 号	118	鲁玉 6 号	127	嫩单 3 号	102	冀单 10 号	123	新绥玉 2	102
36	金皇后	103	白马牙	98	丰单 1 号	115	黄 417	124	新嫩 4 号	96	Mo17 × 丹 340	121	鲁玉 6 号	100
37	黄马牙	100	洛单 2 号	96	龙单 1 号	113	沈单 3 号	117	旅丰 1 号	91	博单 1 号	121	吉单 119	99
38	旅丰 2 号	100	嫩单 3 号	93	克单 3 号	109	豫双 5 号	115	沈单 4 号	86	鲁玉 6 号	118	旅丰 1 号	94
39	冀三 1 号	99	大黄包谷	78	成单 4 号	109	鲁三 1 号	113	新嫩 5 号	82	旅丰 1 号	106	合玉 14 号	94
40	吉 104	92	嫩玉 1 号	72	本地黄	96	复单 2 号	111	绥玉 2 号	81	吉单 131	101	丹玉 15 号	92
41	吉双 147	91	嫩单 1 号	69	吉单 101 × Mo17	90	吉单 104	107	中原单 4 号	77	丹玉 6 号	93	克单 4 号	90
42	冀单 5 号	89	白单 4 号	65	三交种	84	黄包谷	100	桦单 32 号	77	豫农 704	93	冀单 15 号	88

（续表；单位：万亩）

序号	1982 年		1983 年		1984 年		1985 年		1986 年		1987 年		1988 年	
	品种名称	面积	品种名称	面积	品种名称	面积	品种名称	面积	品种名称	面积	品种名称	面积	品种名称	面积
43	维尔 156	85	复单 2 号	64	鲁玉 6 号	75	获白 × 330	94	冀单 13 号	76	嫩单 3 号	88	冀单 10 号	88
44	丹玉 9 号	81	丰三 1 号	62	黄包谷	72	吉双 83	94	克单 6 号	74	克单 4 号	86	白单 8 号	83
45	京黄 113	73	群玉 1 号	60	冀单 13 号	71	旅丰 1 号	94	白单 8 号	70	合玉 11 号	84	桂顶 1 号	80
46	鲁三 9 号	71	V153 × 铁 13 × 黄 64	59	黄 417	70	白户单 1 号	85	鲁玉 1 号	69	连玉 8 号	78	吉单 118	79
47	白单 4 号	66	嫩单 2 号	58	702 × 330	68	陕单 9 号	85	连玉 3 号	67	成单 75 号	75	龙肇 1 号	77
48	单交 36 号	61	嫩单 4 号	55	鲁原三 2 号	68	冀单 11	84	四单 10 号	67	鲁原单 4 号	70	墨白	72
49	莫 17× 旅 9 宽	66	安玉 2 号	55	双交 156	68	鲁宁 1 号	81	丹玉 6 号	64	冀 31	67	郑单 8 号	69
50	烟单 4 号	60	豫玉 5 号	55	白马牙	65	丰单 1 号	81	津夏 1 号	51	冀单 13 号	66	冀单 13 号	68
51	威 135× 铁 13	57	陕单 9 号	52	冀单 5 号	63	克单 4 号	80	冀单 5 号	51	沈单 3 号	64	连玉 3 号	66
52	吉单 102	55	金皇后	52	桦单 32 号	61	冀单 13	79	本地黄玉米	50	黄莫	64	商单 3 号	61
53	安玉 1 号	54	二黄包谷	50	白单 4 号	59	维尔 156	71	本地白玉米	48	津夏 1 号	63	金早 1 号	61
54	武单早	54	冀单 13 号	49	沈单 4 号	57	桦单 32	69	新玉 11	48	金单 1 号	62	冀玉 11 号	57
55	陕单 9 号	52	白头霜	49	龙单 5 号	55	龙单 3 号	62	丰单 1 号	47	SC-704	59	反交铁单 4	57
56	克丰 5 号	50	铁三交	49	安玉 1 号	52	嫩单 5 号	58	鲁玉 4 号	46	中原单 4 号	57	嫩单 4 号	54
57	淄单 3 号	50	黄二季早	48	松三 1 号	52	三交种	55	沈单 3 号	46	京单 8 号	57	墨单 86-21	52
58	龙占 1 号	49	吉单 102	46	成单 6 号	52	克单 3 号	55	墨白 1 号	45	东农 247	52	龙 203 号	51
59	丰三 1 号	48	吉单 102 × 吉 63	44	武单早	50	铁单 4 号	54	维尔 156	45	龙单 5 号	52	鲁原单 4 号	47
60	尚三 1 号	45	武单早	43	铁单 4 号	49	黄莫	53	双交种	45	桂顶 1 号	50	豫农 704	46
61	白普照	45	白团颗	42	陕单 9 号	49	京早 8 号	52	克单 3 号	45	70-2 × 330	48	桦单 32 号	46
62	英粒子	43	黄团颗	42	克单 4 号	48	龙单 5 号	51	龙辐玉 1 号	40	吉单 104	48	宜单 2 号	45
63	东岳 12 号	42	龙单 2 号	41	Mo17 × E28	45	成单 6 号	50	龙单 5 号	39	沈单 4 号	47	嫩单 6 号	40
64	冀单 10 号	42	豫农 704	39	本地白包谷	45	津夏 1 号	44	鲁宁 1 号	38	丰三 1 号	47	津夏 1 号	38

（续表；单位：万亩）

序号	1982年		1983年		1984年		1985年		1986年		1987年		1988年	
	品种名称	面积	品种名称	面积	品种名称	面积	品种名称	面积	品种名称	面积	品种名称	面积	品种名称	面积
65	吉单 103	42	维尔 42 号	38	白头霜	42	C702 × 330	44	冀单 21	38	掖单 4 号	46	伊单 5 号	38
66	武紫白	41	小黄包谷	37	丰三 1 号	42	喀什其力克	43	塔西奇里克	37	毕节大白苞谷	45	冀单 5 号	37
67	嫩单 13 号	40	白二季早	37	C-704	40	伊单 2 号	43	白单 4 号	37	矮三单交	43	嫩单 3 号	36
68	鲁原单 1 号	37	吉单 103	36	安玉 11 号	39	鲁玉 1 号	42	克单 4 号	37	豫双 5 号	42	吉单 120	34
69	白加格达	37	陕单 7 号	35	合玉 11 号	39	墨顶号	42	皋单 1 号	37	桦单 32 号	40	哲单 32 号	33
70	73 单交	37	中三交	33	鲁玉 1 号	39	白单 4 号	41	吉双 83 号	36	冀单 5 号	40	中原单 4 号	28
71	掖单 2 号	36	普照	33	苏玉 1 号	38	郑单 1 号	41	新玉 1 号	35	伊单 5 号	40	昌单 8 号	28
72	安单 21 号	36	本地白包谷	33	英粒子	35	皋单 1 号	40	吉单 104	34	唐玉 1 号	39	双交 42	28
73	维尔 42 号	35	鲁三 9 号	31	晋单 15 号	34	豫单 5 号	39	矮三单交	32	冀单 15 号	39	矮三单交	28
74	松三 1 号	33	武紫白	31	吉单 8 号	33	白马牙	39	宜单 2 号	31	大黄苞谷	37	新黄单 851	25
75	群三 1 号	32	英粒子	31	伊单 2 号	33	沈单 3 号	38	峡玉 1 号	31	吉单 120	36	海地 101	24
76	龙单 2 号	31	淡黄玉米	30	皋单 1 号	32	嫩单 1 号	38	满单 1 号	30	鲁玉 1 号	35	英 A	24
77	京白 10 号	29	本地黄包谷	30	普照	31	鲁玉 4 号	37	鲁玉 5 号	30	墨白 1 号	35	冀单 23 号	23
78	冀单 6 号	26	笼陶二季早	30	长莫	30	大黄	37	成单 6 号	29	昌单 8 号	33	南顶	23
79	黄加格达	26	黄金塔	28	津夏 1 号	29	洛单 2 号	36	昌乐 5 号	28	维尔 42	33	吉引 704	22
80	塔什其力克	24	塔什其力克	27	黄金塔	29	许单 4 号	34	白头霜	28	克单 8 号	33	苏湾 1 号	22
81	龙单 3 号	22	吉双 147	27	双交种	28	中原单 4 号	34	81-07	28	合玉 14	31	黄粒群体	22
82	黔单 2 号	22	桦单 32 号	27	吉单 104	27	复白 35 × 330	31	鲁原单 8 号	27	冀单 18 号	30	冀 31 号	21
83	鲁单 36 号	22	黄 417	26	吉双 8 号	27	白头霜	31	伊单 2 号	27	吉单 119	30	英粒子	21
84	聊三 1 号	21	郑单 4 号	26	掖单 2 号	25	长莫	31	合玉 14 号	27	嫩单 6 号	30	南校 8 号	21
85	本地白包谷	21	京白 10 号	25	郑单 1 号	24	英粒子	31	维尔 42 号	26	锦单 5 号	27	峡玉 1 号	21
86	鲁原单 7 号	20	冀单 6 号	25	金大双交	23	浚单 5 号	30	黄金塔	26	73 单交	25	冀单 22	20
87	早三交	20	晋单 18 号	25	安单 1 号	22	Mo17 × 340	30	丰三 1 号	25	南顶 1 号	25	冀单 18	20

（续表；单位：万亩）

序号	1982 年		1983 年		1984 年		1985 年		1986 年		1987 年		1988 年	
	品种名称	面积	品种名称	面积	品种名称	面积	品种名称	面积	品种名称	面积	品种名称	面积	品种名称	面积
88	东岳 13 号	20	吉双 84 号	25	鲁原 37 号	22	龙肇 1X 英 64	30	三交穗	25	维尔 156	25	Mo17x340	20
89	皋单 1 号	20	皋单 1 号	25	大单 2 号	22	大白	30	莫 17 × 360	24	木挺	25	丹玉 14 号	20
90	阿尔加格达	20	李山头	25	晋单 13 号	21	桂顶 1 号	30	晋单 18 号	23	豫玉 1 号	25	龙辐玉 2	19
91	白头霜	19	大白包谷	25	晋中 301	21	武单早	29	皋单 2 号	23	辽育 5 号	24	皋单 2 号	19
92	黄 417	19	伊单 2 号	24	黄早 4×Mo17	20	沈单 5 号	28	冀单 16 号	22	44903	24	龙单 1 号	18
93	阿克其克力	19	晋单 13 号	24	吉 102× 吉 63	20	丰三 1 号	25	大黄玉米	21	新黄单 85-1	24	皋单 1 号	18
94	中杂 11 号	18	金大单交	23	苏湾 1 号	20	维尔 42	25	唐抗 3 号	21	奇力克	24	桂顶 3 号	18
95	卜单 1 号	18	白包谷	22	金皇后	20	安单 21	24	金大单交	21	英粒子	23	晋单 18 号	17
96	黔单 4 号	18	龙肇 1 号	21	京白 10 号	19	单交 36	24	朝 × 5003	20	嫩单 5 号	23	龙单 6 号	17
97	鲁三 10 号	17	单交 36 号	21	维尔 156	19	东农 246	24	鲁单 37	20	冀单 16 号	22	沈单 3 号	16
98	固单 1 号	16	鲁三 10 号	21	水口黄 × 平川	19	鲁早 1 号	23	白单 9 号	20	京引 704	22	鲁玉 7 号	16
99	烟三 10 号	16	齐山白玉米	20	浚单 5 号	18	关单 2 号	23	牡丹 7 号	19	本地白团颗	22	唐抗 3 号	15
100	金大单交	16	辽东白	20	鲁原单 1 号 18		金大单交	23	吉单 117	19	沪单 5 号	21	白头霜	15
101	长莫	16	太行白	20	镇杂 2 号	18	苏湾 1 号	23	718 × 莫 17	18	贞丰黄	21	鲁玉 4 号	15
102	文革号	15	宜单 2 号	19	双交 42 号	18	朝 23X5003	23	兴玉 1 号	18	大方青秆	20	金大单交	15
103	嫩育 1 号	15	中杂 11 号	17	单交 36 号	17	四单 12 号	22	嫩单 1 号	18	晋单 18 号	20	湘玉 1 号	15
104	桦单 36 号	15	丹玉 9 号	17	东岳 12 号	17	白团颗	22	海地 101	17	金大单交	19	苏弯	15
105	白团棵	15	白单 8 号	17	晋单 18 号	16	双交种	21	白苞谷	17	苏弯 1 号	19	绥 203	14
106	笼陶二季早	15	老金黄	17	鲁四 × 获白	15	黄金塔	21	贞丰黄	17	青隆五穗白	19	冀单 21 号	13
107	小黄包谷	14	津夏 1 号	16	桂顶 1 号	15	龙单 2 号	21	普照	16	浚单 5 号	18	冀单 16 号	13
108	五白穗	14	凌单 5 号	16	笼陶二季早	15	密 78-2	20	克单 5 号	16	黄金塔	18	郑单 2 号	13

（续表；单位：万亩）

序号	1982 年		1983 年		1984 年		1985 年		1986 年		1987 年		1988 年	
	品种名称	面积	品种名称	面积	品种名称	面积	品种名称	面积	品种名称	面积	品种名称	面积	品种名称	面积
109	京单 403	13	合玉 11 号	16	丰七 2 号	14	京白 10	19	冀单 15	16	皋单 1 号	18	克单 3 号	13
110	本地黄包谷	13	丰七 2 号	15	丹玉 9 号	14	冀单 16	17	武单早	16	唐抗 3 号	18	718 × Mo17	13
111	白硬粒	13	冀单 11 号	15	丹玉 12 号	14	郑单 5 号	17	Va35 × 5003	16	墨单 86–24	18	京黄 417	13
112	东陵白马牙	13	四双 1 号	15	白单 8 号	14	晶单 8 号	17	单玉 1 号	15	牡丹 7 号	18	Mo17 × 吉 63	12
113	密 75–2	13	安单 1 号	15	兴玉 1 号	14	金皇后	17	丰七 2 号	15	Mo17 × 360	17	四单 14 号	12
114	宁单 9 号	12	引三顶	15	锦单 5 号	13	鲁单 37	16	东农 246	15	关单 2 号	17	五单 1 号	12
115	二季早	12	白硬粒	15	东岳 13 号	12	兴玉 1 号	16	墨单 8621	15	安单 1 号	17	桂顶 4 号	12
116	黄谷塔	12	黄包谷	15	兴获 3 号	12	白包谷	16	英粒子	15	京早 8 号	16	盘单 2 号	12
117	忻黄早 9 号	12	晋单 12 号	14	恩单 2 号	12	鲁玉 5 号	15	唐玉 1 号	15	金皇后	16	成单 4 号	12
118	黄八趟	11	常杂 1 号	14	淡黄包谷	12	龙辐 51	15	墨白 94	15	墨白 94	16	冀单 24 号	11
119	成单 3 号	11	龙肇 3 号	14	镇玉 3 号	12	皋单 2 号	15	笼陶二季早	15	白单 8 号	15	晋单 24 号	11
120	品什	11	冀单 3 号	12	盐三黄	12	桂顶 3 号	15	黄苞谷	15	吉单 122	15	白单 4 号	11
121	太行白	11	白玉米	12	黄马牙	12	鲁原三 2 号	14	二季早黄玉米	15	Mo17 × 337	15	武单早	11
122	张单 488	11	威白	12	陕单 7 号	12	新玉 1 号	14	二季早白玉米	14	武单早	15	新玉 1 号	11
123	贞丰黄	11	贞丰黄	12	海地 101	12	黄团粒	14	沈单 5 号	14	新玉 1 号	15	遵单 3 号	11
124	太安 31 号	10	黄白单交	12	中杂 11 号	12	墨白 94	14	东岳 16 号	14	成单 6 号	15	兴黔双交	11
125	合玉 10 号	10	东陵白马牙	12	冀单 1 号	11	冀单 3 号	13	水口黄	13	白二季早	14	桂集	11
126	二黄	10	吉单 101 × 曲 43	11	冀单 12 号	11	372	13	莫 A	13	皋单 2 号	14	恩单 3 号	11
127	口水黄	10	甸 11 × 红玉米	11	铁 75–55XH74	11	吉单 103	13	鲁单 38 号	13	兴玉 1 号	14	吉单 122	10
128			水口黄 × 平川黄	11	吉双 147	11	Mo17 × 360	13	三交	13	满单 1 号	14	锦单 6 号	10
129			黄马牙	11	威白	11	忻黄 40	13	京白 10 号	13	白单 4 号	13	丹玉 1 号	10

（续表；单位：万亩）

序号	1982 年		1983 年		1984 年		1985 年		1986 年		1987 年		1988 年	
	品种名称	面积	品种名称	面积	品种名称	面积	品种名称	面积	品种名称	面积	品种名称	面积	品种名称	面积
130			烂地花	11	吉单 102	11	晋单 15	12	晋单 13 号	13	七丰二	12	群体种	10
131			同单 15 号	10	忻黄单 53	11	海地 101	12	莫 17 × 340	12	沈单 5 号	12		
132			沈单 4 号	10	京早 8 号	10	墨单 8621	12	大单 2 号	12	鲁玉 4 号	12		
133			黄八趟	10	103 × 11A	10	东农 247	12	本地黄团颗	12	水三顶交	12		
134			旅曲	10	鲁原单 7 号	10	京白 7 号	11	本地白团颗	12	苏玉 2 号	12		
135			五穗白	10	宜杂 6 号	10	冀单 15	11	黄早罗莫 17	11	本地黄团颗	12		
136			京单 403	10	黄团颗	10	太行白	11	莫 17 × 吉 63	11	黄二季早	12		
137					同单 21 号	10	南校 8 号	11	5003 × E28	11	Mo17 × 吉 63	12		
138					C- 郑单 2 号	10	黔单 4 号	11	鲁玉 7 号	11	白头霜	11		
139							1029 × 凤可 1	10	伊大单交	11	沈单 7 号	11		
140							新单 7 号	10	忻黄单 40 号	11	墨单 86-21	11		
141							晋单 1 号	10	冀单 18 号	10	绥玉 8 号	11		
142							莱农 4 号	10	鲁单 33 号	10	本地黄玉米	11		
143							晋单 18	10	冀单 20 号	10	本地大黄	11		
144							大驴牙	10	吉单 10 号	10	兴单 1 号	10		
145							白单 8 号	10	中杂 11 号	10	81-07	10		
146									吉单 103	10	罗单 1 号	10		
147									反交 101	10	黔单 4 号	10		
148									金黄后	10				
149									鲁原 3 号	10				
150									掖单 4 号	10				
本表面积合计		16246		16771		18473		18720		19829		22525		21862
当年统计面积		16246		16771		18473		18720		20238		22525		21862
占当年统计面积		100%		100%		100%		100%		97.97%		100%		100%
≥ 10 万亩品种数		127		136		138		145		155		147		130

1989—1995 年我国玉米主要品种种植面积年度统计简表

（前 150 位）

单位：万亩

序号	1989 年		1990 年		1991 年		1992 年		1993 年		1994 年		1995 年	
	品种名称	面积	品种名称	面积	品种名称	面积	品种名称	面积	品种名称	面积	品种名称	面积	品种名称	面积
1	丹玉 13 号	5251	丹玉 13 号	4512	丹玉 13 号	4685	丹玉 13 号	3279	丹玉 13 号	2955	丹玉 13	2939	掖单 13	3397
2	中单 2 号	3434	中单 2 号	3092	中单 2 号	2777	中单 2 号	2970	掖单 2 号	2267	掖单 13	2407	丹玉 13	2838
3	掖单 2 号	2078	掖单 4 号	1866	掖单 2 号	2352	掖单 13 号	1472	中单 2 号	2131	掖单 2 号	2358	中单 2 号	2477
4	烟单 14 号	1236	鲁玉 2 号	975	掖单 4 号	1758	掖单 4 号	1386	掖单 13 号	2075	中单 2 号	2150	掖单 2 号	2197
5	四单 8 号	937	烟单 14 号	870	烟单 14 号	1517	掖单 2 号	1371	掖单 4 号	1357	掖单 12	1019	掖单 12 号	1172
6	白单 9 号	763	沈单 7 号	784	白单 6 号	948	沈单 7 号	1050	掖单 12 号	1066	掖单 4 号	912	四单 19	842
7	掖单 4 号	745	黄莫 417	673	沈单 7 号	942	掖单 12 号	856	本玉 9 号	955	掖单 14	796	本玉 9 号	767
8	黄莫 417	578	白单 9 号	646	东农 248	678	本玉 9 号	782	烟单 14 号	747	沈单 7 号	623	掖单 4 号	700
9	东农 248	505	东农 248	538	四单 16 号	521	鲁玉 2 号	766	沈单 7 号	681	四单 19	479	烟单 14	697
10	沈单 7 号	487	四单 8 号	511	铁单 8 号	360	四单 8 号	729	黄莫 417	480	白单 9 号	416	沈单 7	601
11	吉单 131	431	73 单交	468	铁单 4 号	336	白单 9 号	691	东农 248	465	东农 248	391	西玉 3 号	489
12	七三单交	421	豫玉 5 号	269	豫玉 5 号	335	烟单 14 号	610	白单 9 号	459	6107 × 340	355	农大 60	434
13	铁单 4 号	358	京杂 6 号	267	七三单交	334	黄莫 417	599	四单 19 号	435	丹玉 15	353	东农 248	423
14	京杂 6 号	351	郧单 1 号	260	农大 60	332	东农 248	573	户单 1 号	362	户单 1 号	337	白单 9 号	409
15	冀单 17 号	286	户单 1 号	228	郧单 1 号	330	铁单 4 号	468	铁单 4 号	352	四单 16	314	掖单 19	393
16	吉单 101	278	鲁玉 5 号	222	四单 8 号	308	四单 16 号	413	鲁玉 10 号	314	掖单 51	293	丹玉 15	322
17	户单 1 号	258	吉单 101	212	京杂 6 号	228	73 单交	407	73 单交	309	川单 9 号	260	掖单 51	316
18	鲁玉 5 号	257	冀单 17 号	206	丹玉 15 号	191	四单 19 号	388	烟单 17 号	307	鲁玉 10	230	川单 9 号	304
19	丹玉 15 号	220	铁单 4 号	204	掖单 12 号	181	丹玉 15 号	378	四单 16 号	287	铁单 4 号	224	户单 1 号	277
20	郧单 1 号	220	墨白 1 号	193	掖单 13 号	178	户单 1 号	344	农大 60	248	木阮 220	220	SC-704	271
21	苏玉 1 号	178	吉单 118	180	SC-704	174	农大 60	316	丹玉 15 号	239	黄单 417 反交	206	四单 16	271

（续表；单位：万亩）

序号	1989 年		1990 年		1991 年		1992 年		1993 年		1994 年		1995 年	
	品种名称	面积	品种名称	面积	品种名称	面积	品种名称	面积	品种名称	面积	品种名称	面积	品种名称	面积
22	陕单 9 号	167	铁单 8 号	161	鲁玉 5 号	168	鲁玉 10 号	261	郧单 1 号	220	七三单交	204	烟单 17	266
23	新合玉 11 号	157	新合玉 11 号	159	陕单 9 号	168	烟单 17 号	257	6107 × 340	193	四单 6 号	200	黄莫 417	244
24	复单 2 号	155	SC–704	159	冀单 17 号	120	郧单 1 号	223	陕单 9 号	189	墨白 1 号	189	黄莫	212
25	SC–704	148	陕单 9 号	158	烟单 17 号	120	龙单 8 号	211	川单 9 号	181	铁单 6 号	187	唐抗 5 号	212
26	豫玉 2 号	129	丹玉 15 号	146	苏玉 4 号	120	铁单 8 号	197	掖单 51 号	175	本玉 9 号	184	成单 14	212
27	恩单 2 号	126	恩单 2 号	119	墨白	120	京杂 6 号	195	吉引 704	159	农大 60	176	铁单 4 号	206
28	豫玉 5 号	119	豫玉 2 号	116	农大 65	119	锦单 6 号	194	京单 6 号	147	SC–704	168	丹玉 16	194
29	鲁玉 3 号	113	四单 16 号	111	龙单 8 号	117	农大 65	184	龙单 8 号	144	郧单 1 号	159	锦单 6 号	176
30	京早 8 号	110	苏玉 3 号	108	恩单 2 号	115	SC–704	182	四单 6 号	141	铁单 8 号	148	墨白 1 号	174
31	冀单 15 号	100	苏玉 4 号	108	铁玉 1 号	88	铁玉 1 号	162	330X5003	134	桂顶 1 号	136	龙单 8 号	173
32	丹玉 14 号	89	龙单 8 号	101	墨白 1 号	87	豫玉 5 号	144	墨单 1 号	122	陕单 9 号	136	四早 6 号	162
33	豫玉 1 号	87	京早 8 号	96	嫩单 6 号	84	墨白 1 号	131	掖单 52	121	和单 1 号	131	铁单 10 号	158
34	林赵 1 号	87	桂顶 1 号	91	京早 8 号	81	合玉 15 号	130	农大 65	120	烟单 17	119	鲁玉 10 号	155
35	墨白	84	金单 1 号	90	南七单交	80	桂顶 1 号	126	和单 1 号	115	龙单 8 号	119	吉单 180	150
36	克单 4 号	79	嫩单 3 号	89	克单 4 号	87	恩单 2 号	102	吉单 159	114	成单 14	116	7505	148
37	桂顶 1 号	78	冀单 15 号	82	桂顶 1 号	77	鲁原单 8 号	98	桂顶 1 号	106	成单 13	114	桂顶 1 号	135
38	四单 12 号	76	克单 4 号	81	连玉 8 号	76	改良中单 2 号	86	京杂 6 号	106	黄莫 417	113	宜单 2 号	130
39	聊玉 5 号	74	矮三单交	80	锦单 6 号	75	晋单 27 号	86	廊玉三	89	南七单交	113	掖单 20	126
40	连玉 3 号	73	哲单 32 号	78	墨单 86–21	74	吉单 131	86	晋单 27 号	86	海单 2 号	111	南七单交	118
41	锦玉 6 号	71	南顶号	75	冀单 22 号	73	南三单交	79	海单 2 号	86	豫玉 2 号	110	铁单 9 号	124
42	丹玉 11 号	70	嫩单 6 号	72	合玉 15 号	70	陕单 9 号	78	南七单交	84	西玉 3 号	108	吉单 159	116
43	铁单 8 号	65	克单 8 号	70	吉单 101	69	掖单 52 号	77	本地黄玉米	81	7505	104	73 单交	111
44	丹玉 6 号	64	吉单 131	69	豫玉 2 号	69	和单 1 号	74	恩单 2 号	77	吉单 159	100	龙单 13	107
45	吉单 120	63	嫩单 4 号	67	宜单 2 号	67	京早 8 号	73	豫玉 2 号	77	四单 19	95	海玉 4 号	105
46	墨白 1 号	63	丹玉 6 号	64	嫩单 4 号	65	四早 6 号	70	札单 201	74	掖单 11	93	掖单 11	101
47	冀单 10 号	62	聊玉 5 号	64	苏玉 3 号	63	掖单 11 号	67	太合 1 号	73	恩单 2 号	90	6107 × 340	92

（续表；单位：万亩）

序号	1989年		1990年		1991年		1992年		1993年		1994年		1995年	
	品种名称	面积	品种名称	面积	品种名称	面积	品种名称	面积	品种名称	面积	品种名称	面积	品种名称	面积
48	克单3号	62	本地黄玉米	63	南顶	63	迁单1号	66	掖单11号	73	丹玉16	83	陕单9号	92
49	龙单8号	62	四单12号	62	海单2号	60	海玉5号	66	宜单2号	70	330×5003	77	合玉14	91
50	金单1号	59	绥203	59	冀单15号	57	本地黄玉米	65	唐抗5号	68	成单11	75	户单3号	91
51	旅丰1号	58	南七单交	57	合玉11号	57	黔单4号	65	黔西4号	63	掖单19	74	合玉17	89
52	嫩单3号	58	本地白玉米	57	桂顶3号	55	宜单2号	62	海玉5号	62	锦单6号	73	海单2号	84
53	矮三单交	58	豫玉1号	55	晋单27号	55	丹玉14号	62	罗单2号	60	晋单27	72	郑单8号	84
54	京早7号	53	冀单13号	54	丹玉14号	52	吉单101	60	丹玉16号	59	京杂6号	72	8053	81
55	冀单13号	53	农大60号	54	合玉14号	51	合玉11号	59	合玉15号	57	吉单180	72	恩单2号	80
56	哲单32号	50	连玉3号	53	哲单32号	47	吉原156	59	京早8号	57	掖单52	69	156	79
57	双玉1号	50	苏玉1号	53	和单1号	44	冀单17	54	冀单17号	56	吉单131	69	墨白94	79
58	墨单8621	50	龙肇1号	51	新和玉11号	42	唐玉3号	52	丹玉14号	55	宜单2号	66	龙单5号	77
59	嫩单4号	49	黔群1号	50	本地黄玉米	42	豫玉2号	50	铁玉2号	53	冀单28	65	海玉5号	71
60	嫩单6号	49	桂顶3号	48	丹玉6号	41	唐抗5号	50	铁单8号	52	海玉5号	63	鲁原单14	70
61	南顶	46	苏湾1号	47	龙单5号	40	合玉14	49	铁单9号	51	札单201	61	8197	69
62	合玉14号	42	合玉14号	46	复单2号	39	鲁玉11	49	龙单5号	48	京早8号	61	90—1	69
63	皋单2号	41	新绥玉2号	46	峡玉1号	39	吉单156	48	合玉14号	47	冀单27	60	成单13	69
64	桂顶3号	39	墨单8621	45	吉单131	38	海单2号	46	四单8号	45	南顶58	58	郧单1号	66
65	南七单交	39	宜单2号	44	烟单16号	37	白单13号	46	合玉11号	45	9046×340	55	京早8号	65
66	峡玉1号	37	东农247	43	墨白94	35	烟单16号	41	鲁玉13号	45	户单4号	52	冀丰58	64
67	本地白玉米	36	桦单32号	42	新玉6号	35	龙单5号	41	吉单131	45	麒引单1号	52	雅玉2号	56
68	中原单4号	35	龙单5号	41	吉单120	34	克单3号	55	南顶	42	冀单22	51	会单4号	55
69	伊单5号	35	旅丰1号	40	罗单2号	33	墨单46-21	39	丹玉18号	42	辽原1号	51	麒引单1号	53
70	本地黄	35	吉单120	40	太合1号	32	吉单120	39	182×138	42	吉单120	49	和单1号	52
71	冀单11号	33	鲁玉8号	40	掖单9号	32	太谷	39	克单3号	42	郧单2号	48	丹玉14	51
72	鲁玉6号	33	皋单2号	39	东农247	30	本地白玉米	39	吉单156	41	本地黄玉米	47	海试11	51
73	和单1号	32	中南1号	39	掖单11号	29	新黄丹	37	7507	40	会单4号	47	太合1号	49
74	白二季早	32	峡玉1号	38	冀三13号	29	通单14	37	嫩单7号	39	合玉17	47	京杂6号	49

（续表；单位：万亩）

序号	1989年		1990年		1991年		1992年		1993年		1994年		1995年	
	品种名称	面积	品种名称	面积	品种名称	面积	品种名称	面积	品种名称	面积	品种名称	面积	品种名称	面积
75	冀单22号	31	丹玉14号	35	矮三单交	29	靖单8号	37	桂顶3号	39	复单2号	46	合玉11	48
76	津夏1号	31	183×340	34	成单9号	29	478×138	37	会单4号	39	合玉14	46	成单11	46
77	罗单1号	31	川农3交2号	34	孚尔拉	27	墨白94	37	克单4号	38	通单2	43	鄂玉3号	46
78	苏玉3号	31	伊单5号	32	牡丹8号	27	龙壁1号	36	本地玉米	36	冀单26	42	通单2号	46
79	嫩单23号	28	林赵1号	30	龙肇1号	26	孚尔拉	36	新黄丹85-1	35	豫玉12	42	哲单7	44
80	桦单32号	27	黔西4号	30	本玉9号	26	罗单2号	35	鄂玉3号	34	唐单5	41	绵单1号	42
81	海地101	26	锦单6号	29	旅丰1号	26	冀单15号	34	白单13号	34	豫玉5	40	唐玉5号	42
82	鲁原单4号	25	湘玉1号	29	皋单2号	25	南顶2号	34	冀单15号	33	黔单4号	40	丹早208	40
83	黄二季早	25	冀单22号	28	本地白玉米	25	新玉6号	31	吉单120	32	素弯1号	37	贵毕303	40
84	华玉2号	25	靖单8号	27	素弯1号	24	嫩214	31	冀单24	31	冀单17	36	冀单24	40
85	冀单16号	24	海玉4号	25	白单13号	23	兴×苏	30	通单2号	31	豫玉11	35	札单201	39
86	吉单118	24	白马牙	23	黔玉4号	23	户单3号	30	冀单22	30	鄂玉3号	34	黄417	38
87	农大60	23	莫A	23	金单1号	23	通单2号	28	龙肇1号	30	唐抗5号	34	成单12	36
88	龙单5号	23	桂顶4号	22	锦单1号	22	黔西3号	28	嫩单4号	30	龙单13	33	晋单29	36
89	维尔42	23	反交铁单4号	21	海地101	22	兴单3号	28	苏玉3号	30	孚尔拉	32	南顶	36
90	冀单5号	22	南黄顶	21	冀单5号	20	苏玉3号	28	素弯1号	30	嫩单7号	32	黔西4号	36
91	矮203	22	晋单18号	20	五单1号	20	吉单133	27	冀承单3号	30	墨白94	31	本地黄	35
92	长单1号	22	黔单2号	20	苏湾	20	5003×330	30	墨白94	29	龙单5号	31	毕单3号	35
93	苏玉4号	22	墨白94	20	黔群1号	20	330×5003	26	连玉5号	29	丹玉18	30	嫩单7号	34
94	龙辐玉1号	21	晋单27号	19	冀单10号	19	冀单22	25	靖单8号	28	毕单3号	30	反铁	33
95	莫A	21	复单2号	19	唐单1号	19	丹玉6号	24	户单3号	28	试138	30	鲁三2号	33
96	苏湾1号	21	木廷	19	罗单1号	18	6107×340	22	毕单3号	27	辽单14	30	交三单交	30
97	海862	20	罗单2号	19	晋单25号	18	哲单32	22	吉单141	26	丹早208	30	盘玉1号	30
98	本地黄玉米	20	通单14号	18	中单14号	18	冀单5	22	四单48号	26	兴×苏	30	罗单2号	29
99	湘玉1号	20	孚尔拉	18	湘玉1号	18	嫩单6号	21	墨单8621	26	合玉15	29	克单4号	28
100	本地黄马牙	19	海地101	19	黄417	18	嫩单4号	21	兴×苏	26	鲁原14	28	苏弯1号	28
101	宜单2号	19	津夏1号	17	通单14号	17	晋单25号	20	鲁玉2号	26	龙单26	26	冀单22	27

（续表；单位：万亩）

序号	1989年		1990年		1991年		1992年		1993年		1994年		1995年	
	品种名称	面积	品种名称	面积	品种名称	面积	品种名称	面积	品种名称	面积	品种名称	面积	品种名称	面积
102	昌单8号	18	兴单3号	17	海玉5号	17	克单4号	20	孚尔拉	25	合玉11	27	9046×340	24
103	兴×苏	18	黄二季早	17	海玉4号	17	赤单72号	20	烟单16号	24	盘玉1号	27	花单1号	24
104	靖单8号	18	金大单交	17	莫A	15	罗单1号	19	潘玉1号	23	丹玉14	27	农大65	24
105	墨白94	18	中原单4号	17	小八趟	15	鲁三2号	19	嫩单6号	23	478×340	27	贵毕301	22
106	吉引704	18	维尔42	17	沈单6号	15	湘玉1号	18	5003×330	23	亲黄417	27	伊单10号	22
107	冀单21号	18	丹玉11号	16	连玉5号	15	杜单8号	18	盘玉1号	23	忻黄单85-1	26	京杂60	21
108	晋单18号	17	辽单18	16	商玉1号	15	海玉4号	18	中单14号	23	连玉5号	25	临改白	21
109	中南1号	17	白单10号	16	伊单5号	15	35×138	18	鲁原单8号	21	贵毕301	25	桦单32	21
110	豫玉3号	17	华玉2号	16	吉单118	14	吉单118	17	黔西3号	20	哲单7号	24	赤单72	20
111	晋单24号	16	京黄127	16	鲁玉8号	14	182×138	17	罗单1号	19	铁单2号	24	晋单24	20
112	本地白团颗	16	Mo17×1962	15	本地糯玉米	14	长单5号	17	沈单8号	19	8605×340	22	鲁玉5号	20
113	7922×360	15	N46×V22	15	北京北	14	沈单6号	17	冀单5号	19	商玉1号	21	商玉1号	20
114	咯单1号	15	兴中双交	15	京黄127	14	麒引单1号	17	唐抗8号	19	冀单24	21	唐单2号	20
115	墨白轮选	15	和单1号	15	维尔42	14	毕单3号	16	麒引单1号	18	花单1号	20	本地白	19
116	通单14号	14	冀单11号	14	冀承单3号	13	豫玉1号	16	长早6号	18	黄17×吉60	20	京早10	19
117	东农247	14	郑单2号	14	白马牙	13	连玉5号	16	丹早208	18	烟单16	20	克单3号	19
118	龙辐玉2号	13	合玉15号	14	靖单8号	13	掖单5号	16	和单2号	17	麦白94	20	晋单25	18
119	本地种	13	五单1号	14	通单2号	13	鲁玉3号	15	哲单7号	17	兴市单	20	丹玉18	17
120	苏湾	13	沪单7号	14	大马牙	13	苏湾1号	15	莫A	17	伊单10号	20	晋单27	17
121	唐抗3号	12	农大65号	14	武定白玉米	13	唐抗8号	15	铁玉1号	17	鲁三2号	19	连玉3号	17
122	克单5号	12	中单101	13	晋单18号	13	墨白	15	吉单101	17	墨单8621	19	鲁单203	17
123	郧单7号	12	冀单5号	13	织金1号	13	临改白	15	商玉1号	16	吉单101	19	青杆包谷	17
124	英粒子	12	红三1号	13	冀单24号	12	和单2号	14	豫玉5号	16	沈单4号	19	吉单133	16
125	白单4号	11	红玉7号	13	中单101	12	苏玉4号	14	新黄丹904	16	沈试26	19	鲁玉13号	16
126	宝玉6号	11	5003×抗大	13	白单11号	12	桂顶3号	14	通单14	16	临改白	18	镇双201	16
127	金大单交	11	改良丹玉13	13	嫩单8号	12	复单2号	14	8197	16	黔源单3	18	53×8112	15
128	莫楚	11	豫玉3号	13	四单12号	12	5003×1413	14	阴单82	16	龙肇1号	18	Mo17×360	15

（续表；单位：万亩）

序号	1989 年		1990 年		1991 年		1992 年		1993 年		1994 年		1995 年	
	品种名称	面积	品种名称	面积	品种名称	面积	品种名称	面积	品种名称	面积	品种名称	面积	品种名称	面积
129	本地白马牙	11	莎单 2 号	13	桂三 2 号	12	冀单 13	13	新玉 6 号	16	唐单 2 号	18	Mo17 × 吉 63	15
130	吉单 141	11	克单 5 号	12	白团棵	12	墨黄 9 号	13	赤单 85	15	桂顶 3 号	18	贵毕 302	15
131	垣单 2 号	10	海 862	12	大黄玉米	12	莫 A	13	鲁玉 11 号	15	四单 2 号	18	海试 16	15
132	新绥玉 2 号	10	龙单 1 号	12	大白玉米	12	桂三 12 号	13	吉单 133	15	京单 4 号	18	和单 2 号	15
133	五单 1 号	10	掖单 10 号	12	黄团棵	12	商玉 1 号	13	合单 5 号	15	反交黄	17	黄粒群改	15
134	鲁单 40 号	10	丰产 3 号	12	烟单 4 号	12	大白马牙	12	海玉 4 号	14	靖单 8	16	廊 32	15
135	桂顶 4 号	10	兴 × 苏	12	酒单 8 号	12	90–4	12	嫩单 3 号	14	和单 2 号	16	龙辐玉 3	15
136	成单 4 号	10	毕单 3 号	12	交三单交	12	木廷	12	唐单 1 号	14	克单 3 号	16	兴单 3 号	15
137	渝单 1 号	10	二季早	12	毕单 8 号	12	1324 × E28	12	安玉 8 号	14	四单 48	16	合玉 15	14
138	遵单 3 号	10	酒单 2 号	12	龙辐玉 1 号	11	龙辐玉 1 号	12	郑单 4 号	13	普照玉米	16	冀单 27	14
139	兴中双交	10	冀单 12 号	11	龙单 1 号	11	会单 2 号	12	晋单 25 号	13	木廷	16	普照	14
140	411 × 449	10	莫楚	11	墨黄	11	会单 4 号	12	木廷	13	宝玉 8 号	15	示杂 6 号	14
141	本地黄团颗	10	白团颗	11	81–17	11	忻黄单 53	11	郑单 11	13	海玉 4 号	15	四单 29	14
142			京早 7 号	11	二黄	11	皋单 2 号	11	伊单 10 号	12	交三单交	15	阳单 82	14
143			唐单 1 号	10	苏玉 11 号	11	冀单 10 号	11	长单 5 号	12	南三 5 号	15	904	13
144			成单 4 号	10	改良中单 2 号	11	唐单 1 号	11	垣单 2 号	12	贵毕 303	15	丰七 1 号	13
145			黔单 4 号	10	盘玉 1 号	11	沙单 2 号	11	沈试 26	12	京早 10 号	15	合苏单交	13
146			兴四三交	10	唐抗 5 号	10	四单 12 号	11	122 × 830	12	白单 11	15	吉单 120	13
147			莫三	10	兴单 3 号	10	冀承单 3 号	11	凤单 1 号	12	镇双 201	14	试 138	13
148			英粒子	10	嫩 214	10	81–17	11	公引 871	12	嫩单 6 号	14	苏玉 1 号	13
149			南三单交	10	四早 6 号	10	掖单 51	11	铁 8913	12	辽单 22	14	峡玉 1 号	13
150					5003 × 抗大	10	中单 120	10	通单 22	12	晋单 25	14	兴黄单 892	13
本表面积合计		24180		22372		24285		26278		24745		24350		27412
当年统计面积		24180		22372		24325		26398		24923		24684		27807
占当年统计面积		100%		100%		99.83%		99.54%		99.25%		98.64%		98.57%
≥ 10 万亩品种数		141		149		154		162		166		176		186

1996—2000年我国玉米主要品种种植面积年度统计简表

（前200位）

单位：万亩

序号	1996年		1997年		1998年		1999年		2000年	
	品种名称	面积	品种名称	面积	品种名称	面积	品种名称	面积	品种名称	面积
1	掖单13号	3150	掖单13	3003	掖单13	2258	掖单13号	1364	农大108	2811
2	中单2号	2536	中单2号	1742	中单2号	1580	鲁单50	1055	掖单13	1636
3	丹玉13号	2235	本玉9号	1447	掖单2号	1518	四单19	1004	鲁单50	1111
4	掖单2号	1905	丹玉13	1405	掖单19	1219	中单2号	976	中单2号	1049
5	掖单19号	1453	掖单19	1192	四单19号	1146	丹玉13号	952	四单19	925
6	掖单12号	1444	掖单12	1034	豫玉18	1104	掖单2号	952	农大3138	751
7	本玉9号	1049	四单19	1002	西玉3号	1055	郑单14	782	豫玉22	733
8	四单19号	979	掖单2号	978	丹玉13	968	掖单22号	602	掖单19	694
9	西玉3号	743	西玉3号	889	本玉9号	956	农大108	572	豫玉18	573
10	掖单4号	598	吉单159	670	户单4号	815	本玉9号	566	龙单13	536
11	沈单7号	569	鲁玉2号	588	掖单12	687	掖单19号	529	掖单22	514
12	川单9号	414	沈单7号	557	唐抗5号	582	成单14号	527	西玉3号	509
13	白单9号	411	豫玉18	492	吉单159	557	龙单13	477	掖单2号	495
14	农大60	389	烟单14	461	成单14	512	西玉3号	402	铁单10	479
15	烟单14	389	成单14	454	鲁单50	467	豫玉22号	385	吉单180	428
16	东农248	324	农大60	358	冀单29	442	掖单12号	344	本玉9号	405
17	墨白1号	316	龙单13	309	龙单13号	419	户单4号	331	丹玉13	395
18	丹玉15号	307	冀单29	305	烟单14	411	鲁原单14号	326	四密21	366
19	唐抗5号	302	雅玉2号	305	沈单7号	376	雅玉2号	317	雅玉2号	362
20	黄莫417	295	掖单4号	285	农大60	364	豫玉2号	311	户单4号	332
21	户单1号	287	川单9号	280	掖单20	345	苏玉9号	305	冀单29号	318

（续表；单位：万亩）

序号	1996年		1997年		1998年		1999年		2000年	
	品种名称	面积	品种名称	面积	品种名称	面积	品种名称	面积	品种名称	面积
22	成单14号	284	丹玉23	278	户单1号	326	兴黄单89-2	289	成单14	303
23	SC-704	282	417反交	271	鲁原单14	285	东农248	288	登海1号	292
24	掖单51号	278	吉单180	271	黄莫417	271	四单16	259	苏玉9号	283
25	吉单180	252	户单1号	257	吉单180	271	郧单1号	252	鲁原单14	281
26	龙单8号	247	白单9号	256	雅玉2号	269	豫玉15	245	掖单12	279
27	铁单10号	236	冀单28	247	白单9号	263	南单2号	238	会单4号	224
28	雅玉2号	226	东农248	228	鲁玉15	259	四密21	229	成单18	221
29	铁单9号	225	四单16	222	掖单4号	250	烟单14号	222	四密25	213
30	铁单4号	205	户单4号	220	东农248号	249	龙单8	214	豫玉2号	211
31	四单16号	198	唐抗5号	219	铁单10	243	SC-704	211	沈单10	207
32	73单交	197	掖单20	219	SC704	233	登海1号	206	铁单12	206
33	龙单13号	196	龙单8号	209	丹玉15	229	会单4号	202	东农248	193
34	豫玉2号	172	SC-704	237	丹玉9号	218	桂顶1号	191	龙单8	191
35	郧单1号	171	丹玉15	189	龙单8号	216	成单18	187	掖单4号	185
36	吉单159	167	铁单10	187	吉单156	208	掖单4号	168	唐抗5号	182
37	锦单6号	162	会单4号	158	四单16号	199	墨白1号	159	黄莫417	177
38	丹玉16号	161	铁单9号	156	墨白1号	197	鲁玉16号	157	陕单911	170
39	桂顶1号	155	豫玉2号	153	川单9号	193	陕单911	141	丹玉15	165
40	户单4号	144	丹玉16	151	交三单交	191	吉单156	140	冀单28号	153
41	海玉4号	137	桂顶1号	144	铁单4号	186	绵单1号	122	川单13	152
42	合玉11	129	鲁原单14	144	豫玉2号	185	丹703	122	丹413	149
43	冀单27	127	吉单156	133	豫玉22	182	农大60	121	兴黄单89-2	148
44	鲁玉10号	125	南七单交	132	郧单1号	172	白单9号	117	冀承单3号	145
45	掖单20号	122	哲单7号	132	会单4号	169	沈单7号	114	户单1号	143
46	成单13号	117	掖单51	128	苏玉9号	167	四早6	108	掖单20	139
47	掖单11号	110	郧单1号	128	桂顶1号	165	丹玉15	100	吉单321	137

（续表；单位：万亩）

序号	1996 年		1997 年		1998 年		1999 年		2000 年	
	品种名称	面积	品种名称	面积	品种名称	面积	品种名称	面积	品种名称	面积
48	陕单 9 号	108	鲁玉 10	125	铁单 9 号	158	改良 902	100	桂顶 1 号	135
49	9046X340	107	墨白 1 号	122	西单 2 号	158	川单 13 号	92	SC–704	129
50	四早 6 号	107	掖单 11	119	陕单 9 号	149	鲁玉 10 号	98	吉单 156	129
51	冀单 29	106	四早 6 号	117	兴黄单 89–2	147	湘玉 8 号	85	西单 2 号	129
52	南七单交	105	烟单 17	92	四密 21	139	海玉 6 号	84	哲单 7 号	127
53	和单 1 号	103	丹 703	91	冀承单 3 号	138	豫玉 23	84	鲁玉 16 号	125
54	烟单 17	98	和单 1 号	89	农大 108	136	聊 93–1	83	吉单 209	123
55	豫玉 18 号	97	冀承单 3 号	89	南三单交	130	海玉 5 号	81	四单 16	118
56	鲁原单 14	91	鲁单 50	89	成单 13	129	宜单 2 号	81	郑单 14	115
57	会单 4 号	88	冀单 27	88	农大 3138	126	交三单交	77	丹 2100	114
58	海玉 5 号	87	73 单交	87	掖单 9 号	125	四早 11	76	烟单 14 号	108
59	宜单 2 号	87	兴黄单 89–2	85	绵单 1 号	112	烟单 17 号	76	农大 60	107
60	恩单 2 号	81	海玉 5 号	82	鲁玉 10 号	107	莫吉	76	成单 19	105
61	绵单 1 号	76	铁单 4 号	79	四早 6 号	106	京早 8 号	75	聊玉 93–1	103
62	贵毕 303	70	海单 2 号	78	陕单 911	105	札单 201	73	白单 9 号	99
63	豫玉 15 号	67	成单 13	77	海玉 5 号	102	新铁单 10	72	川单 15	93
64	川单 11 号	65	绵单 1 号	77	冀单 31	102	川单 9 号	71	黑白 1 号	93
65	龙单 5 号	65	札单 201	77	掖单 51	98	南七单交	70	改良 902	91
66	京杂 6 号	58	丹玉 22	73	烟单 17	94	湘玉 7 号	69	太单 30	90
67	海试 11 号	51	连玉 9 号	73	哲单 7 号	87	黔西 4 号	64	铁单 4 号	90
68	合玉 14	51	植抗 4 号	72	海玉 4 号	83	花单 1 号	62	宜单 2 号	89
69	札单 201	51	鲁玉 15	69	南七单交	83	贵毕 303	59	绵单 1 号	88
70	冀承单 3 号	49	石 92–1	68	札单 201	76	铁单 10	58	鲁玉 2 号	88
71	鲁三 2	49	黄莫 417	67	宜单 2 号	70	陕单 8 号	58	试 1243	84
72	麒引单 1	48	宜单 2 号	67	成单 18	70	鲁玉 15 号	58	豫玉 23	82
73	本地黄	46	海玉 4 号	66	屯玉 2 号	68	掖单 51 号	54	郧单 1 号	79

（续表；单位：万亩）

序号	1996 年		1997 年		1998 年		1999 年		2000 年	
	品种名称	面积	品种名称	面积	品种名称	面积	品种名称	面积	品种名称	面积
74	豫玉 11 号	46	贵毕 301	65	73 单交	67	93-124	52	赤单 202	77
75	晋单 29	45	掖单 22	65	丹玉 22	67	湘玉 6 号	50	鄂玉 10 号	77
76	京早 8 号	45	唐抗 8 号	64	掖单 22	66	农大 3138	50	掖单 51	75
77	冀单 26	42	西单 2 号	64	丹 413	60	成单 16	49	唐玉 10	75
78	成单 12 号	41	哲单 35	64	连玉 6 号	60	湘玉 10 号	48	海玉 4 号	72
79	孚尔拉	41	贵毕 303	61	登海 1 号	59	龙单 5 号	47	鲁玉 10 号	71
80	素弯 1	41	龙单 5 号	61	海试 16	59	丹玉 16	47	湘玉 10	71
81	丹早 208	40	陕单 9 号	61	湘玉 7 号	58	龙单 16	46	海玉 6 号	67
82	海玉 6 号	40	四早 11	60	丹玉 18	58	川单 15 号	46	连玉 6 号	67
83	连玉 10 号	40	交三单交	58	和单 1 号	58	麒引单 1 号	44	来玉 2 号	66
84	连玉 5 号	39	海玉 6 号	57	豫玉 12	58	绥玉 6 号	42	张玉 1 号	66
85	丹玉 14 号	37	鲁玉 16	57	麒引单 1 号	57	屯玉 2 号	40	烟单 17 号	63
86	8053	36	苏玉 9 号	57	合玉 17	57	吉单 180	38	酒单 3 号	62
87	通单 2 号	36	豫玉 22	55	沈单 10 号	57	海玉 4 号	38	海玉 5 号	62
88	掖单 22 号	34	海试 16	54	晋单 37	56	酒单 3 号	36	扎单 201	60
89	海试 16 号	33	郑单 14	52	豫玉 19	56	合玉 14	36	龙原 101	59
90	交三单交	32	连玉 6 号	51	丹 933	55	墨白 94	35	屯玉 2 号	58
91	绥玉 6 号	32	鲁三 2 号	50	丹玉 23	55	掖单 44	33	宁单 8 号	58
92	海单 2 号	31	麒引单 1 号	50	京早 8 号	53	盘玉 1 号	33	沈试 29	57
93	龙单 11 号	30	豫玉 15 号	48	海玉 6 号	52	墨黄九号	33	沈单 7 号	55
94	兴黄单 892	30	丹玉 18	47	贵毕 303	51	四密 25	32	陕单 9 号	55
95	嫩单 7 号	27	唐单 9 号	47	花单 1 号	50	合玉 17	32	晋单 36	52
96	沈单 9 号	27	川单 11	46	改良 902	48	毕单 4 号	32	华玉 4 号	51
97	丹玉 18 号	26	合玉 17	45	本地黄	47	本地黄玉米	32	南七单交	50
98	盘玉 1	26	唐玉 5 号	45	丹玉 16	46	安单 136	32	安单 136	50
99	唐玉 5	26	桂顶四号	44	东单 7 号	44	新本玉 9	31	丹 933	50

（续表；单位：万亩）

序号	1996年		1997年		1998年		1999年		2000年	
	品种名称	面积	品种名称	面积	品种名称	面积	品种名称	面积	品种名称	面积
100	冀单 22	25	京杂 6 号	44	合玉 14 号	44	罗单 3 号	31	黔西 4 号	49
101	莫吉	25	冀单 31	43	四单 48	44	和单 2 号	31	招玉 2 号	49
102	黔西 4	25	四单 48	42	冀张玉 1	43	晴三	31	龙单 16	48
103	合玉 15	24	绥玉 6 号	41	新铁单 10	41	合玉 15	30	硕秋 3 号	48
104	四单 29	24	中原单 32	41	湘玉 10 号	41	绥玉 7 号	29	七三单交	47
105	哲单 7	24	黄莫	40	锦玉 2 号	40	招玉 2 号	29	桂单 22 号	46
106	丰 71	23	哲单 14	40	龙单 16	39	8053	29	吉单 141	46
107	墨白 94	23	本地黄玉米	39	543/ 联 87	38	吉单 141	26	四单 72	44
108	豫玉 1 号	23	九单 12	38	连玉 9 号	38	桂顶 3 号	26	冀单 31 号	44
109	南顶	22	8053	36	掖单 11	38	贵毕 301	26	承玉 4 号	43
110	掖单 52	22	花单 1 号	36	海单 2 号	37	孚尔拉	26	贵毕 302	41
111	达单 1 号	21	恩单 2 号	35	中原单 32	36	反交铁单四	26	湘玉 8 号	41
112	凉单 1 号	21	合玉 14	34	吉单 141	36	鄂玉 9 号	26	本地黄玉米	41
113	木挺	21	成单 12	33	成单 12	35	伊单 10 号	25	川单 9 号	41
114	丹玉 22	20	湘玉 10 号	33	冀单 27	35	屯玉 3 号	25	四早 6 号	40
115	单三交三	20	晋单 17	32	川单 12	34	连玉 3 号	25	豫玉 26	39
116	贵毕 302	20	莱玉 2 号	32	川单 11	33	锦单 6 号	25	冀承单 13	39
117	冀单 24	20	四密 21	32	唐抗 8 号	33	鲁三 2 号	24	廊玉 6 号	39
118	商玉 1	20	阳单 82	32	桂顶 3 号	32	凉单 1 号	24	绥玉 7 号	38
119	唐抗 8 号	20	中玉 4 号	32	哲单 35	32	群单 1 号	24	贵毕 301	38
120	桂顶 3 号	19	孚尔拉	31	孚尔拉	31	掖单 20 号	23	鲁单 981	38
121	唐抗 2	19	京早 8 号	31	贵毕 301	31	豫玉 19	23	保玉 7 号	37
122	贵毕 301	18	南顶 1 号	31	伊单 10 号	31	黔西 3 号	23	协玉 1 号	37
123	89-2	17	毕单系列	30	鲁三 2 号	31	克单 8 号	23	晋单 24	37
124	毕单 3	17	陕单 911	30	D 黄 *BM	30	保玉 7 号	23	丹 2109	36
125	豫玉 12 号	17	通单 2 号	29	鄂玉 9 号	30	素弯 1 号	22	丹玉 22	36

（续表；单位：万亩）

序号	1996 年		1997 年		1998 年		1999 年		2000 年	
	品种名称	面积	品种名称	面积	品种名称	面积	品种名称	面积	品种名称	面积
126	本地白	16	成单 11	28	盘玉 1 号	30	和单 1 号	21	农单 5 号	36
127	二黄	16	桦单 32	28	黔西 4 号	30	鄂玉 3 号	21	交三单交	35
128	吉单 133	16	锦单 6 号	28	哲单 37	30	川单 12	21	海禾 4 号	35
129	连玉 3 号	16	墨白 94	27	晋单 33	29	黔原 2 号	20	登海 9 号	34
130	辽原 1 号	16	农大 3138	27	龙单 5 号	29	恩单 2 号	20	湘玉 6 号	34
131	群单 1 号	16	鄂玉 3 号	26	四早 11	29	本地白玉米	20	哲单 36	33
132	成单 11 号	15	晋单 37	26	桦单 32	28	94-335	20	本玉 12	33
133	克单 6 号	15	晋单 4 号	26	通单 2 号	28	苏玉 12 号	19	吉单 159	32
134	鲁玉 13 号	15	本地白玉米	25	掖单 18	28	大单 1 号	19	丹玉 23	32
135	罗单 2	15	丹玉 10 号	25	京杂 6 号	27	本玉 12	19	连玉 9 号	31
136	八农 701	14	盘玉 1 号	25	安单 136	26	吉单 159	18	群单 1 号	30
137	黑 301	14	黔西 4 号	25	丹黄 605	26	昭三 1 号	18	晋单 35	30
138	墨单 8621	14	丹 408	24	锦单 6 号	26	鲁单 1 号	18	晴三	30
139	普照	14	晋单 27	24	晋单 24	26	白玉 109	18	哲单 37	30
140	伊单 10	14	中单 120	24	绥玉 6 号	26	伊单 8 号	17	张玉 2 号	29
141	豫玉 21 号	14	丹 413	22	8053	26	四单 72	17	农大 80	29
142	镇三 1	14	素弯 1 号	22	赤单 85	25	农大 65	17	京早 8 号	27
143	楚单 5 号	13	川单 12	21	鄂玉 8 号	25	龙单 18	17	克单 8	27
144	大单 1 号	13	丹 710	21	成单 16	25	四单 48	16	通单 2 号	27
145	吉单 120	13	酒单 3 号	21	素弯 1 号	25	垦玉 6 号	16	哲单 35	26
146	酒单 3 号	13	凉单 1 号	21	新单交	24	桂单 22 号	16	晋单 32	26
147	连玉 9 号	13	威白	21	罗单 3 号	24	招 90-8	15	素弯 1 号	26
148	临改白	13	渝单 2 号	21	晴三	24	豫玉 12	15	伊单 10 号	26
149	鲁玉 16 号	13	丹 3034	20	海玉 7 号	23	通单 1 号	15	本地白玉米	25
150	罗单 1	13	海试 19	20	凉单 1 号	23	石玉 901	15	丹 408	24
151	哲单 35	13	商玉 1 号	20	豫玉 15	23	酒单 2 号	15	晋单 34	24

（续表；单位：万亩）

序号	1996年		1997年		1998年		1999年		2000年	
	品种名称	面积	品种名称	面积	品种名称	面积	品种名称	面积	品种名称	面积
152	长单26	12	苏湾1号	20	群单1号	22	海玉9号	15	东单54	23
153	和单2号	12	八农701	19	丹703	22	鄂玉4号	15	渝单5号	23
154	墨黄9	12	成单18	19	海试19	22	四单151	14	宜单6号	23
155	晴三	12	大单1号	19	晋单29	22	华玉4号	14	黑白94	22
156	伊单8	12	掖单18	19	洒单3号	22	八农701	14	毕单3号	22
157	长单5	11	营试11	19	承单15	22	毕单3号	13	屯玉3号	21
158	丹703	11	白单31	18	湘玉6号	21	中单321	12	唐单10号	21
159	花单1	11	内单4号	18	八农701	21	思三单	12	湘玉7号	21
160	辽轮531	11	嫩单7号	18	和单2号	21	龙单17	12	新黄904	21
161	沈单6号	11	沈试29	18	晋单36	21	垦单2号	12	连玉15	21
162	试128	11	长单32	17	鄂玉3号	21	川单11	12	罗单3号	21
163	四早16号	11	丹玉14	17	墨白94	21	中原单32号	11	合玉14	20
164	哲单14号	11	连玉3号	17	豫玉23	20	豫玉1号	11	扎单202	20
165	安单136	10	兴单3号	17	临改白	20	掖单11	11	罗单5号	20
166	合玉17	10	掖单52	17	恩单2号	20	威白	11	鄂玉13	20
167	牡201	10	伊单10	17	贵毕402	20	莫A	11	川单12	20
168	内单4号	10	丹黄605	16	黔西3号	20	临改白	11	屯玉1号	20
169	黔西3	10	黔西3号	16	绥玉7号	20	辽轮531	11	龙单5号	20
170	试117	10	唐单2号	16	南玉3号	20	吉单120	11	兴市三1号	20
171	苏玉1号	10	张玉2号	16	毕单3号	19	高农1号	11	邢抗2号	20
172	招90-8	10	二黄玉米	15	毕单4号	19	改良单交	11	遵玉2号	20
173	郑单2号	10	反铁4号	15	晋单30	19	川单10	11	鲁单1号	20
174			海试11	15	大白玉米	18	沈单10号	10	白单13	20
175			冀单22	15	丹408	18	曲辰1号	10	丹3034	19
176			晴三	15	吉引704	18	涧种	10	贵毕401	19
177			掖单44	15	冀张玉4	18	赫单4号	10	桂单26号	19

（续表；单位：万亩）

序号	1996年		1997年		1998年		1999年		2000年	
	品种名称	面积	品种名称	面积	品种名称	面积	品种名称	面积	品种名称	面积
178			豫玉 19	15	大单 1 号	18	贵毕 402	10	商玉 1、2 号	19
179			豫玉 1 号	15	承单 13	17	贵毕 302	10	白玉 109	19
180			昭三 1 号	15	合玉 15 号	17	巴单 3 号	10	宣黄单 2 号	19
181			安单 136	14	聊 93-1	17	433* 莫 17	10	川单 14	19
182			花白	14	掖单 52	17			陕单 931	18
183			锦试 2 号	14	川单 10 号	17			通单 24	18
184			靖单 8 号	14	莱玉 2 号	17			凉单 1 号	18
185			群引单 1 号	14	保玉 7 号	16			8053	18
186			掖单 5 号	14	冀单 24	16			麒单 1 号	18
187			矮化玉米	13	洒单 2 号	16			牡单 9 号	17
188			冀单 24	13	威白	16			贵毕 303	17
189			四单 29	13	中单 120	16			克单 6 号	17
190			苏玉 1 号	13	连玉 3 号	16			苏玉 12 号	17
191			豫玉 20	13	鲁单 1 号	15			晋单 37	17
192			8621	12	鄂玉 4 号	15			3040	17
193			白团颗	12	黑 301	15			鲁三 2 号	17
194			改良 902	12	冀张玉 2	15			高农 1 号	16
195			合玉 11	12	四单 151	15			和单 2 号	16
196			和单 2 号	12	哲单 36	15			桂三五号	16
197			鲁单 1 号	12	中玉 4 号	15			蠡玉 6 号	15
198			墨黄 9 号	12	冀单 26	15			毕单 4 号	15
199			合玉 15	11	内单 4 号	14			恩单 2 号	15
200			临改白	11	新玉 6 号	14			南校 15 号	15
本表面积合计		29013		28749		30426		22335		27705
当年统计面积		29013		28955		30829		22335		29620
占当年统计面积		100%		99.28%		98.69%		100%		93.53%
≥ 10 万亩品种数		173		226		235		181		253

2001—2006年我国玉米主要品种种植面积年度统计简表

（前300位）

单位：万亩

序号	2001年		2002年		2003年		2004年		2005年		2006年	
	品种名称	面积	品种名称	面积	品种名称	面积	品种名称	面积	品种名称	面积	品种名称	面积
1	农大108	3810	农大108	4099	农大108	3512	郑单958	4295	郑单958	5177	郑单958	5859
2	豫玉22	1097	豫玉22	1470	郑单958	2135	农大108	2720	农大108	2177	农大108	1444
3	鲁单50	961	郑单958	1324	豫玉22	1742	鲁单981	1144	鲁单981	1035	鲁单981	1150
4	农大3138	956	四单19	1022	四单19	1071	四单19	1108	四单19	952	浚单20	1026
5	四单19	956	通单24	942	鲁单981	699	豫玉22	980	东单60	854	四单19	873
6	龙单13	879	龙单13	845	蠡玉6号	694	沈单16	693	沈单16	783	东单60	758
7	中单2号	608	农大3138	768	沈单16	673	龙单13	655	聊玉18	662	聊玉18	556
8	掖单13	607	鲁单50	557	农大3138	646	蠡玉6号	639	豫玉22	651	沈单16	553
9	掖单2号	399	沈单10号	538	龙单13	593	东单60	617	登海11	612	豫玉22	502
10	本玉9号	414	掖单13	526	沈单10号	481	登海11	556	龙单13	590	龙单13	454
11	沈单10	380	中单2号	514	登海11	439	农大3138	534	蠡玉6号	559	蠡玉6号	420
12	成单14	365	鲁单981	446	中单2号	410	沈单10号	479	浚单20	382	邯丰08	354
13	登海9号	348	吉单180	444	吉单180	389	登海9号	364	登海9号	368	登海11	352
14	郑单14	345	本玉9号	334	登海9号	377	中单2号	345	沈单10号	354	丹玉39	336
15	掖单4号	120	蠡玉6号	318	鲁单50	342	丹玉39	338	哲单7号	342	三北6号	325
16	铁单10	319	户单4号	298	掖单13	324	吉单180	300	正大619	327	中科4号	320
17	户单4号	301	雅玉2号	294	克单8号	277	丰禾10号	294	农大3138	303	登海9号	320
18	雅玉2号	299	登海9号	291	会单4号	274	鄂玉10号	285	鄂玉10号	277	绥玉7号	316
19	吉单180	288	沈单16	267	户单4号	250	正大619	281	济单7号	271	哲单7号	316
20	登海1号	277	成单14	258	本玉9号	248	绥玉7号	277	绥玉7号	262	正大619	306
21	冀丰58	265	四密21	257	龙单16	236	会单4号	271	丹玉39	262	兴垦3号	295
22	鲁原单14	254	吉单209	230	雅玉2号	235	通吉100	264	会单4号	252	会单4号	289

（续表；单位：万亩）

序号	2001 年		2002 年		2003 年		2004 年		2005 年		2006 年	
	品种名称	面积	品种名称	面积	品种名称	面积	品种名称	面积	品种名称	面积	品种名称	面积
23	四密 25	250	会单 4 号	224	正大 619	222	哲单 7 号	241	中单 2 号	244	沈单 10 号	269
24	掖单 22	276	SC-704	202	东单 60	211	掖单 13	237	本玉 9 号	225	金海 5 号	266
25	会单 4 号	241	川单 21	200	吉单 209	205	户单 4 号	221	蠡玉 16	222	农大 3138	243
26	西玉 3 号	249	登海 11	178	丹玉 39	203	吉单 209	202	丰禾 10	221	济单 7 号	233
27	成单 18	206	冀丰 58	174	哲单 7 号	202	川单 21	200	海玉 6 号	219	农大 364	229
28	东农 248	193	陕单 911	170	川单 21	191	SC-704	195	三北 6 号	198	蠡玉 16	223
29	郑单 958	192	登海 1 号	169	通单 24	181	济单 7 号	184	SC-704	194	浚单 18	211
30	陕单 911	191	海玉 6 号	164	SC-704	176	鲁单 50	176	金海 5 号	188	吉单 27	207
31	四密 21	189	掖单 2 号	161	登海 1 号	172	四密 21	175	华单 208	172	中单 2 号	205
32	丹玉 13	186	哲单 7 号	160	新铁单 10 号	170	硕秋 8 号	167	户单 4 号	159	丰禾 10 号	204
33	铁单 12	186	四密 25	159	铁单 12	163	本玉 9 号	163	邯丰 08	149	迪卡 007	200
34	吉单 209	193	西玉 3 号	159	华单 208	149	海玉 6 号	153	吉玉 4 号	148	SC-704	194
35	哲单 7	161	鲁原单 14	157	陕单 911	145	登海 1 号	151	东陵白	144	海玉 6 号	183
36	龙单 8	161	铁单 10 号	153	东陵白	145	东陵白	142	长城 799	143	华单 208	153
37	成单 19	161	东农 248	148	绥玉 7 号	144	铁单 10 号	134	吉单 209	143	绥玉 10 号	145
38	苏玉 9 号	160	掖单 19	146	兴黄单 89-2	143	登海 3 号	125	登海 1 号	136	长城 799	145
39	鄂玉 10	157	掖单 22	136	登海 3 号	141	五岳 206	123	通吉 100	134	富友 9 号	136
40	鲁单 981	154	新铁 10 号	132	掖单 2 号	135	聊玉 18	122	通单 24	125	通单 24	131
41	豫玉 33	147	唐玉 10 号	131	鄂玉 10 号	135	正红 6 号	120	海玉 4 号	124	本玉 9 号	129
42	兴黄单 89-2	146	成单 18	130	连玉 19	133	成单 22	120	登海 3 号	124	东陵白	128
43	掖单 12	145	兴黄单 89-2	127	四密 21	127	四密 25	120	兴垦 3 号	120	哲单 37	126
44	冀承单 3 号	143	克单 8 号	125	屯玉 1 号	123	兴黄单 89-2	116	川单 21	118	海玉 4 号	125
45	SC704	131	冀承单 3 号	125	冀承单 3 号	119	邢抗 2 号	115	雅玉 10 号	117	海玉 5 号	121
46	川单 13	128	丹玉 24	121	成单 14	118	海玉 4 号	114	哲单 37	116	哲单 39	119
47	八农 703	124	唐抗 5 号	121	海玉 6 号	114	新玉 9 号	112	掖单 13	115	鄂玉 10 号	118
48	沈单 16	123	丹玉 39	121	铁单 10 号	111	克单 8 号	111	邢抗 6 号	115	邢抗 2 号	117

（续表；单位：万亩）

序号	2001年		2002年		2003年		2004年		2005年		2006年	
	品种名称	面积	品种名称	面积	品种名称	面积	品种名称	面积	品种名称	面积	品种名称	面积
49	丹玉 26	122	川单 15	120	川单 15	110	海玉 5 号	110	农大 364	114	利民 15	114
50	华玉 4 号	121	东单 60	120	邢抗 2 号	109	正红 2 号	110	四密 25	114	硕秋 8 号	106
51	龙单 16	119	正大 619	119	聊玉 18	108	龙单 16	110	吉单 180	112	吉单 198	105
52	唐抗 5 号	117	海玉 5 号	119	石玉 7 号	107	浚单 18	108	浚单 18	108	宣黄单 2 号	102
53	豫玉 2 号	113	豫玉 18	118	鲁原单 14	106	墨白 1 号	107	海玉 5 号	105	农大 84	97
54	掖单 19	163	成单 19	118	四密 25	101	屯玉 1 号	106	晋单 32	101	掖单 13	95
55	冀单 28	109	屯玉 1 号	115	哲单 20	100	陕单 911	106	中科 4 号	101	农大 518	92
56	鲁玉 16	105	绥玉 7 号	114	陕单 902	99	新铁单 10 号	104	晋单 42	100	兴黄单 89-2	89
57	桂顶 1 号	102	丹玉 26	109	丹玉 24	96	晋单 42	102	四密 21	98	海禾 1 号	87
58	陕单 902	99	墨白 1 号	108	墨白 1 号	94	雅玉 10 号	100	农大 518	96	晋单 42	86
59	豫玉 12	98	豫玉 26	107	桂单 22	93	川单 25	100	富友 9 号	90	长玉 13	85
60	黔西 4 号	98	聊玉 18	104	农单 5 号	92	冀承单 3 号	93	克单 8 号	88	吉单 209	85
61	四单 16	98	户单 2000	102	海玉 5 号	91	东农 248	93	兴黄单 89-2	88	晋单 32	84
62	丹 639	93	海禾 1 号	97	绵单 1 号	90	龙原 101	92	东农 248	83	强盛 12	84
63	川单 15	92	铁单 12	96	济单 7 号	89	陕单 902	89	豫玉 26	82	龙丰 2 号	83
64	海玉 6	92	海玉 4 号	96	硕秋 8 号	88	金海 5 号	81	益丰 10	81	吉东 4 号	82
65	绵单 1 号	91	通油 1 号	95	海玉 4 号	87	雅玉 12	80	迪卡 007	80	丹科 2151	80
66	海玉 5	89	龙单 8 号	94	丹玉 26	84	华单 208	80	哲单 20	80	巴单 3 号	80
67	海玉 4	88	苏玉 9 号	94	巴单 3 号	80	铁单 19	78	墨白 1 号	78	铁单 19	78
68	宜单 2 号	88	丹玉 13	92	户单 2000	76	吉新 203	78	宣黄单 2 号	75	鲁单 9002	78
69	龙原 101	88	湘玉 10 号	88	西玉 3 号	76	豫玉 26	75	湘玉 10 号	75	苏玉 19	77
70	聊玉 18	86	吉单 342	88	东农 248	76	丹玉 24	72	正红 6 号	72	吉单 261	75
71	豫玉 26	86	鲁玉 16	86	苏玉 10 号	76	通单 24	71	渝单 7 号	72	三北 2 号	74
72	丹玉 24	85	掖单 4 号	85	成单 19	75	渝单 7 号	70	龙单 16	72	大丰 5 号	74
73	墨白 1 号	82	桂单 22	85	豫玉 18	72	掖单 2 号	69	龙单 20	71	益丰 10 号	73
74	绥玉 7	80	新户 4 号	85	哲单 37	72	巴单 3 号	68	哲单 39	70	农大 95	73

（续表；单位：万亩）

序号	2001年		2002年		2003年		2004年		2005年		2006年	
	品种名称	面积	品种名称	面积	品种名称	面积	品种名称	面积	品种名称	面积	品种名称	面积
75	唐玉 10	79	哲单 37	82	唐玉 10 号	72	张玉 1 号	66	潞玉 13	70	墨白 1 号	73
76	西单 2 号	79	绵单 1 号	81	浚单 18	71	连玉 15	64	连玉 19	69	潞玉 13	73
77	户单 1 号	79	陕单 902	79	铁单 19	71	华玉 4 号	63	川单 25	68	登海 3 号	73
78	丹 2109	76	毕单 4 号	75	海禾 1 号	70	泰玉 2 号	63	冀玉 9 号	67	绿单 1 号	73
79	农单 5 号	74	华玉 4 号	69	雅玉 10 号	70	晋单 32	62	绥玉 10	67	豫奥 3 号	72
80	黄 417	73	邢抗 2 号	69	掖单 19	69	利民 15	62	铁单 12	66	龙单 16	72
81	聊 93-1	73	四单 16	67	华玉 4 号	69	安单 136	62	龙丰 2 号	66	冀玉 9 号	68
82	桂单 22 号	72	聊 93-1	65	法育 1 号	68	连玉 19	62	铁单 10	65	克单 8 号	68
83	郧单 1 号	72	张玉 1 号	65	丰禾 10 号	65	丹玉 29	62	保玉 7 号	64	沈玉 17	66
84	克单 8	71	冀玉 9 号	65	掖单 22	65	新单 22	61	农大 84	63	辽单 33	65
85	鲁玉 10	71	农大 80	65	丹玉 13	65	绵单 1 号	60	鲁玉 16	63	丹玉 24	65
86	巴单 2	71	苏玉 10 号	64	聊 93-1	65	农大 364	60	龙原 101	62	保玉 7 号	65
87	贵毕 303	71	黄莫 417	63	吉新 203	64	海禾 1 号	60	金玉 1 号	61	户单 4 号	65
88	扎单 201	69	桂顶 1 号	63	苏玉 9 号	63	丹玉 13	59	正红 2 号	61	黔西 4 号	64
89	莱玉 2	67	中单 9409	61	毕单 4 号	63	邯丰 08	58	海禾 1 号	60	金玉 1 号	64
90	莱农 14	67	郑单 14	61	新玉 9 号	62	黔西 4 号	58	鲁单 984	59	泰玉 2 号	63
91	掖单 20	63	丹 639	58	石玉 8 号	62	运单 19	57	丹科 2151	59	龙单 26	63
92	廊玉 6	63	招玉 2 号	57	张玉 1 号	61	雅玉 2 号	56	黔西 4 号	59	正大 818	62
93	铁单 4	62	京早 8 号	56	哲单 35	60	苏玉 9 号	56	龙单 19	59	遵玉 3 号	62
94	张玉 1 号	62	黔西 4 号	56	晋单 35	58	鲁玉 16	56	鲁单 50	58	浚单 22	62
95	豫玉 23	61	鄂玉 10 号	55	冀丰 58	58	唐抗 5 号	56	巴单 3 号	58	新单 23	61
96	烟单 14	59	遵玉 3 号	54	鄂玉 16	55	桂单 22	55	雅玉 12	58	邢抗 6 号	61
97	本玉 13	56	龙单 16	53	豫玉 23	55	鄂玉 16	55	冀承单 3 号	57	吉单 180	60
98	本玉 12	55	农单 5 号	53	龙原 101	53	冀玉 9 号	55	泰玉 2 号	56	鲁单 984	60
99	陕单 9 号	55	晋单 35	52	莱农 14	51	铁单 16	54	秦龙 9 号	56	吉农大 518	59
100	招玉 2 号	54	济单 7 号	52	本地黄包谷	51	唐玉 10 号	54	邢抗 2 号	56	雅玉 10 号	58

（续表；单位：万亩）

序号	2001年		2002年		2003年		2004年		2005年		2006年	
	品种名称	面积	品种名称	面积	品种名称	面积	品种名称	面积	品种名称	面积	品种名称	面积
101	丹638	54	冀单26	48	四单16	50	益丰10号	53	创奇0209	56	垦玉6号	58
102	白单9	53	海禾2号	48	丹玉29	50	晋单35	53	铁单15	56	中原单32	58
103	锦单8	52	新玉9号	48	成单23	50	铁单17	52	正大818	55	丰聊008	57
104	湘玉11	52	东单7号	46	成单18	50	海禾10号	50	冀单3号	55	龙源101	56
105	屯玉3号	50	户单1号	46	郝育19	49	遵玉2号	50	奥玉17	54	豫玉26	55
106	抚单6	50	郧单1号	45	贵毕303	48	鲁原单14	50	连玉15	53	连玉15	55
107	湘玉7号	50	白单9号	44	冀玉9号	47	龙丰2号	50	铁单19	52	川单15	55
108	蠡玉6号	49	烟单14	44	湘玉10号	47	铁单12	49	陕单911	52	铁单12	54
109	豫玉27	48	东陵白	44	本地白包谷	46	莱农14	49	铁单18	52	吉单137	54
110	冀单26	48	鲁玉10号	43	黔西4号	45	秦龙9号	47	新单22	51	登海1号	54
111	吉单156	48	四早11	42	晋单42	43	京早8号	47	川单15	51	克单9号	53
112	海禾10	46	宣黄单2号	42	海禾10号	43	牡单9号	47	成单26	49	济单8号	53
113	安单136	45	掖单20	41	中单9409	42	保玉7号	47	硕秋8号	49	鲁单9006	51
114	毕单4号	44	登海3号	41	大单1号	42	铁单18	47	安单136	48	莱农14	50
115	屯玉1号	44	丹2109	41	鲁玉16	42	苏玉10号	47	龙单8号	48	内单402	50
116	通单24	43	安单136	41	龙单8号	42	中原单32	46	吉单28	48	铁单10	49
117	京早8号	43	保玉7号	40	安单136	41	迪卡007	46	绵单1号	47	鲁玉16	49
118	渝单5号	42	本地黄玉米	40	川单13	40	丹玉86	46	哈丰1号	47	四早113	48
119	新玉9号	41	豫玉23	40	金山2号	40	哲单37	46	东单7号	46	巴单4号	48
120	湘玉8号	41	宜单2号	40	成单22	40	哲单20	45	遵玉3号	46	创奇0209	48
121	丹玉15	40	屯玉3号	40	遵玉2号	40	中单9409	45	农单5号	46	晋玉811	47
122	遵玉3号	40	川单13	40	雅玉12	40	蠡玉10号	45	海禾12	45	通吉100	47
123	龙单19	39	贵毕303	39	东单7号	40	苏玉16	44	石玉7号	45	屯玉42	46
124	哲单36	38	成单23	38	唐抗5号	38	丹玉27	44	张玉2号	45	临奥4号	46
125	湘玉10	38	辽丹933	38	张玉2号	38	海禾2号	44	丹玉24	45	吉单522	46
126	张玉2号	38	海禾4号	37	连玉16	38	海禾12	44	东农250	45	吉单517	46

（续表；单位：万亩）

序号	2001年		2002年		2003年		2004年		2005年		2006年	
	品种名称	面积	品种名称	面积	品种名称	面积	品种名称	面积	品种名称	面积	品种名称	面积
127	连玉 15	37	丹玉 638	37	吉单 342	38	宣黄单 2 号	43	屯玉 65	44	屯玉 38	45
128	桂单 26 号	36	雅玉 10 号	36	永玉 1 号	37	吉单 342	43	新铁单 10	44	桂单 22	45
129	罗单 3 号	36	苏玉 16	36	豫玉 26	37	硕秋 5 号	42	太单 30	43	伊单 13	45
130	哲单 37	35	铁单 4 号	36	东农 250	37	浚单 20	42	克单 9 号	43	绵单 1 号	44
131	正大 619	35	96-3	36	晋单 32	36	东单 7 号	42	苏玉 9 号	43	淄玉 2 号	44
132	豫玉 25	35	太单 30	36	宣黄单 2 号	36	西玉 3 号	41	长玉 13	43	冀承单 3 号	44
133	苏玉 10	34	伊单 10 号	36	涿 2817	35	湘玉 10 号	41	原单 22	43	铁单 18	44
134	屯玉 2 号	34	硕秋 8 号	35	京早 8 号	35	哲单 35	40	莱农 14 号	43	科河 8 号	43
135	冀承单 13	33	张玉 2 号	35	扎单 202	35	成单 23	40	毕单 10 号	43	新玉 9 号	42
136	花单 1 号	32	南七单交	35	硕秋 5 号	35	户单 1 号	38	龙单 25	42	雅玉 2 号	41
137	保玉 7 号	32	改良 902	35	宜单 2 号	35	石玉 7 号	37	中科 1 号	40	龙单 30	41
138	南玉 3 号	32	罗单 4 号	35	协玉 1 号	35	吉单 29	37	鄂玉 18	40	成单 30	40
139	罗单 5 号	32	扎单 201	34	太单 30	34	连玉 16	37	费玉 3 号	40	川单 14	40
140	海禾 4	32	成单 22	34	本玉 13	34	本地黄包谷	36	张玉 1 号	39	金刚 7 号	40
141	伊单 10	31	成单 202	34	户单 1 号	33	掖单 22	36	晋单 35	39	中农 2 号	39
142	丹 3034	31	莱农 14	34	金穗 2001	32	郑单 21	35	利民 15	36	川单 21	39
143	晋单 35 号	31	花单 1 号	34	陕单 9 号	32	巴单 5 号	35	四单 16	36	铁单 15	39
144	宣黄单 89-2	31	罗单 3 号	33	吉东 2 号	32	曲辰 3 号	35	遵玉 2 号	36	东农 248	39
145	遵单 1 号	31	丹玉 15	33	通吉 100	32	张玉 2 号	35	农大 3139	35	原单 29	36
146	烟单 17	31	掖单 12	33	长城 98	31	宜单 2 号	35	曲辰 3 号	35	大丰 2 号	36
147	丹玉 27	30	哲单 20	32	辽丹 933	31	丹科 2143	34	吉单 29	35	天泰 10 号	36
148	川玉 2 号	30	巴单 5 号	32	海禾 12	31	金穗 1 号	34	雅玉 2 号	34	南玉 8 号	36
149	吉单 321	29	牡单 9 号	32	渝单 7 号	31	龙单 8 号	34	海禾 2 号	34	湘玉 10 号	35
150	吉单 141	29	吉新 203	32	郧单 1 号	31	罗单 3 号	34	吉农大 201	34	成单 28	35
151	96-3	29	连玉 15	32	费玉 3 号	31	四单 16	34	苏玉 10 号	34	东单 70	35
152	川单 9 号	28	陕单 9 号	31	织金 2 号	30	临奥 4 号	34	牡单 9 号	33	吉农大 201	34

（续表；单位：万亩）

序号	2001年		2002年		2003年		2004年		2005年		2006年	
	品种名称	面积	品种名称	面积	品种名称	面积	品种名称	面积	品种名称	面积	品种名称	面积
153	丹玉22	28	连玉16	31	平玉5号	30	巴单4号	33	吉单517	33	苏玉10号	34
154	牡单9	27	邢抗6号	31	川单14	30	苏玉19	32	西玉3号	33	纪元1号	34
155	太单30	27	墨白94	31	秦玉3号	30	农大84	32	新户4号	33	成单19	33
156	晋单36号	27	本地白玉米	30	保玉7号	30	东农250	32	农乐1号	32	承单3号	33
157	四单105	26	遵玉2号	30	伊单10号	30	辽单36	32	四早113	32	川单25	33
158	东单90	25	商玉2号	30	黄417	29	陕单9号	32	晋单34	31	新单22	33
159	冀单31	25	川单14	30	铁单4号	29	金玉1号	32	农大95	31	巴单5号	32
160	金单4号	25	四单2号	30	遵玉3号	29	辽单37	32	晋单24	31	扎单202	32
161	晋单32号	24	吉单141	30	丹玉35	29	黄417	31	中单9409	31	银河101	32
162	沈单7	24	贵毕301	29	泰玉2号	28	冀丰58	31	成单22	31	丰禾1号	32
163	墨白94	24	哲单14	29	鲁三2号	28	郧单1号	31	沈玉17	31	吉单29	31
164	贵毕302	24	和单2号	28	南七单交	28	豫玉23	31	承玉15	30	海禾12	31
165	黑单301	24	克单9号	27	新户4号	28	农乐1号	31	丹玉13	30	四密25	31
166	富有1号	23	吉单159	27	孚尔拉	27	贵毕303	31	华玉4号	30	宽诚1号	31
167	宜单6号	23	金穗201	27	96–3	27	掖单19	31	蠡玉10号	30	正红6号	31
168	东单60	23	农大60	27	白单9号	26	奥玉16	30	南校18号	30	牡单9号	31
169	鄂玉13	23	吉单156	26	墨白94	26	秦玉3号	30	晋玉811	30	秦龙9号	31
170	海禾5	23	桂单26	26	罗单3号	25	哲单39	30	豫玉23	30	奥玉17	30
171	鄂玉15	22	阳单82	26	丹玉27	25	正大819	30	苏玉19	30	邯丰18	30
172	农大60	22	桂三五号	26	多穗玉米	24	石玉8号	30	罗单3号	29	伊单14	30
173	苏玉12	22	417反交	25	富友1号	24	铁单15	28	成单21	29	成单26	30
174	四单72	22	高农1号	25	新单22	23	本玉13	28	贵毕303	29	东单16	30
175	海禾2	22	丹玉30	25	农乐1号	23	冀单26	28	中单104	28	白马牙	30
176	新黄904	21	丹玉35	24	中原单32	23	长城288	28	铁单16	27	苏玉9号	30
177	晋单33号	21	烟单17	23	屯玉3号	22	吉新205	28	天泰10	27	金惠1号	30
178	晋单24号	21	本玉13	23	和单2号	22	新户单4号	28	成单30	27	连玉19	30

（续表；单位：万亩）

序号	2001年		2002年		2003年		2004年		2005年		2006年	
	品种名称	面积	品种名称	面积	品种名称	面积	品种名称	面积	品种名称	面积	品种名称	面积
179	邢抗 2	21	卡皮托尔	23	张玉 4 号	22	早单 4 号	27	豫玉 24	27	庆单 4 号	30
180	兴丹 3	20	承单 13	23	连丰 1 号	22	克单 9 号	27	协玉 1 号	27	成单 202	29
181	农大 601	20	孚尔拉	23	连玉 15	22	太单 20	26	大丰 2 号	27	凉单 4 号	29
182	铁单 13	20	丹 638	23	丹科 2143	22	阳单 82	25	丹玉 29	27	海禾 10 号	29
183	遵玉 2 号	20	丹科 2143	22	迪卡 007	22	葫科 20	25	吉东 4 号	27	曲辰 3 号	29
184	本地黄玉米	20	豫玉 24	22	巴单 5 号	22	三千 1 号	25	鲁原单 14	27	早单 4 号	29
185	和单 2 号	20	东农 250	22	桂单 26	21	毕单 4 号	25	伊单 10 号	27	金海 702	28
186	凉单 1 号	20	晋单 34	21	糯玉米	21	丹 638	24	屯玉 42	26	浚 795	28
187	群单 1 号	20	湘玉 11	21	东单 57	21	中玉 9 号	24	高农 1 号	26	东单 13	28
188	通单 2 号	19	鲁玉 2 号	21	金海 5 号	21	中单 104	24	罗单 4 号	26	阳单 82	28
189	四早 6	19	四单 158	21	承玉 5 号	20	安玉 13	24	龙单 30	26	正大 999	28
190	东单 54	19	巴单 4 号	21	豫玉 24	20	沈农 87	24	金刚 7 号	26	永研 4 号	28
191	本地白玉米	18	廊玉 6 号	20	邯丰 08	20	户单 2000	24	北育 1 号	26	陕单 902	28
192	丰禾 10	18	鲁三 2 号	20	巴单 4 号	20	三北 6 号	24	丹 638	26	庆单 3 号	28
193	南校 15 号	18	四单 22	20	兴单 3 号	20	垦玉 6 号	23	垦玉 6 号	26	平安 18	28
194	铁单 9	18	晋单 29	20	曲辰 3 号	20	伊单 10 号	23	早单 4 号	26	烟单 14	27
195	南七单交	18	硕秋 5 号	20	桂三五号	19	吉单 257	22	丹玉 86	25	军单 8 号	27
196	晴三	18	豫玉 27	19	鲁玉 10 号	19	晋单 34	22	新单 23	25	正大 12	27
197	石玉 901	18	费玉 3 号	19	本玉 12	19	涿 2817	22	吉单 27	25	富友 7 号	27
198	哲单 35	18	沈单 6 号	19	吉单 29	19	卡皮托尔	22	丹玉 27	25	海禾 2 号	27
199	晋单 37 号	17	晋单 32	19	奥玉 16	19	孚尔拉	21	鄂玉 17	25	金玉 4 号	26
200	本地黄团颗	17	四早 6 号	19	高农 1 号	18	吉单 255	21	青贮玉米	25	先玉 335	26
201	孚尔拉	17	晋单 24	18	烟单 17 号	18	登海 6213	20	硕秋 5	25	安单 136	26
202	鲁三 2 号	17	沈单 15	18	海禾 2 号	18	白单 9 号	20	三北 2 号	25	京玉 7 号	26
203	西玉 5 号	16	豫玉 2 号	18	豫玉 2 号	18	黔兴 4 号	20	成单 23	25	长城 303	25
204	哲单 33	16	八农 703	17	阳单 82	17	农单 5 号	20	平安 18	24	罗单 5 号	25

（续表；单位：万亩）

序号	2001年		2002年		2003年		2004年		2005年		2006年	
	品种名称	面积	品种名称	面积	品种名称	面积	品种名称	面积	品种名称	面积	品种名称	面积
205	鲁单963	16	湘玉7号	17	粤农9号	17	桥97–1	20	海禾10号	24	永玉8号	25
206	连玉6号	16	7505	17	秦单4号	17	兴单3号	20	成单19	24	硕秋5号	25
207	麒单1号	15	陕高农1号	17	花单1号	17	渝单8号	20	四早11	24	正红2号	25
208	四早11	15	浚单18	17	海禾4号	17	织金2号	20	鲁单661	24	华玉1号	25
209	川单12	15	罗单5号	17	丹638	17	垦单5号	20	吉单342	24	伊单10号	24
210	鄂玉12	15	滇丰4号	17	滇丰4号	17	本地白包谷	19	承3359	24	科多8号	24
211	恩单2号	15	素弯1号	16	丹玉1号	16	晋单24	19	巴单5号	24	承3359	24
212	丰禾10号	15	伊单8号	16	方单1号	16	鲁三2号	19	龙单29	24	吉玉4号	24
213	陕高农1号	15	龙单19	16	丰合10号	16	烟单14	19	明玉2号	23	吉单257	24
214	四单151	15	黄粒群体	16	闽玉糯1号	16	豫玉18	19	屯玉1号	23	新户单4号	24
215	兴市三1号	15	贵毕302	15	扎单201	16	高农1号	18	毕玉2号	23	郁青1号	24
216	岫试2号	15	八农701	15	克单9号	15	中北410	18	承单13	23	聊93–1	23
217	合玉14号	15	通单2号	15	伊单8号	15	奥玉17	18	龙单24	23	龙单25	23
218	晋单39	14	白玉9号	15	原单22	15	费玉3号	18	大丰5号	23	利玛28	23
219	农大80	14	鄂玉3号	15	南校11	15	墨白94	18	扎单202	22	晋单24	23
220	冀单24号	14	承单22	15	早单4号	15	屯玉65	18	聊93–1	22	沈农87	23
221	克单6号	14	昭三1号	15	鄂玉13	15	永玉2号	18	玉美头102	22	丹玉87	22
222	牡单10	14	大单1号	15	高优8号	15	墨单8612	18	黔兴4号	22	鲁单50	22
223	吉单159	13	晋单33	14	黄莫417	15	豫玉32号	18	户单1号	22	垦单5号	22
224	龙单18	13	安玉5号	14	苏玉14	15	滇丰4号	17	本地黄包谷	21	正成1号	22
225	哲单14	13	扎单202	14	通单2号	15	聊93–1	17	郝育19	21	毕玉4号	22
226	东单7号	13	巴单3号	14	屯玉2号	15	路单4号	17	成单28	21	中正3号	22
227	贵毕402	13	连玉6号	14	掖单20	15	素弯1号	17	孚尔拉	20	安玉12	22
228	桂三五号	13	晋单37	14	正大188	15	邢抗6号	17	鲁三2号	20	丹科2143	21
229	掖单18	13	丰禾10号	14	西山7号	15	豫玉24	17	白单9号	20	徐单2号	21
230	丹玉18	13	牡单10	14	和单1号	14	泽玉2号	17	鄂玉22	20	登海3329	21

（续表；单位：万亩）

序号	2001 年		2002 年		2003 年		2004 年		2005 年		2006 年	
	品种名称	面积	品种名称	面积	品种名称	面积	品种名称	面积	品种名称	面积	品种名称	面积
231	试 117	13	平安 18	14	桂顶 1 号	14	扎单 202	17	兴单 13	20	吉单 342	20
232	八农 701	13	粤甜 3 号	13	盘玉 2 号	14	秦单 4 号	17	兴单 3 号	20	四密 21	20
233	晋单 29	13	哲单 36	13	屯玉 13 号	14	承单 13	16	兴单 9 号	20	京科 9 号	20
234	丹 933	12	曲辰 3 号	13	通油 1 号	14	京科 15	16	宜单 2 号	20	鄂玉 16	20
235	鲁单 1 号	12	穗甜 1 号	13	吉单 257	14	高优 8 号	16	哲单 35	20	哲单 35	20
236	白山 1	12	海禾 5 号	13	烟单 14	14	屯玉 13 号	16	苏玉 14	20	真金 8 号	20
237	永玉 1 号	12	鄂玉 13	13	掖单 4 号	13	云优 19	16	哲单 14	20	苏玉 22	20
238	试 1243	12	晋单 39	13	晋单 24	13	吉单 28	16	哲单 36	20	绵单 9 号	20
239	大单 1 号	12	丹玉 23	13	晋单 39	13	苏玉 12 号	16	良玉 2 号	20	苏玉 14	20
240	卡皮托尔	12	莫吉	13	通育 98	13	英国红	15	安玉 12 号	19	川单 27	20
241	冀承单 14	12	湘玉 6 号	13	吉单 255	13	农大 518	15	金穗 1 号	19	丹 639	20
242	莫吉	11	湘玉 8 号	12	吉单 321	13	吉东 4 号	15	丹玉 26	19	吉农大 568	20
243	丹 3068	11	承玉 5 号	12	白单 13 号	13	大单 1 号	15	银河 101	19	鲁单 8009	20
244	鄂玉 11	11	麒单 1 号	12	丹大 90	13	鄂玉 13	15	丹玉 57	19	盘玉 2 号	20
245	法玉 1	11	抚单 6 号	12	沈单 13	13	华试 1 号	15	本玉 13	18	登海 6213	19
246	织金 2 号	11	临改白	12	豫玉 30 号	13	蠡玉 5 号	15	烟单 14	18	鲁单 6003	19
247	川单 21	11	忻黄单 66	12	莱玉 2 号	13	万单 11	15	龙单 26	18	潞玉 6 号	19
248	中单 104	11	东单 54	12	盘玉 1 号	13	协玉 1 号	15	泽玉 2 号	18	东农 251	19
249	海禾 1 号	11	白单 31 号	12	麒引单 1 号	13	永玉 1 号	15	阳单 82	17	罗单 3 号	19
250	早单 4 号	10	安玉 10 号	12	屯玉 65	13	正大 188	15	郑单 17	17	东青 1 号	19
251	晋单 34	10	豫玉 19	12	牡单 9 号	13	平安 18	15	滇丰 4 号	17	黔玉 3 号	18
252	川单 14	10	和单 1 号	12	丹玉 15	13	西山 7 号	15	新玉 9 号（石 901）	17	东农 252	18
253	连玉 13	10	东单 90	12	路单 4 号	12	闽玉糯 1 号	14	中单 14	17	泽玉 2 号	18
254	安玉 10 号	10	泰玉 2 号	11	秦龙 9 号	12	毕玉 4 号	14	沈农 87	16	博丰 109	18
255	承玉 4 号	10	南校 15 号	11	牡单 9 号	12	鲁玉 10 号	13	湘玉 13 号	16	黔兴 4 号	18

（续表；单位：万亩）

序号	2001年		2002年		2003年		2004年		2005年		2006年	
	品种名称	面积	品种名称	面积	品种名称	面积	品种名称	面积	品种名称	面积	品种名称	面积
256	丹3040	10	渝单7号	11	晋单34	12	临改白	13	正大615	16	苏玉糯1号	18
257	丹614	10	粤农9号	11	兴单8号	12	邯丰18	12	运单19	16	海禾13	18
258	高农1号	10	通298	11	陕资1号	12	新玉6号	12	丰禾1号	16	本玉13	17
259	贵毕301	10	吉单321	11	港玉1号	12	香白糯	12	桥丰7号	16	白单9号	17
260	海玉7号	10	南校11	11	唐单10号	12	陕资1号	12	正大12	16	聊玉20	17
261	连玉11	10	垦玉6号	11	万单11	12	晋单33	12	绿单1号	16	丹638	17
262	连玉12	10	鲁玉15	11	渝单8号	12	临高7157	12	桂单22号	16	九单48	17
263	连玉14	10	承单14	11	豫玉27	12	正大615	12	冀丰58	16	毕单10号	17
264	盘玉1号	10	群单1号	10	本地糯包谷	12	鲁单984	12	郧单1号	16	农单5号	17
265	兴单8号	10	超甜43	10	冀单26	12	莫吉	12	军单8号	16	张玉1号	17
266	昭三1号	10	苏玉1号	10	平安11	12	苏玉糯1号	12	郑单21号	16	鄂玉18	17
267	鲁玉15	10	酒单2号	10	贵毕302	12	承玉5号	12	掖单22	16	吉单519	17
268	素弯1号	10	涿2817	10	金玉1号	12	苏玉18	12	巴单4号	16	酒单3号	17
269	苏玉1号	10	遵玉5号	10	晋单29	11	科多8号	11	本地白包谷	15	宽诚10号	17
270	长单374	10	庄试9号	10	罗单5号	11	科青1号	11	汇元1号	15	益丰2号	16
271	阿单1号	10	中单104	10	掖单12	11	费玉2号	11	京科25	15	临改白	16
272	伊单8号	10	永玉1号	10	毕单7号	11	承单3号	11	奥玉16	15	蠡玉168	16
273			唐玉15号	10	吉单159	11	桂三五号	11	三千1号	15	龙辐玉5号	16
274			石玉7号	10	新玉6号	11	锦玉2号	11	豫玉25	15	桂单30	16
275			凉单1号	10	八农703	11	桥单2号	11	张玉1258	15	正兴1号	16
276			黑单301	10	卡皮托尔	11	扎单201	11	贵毕301	15	滑986	16
277			黑301	10	鲁玉15	11	农甜2号	11	辽丹933	15	泉玉8号	16
278			郝育19	10	东单12	10	贵毕302	11	吉单261	15	丹玉13	16
279			海禾10号	10	临奥4号	10	本玉12	11	墨白94	15	东单7号	16
280			港玉1号	10	酒单3号	10	苏玉17	10	宽诚10号	15	龙单8号	16
281			费玉2号	10	晋单33	10	豫玉27	10	宽诚1号	14	金穗1号	15

（续表；单位：万亩）

序号	2001 年		2002 年		2003 年		2004 年		2005 年		2006 年	
	品种名称	面积	品种名称	面积	品种名称	面积	品种名称	面积	品种名称	面积	品种名称	面积
282			鄂玉 16	10	吉单 4011	10	涿单 3 号	10	豫玉 32 号	14	西山 70	15
283			丹玉 40	10	辰玉 982	10	长单 374	10	阿单 9 号	14	东农 250	15
284			丹大 1 号	10	承 3359	10	承单 165	10	新 66	14	黑饲 1 号	15
285			辰玉 982	10	克单 6 号	10	费玉 4 号	10	中农 2 号	14	三千 1 号	15
286			本玉 12	10	沈单 15	10	桂单 30	10	吉单 137	14	巡青 518	15
287			屯玉 2 号	10	苏玉 17	10	和单 1 号	10	丹玉 15	14	桂单 26	15
288					屯玉 19 号	10	赫单 4 号	10	粤农 9 号	14	盛玉 9 号	15
289					掖 8821	10	利马 28	10	川单 27	14	伊单 2 号	15
290					哲单 14	10	兴单 13	10	屯玉 27 号	14	冀玉 12	15
291					哲单 36	10	兴垦 3 号	10	利玛 28	14	屯玉 1 号	15
292					哲单 38	10	镇单 3 号	10	临高油 1 号	14	垦粘 1 号	15
293					平安 18	10	粤农 9 号	10	唐抗 5 号	13	正大 615	15
294							贵毕 301	10	港玉 7 号	13	新春 18	14
295									豫玉 18	13	京科 25	14
296									纪元 1 号	13	辽单 565	14
297									连玉 16	13	丹玉 26	14
298									和单 2 号	13	锦单 10 号	14
299									黑饲 1 号	13	郑单 17	14
300									晋单 39	13	丹科 2162	14
本表面积合计		27122		28586		28478		30253		30924		31301
当年统计面积		27122		28586		28478		30253		31746		32305
占当年统计面积		100%		100%		100%		100%		97.41%		96.89%
≥ 10 万亩品种数		272		287		293		294		372		389

2007—2012年我国玉米主要品种种植面积年度统计简表

（前500位）

单位：万亩

序号	2007年		2008年		2009年		2010年		2011年		2012年	
	品种名称	面积	品种名称	面积	品种名称	面积	品种名称	面积	品种名称	面积	品种名称	面积
1	郑单958	5691	郑单958	5704	郑单958	6810	郑单958	6451	郑单958	6782	郑单958	6854
2	浚单20	1646	浚单20	2458	浚单20	3678	浚单20	4644	先玉335	3572	先玉335	4215
3	鲁单981	1332	鲁单981	883	先玉335	1692	先玉335	3063	浚单20	3301	浚单20	2872
4	农大108	1092	先玉335	816	农大108	718	农大108	568	中科11号	611	德美亚1号	689
5	聊玉18	612	农大108	760	聊玉18号	549	中科11	527	蠡玉16号	540	蠡玉16	555
6	四单19	573	聊玉18	637	中科4号	537	中科4号	515	金海5号	460	农大108	526
7	东单60	542	中科4号	551	鲁单981	512	蠡玉16	448	农大108	453	中科11	520
8	中科4号	510	兴垦3号	534	金海5号	492	鲁单981	422	中科4号	411	蠡玉35	407
9	沈单16	461	四单19	469	四单19	442	金海5号	422	绥玉10号	397	金海5号	391
10	蠡玉16	381	东单60	441	蠡玉16	406	吉单27	404	吉单27	355	登海605	390
11	登海11	378	金海5号	400	豫玉22	381	四单19	371	豫玉22号	341	农华101	378
12	蠡玉6号	377	浚单22	372	吉单27	358	聊玉20号	367	德美亚1号	339	隆平206	350
13	兴垦3号	370	沈单16	359	浚单22	351	豫玉22	367	蠡玉35	326	哲单37	332
14	豫单8703	364	蠡玉16	356	中科11	332	龙单32	286	鲁单981	310	中科4号	319
15	三北6号	346	哲单7号	339	兴垦3号	332	沈单16	274	四单19号	294	登海9号	287
16	金海5号	335	吉单27	331	东单60	329	蠡玉35	269	哲单37	293	龙聚1号	272
17	绥玉7号	334	豫玉22	316	沈单16	327	正大619	268	邯丰79	265	豫玉22	269
18	哲单7号	303	登海11号	310	哲单37	306	鑫鑫2号	265	绥玉7号	264	鑫鑫1号	267
19	丹玉39	290	会单4号	256	哲单7号	288	兴垦3号	263	龙单32	257	绥玉10号	259
20	会单4号	284	绥玉7号	248	新玉9号	274	东单60	255	东单60号	241	吉单27	243
21	吉单27	273	哲单37	249	龙单38	249	绥玉7号	251	龙聚1号	234	龙育5号	238

（续表；单位：万亩）

序号	2007年		2008年		2009年		2010年		2011年		2012年	
	品种名称	面积	品种名称	面积	品种名称	面积	品种名称	面积	品种名称	面积	品种名称	面积
22	沈单10号	262	蠡玉6号	244	登海9号	247	哲单7号	243	聊玉20	228	豫禾988	237
23	海玉6号	260	登海9号	242	浚单18	244	龙单38	240	兴垦3号	227	临奥1号	221
24	浚单18	248	三北6号	237	东单90	244	绥玉10	224	龙育5号	226	正大619	216
25	丰禾10号	232	蠡玉13	222	龙单32	243	哲单37	217	会单4号	226	吉单519	216
26	先玉335	229	浚单18	218	蠡玉6号	242	登海9号	215	临奥1号	225	鑫鑫2号	213
27	登海9号	224	中科11号	213	蠡玉13	238	蠡玉6号	213	吉单519	218	正大12	212
28	济单7号	222	邯丰79	204	丹玉39	234	永玉3号	208	正大12号	213	沈单16号	208
29	海玉5号	217	龙单13	204	三北6号	232	德美亚1号	206	正大619	211	绥玉7号	207
30	农大364	214	绥玉10	199	绥玉10	230	会单4号	204	吉单505	209	鲁单981	193
31	正大619	212	正大619	190	邯丰79	220	丹玉86	197	龙单38	206	四单19	193
32	龙单13	210	丹玉39	189	登海11号	215	登海11	193	沈单16号	193	正大999	190
33	浚单22	207	济单7号	181	龙育4号	211	浚单26	191	浚单26	189	浚单26	188
34	龙单25	197	迪卡007	179	会单4号	210	正大12	191	新玉9号	177	石玉9号	186
35	绥玉10	182	长城799	176	丹玉86	209	长城799	189	鑫鑫2号	175	潞玉13	169
36	农大3138	181	丰禾10	175	绥玉7号	208	新玉9号	184	沈玉21	172	会单4号	167
37	富友9号	180	龙单38	174	长城799	193	三北6号	182	正大999	172	东单60	167
38	长城799	175	平全13	173	龙单13	191	SC704	180	农大84	172	邯丰79	154
39	蠡玉13	172	海玉6号	169	平全13	183	吉单519	177	长玉13	160	龙单59	151
40	迪卡007	170	吉单261	169	SC-704	179	长玉13	175	浚单22	159	新玉9号	149
41	吉单517	165	吉单517	166	东单80	171	东单80	172	永玉3号	158	兴垦3号	148
42	哲单37	164	科河8号	158	蠡玉35	170	哲单39	169	登海11号	155	龙单32	148
43	SC-704	162	鲁单9002	155	德美亚1号	160	农大84	167	登海3622	153	济单7号	138
44	东陵白	160	振杰2号	154	振杰2号	159	中单808	165	济单7号	150	苏玉20号	137
45	吉单261	158	正大12	153	农大84	159	沈单10	160	长城799	146	哲单7号	137
46	新玉9号	157	绿单1号	152	正大12	154	东单90	159	鑫鑫1号	145	中单808	135
47	丰禾1号	151	京单28	151	东农252	153	浚单22	158	苏玉20号	144	石玉7号	134

（续表；单位：万亩）

序号	2007年		2008年		2009年		2010年		2011年		2012年	
	品种名称	面积	品种名称	面积	品种名称	面积	品种名称	面积	品种名称	面积	品种名称	面积
48	华单 208	150	东陵白	147	京单 28	145	天泰 16 号	155	龙单 49	140	利合 16 号	129
49	冀承单 3 号	144	新玉 9 号	145	济单 7 号	144	吉单 517	153	哲单 7 号	139	丹玉 86	128
50	哲单 39	143	东单 90	143	哲单 39	143	龙聚 1 号	153	丹玉 86	137	南北 1 号	127
51	龙单 32	138	沈单 10 号	140	迪卡 007	138	龙育 4 号	143	迪卡 007	132	冀承单 3	126
52	邢抗 2 号	135	纪元 1 号	138	绿单 1 号	137	聊玉 22 号	134	豫禾 988	129	洛单 6 号	126
53	海玉 4 号	134	农大 364	137	正大 619	133	迪卡 007	133	丹玉 39	126	天泰 16	123
54	东单 90	132	华单 208	126	吉单 519	133	振杰 2 号	130	豫单 998	124	迪卡 007	123
55	潞玉 13	130	潞玉 13	124	吉单 517	130	海玉 5 号	128	哲单 39	123	合玉 19	121
56	东单 70	128	哲单 39	124	苏玉 20 号	128	济单 7 号	126	晋单 52 号	120	沈玉 21	120
57	通单 24	128	长玉 13	123	安玉 12	127	苏玉 20	124	东单 80 号	118	迪卡 008	120
58	峰玉 287	127	农大 3138	120	鲁单 9002	123	蠡玉 13	119	中单 808	118	东农 251	119
59	登海 3 号	116	通单 24	116	良玉 8 号	123	东农 251	117	天泰 16 号	116	聊玉 22 号	119
60	掖单 13	116	永玉 3 号	116	垦玉 6 号	122	纪元 1 号	112	丰单 3 号	115	长城 799	115
61	绿单 1 号	115	丰聊 008	115	登海 3622	120	冀承单 3	112	海禾 1 号	114	晋单 52 号	114
62	鲁单 9002	114	海玉 5 号	114	永玉 3 号	119	大丰 26 号	112	登海 605	114	大民 3307	114
63	吉单 198	113	SC-704	112	中单 808	112	登海 3622	111	承 3359	112	大丰 26 号	112
64	沈玉 17	112	中单 808	110	海禾 1 号	112	天泰 14 号	110	三北 6 号	111	丰单 3 号	111
65	农大 84	110	丹玉 86	107	聊玉 22 号	111	南北 1	109	丹玉 405	111	滑玉 12	110
66	丹科 2151	109	丹科 2151	105	东农 251	110	鑫鑫 1	109	SC-704	110	路单 8 号	108
67	邯丰 79	108	富友 9 号	104	绥玉 15	109	良玉 8 号	109	农华 101	110	东陵白	107
68	伊单 59	107	雅玉 10 号	102	富友 9 号	108	先玉 696	108	龙单 59	109	良玉 88	107
69	宣黄单 2 号	103	海禾 1 号	100	潞玉 13	107	绥玉 15	105	富友 9 号	108	哲单 39	107
70	吉单 522	102	吉玉 106	99	长玉 13	107	32D22	105	大丰 26 号	104	龙单 49	106
71	晋单 42	101	秀青 73-1	96	海玉 6 号	102	苏玉 19 号	103	绥玉 8	103	丰田 6 号	103
72	科河 8 号	101	吉单 198	95	丹科 2151	98	富友 9 号	103	垦玉 6 号	102	聊玉 20	102
73	石玉 7 号	95	安玉 12	91	沈单 10	96	海玉 4	103	32D22	102	纪元 1 号	101

（续表；单位：万亩）

序号	2007年		2008年		2009年		2010年		2011年		2012年	
	品种名称	面积	品种名称	面积	品种名称	面积	品种名称	面积	品种名称	面积	品种名称	面积
74	振杰2号	96	益丰29	91	克单8号	95	路单8号	102	濮单6号	102	东单90	100
75	农大95	91	东单70	90	海玉5号	94	邯丰79	101	浚单18	100	先玉508	99
76	安玉12	87	齐单6号	90	纪元1号	94	科河8号	100	南北1号	99	浚单22	98
77	大丰5号	87	晋玉811	89	辽单565	93	龙单13	99	纪元1号	98	绿单2号	98
78	强盛12	84	川单15	88	三北2号	93	绿单1号	96	丰禾10号	98	富友9号	98
79	纪元1号	83	丰禾1号	87	丰禾10号	92	海禾1号	96	吉东28号	98	聊玉18号	97
80	川单15	82	宣黄单2号	87	聊玉20号	91	登海662	96	吉单517	96	龙单38	96
81	兴黄单89-2	81	农大84	84	海玉4号	90	海玉6号	95	天泰55号	95	新玉29号	96
82	平安18	79	蠡玉35	83	新丹13	89	正大999	95	天泰33	95	德美亚2号	96
83	登海1号	79	吉单519	83	宏育29	88	聊玉18号	94	海玉5号	91	鑫丰6号	96
84	泰玉2号	78	晋单42	82	雅玉10号	86	浚单18	94	绿单1号	91	合玉20	94
85	三北2号	78	利民15	82	吉东28	86	垦玉6号	93	五岳21号	91	东单80	93
86	苏玉10号	77	东单80	81	农大364	84	农大3138	91	丹玉402号	89	滑玉11	92
87	正大12	77	海玉4号	80	沈玉21	83	吉东28	90	聊玉22号	86	农大84	92
88	遵玉3号	77	内单402	80	通单24	80	京单28	89	沈单10号	85	登海11号	91
89	鲁单9006	77	邢抗2号	78	川单15	79	东陵白	86	先玉696	85	登海3622	90
90	克单8号	75	垦玉6	77	扎单202	78	晋单52	85	郑单23	83	大丰30	88
91	海禾1号	75	三北2号	75	正大999	78	吉单525	84	蠡玉13号	80	邯玉66	88
92	长玉13	74	沈玉17	75	益丰29	77	沈玉21	82	东陵白	80	浚单18	87
93	久龙4号	73	兴黄单89-2	75	宣黄单2号	76	正兴3号	80	金海604	79	川单428	86
94	巴单3号	72	吉单522	72	锐步1号	76	丹玉39	79	扎单202	78	永玉3号	85
95	莱农14	70	齐单1号	71	强盛16号	75	兴黄单89-2	79	绥玉20	78	绥玉12号	85
96	大丰2号	68	登海3号	71	军单8	75	天泰55号	78	丰田6号	78	蠡玉37	84
97	苏玉19	67	鄂玉10号	66	农大3138	75	垦单7号	78	隆平206	77	天泰58	84
98	东单16	67	金惠1号	66	巴单3	74	东农252	78	富农1号	77	先玉696	84
99	吉玉106	66	成单30	65	苏玉19号	71	富农1号	78	益丰29号	76	KX3564	83

（续表；单位：万亩）

序号	2007年		2008年		2009年		2010年		2011年		2012年	
	品种名称	面积	品种名称	面积	品种名称	面积	品种名称	面积	品种名称	面积	品种名称	面积
100	中单 808	65	良玉 8 号	65	东单 70	70	龙单 49	75	新玉 29 号	75	丹玉 39	83
101	鄂玉 10 号	65	黔西 4 号	65	兴黄单 89–2	70	金惠 1 号	74	良玉 11	75	振杰 1 号	82
102	丹玉 88	64	庆单 4 号	65	华单 208	70	三北 2 号	73	冀承单 3	74	绥玉 20 号	82
103	京玉 7 号	62	蠡玉 18	65	黔西 4 号	70	平全 13	73	振杰 1 号	74	良玉 11	81
104	丹玉 86	61	合玉 19	64	吉单 198	69	东单 335	73	龙单 13 号	74	丹玉 405	81
105	黔西 4 号	61	克单 8 号	64	冀承单 3	69	良玉 11	73	久龙 14 号	73	三北 6 号	81
106	济单 8 号	60	鲁单 8009	64	合玉 19	67	辽单 565	72	天泰 14 号	72	垦玉 6 号	81
107	濮单 3 号	60	掖单 13 号	63	秀青 73–1	66	安玉 12	70	龙单 36	72	兴垦 10 号	78
108	辽单 33	60	湘玉 10 号	63	科河 8 号	66	承单 20	69	京单 28	72	金海 604	77
109	邯丰 08	59	莱农 14 号	62	浚单 26	66	丰单 3	69	东单 90	70	中地 77	76
110	东单 13	59	鲁单 984	61	东农 248	64	强盛 16 号	68	石玉 9 号	69	沈单 10 号	76
111	邯丰 18	58	强盛 12	61	东单 213	64	东单 213	68	迪卡 008	68	吉单 535	76
112	淄玉 2 号	58	锐步 1 号	60	东单 13	63	扎单 202	68	三北 2 号	67	绿单 1 号	73
113	京单 28	58	德美亚 1	59	新单 23	63	原单 68	67	锐步 1 号	66	SC–704	73
114	吉单 137	57	农大 95	59	潞玉 6 号	63	农大 364	67	金惠 1 号	63	扎单 202	73
115	垦玉 6 号	57	冀承单 3 号	58	嫩单 12	63	巴单 3 号	66	兴垦 10 号	63	川单 418	73
116	铁单 19	56	泰玉 2 号	57	丰禾 1 号	63	黔西 4 号	66	苏玉 19 号	62	三北 2 号	72
117	鲁单 984	56	新单 23	57	大丰 26	63	哲单 35	65	纪元 128	62	益丰 29	72
118	正大 818	56	巴单 3 号	57	丰聊 008	63	绥玉 11	64	天泰 10 号	62	合玉 22	72
119	墨白 1 号	56	丰单 3 号	57	鑫鑫 2	62	天泰 10 号	63	海玉 4 号	61	宣黄单 2 号	72
120	潞玉 6 号	56	久龙 5 号	57	登海 3 号	62	丰禾 10 号	62	辽单 565	61	德美亚 3 号	69
121	周单 9 号	55	大丰 5 号	66	豫玉 34	61	濮单 6 号	62	东农 251	61	宣黄单 4 号	68
122	苏玉 20	52	合玉 21	66	农大 95	61	宣黄单 2 号	62	宣黄单 2 号	60	联达 288	68
123	雅玉 2 号	52	沈玉 21	54	吉单 522	61	吉农大 115	60	绥玉 15	60	纪元 128	68
124	邢抗 6 号	51	苏玉 20 号	54	丰单 1 号	61	登海 3 号	60	丹科 2151	60	富农 1 号	67
125	金惠 1 号	51	登海 1 号	54	金海 604	60	强盛 12 号	60	津北 288	60	32D22	67

（续表；单位：万亩）

序号	2007年		2008年		2009年		2010年		2011年		2012年	
	品种名称	面积	品种名称	面积	品种名称	面积	品种名称	面积	品种名称	面积	品种名称	面积
126	龙单 30	50	硕秋 8 号	53	掖单 13	59	丰聊 008	59	齐单 1 号	60	鲁单 818	66
127	吉农大 201	50	川单 14	52	成单 30	58	齐单 1 号	59	兴黄单 89-2	59	豫单 998	66
128	保玉 7 号	50	辽单 565	52	登海 1 号	58	潞玉 6 号	59	强盛 16 号	59	川单 15	65
129	新单 23	50	中原单 32	51	永研 4 号	57	丹科 2151	59	绿单 2 号	59	三北 21	65
130	久龙 1 号	49	东单 13	51	路单 8 号	56	锐步 1 号	58	海玉 6 号	59	绥玉 15 号	64
131	晋单 48	49	长城 706	51	金海 702	56	九单 13	58	农大 3138	58	垦玉 7 号	63
132	益丰 29	49	平安 18	51	吉单 35	55	丹玉 402	58	正兴 3 号	58	大众 858	63
133	利民 15	48	庆单 3	51	白马牙	55	益丰 29	58	丰聊 008	58	蜀龙 3 号	63
134	华珍	48	正大 818	50	先玉 420	55	承玉 20	58	先玉 508	58	丰禾 10 号	62
135	龙丰 2 号	48	久龙 12	50	登海 3672	54	金海 604	57	宣黄单 4 号	58	厚德 198	62
136	巴单 5 号	48	承 3359	50	蠡玉 18	54	雅玉 10 号	57	科河 8 号	58	龙单 62	62
137	雅玉 10 号	47	苏玉 19 号	49	晋玉 811	53	农大 95	57	丹玉 88	57	强盛 51 号	61
138	哲单 20	47	鑫鑫 2	49	郝育 20	53	宣黄单 4 号	56	路单 8 号	56	丹玉 402	61
139	吉单 519	46	四早 113	48	晋单 42 号	52	嫩单 12	56	豪单 168	56	久龙 14 号	61
140	益丰 39	46	天泰 14 号	48	秦龙 9 号	52	金穗 3 号	54	嫩单 12	56	金惠 1 号	61
141	吉东 4 号	46	长单 512	48	莱农 14 号	52	振杰 4 号	54	农大 95	55	海玉 4 号	60
142	中原单 32	46	鲁单 9006	47	吉单 261	52	保玉 7 号	53	哲单 35	55	丰单 2 号	60
143	新户单 4	45	益丰 39	46	中单 2 号	51	鄂玉 26	52	滑丰 11 号	54	京单 28	59
144	豫玉 23	45	雅玉 2 号	46	鄂玉 10 号	51	吉单 522	51	振杰 4 号	54	中单 909	59
145	农单 5 号	45	保玉 7 号	46	承玉 5 号	50	桥丰 7	50	甘玉 1 号	54	浚单 29	59
146	东青 1 号	45	苏玉 10 号	45	宣黄单 4 号	49	金海 702	50	承玉 358	54	先正达 408	58
147	屯玉 38	45	登海 3622	45	泽玉 11	49	承玉 5	50	郑青贮 1	54	良玉 188	58
148	长城 706	45	路单 8 号	45	良玉 11	48	迪卡 008	49	齐单 6 号	54	齐单 1 号	58
149	金海 702	44	遵玉 3 号	44	奥玉 3202	48	海禾 2 号	48	承单 20	53	苏玉 19 号	57
150	奥玉 3202	44	永研 4 号	44	银河 32	48	奥玉 3202	48	黔西 4 号	53	辽单 565	57
151	永研 1 号	44	克单 9 号	44	华邦 868	48	川单 15	47	龙单 42	53	龙单 42	57

（续表；单位：万亩）

序号	2007年		2008年		2009年		2010年		2011年		2012年	
	品种名称	面积	品种名称	面积	品种名称	面积	品种名称	面积	品种名称	面积	品种名称	面积
152	冀玉9号	42	中玉9号	43	平全9号	47	邢抗2号	47	新丹13	52	新饲玉13号	56
153	平全13	42	长单506	42	伊单2号	46	掖单13	47	登海9号	52	金山27	56
154	牡单9号	41	京玉7号	42	吉单505	46	丰禾1号	47	巡青518	52	吉单517	56
155	庆单4号	41	淄玉2号	42	丰单3号	46	吉农玉885	46	振杰2号	52	锐步1号	56
156	丰聊008	40	屯玉65	42	忻黄单78	46	蠡玉18	46	川单14	51	湘玉10号	56
157	四早113	39	吉单137	42	鑫鑫1号	46	合玉21	46	平全13	50	丰聊008	55
158	南玉8号	39	新丹13	42	资玉1号	46	鄂玉10	46	雅玉10号	50	黔西4号	55
159	豫玉18	39	聊玉19	42	富农1号	46	青贮白马牙	46	厚德198	50	振杰4号	55
160	资玉1号	39	豫奥3号	41	平安18	45	华邦868	45	川单15	49	源玉3号	55
161	周单8号	38	凉单4号	41	郝育18	44	绥玉19	45	莱农14号	49	东农254	55
162	正大999	38	强盛49	41	龙单37	44	遵玉8号	44	东农252	49	龙育4号	55
163	三北9号	38	金海702	41	正大818	43	嫩单13	44	金山27	49	新单26	54
164	硕秋8号	38	龙单32	41	金惠1号	43	纪元128	44	长城706	48	新单23	54
165	甘玉1号	38	成单19	40	遵玉8号	43	湘玉10号	44	滑丰12	48	龙单36	53
166	天泰10号	38	潞玉6号	40	齐单1号	42	承单22	44	大民3307	48	龙单26	53
167	遵玉8号	38	鄂玉26	40	遵玉3号	42	张玉9号	44	凉单4号	48	海禾1号	53
168	吉东20	37	津北288	40	吉农大588	42	中科10	44	原单68	47	科河8号	52
169	本玉9号	37	吉东20	40	宏博218	42	鄂玉16	44	宽诚60	47	伟科702	51
170	成单30	37	济丰96	40	曲辰3号	41	鲁单9002	43	成单30	47	克单12	51
171	永玉3号	37	龙育4号	40	合玉21	41	秦龙9号	43	资玉2号	47	嫩单12	51
172	吉单209	36	阳单82	40	久龙12	41	遵玉3号	43	丰禾1号	47	登海3672	51
173	庆单3号	36	英国红	40	天泰14号	41	中玉9号	43	KWS2564	46	龙单13	50
174	奥玉17	36	丰田8号	39	鲁单984	41	丰玉4号	42	承单19	46	吉农大516	50
175	黔兴4号	35	丹科2162	39	济单8号	40	登海1号	42	良玉8号	46	长城706	50
176	吉农大518	35	郝育20	39	邢抗2号	40	雅玉2号	42	三北21	45	天泰55号	50
177	伊单2号	35	丹玉88号	39	沈玉17	40	源和79	42	登海662	45	川单29	49

（续表；单位：万亩）

序号	2007年		2008年		2009年		2010年		2011年		2012年	
	品种名称	面积	品种名称	面积	品种名称	面积	品种名称	面积	品种名称	面积	品种名称	面积
178	京玉 11	34	新春 18	38	新户单 4 号	40	宏博 218	42	洛单 6 号	45	保玉 7 号	49
179	凉单 4 号	34	连玉 19	38	海禾 2 号	39	伊单 59	42	华试 99	44	正兴 3 号	48
180	丹科 2162	34	丰单 2 号	38	石玉 7 号	39	先玉 420	41	宏育 203	44	庆单 3 号	48
181	阳单 82	34	嫩单 12	38	宁单 10 号	39	克单 10	41	蠡玉 18 号	44	仲玉 1 号	48
182	中单 9409	34	屯玉 42	38	湘玉 10 号	39	银河 27	41	秀青 73-1	44	丰田 8 号	48
183	英国红	34	秦龙 9	38	晋单 52 号	39	强盛 49 号	41	丰玉 4 号	44	登海 1 号	47
184	永研 4 号	34	扎单 202	38	庆单 4	39	资玉 2 号	40	承玉 20	44	胜玉 2 号	47
185	丰单 1 号	33	墨白 1 号	37	银河 27	38	墨白 1 号	40	秦龙 14	44	龙单 61	47
186	克单 9 号	33	奥玉 3202	37	雅玉 2 号	38	鄂玉 18	40	明玉 2 号	43	豪单 168	46
187	辽单 565	33	丰单 1 号	37	川单 14	37	齐单 6 号	40	川单 418	43	凉单 4 号	46
188	锐步 1 号	33	丹玉 99 号	36	强盛 49	37	济单 8 号	40	宏博 218	43	榆单 9 号	46
189	中单 2 号	33	大丰 2 号	36	通引四早 113	37	内单 402	40	源玉 3 号	43	原单 68	46
190	毕单 10 号	33	宏育 29	36	兴垦 10	37	久龙 12	40	富玉 1 号	42	津北 288	45
191	晋单 32	33	伊单 59	36	正兴 3 号	37	莱农 14	39	登海 3 号	42	哲单 35	45
192	绵单 1 号	32	牡单 9	36	久龙 8	37	承玉 11	39	承玉 5 号	42	宏博 218	45
193	川单 14	32	富农 1 号	36	承单 22	36	硕秋 8 号	39	金海 702	41	齐单 6 号	45
194	扎单 202	32	辽单 33	36	屯玉 42	36	东青 1 号	39	振杰 3 号	41	振杰 2 号	45
195	秀青 73-1	32	驻玉 309	35	秦龙 14	35	宏育 203	38	通吉 100	41	鄂玉 18	44
196	屯玉 42	32	丹玉 69	35	龙聚 1 号	35	盛单 218	38	垦单 13	41	强盛 12 号	44
197	绥玉 12	31	登海 6213	35	大丰 5 号	35	三北 21	38	雅玉 2 号	41	吉东 28	44
198	沈玉 21	31	石玉 7 号	34	丰玉 4 号	35	峰玉 287	37	龙育 4 号	41	甘玉 1 号	43
199	湘玉 10 号	31	金海 604	34	东单 335	35	龙单 20	37	湘玉 10 号	40	合玉 24	43
200	中科 11	31	东青 1 号	33	保玉 7 号	34	郑单 23	37	丹玉 69 号	40	振杰 3 号	43
201	郝育 19	31	军单 8	33	垦单 10	34	济丰 96	36	蜀龙 3 号	40	酒单 4 号	43
202	吉单 180	30	华试 99	33	丹玉 69	34	振杰 3 号	36	良玉 88	39	金穗 18	42
203	哲单 35	30	济单 8 号	33	吉农大 115	33	丰田 6 号	36	潞玉 6 号	39	宏育 203	42

（续表；单位：万亩）

序号	2007年		2008年		2009年		2010年		2011年		2012年	
	品种名称	面积	品种名称	面积	品种名称	面积	品种名称	面积	品种名称	面积	品种名称	面积
204	龙单 31	30	宣黄单 4 号	32	吉单 535	33	吉单 189	36	强盛 49 号	39	富玉 1 号	42
205	秦龙 9 号	30	宁单 10 号	32	33B75	33	正大 818	36	鄂玉 26	39	丹玉 69	42
206	天塔 5 号	30	海禾 2 号	32	原单 68	33	承单 19	36	富单 1 号	39	鄂玉 26	42
207	屯玉 50	30	曲辰 3 号	31	华试 99	33	克单 12	35	登海 3339	38	遵玉 8 号	42
208	沈玉 18	30	LN3 号	31	大龙 160	32	硕秋 5 号	35	丰单 1 号	38	安单 3 号	42
209	龙单 16	30	鲁单 6028	31	益丰 2	32	垦单 13	35	遵玉 8 号	38	银河 33	41
210	良玉 22	30	吉单 209	31	盛单 216	32	海禾 17	35	鄂玉 25	38	兴黄单 206	41
211	费玉 3 号	30	新户单 4 号	31	郑单 17	32	奥玉 3102	35	美育 339	37	承单 20 号	41
212	成单 19	30	正大 999	31	迪卡 656	32	克单 8 号	35	登海 3672	38	承玉 358	40
213	稷秾 101	29	资玉 2 号	30	北种玉 1	31	新丹 13	35	掖单 13 号	39	天润 2 号	40
214	克单 12	29	大民 338	30	津北 288	31	铁单 10	34	农大 364	37	垦单 7 号	40
215	龙单 29	29	四号黄	30	苏玉 21 号	31	内单 314	34	吉单 525	37	庆单 5 号	40
216	郁青 1 号	28	次玉 1 号	30	谷育 178	31	龙单 59	34	承单 22	37	蠡玉 18	39
217	临奥 4 号	28	龙单 30	30	兴黄单 999	31	中金 368	34	鄂玉 18	36	雅玉 2 号	39
218	正红 6 号	28	遵玉 8 号	30	丹科 2162	31	明玉 2 号	34	豫单 2002	36	平全 13	39
219	桥丰 7 号	28	长城 306	30	32D22	30	金山 27	34	曲辰 3 号	36	江玉 403	39
220	淄玉 9 号	28	盘玉 5 号	30	太平洋 98	30	绥玉 13	34	墨白 1 号	36	齐玉 2 号	39
221	蠡玉 18	27	冀玉 9 号	30	盛单 218	30	鲁单 984	34	吉农大 401	36	绥玉 19 号	39
222	铁单 10	27	明玉 2 号	29	秦龙 11 号	30	淮河 10 号	34	振杰 5 号	36	百玉 1 号	39
223	罗单 3 号	27	承玉 15	29	晋单 48 号	30	丰黎 2008	34	海禾 2 号	35	靖丰 8 号	39
224	徐单 2 号	27	忻玉 106	29	内单 402	30	长城 706	34	正大 818	35	济丰 96	39
225	久龙 12	27	北玉 2 号	29	鲁单 8009	30	早单 4 号	33	吉农大 518	35	豫单 811	39
226	辽单 127	27	龙单 25	29	奥玉 17	30	酒单 4 号	33	南北 2 号	35	宽城 60	38
227	鲁单 50	27	益丰 2 号	29	丹玉 402	30	铁研 27	33	安玉 12	35	明玉 2 号	38
228	郝育 8 号	27	克单 10	28	苏玉 10 号	29	丹玉 69	33	合玉 19	35	宁玉 524	37
229	绥玉 15	27	登海 3669	28	三千 1 号	29	创奇 0209	33	鲁单 6041	35	久龙 16	37

（续表；单位：万亩）

序号	2007年		2008年		2009年		2010年		2011年		2012年	
	品种名称	面积	品种名称	面积	品种名称	面积	品种名称	面积	品种名称	面积	品种名称	面积
230	吉单 29	27	邯丰 13	28	徐单 2 号	29	成单 30	33	奥玉 3202	35	兴黄单 89-2	37
231	真金 8 号	26	东单 16	28	凉单 4 号	29	凉单 4 号	33	九单 13	34	登海 3 号	37
232	丹玉 27	26	秦龙 11	28	鄂玉 26	29	承玉 10 号	33	通单 24	34	五谷 702	37
233	东单 213	26	吉农大 518	28	罗单 3 号	28	铁单 19	33	平安 54	34	正大 615	37
234	富友 2 号	26	中农 2 号	28	宽诚 15 号	28	军单 8 号	32	苏玉 22 号	34	龙单 53	37
235	登海 3339	26	鄂玉 18	28	京玉 11 号	28	晋单 48	32	聊玉 18 号	34	东农 253	37
236	农大 302	25	泽玉 11	27	伊单 59	28	承 706	32	垦玉 7 号	34	福园 3 号	37
237	京科 25	25	登海 3672	27	龙单 25	28	绥玉 8 号	32	鄂玉 10 号	34	富单 2 号	37
238	鄂玉 18	25	徐单 2 号	27	张玉 9 号	28	吉单 505	32	秦龙 9 号	34	京科 968	36
239	罗单 5 号	25	大丰 26	27	永玉 8 号	28	丰单 1 号	32	保玉 7 号	34	濮单 6 号	36
240	中农 2 号	25	龙丰 2 号	27	海禾 17	27	北玉 1 号	32	登海 1 号	34	农大 3138	36
241	毕玉 4 号	25	五岳 97-1	27	丹玉 88	27	平安 18	32	中地 77 号	34	海禾 2 号	36
242	久龙 8 号	24	鑫引 1 号	26	齐单 6 号	27	秀青 73-1	32	正红 311	34	宁玉 309	36
243	川单 21	24	铁单 19 号	26	登海 6213	27	津北 288	32	兴黄单 206	33	兴垦 5 号	36
244	黑饲 1 号	24	内单 314	26	淮河 10 号	27	东单 100	32	久龙 5 号	34	承玉 15	36
245	克单 10	24	鄂玉 28	26	滑丰 9 号	27	青贮巡青 518	32	英国红	33	长玉 509	36
246	登海 3672	24	屯玉 99	26	承 706	27	合玉 19	32	庆单 6 号	33	丰单 4 号	35
247	苏玉糯 1 号	24	本玉 9 号	26	迪卡 008	26	金刚 35	31	辽作 1 号	33	潞玉 36	35
248	内单 402	23	吉育 88	25	硕秋 8 号	26	吉单 535	31	久龙 8 号	33	九玉 5 号	35
249	连玉 15	23	铁单 18 号	25	克单 9 号	26	辽单 121	31	沈玉 29	33	莱农 14 号	35
250	吉玉 4 号	23	晋单 48	25	雅玉 12 号	26	东农 254	31	天润 2 号	33	甘玉 2 号	35
251	合玉 21	23	华选 7 号	25	承单 20	26	东单 8 号	31	德美亚 2 号	33	泛玉 5 号	35
252	成单 202	23	丹玉 26	25	北玉 2 号	26	庆单 6 号	31	宁玉 309	33	金海 702	35
253	浚单 795	23	绥玉 15	25	登海 3339	26	苏玉 21	31	吉农大 115	32	佳尔 336	35
254	郝育 21	23	兴单 13 号	25	龙丰 2	25	鲁单 8009	30	吉单 522	32	盛单 218	35
255	屯玉 1 号	23	创奇 0209	25	益丰 18	25	KWS2564	30	鄂玉 16	32	宜单 629	35

（续表；单位：万亩）

序号	2007年		2008年		2009年		2010年		2011年		2012年	
	品种名称	面积	品种名称	面积	品种名称	面积	品种名称	面积	品种名称	面积	品种名称	面积
256	银河 101	23	正玉 8 号	25	巡青 518	25	宏育 29	30	苏玉 24	32	正红 311	35
257	久龙 5 号	22	南校 18	25	蒙农 2133	25	久龙 8	30	绥玉 11	32	中金 368	35
258	军单 8 号	22	酒试 20	24	辽单 121	25	金刚 7 号	30	嫩单 11	32	丹科 2151	35
259	路单 8 号	22	硕秋 5 号	24	绿育 9915	25	华试 99	30	瑞兴 11	31	绥玉 23	35
260	辽单 526	22	正兴 1 号	24	中科 10	25	富玉 1	30	兴黄单 999	31	明玉 3 号	34
261	屯玉 65	22	蜀龙 3 号	24	漯单 9 号	24	丹玉 87 号	30	垦单 7	31	农大 364	34
262	垦粘 1 号	22	农大 588	24	九单 48	24	创奇 518	30	大民 420	31	北玉 16 号	34
263	晋单 35	22	奥玉 17	23	宾玉 2 号	24	振杰 5 号	30	安单 3 号	31	吉单 32	34
264	永丰 16	22	高玉 4 号	23	石玉 8 号	24	郝育 318	30	绥玉 19	31	兴黄单 999	34
265	丹玉 69	22	富友 99	23	鲁三 3 号	24	北玉 2 号	29	登海 661	31	东农 252	34
266	良玉 8 号	22	登海 3339	23	奥利 3 号	24	北育 288	29	合玉 21	31	垦单 10 号	33
267	登海 3669	21	酒单 4 号	23	鄂玉 18	24	鲁三 3 号	29	秀青 74–9	31	承玉 5	33
268	丹玉 79	21	久龙 8 号	23	屯玉 99	23	新户单 4 号	29	宁单 10 号	31	雅玉 10 号	33
269	九单 48	21	内早 9 号	23	鄂玉 16	23	先玉 508	29	起源 3 号	30	宏育 29	33
270	盘玉 2 号	21	银河 101	23	强盛 12 号	23	世宾 808	29	淮河 10 号	30	久龙 3 号	33
271	聊 93–1	21	金赛 6850	23	丹玉 99	23	正大 128	29	苏玉 23 号	30	嫩单 9 号	33
272	吉单 342	21	久龙 12	23	龙单 36	23	龙单 42	29	长宏 1 号	30	滑丰 9 号	33
273	张单 251	21	京玉 11 号	23	吉东 16	23	久龙 14	29	中金 368	30	辽禾 6 号	33
274	鲁玉 16	20	屯玉 38	23	内单 314	23	冀农 1 号	29	鄂玉 28	30	恒宇 709	33
275	长城 303	20	濮单 6 号	22	南北 1	23	平安 54	28	吉品 7	30	宏育 416	33
276	豫玉 26	20	益丰 10	22	平安 54	23	江单 4 号	28	济丰 96	30	滑玉 13	33
277	晋单 52	20	晋单 52	22	酒单 4 号	23	美育 99	28	吉农大 302	30	奥玉 3202	33
278	正玉 8 号	20	成单 202	22	正红 311	23	承单 17	28	泰玉 3 号	29	鲁单 6041	33
279	渝单 7 号	20	吉单 505	22	通单 37	23	联创 3 号	28	浚单 29	29	龙单 56	33
280	黔单 20	20	三北 8 号	22	济丰 96	23	丹玉 88	28	硕秋 8 号	29	泰玉 12	32
281	苏玉 18	20	豫玉 23	22	东单 16	23	徐单 2 号	28	内单 314	29	嫩单 11	32

（续表；单位：万亩）

序号	2007年		2008年		2009年		2010年		2011年		2012年	
	品种名称	面积	品种名称	面积	品种名称	面积	品种名称	面积	品种名称	面积	品种名称	面积
282	丰田6号	20	川单21	22	久龙5号	22	通单24	28	龙育3号	29	龙单51	32
283	硕秋5号	20	兴垦10号	22	纪元128	22	铁研120	28	泛玉5号	28	KWS2564	32
284	吉农大568	20	豫玉18	22	北育288	22	富友7号	28	罗单3号	28	渝单19	32
285	雅玉12	20	连玉16	22	豫玉23	22	鄂玉28	28	鲁单9002	28	联丰20	32
286	桂单30	20	永玉8号	21	京玉7号	22	东单4243	28	晋单48号	28	鄂玉28	32
287	德美亚1号	20	郝玉21	21	泽玉19	22	丹玉99	28	先禾336	28	郑单23	32
288	天泰14号	20	龙单24	21	克单10	22	克单9号	27	合玉22	28	新丹13	31
289	丹玉13	20	四密25	21	东青1	22	龙单41	27	牡单9号	28	三北218	31
290	贵毕303	20	罗单5号	21	正大615	22	龙单25	27	垦粘1号	28	秦奥23号	31
291	登海6213	20	淮河10号	21	鄂玉28	22	正红311	27	先玉420	28	肃玉1号	31
292	铁单18	20	伊单2	21	利民5	22	沈玉29	27	明玉3	28	墨白1号	31
293	承玉5号	20	五岳21号	21	嫩单13	21	牡单9号	27	盛单218	28	鲁三3号	31
294	垦单5号	19	嫩单10	21	濮单6号	21	龙单37	27	邯玉66	28	郑单988	30
295	秦龙11	19	丹玉79	21	四育18	21	承玉14	27	联创3号	28	英国红	30
296	龙单38	19	哲单20号	21	威玉308	21	鲁单661	27	九园1号	28	德利农988	30
297	陕单902	19	龙单37	20	泰玉7号	21	蜀龙3号	27	晋单51号	27	利民5	30
298	丹玉26	19	金穗1号	20	正兴1号	21	登海3791	27	华农118	28	通引四早113	30
299	登海3791	19	吉东28	20	鲁单9027	21	盛单216	26	铁单20	28	牡单9	30
300	屯玉88	19	罗单3号	20	华选7号	21	中地77	26	张玉9号	28	鲁单9002	30
301	四密25	19	泛玉5号	20	露新23	21	北玉16	26	兴单13	27	丰玉4号	30
302	吉新203	19	通科1	20	隆玉5号	21	致泰1号	26	铁单10	27	鄂玉25	29
303	承3359	19	宏博218	20	丹玉24	21	宁单10号	26	东单213	27	农大95	29
304	泽玉2号	19	品玉8号	20	龙高L1	21	曲辰3号	26	铁单19	27	龙单28	29
305	鲁单661	19	宽诚15号	20	海玉7号	21	屯玉99	26	福园2号	27	先玉420	29
306	豪单168	18	夹单13	20	内单205	21	铁研24	26	强盛51号	27	振杰5号	29
307	户单4号	18	联创3号	20	振杰3号	21	富单1号	26	平安18	26	蠡玉13	29

（续表；单位：万亩）

序号	2007年		2008年		2009年		2010年		2011年		2012年	
	品种名称	面积	品种名称	面积	品种名称	面积	品种名称	面积	品种名称	面积	品种名称	面积
308	海玉7号	18	32D22	20	九园1号	21	东单16	26	沈玉17号	26	洛单248	29
309	创奇0209	18	辽单127	20	盛玉9号	20	丹玉34	26	榆单9号	26	龙单30	28
310	中单321	18	中单321	19	银河33	20	丹科2143	26	东农253	26	久龙18	28
311	克单7号	18	正大615	19	西山99号	20	创奇0203	26	宽诚10号	26	龙单34	28
312	曲辰3号	18	中单28	19	连玉16	20	诚田1号	26	泰玉14号	26	绥玉14	28
313	大龙160	18	丹玉13	19	西山70号	20	兴黄单999	26	承玉15	26	鄂玉30	28
314	中金368	18	承单22	19	豫玉18	20	雅玉12	26	哈丰2号	26	杜玉1号	28
315	孚尔拉	18	奥玉3102	19	兴单13	20	新引KX1568	26	克单10号	26	强盛16号	28
316	酒单3号	18	聊玉20	19	正大128	20	秦龙11	26	北育288	26	联创3号	28
317	黔单16	18	户单4号	19	邯丰13	20	嫩单11	26	伊单59	26	硕秋8号	27
318	创奇0203	18	丹玉402号	19	龙单46	20	吉农大302	26	承706	26	漯单9号	27
319	高农1号	17	银河32	19	龙单17	20	源玉3	25	迪锋128	26	正红6号	27
320	鄂玉16	17	西山70	19	天泰10号	20	垦单10	25	福园3号	26	金穗3号	27
321	农玉2号	17	郑单17	19	中原单32	20	登海3672	25	北玉2号	26	KWS7551	27
322	鑫丰1号	17	嘉丰10	19	登海3669	20	晋单32	25	秦龙11	26	青单1号	27
323	品玉3号	17	连玉15	18	登海3791	20	郑青贮1	25	宜单629	25	润民336	27
324	自新1号	17	极峰2号	18	吉单4011	20	绥玉12	25	绥玉14	25	郑单22	27
325	川单25	17	吉单35	18	阳单82	20	盛单219	25	江单4号	25	亚航639	27
326	正大188	17	豪单168	18	铁单18号	20	鲁单6041	25	龙单51	25	大民338	27
327	鑫引1号	17	丹玉24号	18	晋单51号	19	久龙5号	25	先玉128	25	金豫6号	27
328	蠡玉168	17	内单205	18	平安31	19	吉单415	24	惠民379	25	丹玉88	27
329	桂单22	17	绥玉12	18	嫩单11	19	郝玉21	24	大丰5号	25	吉单522	27
330	绵单8号	16	张玉9号	18	良玉118	19	郝育20	24	海禾17	24	福盛园52	26
331	遵玉9号	16	龙单36	18	奥玉3102	19	兴垦10号	24	丰田8号	25	天农9	26
332	登海3622	16	东农251	18	盘玉5号	19	织金3号	24	益丰39	25	北玉2号	26
333	户单1号	16	南玉8号	18	兴海201	19	屯玉42	24	辽单121	24	勃玉1号	26

（续表；单位：万亩）

序号	2007 年		2008 年		2009 年		2010 年		2011 年		2012 年	
	品种名称	面积	品种名称	面积	品种名称	面积	品种名称	面积	品种名称	面积	品种名称	面积
334	成单 26	16	苏玉糯 1 号	18	银河 101	19	潞玉 13	24	正玉 203	24	垦单 13 号	26
335	张玉 9 号	16	兴黄单 999	17	中单 28	19	龙育 3	24	金刚 7 号	25	苏玉 23 号	26
336	黔单 18	16	永研 1 号	17	中农 2 号	19	华单 21	24	三千 1 号	25	龙育 7 号	26
337	正玉 203	16	绵单 1 号	17	吉品 7	19	东单 606	24	兴海 201	24	宏育 3 号	26
338	丹玉 99	16	毕玉 4 号	17	联创 3 号	19	丹玉 401	24	中玉 9 号	25	庆单 8 号	26
339	吉农大 302	16	峰玉 287	17	源玉 3 号	19	正兴 1 号	24	铁单 15	24	宽城 15	26
340	苏玉 21	16	滑丰 9 号	17	真金 8 号	19	华玉 4 号	24	苏玉 10 号	25	谷育 178	26
341	强盛 49	16	本地白包谷	17	满世通 526	19	大丰 2 号	24	宏育 29	24	晋单 56 号	26
342	黔北 2 号	16	丹玉 27	17	振杰 1 号	19	酒单 3 号	24	中单 322	24	正大 818	25
343	金凤 5 号	16	华玉 4 号	17	品玉 8 号	19	天塔 5 号	24	众单 2 号	24	枣玉 8	25
344	海禾 12	16	九园 1 号	17	正玉 8 号	18	正大 615	23	渝单 19 号	24	金凯 3 号	25
345	兴垦 15	16	吉东 23	17	安单 3 号	18	绥玉 20	23	平安 14	24	滑玉 15	25
346	东单 11	16	长城 288	17	辽单 526	18	葫 202	23	登海 6213	23	庆单 4 号	25
347	益丰 2 号	16	川单 25	17	吉单 415	18	富友 369	23	酒单 3 号	23	福园 2 号	25
348	豫玉 32	16	安单 3 号	17	承 3359	18	东农 253	23	峰玉 287	23	久龙 8 号	25
349	成单 18	16	新丹 6	17	泛玉 5 号	18	渝单 19 号	23	中科 10 号	24	龙单 29	25
350	郑单 21	16	晋单 35	17	富玉 1	18	凤田 9	23	乐玉 1 号	23	奥玉 3102	25
351	正兴 1 号	16	大龙 160	17	鄂玉 25	18	海禾 1 号	23	东青 1 号	23	豫单 2002	25
352	金穗 1 号	15	德丰 101	17	户单 1 号	18	良玉 118	23	龙单 25 号	23	秦龙九号	25
353	辽单 27	15	三北 7 号	17	永研 1 号	18	振杰 1 号	23	登海 3791	23	丰黎 2008	25
354	连玉 16	15	强盛 31	17	成单 19	18	谷育 178	22	滑丰 8 号	23	牡丹 9	25
355	酒单 4 号	15	正红 2 号	17	鲁单 661	18	新玉 18	22	福盛园 52	23	长玉 19	25
356	承单 16	15	郁青 1 号	17	富友 99	18	罗单 3 号	22	吉农大 709	23	洛玉 18 号	25
357	白马牙	15	天玉 2008	16	吉玉 301	18	万孚 2 号	22	早单 4 号	23	盛单 219	25
358	兴单 13	15	米卡多	16	胜玉 2 号	18	三千 1 号	22	润民 336	22	长丰 1 号	25
359	泛玉 5 号	15	海玉 7	16	龙单 49	18	三北 11	22	丰单 4 号	22	滑丰 8 号	24

（续表；单位：万亩）

序号	2007年		2008年		2009年		2010年		2011年		2012年	
	品种名称	面积	品种名称	面积	品种名称	面积	品种名称	面积	品种名称	面积	品种名称	面积
360	鄂玉 23	15	德丰 29	16	敦玉 518	18	农大 369	22	奥玉 17	22	掖单 13	24
361	双悦 1 号	15	铁研 24 号	16	云瑞 8 号	18	辽单 678	22	龙单 47	22	美锋 0808	24
362	扎单 1 号	15	富友 16	16	鲁种 99118	18	良玉 2 号	22	洛玉 2 号	22	富单 1 号	24
363	巡青 518	15	吉东 4	16	丹科 2181	18	连玉 15	22	丰黎 9 号	22	鼎玉 8 号	24
364	久龙 2 号	15	晋单 32	16	中玉 9 号	18	锦单 10	22	新引 KX1568	22	秀青 74-9	24
365	鲁单 203	15	登海 3791	16	双玉 102	18	海禾 99	22	龙单 57	22	合玉 23	24
366	南校 18	15	K 玉 8 号	16	铁单 19	18	海禾 19	22	大民 338	22	苏玉 10 号	24
367	苏玉 1 号	15	黑饲 1 号	16	酒试 20	17	海禾 10 号	22	正大 615	22	资玉 2 号	24
368	盘玉 5 号	15	吉农大 588	16	华珍	17	DOGE	22	吉单 535	21	三千 1 号	24
369	东单 80	15	淮河 8 号	16	新玉 18 号	17	永研 4 号	22	龙单 30	22	织金 3 号	24
370	罗单 9 号	15	毕单 13 号	16	金赛 6850	17	宽诚 60	22	龙单 24 号	22	珍禾玉 1 号	24
371	内早 9 号	15	天塔 1	16	临奥 9 号	17	西山 70	22	龙单 20	22	金来玉 5 号	24
372	苏玉糯 2 号	14	泽玉 41	16	重玉 100	17	登海 3339	22	金赛 6850	22	弘大 8 号	24
373	科源玉 6 号	15	掖单 19 号	16	明玉 2 号	17	美育 339	21	苏玉 18 号	22	良玉 66	24
374	蜀龙 3 号	15	33B75	16	长城 306	17	东单 70	21	奥玉 3102	21	承 706	24
375	宽诚 1 号	14	苏玉 21 号	16	美育 99	17	垦玉 7 号	21	银河 33	21	平安 14	24
376	承玉 15	14	天泰 10 号	16	掖单 19	17	临改白	21	滑玉 14	21	秦龙 14	24
377	郑单 17	14	西山 99	15	平安 24	17	郑单 518	21	盛单 216	21	豫单 802	24
378	早单 4 号	14	垦粘 1 号	15	三北 11	17	嫩单 9 号	21	滑玉 15	21	大民 420	23
379	通科 1 号	14	铁单 10 号	15	先行 5 号	17	龙育 2 号	21	庆单 3 号	21	良玉 208	23
380	东农 250	14	真金 306	15	硕秋 5 号	17	宽诚 15	21	三北 218	21	海禾 77	23
381	四号黄	14	浚单 795	15	天玉 2008	16	海禾 12	21	龙单 48	21	潞玉 6 号	23
382	北玉 1 号	14	科河 10 号	15	吉育 88	16	榆单 9 号	21	盛玉 9 号	21	太平洋 98	23
383	正大 615	14	东农 252	15	夹单 13	16	伊单 2	21	良玉 22 号	21	大龙 160	23
384	掖单 19	14	邯丰 18	15	利民 15	16	泰玉 2 号	21	弘大 8 号	21	海玉 6 号	23
385	兴海 201	14	江单 1 号	15	蜀龙 3 号	16	盛玉 9 号	20	龙单 37	21	九玉 4 号	23

（续表；单位：万亩）

序号	2007年		2008年		2009年		2010年		2011年		2012年	
	品种名称	面积	品种名称	面积	品种名称	面积	品种名称	面积	品种名称	面积	品种名称	面积
386	苏玉9号	14	北优2号	15	长城288	16	盘玉5号	20	牡丹9号	21	绥玉9号	23
387	品玉8号	14	鲁宁202	15	龙单24	16	漯单9号	20	克单9号	21	巴玉6号	23
388	豫奥3号	14	龙单31	15	秦龙13	16	郑单17	20	久龙12	21	龙单63	23
389	嫩单12	14	承玉20	15	丰黎2008	16	秦龙14	20	蒙农2133	20	豫单2670	23
390	三千1号	14	哲单36	15	吉东4号	16	龙高L3	20	嫩单13	20	孚尔拉	23
391	四密21	14	九单48	15	联合3号	16	凤田8号	20	吉玉301	20	沈玉29	23
392	鲁单8009	14	长单46	15	铁研24	16	喜玉12	20	隆玉5号	20	鄂玉10号	23
393	金山12	14	正红211	15	四育80	16	鲁单9027	20	金创8号	20	云瑞8号	23
394	内单205	14	西玉3号	15	稷秾11	16	良玉9号	20	武科2号	20	银河32号	23
395	中北恒6号	13	富玉1号	15	牡丹9号	16	锦单8号	20	鄂玉19	20	庆单9号	23
396	承玉10号	13	黔玉3号	15	瑞秋24	16	嘉禾2008	20	鲁单8009	20	东单213	23
397	洛玉4号	13	三北9号	15	沈单20	16	博玉1号	20	京科25号	20	金刚35	23
398	承单22	13	鄂玉16	15	黔单16	15	新丹6号	20	金刚5号	20	冀农1号	23
399	宏育319	13	海禾10号	15	豪单10号	15	金赛6850	20	敦玉518	19	吉农大401	22
400	九墨	13	咏丰1号	15	丹玉26	15	富友99	20	正大99A12	20	雅玉889	22
401	粤农9号	13	隆单8号	15	吉单209	15	丹科2162	20	洛单248	20	承单22	22
402	龙单26	13	怀研10号	15	源和79	15	安单3号	20	华珍	20	秀青73-1	22
403	屯玉49	13	农单5号	15	屯玉38	15	正德304	20	大丰2号	20	奥玉17	22
404	豫玉10	13	东单8号	15	高玉4号	15	郁青1号	20	良玉188	20	乐玉1号	22
405	明玉2号	13	连胜15	14	堰玉18	15	内单205	20	联丰20号	20	通单248	22
406	粟玉2号	13	石玉8号	14	东315	15	金刚5号	20	长玉509	20	种星618	22
407	吉单35	13	临奥4号	14	屯玉88	15	大丰5号	19	盛单219	20	绥玉8号	22
408	黔玉3号	13	本地黄包谷	14	平安86	15	川单14	19	丰单5号	20	云瑞21	22
409	洛玉1号	13	东单14	14	玉美头102	15	太平洋98	19	哈玉1号	20	宏育319	22
410	宁单10号	13	漯单9号	14	天塔5号	15	英国红	19	长玉19	19	中玉9号	22
411	烟单14	13	苏玉18号	14	中正3号	15	京玉11	19	冀农1号	19	吉兴218	22

（续表；单位：万亩）

序号	2007年		2008年		2009年		2010年		2011年		2012年	
	品种名称	面积	品种名称	面积	品种名称	面积	品种名称	面积	品种名称	面积	品种名称	面积
412	龙原 101	13	同单 36	14	连玉 19	15	承玉 15	19	银河 32	19	新丹 7 号	22
413	京科 8 号	13	海禾 17 号	14	强盛 31	14	同单 38 号	19	吉农大 516	19	平安 20	22
414	渝单 13	12	田丰 8 号	14	正玉 203	14	沈玉 17	19	嘉禾 2008	19	盛单 216	22
415	九玉 1 号	12	雅玉 12 号	14	克单 12	14	三北 9 号	19	硕秋 5 号	19	西山 70	22
416	中正 4 号	12	农大 62	14	垦玉 7	14	曲辰 9 号	19	瑞秋 33	19	滑 986	22
417	张玉 1 号	12	吉东 17	14	川单 21	14	锦玉 2 号	19	中农大 451	19	金赛 6850	22
418	墨白 94	12	黔兴 4 号	14	罗单 5 号	14	海禾 30	19	新白单 31	19	强盛 49 号	22
419	吉单 257	12	高优 1 号	14	吉东 10	14	泛玉 5 号	19	大龙 160	19	苏单 1 号	22
420	安单 778	12	吉单 257	14	农大 81	14	银河 32	19	郑单 17	19	迪锋 128	21
421	兴黄单 8 号	12	大民 420	14	长单 46 号	14	吉单 261	19	垦单 10 号	19	天塔 5 号	21
422	丹玉 55	12	科源玉 6 号	14	铁单 20	14	华单 208	19	永 99–5	19	曲辰 3 号	21
423	DK656	12	通科 4	14	丰田 6 号	14	红单 3 号	19	郑单 15	19	东裕 108	21
424	太单 23	12	渝单 8 号	13	东单 11	14	秦奥 23	19	南北 3 号	19	平安 31	21
425	南校 15	12	四育 18	13	农单 5 号	14	秀青 74–9	19	喜玉 12	19	农乐 988	21
426	新丹 13	12	鲁三 3 号	13	乾玉 8 号	14	极峰 2 号	19	沈玉 26 号	19	伊单系列	21
427	津北 288	12	金刚 5 号	13	江玉 403	14	铁单 12	18	新美夏珍	18	兴海 201	21
428	奥玉 20	12	鲁单 9027	13	创奇 0209	14	良玉 88	18	乐单 508	18	齐玉 1 号	21
429	烂地花	12	潞玉 3 号	13	中单 9409	14	登海 661	18	北种玉 1 号	18	郑单 17	21
430	同单 36	12	联合 3 号	13	郝育 21	14	川单 25	18	通玉 99	18	喜玉 12	21
431	龙单 8 号	12	孚尔拉	13	丹玉 27	14	泽玉 19	18	桥丰 7 号	18	郑单 136	21
432	天塔 3 号	12	双悦 1 号	13	毕单 13	14	宽诚 10 号	18	堰玉 18	18	惠育 1 号	21
433	华玉 4 号	12	乐玉 1 号	13	平安 14	14	正玉 203	18	泰玉 12	18	北种玉 1 号	21
434	海禾 2 号	12	先玉 508	13	滑丰 11 号	14	东单 13	18	众单 1 号	18	金玉 308	21
435	伊单 10 号	12	屯玉 50	13	潞玉 1 号	14	西山 99	18	良玉 66	18	云瑞 88	21
436	毕单 13	12	敦玉 518	13	豪单 168	14	素弯 1 号	18	胜玉 2 号	18	露新 23	21
437	大单 1 号	12	三千 1 号	13	苏玉糯 2 号	14	中单 9409	18	克单 8 号	18	罗单 3 号	21

（续表；单位：万亩）

序号	2007年		2008年		2009年		2010年		2011年		2012年	
	品种名称	面积	品种名称	面积	品种名称	面积	品种名称	面积	品种名称	面积	品种名称	面积
438	天塔1号	12	陕902	13	川单25	14	新单26	18	天泰58	18	益丰39	21
439	登海3632	12	丰玉4号	13	秦奥23	14	绥玉14	18	丰黎2008	18	东单335	21
440	原单29	12	黔单16	13	承玉10号	14	江单1号	18	吉育88	18	潞玉19	21
441	东4243	12	川单418	13	海禾12	14	丰田12	18	吉单342	18	金创8号	21
442	四早11	12	苏玉糯5号	13	泽玉41	14	东单11	18	富友99	18	忻玉110	21
443	东农248	12	瑞普9号	13	渝单19号	13	丹玉24号	18	云瑞8号	18	海禾17	21
444	盛玉9号	12	华珍	13	兴单8号	13	代2028	18	正兴1号	18	福盛园55号	21
445	西玉3号	12	丹玉48	12	屯玉65	13	龙单24	18	鄂玉23	18	龙单25	21
446	渝单8号	12	鸿基107	12	鄂玉23	13	新丹7号	18	KX3564	18	蜀龙13	20
447	富友369	12	农大201	12	鲁单6028	13	吉单342	18	连玉15	18	承玉20	20
448	新单22	11	垦单5	12	中农大236	13	苏玉10号	18	吉东16号	18	瑞恒269	20
449	天塔2号	11	鲁玉16	12	伊单10号	13	屯玉68	18	丹玉401	18	鲁玉16号	20
450	农大60	11	中正3号	12	鲁宁202	13	绵单1号	18	吉单261	18	鲁单9006	20
451	大单2号	11	鲁单50	12	孚尔拉	13	DK656	18	德玉4号	18	承玉10号	20
452	潞玉1号	11	鲁玉13	12	天塔1号	13	农乐988	17	登海20	17	克单9号	20
453	葫202	11	渝单19号	12	兴黄单206	13	滑丰9号	17	晋单42号	17	邯丰08	20
454	屏单2号	11	屯玉27	12	农大科茂518	13	新白单31	17	龙高L2号	17	大民390	20
455	粤甜9号	11	粤农9号	12	三峡玉1号	13	卡皮托尔	17	承玉18	17	京科220	20
456	鄂玉26	11	东315	12	金刚7号	13	吉玉301	17	吉单32	17	墨白94号	20
457	登海6号	11	龙辐3号	12	龙单29	13	承玉18	17	龙丰2号	17	吉单198	20
458	奥玉3102	11	国欣1号	12	晋早4号	13	长城288	17	益丰2号	17	忻黄单78	20
459	丹科2143	11	正玉203	12	嫩单10	13	兴黄单206	17	神玉2号	17	人禾698	20
460	丹科2157	11	龙单27	12	新春18	13	资玉1号	17	通引四早113	17	龙单55	20
461	丰黎98	11	莘州158	12	吉东20	13	正玉8号	17	宾玉2号	17	九玉2号	20
462	中北410	11	承单16	12	屯玉49	13	洛玉1号	17	龙单53	17	丰禾5号	20
463	东315	11	宏育319	12	农大62	13	垦粘1号	17	龙育2号	17	齐玉3号	20

（续表；单位：万亩）

序号	2007年		2008年		2009年		2010年		2011年		2012年	
	品种名称	面积	品种名称	面积	品种名称	面积	品种名称	面积	品种名称	面积	品种名称	面积
464	农夫9号	11	克单7号	12	峰玉287	13	江玉403	17	品玉8号	17	龙单41	20
465	益丰10	11	渝单17号	12	铁单10号	13	国欣1号	17	丹玉603	17	龙育3号	20
466	阿单9号	11	金凤5号	12	长城706	13	北优2号	17	济单8号	17	江单1号	20
467	伊单8号	11	盛农2号	12	垦粘1号	12	奥利3号	17	徐单2号	17	福园1号	20
468	淮河8号	11	海禾12号	12	汇元20	12	华选7号	17	新玉18号	17	通吉100	20
469	鲁三3号	11	沈玉18	12	海禾99	12	绿育4117	17	百玉1号	17	吉祥1号	20
470	正成1号	11	富友2号	12	鑫引1号	12	黔单16	17	遵玉3号	17	遵玉3号	20
471	川单13	11	富友1号	12	川单428	12	联丰20	17	丹科2162	17	秦龙18	20
472	川单27	11	良玉22	12	双惠2号	12	豫玉23	17	鲁单661	17	吉品7号	20
473	陕单911	11	强盛16	11	良玉9号	12	泽玉11	17	高玉79	17	吉农大588	20
474	屯玉27	10	兴海201	11	阿单9号	12	高玉4号	17	先行5号	17	吉农大709	20
475	西山70	10	卡皮托尔	11	龙源201	12	安单136	17	克单12	17	南北2号	20
476	宣黄单4号	10	先玉420	11	龙单30	12	忻抗14	17	淄玉14号	16	平安134	19
477	安单3号	10	中单2号	11	川单418	12	福玉1号	16	邦玉358	16	成单30	19
478	伊单14	10	金穗2号	11	三北9号	12	厚德198	16	中玉6号	16	禾玉3号	19
479	农大86	10	克单12	11	晋单35号	12	平安14	16	登海15	16	垦粘1号	19
480	立山头	10	承玉10	11	郑单15	12	渝单24	16	滑丰6号	16	宁单10	19
481	川单19	10	晋单51	11	致泰1号	12	兴单8号	16	九单48	16	辽单570	19
482	宣黄单3号	10	苏玉糯2号	11	正红6号	12	鑫引1号	16	金豫6号	16	中科10号	19
483	桂玉5号	10	辽单527	11	南校201	12	铁旭1号	16	承玉14	16	东糯1号	19
484	鲁三2号	10	迪卡656	11	早单4号	12	沈玉18	16	滑丰9号	16	哈玉1号	19
485	田丰8号	10	振杰1号	11	吉锋2号	12	宁玉309	16	辽单27	16	垦单8号	19
486	正红2号	10	创奇0203	11	中单322	12	鲁单9006	16	川单25	16	久龙12号	19
487	淮河10号	10	秦龙13	11	正大99A12	12	连玉19	16	忻玉110	16	惠民379	19
488	辽单145	10	屯玉88	11	凤田9号	12	九园1号	16	新丹7号	16	克单14号	19
489	S白01×掖107	10	兴单15号	11	鲁单50	12	锦单1021	16	织金3号	15	蓉玉294	19

（续表；单位：万亩）

序号	2007年		2008年		2009年		2010年		2011年		2012年	
	品种名称	面积	品种名称	面积	品种名称	面积	品种名称	面积	品种名称	面积	品种名称	面积
490	长城288	10	鲁种99118	11	本玉9	12	户单1号	16	华邦868	16	硕秋5号	19
491	富友99	10	高玉14	11	晋单32号	12	哈玉1号	16	德美亚3号	16	天玉3000	19
492	阳光1号	10	露新23	11	豫玉26	12	丹玉2158	16	龙育7号	16	腾龙1号	19
493	丹科2123	10	黔单18	11	苏玉糯1号	12	川单418	16	太平洋98	15	正兴1号	19
494	宽诚15	10	龙单29	11	K玉8号	12	长玉19	16	苏玉糯2号	15	正红505	19
495	丰禾3号	10	郝育19	11	毕玉4号	12	毕玉4号	16	泰玉2号	16	南北3号	19
496	并单1号	10	渝单13号	11	新丹6号	12	内早9号	16	金刚35	15	龙丰7号	18
497	银河14	10	烟单14	11	绥玉19	12	通育99	16	晋单60号	15	大龙7号	18
498	同单38	10	粟玉2号	11	盛农2号	12	新玉29	16	巴单3号	15	德单8号	18
499	承单19	10	丹科2181	11	东911	12	城玉5号	16	庆单4号	15	登海6213	18
500	永玉2号	10	云瑞8号	11	驻玉309	12	华珍	16	东庆1号	15	华珍	18
本表面积合计		36294		36985		40773		43497		42960		44679
当年统计面积		39402		39885		44298		44808		48970		50948
占当年统计面积		92.11%		92.72%		92.04%		97.07%		87.72%		87.69%
≥10万亩品种数		506		537		596		700		744		844

2013—2019年我国玉米主要品种种植面积年度统计简表

（前500位）

单位：万亩

序号	2013年		2014年		2015年		2016年		2017年		2018年		2019年	
	品种名称	面积	品种名称	面积	品种名称	面积	品种名称	面积	品种名称	面积	品种名称	面积	品种名称	面积
1	郑单958	6479	郑单958	5406	郑单958	4630	郑单958	3944	郑单958	3441	郑单958	3074	郑单958	2818
2	先玉335	4022	先玉335	4061	先玉335	3735	先玉335	3263	先玉335	2526	先玉335	2027	京科968	1459
3	浚单20	2389	浚单20	1694	浚单20	1417	京科968	2017	京科968	2016	京科968	2018	先玉335	1333
4	德美亚1号	1002	德美亚1号	1230	京科968	1242	登海605	1439	登海605	1427	登海605	1369	登海605	1278
5	登海605	624	伟科702	942	德美亚1号	1093	浚单20	965	浚单20	799	德美亚1号	751	裕丰303	1234
6	蠡玉16	604	登海605	854	登海605	979	隆平206	816	伟科702	756	伟科702	701	中科玉505	776
7	隆平206	580	隆平206	739	隆平206	879	德美亚1	791	隆平206	587	裕丰303	653	浚单20	564
8	伟科702	482	京科968	641	伟科702	870	伟科702	742	大丰30	481	浚单20	606	伟科702	521
9	中科11	473	中单909	513	中单909	700	中单909	540	翔玉998	478	隆平206	568	联创808	498
10	农华101	453	蠡玉16	473	绥玉23	490	蠡玉16	446	蠡玉16	437	联创808	511	隆平206	493
11	农大108	438	良玉99	442	蠡玉16	477	大丰30	409	中单909	408	中科玉505	503	东农254	404
12	中单909	384	农华101	429	良玉99	448	良玉99	372	联创808	405	翔玉998	501	天农九	399
13	蠡玉35	327	中科11	385	农华101	439	鑫鑫1号	367	德美亚1号	396	天农九	443	德美亚1	397
14	聊玉22号	323	聊玉22号	381	鑫鑫1号	432	天农九	338	良玉99	322	大丰30	385	华兴单7号	388
15	德美亚2号	313	天泰33号	374	聊玉22号	373	德美亚3	330	绥玉23	286	蠡玉16	363	翔玉998	335
16	龙聚1号	298	绥玉20	331	德美亚3号	333	沃玉964	290	德美亚3号	273	良玉99	313	大丰30	335
17	天泰33号	295	农大108	320	中科11	331	农华101	275	龙单59	271	鑫鑫1号	310	嫩单18	302
18	金海5号	282	绥玉19	316	大丰30	314	聊玉22号	275	天农九	260	豫安3号	291	蠡玉16号	297
19	绿单2号	281	德美亚3号	302	绿单2号	248	龙育9	255	京农科728	232	龙育10号	280	龙育11	281
20	豫玉22	274	绿单2号	283	蠡玉35	245	绥玉23	254	丹玉405	229	京农科728	272	德单5号	264
21	哲单37	272	大丰30	273	绥玉20	228	丹玉405	243	龙单76	225	德美亚3号	271	农大372	249

（续表；单位：万亩）

序号	2013年		2014年		2015年		2016年		2017年		2018年		2019年	
	品种名称	面积	品种名称	面积	品种名称	面积	品种名称	面积	品种名称	面积	品种名称	面积	品种名称	面积
22	吉单 27	257	蠡玉 35	245	天农九	223	龙单 76	235	东农 254	222	东农 254	268	良玉 99	244
23	吉单 519	241	金海 5 号	238	大民 3307	223	聊玉 23 号	231	裕丰 303	217	合玉 25	262	豫安 3 号	228
24	鑫鑫 1 号	231	大民 3307	229	先玉 696	222	联创 808	218	登海 618	199	中单 909	259	德美亚 3	200
25	中科 4 号	227	德美亚 2 号	226	绥玉 19	218	农大 108	216	沃玉 964	199	德单 5 号	249	郑原玉 432	185
26	绿单 1 号	224	天泰 55 号	223	金海 5 号	218	先玉 696	208	华农 887	185	农大 372	191	合玉 25	184
27	正大 12	203	豫玉 22	223	龙单 76	215	金海 5 号	201	德单 5 号	176	华农 887	191	正大 12 号	181
28	蠡玉 6 号	201	正大 12	218	丹玉 405	207	正大 999	199	正大 12	174	中科 11 号	175	正大 999	177
29	大丰 30	197	哲单 37	216	正大 999	199	绿单 2	182	正大 999	174	正大 999	164	登海 618	166
30	京科 968	193	新玉 9 号	206	农大 108	197	大民 3307	177	鑫鑫 1 号	170	优迪 919	163	优迪 919	166
31	邯玉 66	193	中科 4 号	200	中单 808	185	登海 618	174	龙育 10 号	158	登海 618	152	迪卡 653	164
32	豫禾 988	190	先玉 696	199	豫玉 22	183	东农 254	167	金海 5 号	155	隆平 208	151	中科 11 号	157
33	利合 16	181	丹玉 405	193	正大 12	179	正大 12	163	中科 11	148	翔玉 211	149	嫩单 19	154
34	龙育 7 号	176	正大 999	186	天泰 33 号	177	中单 808	162	农华 101	146	南北 5 号	143	龙单 83	147
35	正大 999	175	龙育 7 号	186	中科 4 号	175	中科 11	161	苏玉 29	144	正大 12	140	京农科 728	144
36	浚单 29	173	鑫鑫 1 号	175	德美亚 2 号	173	华农 887	160	禾田 4 号	141	沃玉 964	139	隆平 208	143
37	大民 3307	171	吉单 519	172	吉单 27	158	飞天 358	158	先玉 696	133	先玉 696	131	联创 825	143
38	德美亚 3 号	167	鲁单 818	170	鑫鑫 2 号	152	德美亚 2	144	华农 138	132	金海 5 号	130	天育 108	141
39	会单 4 号	162	吉单 27	163	西蒙 6 号	150	浚单 29	136	浚单 29	131	蠡玉 88	126	南北 5 号	133
40	龙单 59	158	豫禾 988	160	桂单 0810	142	鹏玉 1	131	中单 808	128	联创 825	120	敦玉 213	132
41	浚单 26	157	天农九	154	新玉 9 号	140	中科 4 号	131	蠡玉 35	126	汉单 777	120	师单 8 号	132
42	绥玉 7 号	154	良玉 188	152	哲单 37	138	新玉 9 号	130	西蒙 6 号	123	农华 101	117	金海 5 号	130
43	鑫鑫 2 号	152	中单 808	144	浚单 29	136	鑫鑫 2	129	农大 108	122	东单 1331	115	沃玉 3 号	130
44	良玉 99	142	绥玉 23	137	先正达 408	132	蠡玉 35	126	蠡玉 88	120	西抗 18	113	龙辐玉 9	129
45	蠡玉 37	141	浚单 26	133	宇玉 30 号	132	蠡玉 86	125	东农 257	117	吉祥 1 号	112	翔玉 211	128
46	丹玉 405	137	蠡玉 37	133	东单 6531	132	豫玉 22	123	农大 372	115	浚单 29	110	蠡玉 88	127
47	沈玉 21	135	誉成 1 号	131	豫禾 988	131	先正达 408	123	邢玉 11 号	115	合玉 27	109	合玉 29	126

（续表；单位：万亩）

序号	2013年		2014年		2015年		2016年		2017年		2018年		2019年	
	品种名称	面积	品种名称	面积	品种名称	面积	品种名称	面积	品种名称	面积	品种名称	面积	品种名称	面积
48	中单 808	134	路单 8 号	130	天润 2 号	129	翔玉 998	122	天润 2 号	113	敦玉 213	108	西抗 18	126
49	绥玉 10 号	133	龙聚 1 号	129	平安 169	128	迪卡 008	122	聊玉 22 号	111	丹玉 405	106	禾田 4 号	125
50	苏玉 20	130	合玉 23	128	鲁单 818	127	临奥 1 号	122	东陵白	109	西蒙 6 号	104	龙单 90	124
51	吉祥 1 号	130	会单 4 号	123	龙育 9 号	126	绥玉 20	120	吉农大 935	105	中单 808	104	东农 257	123
52	丰单 3 号	130	利民 33	123	38P05	125	38P05	120	新丹 336	104	吉农大 935	101	新丹 336	121
53	路单 8 号	130	吉祥 1 号	118	登海 9 号	125	宏育 416	120	大民 3307	101	农大 108	101	沧玉 76	119
54	鲁单 818	128	西蒙 6 号	118	路单 8 号	121	西蒙 6 号	119	龙单 63	100	苏玉 29	100	通育 1101	117
55	龙单 49	126	临奥 1 号	117	吉祥 1 号	120	苏玉 29	116	新饲玉 13 号	100	吉农玉 719	99	泛玉 298	117
56	良玉 188	124	浚单 29	116	东农 254	116	吉祥 1 号	115	宏硕 899	98	新丹 336	99	先玉 1225	117
57	迪卡 008	121	先科 338	114	天泰 55 号	114	华农 138	114	红单 6 号	98	蠡玉 35	97	豫单 9953	111
58	天泰 55 号	119	纪元 128	113	良玉 66	114	天润 2	114	通科 007	96	鹏玉 1 号	96	江单 13	108
59	冀承单 3 号	118	迪卡 008	113	哲单 39	112	东单 6531	114	登海 9 号	94	邢玉 11 号	96	诚信 16 号	107
60	迪卡 007	117	冀承单 3	109	浚单 26	108	绥玉 19	113	迪卡 517	94	华农 138	96	吉农大 935	107
61	丹玉 39	116	新饲玉 13 号	107	迪卡 008	107	德单 5 号	110	平安 169	92	和育 187	94	合玉 27	105
62	鲁单 981	111	迪卡 007	104	华农 887	107	庆单 3 号	108	先达 203	91	龙单 96	93	西蒙 6 号	102
63	新玉 9 号	111	青单 1 号	101	KWS2564	107	正大 619	107	蠡玉 6 号	90	嫩单 18	93	强盛 388	100
64	秦龙 14	110	苏玉 20 号	101	吉单 519	106	纪元 128	106	先正达 408	89	大德 216	92	邢玉 11 号	99
65	先玉 696	109	良玉 11	99	NK718	106	绥玉 24	104	诚信 16 号	88	新玉 77	92	沃玉 964	98
66	良玉 88	108	鑫鑫 2 号	94	苏玉 29	105	鲁单 818	104	隆平 208	88	通育 1101	92	郑单 1002	98
67	利民 33	107	扎单 202	88	临奥 1 号	104	桂单 0810	103	绥玉 24	87	东农 257	91	正大 808	98
68	新玉 29 号	105	蠡玉 86	87	绥玉 24	104	东陵白	102	鹏玉 1 号	87	禾田 4 号	90	华农 887	97
69	东单 60	103	海禾 1 号	86	纪元 128	100	豫禾 988	99	汉单 777	84	龙单 86	89	红单 6 号	95
70	绥玉 19	102	丰垦 008	86	京科 665	99	良玉 66	97	康农玉 108	84	迪卡 517	89	辽单 575	93
71	滑玉 12	101	龙作 2 号	84	先科 338	98	绥玉 25	92	绥玉 25	83	康农玉 108	88	东农 251	91
72	长城 799	100	丹玉 402	84	丰田 6 号	97	红单 6 号	90	鑫鑫 2 号	83	纪元 128	88	先玉 696	90
73	沈单 16	100	宁玉 524	83	蠡玉 37	95	登海 9 号	89	豫玉 22	82	邢玉 10 号	88	农大 108	89

（续表；单位：万亩）

序号	2013 年		2014 年		2015 年		2016 年		2017 年		2018 年		2019 年	
	品种名称	面积	品种名称	面积	品种名称	面积	品种名称	面积	品种名称	面积	品种名称	面积	品种名称	面积
74	洛单 6 号	100	双奥 1 号	83	洛单 6 号	95	蠡玉 88	89	优迪 919	82	强盛 388	87	德玉 579	88
75	绥玉 20	100	丰单 3 号	81	冀承单 3 号	93	KWS2564	89	中科 4 号	81	陕单 609	87	邢玉 10 号	87
76	哲单 39	98	石玉 9 号	81	东农 256	93	绥玉 10	88	吉单 50	81	康农玉 007	87	优旗 318	87
77	东陵白	95	晋单 52 号	81	美豫 5 号	92	正大 808	88	陕单 609	81	天润 2 号	86	龙育 10	86
78	大丰 26	95	农单 902	80	滑玉 12	90	五谷 1790	87	蠡玉 86	78	东农 259	83	东单 1331	86
79	正大 619	95	秦龙 14	80	登海 618	89	路单 8 号	86	宇玉 30	78	登海 3622	81	吉祥 1 号	85
80	浚单 22	95	富友 9 号	80	东农 255	89	滑玉 12	84	铁研 58	76	利禾 1 号	81	龙生 1 号	85
81	兴垦 3 号	95	乐玉 1 号	80	吉单 535	86	农单 902	83	绿单 2 号	76	吉农玉 833	81	通单 258	84
82	东单 80	93	吉单 535	79	沃玉 964	85	吉农大 935	81	德美 1 号	75	红单 6 号	81	汉单 777	84
83	海禾 1 号	93	罕玉 5 号	79	绥玉 10 号	84	宇玉 30	81	五谷 1790	74	豫玉 22	81	中地 9988	84
84	登海 3622	92	大丰 26 号	79	迪卡 007	81	美豫 5 号	80	正大 808	74	吉单 50	81	富尔 116	83
85	济单 7 号	91	正大 619	78	隆平 208	81	禾田 4 号	80	绥玉 29	73	先达 203	80	迪卡 008	82
86	滑玉 11	91	东单 60	77	蠡玉 86	80	迪卡 007	80	美豫 5 号	73	平安 169	80	中单 808	82
87	吉单 535	91	丰田 6 号	76	康农玉 108	80	诚信 16	79	吉祥 1 号	73	新饲玉 13 号	80	农华 101	82
88	KWS2564	89	滑玉 13	76	吉单 50	80	蠡玉 37	78	纪元 128	72	郑单 1002	79	江单 9 号	81
89	长城 706	89	宏育 416	76	合玉 23	79	先科 338	77	迪卡 008	72	迪卡 653	79	迪卡 517	81
90	晋单 52 号	89	登海 9 号	75	正大 619	79	庆单 6 号	77	龙辐玉 9 号	72	龙辐玉 9	79	登海 3622	81
91	宁玉 524	88	沈单 16 号	75	石玉 9 号	79	平安 169	77	38P05	72	鑫鑫 2 号	77	和育 187	79
92	石玉 7 号	88	先正达 408	75	东单 90	79	潞玉 36	76	翔玉 198	71	嫩单 19	77	苏玉 29	79
93	龙单 42	87	内单 4 号	74	KX9384	75	冀农 1 号	76	路单 8 号	70	先玉 1225	73	德美亚 2	78
94	天润 2 号	86	先玉 508	74	会单 4 号	74	东农 257	75	中科玉 505	69	龙单 63	72	先达 203	78
95	内单 4 号	85	苏玉 29	74	翔玉 998	74	龙育 10	74	潞玉 36	69	宏硕 899	71	蠡玉 35	77
96	龙单 51	83	东单 80	73	秦龙 18	74	邯玉 66	73	桂单 0810	68	大民 3307	71	延科 288	77
97	先科 338	83	哲单 39	72	晋单 52 号	73	浚单 26	73	龙生 1 号	68	陕科 6 号	70	翔玉 329	75
98	纪元 128	83	源玉 3 号	71	金凯 3 号	73	罕玉 5 号	72	庆单 3 号	67	先正达 408	70	利禾 1 号	75
99	南北 1 号	83	潞玉 13	71	兴垦 3 号	73	KWS3376	72	太玉 339	67	德美亚 2 号	70	锋玉 5 号	73

（续表；单位：万亩）

序号	2013年		2014年		2015年		2016年		2017年		2018年		2019年	
	品种名称	面积	品种名称	面积	品种名称	面积	品种名称	面积	品种名称	面积	品种名称	面积	品种名称	面积
100	纪元 1 号	82	吉单 50	71	秦龙 14	72	济单 7 号	72	绥玉 10	66	农单 116	70	华农 138	73
101	滑玉 13	80	NK718	70	良玉 88	72	铁研 58	72	强盛 369	66	翔玉 198	68	康农玉 007	72
102	天农九	79	秦龙 18	70	吉农大 935	72	丰垦 008	72	滑玉 168	66	延科 288	68	大德 216	71
103	东单 90	79	KWS2564	70	津北 288	71	龙育 11	71	迪卡 007	65	诚信 16	68	太育 1 号	70
104	吉单 50	78	迪卡 516	70	滑玉 13	70	裕丰 303	69	庆单 9	65	华试 919	67	平安 169	70
105	杜玉 1 号	78	利合 16	69	庆单 3 号	70	康农玉 108	68	先玉 047	64	五谷 1790	66	浚单 29	70
106	龙育 5 号	77	SC-704	69	先达 901	70	吉单 50	67	延科 288	64	京科 665	66	龙单 96	69
107	西蒙 6 号	77	38P05	68	海禾 1 号	69	NK718	67	先科 338	63	中玉 335	66	秋乐 368	69
108	丹玉 402	75	康农玉 108	68	东陵白	68	津北 288	67	鄂玉 16	62	东陵白	66	吉农玉 719	68
109	合玉 20	74	南北 1 号	68	农单 902	68	会单 4 号	65	正大 619	62	蠡玉 6 号	65	华试 919	68
110	登海 11	73	长城 799	68	济单 7 号	67	丹玉 402	65	登海 3622	61	丰垦 139	64	全玉 1233	67
111	先玉 508	73	长城 706	68	誉成 1 号	67	翔玉 198	65	德美亚 2 号	61	农单 902	64	宏硕 313	67
112	沈单 10 号	73	濮单 6 号	68	长城 706	66	登海 3622	65	KX3564	60	铁研 58	63	正大 719	67
113	强盛 51 号	72	东陵白	68	龙育 11	66	京农科 728	65	金凯 3 号	60	美豫 5 号	63	登海 9 号	67
114	克单 14	72	强盛 51 号	67	大丰 26	65	南北 5 号	65	强盛 388	60	垦沃 2 号	62	伟科 966	67
115	青单 1 号	72	嫩单 11	67	新饲玉 13 号	65	扎单 202	64	郁青 9 号	60	绥玉 29	62	克玉 19	65
116	绥玉 23	72	庆单 3 号	66	先玉 508	65	誉成 1 号	64	安单 3 号	58	沃玉 3 号	61	衡玉 321	65
117	四单 19	71	丹玉 86	65	登海 3622	64	冀承单 3	63	豫禾 988	58	KWS9384	61	农单 116	65
118	益丰 29	71	鲁单 981	65	兴垦 10 号	64	苏玉 30	62	邢玉 10 号	58	宏硕 313	61	鑫鑫 1	65
119	丰田 6 号	70	浚单 22	65	苏玉 20	61	金凯 3 号	62	屯玉 808	58	正大 808	61	东农 264	65
120	垦单 13	70	吉东 28	65	KX3564	61	良硕 88	62	禾田 1 号	57	通单 258	60	安玉 308	65
121	合玉 19	69	济单 7 号	65	陕单 609	60	绥玉 29	61	先达 205	57	KWS2564	60	康农玉 108	65
122	浚单 18	69	银河 101	65	鲁单 981	60	良玉 208	59	冀农 1 号	57	凉单 4 号	60	德单 123	65
123	富友 9 号	69	登海 3622	64	诚信 16	60	隆平 208	59	农单 902	57	绿单 2 号	60	农单 902	64
124	迪卡 516	69	潞玉 36	64	滑玉 11	59	承玉 15	59	济单 7 号	56	太玉 339	60	豫禾 988	64
125	承单 20	68	龙单 59	64	良玉 208	59	苏玉 20	59	苏玉 20	56	正泰 1 号	60	天润 2 号	63

（续表；单位：万亩）

序号	2013 年		2014 年		2015 年		2016 年		2017 年		2018 年		2019 年	
	品种名称	面积	品种名称	面积	品种名称	面积	品种名称	面积	品种名称	面积	品种名称	面积	品种名称	面积
126	龙单 26	68	兴垦 3 号	63	冀农 1 号	59	KX9384	62	鲁单 818	56	屯玉 808	59	法尔利 1010	63
127	石玉 9 号	67	益丰 29	63	五谷 1790	59	菏玉 157	59	翔玉 211	55	正大 619	57	陕科 6 号	63
128	丹玉 86	67	丹玉 39	63	潞玉 36	59	恒宇 709	58	邦玉 339	55	合玉 29	57	龙单 86	62
129	龙单 56	66	纪元 1 号	63	丹玉 86	58	京科 665	58	郁青 1 号	54	秋乐 218	57	登海 685	62
130	北育 288	65	永玉 3 号	62	邯丰 79	58	东农 256	58	西抗 18	54	滑玉 168	56	北青 340	61
131	辽单 565	65	良玉 88	62	荃玉 9 号	57	庆单 9 号	57	宏硕 313	54	致泰 3 号	56	龙单 76	60
132	海玉 6 号	65	天泰 16 号	61	宁玉 524	56	东单 60	56	蠡玉 37	53	先玉 047	56	铁研 58	60
133	宣黄单 4 号	64	吉农大 516	61	龙单 28	56	鄂玉 16	55	秦龙 14	53	KWS3376	56	中单 909	60
134	扎单 202	63	龙单 72	61	富单 2 号	56	安单 3 号	55	邯玉 66	52	潞玉 36	56	吉单 50	59
135	天泰 16	63	陕单 609	60	龙单 27	56	瑞福尔 1 号	55	康农玉 007	52	吉农玉 1881	56	正大 619	59
136	滑玉 14	63	龙单 76	60	龙聚 1 号	55	大丰 26	54	京科 665	52	登海 9 号	56	丰垦 139	59
137	庆单 9 号	62	美豫 5 号	60	龙单 34	55	鲁单 981	54	通单 258	51	泛玉 298	56	龙育 12	58
138	吉农大 516	61	恒宇 709	59	瑞福尔 1 号	55	永研 1018	54	嫩单 13	51	龙生 1 号	56	东陵白	58
139	郑单 988	61	绥玉 22	59	南北 6 号	55	绥单 1 号	54	良玉 66	51	路单 8 号	55	益农玉 12	58
140	漯单 9 号	61	绥玉 10	59	丰垦 008	54	五谷 704	54	冀承单 3	51	强盛 369	55	纪元 128	58
141	龙单 27	61	龙单 22	58	东单 80	54	鹏诚 365	54	惠育 1 号	51	垦单 13	55	翔玉 198	57
142	登海 9 号	60	龙单 24	58	罕玉 5 号	54	禾田 1 号	53	五谷 704	50	迪卡 008	55	豫玉 22 号	57
143	海玉 4 号	60	胜玉 2 号	58	辽单 565	54	荃玉 9 号	53	龙单 39	50	飞天 358	55	正成 018	57
144	胜玉 2 号	59	桂单 0810	57	中玉 335	54	濮单 6 号	53	龙单 20	50	富尔 116	54	迪卡 007	56
145	乐玉 1 号	58	金凯 3 号	57	禾田 1 号	54	哲单 37	53	内单 4 号	50	济单 7 号	54	龙单 55	55
146	鑫丰 6 号	58	聊玉 23 号	57	SC-704	54	富单 2 号	53	靖丰 8 号	50	锦成 9 号	53	垦沃 2	55
147	东农 254	58	漯单 9 号	57	正大 615	53	东农 255	53	大德 317	50	金园 5 号	52	玉源 7879	55
148	金凯 3 号	57	冀农 1 号	56	飞天 358	53	潞玉 13	53	锦成 9 号	49	双奥 1 号	52	垦单 13	54
149	利民 5 号	57	亚航 639	56	滑玉 15	53	农华 106	52	新中玉 801	49	金园 15	52	先正达 408	54
150	锐步 1 号	57	富单 1 号	56	南北 5 号	52	石玉 9 号	52	KWS3376	49	太育 1 号	52	金园 5	53
151	中东青 2 号	57	吉农大 935	55	安单 3 号	52	良玉 88	52	中玉 335	49	MC738	51	丹玉 405	53

（续表；单位：万亩）

序号	2013年		2014年		2015年		2016年		2017年		2018年		2019年	
	品种名称	面积	品种名称	面积	品种名称	面积	品种名称	面积	品种名称	面积	品种名称	面积	品种名称	面积
152	潞玉36	56	锐步1号	54	禾田4号	52	强盛101	51	华良78	49	中金368	51	金园15	53
153	濮单6号	56	宣黄单4号	54	永玉3号	52	青单1号	51	洛玉7号	49	豫禾988	51	中金368	53
154	庆单8号	56	兴垦10号	54	良玉188	52	洛单6号	50	丰禾726	49	英国红	51	LM518	52
155	滑玉15	55	致泰1号	54	源玉3号	52	鸿锐达1	50	濮单6号	48	天育108	51	龙单81	52
156	长玉509	54	新玉29号	54	平安186	52	三北89	50	万瑞5号	48	正大615	51	鹏玉1号	52
157	永玉3号	54	邯丰79	53	铁研58	51	西抗18	50	KWS2564	48	龙单76	50	京科665	52
158	湘玉10号	54	宏育203	52	鹏玉1号	51	久龙14	50	正大615	48	龙单55	50	秋硕玉6号	51
159	农大84	54	凉单4号	52	KWS3376	51	海禾1号	49	利禾1号	48	龙单53	50	新中玉801	51
160	洛玉818	53	垦单23	51	正大808	50	正红311	49	大丰26	47	蠡玉6号	50	杜育311	50
161	原单68	53	沈单10号	51	利民33	50	宏育466	48	NK718	47	迪卡007	49	锦成九	50
162	新饲玉13号	52	诚信16	50	锐步1号	50	华皖267	48	强盛101	47	鄂玉16	48	致泰3号	50
163	合玉23	52	克单14	50	兴垦5号	49	绥玉15	48	均隆1217	47	瑞福尔1号	48	屯玉808	50
164	龙单38	52	登海11	50	靖丰8号	49	成单30	48	华兴单7号	46	38P05	47	中科4号	50
165	雅玉889	52	龙辐玉7号	49	龙生1号	49	吉农大401	48	秦龙18	45	秦龙14	47	隆平702	49
166	五谷702	52	丰单2号	49	凉单4号	49	丹玉86	48	正大719	45	宇玉30	46	大民3307	49
167	兆丰268	50	龙单34	49	丹玉402	48	吉单519	47	庆单6号	45	迪锋128	46	长玉509	49
168	垦玉6号	50	美育99	48	富友9号	48	吉单535	47	会单4号	45	万瑞5号	46	金海13号	48
169	苏单1号	50	天润2号	48	龙单31	48	圣瑞999	47	庆单12	45	龙单49	46	正泰1号	48
170	凉单4号	50	先达901	47	绥玉14	48	吉单27	47	金赛38	44	新玉29号	45	济单7号	48
171	美育99	50	滑玉12	47	平安194	48	强盛369	47	金赛29	44	中地9988	45	中地88	48
172	宏育416	49	苏玉10号	47	宜单629	48	富单12	47	源育66	44	金穗3号	44	五谷1790	47
173	兴垦10	49	龙单13	47	吉农大516	47	亚航639	47	中金368	44	庆单9号	44	MC278	47
174	京科220	49	滑玉14	47	德单5号	47	陕单609	46	富友1号	44	鲁单818	44	军育535	47
175	丰黎2008	49	东农254	47	益丰29	47	辽单565	46	凉单4号	43	正成018	44	禾田1号	47
176	大民390	49	酒单4号	46	甘玉1号	47	强盛388	46	石玉11号	43	新玉31号	44	美豫5号	47
177	鑫科玉1	49	金海604	46	良硕88	47	庆单12	46	迪锋128	43	正大719	44	鄂玉16	47

（续表；单位：万亩）

序号	2013年		2014年		2015年		2016年		2017年		2018年		2019年	
	品种名称	面积	品种名称	面积	品种名称	面积	品种名称	面积	品种名称	面积	品种名称	面积	品种名称	面积
178	源玉3号	48	庆单6号	46	同玉18	45	滑玉13	46	新玉31号	43	哈育189	44	甘玉2号	46
179	东农251	48	金创1号	46	吉农大401	45	先玉508	45	桂单162	43	同玉18	43	绥玉29	46
180	榆单9号	48	宜单629	46	纪元1号	45	靖丰8号	45	聊玉23号	43	伟科966	43	宏硕899	46
181	吉单32	48	克单10	45	菏玉127	45	良玉188	45	华皖267	43	天润168	43	滑玉168	46
182	三北2号	47	四单19	45	新丹336	45	正大615	45	龙生16	43	登海18	43	太玉339	46
183	隆平208	47	靖丰8号	45	南北7号	45	富单1号	45	浚单26	42	青青009	43	迪锋128	45
184	百玉1号	47	北玉16号	45	红单6号	44	秦奥23	44	隆平702	42	并单16	42	路单8号	45
185	KX3564	47	宏博218	45	登海11	44	东单1501	44	新玉29号	42	加单8号	42	科河699	45
186	嫩单12	46	巴单5号	45	双奥1号	44	迪卡517	43	同玉18	42	惠育1号	42	秋乐218	44
187	正红6号	46	正大615	45	新玉31号	44	屯玉808	43	先玉698	42	圣瑞999	42	爱农001	43
188	正兴3号	46	安单3号	45	惠育1号	44	新丹336	43	青单1号	42	吉单535	42	新丹007	43
189	承玉358	46	承单22	45	圣瑞999	44	庆单11	43	登海11	41	康农2号	42	宏硕2700	43
190	酒单4号	46	洛单6号	44	濮单6号	44	乐玉1号	43	新丹999	41	秦龙18	41	罕玉5号	43
191	德利农988	46	禾玉9566	44	沈单16号	44	新饲玉13号	42	承玉15	41	华兴单7号	41	临奥1号	43
192	长玉13	85	正红311	44	华农138	43	庆单5	42	滑玉15	41	中科4号	41	登海11号	43
193	通引四早113	45	傲单1号	44	垦单24	43	豫安3号	42	晋单73	40	新玉32号	41	致泰6号	42
194	宾玉2号	45	雅玉889	43	鄂玉16	43	保玉7号	42	青青009	40	仲玉998	41	宇玉30号	42
195	苏单2号	45	滑玉11	43	大民420	43	正红505	42	荃玉9号	40	致泰6号	41	NK718	42
196	宏育203	45	隆平208	43	仲玉1号	43	长城706	42	陕科6号	40	禾田1号	41	松玉410	41
197	32D22	45	吉第816	43	科河28	43	傲单1号	42	三北89	40	金玉2号	40	农华816	41
198	中地77	45	滑玉15	42	三北89	43	新玉31号	42	东农256	40	怀玉208	40	五谷568	41
199	金海604	44	腾龙1号	42	龙育2号	43	东庆1号	42	锦玉118	39	龙单83	40	东农261	40
200	庆单5号	44	强硕68	42	久龙14	43	滑玉11	42	富尔116	39	苏玉20	40	冀农1号	40
201	宏育29	44	龙单28	42	巡天969	43	农单116	42	富单2号	39	五谷704	39	先玉047	40
202	丰禾2号	44	中玉335	41	联达288	43	同玉11	42	怀玉208	39	海禾1号	39	罗单566	40
203	宏博218	44	成单30	41	德单129	43	利民33	42	玉龙9号	39	新玉9号	39	加单8号	40

（续表；单位：万亩）

序号	2013 年		2014 年		2015 年		2016 年		2017 年		2018 年		2019 年	
	品种名称	面积	品种名称	面积	品种名称	面积	品种名称	面积	品种名称	面积	品种名称	面积	品种名称	面积
204	苏玉 23 号	43	齐单 6 号	41	雅玉 889	42	南北 1 号	42	扎单 202	39	先科 338	39	江玉 877	40
205	东单 72	43	金来玉 5 号	41	吉东 6 号	42	合玉 25	42	并单 16	39	冀承单 3 号	39	良玉 188	40
206	众单 2 号	43	三北 21	41	龙单 25	42	南北 7 号	41	津北 288	39	甘玉 2 号	39	潞玉 13	40
207	北玉 16 号	42	富玉 1 号	41	聊玉 23 号	42	宏硕 899	41	龙单 24	38	正红 6 号	39	双奥 1	39
208	长丰 1 号	42	龙育 9 号	41	承玉 5 号	42	汉单 777	41	海禾 1 号	38	郁青 1 号	39	嫩单 11	39
209	嫩单 13	42	天润 1 号	41	种星 618	42	菏玉 127	41	新玉 32 号	38	中玉 990	39	绥玉 22	39
210	久龙 14	42	龙单 36	41	登海 17	42	联达 288	40	鲁单 981	37	登海 17	39	五谷 3861	39
211	丹玉 69	42	32D22	41	苏玉 30	42	龙疆 1 号	40	豫安 3 号	37	联达 288	39	瑞普 909	39
212	兴黄单 89-2	42	奥玉 17	41	强盛 51 号	41	吉东 21	40	正红 311	37	华良 78	38	吉农大 889	39
213	正大 615	42	军育 535	40	鲁单 9002	41	登海 11	40	松玉 410	37	宏兴 528	38	翔玉 218	39
214	福园 3 号	41	囤玉 118	40	蠡玉 88	41	宣黄单 4 号	39	苏玉 30	37	良玉 918	38	苏玉 20	39
215	庆单 6 号	41	久龙 4 号	40	东单 118	41	龙聚 1	39	大民 707	37	会单 4 号	38	铁研 919	39
216	靖丰 8 号	41	榆单 9 号	40	大民 899	41	东单 11	39	长城 706	37	龙育 5 号	38	惠育 1 号	38
217	京单 28	41	东单 90	40	邯玉 66	41	吉农大 516	39	亚航 639	37	源育 66	38	登海 8883	38
218	恒宇 709	41	德利农 988	40	三北 218	41	富民 58	39	佳昌 990	37	吉农大 889	38	太育 9 号	38
219	龙单 13	41	邯玉 66	39	军育 535	41	龙生 1 号	39	江玉 877	37	新中玉 801	38	天和 2	38
220	三北 218	41	龙单 25	39	宾玉 5 号	40	宁玉 524	39	正泰 1 号	37	登海 15	38	军育 288	38
221	嫩单 15	41	亚航 0919	38	榆单 9 号	40	晋单 73	38	英国红	37	军育 288	38	金穗 3 号	38
222	济单 8 号	40	龙单 52	38	德育 919	40	强盛 51	38	吉单 27	36	滑玉 12	37	MC703	38
223	辽禾 6 号	40	强盛 101	38	先玉 698	39	吉龙 2	38	齐单 1 号	36	宏硕 2700	37	潞玉 36	38
224	SC-704	39	中金 368	38	庆单 6 号	39	优迪 919	38	良玉 188	36	玉源 7879	37	富友 968	38
225	宾玉 4 号	39	兴黄单 89-2	38	青单 1 号	39	嫩单 11	38	吉农大 401	36	富友 7 号	37	KWS2564	37
226	誉成 1 号	39	奥玉 3202	38	辽单 527	39	先玉 047	38	圣瑞 999	36	龙生 2 号	37	德禹 101	37
227	遵玉 8 号	39	沈海 18	38	良玉 11 号	38	种星 618	38	农单 116	36	大民 707	36	菏玉 167	37
228	金穗 3 号	38	KWS3376	38	哲单 35	38	农大 372	38	丰垦 139	36	东农 256	36	爱农 007	37
229	良玉 208	38	翔玉 T68	37	傲单 1 号	38	东单 118	37	良玉 918	36	大丰 26	36	隆白 1 号	37

（续表；单位：万亩）

序号	2013年		2014年		2015年		2016年		2017年		2018年		2019年	
	品种名称	面积	品种名称	面积	品种名称	面积	品种名称	面积	品种名称	面积	品种名称	面积	品种名称	面积
230	佳尔 336	38	北育 288	37	登海 18	38	哲单 7 号	37	KX9384	35	庆玉 1 号	36	中玉 990	37
231	三北 21	38	滑玉 16	37	登海 662	38	九玉 1034	37	雅玉 889	35	郁青 263	36	垦沃 6 号	37
232	三北 6 号	38	鄂玉 16	37	北玉 20 号	37	洛单 248	37	迪卡 653	35	庆单 3 号	35	必祥 101	37
233	吉农大 115	38	渝单 19 号	37	丰禾 6 号	37	康农玉 007	37	金赛 211	35	龙单 65	35	强盛 369	37
234	宜单 629	38	仲玉 1 号	37	东单 60	37	东农 251	37	吉单 535	34	农华 816	35	远科 1 号	36
235	哈丰 2 号	38	龙单 27	37	宾玉 1 号	37	中玉 335	37	登海 3721	34	科茂 918	34	金庆 8 号	36
236	龙单 36	38	辽单 565	37	正红 311	37	承玉 5 号	37	菏玉 167	34	LM518	34	嫩单 16	36
237	康农玉 108	37	龙单 20	37	牡单 13	37	合玉 24	37	纪元 1 号	34	濮单 6 号	34	联达 288	36
238	宽诚 60	37	银河 32	37	金海 604	37	德育 919	37	三北 2 号	34	安单 3 号	34	菏玉 157	36
239	盛单 218	37	京单 28	37	甘玉 2 号	37	龙辐玉 9	37	龙生 2 号	34	正红 311	34	甘玉 1 号	36
240	沈玉 29	37	蜀龙 13	36	龙单 24	37	豫单 606	37	榆单 9 号	34	新玉 38 号	34	中玉 335	36
241	明玉 2 号	37	三北 218	36	金丹玉 1 号	37	辽单 527	37	成单 30	34	冀农 1 号	34	冀承单 3 号	36
242	丹科 2151	36	宏育 29	36	真金 202	37	雅玉 889	37	庆单 11	34	丰田 101	34	同玉 18	36
243	沈海 18	36	联达 288	36	胜玉 2 号	37	并单 16	37	先玉 508	34	庆单 8 号	34	铁旭 338	36
244	天泰 14 号	36	合玉 24	36	新玉 24 号	37	三北 2 号	36	京华 8 号	34	庆单 11	33	康农玉 999	36
245	禾玉 9566	36	久龙 14	36	莱科 818	37	庆单 8	36	绥玉 19	34	万孚 7 号	33	会单 888	35
246	克单 10 号	36	湘玉 10 号	36	成单 30	37	绥玉 22	36	绵单 1256	33	鑫科玉 1 号	33	桂单 0810	35
247	安单 3 号	35	红单 6 号	36	庆单 9 号	37	富友 9 号	36	宏育 466	33	扎单 202	33	富民 58	35
248	冀农 1 号	35	吉单 558	35	金来玉 5 号	36	华农 292	36	嫩单 11	33	龙单 71	33	优旗 511	35
249	庆单 3 号	35	厚德 198	35	长城 799	36	登海 17	36	龙单 25	33	龙生 16	33	嫩单 14	34
250	强盛 101	35	辽单 527	35	腾龙 1 号	36	新单 38	36	登海 17	33	军育 535	33	峰单 189	34
251	科河 28	35	新玉 31 号	35	亚航 639	36	酒单 4 号	36	金穗 3 号	33	金禾 658	33	并单 16 号	34
252	农单 903	35	长宏 2 号	35	同玉 11	36	军育 535	36	石玉 9 号	33	丰禾 726	33	康农 2 号	34
253	龙源 3 号	35	南北 6 号	35	鑫科玉 1 号	36	源玉 3	36	辽单 527	32	正玉 968	33	晋单 73 号	34
254	承玉 5 号	34	龙单 38	35	宛玉 868	36	龙单 27	36	禾玉 9566	32	德禹 101	32	华农 866	34
255	丰单 4 号	34	科河 28	35	新引 M751	36	山农 207	36	中玉 990	32	MC278	32	英国红	33

（续表；单位：万亩）

序号	2013年		2014年		2015年		2016年		2017年		2018年		2019年	
	品种名称	面积	品种名称	面积	品种名称	面积	品种名称	面积	品种名称	面积	品种名称	面积	品种名称	面积
256	俊达 001	34	KX3564	35	潞玉 13	36	庆单 7 号	36	九圣禾 551	32	龙单 59	32	吉农玉 833	33
257	齐单 6 号	34	五谷 1790	35	金创 1 号	36	齐单 1 号	36	大天 1 号	32	吉农大 778	32	大德 317	33
258	正大 808	34	正红 505	35	宏硕 899	36	哈丰 3 号	36	瑞福尔 1 号	32	酒单 4 号	32	五谷 704	33
259	良玉 22	34	长丰 1 号	35	禾玉 9566	36	丹玉 69	35	天泰 55 号	32	东单 60	32	桂青贮 1 号	33
260	翔玉 T68	34	丰禾 6 号	35	北玉 16 号	36	吉农玉 367	35	盘玉 5 号	31	铁研 818	32	鲁单 9088	33
261	保玉 7 号	34	苏玉 23 号	34	京华 8 号	35	东农 258	35	登海 18	31	玉龙 9 号	32	龙单 87	32
262	资玉 2 号	33	登海 1 号	34	德利农 988	35	宜单 629	35	全玉 1233	31	全玉 1233	32	锋玉 6 号	32
263	成单 30	33	沈玉 21	34	天泰 16 号	35	龙单 25	35	华盛 2000	31	富民 985	32	铁研 818	32
264	富玉 1 号	33	乐单 508	34	龙单 52	35	大民 420	35	仲玉 998	31	绥玉 23	32	滑玉 12	32
265	龙单 22	33	津北 288	34	苏玉 33	35	科泰 818	35	先玉 1225	31	富友 968	32	合玉 31	32
266	龙单 28	33	农大 84	34	正红 505	35	新引 M751	35	哈玉 1 号	31	同玉 11	31	丰垦 008	32
267	辽单 527	33	平安 188	34	乐玉 1 号	35	滑玉 15	35	辽科 38	31	绥玉 22	31	龙生 19 号	32
268	明玉 3 号	33	金穗 3 号	34	德育 817	35	大天 1 号	34	路单 3 号	31	雅玉 889	31	绿单 2 号	32
269	津北 288	33	东青 1 号	34	哲单 7 号	35	三北 218	34	登海 662	31	先达 205	31	同玉 609	32
270	承单 22	33	川单 428	33	豫单 811	35	东单 90	34	长玉 509	30	桂单 0810	31	先玉 045	32
271	腾龙 1 号	32	农单 903	33	鲁单 999	35	双悦 1 号	34	保玉 7 号	30	富民 58	31	三北 89	32
272	大民 420	32	长宏 1 号	33	长丰 1 号	35	哲单 39	34	油玉 909	30	登海 685	31	永优 1573	31
273	久龙 18	32	龙育 2 号	33	京单 28	35	长玉 509	34	LM518	30	强盛 101	31	承单 20 号	31
274	苏玉 33	32	东农 253	33	浚单 22	34	绥玉 26	33	同玉 11	30	金科玉 3308	31	罗单 299	31
275	莱农 14 号	32	苏玉 30	33	豫安 3 号	34	秦龙 14	33	军育 535	30	鲁单 9088	31	龙单 65	31
276	川单 418	32	庆单 9 号	33	宾玉 2 号	34	SC-704	33	久龙 14	30	嫩单 13	31	桂单 162	31
277	齐单 1 号	32	新单 26	33	哈丰 3 号	34	帮豪玉 108	33	新玉 9 号	30	郁青 109	30	鑫鑫 2 号	31
278	肃玉 1 号	32	平安 180	33	帮豪玉 108	33	桂单 162	33	傲单 1 号	30	先玉 698	30	德单 129	31
279	聊玉 20 号	31	苏玉 33	33	龙单 59	33	先达 901	33	强盛 51 号	30	聊玉 23	30	辽科 38	31
280	丰禾 10 号	31	德单 129	33	农华 106	33	锋玉 2 号	33	新玉 77	30	郁青 123	30	金来玉 5 号	31
281	奥玉 3202	31	龙生 1 号	33	四单 19 号	33	KX3564	34	平安 186	30	成单 30	30	乐玉 1 号	31

（续表；单位：万亩）

序号	2013年		2014年		2015年		2016年		2017年		2018年		2019年	
	品种名称	面积	品种名称	面积	品种名称	面积	品种名称	面积	品种名称	面积	品种名称	面积	品种名称	面积
282	黔西4号	31	漯单8号	33	新单38	33	凉单4号	33	新引M751	30	龙单25	30	丰乐303	31
283	巴玉6号	30	正兴3号	32	农单903	33	新中玉801	33	科茂918	30	华凯2号	30	吉单535	31
284	泽玉19	30	江玉608	32	龙单22	33	龙生16	33	鲁单9088	29	庆单6号	30	农华106	31
285	承706	30	荃玉9号	32	鑫丰6号	33	晋单52	33	克单10号	29	铁单20	30	登海662	31
286	垦单7号	30	鑫丰6号	32	九玉1034	33	登海18	33	金园15	29	登海662	30	先玉698	31
287	丰玉4号	30	三北2号	32	酒单4号	33	东单80	32	帮豪玉108	29	青单1号	30	鲁单9066	30
288	庆单4号	30	正红6号	32	金阳光7号	32	登海3721	32	翔玉218	29	吉农大516	30	鹏玉17	30
289	长宏1号	30	浚单18	32	三北21	32	禾玉9566	32	农华106	29	中地88	30	中龙玉6	30
290	罕玉5号	30	苏单1号	32	吉龙2号	32	益丰29	32	金来玉5号	29	宜单629	30	金凯3号	30
291	厚德198	30	富单2号	32	绥玉11	32	甘玉2	32	誉成1号	29	吉单27	29	东农256	30
292	郑青贮1号	30	德玉4号	32	承单20	32	新玉77号	32	滑玉12	29	蠡玉86	29	宏兴528	30
293	金裕968	30	吉单32	32	五谷704	32	龙单57	32	金园50	29	华皖267	29	酒单4号	30
294	洛单248	30	盛单218	32	金博士658	32	郝育20	32	菏玉157	29	良玉66	29	富友7号	30
295	金穗18	30	云瑞88	32	迪卡517	31	仲玉998	32	肃玉1号	29	翔玉T68	29	圣瑞999	30
296	蠡玉13	30	秀青74–9	32	石玉7号	31	金凯5号	32	潞玉13	29	齐单1号	29	隆瑞888	30
297	吉单522	30	中科10号	32	登海3721	31	蠡玉18	32	庆单8号	29	高玉171	29	鑫瑞25	29
298	齐玉2号	30	丰黎2008	32	宣黄单4号	31	金阳光7号	32	平安194	28	隆平207	29	克单12	29
299	新美夏珍	30	蠡玉13	31	怀玉208	31	良玉918	32	宏兴528	28	吉东21	29	翔玉319	29
300	联创3号	29	庆单4号	31	东农252	31	源育66	32	德禹101	28	中地175	29	纪元168	29
301	泛玉5号	29	五谷702	31	蜀龙13	31	中金368	32	龙单27	28	罕玉5号	29	38P05	29
302	渝单19	29	豫单811	31	长玉509	31	吉龙1号	32	丰禾7号	28	法尔利1010	29	先达205	29
303	太平洋98	29	保玉7号	31	平安134	31	大民707	32	甘玉2号	28	东农251	29	飞天358	29
304	金豫6号	29	良玉208	31	东农257	31	科茂918	31	丹玉86	28	罗单566	29	先玉1321	29
305	种星618	29	东农252	30	德玉4号	31	沈单16	31	吉农大516	28	峰单189	29	先玉1171	29
306	华珍	29	苏玉19号	30	漯单9号	31	胜玉2号	31	承单20	28	三北89	28	富民985	28
307	诚信16	29	宛玉868	30	迪卡516	31	腾龙1号	31	金穗888	28	同玉609	28	胜玉6号	28

（续表；单位：万亩）

序号	2013年		2014年		2015年		2016年		2017年		2018年		2019年	
	品种名称	面积	品种名称	面积	品种名称	面积	品种名称	面积	品种名称	面积	品种名称	面积	品种名称	面积
308	金山 27	29	合玉 19	30	肃玉 1 号	31	华良 78	31	科泰 818	28	丰乐 303	28	肃玉 1 号	28
309	润民 336	29	怀玉 208	30	沈海 18	30	龙单 20	31	太玉 511	28	德单 123	28	苏玉 10 号	28
310	秦奥 23 号	29	同玉 11	30	良玉 918	30	承单 20	31	正红 6 号	28	大丰 14	28	源育 66	28
311	豫单 998	29	鄂玉 30	30	高玉 171	30	浚单 22	31	吉农大 988	28	大德 317	28	怀玉 208	28
312	农大 95	29	长宏 3 号	30	秀青 74–9	30	先玉 698	31	飞天 358	27	登海 11	28	蠡玉 86	28
313	川单 15	29	龙单 53	30	东青 1 号	30	福园 3 号	31	大德 216	27	东单 6531	28	翔玉 326	28
314	凤田 9 号	29	齐单 1 号	30	众单 3 号	30	万瑞 168	31	罕玉 5 号	27	罗单 299	28	新引 M751	28
315	长玉 19	29	帮豪玉 108	30	强盛 101	30	鲁单 9088	30	SC–704	27	松玉 410	28	强硕 68	28
316	苏玉 29	28	奥邦 368	30	中地 77	30	吉东 28	30	长丰 1 号	27	肃玉 1 号	28	金科玉 3308	28
317	川单 428	28	承玉 5 号	30	农大 95	30	金赛 211	30	东农 252	27	克玉 17	28	石玉 11 号	27
318	新单 23	28	和育 187	30	庆玉 1 号	30	德单 9 号	30	奥玉 17	27	农华 106	28	银河 126	27
319	济丰 96	28	绥玉 7 号	29	登义 2 号	30	京华 8	30	德育 919	27	北单 1 号	28	玉农 76	27
320	江单 1 号	28	天泰 14 号	29	苏玉 10 号	30	京科青贮 516	30	宜单 629	27	蠡玉 37	28	金凯 5 号	27
321	久龙 16	28	KX9384	29	承单 22	30	屯玉 188	30	种星 618	27	傲单 1 号	28	联达 169	27
322	正红 311	28	三北 89	29	稷秾 108	30	正红 6 号	30	丰田 6 号	27	农大 95	27	科泰 925	27
323	联丰 20	28	鑫科玉 1 号	29	科茂 918	30	德育 817	30	先玉 045	27	五谷 3861	27	翔玉 558	27
324	丰田 12	28	正大 808	29	绥玉 22	30	军丰 6	30	仲玉 3 号	26	陕科 9 号	27	鲁单 818	27
325	合玉 24	28	良玉 66	29	豫丰 3358	29	金穗 888	30	宏兴 1 号	26	九玉 1034	27	登海 3721	27
326	登海 3672	27	辽禾 6 号	29	登海 3631	29	平安 194	30	三北 218	26	原单 68	27	万孚 7 号	26
327	先正达 408	27	登海 662	29	克玉 16	29	蜀龙 13	30	东农 259	26	先玉 508	27	雁玉 1 号	26
328	丰乐 21	27	海禾 2 号	29	鑫达 5 号	29	克玉 15	30	合玉 25	26	源玉 3 号	27	正大 615	26
329	龙单 53	27	龙育 4 号	29	中科 10 号	29	克单 10	30	哲单 37	26	科泰 925	27	富单 12 号	26
330	福盛园 52 号	27	闽玉 061	29	银河 126	29	新玉 29 号	29	锦泰 1 号	26	天和 2 号	27	腾龙 1 号	26
331	龙生 1 号	27	北玉 20 号	29	庆单 5 号	29	鑫丰 6 号	29	银河 126	26	禾育 47	27	吉单 27	26
332	丹玉 33	27	丰田 12	28	克单 10	29	川单 189	29	东单 60	26	桂单 162	26	鄂玉 30	26
333	泰玉 12 号	27	新丹 13	28	东方红 1 号	29	怀玉 208	29	邢抗 2 号	26	东单 80	26	万糯 2000	26

（续表；单位：万亩）

序号	2013年		2014年		2015年		2016年		2017年		2018年		2019年	
	品种名称	面积	品种名称	面积	品种名称	面积	品种名称	面积	品种名称	面积	品种名称	面积	品种名称	面积
334	南北2号	27	洛单248	28	垦单13	29	金穗3号	29	绥玉22	26	嫩单11	26	航星118	25
335	嫩单11	27	哈丰3号	28	庆单4号	29	中地77	29	秋乐218	26	三北2号	26	军丰6	25
336	鄂玉16	27	遵玉8号	28	联创3号	29	极峰30	28	海禾20	26	丰垦008	26	郑单988	25
337	军育535	27	石玉7号	28	罕玉1号	29	新玉62号	28	吉东21	26	晋单73	26	吉东21号	25
338	龙单34	27	种星618	28	隆平702	29	天泰55号	28	屯玉188	26	纪元1号	26	克玉17	25
339	费玉3号	27	众单3号	28	军丰6号	29	大民899	28	丰垦008	26	津北288	26	巡天969	25
340	良玉66	27	郑青贮1号	28	宏育416	29	石玉7号	28	盛农3号	26	龙单34	26	华兴单88	25
341	苏玉22号	27	嫩单9号	28	沈玉2002号	29	同玉18	28	金阳光7号	26	江玉877	26	瑞福尔1	25
342	中金368	27	巴玉6号	28	金东玉800	28	合玉23	28	高玉1号	26	航星118	26	兴丰68	25
343	平安188	27	登海618	28	科泰818	28	金博士658	28	金豫8号	26	显玉509	26	仲玉998	25
344	丰禾6号	27	苏玉22号	28	吉单32	28	鹏诚5号	28	连胜188	26	丰田6号	26	福盛园57	25
345	甘玉1号	27	川单15	28	丹玉39	28	金来玉5号	28	良玉208	26	帮豪玉108	26	登海679	25
346	克单8号	27	农华106	28	大天1号	28	稷秾108	28	路单12号	25	绵单1256	26	西蒙3358	25
347	蜀龙3号	26	邦玉101	28	丰黎2008	28	长城799	28	天玉3000	25	华农866	26	种星618	25
348	龙单48	26	金山27	27	龙单72	28	豫丰3358	28	三北21	25	鹏玉2号	26	利合228	25
349	鲁单6041	26	京科665	27	渝单19	28	秀青74-9	28	龙单28	25	邯玉66	26	诚信1号	25
350	众单3号	26	肃玉1号	27	牡丹9号	28	龙单72	28	西星黄糯958	25	科河699	26	康农20	25
351	墨白1号	26	原单68	27	苏玉23	28	龙单52	28	金海13号	25	银河126	26	蠡玉37	25
352	先达901	26	美育339	27	路单12号	28	万瑞6号	28	峰单189	25	鹏诚365	26	京科糯2000	25
353	奥玉17	26	浚单28	27	吉单28	28	锦泰1号	27	黎乐66	25	联达169	26	联研155	24
354	秦龙18	26	承706	27	墨白1号	28	肃玉1号	27	鹏玉2号	25	锦泰1号	25	新玉38号	24
355	吉农大678	26	金庆708	27	天农九	27	创玉198	27	晋单52	25	正红505	25	华农292	24
356	京华8号	26	科河8号	27	盘玉5号	27	龙育2号	27	丰田101	25	NK718	25	郁青123号	24
357	天玉3000	26	高玉171	27	沈玉21	27	东青1号	27	巡天1102	25	华农1107	25	大天1号	24
358	掖单13号	25	庆单11	27	郑单23	27	真金202	27	富民58	25	东科308	25	来玉317	24
359	亚航639	25	新玉50号	27	兴黄单89-2	27	金玉506	27	德单129	25	黎乐66	25	宜单629	24

（续表；单位：万亩）

序号	2013年		2014年		2015年		2016年		2017年		2018年		2019年	
	品种名称	面积	品种名称	面积	品种名称	面积	品种名称	面积	品种名称	面积	品种名称	面积	品种名称	面积
360	联达 288	25	科茂 918	27	金穗 3 号	27	泽玉 4 号	27	龙源 3 号	25	辽单 43	25	华盛 2000	24
361	德玉 4 号	25	金东玉 800	27	保玉 7 号	27	长丰 1 号	27	乾玉 118	25	洛单 248	25	MC220	24
362	鄂玉 30	25	龙单 42	27	吉龙 1 号	27	金创 1 号	26	承玉 5 号	25	大天 1 号	25	福莱 818	24
363	农大 364	25	众德 331	26	嫩单 12	27	邢抗 2 号	26	东单 80	25	种星 618	25	必祥 809	24
364	吉农大 302	25	罕玉 1 号	26	湘玉 10 号	27	鹏玉 2 号	26	邯东 599	25	登海 3721	25	秦龙 14	24
365	宾玉 3 号	25	翔玉 998	26	蠡玉 13	27	屯玉 99	26	永研 1018	25	秦奥 23	25	强盛 51	24
366	龙单 25	25	新美夏珍	26	齐玉 2 号	27	湘玉 10 号	26	富单 12	25	MC220	25	迪卡 159	24
367	龙单 40	25	龙源 3 号	26	克单 14	27	沈海 18	26	伟科 966	24	靖丰 8 号	25	平安 1509	23
368	银河 32	25	丰乐 21	26	中单 868	27	万瑞 10 号	26	稷秾 108	24	先玉 045	25	陕科 9 号	23
369	连胜 188	25	登海 3672	26	久龙 16	27	纪元 1 号	26	铁旭 338	24	庆单 12	25	海玉 11	23
370	平安 134	25	润民 336	26	新中玉 801	26	兴垦 10 号	26	济玉 901	24	龙单 28	25	龙单 57	23
371	金来玉 5 号	25	南北 5 号	26	松玉 410	26	延科 288	26	长城 799	24	优旗 318	25	泛玉 98	23
372	东单 4243	25	联丰 20	26	邦玉 101	26	明玉 3 号	26	绿海 733	24	铁研 919	25	联达 128	23
373	吉农大 401	24	齐玉 2 号	26	润民 336	26	丰禾 726	26	先玉 027	24	龙育 12	25	金阳光 7 号	23
374	良玉 8 号	24	大民 338	26	乾坤 6969	26	邢玉 11	26	金凯 5 号	24	蜀龙 3 号	25	克单 10	23
375	克单 9 号	24	富友 99	26	乐单 508	26	金海 604	25	庆单 5 号	24	苏玉 30	25	洛单 6 号	23
376	雅玉 10 号	24	巡青 518	26	鲁单 6028	26	邯丰 79	25	蜀龙 13	24	亚航 639	25	联达 99	23
377	武科 2 号	24	洛玉 818	26	极峰 30	26	致泰 3 号	25	川单 455	24	强盛 51	24	均隆 1217	23
378	永研 1 号	24	资玉 2 号	25	三北 2 号	26	川单 15	25	龙单 34	24	翔玉 326	24	垦粘 1	23
379	东单 11	24	秦龙 11	25	齐单 1 号	26	齐单 6 号	25	鄂玉 30	24	成单 90	24	雅玉 889	23
380	甘玉 2 号	24	联创 3 号	25	玉龙 9 号	26	绿单 1 号	25	华凯 2 号	24	瑞普 909	24	吉农大 516	23
381	绥玉 12	24	吉品 704	25	南北 1 号	26	隆平 702	25	极峰 30	24	龙垦 5 号	24	康农玉 901	23
382	鲁三 3 号	24	枣玉 8 号	25	恒宇 709	26	金谷玉 1 号	25	嫩单 18	24	辽单 527	24	青青 009	23
383	云瑞 8 号	24	英国红	25	洛单 248	26	庆单 10	25	乐玉 1 号	24	鲁单 981	24	邯玉 66	22
384	丰田 13	24	巡天 969	25	龙育 4 号	26	龙单 65	25	东单 11	23	龙单 57	24	翔玉 T68	22
385	新单 26	24	丰田 13	25	东单 4243	26	兆丰 268	25	泛玉 298	23	庆单 7 号	24	登海 652	22

（续表；单位：万亩）

序号	2013年		2014年		2015年		2016年		2017年		2018年		2019年	
	品种名称	面积	品种名称	面积	品种名称	面积	品种名称	面积	品种名称	面积	品种名称	面积	品种名称	面积
386	禾玉3号	24	通吉100	25	云瑞8号	26	先达203	25	邯丰79	23	华农292	24	德美3000	22
387	牡单9号	24	龙育13	25	登海3672	26	华兴单7号	25	源玉3号	23	克单10号	24	华皖267	22
388	龙单63	24	东庆1号	25	云瑞88	26	登海3672	25	平全13	23	华试9528	24	合玉24	22
389	哲单35	24	正兴5号	25	浚单18	26	德利农988	25	漯单9号	23	联达128	24	罕玉1号	22
390	海禾2号	23	宽城60	25	鹏玉2号	25	吉农玉309	25	青青700	23	兴丰68	24	瑞秋33	22
391	富单2号	23	众单7号	25	秦龙11	25	鑫源1号	25	龙育2号	23	登海678	24	正玉968	22
392	伊单60	23	京科220	25	强硕68	25	先玉027	25	良玉88	23	丰乐21	24	先玉508	22
393	承玉20	23	鲁三3号	25	银河160	25	京科220	24	中地9988	23	甘鑫217	24	先达901	22
394	庆单7号	23	宁玉309	24	锦泰1号	25	锐步1号	24	罕玉1号	23	龙生19	24	东科301	22
395	盛单219	23	庆单8号	24	屯玉188	25	平安186	24	华美368	23	新玉54号	24	陇单10号	21
396	宁玉309	23	登海3721	24	丰单3号	25	华凯2号	24	南北7	23	庆单5号	24	丰禾726	21
397	苏玉21	23	华科425	24	东单119	25	北玉16号	24	罗单566	23	苏玉10号	24	凉单3号	21
398	秀青73-1	23	垦玉6号	24	金丹玉3号	25	秦龙18	24	菏玉127	23	天泰55	24	粒农16	21
399	瑞兴11	23	丹玉88	24	敦玉10号	25	渭单6000	24	军丰6号	23	信玉9号	23	锦玉118	21
400	太玉339	23	嫩单12	24	巡青518	25	金赛29	24	毕玉7号	23	石玉11号	23	凉单4号	21
401	沁单3号	23	东315	24	铁研358	25	鹏诚579	24	九玉1034	23	新丹001	23	郁青218号	21
402	金苹果18	23	云瑞8号	24	兴玉1号	25	登海662	24	中迪985	22	海禾24	23	西大211	21
403	漯玉336	23	华龙玉8号	24	新美夏珍	24	大德216	24	京滇8号	22	东单11号	23	迪卡516	21
404	农玉1号	23	绥玉11	24	金凯5号	24	太玉339	24	福单2号	22	纪元168	23	联达988	21
405	贵单8号	22	久龙16	24	明玉2号	24	资玉2号	24	苏玉10号	22	正红212	23	靖丰8号	21
406	富农1号	22	新丹9号	24	亚航0919	24	农单903	24	禾育47	22	福莱818	23	成单99	21
407	鲁单9066	22	农大95	24	丹玉88	24	新玉46号	24	锦润919	22	高康1号	23	渝单32号	21
408	豫单2002	22	太玉339	24	源申213	24	宁玉525	24	北玉20号	22	合玉24	23	大丰26	21
409	丹玉99	22	布鲁克2号	24	利民5号	24	巡天969	24	西大211	22	珍禾1号	23	正红311	21
410	秀青74-9	22	天泰10号	24	金庆708	24	利禾1号	24	新玉54号	22	联达99	23	齐玉6号	21
411	京科25	22	天玉3000	24	金凯2号	24	龙单62	24	金玉2号	22	联达988	23	宏信808	20

（续表；单位：万亩）

序号	2013年		2014年		2015年		2016年		2017年		2018年		2019年	
	品种名称	面积	品种名称	面积	品种名称	面积	品种名称	面积	品种名称	面积	品种名称	面积	品种名称	面积
412	人禾 698	22	俊达 001	24	东农 251	24	众单 3 号	24	新饲玉 18 号	22	海玉 11	23	大玉 8 号	20
413	鄂玉 25	22	银河 33	24	丰田 13	24	天丞 288	24	荣玉 8 号	22	仲玉 3 号	23	京科 969	20
414	豫单 811	22	墨白 1 号	24	榆单 87	24	金凯 2 号	23	吉龙 1 号	22	天单 101	23	中地 175	20
415	织金 3 号	22	禾田 1 号	24	吉农大 889	24	鄂玉 30	23	敦玉 213	22	罕玉 1 号	23	合玉 22	20
416	同玉 11	22	新玉 18 号	23	中金 368	24	龙生 2 号	23	正红 505	22	金庆 8	23	新丹 6 号	20
417	新引 KX1568	22	明玉 3 号	23	正大 819	24	川单 455	23	成单 90	22	五谷 310	23	会单 4 号	20
418	吉东 28	22	蠡玉 18	23	联创 808	24	甘玉 1 号	23	XD108	22	克单 12	23	齐单 1 号	20
419	云瑞 88	22	吉农大 302	23	滑玉 14	24	丰禾 6 号	23	迪卡 516	22	宏途 757	23	庆单 3 号	20
420	农乐 988	22	淄玉 14 号	23	绥玉 7 号	23	新玉 50 号	23	瑞华 968	22	金来玉 5 号	23	湘玉 10 号	20
421	农大 3138	22	黑马 603	23	先玉 047	23	京滇 8 号	23	沈单 16	22	丹玉 86	23	鲲玉 8 号	20
422	正兴 1 号	22	路单 12 号	23	京科 220	23	云瑞 8 号	23	众信 338	22	泛玉 98	23	吉农大 401	20
423	福园 2 号	22	宾玉 2 号	23	屯玉 808	23	苏玉 10 号	23	航星 118	22	中东青 2 号	23	原单 68	20
424	枣玉 8 号	22	五谷 704	23	平安 180	23	龙单 28	23	大民 420	22	秋乐 126	22	沃锋 9 号	20
425	云瑞 21	21	德育 817	23	熙园 29	23	路单 12 号	23	宏育 203	22	京科糯 2000	22	纪元 1 号	20
426	仲玉 1 号	21	锦泰 1 号	23	鄂玉 30	23	熙园 29	23	川单 15	22	群策青贮 8 号	22	濮单 6 号	20
427	布鲁克 2 号	21	龙育 5 号	23	金山 27	23	富尔 116	23	宛玉 868	22	吉第 67	22	鲁单 981	20
428	苏玉 10 号	21	铁研 58	23	嫩单 11	23	滑玉 168	22	龙单 62	22	金田 8 号	22	大丰 14 号	20
429	龙育 4 号	21	莱农 14 号	23	32D22	23	新玉 41 号	22	庆玉 1 号	22	康农玉 999	22	蠡玉 31	20
430	登海 1 号	21	源申 213	23	正红 6 号	23	松玉 410	22	龙高 L2	21	禾玉 9566	22	辽禾 338	19
431	宏育 3 号	21	同玉 18	23	奥玉 3202	23	屯玉 88	22	瑞兴 11 号	21	沧玉 76	22	屯玉 4911	19
432	金惠 1 号	21	黔西 4 号	23	承玉 358	23	永玉 3 号	22	登海 1 号	21	金赛 211	22	沧玉 6S	19
433	大民 338	21	沁单 3 号	23	久龙 10	23	邢玉 10 号	22	益丰 29	21	新玉 42 号	22	铁研 31	19
434	北玉 20 号	21	济丰 96	22	人禾 698	23	邯东 599	22	新单 38	21	承单 22	22	菏玉 127	19
435	罗单 3 号	21	潞鑫 2 号	22	龙单 38	23	油玉 909	22	军育 288	21	大民 420	22	良玉 11 号	19
436	黑马 603	21	榆单 87	22	囤玉 118	23	丰单 2	22	洛单 248	21	洛玉 7 号	22	久龙 14	19
437	鄂玉 18	21	良玉 22	22	丰田 12	22	合玉 22	22	合玉 24	21	连胜 188	22	熙园 1301	19

（续表；单位：万亩）

序号	2013年		2014年		2015年		2016年		2017年		2018年		2019年	
	品种名称	面积	品种名称	面积	品种名称	面积	品种名称	面积	品种名称	面积	品种名称	面积	品种名称	面积
438	北玉2号	21	华试9528	22	久龙15	22	屿诚1号	22	法尔利1010	21	科瑞981	22	豫青贮23	19
439	鲁单9006	21	雅玉28	22	蠡玉6号	22	新引M753	22	垦单13	21	路单3号	22	良玉911	19
440	北单2号	21	哲单35	22	伊单60	22	正兴3号	22	绥玉20	21	凤田9号	22	林新4号	19
441	呼单7号	21	龙育11	22	奥玉3804	22	枣玉8号	22	齐单6号	21	金海13号	22	龙单72	19
442	通单248	20	绥玉13	22	合玉22	22	成单90	22	铁单20	21	鼎玉818	22	华良78	19
443	海禾77	20	福盛园52号	22	久龙9号	22	中地9988	22	太育1号	21	极峰30	22	路单12号	19
444	隆玉68	20	先玉698	22	酒125	22	罕玉1号	22	禾睦玉918	21	锋玉5号	22	郁青281号	19
445	北单4号	20	兴黄单999	22	丹玉508	22	哈玉1号	22	泽玉4号	21	京滇8号	21	东单6531	19
446	丰垦008	20	豫龙1号	22	天玉3000	22	惠育1号	22	巡天969	21	辽单34	21	泓丰656	19
447	亨达988	20	丰玉4号	22	华龙玉8号	22	德玉18	21	凤田9号	20	禾育301	21	海禾1号	19
448	金创8号	20	洛玉8号	22	新丹9号	22	仲玉3号	21	创奇518	20	金阳光7号	21	先玉1219	19
449	龙单47	20	丹玉69	22	富单1号	22	宏育29	21	秀青74–9	20	敦玉15	21	苏玉30	19
450	龙育9号	20	金穗888	22	包玉2号	22	泽尔丰99	21	洛单6号	20	衡单6272	21	正红212	19
451	隆玉5号	20	平安169	22	龙源3号	22	德玉4号	21	大成168	20	长丰1号	21	翔玉988	19
452	嫩单10	20	鄂玉25	22	金玉509	22	菏玉167	21	新玉59号	20	秋硕玉6号	21	中元999	19
453	宣黄单2号	20	海玉9号	22	兴垦6号	22	宏兴1号	21	德利农988	20	海禾20	21	丰田101	19
454	英国红	20	承玉358	22	成单90	22	强盛31	21	良硕88	20	新单38	21	良硕88	18
455	蜀龙13	20	华珍	22	豫龙1号	22	辽禾6号	36	钟海959	20	元华4号	21	苏玉44	18
456	中玉335	20	豫单998	22	和玉808	21	福单2号	21	亚航670	20	龙单32	21	凤田9号	18
457	福盛园55号	20	玉龙9号	21	桥景337	21	罕玉336	21	玉龙7899	20	龙单40	21	元隆1号	18
458	红单6号	20	久龙18	21	金创998	21	龙单38	21	庆单7号	20	远科105	21	怀玉5288	18
459	强盛1号	20	金凯5号	21	鲁宁184	21	新玉32号	21	绥玉14	20	巡天969	21	青单1号	18
460	郑单23	20	川单189	21	甘鑫2818	21	豫单998	21	久龙10号	20	乐玉1号	21	龙辐玉10	18
461	苏玉19号	20	潞玉6号	21	方玉36	21	美育99	21	京科516	20	长玉13	21	裕丰308	18
462	邯丰79	20	福园3号	21	金海702	21	联丰20	21	东农255	20	平全13	21	扎单202	18
463	晋单63号	20	齐玉5号	21	承单13	21	江玉877	21	东庆1号	20	先玉688	21	瑞华968	18

（续表；单位：万亩）

序号	2013年		2014年		2015年		2016年		2017年		2018年		2019年	
	品种名称	面积	品种名称	面积	品种名称	面积	品种名称	面积	品种名称	面积	品种名称	面积	品种名称	面积
464	中江玉6号	19	甘玉2号	21	沁单3号	21	玉龙9号	21	桂单166	20	仲玉518	21	宏博2160	18
465	桂单0810	19	吉平8号	21	川单189	21	忻抗14	20	京科糯2000	20	宣黄单4号	21	德禹201	18
466	西山70	19	惠育1号	21	富民58	21	明玉2号	20	泽玉709	20	菏玉167	21	登义2号	18
467	宣白单2号	19	久龙10	21	龙单65	21	奥玉3202	20	南北5号	20	32D22	21	成单30	18
468	振杰4号	19	巴玉10	21	新玉64号	21	新丹9号	20	金海604	20	聊玉22	21	油玉909	18
469	龙育2号	19	鼎玉8号	21	合玉24	21	吉单32	20	辽奥18	20	良玉208	20	鲁宁184	18
470	硕秋8号	19	织金3号	21	川单428	21	强硕68	20	华农866	20	誉成1号	20	铁单20	18
471	华龙玉8号	19	宏育417	21	济丰96	21	潞鑫2号	20	康农玉999	20	川单189	20	良玉21	18
472	金凯1号	19	海玉8号	21	仲玉3号	21	三北21	20	金海702	20	资玉2号	20	吉农大778	18
473	龙丰2号	19	福盛园55号	21	明玉3号	21	银河170	20	连胜216	20	金凯3号	20	屯玉556	18
474	南北3号	19	庆单5号	21	漯单8号	21	临奥9号	20	锦单10号	20	久龙14	20	同玉11	18
475	双悦1号	19	江玉403	21	中玉9号	21	万育979	20	西多Q1	20	龙育4号	20	沁单969	18
476	吉东16	19	SC704	20	龙单13	21	巡天2008	20	贵单8号	20	金穗888	20	联创839	18
477	曲辰3号	19	金刚5号	20	织金3号	21	信玉168	20	吉龙2号	19	菏玉157	20	先玉688	18
478	新丹13	19	恒宇619	20	新单26	21	北单1号	20	华试9528	19	迪卡516	20	长城799	18
479	金玉509	19	华美甜168	20	金赛29	21	华盛2000	20	银河165	19	郁青9号	20	东单80	18
480	龙单32	19	海玉4号	20	伊单59	21	漯单9号	20	天泰33号	19	新饲玉18号	20	路单20号	17
481	荃玉9号	19	盛单219	20	龙单36	21	天玉3000	20	科瑞981	19	吉单28	20	沈农T100	17
482	晋单73号	19	鑫丰9号	20	塔格702	20	京科糯2000	20	康农玉901	19	鑫科玉2号	20	金艾130	17
483	海禾17	19	川单418	20	龙生2号	20	承玉358	20	资玉2号	19	龙单90	20	迪玉2号	17
484	华试99	18	龙单48	20	先玉027	20	北玉20号	20	胜玉6号	19	龙育9号	20	华邦868	17
485	天泰10号	18	甘玉1号	20	丹玉69	20	华龙玉8号	20	亚航0919	19	吉龙2号	20	天泰55号	17
486	兴黄单999	18	郑单988	20	俊达001	20	龙高L2	20	浚单22	19	辽禾338	20	江单10号	17
487	洛玉7号	18	绥玉16	20	致泰1号	20	君实9号	20	西蒙208	19	九圣禾2468	20	中榆968	17
488	吉单517	18	嫩单10号	20	森玉1号	20	渝单19	20	先玉688	19	哈玉1号	20	路单3号	17
489	金穗888	18	久龙7号	20	临奥9号	20	吉单441	20	酒单4号	19	德玉579	20	翔玉588	17

（续表；单位：万亩）

序号	2013年		2014年		2015年		2016年		2017年		2018年		2019年	
	品种名称	面积	品种名称	面积	品种名称	面积	品种名称	面积	品种名称	面积	品种名称	面积	品种名称	面积
490	忻玉 110	18	龙单 47	20	金赛 6850	20	莱科 818	20	吉农大 889	19	路单 12 号	20	庐玉 9105	17
491	华美甜 168	18	宾玉 3 号	20	强盛 388	20	豫单 112	20	龙单 65	19	翔玉 218	20	豫单 112	17
492	盛农 3 号	18	牡丹 9 号	20	均益 86	20	苏玉 22	20	巡青 518	19	胜玉 2 号	20	宏兴 1 号	17
493	金海 702	18	宇玉 30 号	20	卓玉 819	20	巡青 518	20	龙育 12	19	鑫瑞 25	20	冀农 619	17
494	登海 662	18	美锋 0808	20	金赛 211	20	科河 28	20	滑玉 13	19	垦单 5 号	20	西星黄糯 958	17
495	苏玉 16	18	耕玉 1 号	20	宏博 218	20	科玉 2 号	20	布鲁克 1099	19	长城 799	20	金秋 963	17
496	丹玉 88	18	人禾 698	20	农大 84	20	川单 428	19	新玉 81 号	19	泽玉 4 号	20	屯玉 188	17
497	新玉 48 号	18	华科 100	20	华盛 2000	20	吉东 38	19	天塔 5 号	19	利合 16	20	万川 1306	17
498	兴垦 5 号	18	泽玉 4 号	20	克单 12	20	雅玉 30	19	中迪 180	19	川单 455	20	九圣禾 551	17
499	永研 4 号	18	雅玉 12	20	先达 903	20	瑞兴 11	19	登海 3672	19	浚单 26	19	正红 6 号	17
500	豫单 802	18	吉兴 218	20	久龙 18	20	金辉 98	19	兴丰 5 号	19	新玉 69 号	19	仲玉 518	17
本表面积合计		44835		44025		43520		41465		37517		38164		36928
当年统计面积		49775		49919		50113		48057		43737		44725		42133
占当年统计面积		90.07%		88.19%		86.84%		86.28%		85.77%		85.33%		87.65%
≥ 10 万亩品种数		879		936		980		992		975		988		914

第七章

伴生足迹

参观抗美援朝纪念馆 (2002 年 6 月 10 日，丹东)

瞻仰江孜宗山英雄纪念碑 (2006 年 5 月 30 日，日喀则)

参观三峡大坝 (2007 年 7 月 30 日，宜昌)

参观汶川地震遗址 (2008 年 5 月 20 日，汉旺)

瞻仰淮海战役总前委雕塑 (2008 年 10 月 14 日，徐州)

参观沙家浜抗日根据地 (2009 年 6 月 8 日，无锡)

参观遵义会议会址 (2009 年 6 月 24 日，遵义)

参观毛主席枣园旧居 (2009 年 8 月 3 日，延安)

参观农业部旧址（2010年6月22日，瑞金）

参观雷锋纪念馆（2010年7月14日，抚顺）

瞻仰毛主席雕像(2010年10月26日，长沙)

参观西柏坡纪念馆(2011月6月29日，保定)

参观毛主席故居(2011年7月2日，韶山)

参观贺龙元帅纪念馆(2011年8月5日，吉首)

参观甲午战争纪念馆(2012月6月6日，威海)

参观红军会师楼（2012年7月28日，会宁）

参观六盘山红旗展（2012年7月29日，固原）

参观红旗渠水利工程（2012年9月17日，林县）

参观叶剑英元帅纪念馆(2013年6月9日，梅州)

参观中国革命摇篮(2013年7月2日，井冈山)

参观辽沈战役纪念馆(2013年7月31日，锦州)

参观洛川会议旧址(2015年5月8日，洛川)

考察隆平高科种业（2014年6月5日，长沙）

在李大钊纪念馆重温入党誓词(2015年7月1日，乐亭)

品种评价登记培训结业(1997 年 6 月 20 日，澳大利亚)

考察德国品种管理(1998 年 11 月 18 日，KWS 总部)

考察先锋大豆新品种展示(2002 年 9 月 12 日，美国)

考察先锋总部时合影(2002 年 9 月 13 日，美国)

考察先锋公司种子加工厂(2002 年 9 月 12 日，美国)

考察孟山都公司玉米品种展示(2002 年 9 月 14 日，美国)

考察孟山都玉米品种展示(2002 年 9 月 14 日，美国)

考察孟山都自交系繁殖田(2002 年 9 月 14 日，美国)

考察孟山都公司时合影 (2002 年 9 月 16 日，美国)

中蒙农业工作组会议 (2004 年 5 月 26 日，乌兰巴托)

中蒙农业工作组会议 (2004 年 5 月 26 日，乌兰巴托)

参观安德伍德农场 (2011 年 11 月 18 日，加州)

调研 COSTA 蔬菜商品 (2011 年 11 月 18 日，加州)

在先正达参观学习 (2011 年 11 月 29 日，旧金山)

考察有机农场 (2011 年 12 月 2 日，华盛顿)

参观联合国总部 (2011 年 12 月 5 日，纽约)

跟着老师学专长

陪顾慰连老师在个园（1988 年 5 月 30 日，扬州）

陪顾慰连老师在瘦西湖（1988 年 5 月 30 日，扬州）

陪戴俊英老师在农业部（1992 年，北京）

看望戴俊英老师（2002 年 9 月 27 日，沈阳）

参加国家“七五”攻关调研（1987 年 3 月，屯留）

陪戴景瑞等玉米专家参观兵马俑（1991 年 3 月 2 日，西安）

策划农大 108 推广布局（1998 年 1 月 8 日，北京）

陪中国农业大学专家考察农大 108（2002 年 7 月，德州）

陪许启凤教授考察农大 108（2002 年 7 月，德州）

陪凌碧莹研究员参加玉米会（2002 年 8 月 12 日，北京）

陪陈国平、赵久然等专家考察（2003 年 8 月下旬，北京）

陪石德全、荣廷昭、汪黎明等专家考察（2004 年 6 月 8 日，惠州）

陪程相文研究员考察浚单 20 玉米品种（2004 年 9 月，浚县）

陪荣廷昭教授考察玉米品种（2005 年 7 月 24 日，雅安）

与周宝林研究员畅谈玉米品种（2005 年 8 月 8 日，北京）

陪姜惟廉研究员考察玉米品种（2005 年 8 月 30 日，沈阳）

参加学生张雪原硕士答辩会（2007 年 6 月 8 日，北京）

在浚县农科所考察玉米品种（2008 年 8 月 30 日，浚县）

祝贺李登海当选全运会火炬手（2009 年 10 月 19 日，莱州）

与南瓜专家崔崇士教授在一起 (2010 年 7 月 14 日，抚顺）

与番茄专家高振华研究员在一起（2010 年 7 月 14 日，抚顺）

与茶叶专家白堃元研究员在一起（2010 年 8 月 6 日，普洱）

与玉米专家郭秦龙研究员在一起（2011 年 3 月 25 日，西安）

与戴景瑞院士等专家在一起（2011 年 8 月 26 日，浚县）

陪方智远院士考察甘蓝品种（2011年10月10日，南口）

陪许启凤、贾银锁教授考察玉米（2014年8月27日，北京）

考察登海种业玉米品种（2014年9月5日，莱州）

陪徐万陶等专家考察玉米品种（2015年6月26日，乌兰浩特）

看望刘纪麟教授并祝福90大寿（2015年7月26日，武汉）

与符彦昌专家在泾阳原种场(2015年9月9日，泾阳）

陪玉米专家考察玉米品种（2015年9月13日，郑州）

陪李厚忠等专家考察玉米品种（2015年9月13日，郑州）

陪高广金研究员考察玉米品种（2016 年 6 月 23 日，武汉）

陪堵纯信研究员考察郑单 958（2016 年 9 月 10 日，郑州）

与吴子恺教授在玉米会上（2017 年 11 月 4 日，南宁）

谢孝颐教授获鲜食玉米终身成就奖（2018 年 6 月 20 日，成都）

宋同明教授获鲜食玉米终身成就奖(2018 年 7 月 4 日，天津）

陪徐万陶等专家考察玉米品种(2018 年 9 月 14 日，乌兰浩特）

与傅廷栋院士在特色作物会上(2018 年 10 月 27 日，南宁）

与王天宇研究员在特色作物会上(2018 年 10 月 27 日，南宁）

陪宋国立等专家考察棉花品种（2019 年 1 月 5 日，三亚）

陪郭三堆等专家考察棉花品种（2019 年 1 月 5 日，三亚）

陪陈伟程、李建生老师考察品种（2019 年 9 月 10 日，郑州）

与程相文等专家在玉米博览会 (2019 年 9 月 11 日，荥阳）

在博览会上巧遇玉米四大家 (2019 年 9 月 11 日，荥阳）

陪程相文、堵纯信老师参加玉米会（2019 年 9 月 12 日，郑州）

与刘玉恒等看望专家郭三堆（2020 年 1 月 9 日，三亚）

在海南看望李登海等专家（2020 年 1 月 11 日，三亚）

陪奥古斯丁、曾昭阳检查 KWS 引种（1996 年 8 月，公主岭）

与陈洪俭、周广成考察品种试验（2003 年 7 月 13 日，宿州）

检查国家玉米区试计算机应用（2003 年 7 月 13 日，宿州）

陪王蕴波、王晓明、王子明等考察（2004 年 6 月 7 日，佛山）

与韩福光考察甜玉米（2004 年 6 月 8 日，惠州）

考察东南鲜食玉米品种试验途中（2005 年 5 月，东阳）

与肖小余、刘永红考察青贮玉米（2006 年 7 月 8 日，成都）

考察先正达基地甜玉米品种（2006 年 7 月 28 日，北京）

东南玉米品种试验考察组合影（2007 年 8 月 7 日，福州）

陪才卓、王绍萍、金明华等考察（2007 年 8 月 29 日，银河）

考察东华北国家玉米品种试验（2007 年 8 月 29 日，公主岭）

考察西北玉米品种试验（2008 年 6 月 18 日，呼和浩特）

与高广金、吴和明考察鲜食玉米（2008 年 6 月 29 日，武汉）

考察西北农作物品种试验站试验（2009 年 8 月 2 日，富平）

考察黄淮海夏玉米品种试验（2009 年 8 月 4 日，大荔高城）

对登海种业玉米高产方测产（2009 年 10 月 17 日，莱州）

与杨国航讨论玉米品种问题（2010 年 1 月 10 日，北京）

与周进宝讨论玉米品种问题（2010 年 1 月 10 日，北京）

与佘青考察新疆华西种业（2010 年 6 月 12 日，昌吉）

与刘正、詹秋文考察玉米品种试验（2010 年 6 月 26 日，凤阳）

与唐道廷考察西南玉米品种试验（2010 年 7 月 31 日，大理）

东华北玉米品种试验考察（2010 年 9 月 9 日，公主岭）

与东南专家检查甜糯玉米试验（2011 年 5 月 16 日，海口）

东南甜糯玉米品种试验考察（2011 年 5 月 19 日，广州）

考察西南玉米试验时看望董新国（2011 年 8 月 3 日，恩施）

与陈学军研究玉米品种（2011 年 9 月 28 日，长春）

与李殿申、马义勇研究玉米品种（2011 年 9 月 28 日，长春）

与刘玉恒、王义发考察玉米品种（2012 年 6 月 22 日，上海）

与王占廷考察早熟玉米品种试验（2012 年 7 月 28 日，西吉）

与季广德等考察玉米品种试验（2012 年 7 月 28 日，白银）

考察先锋种子研究有限公司（2012 年 9 月 23 日，铁岭）

考察东北玉米品种试验示范（2012 年 9 月 24 日，公主岭）

考察黄淮海夏玉米品种试验（2013 年 8 月 25 日，宿州）

考察九丰种业玉米品种试验（2013 年 9 月 11 日，阿荣旗）

与谷铁城、陈砚考察科茂种业（2013 年 9 月 28 日，长春）

考察北京鲜食玉米品种试验（2014 年 8 月 6 日，北京）

与周进宝考察沃土种业品种试验（2014 年 9 月 1 日，邯郸）

考察黄淮海夏玉米品种试验（2014 年 9 月 4 日，莱州）

考察先锋种子研究有限公司（2014 年 9 月 15 日，铁岭）

考察西南玉米品种试验（2015 年 6 月 8 日，河池）

研究鲜食玉米品种品尝和推广（2015 年 6 月 8 日，南宁）

考察西南玉米品种试验（2015 年 6 月 8 日，南宁）

考察玉米主导品种桂单 0810（2015 年 6 月 8 日，都安）

考察大民种业玉米品种试验（2015 年 6 月 26 日，乌兰浩特）

考察西南玉米品种试验（2015 年 7 月 31 日，铜仁）

考察东北早熟玉米品种试验（2015 年 9 月 17 日，龙井）

考察东北极早熟玉米品种试验 (2015 年 9 月 19 日，克山）

参加北京市鲜食玉米品种评选 (2015 年 9 月 24 日，北京）

组织鲜食玉米品种鉴定（2016 年 7 月 3 日，武清）

参加北京市鲜食玉米品种评选（2016 年 7 月 7 日，北京）

参加北京市玉米品种审定会（2017 年 2 月 4 日，北京）

参加京津冀玉米品种审定会（2017 年 3 月 9 日，北京）

组织鲜食玉米品种评选（2017 年 7 月 3 日，武清）

为全国十佳甜玉米展示品种颁奖（2018 年 6 月 20 日，成都）

与李建生、胡建清考察鲜食玉米（2018 年 7 月 5 日，武清）

组织鲜食玉米品种评选（2018 年 7 月 4 日，武清）

鲜食玉米大会的品种评选专家（2018 年 10 月 25 日，南宁）

组织鲜食玉米品种评选（2018 年 10 月 25 日，南宁）

考察中农发集团基地（2019 年 1 月 7 日，乐东）

考察隆平高科玉米基地（2019 年 1 月 7 日，乐东）

应邀组织南方鲜食玉米评选（2019 年 5 月 21 日，湛江）

与陈山虎在南方鲜食玉米会上（2019 年 5 月 21 日，湛江）

看望李少昆并了解玉米研究进展（2019 年 8 月 30 日，奇台）

组织鲜食玉米品种评选（2019 年 10 月 25 日，南宁）

发布鲜食玉米评选结果（2019 年 10 月 25 日，南宁）

看望南繁玉米专家（2020 年 1 月 7 日，山西农科院乐东基地）

看望南繁玉米专家（2020 年 1 月 8 日，重庆农科院海南基地）

看望南繁玉米专家（2020 年 1 月 11 日，陵水金玉汇种业）

考察国家黄淮海夏玉米品种试验在三原县种子管理站试点
（2020 年 9 月 14 日，三原）

考察国家黄淮海夏玉米品种试验西北试验站
（2020 年 9 月 14 日，富平）

考察国家玉米品种转基因综合农艺性状在中国农业大学
上庄试点（2020 年 9 月 22 日，北京）

考察国家玉米品种转基因综合农艺性状岱农种业试点
（2020 年 9 月 25 日，泰安）

营口县高中 79-2 班毕业师生留念(1979 年 6 月 29 日，大石桥)

沈阳农学院农学专业 83 届全体同学毕业留念（1983 年 7 月 12 日，沈阳）

沈阳农业大学玉米栽培 83 级硕士与鄂玉江、王庆祥师兄（1984 年 4 月 30 日，沈阳）

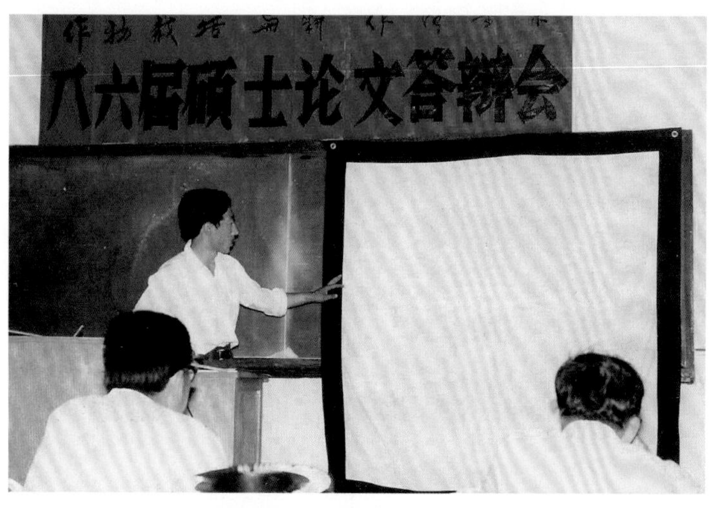

沈阳农业大学86届农学硕士毕业论文答辩会（1986年7月15日，沈阳）

沈阳农业大学86届硕士研究生毕业留念（1986年7月，沈阳）

全国棉麻、玉米、油料品种二届二次审定会（1990年12月11日，厦门）

全国果树茶树蚕桑品种二届二次审定会（1990 年 12 月 15 日，漳州）

全国高粱谷子品种二届二次审定会（1990 年 12 月 22 日，洛阳）

全国农作物品种二届七次审定会（1995 年 12 月，郑州）

第一届国家品审会第一次玉米专业委员会初审会（2002年12月19日，北京）

第一届国家品审会第二次玉米专业委员会初审会（2003年8月22日，雅安）

第一届国家品审会第三次玉米专业委员会初审会（2004年7月12日，大连）

第一届国家品审会第四次玉米专业委员会初审会（2005 年 5 月 11 日，北京）

第一届国家品审会第五次玉米专业委员会初审会（2006 年 5 月 18 日，绍兴）

第二届国家品审会第一次玉米专业委员会初审会（2007 年 8 月 22 日，北京）

第二届国家品审会第二次玉米专业委员会初审会（2008 年 5 月 21 日，苏州）

第二届国家品审会第三次玉米专业委员会初审会（2009 年 5 月 21 日，天津）

第二届国家品审会第四次玉米专业委员会初审会（2010 年 5 月 19 日，重庆）

第二届国家品审会第五次玉米专业委员会初审会（2011年5月25日，成都）

《农作物品种审定规范 玉米》修订会（2012年5月17日，长春）

全国玉米品种区试东南区总结会（1997年11月21日，南昌）

1997 年全国玉米品种区试总结年会（1998 年 1 月 10 日，天津）

1999 年国家玉米品种区试总结年会（2000 年 1 月 12 日，成都）

2000 年国家水稻品种区域试验总结年会（2001 年 1 月 10 日，南宁）

2000年国家玉米品种区域试验总结年会（2001年1月10日，南宁）

“九五”国家级农作物品种区试总结表彰会（2001年3月11日，北京）

国家区试联合考察团考察吉林平安种业（2001年8月29日，榆树）

2014 年国家玉米品种试验年会（2015 年 1 月 9 日，北京）

农业部全国特用玉米开发经验交流会（1999 年 9 月 2 日，长春）

1999 年国家玉米品种区试培训班（1999 年 10 月 27 日，北京）

国家特种玉米品种区试技术培训研讨会（2001年4月13日，南京）

北方春玉米区试培训期间与专家学员在鸭绿江断桥留念（2002年6月10日，丹东）

北方春玉米品种试验技术培训班会务人员留念（2002年6月11日，丹东）

廖琴主持国家玉米品种试验技术培训班，夏敬源、魏义章讲话（2003年11月7日，昆明）

北方春玉米品种试验技术培训班（2004年5月15日，丹东）

国家夏玉米品种区试技术培训班（2004年7月14日，莱州）

2007 年国家东南玉米品种试验技术培训班（2007 年 6 月 25 日，杭州）

2008 年国家北方春玉米品种试验技术培训班（2008 年 6 月 5 日，长春）

2008 年国家西北春玉米试验技术培训班（2008 年 6 月 22 日，银川）

黄淮海夏玉米品种试验技术培训班（2009 年 8 月 19 日，保定）

南方玉米品种试验技术培训班（2010 年 5 月 12 日，重庆）

东北玉米品种试验技术培训授课专家合影（2011 年 6 月 22 日，丹东）

国家西北春玉米品种试验技术培训班（2012 年 8 月 2 日，伊犁）

北方春玉米品种试验技术培训班（2013 年 7 月 30 日，葫芦岛）

南方玉米品种试验技术培训班（2014 年 6 月 4 日，长沙）

国家黄淮海夏玉米品种试验技术培训班（2014 年 7 月 15 日，济南）

国家早熟玉米品种试验技术培训班学员考察大民基地（2015 年 6 月 26 日，乌兰浩特）

第八届全国玉米栽培学术研讨会（2003 年 9 月 16 日，郑州）

第十届全国玉米栽培学术研讨会（2008 年 7 月 26 日，长春）

全国作物栽培学发展学术研讨会（2010 年 5 月 7 日，扬州）

第十四届全国玉米栽培学术研讨会栽培学组组长合影（2015 年 8 月 30 日，保定）

超级玉米种质创新及中国玉米标准 DNA 指纹库构建项目工作会（2006 年 3 月 11 日，北京）

恭贺许启凤先生八十华诞（2008 年 11 月 22 日，北京）

原种（种子）生产技术操作规程专家审定会（2009 年 3 月 26 日，北海）

第六届大北农科技奖颁奖大会获奖代表及评审专家与领导合影（2009 年 12 月 19 日，北京）

纪念李竟雄院士诞辰 100 周年座谈会（2013 年 12 月 28 日，北京）

北京作物学会第十届会员大会（2015 年 1 月 17 日，北京）

北京作物学会 2016 年工作交流座谈会（2016 年 2 月 28 日，北京）

2018 年南方鲜食玉米大会代表合影 (2018 年 6 月 20 日，成都）

参加 2018 年中鲜玉联合体培训交流会 (2018 年 10 月 28 日，南宁）

2019年南方鲜食玉米大会代表合影（2019年6月24日，合肥）

北京作物学会第十一届会员大会暨学术交流会（2019年11月9日，北京）

“植物基因组编辑技术研究与育种应用”课题启动会合影（2019年11月15日，北京）

组织北方春玉米品种试验技术培训班
（2004年5月15日，丹东）

中国种子集团公司专家顾问委员会合影
（2004年7月21日，涿州）

参加全国玉米育种栽培暨产业化研讨会
（2006年7月12日，成都）

与国家甜糯玉米品种品尝鉴定研讨会专家合影
（2008年6月3日，沈阳）

参加全国玉米遗传育种学术研讨会
（2008年8月30日，济南）

在黄淮海夏玉米品种高产创建培训班上
（2008年9月17日，石家庄）

与参加国家科委抗旱课题验收的专家合影
（2009年4月8日，洛阳）

陪邓光联副主任考察山东登海种业
（2009年9月4日，莱州）

服务种业是职责

协助组织江苏省玉米产业发展研讨会并考察玉米品种
（2009 年 9 月 14 日，徐州）

在全国种子执法年启动培训班上
（2010 年 1 月 22 日，南宁）

考察合肥丰乐种业玉米品种试验并与丰乐同行朋友合影
（2010 年 6 月 27 日，合肥）

组织西南玉米品种发展趋势座谈会
（2010 年 7 月 27 日，贵阳）

在河南现代种业发展研讨会上
（2011 年 8 月 26 日，鹤壁）

在西北玉米品种试验技术培训班的返程途中
（2012 年 8 月 4 日，伊犁）

与王凤格等参加农业部甘肃玉米制种基地抽查
（2013 年 9 月 3 日，张掖）

在全国种子双交会专家讲座及信息发布会上
（2013 年 9 月 26 日，长春）

考察四川农业大学品种试验期间郑有良校长介绍百年校史
（2014年3月21日，雅安）

在久保田（中国）投资有限公司座谈了解玉米小型收获机械
（2014年6月28日，昆山）

参观并听取张建华副院长介绍通辽市农科院玉米博物馆
（2014年9月13日，通辽）

与赵久然、宋慧欣、黄长玲、叶翠玉等观摩玉米机收籽粒
（2014年9月26日，北京）

与王守才、陆卫平、周进宝、杨俊品、王凤格等参加玉米DNA鉴定会（2014年10月20日，扬州）

与冯勇、宋国栋、张思涛、康广华等考察内蒙古丰垦种业
（2015年6月26日，乌兰浩特）

与迟斌、晋齐鸣、张思涛、张匀华等在富尔农艺调研
（2015年9月21日，齐齐哈尔）

与陈章瑞、王雷、章存均在双交会上
（2017年9月22日，济南）

参加华智绿色通道水稻品种试验考察
(2018 年 8 月 28 日，宜昌)

考察国家北方粳稻品种试验及示范
(2018 年 9 月 12 日，沈阳)

考察国家早籼迟熟组水稻品种试验及展示
(2019 年 7 月 8 日，长沙)

考察国家西南小麦品种试验
(2008 年 5 月 19 日，内江)

考察国家西南小麦品种试验
(2014 年 3 月 19 日，绵阳)

考察国家黄淮北片小麦品种试验
(2016 年 6 月 4 日，德州)

梁增基和张正茂、刘玉秀博士在西农曹新庄试验农场
(2020 年 5 月 26 日，杨凌)

考察国家西北内陆棉区棉花品种试验
(2016 年 9 月 3 日，库尔勒)

考察国家长江流域棉区棉花品种试验
（2017年8月28日，九江）

参加中棉所棉花品种试验技术研讨会
（2018年5月5日，安阳）

考察国家黄河流域棉区棉花品种试验
（2018年8月13日，石家庄）

考察中棉所海南基地并看望专家
（2019年1月5日，三亚）

参加中棉所棉花抗逆基因资源创新利用观摩会
（2019年8月2日，安阳）

考察国家西北内陆棉区棉花品种试验
(2019年8月23日，库车）

考察国家长江流域棉区棉花品种试验
(2019年9月3日，望江）

考察国家长江流域棉区棉花品种试验
(2019年9月6日，常德）

考察国家油菜品种试验
（2012 年 5 月 10 日，南京）

考察国家油菜品种试验
（2014 年 3 月 19 日，绵阳）

与陈学军副站长考察吉林高新产业园区高粱展示田
（2007 年 8 月 29 日，公主岭）

主持张杂谷 5 号高产田测产验收
（2019 年 9 月 21 日，应县）

与马代夫、焦春海、杨新笋、谢逸萍等专家参加徐薯 22 测产
（2014 年 10 月 22 日，当阳）

与梁月荣、杨阳、易勇考察国家茶树品种试验
（2012 年 10 月 26 日，杭州）

陪孙德岭、赵青春、朱为民等专家检查国家大白菜品种试验
（2011 年 10 月 10 日，天津）

陪方智远、刘玉梅等专家检查国家甘蓝品种试验
（2011 年 10 月 10 日，北京南口）

考察国家番茄辣椒品种试验
（2012 年 6 月 8 日，济南）

考察国家甜瓜品种试验
（2010 年 6 月 8 日，鄯善）

考察苏州市农业科学研究所
（2014 年 6 月 19 日，苏州）

考察国家西瓜品种试验
（2016 年 6 月 23 日，武汉）

考察国家西北区马铃薯品种试验
（2017 年 8 月 5 日，定西）

考察国家冬作区马铃薯品种试验
（2018 年 3 月 1 日，福建省南安农场）

考察国家西南区马铃薯品种试验
（2018 年 6 月 28 日，昭通）

考察国家华北区马铃薯品种试验
（2019 年 7 月 27 日，五寨）

2002 年国家小宗粮豆新品种技术鉴定委员会工作会议
（2002 年 3 月 29 日，西安）

2002 年国家小宗粮豆品种试验年会
（2003 年 3 月 20 日，昆明）

2003 年国家小宗粮豆专家组会
（2003 年 8 月 11 日，北京）

2003 年国家小宗粮豆品种区试年会暨鉴定会
（2004 年 3 月 12 日，贵阳）

2004 年国家小宗粮豆品种区试年会
（2005 年 3 月 10 日，北京）

西北农林科技大学荞麦新品种鉴定会
（2017 年 8 月 14 日，榆林）

《中国杂粮》丛书编辑委员会工作会议
（2019 年 3 月 9 日，北京）

2001 年国家甘薯品种区试工作年会
（2002 年 4 月 10 日，郑州）

2005 年国家甘薯品种区试年会暨鉴定会
（2006 年 3 月 23 日，福州）

2011 年国家甘薯品种区试年会
（2012 年 3 月 20 日，南京）

2014 年国家甘薯品种鉴定会
（2015 年 3 月 4 日，昆明）

2014 年国家甘蔗品种鉴定会
（2015 年 3 月 30 日，南宁）

2002 年国家甜菜品种区试年会
（2003 年 2 月 26 日，北京）

2007 年国家甜菜品种区试年会
（2008 年 1 月 18 日，北京）

2012 年国家甜菜品种区试年会暨鉴定会
（2013 年 1 月 5 日，北京）

2002 年国家谷子高粱品种试验年会
（2003 年 3 月 15 日，西安）

2003年国家谷子品种试验年会暨鉴定会
（2004年3月6日，保定）

2009年国家高粱品种试验技术培训班
（2009年7月6日，沈阳）

2010年国家茶树品种鉴定会
（2010年8月5日，普洱）

2012年国家茶树品种区试年会暨技术培训班
（2012年10月25日，杭州）

1999年国家大豆区试工作会议
（1999年4月2日，北京）

2006年国家冬油菜品种区试年会
（2006年8月8日，昆明）

2009年国家番茄辣椒品种区试年会
（2009年11月25日，昆明）

2014年国家番茄辣椒品种区试技术培训班
（2014年11月20日，福州）

2011 年国家蔬菜品种试验年会和鉴定会
（2012 年 4 月 13 日，上海）

2012 年国家蔬菜品种试验年会和鉴定会
（2013 年 4 月 13 日，广州）

2014 年国家蔬菜品种鉴定会
（2015 年 3 月 18 日，南宁）

2015 年国家蔬菜品种鉴定会
（2015 年 12 月 9 日，济南）

2017 年国家春作马铃薯品种试验总结年会
（2017 年 12 月 8 日，昆明）

2010 年国家西瓜甜瓜品种区试年会
（2010 年 10 月 30 日，长沙）

2012 年国家西瓜甜瓜品种试验技术培训班
（2012 年 7 月 21 日，银川）

2013 年国家西瓜甜瓜品种试验年会暨鉴定会
（2013 年 11 月 6 日，宁波）

2017 年国家棉花品种试验技术培训班现场会
（2017 年 6 月 23 日，临清）

第四届国家农作物品种审定委员会棉花专业委员会合影
(2017 年 12 月 17 日，北京)

2018 年国家黄河流域棉区品种试验信息技术培训班
(2018 年 5 月 15 日，北京)

2019 年国家棉花品种试验技术培训班现场会
（2019 年 7 月 4 日，常德）

考察长江流域棉花品种试验四川省亿城现代种业试点
（2020 年 9 月 1 日，射洪）

考察黄河流域棉花品种试验中棉所试点
（2020 年 9 月 18 日，安阳）

考察黄河流域棉花品种试验邯郸农科院试点
（2020 年 9 月 19 日，邯郸）

考察黄河流域棉花品种试验河北省农林科学院试点
（2020 年 9 月 20 日，石家庄）

与周进宝、杨国航在一起
（2002 年 6 月 10 日，鸭绿江）

与郭丽芳、苏萍在一起
（2002 年 6 月 10 日，丹东）

与王守才、陈学军在一起
（2003 年 7 月 26 日，雅安）

与玉米界同龄专家在一起
（2004 年 8 月 13 日，北京）

与李登海、赵明、赵久然在一起
（2006 年 10 月 17 日，莱州）

与张冬晓在一起
（2007 年 10 月 16 日，吐鲁番）

与李晓、王秀全在一起
（2009 年 2 月 26 日，三亚）

与崔彦宏、黄长玲在一起
（2009 年 2 月 27 日，三亚）

与石洁、李晓在一起
（2009 年 2 月 28 日，三亚）

与栗雨勤、齐华在一起
（2009 年 4 月 9 日，洛阳）

与刘存辉在一起
（2010 年 10 月 14 日，济南）

与袁建华、赵仁贵在一起
（2010 年 8 月 19 日，承德）

与孙小武、廖新福、刘厚敖、马跃在一起
（2011 年 6 月 30 日，邵阳）

与董新国副县长在一起
（2011 年 8 月 3 日，恩施）

与陈学军、王春明在一起
（2013 年 7 月 31 日，锦州）

与同行朋友在顾毓琇纪念馆
（2014 年 6 月 28 日，无锡）

与王安东、刘玉恒在一起
（2016 年 4 月 9 日，宿州）

与“大农小友”在一起
（2016 年 5 月 22 日，北京）

战友们举杯祝福明天
（2018 年 1 月 10 日，海口）

与鲜食玉米的朋友在一起
（2018 年 6 月 20 日，成都）

与棉花专家在一起
(2019 年 8 月 21 日，温宿县）

与马振球、杜贵才、刘玉垣、范荣喜等专家在一起
（2019 年 11 月 26 日，集美学村）

与徐建飞、段绍光专家在一起
（2020 年 7 月 29 日，张家口）

2020 北京作物学会鲜食玉米学术交流会
（2020 年 9 月 26 日，北京）

与考察队友在罗布林卡
(2006 年 5 月 28 日，拉萨)

在美丽的西藏考察
(2006 年 5 月 29 日，江孜)

与同行探讨试验技术
(2006 年 5 月 31 日，日喀则)

在西藏第一块农田
(2006 年 6 月 2 日，山南)

在西藏考察途经米拉山口
(2006 年 6 月 3 日，米拉山)

从山南去林芝路上以水代酒致谢
(2006 年 6 月 3 日，林芝)

考察油菜生产
(2006 年 6 月 4 日，林芝)

考察小麦生产
(2006 年 6 月 4 日，林芝)

考察玉米生产
(2006年6月4日，林芝)

沾2600多年老寿星的福气
(2006年6月4日，林芝)

巧遇运输普洱茶的马帮
(2006年6月5日，林芝)

考察马铃薯生产
(2006年6月6日，拉萨)

考察小麦良种繁育工作
(2006年6月6日，拉萨)

考察玉米生产
(2006年6月6日，拉萨)

在布达拉宫围墙边指路
(2006年6月7日，拉萨)

参观布达拉宫
(2006年6月7日，拉萨)

后 记

即将退休的人，心应该从容淡定，所以 5 年前自己会玩微信时，就给自己起了个“闲人”的名字！

想起大概 10 年前，我也曾给自己的 QQ 起了个“吾非圣贤”的名字，总觉得对“毛病不少”的我而言很合适，也许是一种安慰、自责或者解脱！

再追溯到 20 多年前，大概在 1993 年前后，由于发表作品的需要，我还用了一次笔名“雷鸣”，并没有惊天动地，只好回到现实中来。

我总觉得，人得有梦想，但梦想需要通过长期辛勤耕耘，并且持之以恒的坚守也许才能获得，当然梦想是追求，是目标，是方向，但也应该现实些。

记得在 2000 年 5 月前后，我有幸在雅安见到了四川农业大学郑有良博士，并请教他：“我有很多想法、目标和追求，怎么办？”他明确告诉我：“人要有基本的生存条件，要有独立的人格，然后才可以随心所欲。”看样子现在快随心了，但不能所欲——因为，我快退休了，退休的话肯定、应该、也许就是一个闲人了！

人生不同年龄、时期、阶段就应该做不同的事，现在的我，正在预测、判断和期待真正闲下来的情景，即回顾工作历程、人生经历，归纳工作经验、人生感悟，抒发人生感慨、战友情怀！

难舍常年伴随我的玉米以及众多的农作物品种，更难忘那些在农作物品种事业上长期相伴、志同道合、勤奋工作的战友，这也是我写本书的初衷！

当然，我人生的故事还在继续，只是一个阶段的了结，历史又翻开了新的一页……

闲人

2020 年 6 月 20 日